AF337919

LE PORTRAIT
de la Sagesse Universelle
avec
L'Idée generale
des Sciences
VERITAS
Philologie
Physique
Mathematique
Landry fe.

# LE PORTRAIT DE LA SAGESSE VNIVERSELE,

## AVEC L'IDE'E GENERALE DES SCIANCES;

### Et leur Plan representé en Cent Tables.

*Par le R. P. FR. LEON Ex - Provincial des Carmes Reformez de Touraine, & Predicateur Ordinaire de leurs Majestez.*

Dieu est le Seigneur des Sçiances, mais nous devons luy preparer nos cœurs, *1. Reg. 3.*

A PARIS,

Chez {
GVILLAVME BENARD, à l'Image de Nôtre-Dame de Foy, vis à vis les RR. PP. Iesuites :
Et ANTOINE PAS-DE-LOVP, à l'enseigne du Saint Scapulaire.
} ruë S. Iacques.

M. DC. LV.

*AVEC PERMISSION, APPROBATION, ET PRIVILEGE.*

# A
# MONSIEVR.

ONSEIGNEVR,

Le Chriſtianiſme , ſi on le ſçait bien comprandre, n'eſt autre choſe certainemant qu'vne Etude ſerieuſe & vne Profeſſion ſolemnelle de la Verité. Elle eſt Increée dans l'eternité, & Incarnée dans la plenitude des tems ; où elle fait tout à la

ã ij

fois le principe de nôtre salut, & le comble
de nôtre bon-heur. C'eſt ce qui a fait dire, il
y a long-temps, que les charmes de cete
Reine de l'Vnivers, ſont ſi puiſſans ſur l'Eſprit-Humain; qu'il n'y a que l'ignorance ou
la débauche qui le puiſſent empécher d'attacher à ſon ſervice, ſes plus pures & ſes plus
fortes inclinations. Il faut avoüer neanmoins que ces éclatantes lumieres nous ſont
inutiles, ſi elles n'allument dans nos cœurs
le feu de cét amour; qui fait le premier, &
le dernier poinct de nôtre felicité. Nous ne
ſçaurions eſtre des Cherubins dans le Ciel,
ſi nous n'avons eſté auparavant des Seraphins
ſur la Terre. C'eſt le ſentimant qui m'a fait
croire, aprés vne aſſez longue meditation;
que hors des clartez de la Foy & des ſolidi-
tez de la Religion, tout le reſte n'eſt que tenebres & vanité.

Ce qui n'empéche pas, MONSEIGNEVR,
que cete beauté d'Eſprit, qui fait en vôtre Chere Perſonne, l'objet tout à la fois de nos admirations & de nos amours : & que ces divins efforts, qui ſont autant de prezages qu'il ſera
bien-tôt capable de tout, ne m'ayent obligé
de reprandre cete étude de la verité des Sçian-

# EPITRE.

ces; qui peuvent avec l'inſtruction & la gloire
d'vn Grand Prince, ſervir à l'edification du
Public. C'eſt, MONSEIGNEVR, la haute eſtime que j'ay conceuë de ce que vous
devez eſtre, qui me fait produire au jour,
vn Abbregé des meditations que j'ay formées
autrefois, ſur l'Idée d'vne Sageſſe Vniverſele.
I'y ſuis encore encouragé par la condition, en
laquelle la providance du Ciel vous a fait naître ſur la Terre. Car tout le monde tombe
d'accord, qu'il n'eſt pas moins difficile aus
Perſonnes nées dans la pourpre, d'apprandre
quelque choſe, qu'il leur ſeroit abſolumant
neceſſaire de les ſçavoir toutes. Puî-qu'elles poſſedent l'honneur d'eſtre les Images les
plus éclatantes de la Divinité, ſans doute
leur ſageſſe devroit égaler leur puiſſance.
Leur office eſt de gouverner les Hommes,
qui ſont autant d'abbregez du Monde. Et
ils ne le peuvent faire que par autorité, dont
le plus fort cimant eſt l'amour reciproque du
Prince avec ſon Peuple. Mais celle-là eſt
foible, & celle-cy eſt fauſſe, ſi elles ne ſont
toutes deus appuyées ſur la connoiſſance.

Ie ſçay bien, MONSEIGNEVR, que
le métier de Ceus qui vous reſſamblent, eſt

ã iij

de commander, non pas d'étudier. Et que les Personnes de la plus haute condition qui en tous les siecles ont esté les plus sçavantes, n'ont pas toûjours esté les plus habiles, ny les plus heureuzes. Mais je sçay bien aussi, & personne n'ignore, que tant plus vne Personne née du sang Royal, & qui n'est qu'vn degré au dessous de Celuy que le Ciel a assis sur le trône, a de connoissances : tant plus aussi est-elle capable de se faire obeïr, estimer & aimer ; si elle sçait bien ménager, & dispanser ses lumieres.

Comme la plus pure & la plus venerable Antiquité, ne reconnoissoit que trois Muzes: de méme l'on pourroit dire, qu'il suffît à vne Personne née pour commander, de sçavoir la sçiance de la Religion, qui est aussi celle des mœurs : Celle de la Politique , & de l'Histoire ; Celle-cy donnant de grandes instructions aus deus premieres, & étant la mere de la vraye Prudance. Mais outre que toutes les belles & les grandes veritez, contretirées sur l'Example des Etres dans la Nature, sont enchaînées les vnes avec les autres ; il n'est point d'Esprit Raisonnable qui ne confesse, que moins vn Prince ignore de toutes les choses que l'Homme peut connoître, plus il approche de DIEV qui est son premier Original, & dont il ne doit estre qu'vne illustre copie.

En effet, si le Prince que le rang éleve au dessus des autres, sçavoit connoître distinctemant ce qu'il doit à DIEV, & aus Hommes. S'il sçavoit s'entretenir soy-méme dans les belles choses, & en communiquer avec Ceus qui l'abordent. S'il sçavoit découvrir les desseins des Ambassadeurs, mettre à la balance la Iustice méme qui la tient en main, pezant la capacité des Magistrats. S'il sçavoit luy-méme faire l'épreuve de ses Generaus d'armée. S'il estoit capable d'examiner avec la pierre de touche les Sçavans, les Bien-disans: les Orateurs dans l'Eloquence Ecclesiastique, & Civile. S'il avoit au moins des Idées generales de toutes choses, pour soûtenir heureuzemant les discours qui se font en sa presence, pour aiguizer les Esprits qui sont autour de luy : & pour sçavoir parler à propos dans les Conseils & dans les Compagnies, où il est toûjours le Maître ; qui doute que sa satisfaction ne fût extréme, sa reputation en haut éclat, & son autorité incomparable.

Mais comme les chofes les plus pretieuzes, font auffi les plus rares, l'aveuglemant & l'abus font acroire aus Princes, qu'il leur eft ou inutile, ou impoffible d'arriver à cete Gloire. La flatterie & la coûtume famblent leur fermer la porte, ou leur deffandre l'entrée de ce divin Sanctuaire. Leurs exercices ordinaires leur donnent plus d'amour pour la beauté, que pour la verité. Et la pompe méme qui les environne, leur dérobe le loizir neceffaire pour acquerir ces grandes connoiffances.

Aprés tout, MONSEIGNEVR, ce fentimant n'eft qu'vn erreur vulgaire, ou vne tyrannie vfurpée fur Ceus que l'on void avoir affez par ailleurs, dequoy commander aus autres. DIEV qui s'appele la Verité, ne l'eft pas moins pour les Princes, que pour les Peuples. Cete differance qui n'eft qu'accidantele, ne change point la nature des Efprits. Si c'eft vne chofe au deffous des Grans d'enfeigner, au moins il ne leur eft pas deffandu d'apprandre. La grace méme & la gloire, qui font les fources les plus pures de la verité, ne font point ces injuftes

distin-

diſtinctions. Bien plus ; ou ce ſont les Princes qui ont eſté les Invanteurs des Arts , &
des Sçiances : ou ce ſont ces belles Invan-
tions , qui les ont fait paſſer pour des Princes , des Heros & des Dieux. La Vertu &
la Sageſſe ſont dépeintes ſous les noms, &
ſous les viſages des Majeſtez.   Elles ne
ſont jamais bien logées que quand elles demeurent dans les Louvres, & dans les Palais.   Les Roys de France & d'Eſpagne ont
coulé dans vos veines ces nobles ſentimans,
avec la pureté de leur ſang. Il y a eu dans ces
Royales Genealogies, non ſeulemant des Vaillans & des Conquerans, mais auſſi des Habiles & des Sçavans. De ſorte que quand méme l'Ignorance ſeroit le partage des autres
Princes dans le train ordinaire , il n'en eſt
pas de méme du Petit-Fils des Charlema-
gnes & des Alphonſes , des Louis & des
Philippes. Et toute l'Hiſtoire Sacrée & Prophane , Ancienne & Moderne eſt ramplie
d'vn nombre infini d'examples Couronnez ,
qui juſtifient evidammant, qu'vne rare Vertu & vne Sageſſe exquiſe ſont les veritables
loüanges de Celuy qui eſt nay dans le Thrône.
Au reſte , MONSEIGNEVR, la Na-

é

ture & son adorable Auteur, samblent par vne merveilleuze profusion vous avoir donné tous les avantages; pour representer en nos jours, ces premiers miracles, ces Grans Roys & ces fameus Empereurs, qui ont gouverné l'Empire Chrétien. Cete vivacité d'Esprit, cete generosité de cœur, cete haute pieté pour les choses de Dieu: cete innocence de vie parmi tant d'occasions de se perdre à la Cour, cete courtoisie & cete affabilité qui charment les Cœurs & les Esprits de tous Ceus qui ont l'honneur de vous approcher; font assez voir que suivant la Theologie des Hebreus, vôtre Ame est vn des plus purs & des plus éclatans rayons de cete lumiere & de cete blancheur, épanduë sous le Thrône de Dieu. Enfin pour comble de perfection, vôtre belle Ame & vôtre Genereus Courage foulant aus pieds tout ce qui est de bas & de foible, a vne extréme passion pour ces divines clartez; qui ne naissant avec Personne, élevent les Hommes au faîs de leur felicité.

Le Tableau Racourci que je porte à vos pieds, MONSEIGNEVR, & que je ne publie que par ce que je croy qu'il vous

# EPITRE.

doit eſtre agreable, peut eſtre vtile à ce noble deſſein. C'eſt vn pretieus EXTRAIT
DE LA SAGESSE, que j'appele Vniverſele,
à cauſe qu'elle ſe treuve par tout : & qu'elle
enſeigne à raiſonner, à diſcourir, & à negotier
ſur toutes choſes. C'eſt vn parfait Abbregé
de toutes les Sçiances, dont DIEV fait gloire
d'eſtre le premier Auteur & la derniere Fin.
C'eſt vn image de la Verité, qui naturelemant
eſt inſeparable de la Vertu. Et c'eſt juſtemant
cete méme Verité divine, qui au langage de
l'Ecriture mettant les Hommes en liberté; ne
laiſſe pas toutefois par vn amoureus eſclauage,
de me captiver volontairemant, dans l'inclination & l'obligation que j'ay d'eſtre avec
toute ſorte de reverance & de ſoûmiſſion,

MONSEIGNEVR,

Vôtre tres-humble & tres-obeïſſant,

FR. LEON, R. Carme.

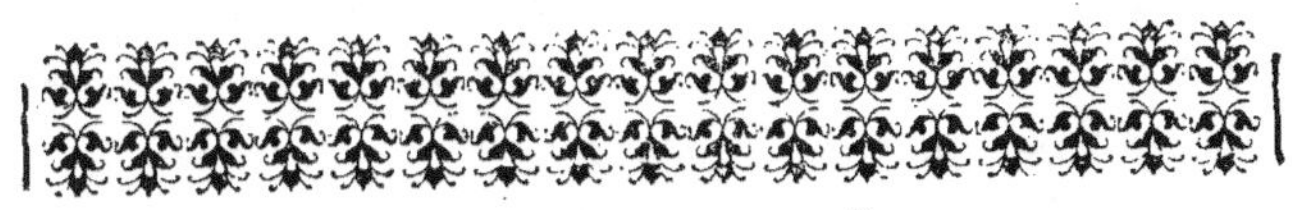

# A CELVY
## QVI LÎT.

OVTRE le commandemant qui m'a esté fait de communiquer au Public, tout ce qui est compris dans les Trois Parties de mon Titre ; j'ay encore esté porté à randre ce respeEt à l'obeïssance, par trois raisons principales. 

La Premiere, à cause que cét Extrait est vne quintessance de LA SAGESSE UNIVERSELE; qui fait vne élevation & vne liaison de toutes les Veritez, d'vne maniere qui samble ne se point rancontrer en toutes les Encyclopedies, qui ont paru jûqu'icy.

La Seconde, D'autant qu'il contient vn Abbregé DE RAIMOND-LVLLE. Et cela, comme je croy, avec tant de clarté & de facilité ; que l'on peut dire, que ces mysteres ne sont plus mysteres.

é iij

## A Celuy qui lît.

A quoy j'ay enfin ajoûté vn crayon de ma propre METHODE, qui sur ces trois sortes de Rhetorique éleve le Sanctuaire de l'Eloquence.

La Troiziéme raison se prend, MON CHER LECTEVR, de vôtre propre vtilité. Car bien que ce Petit Travail, ne soit que l'Essai de l'Ouvrage entier, L'vtilité de ce dessein. qui s'imprime en Latin; le fruict neanmoins, si on sçait bien s'en servir, peut estre tres-avantageus. En effet, si vous avez dé-jà appris les Sçiances, vous serez bien ayze de vous en rafraichir la memoire; jettant les yeus sur ce Tableau Racourci, qui apporte du moins beaucoup d'ordre & de lumiere, de clarté & de facilité. Si vôtre condition ou vôtre humeur ne demandent qu'vne premiere teinture de toutes les Veritez, vous treuverez icy, si je ne me trompe, dequoy contanter vôtre desir. Car le Plan General des Sçiances, qui fait LA PREMIERE PARTIE de ce Traitté, recüeille & reserre en fort peu d'espace, comme feroit vne rare Perspective, toute la grandeur & l'étanduë de leurs Objets. Ce que j'ay entrepris d'executer en cete MANIERE.

I. J'ay employé beaucoup de temps & d'étude, à deméler & SEPARER toutes les Sçiances. La raison qui m'a porté à cete hardie entreprise, c'est que je ne suis pas seul qui ay remarqué dès mes premieres années, que toutes les Disciplines sont assez confuses, & trop enveloppées les vnes dans les autres. La plus grande partie de la Logique, anticipe les matieres de la Metaphysique. La Philosophie dérobe plusieurs choses, qui n'appartiennent qu'à la Theologie.

# A Celuy qui lît.

*Et cete Sçiance Divine, qui ne devroit prononcer que des Oracles ; se charge souvant des repetitions inutiles & ennuyeuzes, que luy apportent les Sçiances Humaines. Quand vne fois l'on a enseigné vne Verité en son propre endroit, pourquoy la repeter en vn lieu étranger?*

*II. Aprés avoir ainsi separé, & détaché les Sçiances les vnes d'avec les autres ; je me suis efforcé, autant que j'ay pû, de les nettoyer ; & de les PVRIFIER; ne laissant à Chacune, que ce qui luy est propre.*

*III. Enfin les REVNISSANT & les liant toutes ensamble, j'en ay fait vn Corps, que je nomme LA SAGESSE VNIVERSELE. Ie dis Vn Corps, parce que les mambres & les parties y sont si exactemant distinguées, que jamais vne méme chose n'est redite deus fois; m'estant assez, de l'avoir vne fois placée en son propre lieu. Par ce long & penible travail, je croy avoir RETRANCHÉ la confusion & l'obscurité: la longueur & l'excrescence, la superfluité, la redite, & la repetition.*

*Venant donc à l'execution de mon dessein en ce Traitté,* L'ordre du<br>Traitté. *d'abord je rapporte tout à l'HOMME, comme au plus riche Abbregé de tout ce qui est. Et faisant beaucoup d'état des mysteres enfermez dans les nombres, sur le modele de la structure de l'Homme i'ay formé l'Idée d'vne Sçiance Generale; qui se developpe & multiplie en Trois, puis en Neuf. La Sçiance Sensible, la Sçiance Raisonnable, & la Sçiance Speculative. La Premiere conduit les sens dans l'vsage de la Parole Propre, Poëtique, & Historique.*

La Seconde conduit l'Ame dans le Discours, le Raisonnemant, & le Syllogisme. La Troiziéme conduit l'Esprit
dans la connoissance des Estres Corporels, dans la fabricque
des Arts, & dans la contamplation des Estres Intellectuels,
Abstraits & Separez.

Aprés avoir ainsi élevé ce Plan general, je tâche
de faire naître toutes les Sçiances les vnes des autres.
Et cela par des enchaînemans naturels, ou du moins fon-
dez sur quelque industrie raisonnable. En suite j'établis
ordinairemant la Definition, les Divisions, & les Sou-
divisions de Chaque Sçiance. Puis j'en arrange les Principes Generaus, les Conclusions les plus remarquables : les
Observations les plus curieuzes, & les Raretez les plus
excellantes. Ie n'examine pas à la rigueur, si ces belles
Remarques sont vrayes ou fausses. Ce m'est assez qu'elles
soient rapportées par quelque Auteur, comme elles le sont
toûjours, pourveu que d'elles-mémes elles puissent estre les
semances de quelque belle conception. Du reste ma profession, mon inclination, & l'edification de mon Lecteur;
me les font tirer de l'Ecriture-Sainte, le plus souvant qu'il
m'est possible. Enfin Celuy qui aime le beau L A N G A-
G E, treuvera icy les Termes propres & ordinaires de
toutes les choses; dont on peut tirer quelque bon Vzage dans
l'etude particuliere, ou dans le commerce & la societé.

De sorte que vous pouvez S A T I S F A I R E vôtre
Esprit, le ramplissant d'vne belle idée de toutes choses:
ne vous pas treuver ignorant dans la lecture des Auteurs,
& dans la conversation des habiles. Mais vôtre plus
grand

profit, ce fera de PARLER en toutes les rancontres fur le champ, & auffi long - temps qu'il vous
plaira. Et ce qui eft encore plus avantageus, de le faire
propremant, puremant, & agreablemant. Méme fi vous
meditez bien fur céte Methode, elle vous randra capable
de prandre tous les biais DES AFFAIRES : d'en treuver le nœu, felon les lois de la Prudance ; confequemmant
de reüffir, avec l'aide de DIEV, en toutes fortes de ne-
gotiations.

Si vous defirez paffer plus avant, faites vôtre Cours, *Les Sçian-*
ou du moins prenez vn notable efpace de temps, pour vous *ces traittées*
faire inftruire par vn Maître bien experimanté ; en la *diverfe-*
Sçiance que vous devez, ou que vous voulez apprandre *mant.*
avec plus d'exactitude. Celles qui ne font ignorées de Perfonne, entre Ceus qui étudient, comme la Rhetorique,
l'Hiftoire, la Phyfique, la Theologie, & famblables, fe
voient icy plus reduites au petit pied. Ce que j'ay fait à
deffein ; n'eftant neceffaire que de les mettre en leur rang
& d'en tracer vn Abbregé, pour en reveiller les Efpeces :
Au contraire, j'ay donné vn peu plus d'étanduë aus Autres,
qui font moins vulgaires. Telles font toutes les dépandances des Mathematiques, certains Arts ou Exercices, qui
font neceffaires à la Vie Civile : ou qui fervent d'enrichiffemans, foit à la Converfation, foit à la Harangue. Ce que
j'ay fait, afin qu'on en conceût vne Idée affez parfaite,
pour les entandre toutes & pour s'en fervir.

Ie prevoy affez que quelques-vns des MAITRES en
chaque Art ou Sçiance ; fe plaindront peut-eftre de ce que

# A Celuy qui lît.

je méle icy les principes contraires de divers Auteurs : &
qu'en beaucoup d'endroits, je ne parle pas des choses aveo
toute l'exactitude & la rigueur de l'Ecole. Aussi ne fais-
je pas profession ny de sçavoir, ny d'enseigner, ny de dire
TOVT ce qui se peut sur chaque matiere. Cela iroit à
l'infini. Et ce n'est nullemant le dessein de ce Reçueil, ny
même de mon Ouvrage entier. En effet, ne m'estant attaché dans les Sçiances Humaines à aucune Secte particuliere ; je me suis retenu, & j'ay laissé à mes LEC-
TEVRS, la liberté de choisir ce qui paroît plus vray-
samblable : ou qui est plus conforme à mon Genie, & à
l'vzage où je vise. En quoy les plus Critiques se souvien-
dront toûjours, s'il leur plaît, qu'vne de mes THESES
principales ; c'est de soûtenir qu'il n'y a nulle contrarieté
ny entre les Estres, ny entre les Sçiances, ny entre les
Auteurs. Ioint que Chacun d'eus ayant son langage &
ses principes, je suis obligé de les faire tous parler ; afin
d'en reconnoître la diversité, & le caractere. Et puis c'est
à Ceus qui s'attachent à vne Sçiance particuliere, d'en
apprandre ou d'en enseigner tout le détail. Et peut-estre
que l'Ouvrage Latin ayant plus détandüe, donnera aussi
plus de satisfaction aus Censeurs les plus severes.

La maniere particuliere.

  La peine au reste n'a pas esté petite à resoudre l'OR-
DRE, que je devois donner à la conduite de ce Dessein.
Ma premiere inclination me faisoit commancer par le Por-
trait de la Sagesse Vniversele, qui contient l'Art & la
Methode : & par la Sçiance Divine, qui se fait paroî-
tre avec plus de pompe, d'éclat & de majesté. Mais

# A Celuy qui lît.

m'accommodant à la portée, & enviſageant l'vtilité des Lecteurs ; les ſecondes penſées, que l'on dit eſtre les meilleures, m'ont fait prandre vne route contraire, & ſuivre vn chemin tout oppoſé. C'eſt que la Methode me ſamblant trop ſubtile, & la Theologie trop élevée ; je me ſuis perſuadé que les premiers élemans des Sçiances Humaines eſtant faciles, ſeroient moins ſujets au rebut & au degoût. Et bien que je me degoutaſſe moy-méme de ces commancemans ſi peu conſiderables, comme ſont la Grammaire & la Poëſie ; j'ay crû neanmoins qu'il eſtoit plus à propos de s'attacher à cét ordre ſolennel de la Nature, & de la Doctrine. Outre que n'ayant pû ſi bien demêler toutes mes matieres, que je n'aye eſté obligé d'en retoucher quelques-vnes plus d'vne fois, pour en marquer l'application & l'vzage ; DEVS RAISONS m'ont fait conclure, qu'il eſtoit plus à propos de faire cete application dans la Seconde Partie de tout mon Ouvrage. L'vne, parce que c'eſt elle qui enſeigne l'vzage de toutes les Sçiances qui ont precedé ; comme la matiere eſt toûjours devant l'Art & l'emploi qu'en font les Ouvriers. L'autre, parce que cette Seconde Partie n'eſt qu'vn ABBREGE' & vne application de tout ce qui a eſté dit dans la Premiere ; comme l'Ouvrage entier n'eſt qu'vn Extrait de mes DEVS TOMES LATINS, où toutes les Sçiances reçoivent avec vn parfait enchaînemant leur juſte étanduë. De ſorte que ny les Eſprits Vulgaires, ny nôtre Langue Françoiſe, ne m'ont pas ſamblé avoir aſſez de force pour vne ſi grande charge ; qui ſera plus proportionnée aus Do-

ĩ ij

ctes, & aus Sçavans.



Ie ne nie pas auſſi que je n'aye eu en cete conduite, quelque complaiſance pour CES ILLVSTRES DAMES, dont les vnes dans le Monde, les autres dans le Cloître font leurs innocentes delices des belles connoiſſances de l'Eſprit ; qu'elles marient heureuzémant avec les ſolides inſtructions de la Vertu, & les ſerieuzes pratiques de la Devotion. Ce n'eſt pas que j'appreuve la curioſité de quelques-vnes de ce Sexe, que lés contantions du Siecle randent exceſſive, & pleine d'vne foible & ridicule vanité. Celles-cy, ſans mantir, ont oublié que le premier crime qui nous a tous randus égalemant coupables & miſerables; c'eſt ce pernicieus deſir de ſçavoir le bien & le mal, qui perdit la premiere de toutes les fammes. Ie n'ay garde de leur eſtre vn ſecond Ange de tenebres & de manſonge, en cete funeſte tantation. Mais parce que la diſtinction des Sexes ne ſe treuve point dans les Eſprits, je veus ſeulemant leur faire entandre, qu'elles jugeront elles-mémes que ce Recueil eſt tiſſu d'vne diverſité qui leur peut eſtre égalemant agreable & profitable. Qu'elles y treuveront l'Idée & les Principes de toute cete haute Sageſſe, que leur condition ne leur permet pas d'aller chercher dans les Academies Publiques. Et cela, comme l'experiance leur fera voir, avec tant de facilité & de ſuccés; que toutes Celles qui prennent plaiſir dans la meditation & dans l'habileté, dans le Cabinet ou dans la converſation des Perſonnes polies, treuveront en cét Ecrit, vne ſource de ſatisfactions tres-belles & tres-honnétes. Au moins eſt-il

capable de détourner Celles qui vivent parmy le Monde,
de ces mauvaises & fades LECTVRES, de ces entre-
tiens badins & souvant criminels ; qui font le poizon de
cete Partie des Hommes la plus foible, parce qu'elle est
la plus delicate. Et qui à cause de cela méme, sont bien
moins éloignées, qu'elles ne pensent peut-estre elles-mémes,
de l'étude des plus subtiles & des plus sublimes veritez.
Ce que je dis avec d'autant moins de scrupule, que ce grand
& fameus Pere, cét austere Religieus S. Ierôme, n'ignorant pas que l'Eglise donnoit à ce Sexe la vertu pour dot,
& la devotion pour appanage ; il n'a pas laissé toutefois,
méme dans sa vieillesse plus avancée, d'enseigner les Sciances, & encore iusqu'à l'Alphabet, aus Paules & aus Eu-
stoches, aus Marcelles & aus Fabioles.

Aprés tout, je ne sçay si d'autres ont travaillé sur le
méme sujet. Mais je sçay bien, & sans doute, MON
CHER LECTEVR, vous le jugerez avec moy ;
qu'au moins il est icy traité, d'vne façon particuliere. Ailleurs, principalemant du côté d'Allemagne, vous treuvez des
Monceaus & des Forêts. Vn tas confus, qui ne fait
qu'accumuler les Sciances & les Arts ; sans ordre, sans
liaison, & sans dépandance naturele ny artificiele. Nous
en avons veu d'Autres qui font de vray, vn amas de toutes
les Sciances. Mais ils les attachent seulemant par vn lien,
qui n'a point d'autre NOEV que leur chois ou le hazard.
Ce qui ne faisant point de vray corps, est chargé de tenebres & de repetitions. D'autres pour apprandre à parler
de toutes choses, n'omettent rien du détail ; qui toutefois ne

A Celuy qui lît.

doit appartenir qu'à l'étude, & à la boutique de chaque
Discipline ou Métier. Outre que cete menuë recherche
paroît trop affectée, elle ne sert ordinairemant qu'à randre
le Discours obscur, mais toûjours tres-bas, & tres plat.
Car pour le beau style, & l'expreßion noble, genereuze,
judicieuze, tele que doit estre celle des Hommes Sages; c'est
aßez de sçavoir jûqu'au fond & par le menu, tout ce qui
appartient à la Condition d'vn chacun : & aus Sçiances
qui sont dans le commun vzage des Honétes-Gens. Pour
tout le reste, il suffit certainemant d'avoir des connoißan-
ces generales : & de sçavoir les termes les plus ordinaires,
& les mieux choisis. C'est à dire ceus dont l'Esprit-Humain peut tirer quelque belle Verité, pour enrichir ses Mé-
ditations. Et lors qu'il parle en Public, ou qu'il écrit quelque riche comparaison pour embellir son Discours, & fortifier ses Raisonnemans.

　Ie dois encore ajoûter en cete Instruction AV LECTEVR,
qu'il y a dé-ja plusieurs années que ce Travail étoit ébauché entre mes mains. Depuis nommemant qu'entre plusieurs
autres Personnes des plus considerables, ce Grand Homme de Dieu LE R. P. CONTEREN, dont la memoire m'est en benediction ; m'avoit poußé puißammant
à poursuivre cete entreprise, qu'il jugeoit avoir quelque rapport avec ses propres desseins. Mais il demeuroit ainsi sur
le Métier & sous le Pinceau, parce que j'avois abandonné
le dessein de l'achever : & n'avois jamais eu celuy de le
faire voir au jour, du moins en nôtre Langue. Deus raisons principales arrétoient mon esprit dans cete resolution.

<h1 style="text-align:center">A Celuy qui lît.</h1>

Eccl. 1.

La premiere, c'eſt que D I E V par ſa miſericorde, m'a fait la grace il y a aſſez long-temps de mettre le gros & le détail des Sçiances, au nombre de toutes ces *Grandes Vanitez*, dont le Monde eſt rampli, au Iugemant méme de Salomon qui n'en a ignoré aucune. La ſeconde, c'eſt qu'vne ſi grande varieté & multiplicité, me ſambloient vn peu éloignées de cete chere V N I T E'; pour laquelle i'ay tant d'amour, & ie revere comme vn des plus pretieus Oracles ſortis de la bouche D E I. C H R. Ces deus motifs faiſoient facilemant couler mon Eſprit & mon loiſir dans les autres emplois, qui ne m'euſſent pas permis depuis quinze ans de mettre la derniere main à ce Travail. Enfin il eſt arrivé il y a quatre ou cinq ans, qu'vne Perſonne à la haute qualité & au merite de laquelle je ne puis & ne dois rien refuzer; m'obligea de remanier mon Ouvrage, & de mettre ce Recueil au net. Cependant il demeuroit encore ſous la lime, jûq'uà ce que aprés avoir conſulté le Pere des Lumieres, je me ſuis auſſi laiſſé perſuader, que cet arangemant de toutes les Sçiances, pouvoit n'eſtre pas inutile au Public. Et parce que cete Metho-de eſt propre au moins pour diſcourir naturelemant & fa-cilemant de toutes Choſes, avec l'aide de cét Eſprit de Ve-rité & de Sainteté, qui poſſede & qui communique aus Apôtres la Sçiance de la Vois; j'ay creu qu'elle pouvoit peut-eſtre profiter, principalemant à Ceus qui travaillent au ſalut des Ames, par la diſpanſation de la Parole de D I E V. Aprés tout, puiſque la Providance du grand Pere de fa-mille, à qui nos Eſtres, nos Vies, & nos Occupations

# A Celuy qui lît.

*appartiennent, à bien daigné employer prés des deus tiers de ma vie, dans le ministere de cete Parole Euangelique ; j'ay bien voulu croire que je devois sans scrupule, publier ce que d'autres que moy ont jugé capable d'en randre l'vzage & plus facile, & plus parfait.*

*C'est le fruict que nous en recueillons par la misericorde de DIEV, Il y a des-ja assez long-temps. S'il y a en cet Ouvrage quelque pensée hors d'oeuvre, ou quelque terme mal placé ; les Sçavans en chaque Art & en chaque Discipline, sont priez de les corriger.*

*Pour LE STYLE, j'ay toûjours donné la preferance à celuy qui est entre l'Asiatique, qui a plus d'étanduë ; & le Laconique, qui est plus reserré. C'est à dire, que de ces deus il s'en forme vn troiziéme, qui est fort, vigoureus, precis : plein de sens & de pointes, de netteté, d'ordre & de clarté. En vn mot, comparant le caractere du Discours, au trait & à l'air des Peintures ; je le croy d'autant plus achevé, qu'il paroît naif & plus approchant du naturel.*

*Dans ce Traitté, que l'on pourroit peut-estre nommer le DICTIONNAIRE General des Sçiances, le Genre Didascalique, & le mélange de tant de Choses diverses ; ont dû avoir vn Langage, qui fût à peu prés de méme nature. S'il y a du bien, MON CHER LECTEVR, servez-vous en avec profit à la Gloire de DIEV, au bien de l'Eglise, & pour le salut de vôtre Ame. S'il y a des fautes, faites mieus, & agréez au moins ma bonne volonté.*

# L'IDEE
## GENERALE
# DES SCIANCES,
## DISTRIBVEES
## Dans les diuers Cercles
## DE L'ENCYCLOPEDIE.
# L'ENTREE.

A SCIANCE eſt vne connoiſſance certaine & euidante de la verité. Ce qui fait que les mémes raiſons qui perſuadent qu'il n'y a qu'v-
ne verité en toutes choſes, au moins
par proportion & par reſſamblance: nous obligent de reconnoître qu'en la méme maniere, il n'y a auſſi qu'vne Sçiance Generale
et Vniuersele. En ſuite dequoy nous ſeruant
de la méme liaizon qui eſt entre tous les Eſtres,

Il y a vne
Sçiance Vni-
uerſele.

& de l'enchaînemant qui vnît toutes les véritez; nous deuons rapporter & attacher cete Sçiance à D I E V, qui en eſt le Seigneur; tout ainſi qu'à ſon centre, & au premier & dernier anneau de cete chaîne dorée, que l'ancienne Theologie a fort bien reconnuë.

Delà on peut juger, qu'il eſt tres à propos d'arranger toutes les Sçiances dans vne E N C Y C L OP E D I E; c'eſt à dire dans vn Cercle, qui enferme toutes les Diſciplines. Le meilleur moyen pour y reüſſir, c'eſt de ſuiure pas à pas les routes de la Nature, & les conduites de ſon tres-ſage Auteur; qui a diſpoſé tous les Eſtres en poids, en nombre, & en mezure. Ce partage ouure vne entrée merueilleuze à l'inſtruction de l'Eſprit humain dans l'étude des Sçiances neceſſaires, vtiles, ou agreables à la vie & à la condition d'vn châcun.

Laiſſant donc aus Particuliers, le ſoin de donner plus d'étanduë aus Sçiances de leur métier, & dont ils ont plus de bezoin : je me contanteray en cét Ouurage, aidé, comme j'eſpere de la grace de D I E V, & fauorizé des auſpices de la Sageſſe Incrée & Incarnée, de tracer icy vne I D E E G E N E R A L E, qui repreſente la diuiſion, & le juſte partage de toutes les Sçiances, de tous les Arts, & de toutes les Diſciplines à peu prés en cete maniere.

Toute D O C T R I N E conſiderée en ſa plus ſimple & en ſa plus grande étanduë, eſt ou H V M A I N E & Inuantée, ou D I V I N E & inſpirée. Commançons par la premiere, qui nous eſt la plus familiere.

# LA SCIANCE
# HVMAINE.

ANS ces deus mots je ranferme la connoiſſan-
ce de toutes les veritez, que la meditation &
l'experiance des bons Eſprits, des Hommes curieus & ſçauans, ont inuantée, acquiſe & enſeignée; la reduiſant à certaines regles, methodes & principes. Le Partage le plus vniuerſel ſe fait en *deus
claſſes.* La premiere comprant les trois Sçiances S P E C V-
L A T I V E S; la Phyſique, la Mathematique, & la Metaphyſique. La ſeconde, enferme les trois P R A C T I Q V E S; qui
s'appliquent aus Paroles, au Raiſonnemant, & à l'Action.

1. La diuiſion
des Sçiances en
Speculatiues,
& Practiques.

Suiuant le ſtyle de la Nature & de la Doctrine, il faut
commançer par les plus baſſes, qui ſont les plus voiſines de
nos ſens. Auſſi bien auons-nous remarqué aprés le plus ancien de tous les Oracles, rapporté par le ſçauant Theologal
d'Alexandrie, que la meilleure école de l'Homme, c'eſt
l'Homme méme. Il n'a bezoin que de luy, pour découurir
les ſuites de cete Sçiance que Dauid appele admirable. En
s'étudiant ſoy-méme, il apprand tout : & s'il ſe coñnoît parfaitemant, il peút bien ſe vanter qu'il n'ignore quoyque ce
ſoit. Il eſt le grand Prétre de la Nature, qui porte ces deus
mots enchaſſez au milieu de ſon eſtomac; *la Doctrine, & la
Verité.*

γιῶθι σεαυτὸν.
*Clem. Alexandr.
Stromat. 1.*

*Mirabilis facta
eſt Scient. tua ex
me. Pſal. 138.*

Dans cete veuë je partage l'Homme, tout ainſi que le Temple de Salomon, en trois étages. Le Portail, c'eſt l'Homme
ſenſitif : la Nef, c'eſt l'Homme raiſonnable; le Sanctuaire,
c'eſt l'Homme intellectuel. Le premier enferme les Sens,

3. La diuiſion
des Sçiances, par
les trois Etats
de l'Homme.

A ij

les Paſſions, & l'Imagination. Le ſecond la Raiſon, le Diſcours, & le Iugemant. Le troiſiéme l'Intelligence, l'Eſprit,
& ce que les Grecs appelent *Noῦs*, les Latins *Mens*, & les
François le centre ou la pointe de l'Eſprit.

Le Regne des Sens, c'eſt l'Enfance. Car incontinant aprés
la naiſſance, la Nature nous ouure les yeus pour regarder,
les oreilles pour écouter, la bouche pour parler. L'âge floriſſant fait éclore les premieres productions du raiſonnemant,
& du diſcours. La Ieuneſſe dans ſa maturité & à l'entrée de
l'âge viril, perfectionne la force, la raiſon & le jugemant.
A mezure que l'vn & l'autre s'épurent, l'eſprit ſe treuue libre
dans ſes fonctions intellectueles & détachées de la matiere:
ou à executer par des inuantions & par des adreſſes tres-
ſubtiles, ce que les plus hautes ſpeculations luy ont enſeigné.
C'eſt juſtemant cete méme œconomie, qui fait toute L'E N-
CYCLOPEDIE des Sçiances.

Parceque la connoiſſance animale, materiele & groſſiere
marche toûjours deuant la Spirituele, d'abord les eſpeces
des choſes corporeles ſe preſentent aus ſens qui ſont les premieres vedetes ou ſentineles auancées pour découurir les
objets, qui s'approchent principalement de la veuë. Surquoy
la premiere enquéte de l'Eſprit humain, ayant veu les choſes
par les yeus, c'eſt de s'informer par les oreilles du nom des
choſes; pour les connoître, s'en ſouuenir, ou en parler.



Pallas ou Minerue qui preſide à cete premiere porte, c'eſt
*l'Erudition*; qui enſeigne peu à peu les Lettres Humaines, que
l'on appele autremant les belles Lettres. On les nomme de la
ſorte, parcequ'elles ſamblent naître auec l'Homme & embellir le prim-temps de ſa vie. Mais comme les choſes ne
ſont imprimées par les yeus & par les oreilles, que pour
eſtre exprimées par la langue; la Nature auant tout, & en ſuite de la Nature, l'Art, qui l'imite, nous doit apprandre à parler. C'eſt ce qu'enſeigne *la Grammaire*.



En ſecond lieu ce ſeroit vn trauail facheus & inutile d'apprandre les choſes dont le rapport nous eſt fait, ſi la memoire ne les retenoit. Cela ſuffit pour faire ſuiure le Corps de
*l'Hiſtoire*; qui dans la proprieté méme de ſon nom, n'eſt

qu'vne reueuë de ce qui s'eſt paſſé ; y ajoûtant les differantes paſſions, & les diuers mouuemans qui ont produit, ou accompagné les diuerſes actions qui ſont racontées.

Enfin la *Poëſie* par ſes cadances & par ſes mezures s'attachant auec plus de force & de plaiſir à nôtre imagination, conſerue plus heureuzemant les choſes des-ja appriſes.  La Poëſie

Voila bien nettemant le premier ordre des Sçiances, compoſé de trois Cercles qui rampliſſent les trois étages de l'Homme ſenſitif. Marchant donc ainſi pas à pas, ſur les prémieres brizées de la Nature & de l'Erudition ; commançons à parler, de ce qui eſt le premier enſeigné dans l'inſtruction de l'Enfance.

# LA GRAMMAIRE
## Generale, & Raiſonnée.

ET Art empruntant ſon nom du ſecond de ſes offices, qui eſt l'Ecriture, enſeigne à lire nettemant : à écrire correctemant, à parler congrumant, & à prononcer agreablemant. Comme il eſt inuanté par l'induſtrie des Hommes, pour l'entretien de la ſocieté & pour l'vzage des Sçiances ; neceſſairemant il eſt recueilli de pluſieurs experiances, ou reflexions. Il eſt ramaſſé de diuerſes parties, dont les premieres, les moindres & les plus ſimples ſont appelées les *Elemans*. Ce ſont les Lettres qui changent de nombre, de figure & de ſignification, ſelon la diuerſité des Nations.  Les Lettres, ou Elemans de l'Alphabet.

Ce que c'eſt que la Grammaire. Ce qu'elle onſeigne.

On les apprand dans l'Alphabet, que l'on nomme autremant l'A , B, C. Enquoy il me ſamble que la coûtume des Chrétiens, qu'on nomme en Syrie de la Ceinture, eſt bien remarquable. Et il ſeroit à ſouhaitter qu'il y eût quelque vzage ſamblable entre les Fideles. Car parmy ceus-la chaque lettre de l'Alphabet commançant le nom d'vne chose diuine, il se forme à la fin vne priere égalemant deuote & ingenieuze. Comme qui diroit en nôtre Langue ; Adorable Bonté, Createur, D i e v Eternel, Fort, Grand, Honorable, Immortel, Lumiere Magnifique, Nôtre Oriant, Pere, Qui Rachettez, Soyez Toûjours Victorieus & Zelé pour nous. *Amen.*

*Apoc. 1. & vl.* A quoy l'on peut ajoûter que D i e v s'appele l'A. & l'Ω. Et que la premiere combination des deus premieres lettres, fait en tous sens, *Abba*, qui signifie que D i e v est le Pere de toutes choses : & que c'est par ce nom amoureus, que les Enfans commancent à ouurir la bouche & à begayer. S. Ierôme aprés Quintilien enseigne quelque chose de samblable, lors qu'il conseille à la Dame Læta de faire instruire sa petite *Lib. 2. Epist. 15.* fille Penula auec des echets de buys, *litteris buxeis*, sur lequel les lettres de l'Alphabet fussent grauées ; *vt lusus ipse sit eru-ditio.*

Cependant la plû-part des Peuples, font deus distinctions principales de ces Lettres ; en Voyeles, & en Consones ou Consonantes. *Les Voyeles* parlent toutes seules, & Les Voyeles. forment vn son entier. Si on accouple deus de ces Voyeles, Les Diphtongues. pour n'en faire qu'vne, on les appele *Diphtongues* ; comme Les Consonantes. ae, oe, oy. *Les Consonantes* n'ont point de son parfait, si elles ne marchent en la compagnie de Voyeles. Si on les approche & coniointles vnes auec les autres, elles font les *Sylla-* Les Syllabes. *bes* : non plus simples comme les Voyeles seules, mais composées. De la liaison & conionction de ces Syllabes, l'on Les Mots entiers. compoze les *Mots* ou dictions ; qui contiennent ou representent tout ce que les Hommes veulent exprimer, parlant les vns aus autres.

Pour découurir d'abord, la suite naturele de ces Mots ; je Les Principaus. les considere ou comme *Principaus*, ou comme *Accessoires.* L'on y ajoûte, selon la diuersité des Langues, les *Aspirations*, comme l'H, qui randent la prononciation plus forte & plus Les Accens. âpre ; hautain, hardy. *Les Accens*, sont les mezures de la quantité ; qui fait que la syllabe est Longue ou Breue, Indifferante ou Douteuze ; laquele l'on peut faire quelquefois

longue, quelquefois breue. Il y a trois Accens; l'Aigu,
préque; le graue, où; le circonflexe, coûtume:

　　*Les Accessoires* fuiuent préque en toutes choses, la nature   Les Accessoi-
& les regles des Principaus. Ainfi le Pronom s'ajuste auec le   res.
Nom, l'Adiectif auec le Substantif: l'Aduerbe auec le Verbe,   Les Simples,
le Participe prand part à la qualité de ces deus premiers.   Compofez, &c.

　　Tous les Mots *font* ou fimples, comme humain: ou compofez, comme inhumain. Ou primitifs, comme terre: ou
deriuez, comme terreftre. Ou entiers, comme liure: ou diminutifs, comme liuret: ou frequentatifs, comme biboter;
ou indeclinables, ou declinables. On les reduît tous à
huict, que les Grammairiens nomment les *Parties de*   Huict Parties
*l'Oraifon*; le Nom, le Pronom: le Verbe, le Participe;   de l'Oraifon.
l'Aduerbe, la Prepofition, l'Interjection, & la Conjonction.

　　Ces quatre derniers ne fe variant jamais, demeurent toû-   Les Indecli-
jours en vne même posture & en vne même fituation. Tou-   nables.
tefois encore qu'ils ne fe declinent point en eus-mémes, ils
ne laiffent pas de varier leur fignification; laquelle eft empruntée non pas tant du nom qui declare l'eftre des chofes,
comme des actions & des diuerfes circonftances qui fur-
uiennent. *Les Aduerbes* marquent le lieu; icy, là: deffous,   Les Aduerbes.
deffus, Le temps; hier, aujourd'huy, demain. La quantité;
peu, beaucoup, plus, moins, trop, &c. *Les Prepofitions*, font   Les Prepofi-
tous les mots que l'on met deuant les noms; comme Preli-   tions.
minaires, Auant-propos, &c. Quelquefois elles changent la
fignification, d'autrefois elles ne feruent qu'à enrichir & or-
ner le langage. *L'Interiection*, eft vne forte d'aduerbe, qui mar-   L'Interiection.
que tout feul quelque mouuemant de l'ame; comme de pleîn-
te, d'admiration, de regret, d'indignation. Ce qu'elle fait
auec plus de force par vne Exclamation, ou par vne Inter-
rogation inferée dans le difcours. Las! helas! ô Dieu!
Ciel & Terre, où en fommes-nous? *La Conionction* ar-   La Conion-
range toutes les parties du difcours. Les vnes font copu-   ction.
latiues; &, auffi, auec, même, joint que, &c. Les autres
font disjonctiues; ou, ny, &c. Il y en a de conditioneles;
pourueu que, que, fi, &c. Il y en a qui defignent la caufe;

c'eſt pourquoy, afinque, &c.

Les Mots *Principaus* ſont ou les Noms, ou les Verbes. Les vns & les autres reçoiuent, ſelon la diuerſité des Langues, vne tres-grande quantité de terminaiſons, de change-mans & de mutations.

Dans les Langues deriuées, teles que ſont la Françoiſe, l'Italienne, & l'Eſpagnole ; les Noms ne ſe diuerſifient d'ordinaire, que par deus moyens. Le premier, ſont certaines ſyllabes appellées *Articles* ; qui ſeruent comme de clef, de cheualet ou de gouuernail ; comme le, la, les : des, aus, &c. Le ſecond moyen, ſont *les deus Verbes Auxiliaires* ; Eſtre, & Auoir. On y ajoûte les Pronoms, qui marquent préque toute la differance qui ſe treuue dans les Verbes.

Mais recherchant l'entrée dans ces deus principales parties de la parole, & du diſcours ; la Nature m'a fait voir, que *Neuf* termes ou mots acheuoient entieremant la genealogie & la propagation de chaque parole. Telemant que pour prandre le fil naturel des penſées & la ſuite neceſſaire des paroles, ſelon le train des Veritez & des Eſtres ( qui eſt ma façon de proceder ) j'ay marché par ce chemin que je croy egalemant facile & infaillible, delectable & profitable.

1. Ie reduis donc tout ce qui eſt dans le monde, à *trois chefs* ; l'Eſtre, l'Agir & le Patir, auec leur perfection. 2. En ces trois je diſtingue premieremant l'Eſtre abſolu, puis le bien eſtre : en fin la façon ou maniere dont la choſe eſt, agît, ou patit. 3. En ſuite je fais la deſcente, reuolution ou propagation naturele & neceſſaire en cete maniere. Premieremant pour denoter la choſe de laquelle on parle, j'établis le *Nom* ; qui ſeul a ſa ſubſiſtance & ſon entiere ſignification, appelé pour cet effet, *Subſtantif*. Au nom je rapporte le *Pronom*, qui eſt comme le Vicaire & le Lieutenant du Nom ; parce qu'il exprime la Perſonne auec plus d'emphaze, ou de facilité & de brieueté. Les vns ſont Demonſtratifs ; celui-cy, celle-la. Les autres ſont Perſonnels, je, toy : noûs, vous. Les autres ſont Poſſeſſifs, mien, tien, &c. Les autres ſont indefinis, quelqu'vn, quiconque, &c.

On diſtingue le Subſtantif en *propre*, lors qu'il denote

VII

vn sujet particulier; comme Pierre, Paul, Rome. En Appelatif, qui signifie vn sujet commun à plusieurs; comme *L'Appelatif.*
l'Homme, la Ville. Si à l'Estre on ajoûte le bien estre, ou
la maniere dont la chose est, agît ou patît; du Nom, l'on
forme *l'Adiectif*; comme l'homme docte, Paris tres-grande *L'Adiectif.*
ville: D I E V tout-puissant, Roy tres-clemant.

Le nom ainsi établi, entre en diuers états ou dispositions
à la faueur d'vn autre mot principal, que l'on appele le
*Verbe.* Ce terme considere, ou l'existance de l'Estre cy- *Le Verbe.*
deuant nommée, & lors on l'appele verbe *Substantif*; je *Substantif.*
suis, j'existe. Ou parce que l'Estre n'est que pour operer, on
passe à quelque action ou production, par le verbe *Actif*; *L'Actif.*
j'aime, je voy, j'enseigne.

Mais dautant qu'il n'y a jamais d'action sans passion, l'effet receu en quelque sujet que ce soit, forme le verbe *Pas-* *Le Passif.*
*sif*; *doceor*, je suis enseigné: *honoror*, je suis honoré. Lors
que cete action s'arréte dans le sujet qui la produît, on
l'appele *Neutre*; je vis, je suis debout, je cours. Que si en *Le Neutre.*
quelque langue le verbe signifie égalemant l'action & la passion, on le nommera *Commun*; comme *osculor*, je baize ou je *Le Commun.*
suis baizé: *complector*, j'embrasse ou je suis embrassé. Le Verbe *Deponant* a la signification actiue, & la terminaison passi- *Le Deponant.*
ue; comme *loquor*, je parle: *fruor*, je joüis.

Si vous ajoutez la maniere prise de toutes les circonstances qui interuiennent en chaque chose; vous treuuez cete
grande multitude, cete infinie diuersité d'*Aduerbes*; qui sont *Les Aduerbes.*
les Epithetes & les Adiectifs, premieremant des Verbes,
mais qui s'étandent aussi aus Noms. En tele sorte que les
Adiectifs & les Aduerbes naissent indifferammant tantôt
des Noms, tantôt des Verbes. Voire-méme les Noms, les
Aduerbes & les Verbes s'engendrent les vns des autres: &
ont leurs degrez positif, comparatif, & superlatif; comme
beau, plus beau, tres-beau, ou bellissime.

Ces Speculations qui sont vraimant ouurages de la Metaphysique & de la Logique, ausqueles il apartient de
dresser les Arts, les Disciplines & les Methodes; doiuent
estre éclairées, par la lumiere des examples suiuans. On dit

*La 1. P. La Sçience Humaine.*                    B

donc dans cete suite. Sainteté, Saint, Sanctifier, Sanctificateur, Sanctifiant, Sanctification : Sanctificabilité, San-
ctificable, Sanctifié, Saintemant. En latin *Doctrina*, *Doctus*,
*Docere*, *Doctor*, *Docens*, *Doctio* : *Docibilitas*, *Docibilis*, *Doctus*,
*Docté*. Disons-le encore auec plus d'étanduë & d'expression,
afin de faire l'examen & la dissection totale de la parole &
du discours.

Si le Nom Substantif se treuue separé, comme vague ; c'est
vn *Abstrait*, l'humanité. S'il est lié & attaché à vn sujet precis & determiné, c'est vn *Concret* ou assamblage, l'homme.
Ajoûtez luy son adjectif, humain. Faites naître vn Verbe
( qu'il soit en vzage ou non, il n'importe pas pour justifier la
verité de ma proposition ) comme qui diroit humanizer, In-
nocenter. De son Infinitif ou de son supin, formez l'agent
humanizeur. Mettez-le en exercice, humanizant. L'action
suit aussi-tôt, laquele est le moyen, le passage & le milieu naturel entre l'agent & le patiant, humanization. Ce qui suiura
est puremant passif ; humanibilité, humanizable, humani-
zé, humanité. Puis deriuez les adjectifs, les aduerbes, les
diminutifs, les frequentatifs, &c. selon les trois degrez
que nous venons de nommer le positif, le comparatif, & le
superlatif ; qui se font soit en diminuant, soit en augmentant.

Plus briéuemant, pour enseigner aus Apprantifs la construction naturele, & la suite des parties d'vn discours, il
suffiroit de pozer le nom. Il faut ensuite le randre agissant,
puis marquer l'action, auec la chose produite. Enfin la maniere de tous les deus, par les adjectifs & par les aduerbes ;
comme Saint, Sanctifier, Sainteté, Saintemant.

De sorte que si les loix receuës par l'vzage, n'y apportoient
point d'obstacle ; l'homme vraimant sage inuanteroit des
mots particuliers, expressifs & significatifs de toutes choses.
Et en cela, il suiuroit infailliblemant vne regle certaine ;
marchant dans les voyes de la Nature, qui est toûjours vniforme.

De vray, outre les examples que je viens d'alleguer, commançant par le plus simple mot d'vne signification, c'est à

dire par celuy ordinairement où je treuue moins de lettres ;
qui m'empéchera de dire en deriuant , *creo , creatiuus , crea-
tor , creans , creatio : creabilitas , creabilis , creatus , creatura,
createˆ , creanter , &c.* Puis compoſant ie diray *procreo , concreo,
decreo , recreo : coeli-creator , omni-potenti-creator.* De méme je
diray en nôtre Langue , honeur , honorable , honorer , ho-
norificateur , honorant , honorification : honorificabilité,
honorificable , honoremant , honorablemant , honorifique,
&c. Puis des-honneur , des-honorer , con-honorification,
tout-honoré , & ſamblables. Si comme j'ay des-ja inſinué , la
delicateſſe de nos oreilles ſe pouuoit accoûtumer à ces mots
propres & expreſſifs ; quoy que rudes , parce qu'ils ſamblent
extraordinaires , & ne ſont pas receus par l'vzage. Or afin de
reduire la diuerſité de tous ces mots qui reçoiuent diuerſes
flexions ou mutations , à certaines regles plus generales ; on
a inuanté

---

# LES DECLINAIZONS,
## & les Coniugaizons.

 E S Declinaizons ſeruent pour l'vzage des
Noms , & les Coniugaizons pour l'emploi des
Verbes. Les vns & les autres reçoiuent ordinài-
remant , *deus nombres* ; qui marquent la quantité Deus nombres.
ou la qualité des Perſonnes ou des choſes , dont
il s'agît. Car ſi la choſe ſignifiée par le nom ou par le verbe
eſt ſeule ranfermée dans l'vnité , voila le *ſingulier* ; l'amour,
*amor* : j'aime , *amo.* Si on le met en compagnie marquant
quelque multitude , c'eſt le pluriel ; les amours , *amores:*
nous aimons , *amamus.*

Dans les Declinaizons , qui diuiſent comme en certaines
claſſes tous les noms ; on conſidere outre les deus nombres
dont je viens de parler , *les Genres* & les Cas. De ſorte que tout Les Genres,
ce que je conçois eſtre fort & agiſſant , ainſi que fait vne ver-

| | |
|---|---|
| Le Mafculin. | tu mâle, je le mets fous le genre *Mafculin*; comme font les noms d'homme, de fleuue, &c. Si les noms que je conçois reffamblent à quelque chofe de plus mol, paffif, receuant |
| Le Feminin. | & contenant, je les appele *feminins*; la terre, la ville, la Muze, &c. Si en quelque Langue ils embraffent tous les deus, ils |
| Le Commun. | font de *commun genre*; *homo, princeps, Dux*, &c. Et s'ils s'ac- |
| De tout-Gen-re. | commodent à tous, on les nomme de *tous genres*. Encore qu'à dire vray, ces diftinctions font la plû-part arbitraires: & quafi fans autre raifon, que de l'autorité & de l'vzage. |
| Les Cas. | *Les Cas* font diuerfes chûtes & pofitions, où le Nom tombe & fe rancontre en declinant; c'eft à dire lors qu'il change & s'écarte de fa premiere fituation, en la maniere qui fuit. Parce qu'auant tout, chaque chofe des-lors qu'elle eft pozée, afin d'attacher fon efpece ou image à nôtre efprit, doit eftre nommée, c'eft à dire fimplemant marquée & dé-notée; le premier cas ou la premiere pofition de châque cho- |
| Le Nominatif | fe s'appele le *Nominatif*; Dieu, le Pere, la pierre. |
| Le Genitif. | Si la chofe pozée produit par vne efpece de generation quelque effet, on forme le *Genitif*. C'eft luy qui exprime vne chofe qui procede, ou qui eft procedée de quelqu'autre. Par ce qu'en effet, la premiere poffeffion & la plus propre, c'eft celle qui fe fait par la generation; comme l'œuure de D I E V, le Fils du Pere, l'image de l'homme, le liure de Pierre. |
| Le Datif. | Ce qu'elle a des-ja produit ou receu du dehors, luy eft at-tribué par le *Datif*. Par example; je donne ma premiere pen-fée à D I E V, je me confacre à I E S V S - C H R I S T, je luy appartiens. |
| L'Accufatif. | Si on veût accuzer, c'eft à dire dénoter & faire entandre l'effet de cete poffeffion des-ja faite: c'eft à dire la chofe que l'on fait, ou l'objet de l'action; on fait rancontrer le mot dans vne autre fituation, appelée *l'Accufatif*: parce que lors que l'on accufe, il faut indiquer, & faire conoître diftincte-mant; j'adore D I E V, j'aime I E S V S - C H R I S T, j'eftime mon frere. |
| L'Ablatif. | Si on veût faire conoître la fortie, la feparation & l'éloi-gnemant d'vne chofe hors de l'autre, on fe fert de *l'Ablatif*. |

Il vient du mot latin *auferre*, & fignifie feparer, ôter ; comme
le fils eft engendré de fon pere : *à patre*, fortir de la maifon,
*egredi domo.*

Au refte ce qu'on nomme le *Vocatif*, n'eft que le Nomina- Le Vocatif.
tif; lors qu'on s'adreffe à quelqu'vn que l'on appele, que l'on
inuoque, ou que l'on reclame. D'où vient qu'il n'eft point
nommé en quelques Langues ; comme ô Iesvs! fecourez-
moy; hola Pierre, venez à moy.

Dans les verbes, les *Coniugaizons* marquant les intantions Les Coniugai-
& les circonftances auec lefqueles la chofe eft, agit ou patit, zons.
font changer l'action, ou la paffion en toutes les perfonnes : en tous les temps, en tous les moyens & en toutes
les manieres, qu'ils appelent *Mœus* ou Modes.

On remarque plus particulieremant vne perfonne vague,
confufe & indeterminée, d'où naiffent les Verbes *Imperfo-* Les Verbes Im-
*nels*, c'eft à dire qui ne fpecifient aucune perfonne precife,& perfonels.
determinée. Ceus-cy ne fe coniuguent que par la troifiéme
perfonne foit de l'actif, foit du paffif. Et ainfi ils n'ont point
de nominatif deuant eus, comme *oportet* il faut : *curritur*, on
court. Ou bien on diftingue les *trois Perfonnes*. Celle qui par- Trois Perfon-
le, j'aime : celle à laquele on parle, tu aime ; celle de la- nes.
quele on parle, il aime.

Aprés on diftingue les *trois Temps* principaus, qui marquent Trois Temps.
l'action ou la paffion. Ce qui fe fait felon la differance du prefent, j'aime : du paffé, j'ay aimé ; & du futur, j'aimeray,
D'où naiffent en quelques Langues le parfait, l'imparfait, &
le plus que parfait.

*Le Mode* ou le Mœu marque l'air & la façon, dont la per- Cinq Modes.
fonne agit ou patit. Ce qui arriue en cinq principales manieres. Car pour montrer, exprimer & faire paroître effectiuemant mon amour prefent, paffé, ou futur ; je dis en *l'In-* L'Indicatif.
*dicatif*, j'aime, j'ay aimé, j'aimeray. Si j'exprime l'action,
commandant à quelqu'vn d'aimer, c'eft *l'Imperatif* aime, L'Imperatif.
*ama : loquere*, parle. Et parceque perfonne ne fe commande
à foy-même, l'Imperatif n'admet point de premiere perfonne. Si j'exprime par le fouhait ou par la priere, que la chofe
fe façe, c'eft *l'Optatif* ; *vtinam amarem!* plût à Dievque L'Optatif.

j'aimaſſe! Si on ajoûte quelque condition ou raiſon, je forme le *Subionctif* ou Conionctif ; *cum amem* , comme ainſi ſoit que j'aime. *L'Infinitif* marquant l'action ou la paſſion ſans indiquer aucune perſone , eſt moins determiné : & neanmoins il eſt tres-neceſſaire, pour la formation de tous les Verbes.

*Le Participe* eſt ainſi nommé, parce qu'il aſſamble en ſoy les deus vertus du Nom & du Verbe ; en ce qu'il repreſente à même temps , la ſubſtance & l'action de quelque choſe, DIEV creant, le Roy commandant, le ſujet obeïſſant. En quelques Langues , formant *le Gerondif* on exprime vne action, jointe à vne autre ; comme ſe promener en liſant, lire en meditant : *currere equitando* , *ſaltare cantando*. Si l'on va, ou que l'on vienne de faire cete action, on l'exprime par le *Supin* ranuerſé ; comme *venio cœnatum* , je viens de ſouper : *ire deambulatum* , aller ſe promener.

Le plus important de tous ces moyens ou modes c'eſt, comme nous venons de dire, l'Infinitif, parce qu'il eſt au Verbe, ce qu'eſt le Genitif à l'égard du Nom. C'eſt à dire qu'il eſt le caractere ou la forme, qui fait les differantes conjugaizons. C'eſt luy qui marque les diuers changemans de chaque verbe, en perſones, en ſignifications, en nombres, & en diuers Temps.

Cequi ſe fait ſelon les Loix que les Hommes ont arrangées dans la Syntaxe.

# LA SYNTAXE.

O N office eſt de faire la liaiſon congruë & l'a-
juſtemant du Subſtantif auec l'Adiectif , du
Nom auec le Verbe , & autres ſamblables obſeruations ; qui vont toutes à s'expliquer plus
nettemant , ou à perſuader plus fortemant.



Outre ces regles de la Grammaire vniuerſele , chaque Nation a ſes vzages , & chaque Langage a ſes idiomes particuliers. Leur diuerſité naît toûjours des premiers efforts de
la Nature, qui ſe veût exprimer: ſouuant du hazard, quelquefois de la raiſon & de la reflexion.

*L'Vzage* en eſt le grand maître , mais non pas le Seul & le
ſouuerain. Car l'étude le corrige tous les jours, pour randre
le Langage ou plus commode , ou plus beau. En quoy nôtre
*Langue Françoiſe* reüſsît à merueilles. Parcequ'encore qu'elle emprunte ſes mots des Latins , & ſa phraze des Grecs ; ſon
expreſſion toutefois s'ajuſte fort au deſſein de la Nature, &
à l'ordre auec lequel les choſes ſont conceuës & arrangées
dans l'eſprit par la penſée. Outre que ſes voyeles molles , &
le concours méme des monoſyllabes, contribuent à ſa politeſſe & à ſa douceur.





Ce n'eſt pas qu'elle n'ait auſſi bien que toutes les autres, ſes
excreſcenſes, ſes licences & ſes irregularitez. Car par tout
il y a des dictions *hotoroclitos*, & des façons de parler tout à
fait anomales. Iûques-là que la nôtre, auſſi bien que les autres, change ſes égaremans en vertus, & de ſes fautes fait des
perfections. L'on feroit vn Soleciſme dans l'vzage, ſi on
n'en faiſoit vn dans la regle ; lors que l'on dit, mon opinion,
non pas ma opinion.

Elle a encore, comme la Grecque, des *Enclytiques*, qui
accroiſſent la grace : & des ſuperfluitez, qui produiſſent la
force & la douceur ; comme on y fera tout ce qui ſe peut,
qu'y-a-t-il de plus raiſonnable ? &c. Au reſte la plus grande

*La diuersité des Langues.*

partie de ces irregularitez, naît de la bigarure des Idiomes & de la DIVERSITE' DES LANGVES.

*Les Mortes, & les Viuantes.*
*Les Domesti-ques, & Etran-geres.*
*Les Oriantales & Occidanta-les.*
*Les Primitiues, & Deriuées.*

On les distingue premieremant, en *Mortes & Viuantes.* Celles-là ne sont préque plus que dans les Liures, celles-cy se parlent dans le commerce & la societé des Hommes. Secondemant en *Domestiques*, qui sont celles du pays, où chacun est nay : & en *Etrangeres*, qui sont natureles à ceus qui nous sont étrangers. Troisiémemant en *Oriantales*, & en *Occidantales*. Enfin par vne distinction plus importante, en Primitiues & Deriuées. *Les Primitiues*, sont celles qui samblent ne prandre leur origine que d'elles-mémes. Les plus illustres, sont les trois qui ont esté consacrées par le titre attaché à la Croix du FILS DE DIEV ; l'Hebraïque, la Grecque,

*Trois prinei-pales.*

& la Latine. *Les Deriuées* & Secondaires sont comme des ruisseaus, qui coulent d'vne source plus haute. Les trois principales dans l'Europe, au moins les plus en vogue & en vzage ; sont la Françoise, aujourd'huy tres-acheuée & polie, l'Italiene, & l'Espagnole.

*Il y en a soissan-te-douze.*

L'on fait croître leur diuersité jûqu'au nombre de LXXII. autant qu'il y a eu de Nations principales. Cete multitude retarde beaucoup la Sçiance des choses, & est vn châtimant de DIEV sur l'orgüeil des entrepreneurs de la Tour de Ba-

*Erat terra labÿs vnius. Genes. 11. Actor. 1.*

bel. Car deuant cete insolante entreprise, les hommes & toute la terre ne parloit qu'vn méme langage. Mais aussi la reünion des Langues fut au jour de la Pentecóte vn admirable

*Langue Vniuer-sele.*

effet de la grace Euangelique, pour la conuersion & la reünion de tous les Habitans de la Terre.

Encore que tous ces Idiomes ayent quelque liaison & depandance, neanmoins se promettre vne *Langue Primitiue*, Originele ou Vniuersele ; à mon auis c'est vne pure illusion : & s'y amuzer, c'est vne perte de temps. La raison est, que les paroles estant vne inuantion de la fantaisie humaine, ou du hazard : & jamais personne n'ayant esté maître de tous les Hommes, les paroles n'ont nulle liaison naturele les vnes auec les autres. Au contraire des Estres, dont l'enchaînemant necessaire fonde vne Sçiance Vniuersele. Ce n'est pas que l'on ne puisse, par les mémes raisons, conuenir d'vne

façon

façon de parler & d'écrire ; laquele eſtant nouuelle & gene- Langue, & Ecri-
rale, pouroit eſtre receuë de toutes les Natiõs. Mais c'eſt vne ture generale.
belle imagination, qui ne ſera jamais reduite en pratique.

Le dernier office de la Grammaire, c'eſt d'ageancer particulieremant *l'Ecriture* : luy donnant cete beauté, cete clarté, & cét agré mant qui rejalit ſur tout le diſcours : & qui par
ſes pauſes & par ſes interualles donne méme dans la prononciation le loiſir de reſpirer, & fait vn de ſes plus beaus ornemans. Ce qui nous oblige d'en dire deus mots.

# L'ORTHOGRAPHE. TITRE V.

C'EST à elle qu'il apartient premieremant L'Orthogra-
de preſcrire la propre ſituation, le vray cara- phe.
ctere, & la liaiſon naturele des lettres. La
*Ponctuation* eſt ſon ſecond office. Elle ſe fait La Ponctua-
par la diſtinction reguliere & exacte des moindres mambres tion.
ou parties du diſcours, par des virgules : des demi-ſens, par
les deus poincts ; des periodes entieres, par le poinct. Que
ſi aprés vn ſens aſſez complet & acheué, l'on y fait quelque
addition, on la marque par l'hypocole, qui eſt le poinct à
queuë ; lequel allonge le ſens, & donne plus d'étanduë à la
periode. Le poinct *Interrogant* marque la demande, qu'eſt-
ce ? *l'Admiration* s'exprime par l'exclamation, comme
quand on dit, ô DIEV ! La *Paranteze* ( enfermée entre
deus demi-cercles ) interpoſe vn ſens qui ſamble rompre le
diſcours. Le beau ſtyle n'en admet préque plus. *L'Apoſtro-*
*phe* ſupprime quelqu'vne des voyeles. La Liaiſon, que l'on
appele à contre-ſens *Diuiſion*, joint les mots compoſez ou
coupez. Comme l'arrangemant que la Nature fait des ongles & des cheueus, n'eſt pas inutile : de méme ces obſeruations qui ſamblent minces & petites, ne laiſſent pas d'auoir
leur beauté & leur profit.

La coûtume que les plus polis de nos *Ecriuains François* S'il faut écrire
prennent depuis trante ans, d'approcher l'Orthographe comme l'on
prononce.

*La 1. P. La Sçiance Humaine.* C

le plus prés qu'il se peut de la prononciation, est d'autant plus legitime ; que la parole qui est l'image de la pensée, doit estre comme vne copie samblable à l'original , & comme la figure imprimée ressamble au cachet qui l'imprime. Outre que par tout ailleurs , l'on écrit tout de méme que l'on prononce. Cequi est si vray qu'encore aujourd'huy les fammes parmy nous , comme les moins éloignées de la Nature écriuent comme elles prononcent. Ioint que nôtre ancienne Orthographe marque euidammant , que nos vieus Gaulois prononçoient de méme ; comme font encore les Valons , & les Prouinces frontieres. Desorte que si cete belle & illustre Academie Françoise acheuoit d'ajuster la main auec la langue , l'écriture auec la prononciation ; elle pouroit se vanter de cüeillir beaucoup de gloire , en vn trauail qui paroît fort chetif. Au moins l'vtilité de cete entreprise ne peut estre contestée. Car retranchant les lettres superfluës , ne donnant à chacune que sa signification naturele : n'en mettant jamais en vne contraire à leur nature, comme, x, pour s, *veni-meux pour venimeus* ; nôtre Langue seroit bien plus aizemant aprise, leuë, entanduë & prononcée par les Enfans, & par les Etrangers ; qui en deuiennent si curieus, qu'elle s'étand desormais jûqu'au Midy & au Septantrion. Cequi seroit d'autant moins indigne de ces nobles Esprits, que ç'a esté l'Empereur CHARLES-MAGNE ; qui le premier a pris la peine de composer vné Grammaire Françoise.

*Voyez nôtre Methode Vniuerselle, & le Discours de l'Orthographe.*

---

# L'HISTOIRE.

TITRE VI.

Ce que c'est que l'Histoire.

COMME la Grammaire aprand l'vzage des Paroles, de mémel'Histoire enseigne à arranger & à se souuenir des choses mémes. C'est pourquoy on la peut definir vn fidele raport des choses les plus remarquables , qui ont esté faites ou dites. Son Corps, ce sont les choses recitées : son Ame, c'est la verité ; & son Esprit ce sont les raisons secretes, qui feruent de reſſorts & de principes aus actions que l'on raconte. L'Experiance eſtant la ſource de la Sageſſe, & la vie des Hommes ſon école; l'on a raiſon de dire que l'Hiſtoire eſt vraimant la mere de la prudance, la maîtreſſe des mœurs: l'aiguillon de la generoſité & de la ſainteté, la ſage directrice de toute la vie. Car comme la Philoſophie enſeigne ce qui ſe doit faire, de méme l'Hiſtoire montre ce qui a eſté fait, afin de l'imiter s'il eſt bon, & de l'éuiter s'il eſt mauuais. L'importance n'eſt pas en la faiſant ou en la liſant, d'en remarquer ny d'en retenir les plus beaus endroits, & les traits les plus illuſtres : mais d'en former vn jugemant ſain, qui ſerue d'œil à nôtre conduite.

Son *Etymologie* grecque, montre qu'elle ne deuroit eſtre écrite que par des témoins oculaires : & ce ſoin eſtoit autrefois reſerué aus Pontifes, afin que la verité fût plus religieuzemant en leurs bouches & en leurs plumes. C'eſt la plus agreable de toutes les Lectures. Mais elle eſt certes d'autant plus neceſſaire aus *Princes*, que c'eſt elle ſeule qui a le pouuoir de leur dire la verité. C'eſt pourquoy l'Empereur Alexandre n'eſtoit jamais ſans les Oeuures d'Homere, ny le Roy Alphonſe ſans celles de Tite Liue.

La *Matiere* de l'Hiſtoire, ſi on veût luy donner toute ſon étanduë, eſt ou vn recit veritable de cequi s'eſt paſſé : ou vn ſujet fait à plaiſir, aumoins notablemant deguizé. Ce dernier a engendré *les Fables*, & les Romans. Deus viandes fort creuzes, qui ne laiſſent pas toutefois de corrompre beaucoup de jeunes eſtomacs. Tant il eſt vray, que le manſonge a plus d'apas pour flatter; que la verité n'a de forces pour gagner, ou pour veincre l'Eſprit Humain. Au mojns ſi ceus qui ſe plaiſent aus ſuccés extraordinaires, s'arrétoient à ceque l'Ecriture Sainte recite des merueilleuzes & myſterieuzes auantures, ſi j'oze ainſi parler, d'Abraham, de Iacob, de Moyze, de Samſon: de Debora, de Iudith, d'Eſter, de Suzane, & autres ſamblables; ils ne ſeroient pas en danger ſous vne ſi bonne conduite, comme eſt l'Eſprit de verité & de pureté, de faire des naufrages & des pertes irreparables.

L'on peut dire cependant, que *le Roman* doit ceder à la



Les Hiſtoriens,

Sa Lecture vtile aus Princes,

Sa Matiere.

Fable ; puïfqu'outre la lâcheté & la moleffe , qui eft en la plû-
part des Amadis , des Aftrées , & de toutes ces fades douceurs ; les Fables enferment auec l'Erudition ancienne préfque tous les fecrets de la Nature , & de la Religion : toutes
les inftructions de la Morale, & toutes les adreffes de la Politique. Ces fictions au refte reçoiuent trois diftinctions bien
remarquables.

Les Fables.

Les Apologues.

Les Enigmes.
*De Comæd. ex.
cibus, & de forti
egr.ffa eft dul-
cedo.Iudic.*14.

LES FABLES, à propremant parler, contenoient l'Hiftoire des Dieus , & des Grans Hommes. *Les Apologues* in-
troduifoient les Bétes qu'ils faifoient parler entre elles,
comme a fait Efope. *Les Enigmes* méloient l'vn & l'autre,
comme celuy qui dans l'Hiftoire des Iuges, fut propozé par
Samfon. Vn autre qui depeignoit l'Homme, fous la figure
d'vn animal ; qui marche à quatre, à deus, & à trois pieds.
Et celuy de l'efpece où image reprefentée dans vn miroir,
lequel Monfieur du Perron lors qu'il eftoit encore jeune,
ne put expliquer deuant Henry III. luy eftant prefenté en
cete maniere. Ie fuis homme, & ne fuis pas homme : je n'ay
ny corps,ny ame ; je ne fuis ny ombre,ny peinture ; & toutefois l'on me void.

*Epift.*38. *l.*1.

L'vzage.

Encore que S. Ieróme ne foit pas feul à employer le nom
de Fable , pour fignifier vn difcours ou vn recit veritable ; il
eft vray toutefois que ce nom n'eft maintenant apliqué,
qu'à ces fictions Poëtiques qui faifoient la premiere Theologie des Anciens, & préfque toute la Sçiance des Prophanes.

Pourquoy in-
uantées ?

Car foit que les Sages vouluffent gagner ou amuzer le Vulgaire, par la diuerfité de ces tapifferies : foit qu'ils ayent
voulu fe faire valoir , ne montrant la verité que fous ces voiles. Soit que par là ils ayent tâché de cacher leurs larrecins,
ayant derobé & deguizé toutes leurs plus belles Veritez , de
nos Ecritures Saintes, & de la hantife du Peuple de DIEV:
Soit enfin que la flatterie & la licence des Poëtes,ayent mis le
plus haut poinct de leur Art dans l'inuantion de ces feintes,
& dans le deguifemant de ces Metamorphozes ; toûjours,
eft-il indubitable, que ces fictions myfterieuzes & étudiées,
font la plus grande part de ce qu'on appele l'Erudition.

Auffi n'eft-il pas moins certain, que Linus, Muzée, Hesiode, Orphée, Homere & les autres Poëtes ont paru sur le theatre deuát les Philosophes, les Historiens & les Orateurs. Et il ne faut nullemant s'étonner, si Fulgence, Lilius Giral-dus, Noël le Comte, Bacon, & autres Sçauans Personnages; ont employé beaucoup de trauail, à rechercher le sens & le secret de ces Mysteres. *Les Peres* méme de l'Eglise, ne les ont pas toûjours jugées indignes de leur étude. Cepandant je suis persuadé que comme la Ieunesse ne doit pas ignorer cete Mythologie, afin d'auoir au moins quelque intelligence des principaus Auteurs qu'elle lît dans ces premieres années; de méme ce seroit vne chose ridicule de vieillir dans ces contes faits à plaisir, & criminele de s'en seruir pour donner du lustre ou de l'appui à la Religion Chrétienne.

Il est seulemant bon de retenir ce que j'ay des-ja insinué, qu'il y a trois façons d'interpreter toutes les Fables de la docte & mysterieuze Antiquité. En effet, elles contiennent tout cequi peut seruir à la vie humaine dans le Cercle des Sçiances. C'est à dire, tout cequi regarde la Nature, & D i e v qui en est l'Auteur. Tout cequi remarque les choses, arriuées dans le commerce des Hommes. Tout cequi peut donner des leçons de la vertu, & de l'horreur du vice. C'est de ces trois sources, qu'ont coulé toutes les Metamorphozes des Poëtes. Et c'est aussi cequi m'a fait nommer leur Interpretation ou *Physique*, ou *Morale*, ou *Politique*.

Nôtre Ouurage Latin en dresse vn CATHALOGVE ALPHABETIQVE, qui recherche sur châque chose enseignée dans la Fable; *son Nom*, *son Pays*, *ses Parans*: *ses Precepteurs*, *ses Mariages*, *ses Enfans*, *ses Officiers*, *ses Symboles*, *& son Culte*, *ses Significations*. Suiuant donc ces lignes & ces titres, il n'est point de Fable si obscure ny si grotesque; que l'on n'en puisse tirer quelque verité & quelque instruction, en l'vne des trois manieres que je viens de produire.

La i. enseigne sous diuerses figures, les veritez suiuantes; qui touchent *la Religion*, *& la Nature*. Qu'il y a vn D i e v, premier & souuerain Createur de tous les Estres. Qu'il y a au dessous de cete adorable Majesté, des Genies; qui sont les

Anges, & les Demons. Que les Hommes peuuent deuenir
des Dieus, par merite & vertu heroïque. Que le Ciel est le
Pere, & la Terre la Mere de toutes les choses qui sont engendrées dans le sein de la Nature. Que les Elemans repre-
fentez par Iupiter, Iunon, Vulcan, Venus, Vesta, &c. contribuent à toute sorte de generations. Que le mouuemant
est l'appanage des chofes fublunaires, qui les conduit enfin
par la generation & par la corruption, à la mort & au trépas.
Que tout roule sur l'vnité, & que neanmoins l'on void regner par tout vne admirable diuersité.

2. L'Interpreta-<br>tion Politique.

La II. fait voir par les examples de tous les fiecles, ce qui
se paffe dans *la Vie Ciuile.* L'eftime, l'honneur, & la reconnoiffance que les Peuples ont eu pour leurs Princes, pour
les Sçauans & les Vaillans ; & en vn mot, pour ceus qui leur
ont fait du bien. L'ambition de regner, qui a fouuant fait des
parricides & des Tyrans. L'inconftance de la fortune, l'inftabilité des richeffes & l'infatiabilité de leur auare conuoitife. La renommée qui vnit & diuife, qui augmante & dimi-
nue : qui change & mêle les noms, & les chofes. De là est
que les actions heroïques de plufieurs, ont efté attribuées à
vn feul. Et que reciproquemant, vn même nom a efté communiqué à plufieurs. Ainfi tous les Vaillans font apelez des
Hercules, tous les Conquerans des Alexandres & des Ce-
fars : tous les Tyrans, des Denys & des Bufyrides ; tous les
Roys d'Egypte des Ptolomées, & tous ceus de la Grece des
Iupiters.

3. L'Interpreta-<br>tion Morale.

La III. interpretation des Fables fait toucher au doigt,
par diuers fuccés & euenemans ; qu'il n'y a point de *vertu*
fans couronne, ny de crime fans châtimant. Que l'Innocence perfecutée n'eft pas toûjours malheureuze. Que l'œil de
la prouidance de DIEV étand fes regars fur tout, & que rien
n'echappe enfin des mains de fa juftice. Que la vertu, la fçiance & les amis font les vrays trezors de l'honnéte Homme.
Que l'orgüeil, l'auarice, l'yurognerie, le luxe, l'impudicité
font les fources de tous les malheurs. Que la nature bien reglée aime l'honnêteté, a honte de ce qui eft infame : fe contante de peu, a en horreur toute forte d'excés, de débauches

& de diſſolutions. Au contraire la conuoitiſe n'a point de bornes, & les voluptez ſont des abymes qui n'ont ny fond ny riue. Que la vie humaine eſt vn labyrinthe. Que les plaiſirs de la chair & du ſang ſont des Syrenes qui vous perdent, ſi la ſageſſe ne vous bouche les oreilles. Qu'il y a à la Cour des écüeils incomparablemant plus dangereus, que n'eſtoient au détroit de la Sicile Scylla & Charibdis. Qu'il n'y a point de chaſteté à l'épreuue de la pluye, que Iupiter fit couler par deus canaus dans le giron de Danaë. Que les perfides & les adulteres ont des iſſuës auſſi funeſtes, que ceus de Pâris & d'Helene. Que Cupidon eſt vn Enfant aueugle, temeraire, ſans force & ſans honte. Que le vain amour de ſoy-méme, nous fait perir comme des Narciſſes. Que l'orgüeil & la curioſité des choſes qui ſont au deſſus de nous, attirent les châtimans d'Acteon, d'Icare, & de Phaëton. Que la ſenſualité metamorphoze les hommes en bétes & en rochers, plus veritablemant que ne faiſoient ces infames forcieres Medée, & Circé. Que l'impieté & la cruauté arrachent les yeus à Polypheme, & cachent les Cyclopes dans le plus creux des Cauernes. Que les trois Parques n'ont pas plûtôt coupé le fil de la vie, qu'il y a vn Minos & vn Radamante, qui prononcent l'Arrét du dernier Iugemant. Qu'il y a dans les Enfers vne roüe d'Ixion, vn aigle deuorant le foye de Promethée: vne montagne de Siſyphe, vne faim de Tantale : des étangs de ſouffre & de feu; des Cerberes, des Serpans & des Megeres, Au contraire que les Ames dont la vie a eſté innocente, ou qui ont eſté purgées aprés auoir quitté leurs corps; feront agreablemãt conduites par les bons Genios dans les Champs Eliſiens, pour y joüir des delices qui ne finiront jamais. En voilà aſſez pour former vne idée paſſable, de ceque j'ay nommé l'Hiſtoire Fabuleuze.

Ces deus ſortes d'Hiſtoire s'accordent en ce poinct, qu'elles font profeſſion de particularizer & de remarquer exactemant toutes *les Circonſtances* des affaires, des perſonnes, des cauſes, des effets: du temps, du lieu, du conſeil, des expedians; des euenemans, & ſamblables.

L'Hiſtoire *veritable* & ſincere, éloignée égalemant de la

haine & de la flatterie ; n'omet rien de ce qui est, ne dit jamais ce qui n'est pas. Sa tissure cepandant se fait de diuerses matieres, & de differante étoffe.

*La Sacrée* diuinemant Humaine & humainemant Diuine, raconte les choses de D I E V enseignées & commandées par la Loy de Nature, de Moyse & de I E S V S - C H R I S T ; en l'Etat Ecclesiastique, & Monastique. *La Naturele*, est propremant la Physique, qui traitte des Elemans, des Pierres, des Metaus, des Animaus, de l'Homme. La Prophane ou *Ciuile*, fait le tissu de toutes les autres choses. Elle peut estre *distinguée* en Vniuersele, & Particuliere : en Vieille, Moyenne, & Nouuelle ; en Etrangere, Domestique, & Personnele.

---

# LA CHRONOLOGIE.



L'O N a coûtume de donner deus yeus à l'Histoire, qui empéchent la verité de s'égarer dans les tenebres & les détours du mansônge. Le premier c'est la Chronologie, le second c'est la Geographie. LA CHRONOLOGIE est le discours & la sçiance de la suite des temps, que les Chroniques Royales donnent pour le caractere des Hommes Sçauans. Son office est de dresser l'enchaînemant des temps, par certaines parties & mezures.

Vne des moindres, c'est le *Momant* ou la minute, qui se soudiuise encore en secondes, tierces, &c. L'*Heure*, compozée de quatre parties principales, que l'on apele quarts, est vne espace de temps plus remarquable, qui sert à mezurer toute la journée. On diuise les heures en Vulgaires, qui sont égales : & en Astronomiques, qui sont inegales ; en Antiques & en Modernes. Ces dernieres partagent le jour, en plus ou moins de parties égales, selon les saisons. Parceque les Anciens diuisoient les jours en douze parties égales, depuis le leuer du Soleil jûqu'au coucher : ce partage estoit cause que les jours de l'Eté estant plus longs, les heures

estoient

eſtoient auſſi plus grandes que celles des jours d'Hyuer. Et de là eſt que la premiere partie du jour, eſtoit toûjours le leuer du Soleil : la derniere, ſon coucher ; & le milieu du jour, eſtoit toûjours à ſix heures : le quart, à trois : les trois quarts à neuf ; le tiers à quatre, & les deus tiers à huit. Ce qui eſt encore demeuré dans l'Office Eccleſiaſtique ; qui ſe diuiſe pour ce ſujet en Prime, Tierce, Sexte, Nonne, & Vépres. Comme auſſi la nuit auoit ſes quatre veilles, ap-pelées *Vigiliæ noctis* ; donnant trois heures, à chaque veille.

Le *Iour Artificiel* ſe prand depuis le leuer du Soleil ſur vn horizon, jûqu'au coucher. C'eſt pourquoy il change tous les jours ; croiſſant & diminuant à mezure que ce Pere de lumiere s'approche ou s'éloigne de l'Equateur, ſelon la diuerſité des Climats. En France il ſe partage par les heu-res de deuant, & d'aprés midy.

Le *Iour Naturel* eſt de vingt & quatre heures égales, qui ſe prand ſelon la diuerſité des Nations. En Arabie, en France, en Eſpagne, & en Allemagne ; il dure depuis vne mi-nuict, jûqu'à l'autre. En Egypte, en Italie, & en Polo-gne ; du couchant du Soleil, à l'autre couchant. En l'Aſtro-logie ; du Midy, au Midy. En Perſe, en Babylone, & en la Grece ; d'vn leuer du Soleil, à l'autre.

Les vns ſont jours de Feſtes, les autres deſtinez au tra-uail ; les Eccleſiaſtiques nomment les derniers, Feries. C'eſt D i e v méme qui a commandé le Sabbat, pour ho-norer ſon repos. Et je ne ſçay ſi l'obſeruation de Ioubert eſt vraye, que jamais aucun Samedy ne ſe paſſe, ſans que le Soleil éclaire. Celuy des Sçauans eſt certain, que Sabbat ſignifie la ſemaine entiere, & chaque jour de la ſemaine. L'v-zage de l'Egliſe a changé la feſte & le repos de ce ſeptiéme jour dans le Dimanche, en l'honneur de la Reſurrection de nôtre Seigneur I e s v s-C h r i s t. La Medecine & la Iuriſ-prudance font encore vne autre diſtinction des jours.

Parmy les Romains il y auoit des jours heureus, & d'au-tres mal-heureus qui mettoient toute la ville en duëil. Quoy que de s'y attacher, ce ſoit vne ſuperſtition ; on ne laiſſe pas



---

*Marginalia:*

Diuiſion de l'Office Eccle-ſiaſtique.
*Vigilant. vigil. noct. Luc. 1.*

Le Iour Arti-ficiel.

Le Naturel.

Les Feſtes & les Feries.
*Exod. 16.*

*Prima Sabbathi, Matth. 28.*

de remarquer entre autres examples, que le Poëte Antipater auoit la fievre tous les ans, au jour de sa naiss̃ance : & qu'en fin il mourut, au méme jour qu'il estoit nay. Et que l'Empereur Charles V. reçeut ses plus illustres auantages au jour de S. Matthias, qui estoit aussi celuy de sa naiss̃ance.

*La Semaine.*  ~ *La Semaine* se compose de sept jours, qui prennent les noms des Planetes : excepté le Samedy, qui estoit le repos du Peuple de D I E V : & le Dimanche, consacré, comme je viens de dire, par l'autorité de l'Eglise, au repos du Seigneur, & à la glorieuze Resurrection de IESVS-CHRIST. En quoy toutefois il faut remarquer, que cete denomination des Feries ne suît pas l'ordre des Planetes. La raison de cela est, que les sept Planetes president successiuemant à chaque heure du jour : En telle sorte qu'elles retournent chaque jour aprés sept heures, & chaque semaine aprés sept jours. Par example, Saturne dominant à la premiere heure du Samedy, Iupiter à la seconde : Mars à la troiziéme ; & ainsi du reste ; Mars presidant à la vingt & quatriéme, qui est la derniere de ce jour, le Soleil qui suît ouurira le jour suiuant, & luy donnera son nom. Par la méme reuolution le troiziéme jour sera le Lundy, le quatriéme le Mardy, & ainsi de tous les autres.

*Le Mois.*  *Le Mois* se compoze des Semaines. Cét espace marque le temps, que le Soleil employe à parcourir yn des Signes du Zodiaque ; encore que l'entrée de chaque Signe soit differante de celle des mois. L'on en fait trois partages. Les Kalandes, signifient le premier jour : les Nonnes le siziéme, ou le quatriéme ; & les Ides, le huitiéme de chaque mois. Parmy les Iuifs, le mois de Mars estoit le premier pour les choses natureles & ciuiles : celuy de Septambre, estoit le premier dans le Droict Ecclesiastique. Le premier jour de

*Et ventr. Calendæ, & sedit &c.*
*I. Reg. 20.*
*Hodie non sunt Calendæ, &c.*
*4. Reg. 4.*

chaque mois, estoit celebré par yn festin royal ; où il n'y auoit que le Roy, qui fût assis en yne chaize. Comme aussi les Personnes deuotes alloient voir les Enfans des Prophetes sur la Montagne du Carmel, les premiers jours du mois, & les jours de Sabbat.

Autrefois les dix mois, maintenant les douze, font

l'*Année* Solaire de 365. jours, cinq heures, 49. minutes. Ce L'Année.
surplus est cause de l'institution des Bissextes, qui se font
de quatre ans en quatre ans. Et cela pour euiter la confusion des temps & des saizons, qui arriua au temps de Iules
Cesar & d'Auguste ; & qui depuis obligea le Pape Grégoire
XIII. en l'an 1582. aprés vne consultation qui dura l'espa- La correction
ce de dix ans, entre les plus Sçauans Astronomes, de faire du Calendrier.
la correction du Calandrier, en retranchant dix jours. Cequi toutefois n'est pas encore reçeu en quelques endroits
de l'Allemagne, & du Septantrion. Ce nombre des jours qui
composent l'année, a donné sujet à l'ancienne Theologie
d'établir 366. Diuinitez, & autant de sacrifices ; enseignant
par là, que Dieu doit estre adoré tout au long de l'année. Et
comme l'année se forme des jours, les Prestres d'Egypte
offroient de l'encens au Soleil trois fois le jour ; au matin,
à midy, & au soir.

   *La Lune* a aussi ses années Periodiques, & Synodiques. L'Année Lu-
L'année Periodique marque son cours de douze mois, cha- naire.
cun composé de 27. jours, 7, heures, 43. minutes., 7. secondes. La Synodique, qui s'acheue lors que la Lune se va
rejoindre au Soleil, est de douze mois, dont chacun est composé de 29. jours, 12. heures, 44. minutes, 3. sec. Par consequant cete année Lunaire composée seulemant de 354. jours
8. heures, & quelques minutes, est moindre que l'an Solaire,
d'enuiron onze heures ; dont la differance & la reduction
aprés disneuf ans, s'appele l'Epacte.

   Les Arabes, & les Turcs se seruent de l'An Lunaire, c'est
pour quoy ils ne commancent point l'année à vn temps certain & prefix. Le Cynique des Egyptiens & des Babyloniens,
se mezuroit par le cours du Chien celeste ou de l'Orion, &
duroit 1460. ans. Le Sabbatique des Iuifs, estoit de sept ans
en sept ans. Le plus long & le parfait ou Platonique, de
trante & six mille ans Solaires ; auquel tous les Astres doiuent retourner au poinct de leur creation.

   L'Année de soy-méme n'a ny commancemant, ny fin.
C'est pourquoy les Grecs le nomment, ἐνιαυτὸς : les Hebreus
שבה, qui signifie reiteration & retour en soy-méme. Et son

D ij

hieroglyphique eſt vn ſerpant, qui r'angloutît ſa queuë. Toutefois les vns l'ont commancé par le primtemps, les autres
par l'automne : les Chrétiens par la Circonciſion, qui arriue le premier jour de Ianuier. Les Aſtrologues par le mois
de Mars, lors que le Soleil entre dans le ſigne du Bellier, &
que le Mois d'Avril eſt ſur le poinct d'ouurir le ſein fecond
de la nature. Le partage de l'année en quatre ſaizons, chacune contenant trois mois ; le Printemps, l'Eſté, l'Automne & l'Hyuer, n'eſt ignoré de perſonne. Mais c'eſt vne curieuze obſeruation, que la quatriéme partie de chaque jour
compoſée de ſix heures, repreſante ces quatre ſaizons de
l'année ; le Printemps au matin, l'Eſté ſur le midy, l'Automne vers le ſoir : l'Hyuer trois heures deuant, & trois heures aprés minuict. Ce qui eſtant bien conſideré, fera fort bien
comprandre les diuers mouuemans & les diuerſes diſpoſitions que nous reſſentons en l'eſprit & au corps, durant le
long de la journée & de l'année.

<table><tbody><tr><td>Le Cycle.</td><td></td></tr></tbody></table>

    Le *Cycle* compoſé des reuolutions ou des retours du Soleil
& de la Lune, eſt pour le Soleil de 28. ans, pour la Lune de
19. Le Cycle du Soleil eſtant acheué, on recommance l'ordre des ſept Lettres Dominicales ; qui recommanceroient
aprés ſept ans, s'il n'y auoit point de Biſſexte.
    Or afin de treuuer le Cycle Solaire, on ajoûte le nombre
de neuf à l'année propoſée. Puis on diuiſe le tout par 28. Ce
qui reſte, c'eſt le nombre demandé. S'il ne reſte rien, le di-
uiſeur 28. eſt le nombre cherché : & le quotus treuué par la
diuiſion, montre combien de fois s'eſt faite la reuolution du
Cycle. Par example à l'année de nôtre Seigneur 1643. ajoûtez 9. parceque la premiere année auparauant nôtre Aire
Chrétiènne, c'eſtoit la neuuiéme du Cycle Solaire. Ces
deus font 1652. Diuiſez par 28. il ne vous reſte rien o. Le
quotus eſt 59. donc vous prandrez pour Cycle 28. qui eſt le
dernier nombre de la 59. reuolution du Soleil, qui a commancé 9. ans auparauant la naiſſance de IESVS-CHRIST.
De même par 28. vous diuiſez 1650. augmanté de 9. c'eſt à
dire 1659. Le reſte de la diuiſion ſera ſept, & le quotus 59.
Par ainſi vous direz, que l'an 1560. le Soleil a fait 59. reuo-

lutions entieres : & que de plus , il eſt au ſeptiéme an
d'vne ſuiuante. Et dautant que l'on n'a point d'égard à ces
reuolutions entieres écoulées , vous direz ſeulemant que
l'an 1650. le Cycle Solaire ſera ſept , comme en l'année
1643. il eſtoit 28.

Pour égaler ces deus Cycles, du Soleil & de la Lune, on ſe
ſert du Nombre d'Or , & de l'Epacte. *Le Nombre d'Or* re- Le Nombre
tient le nom de l'ancien vzage de marquer auec vn clou , ou d'Or.
auec vn chiffre d'or les 19. ans du retour de la Lune en méme lieu , obſerué premieremant par Meneton Athenien. Il
ſe treuue en cete maniere. A l'année par example 1650. ajoûtez vn, ſont 1651. Diuiſez par 19. reſtent 17. pour le nombre
d'or. S'il n'eût rien reſté, c'eût eſté 19.

Pour treuuer *l'Epacte*, le Nombre d'Or que vous auez treu- L'Epacte.
ué eſtre 17. ſe doit multiplier par 11. Ce ſont 187. Ajoûtez
20. ce ſont 207. Diuiſez toute la ſomme par 30. il reſtera
27. pour l'Epacte. S'il n'eût rien reſté , l'Epacte eût eſté 1.

Enfin pour treuuer le jour de *la Lune* , ajoûtez à l'Epacte Le jour de la
courante, le nombre des mois , commanceant à conter par Lune.
celuy de Mars. Ioignez à l'Epacte & au mois, le jour du
mois : le nombre qui eſt au deſſous de 31. ou au deſſus de
trante , c'eſt le jour de la Lune. Par example ayant 11. d'E-
pacte , ajoûtez le nombre des mois depuis Mars jûqu'à Octobre, qui eſt 8. ſont 19. mettez y le 15. jour du mois, ce ſont 34.
Donc le 15. d'Octobre , c'eſt le 4. de la Lune.

Le *Luſtre* eſt parmy les Latins, ce qu'eſtoit l'Olympiade Le Luſtre.
entre les Grecs. Il vient du verbe *luo* , parce qu'au commancemant de chaque cinquiéme année, le nouueau Cenſeur
faiſoit payer la taille ou le tribut. *L'Indiction* ſignifioit la L'Indiction.
méme choſe , jûqu'àceque aprés la victoire emportée par
le grand Conſtantin ſur le Tyran Maxance, le Concile de
Nicée commanceant à conter les années depuis la naiſſance
de IESVS-CHRIST ; *L'Indiction* ſe prand dans l'vzage
de l'Egliſe, pour l'eſpace de quinze ans. Le *Siecle* eſt de Le Siecle.
cent, ou de cinquante ; qui eſtoit parmy les Hebreus, l'année du Iubilé.

Ce nom de IVBILE', vient de *Iubal* , qui ſignifie vne Du Iubilé.

aſſamblée que l'on conuoque, & qui ſe fait auec joye, chant & jubilation. Ou bien vne corne de Belier, parceque les Iuifs s'en ſeruoient, lors qu'ils vouloient publier que quel-qu'vn eſtoit mis en liberté. Et cela, diſent les Rabbins, en memoire de ceque l'Ange de D I E V, deliura Iſâc arrétant le coutelas d'Abraham, qui l'alloit immoler : & ſubſtituant en ſa place vn Belier, qui eſtoit embaraſſé dans le buiſſon.

Parmy *les Iuifs*, ainſi qu'il eſt remarqué dans le Ceremo-nial Iudaïque, le Iubilé eſt pris pour cete remiſſion generale, qui ſe faiſoit de cinquante en cinquante ans. Car comme la Langue ſacrée enferme de tres-grans ſecrets dans les Nom-bres, celuy de ſept a toûjours paſſé pour le plus myſterieus. Deſorte que les ſept jours formoient la ſemaine ; les ſept ſe-maines depuis que l'Agneau Paſchal auoit eſte mangé, fai-ſoient la grande Solemnité de Pentecôte. Et les ſept fois ſept années, font quarante & neuf ; qui eſtant acheuez, com-mançoient le cinquantiéme du Iubilé.

Alors toutes les dettes eſtoient remiſes, les Eſclaues rece-uoient la liberté ; & ceus qui auoient vandu leurs heritages, en reprenoient la poſſeſſion & la proprieté. En ces années de Iubilé que l'on appeloit années du Sabbat, on ne ſemoit ny on ne cuëilloit : mais ſans labourer la terre, D I E V par vne religieuze & miraculeuze prouidance, multiplioit au triple la moiſſon des années precedantes. C'eſtoient des jours & des années de repos, qui marquoient en figure la vie bien-heu-reuze que nous attandons aprés la generale Reſurrection: & ce Sabbat delicat, que le Seigneur nous fait eſperer dans l'eternité. Auſſi dans cete méme Theologie des Hebreus, le nombre de cinquante, & le nom de penitance & de la re-miſſion des pechez, eſt approprié au Saint-Eſprit. Tele-mant que le peché qui ne treuue de pardon ny en ce monde, ny en l'autre, c'eſt propremant l'impenitance finale ; parce qu'il eſt oppoſé au Saint-Eſprit, qui eſt le principe du par-don & de la penitance.

Les plus Curieus raportent à méme deſſein, la grande année de Platon, dont je parlois tantôt ; ajoûtant que l'hyuer du monde viſible, fut le Deluge qui le noya dans les eaus : &

Son Etymolo-gie.

Leuit. 25.
Parmy les Iuifs.

Sabbath delicat.
Iſa. 58.

Matth. 12.

que ſon Eté, ſera cét embrazemant general, qui le doit conſumer & purifier. Philon Iuif fort ſçauant en ces Myſteres Arithmetiques, ſoûtient que le nombre de cinquante eſt principe de la generation, parce qu'il contient la vertu du triangle en angles droits. Et il s'en treuue qui expliequent ce tres-difficile paſſage de l'Eccleſiaſte, qui fait mantion de ſept & de huiċt parts; en ſorte que le premier nombre de ſept, marque la vie preſente, deſtinée au trauail : & le ſecond conſacré aus huiċt Beatitudes, le repos du ſiecle à venir.

Da partes ſeptem, nec-non, &<br>oċto. cap. 11.

Entre *les Chrétiens*, le Iubilé ſignifie la plus grande de toutes les Indulgences plenieres : & la remiſſion la plus generale, que le Pape, qui eſt le Diſpanſateur des trezors de l'Egliſe Vniuerſele, fait en faueur des Fideles. Céte Indulgence a cela de particulier, qu'ordinairemant la puiſſance y eſt accordée d'abſoudre de tous les Cas reſeruez, & de commuer les vœus les plus obligeans. Ceus méme de Réligion, de Pelerinage au Saint Sepulchre, & à S. Iaques en Galice. Boniface VIII. qui ſamble eſtre le premier qui a concedé des Indulgences plenieres, établit le Iubilé de cent ans en cent ans ; oċtroyant Indulgence tres-pleniere à tous ceus qui alors viſiteroient dans la ville de Rome, les Sepulchres des glorieus Apôtres S. Pierre & S. Paul. Clemant VI. le reduiſit à la moitié. Gregoire XI. à trante-trois ans. Enfin Paul II. à vingt-cinq. C'eſt en ſuite de cete reduċtion qu'Innocent X. a indiqué le Iubilé vniuerſel en céte premiere année M.DC.L. Enfin la Chronologie dreſſe le recit des choſes, ſelon,

Le Iubilé Chrétien.

# L'ORDRE DES TEMPS.

**TITRE VIII.**

**Les Diaires.**
**Les Annales.**
**L'Hiſtoire.**

I l'on raporte cequi ſe fait de jour en jour, ce ſont des Diaires : ſi d'an en an, ce ſont des Annales. Si auec ſoin & étude, c'eſt vne Hiſtoire. Si l'on ne fait que remarquer cequi ſe paſſe, comme fortuitemant & ſans autre chois, que de cequi ſe preſante, ce ſont des Commantaires.

**Les Commantaires.**

Pour aider l'ordre & la memoire, l'on diſtingue des eſpaces ou *Interualles* de temps, & des caracteres plus notables, que l'on appele Aires, ou Epoques. Le mot d'Epoque, vient du grec ἐπάγειν, & ſignifie vn certain recüeil des temps. Celuy *d'Aera* vient ou du clou d'airain, auec lequel les Prétres marquoient à Rome dans les Temples, le commancemant de chaque année. Ou des Eſpagnols, qui remarquoient cequi arriuoit entre eus, par ces lettres dont l'ignorance ou la coûtume à fait vn mot entier, A. ER. A. c'eſtoit à dire, *annus erat Auguſti.* Ces eſpaces de temps les plus remarquables, ſont la Creation du Monde, le Deluge : la vie d'Abraham, le Regne de Dauid, les Captiuitez des Iuifs : les quatre Monarchies des Aſſyriens, des Medes, des Grecs, & des Romains ; dont les Tables ſont dreſſées ſi exactemant, dans les viſions de Daniel. Les Olympiades, ou les années d'Iphitus. Celles de Nabonaſſar, les Callippes aprés la victoire d'Alexandre. La fondation de Rome, l'établiſſemant des Conſuls. La naiſſance de IESVS-CHRIST. L'Empire de Conſtantin, de Charlemagne, de S. Louïs, de Louïs XIV. Ou par vne ordre plus facile, l'on s'attache à la ſuite des *Siecles* depuis la creation du Monde ; rangeant par chaque centaine d'années en *ſix Claſſes*, Tables ou Colomnes, tout cequi eſt arriué digne de la memoire de la poſterité.

**Les Epoques.**

**Six Claſſes de Chronologie.**

La 1. Claſſe repreſante l'Etat de *l'Egliſe*, qui par la Loy de Nature, de Moyze, & de l'Euangile en la ſuite des

**1. L'Egliſe.**

Patriar-

ehes, des Succeſſeurs d'Aaron, & de CCXLVI. Papes,
enſeigne la vraye Religion. L'on y ajoûte les *Grans Hom-*
*mes* de l'Egliſe Grecque & Latine, Oriantale & Occidantale;
qui l'ont enrichie de leur Sainteté, & de leur Doctrine. L'Hiſtoire des *diuerſes Egliſes,* principalemant des quattre Patriarchales; d'Antioche; de Ieruſalem, d'Alexandrie, & de
Conſtantinople. Les *Conciles* Oecumeniques & Generaus,
depuis ceus de Nicée, de Conſtantinople, d'Epheſe, & de
Chalcedoine; jûqu'au dernier de Trante, celebré du temps
de nos Peres. Enfin l'on joint auec les Perſecutions des Tyrans, les Schiſmes, & les diuerſes *Hereſies;* qui de temps en
temps ſe ſont eleuées, comme vne matiere neceſſaire à l'e-
xercice des Fideles, & aus triomphes de l'Egliſe Catholique.

Les Saînts, & les Docteurs.

La II. Table comprand par forme d'appendice, tout ce qui
touché l'Etat RELIGIEVS & Monaſtique. L'on le diuiſe d'a-
bord en Eremitique, en Cenobitique, & en Sacerdotal ou Pri-
uilegié; depuis nommémät, qu'il eſt aſſocié à la Clericature.
Méme dés le temps de la Loy Ancienne, l'on remarque d'âge
en âge, les Reccabites, les Nazaréens: les Enfans des Prophetes, qui ont eſté les Succeſſeurs d'Elie & d'Elizée. C'eſt
de ces premieres racines, que l'on a veu naître les Moines,
autremant appelez les Terapeutes. La diuerſité de leurs
noms & de leurs habits, marque la differance de leurs In-
ſtituts; qui les conſacrent à DIEV par les trois Vœus ſolem-
nels, & les font militer ſous diuerſes Regles. Les plus celebres ſont celles de S. Hilarion, de S. Pacóme, de S. Baſile;
de S. Ceſarée, de S. Benoît, de S. Albert donnée aus *Car-*
*mes.* Ceus-cy tirent leur nom, de la Montagne du Carmel:
comme leur origine directe, & leur Succeſſion immediate
de S. Elie; qui eſt reconnu par l'autorité de l'Egliſe, pour
leur Pere & Patriarche. Ce ſont eus qui auec les Diſciples ou
Sectateurs de S. Auguſtin, de S. Dominique, & de S. François, forment le Corps des *Quattre Mandians.* Les Souuerains Pontifes de l'Egliſe dans les ſiecles plus en deçà, ont
ajointaus Priuileges de ces premiers Reguliers, les Minimes de S. François de Paule, la Compagnie de IESVS,

Les Perſecu-
tions, les Schiſ-
mes, & les He-
reſies.
*Oport. & Hæreſ.*
*eſſe.* I. *Cor.* II.

2. Les Moines
& Reguliers.

Diuerſes Re-
gles.

*Noſter Princeps*
*Elias, noſter*
*Princeps Eli-*
*zeus, &c.*
*Hieron. Epiſt. ad*
*Paulin. & Ruſt.*
Les Quattre
Mandians.

*La* I. *P. La Sçiance Humaine.*                    E

auec pluſieurs autres celebres Congregations, & Societez.

3. L'Empire
Vniuerſel.

La I I I. Colomne depeint l'E M P I R E D E D I E V ; qui
deuant l'heureuze naiſſance du Meſſie, a flori ſucceſſiue-
mant ſous les Patriarches, ſous les Iuges & les Rois d'Iſraël,
& ſous les Macchabées. Depuis la reünion que le Chriſtianiſme a fait de tous les Peuples, cete Monarchie s'eſt
continuée ſous les Papes ; jûqu'au grand Conſtantin, qui le
premier des Empereurs fit profeſſion publique de la Religion Chrétienne. Ses Enfans partagerent l'Empire, en
celuy d'Oriant & d'Occidant. Theodoſe le reünit. Enfin
aprés pluſieurs autres diuiſions, changemans & viciſſitudes;
il ſe perdit tout à fait, par la mauuaiſe conduite des Paleolo-
gues. Ce fut lors que les Ottomans, qui en auoient des-ja
vzurpé la plus grande partie, ſe randirent Maîtres de Conſtantinople. Vn peu deuant cete lamantable infortune, le
tant renommé Roy de France Charlemagne auoit eſté crée
Empereur de l'Occidant, par le Pape Leon I I I. Depuis ſes
Enfans luy ſuccederent dans le trône. Mais enfin les guerres
d'Allemagne, de France & d'Italie, ayant démambré ce
grand corps ; il a commancé à ſe recuëillir & à s'affermir,
depuis que les Papes en ont confirmé la nomination aus Sept
Electeurs de l'Empire ; qu'vne ſucceſſion, quoy qu'electiue,
rand neanmoins préque hereditaire à la Maiſon d'Autriche.

4. Les Etran-
gers.

Le I V. Titre ramaſſe cequi s'eſt paſſé de plus ſingulier,
parmy L E S E T R A N G E R S. I'entans les Perſes, les Grecs,
les Romains, les Turcs, les Allemans, les Italiens, les
Eſpagnols, les Anglois, les Polonois, & autres Habitans
de la Terre.

5. La France.

La V. Claſſe recuëille vn peu plus amplemant, l'Hiſtoire
de nôtre propre Pays. Par example, la ſuite des choſes arriuées en ce Royaume de F R A N C E ; principalemant depuis le grand Clovis, qui en fut le premier Roy tres-
Chrétien. Comme il n'y a point de Monarchie, qui égale
celle des fleurs de Lys : de méme il s'y eſt paſſé mille raretez
ſous les trois Races ou Lignées, qui en ont manié le Sceptre

Les trois Li-
gnées de nos
Roys.

depuis douze cens ans. La I. des Merouingiens, a duré deus
cens trante & vn an. La I I. des Carlouingiens, deus cens

trente & cinq ans. La III. des Capetiens eſt aſſiſe ſur le trône, il y a des-ja ſix cens ſoiſſante & deus ans.

VI. La derniere Colomne recüeille les choſes les plus    *6. Les choſes*
MEMORABLES, qui ſont arriuées de Siecle en Siecle, &   *memorables.*
qui ne peuuent eſtre rangées en aucun des cinq Titres precedans. Par example, les Hommes celebres en toute ſorte
d'erudition. Les Miracles, les Accidans étranges ; les Monſtres, & autres raretez. Ceque nous auons eſſayé dans nôtre
HISTOIRE-CHRONOLOGIQVE.

# LA POESIE.



A premiere & la plus ancienne maniere d'enſeigner de Pere en fils cete connoiſſance hiſtorique
des choſes Diuines, Natureles, & Humaines,
que nous venons d'ébaucher ; ç'a eſté de les
compoſer en Vers, que l'on recitoit & que l'on
chantoit dans les Aſſamblées Domeſtiques, & Publiques.
Delà eſt née la POESIE, que S. Iſidore, à cauſe de cela, fait   *Origine de la*
plus ancienne que la Proze. Du moins l'on ne peut nier   *Poëſie.*
qu'eſtant enfermée en certaines bornes, elle ne ſoit plus
liée & plus contrainte. Cequi toutefois n'empéche pas
qu'elle ne ſoit plus agreable, parce qu'elle imite dauantage
le naturel des choſes qu'elle repreſente.

C'eſt donc vne certaine cadance, mezure & harmonie   *Magis feriuntur*
des paroles, ſelon les lois, & les vzages de chaque Langue;   *animis, cùm car-*
dôt on ſe ſert pour explicquer ceque l'on veut auec plus d'ex-   *mine dicuntur*
preſſion, de vigueur, & de hardieſſe. De ſorte que le nom   *ſententiæ. Senec.*
méme de Poëſie & de Poëte, eſt venu de ceque l'on repreſen-   *Epiſt.* 108.
te les choſes auec la méme naïueté que ſi on les faiſoit.
C'eſtoit autrefois le langage des Dieus, auec lequel on ex-   *Sa definition.*
primoit toutes les choſes de la Religion. Les Sçauans treu-
uent des Vers, dans les diuins ouurages de Dauid méme   *S. Hierony. Epiſt.*
& de Iob. Nos anciens Gaulois auoient leurs Bardes, deſti-   *ad Paulin.*
nez à cela. Muzée & Orphée les premiers Auteurs entre les

Grecs, ont compofé des Hymnes en l'honneur de leurs Diuinitez. Vn Sçauant Euéque ne laiffe pas d'écrire, que la
Poëfie n'a efté inuantée que pour appaifer la fedition des
Soldats mutinez. Et lors que Platon la bannit de fa Republique, il n'entand parler que de cete molle & débauchée, qui
tand à la corruption des mœurs; & qui fait que ceus-là méme
qui la cultiuent, ont honte qu'on les appele des Poëtes.

On fait deus fortes de Poëfie. La plus baffe fe fait de *Rithmes*, quelquefois fans mezure, d'autrefois auec mezure
& cadance; foit au commancemant, foit au milieu, foit à la
fin. Les Chanfons de carrefour, & les Burlefques, qui font
comme l'écume de nos mauuais temps, ne peuuent pretandre vn rang plus éleué. Ces Rithmes ayant efté ou ignorées
ou méprifées de la fçauante Antiquité, ne font nées qu'aus
fiecles du milieu, de la corruption de la langue Latine. Mais
cequi eft vn vice dans la Proze des Romains, & dans la nôtre; fait la perfection nouuelle de la Poëfie *Françoife*, Italiene, & Efpagnole.

La nôtre emporte la palme, fur ce Parnaffe; à caufe de
l'harmonie que rand non feulemant aus oreilles, mais aus
yeus mémes, la cadance, le mélange & la rancontre de fes
mots mafculins & feminins; toutes les autres Langues
n'ayant d'ordinaire que des terminaifons fortes; & fermes.
D'où vient qu'elle reüfsît à merueille, dans l'affortimant de
fes vers mélez & croifez; dont elle compofe fes Quadrains,
fes Sizains, fes Dizains; fes Stances, où la pauze fe fait à chaque couplet: & fes Sonnets, compofez de quatorze vers,
qui répondent aus Epigrammes; à caufe de leur facilité, de
leur netteté, & de leur pointe.

C'eft auffi cequi rand la Poëfie Françoife capable de foûtenir
le *Poëme* le plus grand & le plus fublime. Il fe compofe parmy les Grecs & les Latins, des Vers mezurez par les Syllabes
longues & breues. Ceque Rapin a auffi tâché d'imiter dans
les Vers François, mais cét effort eft demeuré fans fuccés. *Le
Temps* eft la jufte mezure de la quantité, qui fait les Syllabes
longues, ou breues. La longue a deus pieds, la breue n'en a
qu'vn. *Le Pied* eft vne partie du Vers, compaffée par les

temps des Syllabes. Le Simple reçoit vne, deus, trois Syllabes. Si l'on en met plus grand nombre, il deuient compofé.

Les plus celebres font ceus-cy. Le Dactile eft compofé de
trois Syllabes, dont la premiere eft longue, & les deus autres
font breues; *ŏptĭmĕ*. L'Anapefte luy eft oppofé, *rĕŏŭbăns*. Le
Spondée eft compofé de deus longues, *vĭrtūs*. Le Tribrache
au contraire de deus breues, *Dĕŭs*. Le Trochée d'vne longue
& d'vne breue, *mārtÿr*. Le Iambique tout au contraire. *Dĕŏ*.

Le diuers mélange de ces pieds, produit diuerfes fortes
de Vers, dont voicy les *principales*. Le Vers Hexametre eft
ainfi nommé, parcequ'il a fix pieds mélez de dactiles & de
fpondées. Le Pentametre n'en a que cinq, qui font deus pauzes ou cézures; l'vne au milieu, l'autre à la fin. Les Iambiques,
les Anapeftiques, les Saphiques, les Adoniques, les Hen-
decaffyllabes, & famblables; qui empruntent leurs noms ou
des Auteurs qui les ont inuantez, ou des pieds dont ils font
formez.

La liaifon & l'accouplemant de ces Vers produit *diuerfes
fortes de Vers* que l'on tourne pour les arranger, de Carmes
que l'on chante, & de Poëmes que l'on recite. L'Heroïque
ou Epique, n'eft que pour les fujets graues & majeftueus, &
pour les loüanges. L'Elegie, eft pour les pleurs. Le Lyrique
auec fes Odes, bâties de Vers de diuerfes natures, & accompagnées d'Epodes, de Strophes, & d'Antiftrophes, pour
les Hymnes: l'Epigramme, pour les pointes & pour les infcriptions. Les Bucoliques & Georgiques pour les champé-
tres, l'Eglogue pour les familiaires. La Satyre, pour le
blâme & l'inuectiue. La Tragedie, pour les hiftoires fan-
glantes. La Comedie, pour les plaifantes. La Tragi-Come-
die méle tous les deus. Il y a d'ordinaire cinq Actes, & diuerfes Scenes qui changent la face du Theatre. Dans la Tragedie, on n'employe que des Perfonnes graues: dans la Comedie, des Vulgaires; tout y eft dramatique, l'Auteur ne parlant d'ordinaire que dans le Prologue. L'Entracte & la Farce
font plus enjoüées, ne feruant qu'à defennuyer & recréer.
L'on n'en met jamais à la fin, pour ne pas étoufer les mouuemans que l'on venoit d'exciter.

Diuerfes efpe-<br>ces de Vers.

Diuerfes fortes<br>de Poëmes.

E iij

Les Poëmes
Artificiels.

Le Poëme que l'on nomme particulieremant *Artificiel* &
recreatif, se fait par les Enigmes, les Anagrammes, les
Acrostiches, les Centons, les Monosyllabes, les Alphabets:
les Rondeaus, les Bouts-rimez, & autres gentilles inuantions de l'Esprit humain; qui se montre souuant oiseus en
cét endroit, comme il l'est en beaucoup d'autres, & inutile
quasi par tout. Ces trois premiers Cercles sont suiuis des
trois autres, que nous allons explicquer.

# LES SCIANCES.
## DV DISCOVRS,
### & du Raisonnemant.

TITRE X.

'HOMME s'eſtant perfectionné dans l'vzage de ſon eſtre ſenſible, doit eſtre éleué peu à peu en des connoiſſances, qui cultiuent dauantage la meilleure partie de luy-méme, qui eſt l'Ame. C'eſt pourquoy aprés auoir apris à parler, il doit en ſuite aprandre à bien parler. Et l'vnique moyen de bien parler, c'eſt de bien penſer & de bien raiſonner. Trois ſortes de Diſciplines prennent le ſoin de cete ſeconde inſtruction. La Rhetorique preſcrit les lois du langage orné, & pathetique. La Dialectique arrange les paroles natureles, & inuante les artificieles. La Logique prand la conduite du raiſonnemant plus ſerré & plus parfait, qui

La liaiſon des trois autres Cercles.

preuue les veritez auec vne euidance qui va jûqu'à la demonſtration.

I'ay demeuré long-temps dans le doute , du
*rang* que je deuois choiſir comme le plus propre
pour mettre en ordre , & faire la ſuite de ces trois
Facultez. Ma premiere inclination alloit à fermer
ces trois Cercles par la Rhetorique, dautant que
c'eſt elle qui acheue le plus haut poinct de la parole, du raiſonnemant, & de la perſuaſion ; employant la proprieté du langage pour s'exprimer,
les beautez pour delecter, & la force des raiſons
pour perſuader. Mais vne ſeconde reflexion, m'a
obligé de ſuiure l'ordre qui eſt icy marqué. La
ſuite eſt aſſez naturele, d'enſeigner les ornemans
de la parole aprés la pureté : & la Proze figurée,
auec ou aprés les peintures de la Poëſie. Outre
que la Rhetorique ſe treúue comme au milieu,
empruntant la proprieté & l'elegance des paroles, de la Grammaire : l'étanduë, de la Dialectique ; & la force du raiſonnemant , de la Logique.
Quand méme cela ne ſeroit pas ainſi , je veus
m'accommoder au moins pour cete fois à l'ordre
de l'Erudition ; la Rhetorique eſtant enſeignée
dans les Claſſes , deuant la Logique.

LA

# LA RHETORIQVE.

 'EST la Sçiance de bien dire, ou l'Art de l'Eloquence, qui fait regner l'Orateur; l'éleuant autant au deſſus du commun des Hommes par le bien dire, que ceus-cy ſurpaſſent les Bétes par la parole. Auſſi vn même mot Grec λόγος, ſignifie la raiſon, & l'oraiſon. Vn même Fils de DIEV, eſt la penſée & la parole de ſon P'ere. Et les effets de cete puiſſante faculté ont toûjours eſté & ſont ſi miraculeus, que tout le bonheur & le malheur du Genre Humain vient de cete ſource. Son idée eſt ſi rare, qu'on la met au nombre des miracles. Et ſa perfection a fait placer au nombre des Dieux, Mercure parmy les Grecs: Hercule auec ſes chaînons d'or pandans de ſes levres, parmy les anciens Gaulois; la France ayant toûjours excellé en la gloire de l'Eloquence. Les Peuples de Lyſtres en Lycaonie rauis par les diſcours celeſtes de S. Paul & de S. Barnabé, ſe mirent en deuoir de leur preſenter des Sacrifices. Auſſi S. Paul fut-il appelé ſemeur de paroles. Et l'Inſtituteur du Chriſtianiſme eſt le Verbe mantal, la doctrine & l'éloquence de ſon Pere, la parole incrée & incarnée. L'Euangile remarque que IESVS charmoit les peuples par ſes diſcours emmielez, & par ſes paroles ramplies de grace & d'autorité.

*Ce que c'eſt que la Rhetorique.*

*Actor. 14.*

*Semini-Verbius, Actor. 17.*

*Joan. 7.*

Ce bel Art apprand à parler auec ornemant, & emphaze, inſtruiſant, delectant, & émouuant par les Harangues & par les Diſcours. On les embellit pour ce ſujet, de toutes les illuſtres qualitez; qui accompagnent la compoſition, & la prononciation des Pieces Oratoires. Il conſidere principalemant *trois choſes*; l'Orateur, les Parties principales de l'Art Oratoire, & l'Artifice de l'Oraiſon.

Pour meriter le glorieus titre d'ORATEVR, *trois qua-*  L'Orateur.

*litez* font neceſſaires. Les auantages de la *Nature* , ſe treuuent dans le corps, ou dans l'eſprit. Le premier ne doit auoir
aucune laideur ou defaut remarquable , s'il n'eſt recompan-
ſé par quelque perfection excellante. Pour la conſtitution
de l'ame , il faut auoir l'eſprit vif, la memoire heureuze, le
jugemant ſolide.

    A ces diſpoſitions qui naiſſent auec l'Homme, par la libe-
ralité de ſon Auteur, il faut ajoûter l'A R T & l'Etude.
C'eſt à dire, vne exquiſe lecture de tous les celebres Ecriuains : vne meditation attantiue de tout ce qu'on voit, & de
tout ce qu'on lit ; vne prudante *imitation* des Orateurs les
plus rares, & des Poëtes les plus fameus en toutes les Langues & en tous les Siecles. En quoy il faut bien prandre garde que cete imitation ne doit jamais paſſer jûqu'à l'eſclauage, à la ſingerie, & à la corruption de ce qu'vn Orateur a de
meilleur, pour ne ſuiure que le pire. Les raiſons de cela ſe
voyent plus au long dans nôtre Traitté de *l'Eloquence
Chrétienne.*

    Demoſthene, Iſocrate, Ciceron, Quintilien font voir
ce que peuuent les Orateurs parmy les Peuples, & ce qu'ils
meritent auprés des Grans. Leurs *recompanſes* honoraires
eſtoient des Palmes, des Sphinx d'yuoire, des Syrenes & des
Cygales : des Statuës , dont la langue du moins eſtoit d'or ;
& même jûqu'à des Triomphes. Témoin l'Empereur Tra-
jan , qui fit aſſeoir à ſes côtez dans ſon char de Triomphe
l'Orateur Dion. Mais le plus haut poinct de loüange ſur ce
ſujet, c'eſt de voir que les autres Religions s'établiſſant par
les armes & par la violance, I E S V S-C H R I S T a inſtitué la
ſienne par la parole & par l'Eloquence diuine ; laquelle le
Saint-Eſprit en forme même de langue, eſt venu enſeigner
aus Apôtres & aus Predicateurs de l'Euangile.

    L'E X E R C I C E frequant, ou plûtôt continuel , doit
affermir la memoire, polir le ſtyle, embellir l'action. Aprés
auoir ainſi façonné l'Orateur, l'on arrange ;

# LES CINQ PARTIES
## Generales de l'Eloquence.

TITRE XII.

{ *L'INVANTION.*
*LA DISPOSITION.*
*L'ELOCVTION.*
*LA MEMOIRE.*
*LA PRONONCIATION.*

L'INVANTION subtile doit surprandre d'a-bord, la curiosité de celuy qui lit ou qui écou-te. Elle est ou de la matiere, ou de la structure du discours : ou des preuues, & des argumans. l'Inuantion generale de la matiere se prand de l'Erudition, de l'Histoire, de la Fable : des Prouerbes, des Emblèmes, des Citations, des Apophtegmes, des Lois, des quattre sens de l'Ecriture Sainte : de la diuision du Tout, des dix Predicamans, des Vertus, des Dons du Saint-Esprit, des quattre Causes, de la Somme de S. Thomas, des onze Passions : des trois Vies, la Purgatiue, l'Illuminatiue, la Parfaite ou Vnitiue : des trois Ames, des trois Mondes : des parties de la Tragedie : du Syllogisme, des Points de la meditation : d'vn Paradoxe, d'vn Dialogue ; de toutes les Circonstances, dont chaque chose est reuétuë. Mais par dessus tout, de la Methode proposée en la seconde Partie de cet Abbregé : & d'vne autre, encore plus secrete, plus solide & plus feconde ; qui est aussi insinuée au même endroit.

L'Inuantion particuliere des preuues, que l'on appele

L'Inuantion.

De la Matiere.

Vide Circul. &<br>Scientiæ Huma-<br>næ.

F ij

Argumans, se prand des Lieus communs, & des diuerses sortes de Syllogismes que fournissent la Dialectique &
la Logique. Celle des Parties, depand de la disposition
suiuante.

La DISPOSITION mettant en ordre cequi a esté inuanté, est ou naturele, ou artificiele, ou arbitraire. L'vne &
l'autre se fait par voye de composition, ou de resolution;
auec vn agreable mélange & vne belle varieté de paroles, de
figures & de santances. Aquoy ne seruent pas peu les *Col-
lections* ou le recueil de tout ceque l'on lit, de tout ceque
l'on void, & de tout ceque l'on medite.

C'est à vray dire, vn secours necessaire à l'infidelité de
nôtre memoire, & à la multitude de nos occuppations. Le
secret en cela est de *relire* souuant ses Recueils, jûqu'à les
apprandre quasi par cœur; à faute dequoy, on ne se treuuera
sçauât que sur le papier, & en Manuscrits. Quand à l'ordre &
à *la maniere* qu'on y doit tenir, il est assez mal-aizé de la prescrire bien nettemant. Les Lieus que l'on appele *Communs*,
& qui se font en des Tables Alphabetiques, m'ont toûjours
paru les moins profitables. Ce grand homme Iuste Lipse,
enseigne que tout ce qu'on lit, se peut reduire à quattre sortes d'*Histoire*; la Naturele, le Narratiue, la Diuine, & l'Humaine. Ou bien à *quattre Titres* plus illustres; qu'il appele
les choses Memorables, les Ciuiles, les Ritueles, & les
Morales. Vincent de Beauuais comprand tout en ses *quattre Miroirs*, qu'il a composez par le commandemant, d'vn de
nos Roys; l'Artificiel, le Naturel, l'Historial, & le Moral.
Le P. Louys Ballister établit *Neuf substances*, qui enferment
tout le reste; la Diuine, l'Angelique, l'Humaine, la Sensi-
tiue, la Vegetable, la Celeste, la Mixte, l'Elemantaire,
l'Artificiele. *Les Termes* de Raimond Lulle, sont fort propres pour le même dessein.

Mais enfin l'experiance m'a fait voir, que le plus excellant
moyen de faire des Recueils; c'est de reduire en *Abbregez*,
tous les Liures que l'on lit; ajoûtant, si on veût, à la fin d'vn
chacun, le jugemant critique que l'on en fait. Puis dans vn
Tome separé, auoir vne Table Alphabetique; qui selon

l’ordre des matieres, fasse l’*Index* de tout cequi est compris
dans vos Epitomes. En cete façon on retient bien mieus la
suite des Sçiances & des Auteurs, & on s’en sert bien plus
commodemant.

Cepandant les remarques que l’on doit faire sur tout ce
qu’on lit, se peuuent reduire à *quattre chefs* principaus. L’E-
thique, obserue cequi touche les humeurs & les mœurs. La
Critique, examine les pensées, qui doiuent estre justes sans
excés & sans defaut : natureles, sans contrainte & sans contrarieté. La Rhetorique, considere l’artifice; l’Inuantion,
la disposition & le style d’vn Ouurage. La Grammaire, peze
les paroles & les phrazes, ou la maniere de parler.

*Quattre obser-
uations dans la
lecture.*

L’Elocvtion, est la principale partie qui donne le nom
à l’Eloquence. Elle reçoit ses ornemans des paroles simples,
ou composées; d’où naissent les caracteres, qui font la distinction de cinq sortes de *Style* les plus illustres. Le Per-
spicu, clair & net : le Laconique, plein de pointes & de santances : le Probable, judicieus & tamperé : le splandide,
pompeus & éclatant; le suaue, poli & charmant. Le plus
excellantà mon auis, est celuy qui tamperé entre l’Atsiati-
que diffus & étandu, & le Laconique court & vif, ne se sert
de l’Art, que pour perfectionner la Nature; par le chois
des mots, par la liaison qu’on en fait, & par les ornemans
qu’on leur donne. Le poinct de l’Art, c’est de s’accommoder
à la matiere que l’on traitte; en sorte qu’il exprime les grandes choses auec grauité, les petites auec subtilité, les me-
diocres auec moderation; loüant auec discretion, emou-
uant auec vehemance. Homere, qui estoit vn grand ouurier
dans le métier de l’Eloquence, en a representé les trois diuers genres ou plûtôt caracteres, en ses trois grans Hommes;
Nestor, Vlysse, Menelaüs.

*L’Elocution.*

*Cinq sortes de
Style.*

Le beau style demande *trois ornemans* particuliers; le chois
des paroles propres, pures, elegantes : le tour, & la structure;
auec le nombre, l’éclat, la majesté & l’acheuemant des Periodes. Comme il n’y a rien de si desagreable dans l’elocution, que l’embaras & l’obscurité : déméme la netteté, & la
clarté, font les plus naïues beautez de l’Eloquence. La nôtre

*Trois orne-
mans du beau
Style.*

La langue Fran-
çoise.

Françoise a monté en ce siecle à vn tel poinct de perfection,
qu'elle ne cede plus en rien ny à la Grecque ny à la Latine.
Le combat même qui s'est fait sur les Obseruations de cete
Langue, n'est pas peu profitable. Et l'vzage que *la Methode
Vniuerselle pour aprandre les Langues, principalemant la Françoise*, fait des agreables disputes de Monsieur de Vaugelas
& de Monsieur de la Mote le Vayer, peut apporter beaucoup
d'vtilité à quiconque est desireus d'apprandre à bien parler.
Toute ma pensée sur ce sujet, peut estre reduite en deus
mots. Le Parfait Orateur n'est ny ennemi, ny esclaue de la
politesse : & sans doute celle qui est la plus naturele, est aussi
la plus parfaite. Il est vray qu'il y a quelques distinctions à
faire entre les pieces qui doiuent estre prononcées, & celles
qui ne sont faites que pour la pompe & pour estre leuës.

*Purus sermo pul-
cherrimus*, Pro-
*uerb.15.*

Comparaison
de la pronon-
ciation, & de la
composition.

    *La Difficulté* est donc de decider si la belle Elocution de-
ploye mieus son admirable pouuoir, par la parole que par
l'Ecriture : & si les yeus en sont des juges plus legitimes, que
ne sont pas les oreilles. La parole a plus de feu, l'écriture
a plus de poids. La parole s'étand à plus de personnes en
même temps, mais elle meurt en naissant: l'Ecriture passe
bien loin dans l'auenir, & peut estre communiquée à tous
les Habitans de la terre. Le Saint-Esprit descend en forme
de langue, pour faire les premiers Orateurs Chrétiens : &
cét Hercule Gaulois, dont je viens de parler, attiroit les
Peuples par des chaînons d'or qui sortoient non pas de ses
mains, mais de ses levres. Le même Saint-Esprit paroit en
figure de colombe, & Dauid compare sa langue à vne plume

Ps. 44.

d'Ecriuain. La parole est le caractere de l'Homme, auquel
la nature a donné pour ce sujet vne langue large, platte:
molle, mobile & deliée. Mais il se void des oizeaus qui imitent cete parole par la disposition de leurs organes, ce qui ne
se peut dire de l'Ecriture. Les fols, les fammes & les Ieunes
gens ne parlent que trop. Mais il n'y a que les sages & les personnes d'âge, qui soient capables de bien écrire. Comme si
c'estoit vne production de la seule raison, de l'esprit & du
jugemant. D'ailleurs l'Ecriture n'estant faite que pour estre
leuë, l'Eloquence prononcée fait entrer tout à la fois la for-

ce & les charmes de la verité par ses deus grandes portes:
par les deus sens disciplinables, qui sont les yeus, & les oreilles. La meilleure resolution en ce debat, est celle qui établit
l'Esprit comme le juge, qui a deus greffiers; la main, & la
langue. Et le haut poinct de la perfection, c'est d'exceller
en tous les deus; comme ont fait Demosthene & Ciceron
entre les Prophanes: S. Chrysostome & S. Leon entre les
Orateurs Sacrez.

La Memoire est vn bien-fait de la Nature, mais qui *La Memoire.*
ne deuient parfait que par l'exercice. Elle est *aidée* & culti- *Ses Aides.*
uée, par les images des choses belles & rares : par l'or-
dre, dont la suitte fait naître la reminiscence, par la frequant emeditation de ce qu'on veût retenir; par la tranquillité de l'esprit, par la sobrieté, & samblables vertus
Morales.

Tous les autres secours, que l'on appele *Memoires Ar-*
*tificieles*, dont l'inuantion est attribuée à Simonidés, ne sont *L'Artificiele.*
d'ordinaire que des amuzemens imaginaires : & des rompe-
mans de téte tres-dangereus, au moins d'ordinaire fort inutiles. A mon auis, l'Art de Raimond Lülle, doit passer au
moins pour vn secours fort excellant à la memoire. Encore
que je croye que les plus rares productions de cete mere des
Muses, sont des effets de la nature. Ainsi Seneque, l'Auteur des Declamations, recitoit deus mille mots : & vn jeune Corse trante-six; au même ordre qu'il les auoient vne
fois ouïs. Ainsi nos Peres nous ont fait croire, que le Car-
dinal du Perron fit paroître qu'il estoit l'Auteur d'vn Poëme qu'il repeta, lors même que son vray Auteur venoit de
le reciter deuant Henry III. Mais rien n'est plus contraire
à la Memoire, que la confusion des choses, ou la passion
des personnes. C'est ce qui fit manquer celle de Demosthene deuant Philippes, de Ciceron en cete piece si acheuée
pour Milon, & de Budée deuant Charles-Quint. Car pour
ce qui arriua à Albert le Grand, qui au raport de quelques
Auteurs, faisant leçon de Philosophie à Cologne, perdit
tout d'vn coup la memoire même de son nom, ce fut vne
chose surnaturele. La plus grande difficulté c'est d'accorder

la memoire auec le jugemant, ces deus facultez demandant des difpofitions toutes contraires.

**La Prononciation.** La belle PRONONCIATION conduifant la voix & le gefte, a toûjours paffé pour la premiere, & pour la plus puiffante partie de l'Eloquence animée: ou comme difoit cét Ancien, pour l'Eloquence generale de tout le corps. La Nature, l'imitation, & l'vzage luy donnent les derniers traits. L'Orateur donc aidé de ces preceptes de l'Eloquence, entreprand de faire ce que l'on appele;

---

**TITRE XIII.** # L'ORAISON, LE Difcours, ou la Harangue.

N toute la Structure de ces belles Pieces, l'on confidere,

Trois chofes
$$\left\{ \begin{array}{l} \textit{LA MATIERE.} \\ \textit{LES GENRES.} \\ \textit{LES PARTIES.} \end{array} \right.$$

**La Matiere.** LA MATIERE appelée Queftion, eft ou vne Theze generale, ou vne Hypotheze, c'eft à dire vn fait, vne caufe & vn fujet particulier, que l'on entreprand de traitter en tout le Difcours. C'eft vne *Theze* quand l'Orateur preuue en general, par example, qu'il n'y a point de vertu qui ne merite d'eftre honorée. C'eft vne *Hypotheze*, lors qu'il montre en particulier que la vertu de S. Thereze, ou l'humilité de S. François doiuent eftre imitées. La regle eft folannelle, de rappeler ce fujet particulier à l'vniuerfel. Mais l'excellant ouurier ne fe fert préque jamais de ce circuit; fon Art luy fourniffant affez dequoy ramplir chaque matiere qu'il a en main.

main. Que si dans vn sujet assez riche de soy-méme, il s'e-
carte ainsi dans vn lieu commun, certes il commet vne faute notable.

Cete differance de matieres ou de sujets, fait naître D I-
V E R S E S   S O R T E S  de Harangue. Les principales sont
l'Epithalame, ou la Nuptiale. La Genethliaque, ou celle
de la Naissance. Le Salut, & l'Adieu: l'Action de Graces,
la Congratulation, la Consolation, l'Inuectiue, l'Apologie; l'Oraison Funebre, & le Panegyrique. *Diuerses sortes de Harangue.*

Cepandant les *Genres* les plus illustres sont trois. LE DE-
M O N S T R A T I F  s'occupe à loüer, ou blâmer les personnes, les actions, ou les choses. Ce n'est propremant qu'vne
amplification, rehaussée par les differantes Figures, & animée de diuers mouuemans. L'Orateur se sert de l'A M P L I-
F I C A T I O N,  lors qu'il augmante les choses, qu'il les diminuë: qu'il les dilate, ou qu'il les reserre. Les excessiues
font ordinairemant ou pueriles, ou affetées. Les meilleures
font celles qui se prennent de la nature des choses mémes,
qui se font bien à propos, aprés que l'esprit de l'Auditeur ou
du Lecteur y est preparé: qui vont croissant peu à peu, & comme de degré en degré. Elles se font par tous les Lieus internes, ou externes, qui font les preuues & les argumans de la
Dialectique. L'vne des plus grandes industries de l'Art;
c'est d'accommoder les Amplifications aus Personnes, au
temps, au lieu, & à la matiere que l'on traitte.

*Trois Genres.*

*L'Amplifica-tion se fait en quattre manie-res.*

*Les regles qu'il y faut garder.*

Cequi est encore vray pour L E S   F I G V R E S, qui ont les plus
belles couleurs de l'Eloquence. Les vnes s'arrétent dans les
paroles, les autres s'attachent à la nature des choses. Les
premieres se font ou ajoûtant, ou diminuant: ou par l'allusion qui se trouue entre les mots, & les dictions. Les secondes colorent, deguisent, changent, tournent, varient en
mille façons agreables & pathetiques, les choses que l'Orateur veut imprimer dans l'esprit de ses Auditeurs. De là est
qu'il y a des Figures qui font *propres* pour delecter, comme la
Metaphore, les Epithetes, les Synonymes, les Antithezes: la
Description; laquelle si elle se rand si naïue qu'elle samble
faire vn tableau au naturel de ceque l'on dit, s'appele Hy-

*Les Figures.*

*De deus sortes.*

*Leur vzage.*

potypoſe. Il y en a qui marchent auec plus de poids & de majeſté, auec plus de clarté & de ſubtilité. Celles-cy ſont heureuzemant employées dans les ſujets graues, qui vont à la loüange ou à l'inſtruction. En ce rang on met la Diuiſion du tout en ſes parties, la Gradation nommée des Latins *Climax*. Le Dialogiſme, la Ratiocination, la Communication, & ſamblables. Enfin l'occupation, le doute, la ſuſpanſion, la liberté, l'exclamation, l'ironie, l'hyperbole, l'imprecation, l'apoſtrophe, la proſopopée, la priere preſſante, la proteſtation,& autres, ſeruent à la diſpute, au combat, & à exciter les diuerſes *Paſſions* de l'ame.

Les affections ou mouuemans.

Ce dernier eſt à vray dire, le but principal où viſe l'Orateur. C'eſt en cét endroit qu'il déploye toutes ſes forces. Car de quelque plaiſir qu'il flatte les oreilles, quelques lumieres qu'il produiſe dans l'entandemant; aprés tout ce n'eſt pas ramporter la victoire, s'il ne ſe rand le maître de ſes Auditeurs. Pour en venir là, il faut, ſelon les preceptes d'Ariſtote, connoître bien le naturel de ceus que l'on entreprand

Commant les exciter. *In Rhetoric.*

de perſuader, & des diuers mouuemans que l'on veut exciter. Il faut aprés s'imaginer en ſoy-méme vne forte idée, par example, de l'amour, de la haine, de la crainte, de l'étonnemant: de l'horreur, de la joye, de la colere, de la pitié; & des autres affections, qui doiuent regner en tous les diſcours. L'Art enfin enſeigne à choiſir ſon temps bien à propos, à prandre les Auditeurs par leurs interéts; conſiderant leurs complexions, leurs âges, leurs inclinations, leurs conditions, & tout le cours de leur vie. L'Orateur ſe doit auſſi regarder ſoy-méme, & la nature des choſes qu'il traitte auec toutes les autres circonſtances. Il eſt bon d'auoir en chaque Piece, *vn mouuemant principal* & plus eclatant, qui regne en toutes les parties du diſcours. Il faut neanmoins faire vn induſtrieus, & judicieus mélange de tous les autres: & tâcher ſouuant, de ſurprandre l'oreille & l'eſprit de l'Auditeur; afin, aprés l'auoir ainſi agité & balancé par vne agreable & puiſſante inegalité, de le veincre, de l'emporter, d'en triompher.

Le Genre DELIBERATIF n'a point d'autre emploi,

que de perſuader ou de diſſuader. C'eſt pourquoy il a plus
de vogue & de credit dans les Republiques, dans les Aſſamblées & dans les Conſeils. Parceque d'vn côté cete ſorte de
diſcours, approche plus prés de la nature, il demande moins
d'artifice; les hommes n'aimant pas que l'on violante, ou
que l'on ſurprenne la liberté de leurs auis & de leurs ſentimans. Parceque d'ailleurs toutes les perſuaſions roulent ſur
l'vtile ou ſur le dommageable, les raiſons d'interét & les
examples y ont plus de poids & de pouuoir.

Le IVDICIAIRE eſt tout dans l'accuſation, ou dans la deffance; ſelon les trois états dont il y a procés. Car on examine
par conjeᶜtures, ſi le fait eſt comme on le poze. On definît
cequ'il eſt. Et on preuue enfin s'il eſt legitime ou illegitime,
juſte ou iniuſte. Les lois de l'Amplification, ſont toutes les
mémes que nous venons d'expliquer.

L'ELOQVENCE SACREE vzant des droits qui luy
appartiennent, ſe ſert auantageuzemant de toutes les parties
de la Prophane. Le mal-heur eſt qu'il s'en treuue tres-peu en
nos jours, qui honorent auec S. Paul, ce diuin Miniſtere;
qui engendre les Ames en IESVS-CHRIST, à peu prés
comme il eſt eternelemant engendré dans le ſein de ſon
Pere; c'eſt à dire, par la parole. Il y a peu de Predicateurs
qui trauaillent, comme ils doiuent, dans l'Oeuure de l'Euangile. La plû-part ſe préchent, au lieu de précher IESVS
Crucifié: & préque tous adulterant la parole de DIEV,
mélent l'eau auec le vin. On cherche bien plus l'applaudiſ-
ſemant des Peuples, & la recompanſe des Grans; que le bien
de l'Egliſe, & la conuerſion des Ames. Et il n'y a préque plus
d'Orateurs Apoſtoliques, qui ſuiuent IESVS-CHRIST,
ayant quitté les rets & les filets, chacun les portât pour attra-
per cequ'il peut. La vanité, la ſçiance prophane, le raiſonnemant à la mode, le diſcours ſi fardé qu'il en eſt tout cor-
rompu; ſont les abus, que ce ſiecle effeminé a fait gliſſer
dans les Chaires. Ces Idoles dont parle vn de nos Prophetes,
pour auoir vne langue d'or, n'eſtoient pas moins des Idoles.
Il s'en treuue neanmoins en tous les Ordres, qui par de nobles & diuins efforts tachent de rompre les chaînes de cét



---

*Marginalia:*

L'Eloquence Chrétienne.

*Honoro miniſter. meum. Rom. 11.*

*Voyez le Traitté de nôtre Eloquence Chétienne, & nôtre 1. Tome Latin. 2. Cor. 4. 2 Cor. 2. & 4.*

*Lingua ipſor. Politica etiam inaurata. Baruc. cap. 6.*

honteus esclauage ; pour mettre la verité Euangelique,
qui eſt la fille de D I E V, en la liberté de ſes Enfans &
du Caluaire. En vn mot , l'Ambaſſadeur de I E S V S-
C H R I S T, ſamblable au Roy des Cieus, depeint dans
le ſacré Epithalame, deuroit auoir la téte d'or, & des lys
ſur les levres.  Ne voulant pas faire icy du Predicateur,
c'eſt aſſez de remarquer ; que *trois Genres* principaus, partagent toute cete Eloquence Chrétienne. Le Panegerique,
louë auec plus de beauté & d'ornemans ; D I E V, les Anges,
les Saints, &c. Le Didaſcalique, explicque auec ſolidité,
ſubtilité & netteté les Myſteres de nôtre Religion. Le Parenetique exhorte par de fortes raiſons & par de puiſſans mouuemans , à fuir le vice, & à embraſſer la vertu. La deuiſe de cete diuine Rhetorique , eſt celle-cy ;
*delecto & moueo , ſed magis moueo.* Mais quelque genre
que l'on manie, chaque Harangue doit eſtre compozée de

Trois ſortes de<br>Sermons.

Des cinq Par-<br>ties de la Ha-<br>rangue.

CINQ PARTIES
PRINCIPALES

$$\left\{ \begin{array}{l} L'EXORDE. \\ LA\ NARRATION. \\ LA\ CONFIRMATION. \\ LA\ REFVTATION. \\ LA\ PERORAISON. \end{array} \right.$$

1. L'Entrée.

*L'Exorde* ouure comme vne entrée pompeuſe, vne montre
eclatante ; conciliant l'attantion , la bien-veillance, & la
docilité des Auditeurs ou des Lecteurs. *La Narration* eſt vn
recit fidele & embelli de la choſe que l'on veût traitter. Elle
doit eſtre ſuccinte, nette , vray-ſamblable , conceuë en termes propres & precis. S'il n'en faut point faire , on met en
ſa place la Propoſition ou *l'Introduction.* C'eſt comme vn Prelude, & vn Auant-Diſcours ; qui établît ſolidemant , qui explicque nettemant : & qui amplifie auec vne pompe magnifique de paroles & de figures, le ſujet que l'on traitte. *La Confirmation* appuye les veritez que l'on propoze , par des preuues & par des argumans ramaſſez de toutes parts, & indu-
ſtrieuzemant arrangez ; mettant les plus foibles au milieu,

2. La Narration,

3. La Confirma-<br>tion.

les plus forts au commancemant, & à la fin. *La Refutation*
subtile ou vigoureuze, detruit tout ceque l'on peut objecter
contre ceque l'Orateur soûtient & deffand. Enfin *la Per-*
*oraison* ou *l'Epilogue*, ferme & sert de clôture, recapitulant
tout le Discours, auec ranfort de figures & de mouuemans;
mélez d'vne vehemante ardeur, & d'vne conclusion qui se
rand victorieuze de l'esprit des Auditeurs.

4. La Refuta-<br>tion.
5. La Clôture.

# LA DIALECTIQVE. — TITRE XIV.

OMME la proprieté qui est essanticle à l'ame
de l'Homme, c'est de penser: demême le plus
excellant office de sa bouche, c'est de parler. En
effet ceque nous appelons *la Parole*, n'est autre
chose qu'vne expression de la verité conceuë
par l'Esprit de DIEV, de l'Ange, ou de l'Homme. Si bien
que les Creatures au dessous de ces trois Estres, n'ont point
propremant de parole; parce qu'elles n'ont ny pensée, ny raison, ny connoissance de la verité. Le bruit donc qu'elles
font, est ou violant, ou confus, ou articulé : mais en toutes
ces trois manieres il se fait sans connoissance, sans reflexion, & sans discernemant.

La Dialectique.
Qu'est-ce que<br>la Parole.

Vne cloche, vne trompette, vn echo forment vn bruit
eclatant. Mais cecy n'arriue que par la collision des corps
solides & de l'air, qui pressé entre les deus fait cét eclat ; non
point par aucune action de vie ou de mouuemant interieur,
qui soit en ces choses mémes. Le rugissemant des Lions, le
buglemant des Taureaus, le hannissemant des Cheuaus:
font à la verité des voix ou actions, qui sortent du principe
de leur vie naturele & animale. Mais outre que ces productions font destituées de raisonnemant & de discours, n'e-
stant ny distinctes, ny articulées; ce ne font que des bruits
vagues, mélez & confus. Les Perroquets, les Pies & les
Sansonnets, ainsi qu'il se void dans l'experiance, appren-
nent à la verité la prolation & la distinction de quelques *voix*

Le bruit n'est<br>pas vne parole.

G iij

*articulées.* Toutefois la peine qu'il y a à leur imprimer ces
dispositions, le peu d'étanduë que reçoit leur jargon, l'impuissance d'inuanter & de dire plus qu'on ne leur a appris;
justifient assez que toutes ces voix ne sont qu'vne leçon étudiée & inculquée du dehors dans l'imagination, sans aucune connoissance intellectuele.

Or *l'Homme* qui tient le milieu entre les Esprits & les
Corps, possedant les qualitez de tous les deus, est doüé
d'vne voix naturele, vitale, articulée & raisonnable. Et
c'est propremant ce qu'on appele *Parole.* C'est l'organe le
plus general par le moyen duquel chacun forme en soy-méme ses pensées, & les communique aus autres.

Sur quoy l'on pourroit dire que la Grammaire, la Poësie
& la Rhetorique se seruent des paroles naturales & ornées
ou figurées. Mais que la Dialectique & la Logique inuantent les paroles, & s'en seruent pour la conduite du discours.

La DIALECTIQVE donc dans le partage que je fais,
insinué mé me par Aristote, est vne demi-sçiance; qui fait vne
exacte & subtile anatomie de toutes les pieces qui font le
corps d'vn Discours, & qui entrent dans le raisonnemant.
Tout son emploi est au tour de la Parole, qui n'est qu'vn signe, moitié naturel, moitié artificiel : & vne expression de
ceque l'homme conçoit au dedans de soy, ou qu'il enonce
hors de soy. C'est pourquoy on la distingue en parole Mantale, Vocale & Ecrite. Ces *trois* qui se reduisent à vne, se
seruent de Termes ou de Mots qui naissent de trois endroits.

Les *mots* propres & particuliers, qui se prennent de la
voix ou prolation, selon la diuersité des Langues instituées
par les Hommes, appartiennent à la Grammaire. Ceus qui
naissent par l'artifice de l'Entandemant, sont vniuersels, &
font la matiere de la Dialectique. Ceus qui se tirent des choses mémes signifiées, appartiennent à la nature : & sont rangez en diuerses classes, ou cathegories.

Au premier rang, sans faire icy la liste des Termes diuers,
reflechis, infinis, determinez : vniuersels, particuliers :
pertinans, impertinans, & samblables; c'est assez de reconnoî-

tre les Noms, & les Verbes. Le Nom est vn terme, vn mot, ou
vne diction inuantée par hazard : ou par l'industrie & par le
consentemant des hommes, pour signifier quelque chose.
Le Verbe signifie les diuerses actions, ou passions de quelque
chose. Les deus reçoiuent encore deus autres considerations.
Car les Noms, par example, sont imposez ou aus choses particulieres, liées neanmoins à leurs samblables ; comme
D I E V, l'Ange, l'Homme. Ou aus Noms même, comme
d'estre masculin, feminin, &c. Et ceus-là sont en plusieurs
differances.

Les Equiuoques, n'ont rien de samblable que le nom ; com- *Les Equiuo-*
me l'Homme quand il signifie l'homme qui est viuant, celuy *ques.*
qui est mort, & celuy qui n'est qu'en peinture. le Lion qui
signifie le Roy des Animaus, & vn des signes du Zodiaque:
I E S V S-C H R I S T nôtre Sauueur, & le Demon ennemi dé
nôtre salut. Les Synonimes expriment vne même chose par *Les Synonimes.*
diuers noms, comme le Messie, le Sauueur, le Verbe In-
cré & Incarné signifient I E S V S-C H R I S T. Les Vniuoques *Les Vniuoques.*
enferment sous vn même nom, vne même signification;
comme Iacques, & Iean s'appelent Hommes. Les Analo- *Les Analogues.*
gues ont quelque rapport & ressamblance, comme la santé
qui se dit de l'homme & de la medecine. La qualité de Pere
est donnée à D I E V, à celuy qui engendre, à celuy qui
nourrît, & à celuy qui instruit. Les Denominatifs s'empruntent d'ailleurs ; comme le nom de Philosophe vient de la
Philosophie, Parisien est deriué de Paris.

Aprés on fait suiure les Noms de la premiere *intantion*, *De la premiere*
ou conception, comme l'Homme est viuant. De la seconde, *& seconde in-*
comme en la precedante proposition, que l'Homme soit le *tantion.*
sujet: viuant, l'attribut. D'où naissent les Termes Vniuersels, car viuant appartient à D I E V, à l'Ange, à l'Homme, à l'Animal, à la Plante. Et ces Termes sont ou sim- *Les Simples.*
ples, qui n'enferment qu'vne nature, comme homme. Ou *Les Compozez.*
composez de deus conceptions & de deus mots, comme
l'homme viuant. Ce que l'esprit fait vnissant en cete rancontre dans vne conception ou pensée generale, les choses
que la nature a diuisées dans les Estres particuliers.

**Les cinq Termes vniuerfels.**
**Le Genre.**

Or ces Termes vniuerfels font cinq. *Le Genre* qui eft ou prochain, ou éloigné ; fe dit de plufieurs natures, differantes en efpece. Ainfi l'Animal, s'approprie à l'Homme & à la Béte : le viuant, à DIEV, à l'Ange, à l'Homme ; &c. Le Genre Souuerain, n'eft jamais Efpece. Des Genres, les vns font vniuoques à l'egard de leurs Efpeces, comme l'Animal à l'égard de l'Homme & du Lion. Les autres font analogues, comme quand on dit le fommet de la téte & d'vne montagne.

**L'Efpece.**

*L'Efpece* conuient à plufieurs Indiuidus, qui ne different qu'en nombre ; comme l'Homme, à l'égard de Pierre & de Iacques. Et celle-cy eft la derniere & tres-fpeciale, qui n'a au deffous de foy que des Eftres particuliers.

**La Differance.**

*La Differance* effantiele, diftingue formelemant la nature des eftres ; comme l'Ame raifonnable, diftingue l'Homme d'auec tout le refte. Et il n'y a que celle-là qui foit bien connuë. Il y a auffi des differances accidanteles, comme blanc & noir, fçauant & ignorant, bon & méchant.

**Le Propre.**

*La Proprieté* tres-propre & infeparable, eft vne fuite neceffaire de la differance effantiele. Elle fe doit treuuer en tous les particuliers, en eus feuls : en tout temps, & d'vne méme maniere. Tele eft en l'Homme, la faculté de rire.

**L'Accidant.**

*L'Accidant* fuit la nature de la chofe, fans le foûtien de laquelle il ne peut fubfifter. Il luy eft comme indifferant, parcequ'il peut eftre attaché à fon fujet : & en eftre feparé, fans qu'il en foit détruit ou ruïné. Les vns font abftraits, c'eft à dire detachez & feparez ; comme la blancheur, la parole, la beauté. Les autres concrets, c'eft à dire vnis & conjoints ; font leur fujet blanc, parlant, beau. Les vns precedent, comme la fechereffe & les fleurs precedent le feu & le fruiⱷ. Les autres accompagnent, comme le mouuemant fait la vie. Les autres fuiuent, comme la fumée apres que le charbon eft éteint.

Les noms qui fuiuent la nature des chofes mémes, les *partagent* toutes generalemant en Subftance & en Accidant ; l'vn & l'autre fe treuuent ou vniuerfel, ou particulier. Leur arrangemant en Genres, en Efpeces, & en Indiuidus forme,

LES

# LES DIX CATHEGO-
## ries, ou Predicamans.



E S O N T certaines claſſes, où toutes les Des Cathego-<br>ries. choſes ſont reduites & enfermées. La premie- re, c'eſt *la Subſtance*. Ce mot ſignifie vn eſtre La Subſtance. qui ſubſiſte par ſoy-méme, & qui ſoûtient tous les accidans qui ſuruiennent. Toute ſubſtan- ce eſt creé, ou increé : ſpirituele, ou materiele. Les pre- mieres ſubſtances ſont les choſes ſingulieres, qui tombent d'abbord ſous les ſens. Les ſecondes ſont les choſes vni- uerſeles, qui ne ſont conneuës que par l'entandemant. La Subſtance n'eſt en aucun autre ſujet, elle ſe dit des infe- rieurs qui participent égalemant à ſon eſſance. Vne ſub- ſtance n'eſt jamais contraire à vne autre, bien qu'elle ſoit le ſujet qui reçoit des accidans contraires. Enfin vne ſub- ſtance n'eſt pas plus ſubſtance, que l'autre.

*La Quantité* étand, mezure & diuiſe les ſubſtances cor- La Quantité, poreles. La continuë a ſes parties vnies dans vne ſuite con- tinüelle, comme vne ligne. La ſeparée les a des-vnies, com- me elle ſe void dans les nombres. Et celle-cy ſe conte par le nombre nombrant, ou nombré ; dont le principe eſt l'vnité, & dont on ne treuue point la fin. Les parties de la quantité permanante ſont toutes enſamble, comme vne ligne de trois pieds ; & forment les corps en longueur, en largeur, & en profondeur ou épaiſſeur. Celles de la ſucceſſiue, naiſſent l'v- ne aprés l'autre ; comme dans le temps, qui coule ſans ceſſe ainſi que fait vn fleuue. La quantité interieure a pour effet neceſſaire d'arranger les parties d'vn corps entre elles, & auec leur tout. L'exterieur les ajance & les accommode auec les lieus & les eſpaces, qui les enuironnent. Le premier de ces deus effets, eſt inſeparable de la quantité. D I E v peut ſuf- pandre le ſecód, cóme il fait dans le miracle de l'Euchariſtie.

*La I. P. La Sçianſe Humaine.* H

Vne quantité n'est point contraire à vne autre quantité, & n'est pas plus quantité qu'vne autre. Elle est aussi le principe d'égalité & d'inégalité, entre les choses.

*La Qualité* perfectionne les substances, en quattre façons. Par la Faculté ou Puissance, qui est née auec la nature des choses ; comme la vertu des elemans, la chaleur du feu, la pezanteur de la pierre, l'Intelligence de l'homme, &c. Par l'Habitude qui est produite par l'exercice des actes souuant reiterez, ou exercez d'vne maniere heroïque ; comme la Iustice, la Tamperance, la Force. Si elle n'est pas encore fortemant enracinée, elle se nomme Disposition. Dans les corps elle commance par l'alteration, qui procede des qualitez, qui font impression sur les sens, & qui apportent du changemant ; comme la chaleur & la froideur, tandis que celle-là échauffe, & que celle-cy refroidit. Par la Figure, qui est la forme externe de la quantité ; comme d'estre rond, quarré, en ouale, ou en triangle.

Il y a des qualitez contraires, qui se chassent les vnes les autres : qui reçoiuent diuers degrez, du plus ou du moins, & toutes randent les choses samblables, ou dissamblables. Il y en a qui sont seulemant oppozées par priuation, comme la surdité à l'oüie, & l'aueuglemant à la veuë. Les figures & les formes exterieures, sont differantes, non pas contraires. Vne substance ne peut receuoir qu'vne quantité, mais elle peut bien estre reuétuë de plusieurs qualitez. Celle-cy sont les principes, ou les instrumans de l'action. La quantité ne fait que l'aider, & la randre plus facile. La qualité vient de la forme, & se treuue dans les Esprits : la quantité suît la matiere, & n'appartient qu'aus corps.

*La Relation* c'est le rapport mutüel & reciproque de nature ou de raison, entre deus, ou entre plusieurs termes ; dont l'vn ne peut exister, estre defini, ny connû sans l'autre. Comme Pere & Fils, Mari & Famme, Maître & Seruiteur, Superieur & Inferieur : deus lignes, longues chacune de trois pieds : deus corps, dont chacun a quattre degrez de blancheur. Elle enferme le sujet, le terme correlatif, le fondemant qui l'appuye, & leur regard mutüel &

reciproque. L'adorable Myſtere de la Trinité montre aſſez
que la relation peut eſtre vne méme choſe auec ſon ſujet, vne
Perſonne en DIEV n'eſtant point diſtinguée de ſa Nature.

*L'Action* eſt la voye & le chemin de l'Agent, par lequel
il marche à la production de ſon effet. Entre les Actions,
les vnes que l'on appele à cauſe de cela immanantes, demeurent au dedans, les autres ſortent & paſſent au dehors:
les vnes ſont accompagnées de vie, les autres en ſont deſtituées. Les vnes ſont natureles, les autres volontaires; les
autres violantes & contraintes, les autres mixtes. Vegeter, digerer, reſpirer, ſont des actions de la nature. Parler, cheminer, aimer, haïr, ſont actions volontaires. Le
feu ne deſçand en bas, la fleche ne vole dans l'air que par
violance. Le Marchand qui pour decharger le Nauire au
milieu d'vne furieuze tempéte, jette dans la mer ſes marchandiſes les plus precieuzes; fait vne action demi-neceſ-
ſaire, & demi-volontaire. On les diſtingue encore ſelon le
terme de leur mouuemant; qui eſt plus vîte dans les actions
violantes au commancemant, dans les volontaires au milieu, dans les natureles à la fin. L'Action

*La Paſſion* eſt l'impreſſion qui ſe treuue dans le ſujet où La Paſſion.
aboutît & ſe termine l'action, qui ſe fait quelquefois auec
reaction. Il y en a qui perfectionnent leur ſujet, comme la
lumiere & la doctrine. D'autres y apportent la corruption,
comme la laſſitude, la brûlure, la mort, &c.

*Où*, marque le Lieu; qui eſt d'immanſité en DIEV, de cir- Le Lieu.
conſcription dans les corps: defini dans les Anges, ſacra-
mental dans l'adorable Euchariſtie. *Le Temps*, deſigne la Le Temps.
durée eternele, ou temporele. *La Situation*, ſignifie la diſ- La Situation.
poſition & l'aſſiete tant naturele, que volontaire des parties
du corps dans le lieu qui l'enuironne. *L'Habit*, la manie- L'Habit.
re des vétemans qui le couurent, & des autres choſes que
l'on tient & que l'on poſſede.

Ces Termes vniuerſels ſont les ſources de l'inuantion,
qui fourniſſent les diuerſes Preuues. On y *ajoûte* le tout & ſes Les Preuues.
parties, la definition, la diuiſion, les choſes conjointes, les
cauſes & les effets, l'Etymologie, les ſamblables ou diſ-

famblables ; les oppozez : les comparaifons, & les témoignages ; qui font auffi les Lieus de la Rhetorique. Car de là fe
font,

---

# LES ENONCIATIONS.

TITRE XVI.

Des Propofi-
tions.

C E font des propofitions qui faifant vn corps entier, ont vn fens parfait. Ayant de l'étanduë ou de la liaifon elles affirment, ou nient vne chofe ; foit qu'elle foit vraye, foit qu'elle foit fauffe. Toute Propofition s'exprime par l'indicatif, & eft compofée de *trois* parties. Le Sujet, c'eft le terme qui precede le verbe : l'Attribut, le fuit ; le Verbe, c'eft le lien de tous les deus. Examples. D i e v eft tout-puiffant, l'Homme eft raifonnable. Quelquefois tous trois s'expriment par vn, ou deus mots. *Pluit*, il pleut. Ou eftant interrogé, s'il pleut ? répondant nanny, c'eft vne Enonciation virtuele ; qui vaut autant comme celle-cy, il ne pleut pas.

La Propofition fimple affeure ou nie quelque chofe, abfolumant & fans condition ; comme font les deus precedantes. La compofée, eft conditionnée par la conjonctiue ; fi c'eft du feu, il eft chaud ; ou par la difionctiue, l'Ange eft bon ou mauuais.

Trois parties de
la Propofition.

Toute Propofition fe compofe de la matiere, qui eft tant le fujet que l'attribut méme : & de la forme, qui eft le lien de ces deus-là. De la quantité, qui l'étand à vne ou à plufieurs chofes. De la qualité, qui la rand vraye ou fauffe. Du temps prefent, paffé, ou auenir. De l'effance, eftant prife dans vn fens compofé ou diuifé.

Diuerfes Pro-
pofitions.

De là naiffent *les Propofitions* poffibles, les impoffibles : les neceffaires, les contingentes : les vrayes, les fauffes : les vniuerfeles, les particulieres : les affirmatiues, les negatiues ; les fimples, les compofées, les indefinies : les abfoluës, les conditionnées, &c.

Lors que l'on compare vne propofition auec vne autre, on

cõſidere leur oppoſition, leur equiualance, & leur conuer-
ſion. *L'Oppoſition* ſe treuue entre les choſes ou contraires,  L'Oppoſition.
ou relatiues: ou depriuation, ou de contradiction. En ma-
tiere de Propoſitions, l'oppoſition des ſubordonnées & des
ſubalternes, ne les diſtingue qu'en quantité. Tout homme
eſt viuant, Pierre eſt viuant. La vraye oppoſition n'eſt qu'entre les contraires & entre les contradictoires, en qualité de
matiere, ou de forme; Tout homme eſt viuant, quelque
homme n'eſt pas viuant. Cela eſt, cela n'eſt pas. Quelquefois l'addition de certains ſignes & de certaines particules,
rand les propoſitions *Equiualantes*. Il n'y a point d'homme
qui ne ſoit raiſonnable, c'eſt à dire tout homme eſt raiſonnable. Ie ne puis ne pas faire cela, eſt autant que de dire, je ſuis
contraint de faire cela.

    *La Conuerſion*, ranuerſe les propoſitions; transpoſant les  La Conuerſion.
termes, & leur faiſant prandre la place les vns des autres.
Cequi ſe fait ou ſimplemant, mettant le ſujet en la place de
l'attribut: comme, tout homme eſt animal raiſonnable, tout
animal raiſonnable eſt homme. Ou par accidant, changeant
auſſi la quantité; tout homme eſt animal, quelque animal
eſt homme.

    L'inuantion donc & l'arrangemant de tous ces termes, ſont
propres à former & amplifier vn diſcours. Tandis qu'il n'y
a que la Dialectique à y trauailler, il n'eſt ce ſamble qu'vn
ſquelet. L'on n'y void ny les beautez de la Rhetorique, ny
la force de la Logique. C'eſt pourquoy la Methode que je
me ſuis propoſée, fait la liaiſon & la ſuite de ces trois Diſciplines. Venons donc à la troiziéme.

# LA LOGIQVE.



*Ce que c'est que Logique.*

'EST vn art ou vne faculté, qui se seruant des materiaus que la Dialectique vient de luy fournir, étreint & reserre encore dauantage la parole & le discours; pour conduire l'esprit humain plus directemant & plus exactemant, à la connoissance & au discernemant de la verité. Les Maîtres de cét Art pour en donner vne connoissance plus acheuée, en font *quattre especes.* De vray, il y a vne Logique qui est née auec l'homme; personne d'ordinaire ne se treuuant si grossier, qu'il ne puisse faire quelque raisonnemant pour discerner la verité qui luy est proposée, d'auec le mansonge qui est opposé à cete verité. L'Art cultiuant la nature, prescrit certaines regles, afin de n'estre point trompé dans ce discernemant qu'en doit faire nôtre esprit. La troiziéme qui enseigne, demeure dans les preceptes; tandis que la derniere *vtens*, descand à la pratique & à l'vzage. Et celle-cy se méle generalemant en toutes les Sçiances, prescriuant la *Methode* necessaire pour les acquerir ou pour les embelir.

*Il y en a de quattre sortes.*

*1. La Naturele.*

*2. L'Artificiele.*

*3. Celle qui enseigne.*

*4. Celle qui est pratiquée.*
*La Methode.*

Cete *Methode* n'est autre chose veritablemant qu'vn ordre precis, vn chemin abbregé: vne route courte & facile pour apprandre plus aizémant les Sçiances, les Arts & les Disciplines. C'est pourquoy elle enferme la maniere d'enseigner & d'apprandre, les voyes ou les instrumans particuliers à la matiere que l'on traitte, & l'ordre que l'on doit garder; faisant reflexion tant sur les personnes, que sur les choses qui sont enseignées. *La Maniere* d'enseigner est propre à toutes les Sçiances en general, & à chacune en particulier. *Les Instrumans* sont la definition, & la diuision: la demonstration, & le raisonnemant. Ces quattre explicquent de vray chaque chose consideréee en sa nature, ou en ses proprietez. *L'Ordre* dispose toutes les parties, ou les ajustant auec leur tout, ou les arrangeant entre elles. Ce qui se fait en

*Elle comprand trois choses.*

*1. La Maniere d'enseigner.*

*2. Quattre Instrumans.*

*3. L'Ordre en trois manieres.*

trois façons. La premiere *resout* & rappele cequi est composé, dans la simplicité de ses premiers principes. Et cete voye
est fort propre pour l'inuantion. La seconde marchant par la
route opposée, *compose* vn tout de ses parties. Celle-cy est
propre pour enseigner. La troiziéme mélée des deus premieres, donne vne exacte *definition* à chaque chose. Ensorte
qu'estant bâtie seulemant d'vn genre & d'vne differance,
elle enferme generalemant toute la nature de la chose definie, & n'appartienne qu'à elle seule. C'est pour cela qu'on
la compare au nid de l'Alcion. Celle-cy secondée de la Diuision, aide merueilleuzemant la memoire & l'eloquence.

    Nous deuons donc nous imaginer, que la Logique est
comme la portiere ou la sacristine de la Sçiance. Que la clef
qu'elle garde, c'est la Methode pour entrer dans le temple de
la verité. Et qu'elle s'est acquitée de son deuoir, quand elle
a produit la Sçiance dans l'Esprit Humain. Pour bien comprandre cét heureus effet, il faut conceuoir auparauant ceque c'est que LA SCIANCE.

    Tout le Monde tombe d'accord auec Aristote, que c'est
vne vertu de l'entandemant; dans lequel elle engendre par
des principes necessaires & conueincans, la connoissance
de quelque verité. Puîque c'est vne vertu de l'entandemant,
elle doit estre separée des vertus Morales qui resident dans la
volonté. Mais parcequ'il y a plus d'vne vertu qui enrichît
l'entandemant, il faut aussi la distinguer d'auec les autres.

    L'Entandemant donc qui est l'œil de l'ame, peut estre an-
nobli par *cinq* illustres qualitez: & deshonoré par autant de
vicieuzes habitudes, qui leur sont opposées. *L'Intelligence*
ou l'Habitude des principes n'est sans doute que l'esprit méme de l'homme, ou l'entandemant eclairé de ces grandes
lumieres emanées de la face de DIEV: fecondé de ces belles semances de la verité, qui sont nées auec l'homme;
mais que l'exercice & l'experiance randent plus brillantes
dans les Personnes polies, que dans celles qui ne sortent jamais de leur stupidité. En vn mot, ce sont ces premiers principes que l'on ne peut demantir. Comme, la cause est deuant
son effet, la partie est moindre que son tout, deus & trois font

1. La Resolu-
tion.

2. La Compo-
sition.

3. La Defini-
tion.

4. La Diuision.

La Sçiance.

Les cinq Vertus
de l'Entande-
mant.
1. L'Intelligen-
ce.
*Signat. est super
nos lum.vult. tui
Dom. Ps.4.*

cinq. *La Sageſſe* contample la vérité, dans ſes principes plus eleuez & dans ſes cauſes plus vniuerſeles. C'eſt pourquoy ceus-là ſeulemant meritent ce beau nom de Sage, qui excellent & qui ſont eminans en quelque art ou diſcipline. C'eſt ceque nos François appelent aſſez propremant, des *Rares & des Illuſtres. La Prudance* conduiſant l'ame auec chois & deliberation dans les inſtructions & les pratiques de la Morale, pour la degager du vice & l'établir dans la vertu, n'appartient qu'à l'Homme ; encore que l'inſtinct des animaus, en ſoit vn rayon & vne imitation. *L'Art* eſt vn amas d'obſeruations & d'experiances, qui ſeruent de regle pour conduire les ouurages qui depandent de l'induſtrie des hommes, & qui par ſoy-méme ne contribuent de quoy que ce ſoit à la Morale ; comme la Peinture, & l'Architecture.

Voilà donc cinq Vertus intellectueles, qui ſont combatues par autant *d'ennemis* ; la Stupidité, l'Ignorance, l'Erreur, l'Imprudance, & l'Inhabileté. Au milieu de ces extremitez, il y a *cinq* autres Habitudes que nous deuons auſſi reconnoiſtre. Le Doute eſt vne ſuſpanſion de mon conſentemant, balancé ſur les raiſons oppoſées de part & d'autre ; qui me paroiſſant égales, tiennent mon eſprit dans l'equilibre. Le Soupçon, ne luy donne qu'vne foible conjecture. L'Opinion le fait pancher vn peu fortemant de l'vn des côtez, par le poids d'vne raiſon qui ſamble auoir plus de force. La Foy humaine, eſt auſſi vne opinion appuyée non pas ſur aucune raiſon : mais ſur le reſpect & la bonne eſtime que j'ay de celuy qui affirm, ou qui nie ce dont il s'agît. C'eſt en cete maniere que l'opinion d'Ariſtote dans la Philoſophie, d'Hipocrate dans la Medecine : de S. Thomas en la Theologie, paſſe pour vne raiſon. La Foy diuine ayant pour principe & pour objet formel, la reuelation, l'autorité & la parole de D I E V, qui ne peut ny eſtre trompé, ny vouloir tromper ; eſt à cauſe de cela d'vn plus haut reſſort, & au dernier poinct de la certitude. Elle emprunte les tenebres & l'obſcurité, de l'opinion ou de la foy humaine : & de la ſçiance, la certitude inébranlable. Au reſte cete diuerſité de motifs qui ſe treuue entre l'opinion & la foy humaine, ſuffit pour en faire vne

entiere

entiere diſtinction. Iuſques-là qu'il n'y a nul inconuèniant de faire ſubſiſter enſamble dans vn même eſprit, les habitudes de la Sçiance & de l'Opinion : & même l'Opinion actuele, auec vne Sçiance habituele au tour d'vne même choſe propoſée. Comme au contraire les actes de ces deùs facultez ſe chaſſent neceſſairemant l'vn l'autre, ainſi que la Sçiance eſt incompatible auec la Foy ſurnaturele.

Quoy qu'il en ſoit, la Logique ne fait toutes ces recherches, que pour venir à l'examen de LA SCIANCE. Pour moy j'auoüe, que je ne rejette pas tout à fait *la Reminiſcence* de Platon; parceque je voy des Eſprits qui naturelemant ont des ſemances, & des facilitez merueilleuzes pour certains Arts & pour certaines Diſciplines. Ie veus bien toutefois la *definir* auec les Peripateticiens, vne habitude ou vne vertu de l'entandemant humain, qui luy fait connoître quelque choſe par ſes propres cauſes & par ſes principes : mais d'vne maniere qui rand ſa penſée inebranlable, parcequ'il eſt conueincu par l'euidance des raiſons.

La même Ecole fait vn *partage* bien general de toutes les Sçiances. Les Generales ſont par exemple, la Logique, la Phyſique, & les Mathematiques. Les Particulieres ſont la Grammaire, la Medecine, & la Geographie. Les Speculatiues s'arrétent dans la ſimple, pure & nuë contamplation des objets. Teles ſont la Phyſique, & la Theologie Scholaſtique. Les Practiques deſcendent à l'action, comme la Geometrie, la Medecine, & la Morale. Les Primitiues & Souueraines, ſont appuyées ſur leurs propres principes. Teles ſont l'Arithmetique, & la Geometrie. Les Secondaires ou Subalternes depandent de celles, deſquelles elles empruntent leurs Principes; comme fait la Perſpectiue de l'Optique, la Chirurgie de la Medecine, & celle-cy de la Phyſique. Au reſte la ſageſſe ancienne & la curioſité nouuelle font fort bien, de les reünir toutes : & les arranger dans vne Encyclopedie, qui eſt ceque j'appele LA SAGESSE VNIVERSELE. Parceque je produïs ailleurs mes raiſons ſur cete Idée Generale, je me contante d'en alleguer vne ſeule en cét endroit. L'Ecole Vulgaire ne deſtinguant les Sçiances



---

La Reminiſcence.

La definition de la Sçiance.

Ses Diuiſions.

Les Speculatiues, & les Practiques.

Les Subalternantes, & les Subalternes.

Vne Sçiance Vniuerſele. *In Medulla Sapientiæ.*

que par leurs *Objets*, reduît ceus-cy à quattre. Le ſujet d'vne Sçiance, que l'on appele l'objet par vne metaphore empruntée de la veüe corporele, c'eſt la choſe autour de laquelle l'eſprit s'occuppe dans ſes connoiſſances. Si l'on vnît toutes les choſes conſiderées dans vne Sçiance, l'on appele cét amas l'objet *Total* ou Vniuerſel. Ainſi toutes les veritez natureles, ſont l'objet de la Phyſique. Si l'on ne s'attache qu'à quelques parties, ce n'eſt qu'vn objet *Partial* ou particulier. Ainſi la vertu Morale eſt l'objet d'vne partie de la Philoſophie, & la Politique eſt vn mambre de la Morale. Si l'on ne regarde ſimplemant que les choſes qui ſeruent de matiere & de ſujet à vne Sçiance, l'on nomme cela l'objet *Materiel*; ſur lequel diuerſes Sçiances peuuent trauailler, & s'exercer. Ainſi vn même Homme ſert d'objet à la Phyſique pour connoître ſa nature, à la Medecine pour gouuerner ſa ſanté : à la Peinture pour en tirer les portraits, à la Morale pour l'inſtruire dans la vertu. Mais cete generalité eſt retreinte & determinée par l'objet *Formel*. C'eſt la conſideration preciſe & immediate, ſur laquelle s'attache chaque Sçiance particuliere. Ainſi la Theologie regarde l'Homme comme l'ouurage de D I E V, la Phyſique comme vn compoſé naturel : la Medecine comme le ſujet de la ſanté, la Morale comme eſtant capable des vices & des vertus. Et moy *j'ay contamplé* toutes les Sçiances, comme alliées & vnies dans vne méme Verité generale & vniuerſele. Cete étude eſtant celle de la vraye & premiere Philoſophie, ſans mantir la Logique ne peut auoir vn emploi plus digne de ſes enquétes & de ſes examens.

Mais ſon office principal dans l'étude de cete Sçiance Generale, comme en la recherche de toutes les autres, c'eſt de regler la conduite de l'eſprit : & d'employer à cét effet, les *trois Operations* ou Actions principales de l'Entandemant.

La Premiere regardant les objets qui s'offrent d'abbord à nôtre eſprit, ne fait qu'en conceuoir vne premiere & ſimple idée ; qui s'exprime nûmant par les mots, & par les termes que nous venons d'explicquer. La Seconde, aprés y auoir refléchi, en forme vn jugemant determiné par les propoſitions & les enonciations. La Troiziéme se seruant des deus autres, acheue vn raisonnemant parfait; qui se forme par l'illation, & par la suite ou consequance d'vne proposition à l'autre. Ce qui est inferé, s'appele le Consequant : la maniere de l'inferer, se nomme la Consequance.

Le but de cét Art ou Sçiance c'est par la ruine du mansonge, d'établir & de preuuer la verité de toutes les choses qui viennent dans le discours ; affirmant, ou niant chaque proposition. Son principal instrumant pour en venir là, c'est *l'Argumant* qui se construît en plusieurs manieres. — Plusieurs sortes d'Argumant.

*L'Induction*, amasse plusieurs choses singulieres pour en inferer vne conclusion vniuersele. L'oranger fleurit, la vigne, le poirier, le pommier, &c. donc tous les arbres fleurissent. *L'Example*, qui n'est qu'vne induction imparfaite, prand vn fait particulier arriué parmy les hommes, pour en conclure vn autre particulier. Les sept freres Macchabées ont mieus aimé mourir, que de manger des viandes deffanduës en la Loy Iudaïque ; que ne doiuent point faire à plus forte raison des Chrétiens, pour la deffanse de l'Euangile ? *Le Denombremant* des parties conclût aussi tant par la voye qui affirme, que par celle qui nie. Tout Chrétien est ou Catholique, ou Heretique, ou Schismatique. Amurat n'est aucun de ces trois, donc il n'est point Chétien. *Le Dilemme* conclût egalemant, par l'vne & l'autre de ses deus propositions. Si j'ay mal parlé, disoit LE FILS DE DIEV, montrez en quoy : si j'ay bien parlé, pourquoy me frappez-vous ? — L'Induction. L'Example. La Partition. Le Dilemme. *Ioan. 18.*

*Le Sorite* entasse plusieurs propositions, dont le sujet de la premiere & l'attribut de la derniere font la conclusion. Tout ce qui est bon est beau, tout ce qui est beau est aimable, tout ce qui est aimable n'ennuye jamais ; Donc DIEV qui est bon, n'ennuye jamais. — Le Sorite.

*L'Enthyméme*, ne fait que tirer vne consequence d'vn antecedant ; DIEV est bon, donc il est aimable : le Soleil est leué sur nôtre hemisphere, donc il fait jour. A quoy l'on ajoûte le Syllogisme *Conditionné*, si I. CHR. est DIEV, il le faut adorer. Et le *Disjonctif*, Dauid treuuant Saül à son — L'Enthyméme. Le Conditionné. Le Disjonctif.

auantage, ou il l'a tué, ou il l'a laiſſé en vie : il ne l'a pas tué, donc il l'a laiſſé en vie.

Toutes ces moindres Preuues ſont amplifiées par le raiſonnemant, que fourniſſent *les Lieus* enſeignez dans les Topiques. Les Maîtres de l'Art aprés Ariſtote, les diſtinguent en Interieurs, & en Exterieurs. Les premiers enfermant les choſes mémes, explicquent ou leurs natures, ou leurs prieutez. L'on en conte ordinairemant *Seze*. La Definition explicque l'Eſtre, l'Etymologie le nom : la Diuiſion en fait le partage, les Alliances marquent leur liaiſon auec les autres. On ſe ſert aprés du Genre, de la Forme, de la Differance : des quattre Cauſes, des diuers Effets, des ſept Circonſtances, compriſes dans le vers ſuiuant ;

   *Quis, quid, vbi, quibus auxilijs, cur, quomodo, quando.*

Enfin l'on va chercher les preuues de quelque choſe, dans ſes Antecedans, dans ſes Conſequens : dans ſes Contraires, & Oppoſez ; dans les Comparaiſons, & dans les rapports ou ſimilitudes. Par example, j'entreprans de faire voir, que *la Foy* eſt tout le bonheur du Chrétien, ne me ſeruant que de la ſuite naturele de ces Seze Preuues. Ditesmoy donc je vous prie, qui eſt-ce qui peut douter de la verité que je propoſe en faueur de cete grande vertu Theologale ; ſi ſeulemant il ſe ſouuient qu'elle eſt definie par S. Paul, la ſubſtance qui appuye toutes nos eſperances en cete vie & en l'autre ? Que ſon nom méme nous oblige de nous fier en DIEV, qui n'abandonne jamais ceus qui ſe mettent ſous ſa protection ? Et puiſqu'elle enſeigne cequ'il faut croire, & cequ'il faut faire ; certes il n'y a plus rien ny à ajoûter, ny à ſouhaitter à ſa felicité. Comme d'vn côté perſonne n'ignore les alliances étroites de la Foy, auec la Charité & l'Eſperance ; d'ailleurs ſon eminance paroît, en ceque c'eſt la premiere des Vertus Theologales. C'eſt vne lumiere diuinemant infuſe, qui nous fait croire les reuelations que DIEV fait à l'Egliſe, de ſes veritez & de ſes volontez. Cequi marque ſa differance d'auec toute ſorte de vertus. Car les deus autres Theologales ſeroient aueugles, ſans cete celeſte clarté. Et pour celles que l'on appele Car-

dinales, outre qu'elles peuuent eſtre acquiſes, elles ne s'attachent pas directemant à D I E V comme à leur objet formel. La nobleſſe de la Foy, n'eſt pas moindre du côté de ſes
principes. Car c'eſt D I E V qui en eſt la premiere cauſe. C'eſt
I. C H R. qui aus termes de l'Apôtre des Fideles, en eſt l'au-  *8. Les Cauſes.*
teur & le conſommateur. Pour les admirables effets que pro-  *Hebr. 12.*
duît cete diuine racine, il ne faut que lire cete plus ſçauan-  *9. Les Effets.*
te des Lettres Canoniques de S. Paul; en laquelle cét Apôtre
Incomparable attribuë à la Foy, tous les miracles du Viel &  *Cap. II.*
du Nouueau Teſtamant. Au reſte toutes ſes circonſtances  *10. Les Circon-*
ſont autant de miracles. Cequi la precede, c'eſt vn mouue-  *ſtances.*
mant victorieus de la grace efficace. Cequi l'accompagne,  *11. Lés Antece-*
c'eſt vne genereuze reſolution, qui porte le Fidele à ſigner de  *dans.*
ſon propre ſang toutes les veritez qu'elle enſeigne. En vn  *12. Les Conſe-*
mot, c'eſt la victoire qui triomphe de tout le monde : & qui  *quans.*
éleue ſes magnifiques trophées ſur les ruines de l'Impieté,  *Hæc eſt victor.*
du Paganiſme, & de l'Hereſie. Que ſi la Foy cede à la Cha-  *quæ vinc. mund.*
rité comme à ſa Reine, au moins elle a cét auantage qu'elle  *fides noſtra. 1.*
ſert de Paranymphe au chaſte mariage de nôtre Ame auec  *Joan. 5.*
I. C H R. ſon Epous ; qui eſt veritablemant, ce qui fait le  *13. Les Contrai-*
dernier poinct de nôtre bon-heur.  *res.*
   Les Preuues que l'on appele *Eloignées*, parcequ'elles ſont  *14. Les Repu-*
empruntées du dehors, ne ſont que Six. Et leur plus grand  *gnances.*
vzage n'eſtant que dans les Plaidoyez, c'eſt aſſez d'en faire  *15. Les Com-*
icy le denombremant. Donc les Auocats pour fortifier la  *paraiſons.*
cauſe qu'ils ont en main, ſoit qu'ils accuſent, ſoit qu'ils  *16. Les Simi-*
deffandent, outre la force du raiſonnemant & les charmes  *litudes.*
de l'Eloquence ; emploient les Prejugez, c'eſt à dire l'Autorité ſoit diuine, ſoit humaine. En ſuite la Renommée  *Six lieus Ex-*
ou l'Opinion Vulgaire, la Queſtion Ordinaire ou Extraor-  *ternes.*
dinaire, les Lois & les Arréts. Enfin les Setmens, en ce
qu'ils obligent leurs aduerſes Parties à jurer : & les Témoins, qui ſont appelez pour depoſer d'vn fait ſelon la connoiſſance qu'ils en ont.

*1. Les Prejugez.*
*2. La Renom-*
*mée.*
*3. La Queſtion.*
*4. Les Lois.*
*5. Les Sermens.*
*6. Les Témoins*

   A la verité toutes ces vingt & huict Preuues appartiennent plutôt aus ornemans de l'Eloquence, qu'à la demonſtration des Sçiances ; dont la Logique eſt l'organe, & l'in-

ſtrumant general. Ou ſi c'eſt elle qui les inuante, ce n'eſt que pour les fournir à la Rhetorique ; qui en tire ſa force, & toutes ſes ampliſications. D'où il s'enſuit que le plus parfait des Argumans, c'eſt le *Syllogiſme* ; qui de deus propoſitions, appellées les Premiſſes, en infere neceſſairemant vne troiziéme, auec conuiction & ſans replique.

*Tout Homme eſt raiſonnable,*
*Pierre eſt Homme ;*
*Donc Pierre eſt raiſonnable.*

Entre ces Syllogiſmes, les vns ſont Demonſtratifs, les autres Probables : les troiziémes Apparans, les derniers Sophiſtiques. Mais afin que le Syllogiſme ſoit tel qu'il doit ; la Logique *luy donne* ſa matiere, ſa forme : ſa maniere, & ſa figure.

La *Matiere* éloignée, ce ſont les trois Termes. Comme dans l'example precedant, l'homme, &c. le grand terme c'eſt ce mot, raiſonnable ; le petit terme, c'eſt celuy-cy, Pierre. La matiere prochaine, ce ſont les trois propoſitions, qui arrangent ces trois termes. La premiere eſt appelée la Majeure, la ſeconde la Mineure, la troiziéme la Concluſion.

La forme de la Matiere prochaine, ſe nomme le Mode : celle de la matiere éloignée, ſe nomme la Figure. Le *Mode* ſignifie la diſpoſition des propoſitions qui entrent en la forme du Syllogiſme, ſelon la quantité & la qualité. Car ſelon que les propoſitions ſont vniuerſeles, ou particulieres, affirmatiues ou negatiues, la concluſion directe ou indirecte ; il ſe fait en tout, dix-neuf modes.

La *Figure* c'eſt la diſpoſition des Termes, pour bien conclure. Il y en a trois. Dans la premiere figure, le moyen precede le verbe, & eſt le ſujet de la Majeure : dans la Mineure il ſuit le verbe, & luy ſert d'attribut.

*Tout Homme eſt raiſonnable,*
*Pierre eſt Homme ;*
*Donc Pierre eſt raiſonnable,*

Dans la ſeconde, le moyen vniſſant le ſujet & l'attribut, eſt toûjours aprés le verbe, & eſt attribut dans les deus Propoſitions.

*L'Homme est raisonnable,*
*Le Lion n'est pas raisonnable;*
*Donc le Lion n'est pas Homme.*

Dans la troiziéme Figure, le moyen marche toûjours de- <sub>3; Figure.</sub>
uant le verbe: & est sujet tant en la proposition, que dans
l'assomtion.

*L'Homme est raisonnable,*
*L'Homme est animal;*
*Donc quelque animal est raisonnable.*

On y ajoûte la figure de *Galien*, qui pose le moyen aprés La figure de
le verbe en la Majeure, mais qui le met deuant en la Mi- Galien.
neure.

*L'Homme est raisonnable,*
*Le Raisonnable est animal;*
*Donc l'Homme est animal.*

Le secret dans cete fabrique des Syllogismes, c'est de treu- Treuuer le
uer le moyen; *Medium*; c'est à dire le terme duquel on pre- moyen.
tand de se seruir, pour preuuer la proposition que l'on fait.
Or ce terme est ou Antecedant, ainsi que l'est ce genre Animal, à l'égard de l'homme: ou Consequant, comme Risible;
ou Etranger, comme Irraisonnable. Le plus puissant, est celuy qui se prand de la definition.

Afin aussi de se bien conduire dans cete structure du raisonnemant, l'on s'attache à certains principes & à *certaines*
*regles*, dont voicy les principales. Chaque chose est, ou n'est Regles gene-
pas. Toute proposition qui est vraye ou fausse d'vn sujet ge- rales.
neral, l'est aussi necessairemant de tous les particuliers qui
luy sont soûmis. Le moyen doit toûjours estre pris selon
toute son étanduë, dans les deus premieres propositions.
A faute dequoy les propositions n'estant que particulieres, la
conclusion ne peut estre conueincante. Dans le Syllogisme,
ainsi qu'il arriue préque par tout ailleurs, la conclusion est
toûjours de même nature & de même qualité que la plus foible partie. Quand toutes les propositions sont negatiues,
elles ne peuuent produire aucune conclusion qui soit legitime. Chaque terme n'entre jamais que deus fois dans le Syllogisme. C'est pourquoy jamais le moyen ne se repete dans

la conclufion, & les termes doiuent toûjours eftre employez dans vn méme fens.

Le Syllogifme Demonftratif.

Le chef-d'œuure de la Logique & le plus accompli des Syllogifmes, c'eft le *Demonftratif*; qui par des caufes natureles, confequammant necefiaires, certaines, euidantes & immediates, engendre la connoiffance affeurée & inebranlable de quelque chofe. Vne marque que la Demonftration eft acheuée en fon dernier poinct, c'eft quand elle peut eftre conuertie en la definition.

> *Tout animal doüé d'vne ame raifonnable, eft capable*
> *de raifonner :*
> *L'Homme eft vn animal doüé d'vne ame raifonnable;*
> *Donc l'Homme eft capable de raifonner.*

Deus fortes de Demonftrations.<br>La 1. *A priori.*

Il y a *deus* fortes de ces Demonftrations. La premiere, que l'on nomme à caufe de cela, *à priori*; decouure les effets par leurs caufes natureles, necefiaires & immediates. Ce font ces Anges, que Iacob voyoit defcendre du ciel en terre.

> *Tout ceqni eft doüé de puiffance, peut agir:*
> D I E V *eft doüé de puiffance;*
> *Donc* D I E V *peut agir.*

La 2. *A pofte-riori.*

L'autre, qui n'eft qu'a *pofteriori*; monte à la connoiffance des caufes, par la veué & par l'obferuation des effets. Ce font les mémes Anges, qui du plus bas degré montent au plus haut de l'échele.

> *Toute Creature eft depandante de fon Createur :*
> *L'Homme eft vne Creature ;*
> *Donc l'Homme eft depandant de fon Createur.*

Mais parceque la regle qui eft claire & droite, fait auffi reconnoitre celle qui eft obfcure & de trauers ; la Logique qui enfeigne la conftruction des vrays Syllogifmes, eft celle-là même qui doit découurir

L'ART

# L'ART SOPHISTIQVE. TITRE XVIII.

C'EST vn ingenieus artifice de l'Esprit humain, par lequel il fabrique de faus Syllogismes, qui trompent par la ressamblance auec les legitimes. Ce ne sont, dit Aristote, que des beautez fardées. Sur quoy il faut obseruer ce qui suit. 1. Le *nom* de Sophisme & de Sophiste, a vne méme racine que celuy de Sagesse & de Sage. Si bien que selon la remarque de Ciceron & de Plutarque, il a esté employé premieremant pour signifier tous Ceus qui excelloient en quelque Art & en quelque Sçiance. En suite il a passé des Professeurs de la Sagesse à Ceus de l'Eloquence, & s'est enfin arrété aus Corrupteurs de l'vne & de l'autre. On les peut comparer aus *Singes*, qui parmy tant d'actions, qui paroissent des imitations si naiues de la Nature Humaine, n'ont toutefois rien au dedans qui luy ressamble.

II. Il n'est point de corps qui *n'ait* ses ombres, ny de verité qui ne soit assiegée du mansonge & de la fausseté; laquelle prand son masque, pour se deguizer. Ce n'est pas vne beauté naturele, mais vn fard artificiel. La Physique a ses Chimistes, la Medecine ses Charlatans, la Theologie ses Superstitions, la Vertu ses Hypocrites, la Logique ses Sophismes ou Fallaces; bref, toute sorte de Discipline a ses abus & ses tromperies.

III. C'est pourquoy le vray Philosophe doit aussi auoir vne parfaite *connoissance* de ces Supercheries. Non pas à la verité pour s'en seruir, mais pour s'en deffandre: non pas pour tromper les autres, mais pour s'empécher d'estre trompé & par les autres, & par soy-méme. Car outre que la verité, tout ainsi qu'vne rare peinture, jette plus d'éclat parmy les ombres, & reçoit beaucoup de relief par l'opposition; il appartient à vne méme Sçiance, d'enseigner les contraires: & vne méme regle sert égalemant à faire vne ligne droite, & à marquer celles qui sont obli-

K

Diuerses Obseruations.

Le nom de Sophisme, & de Sophiste.
*In Top.
1. D. Natur. Deor.*

Chaque chose à son abus.

Pourquoy l'on enseigne les Fallaces.

ques. D'où vient auſſi que la Medecine n'enſeigne pas moins la connoiſſance des poizons , que des antidotes. Mais elle étudie les venins pour y remedier , & les remedes pour s'en ſeruir.

*Toute tromperie vient de la reſſamblance.*

IV. En toutes ces choſes la fourbe eſt d'autant plus grande , que la fauſſeté à plus de *reſſamblance* auec la verité. Par example , l'on ne prandra jamais vne paille noire & legere pour vn lingot d'or , ny vn pied pour vn œil.

V. Cete *mépriſe* arriue tant du côté de la Sçiançe méme, que du côté des *Ignorans.* Ceus-cy ne regardant la verité que de loin , en mélent les images , en confondent les eſpeces : & ſe laiſſent aizemant tromper , par les premieres apparances.

*Deus cauſes des Fallaces.*

L'autre ſource des Sophiſmes , eſt *la cauſe* premieremant de leur apparance , ſecondemant de leur defaut. L'apparance nous trompe , parce que nous croyons qu'vn méme nom ne ſignifie qu'vne ſeule choſe. Le deffaut vient de la *differance* qu'il y a entre les choſes , & les noms. Car, dit ſubtilemant Ariſtote, parce que la neceſſité nous contraint de nous ſeruir des noms inuantez , non pas des choſes mémes , dont les noms ne ſont que les ſignes ; nous nous imaginons que ce qui arriue dans les noms , ſe treuue auſſi dans les choſes. Ce qui eſt tres-faus. Parce que les choſes que la Nature produît , ſont infinies : au contraire le nombre des noms que nous inuantons , eſt fort limité. De ſorte que l'on ne ſe peut empécher qu'vn nom ne ſoit employé pour ſignifier pluſieurs choſes , qui ſont méme ſouuant contraires & oppoſées. Et voila juſtemant la ſource de toutes nos ignorances, & de toutes nos ſurpriſes.

*l. 1. c. 1.*

*Belle differance des choſes, & des noms.*

VI. *Le deſſein* donc des Sophiſtes c'eſt de paroître ſubtils, & de tromper les moins habiles par cete confuſion des noms & des choſes. Ils veulent par les ſoupplleſſes d'vn diſcours étudié , & par les artifices d'vn faus raiſonnemant jetter, ſelon Origene, de la pouſſiere aus yeus : & comme parlent l'Ecole & le Vulgaire , *deducere ad metam.* C'eſt à dire mettre à bout Ceus auec leſquels ils diſputent , ou deuant leſquels ils haranguent. Ce qu'ils font dans la diſpu-

*Le deſſein de Sophiſtes.*

te en *cinq façons* ; qui sont autant de Paralogismes, & d'Inconuenians. Ils appelent *Reprimande*, lors que la suite des
raisonnemans, embarasse telemant la Partie aduerse, qu'el-
se treuue obligée d'accorder, & de nier vne même proposition. *Les Faussetez*, quand l'on extorque vne confession,
qui est euidammant opposée à la verité. *L'Inopinable*,
l'absurde ou le paradoxe ; quand on vous tire des principes, & qu'on vous contraint de nier les veritez de la Sçiance,
dont vous faites profession. *Le Solecisme*, quand vous estes
reduit à faire quelque incongruité contre les regles de la
Grammaire. Enfin la *Badinerie* ou l'Embarras, quand on
se void pris au piege : & engagé en des battologies, & en
des repetions inutiles.

VII. Ce sont à vray dire, toutes ces belles reflexions ; qui
ont donné sujet à Aristote, de distinguer le Syllogisme
en *quattre Especes* differantes. L'Epidicte ou *Demonstratif*,
éclaire de sa propre lumiere les matieres necessaires. Le
*Dialectique* n'engendre que des doutes & des opinions, sur
des matieres probables. L'Ennemi du premier, c'est le
Falsifié, qu'ils appelent *Pseudographe* ; parce qu'il se sert
des principes d'vne Sçiance mal-entandus & mal-inter-
pretez, pour tirer vne fausse demonstration, mais qui ressamble à la vraye. L'Ennemi du second, c'est le *Sophisme*,
qui forme ses conclusions des apparances, non pas des reali-
tez : de ce qui paroit, non pas de ce qui est. Aristote appele
cela des phantaisies, & des phantômes ; qui se font ou dans la
matiere de l'argumant, ou dans la forme, ou en tous les deus.

Afin donc de se deffandre de ces prestigicuzes apparances,
se seruant de la quatriéme obseruation, l'on distingue toutes
ces Fallaces & ces Tromperies, en *deus Classes*. La premiere
procede des MOTS ET DES PAROLES, en l'vne des *six*
manieres suiuantes. *L'Equiuoque*, trompe par son sens
ambigu ; deuant que vous ayez distingué le nom : & par cete distinction, attribuë à la nature de chaque
chose ce qui luy est propre & particulier. *L'Amphibologie*,
préque samblable, mais plus étanduë, est vn embarras de
discours qui fait vn sens douteus. Nous en donnerons bien

K iij

tôt des examples. *La Composition* fait vne fausseté, joignant les choses qui ne sont vrayes que quand elles sont diuisées. Comme qui diroit que l'Euangile fait voir vn Aueugle, ou qu'il represente vn Homme Paralytique qui s'est leué, & qui a marché portant son lict sur ses épaules. Il est vray, que l'vn de ces deus auoit esté aueugle, & l'autre paralytique; mais ils ne l'estoient plus. *La Diuision* au contraire, separe les choses qui doiuent estre conjointes. C'est ce que faisoient ces deus infames Heresiarches, Arrius & Iouinian. Le premier soûtenant que la seconde Personne Diuine est inferieure au Pere, parce qu'il est son Fils. Le second que Marie n'est plus Vierge, par ce qu'elle est Mere. Ils separoient des choses, qui sons vnies dans ces miraculeus suiets. La diuersité de *l'Accent* en la prononciation, comme vous n'estes pas homme d'honneur, donneur. Ie n'aime ce qui m'amuze, ma muze. Le changemant de la *Figure* dans les mots; comme si quelqu'vn se seruant de cete parole du Prophete, il n'y a point de mal dans la Cité que Dieu n'ait fait; vouloit conclure que Dieu est auteur du peché qui est vn mal, & le plus grand de tous les maus.

L'autre sorte de Fallaces qui déguise les choses mêmes pour en cacher la verité, peut arriuer en *sept façons*. L'Accidant trompe, quand l'on en tire vne conclusion absoluë & generale, au lieu d'vne conditionnée & particuliere. Il est vray que Dieu endurcît le cœur de Pharaon, mais ce n'est que par accidant; ce Roy estant luy-même par sa malice, la premiere cause de son endurcissemant. *Le Terme simple* & absolu trompe, dans les choses qui ne sont vrayes qu'en quelque partie, ou par rapport à quelque autre sujet. Cete proposition qu'il ny a point de Dieu est de vray dans l'Ecriture-Sainte, non pas à l'égard de Iob, ny du Saint-Esprit: mais à l'égard des Athées & des Impies, qui en sont les auteurs. La *Question* trompe, quand on la remet pour réponse & pour principe. Ie demande au Caluiniste, pourquoy Dieu ne peut multiplier les corps? Il me répond que cela est impossible à Dieu, cela n'est qu'vne battologie. Pourquoy il ne peut garder les commandemans de Dieu?

Il répond

il répond , c'eſt que je ne le puis ; c'eſt repeter ce que je viens de demander. La mauuaiſe *Conſequence* trompe, en ce qu'elle peche contre quelqu'vne des regles du bon Syllo- *4. La mauuaiſe Conſequence.* giſme. Comme qui diroit ; tout ce qui eſt en Salomon, eſt aimable : l'autorité Royale , la ſageſſe infuze, l'opulance , l'amour des Fammes , & l'Idolatrie ont eſté en Salomon. Donc toutes ces choſes ſont aimables. *La cauſe* *5. La Cauſe non cauſe.* ſuppoſée fait vne illuſion , quand on produît pour cauſe veritable celle qui ne l'eſt pas. Comme qui diroit que ces vingt & quatre Vieillars de l'Apocalypſe, flechiſſent le genou deuant le trône de DIEV , parce qu'ils ont des cou- *Chap. 4.* ronnes. Cete raiſon eſt fauſſe. La vraye , c'eſt qu'ils ſe proſternent deuant cete Majeſté Souueraine pour l'adorer, à cauſe que c'eſt le vray *Dieu.* Les *Interrogations* en- *6, Les Interrogations.* taſſées deuiennent captieuzes, lors qu'on veut obliger à ne donner qu'vne méme réponſe à pluſieurs interrogations differantes. C'eſt tout ainſi que ſi parmy dix bonnes piſtolles,vous en vouliez faire paſſer vne ou deus fauſſes. La liberalité,la magnanimité,la violance,la colere & la charité,ne ſont-ce pas des belles vertus ? Le *Faus-Contredit* , appor- *7. Le Faus-Contredit.* te & oppoſe vne concluſion qui n'eſt nullemen ruineuze à ma *propoſition.* Ie foûtiens que DIEV eſt bon , vous m'oppoſez qu'il châtie les Reprouuez dans les Enfers. Cela ne prejudicie nullemant à la propoſition , que j'ay auancée en faueur de la bonté de DIEV.

Les *Enigmes*, les Problémes & les Paraboles dont parle *Les Enigmes, &c.* ſouuant nôtre Ecriture-Sainte, ont quelque choſe de ſamblable à ces ſubtiles & innocentes ſurpriſes. Les plus grans Princes en enuoyoient les vns aus autres, pour montrer l'état qu'il faiſoient des Beaus Eſprits. Samſon en propo- *Propone problema &c. Iudic. 14* ſa vn à trante Ieunes Philiſtins, dont la matiere & les pa- *Venit tentare eum in ænigm. 3. Reg. 10.* roles eſtoient fort ingenieuzes. L'illuſtre Reine de Saba, vint expreſſemant en Ieruſalem ; pour épreuuer par ces ſubtilitez, ſi la ſageſſe de Salomon répondoit à la grandeur de ſa renommée.

Mais à vray dire, rien n'approche de plus prés de ces Artifices agreablemant & innocemmant trompeurs , que

*La 1. P. La Sçiance Humaine.* L

les *Equiuoques*, & les fictions ; qui prifes à la lettre, pour-roient paffer parmy les Hommes, pour des demi-manfon-ges. Quand Iacob difoit hardimant à fon Pere Ifac, qu'il eftoit fon fils ; il difoit vray. Mais ajoûtant qu'il eftoit fon fils Efaü, il trompoit par l'equiuoque de l'accidant ; n'en ayant que la fourure, & l'apparance trompeuze. Le Fils de Dieu qui répondit à fes Difciples, qu'il n'iroit point à la Féte dans Ierufalem, & qui neanmoins y alla trois jours aprés : & quand prié par fes deus Difciples de demeurer auec eus dans l'hoftelerie, il faifoit famblant de vouloir paffer outre. Ce Saint Prétre qui eftant interrogé s'il connoiffoit Felix ( & c'eftoit luy méme ) repartit qu'il ne l'auoit jamais veu en face. S. Athanafe qui fe voyant pour-fuiui en mer, fit tourner la prouë de fon Vaiffeau vers ceus qui courroient aprés luy : & interrogé par ces Satellites s'il n'auoit point veu Athanafe, répondit qu'il venoit de paf-fer par là. Celuy dans la méme Hiftoire Ecclefiaftique, qui ayant receu de certaines Dames de qualité, l'original d'vn Liure d'Arrius, compofé d'vn ftyle fort elegant, aprés l'auoir leu, & reconneu le poizon de l'Herefie mélée auec cete douceur de langage ; le rendant à Celles qui le luy auoient confié, leur dît que c'eftoit le méme Liure. Mais elles decouurirent enfuite, que tous les fueillets eftoient te-lemant colez auec de la cole forte ; que c'eftoit le méme, & ce n'eftoit plus le méme. Enfin beaucoup de chofes fai-tes & dites de cete forte, marquent la pointe & la fa-geffe de l'efprit : ou fignifient quelque grand Myftere ; fans faire aucun manfonge, qui n'eft jamais permis. Car ce feroit, dit S. Auguftin qui remanie fouuant cete matiere, auoir deus cœurs : & felon la force du non, aller tout à la fois contre la verité de la chofe en elle-méme, contre noftre propre penfée, & contre celle d'autruy. D'où vient que celer vne verité, que l'on n'eft pas obligé de dire, ainfi que feroit vn Confeffeur : ou bien dire vne cho-fe par raillerie, ainfi que fit le Patriarche Iofeph faifant croire à fes Freres qu'il eftoit vn grand Deuineur, n'eft pas propremant mantir. Car pour le faire, il n'y a jamais

ny de pretexte , ny d'excuze legitime. Temoin ce braue
Firmus Euéque de Tagafte , qui ayant mis a couuert vn L. de Mendac.
Homme cherché par les Archers , aima mieus fouffrir c. 13.
d'étranges Tourmants , que de le decouurir ; difant je ne
puis ny trahir,ny mantir. Ce fubtil Efprit remarque encore,
que l'on peut mantir , difant vray : & d'autresfois ne pas
mantir , en difant des chofes fauffes.

Aprés tout , le *Moyen* de defaire toutes les illufions
de l'Art Sophiftique & de fe deffandre de tous fes Artifi- Commant fou-
ces , eft de deus fortes. L'vn Extraordinaire , comme dre les Falla-
quand l'Ecriture confeille en vne méme ligne , de ré- ces.
pondre au Fol ou en fe taifant , ou rambarrant fon im-
pertinance. Ou bien l'on donne le change , ainfi que *Ne refpondeas ftulto , &c. Refponde ftulto juxta , &c. Prouerb. 26.*
fit la haute prudance du Diuin Sauueur , lors que les
plus fubtils des Sçauans de Iudée , luy demanderent *vt ca-*
*perent eum in fermone* , s'il falloit payer le tribut à Cefar ? Ou
l'on retorque la propofition captieuze , ce qu'on appele *ad* *Matth. 23.*
*hominem.* Comme quand le méme Fils de Dieu , par vn
trait de Sageffe toute diuine , dit aus Accufateurs de la
Famme furprife en adultere ; que celuy d'entre vous qui
n'eft point coupable , luy jette la premiere pierre. Et *Ioan. 8.*
lors qu'au méme endroit , il repartit fi hardimant aus
Iuifs ; fi vous vous vantez d'eftre les Enfans d'Abraham,
faites donc les œuures de vôtre Pere.

Mais la façon toute Ordinaire dås la *Logique*, c'eft de decouurir la fourbe & la fraude du Sophifme. Ce que l'on fait
diftinguant les paroles, donnant à chaque mot fon fens propre & precis , accordant ce qui ne nous fait point de tort: Les effets de la
faifant voir que l'on peche ou dans la matiere, ou dans Logique.
la forme du Syllogifme. C'eft pour cete raifon , que la
Logique eft comparée au fil d'Ariadne, qui conduît l'Entandemant parmy les détours de la fauffeté & les laby-
rintes du manfonge ; jufqu'à ce qu'enfin il ait atteint la
connoiffance de la Verité, laquelle famble fe derober à
nos yeus , pour s'enfuïr & fe cacher dåns les abymes
d'vne lumiere inacceffible. C'eft ainfi qu'en parle le plus
fubtil des Peres de l'Eglife S. Auguftin , qui dans le

Liures qu'il a écrit contre l'Heretique Cresconius , n'o-
met rien de tout ce qui se peut dire à l'auantage de la
Logique.  En effet aprés qu'il l'a appelée dans le second Liure de l'Ordre , la Discipline des Disciplines , qui
enseigne egalemant les Maîtres & les Disciples : qui fait
paroitre les derniers efforts de la raison , qui *est seule* la
mere de la vraye Sçience ; il ajoute ; lors qu'il écrit contre *les* Academiciens , qu'il n'y a qu'elle seule qui
forme les Sçiances , & qui ait le pouuoir d'en juger en
dernier ressort. Il auoüe bien veritablemant , que tout
l'employ de cét Art est dans la dispute.  Mais dispute
telemant necessaire , que sans cét innocent conflit , l'Homme ne peut acquerir la Sagesse en aucun degré de perfection.  Ce qu'il entand méme de la Sagesse Diuine.  En
sorte qu'il fait passer S. Paul , & I. CHR. méme pour Dialecticiens.  Aprés quoy ce n'est pas de merueille , si ce bel
Esprit fait gloire d'estre plus habile dans cette Partie de
la Philosophie qu'en toutes les autres.  C'est elle , dit-il,
qui m'a appris tout ce que je sçay.  A former des paroles,
à faire des propositions , à distinguer les vrayes d'auec
les fausses.  A examiner toutes choses qui tombent
sous nos sens , & qui entrent dans nos Esprits.  A remarquer la liaison des vnes auec les autres , & treuuer le
poinct qui les distingue & les separe.  A vnir celles qui sont
diuisées , & diuiser celles qui sont vnies ; afin d'en former vne connoissance plus facile.  Aprés tout , sa
plus belle leçon , c'est qu'elle enseigne qu'il y a de l'im-
pertinance à chicaner sur les paroles , quand on tombe
d'accord de la verité des choses.  C'est aussi la cause pourquoy je nomme le Syllogisme parfait , la Pierre de Touche de la Verité ; qui est seule l'objet , & la nourriture de
l'Esprit Humain.

Et icy *s'acheue* la conduite des Paroles , & du Raisonnemant.  Il faut passer desormais aus speculations de l'Esprit , & au dernier Cercle de nos Neuf Sçiances , qui
meritent vne plus grande étanduë.

Cap. 13.

Formatrix & iu-
dex Scientiarum
est Dialectica, &c.
l. 3. c. 17.

L. 1. contra Cres-
cent. c. 14.
Ego plura de Dia-
lectica scio , &c. o
L. 3. contra Aca-
demic c. 13.

Quod quando de
re constat, non est
de nomine labo-
randum. L. 2.
Contra Crescon.

# LES SCIANCES TITRE XXIII.
## SPECVLATIVES.

E troiziéme Cercle general de la Sçiance Acquife en comprand trois autres, qui poffedent ce titre auec beaucoup plus de perfection. Car l'Homme s'eftant conduit, ainfi que nous venons de voir, dans l'vzage de la Parole, du Difcours, & du Raifonnemant; il s'éleue en foy-méme, au deffus de foy-méme. Il fe fert auec methode de fa raifon, de fon jugemant & de fon efprit; pour contampler des Veritez, dont il n'eft point l'Ouurier. Il ne les fait pas, mais il les cherche. Et fi aprés les auoir treuuées il paffe à quelque execution; ce n'eft pas en leur fubftäce ny en leur pureté, mais c'eft feulemant en quelques vnes de leurs moindres parties, qui entrent dans la pratique & qui fe mélent auec la matiere.

Cete forte de connoiffance n'eft acquife que par la *Demonftration*, & c'eft elle feule propremant

*Le troiziéme Cercle des Sçiances.*

*L'entrée dans les Sçiances Speculatiues.*

*Leuabit fe fupra fe. Thren. 3.*

*Ce que c'eft que la vraye Sciance.*

M

qui merite le nom de Sçiance. Car son objet & la maniere dont elle est produite, la distingue de toutes les autres Habitudes, dont nôtre ame peut estre enrichië. Desorte que le nom de *Sçiance* est reserué aus connoissances, doüées de deus conditions necessaires. La premiere, c'est qu'il faut que les veritez conneuës, soient en elles-mémes certaines & immobiles. La seconde que nôtre Esprit en soit conueincu par vne raison claire & euidante, par vne persuasion ferme & inébranlable.

La distribution que l'on en fait en diuers Cercles, dont l'amas & la connexité fait L'ENCY-CLOPEDIE; se prand d'ordinaire, de la distinction que l'on remarque dans leurs Objets. Ce n'est pas toutesfois de cét Objet que la Logique nommoit tantôt Vniuersel & Materiel, ou Total & Partial: mais de celuy qui est Formel, c'est à dire precis, singulier & determiné. C'est cete raison immediate & particuliere, sous laquelle je considere toutes les Veritez; qui font le Corps, & l'Assamblage de chaque Sçiance. Par les liaisons generales, elles sont attachées toutes ensamble. Par ces chaînes secretes chacune est ranfermée en elle-méme, & dans l'enceinte de son pourpris. Si on s'arréte à ces conditions particulieres, elles samblent se choquer; en sorte que souuant la possessiõ de l'vne, sert d'empéchemãt à l'acquisitiõ de l'autre. Si on sçait prandre adroitemant leurs *lignes de cõmunication*, & les reduire dans leurs principes vn-

uerfels ; l'on verra que ce font des Sœurs & des
Graces qui s'embraffent auec vne fi parfaite vnion,
qu'elles ne font non plus contraires l'yne à l'autre que la lumiere à la lumiere. Par example ; l'objet de la Mathematique, c'eft la Quantité feparée
du fujet phyfique qui eft le Corps materiel. Celuy
de l'Aftronomie , c'eft le mouuemant & la difpofition des Globes Celeftes : celuy de la Medecine,
c'eft le Gorps des Animaus, entant qu'ils font les
fujets de la fanté & de la maladie ; l'objet de la
Theologie , c'eft DIEV.

Comme le nombre Ternaire eft effentiel à la Verité, & à l'Eftre des chofes ; toutes les connoiffan-
ues que nous venons de nommer les Sçiances Speculatiues, doiuent fe reduire , auffi bien que celles
de la Pratique, à trois principales. C'eft *le troizième*
*Cercle*, qui en enferme trois autres ; *la Phyfique, la*
*Mathematique, & la Metaphyfique.*

Ces trois Difciplines les plus excellantes , &
comme les maîtreffes de toutes les autres , font
particulieremant comprifes fous le nom general
de la PHILOSOPHIE. Et cete étude ou cét
amour de la Sageffe, eft vn fentimant ou plûtôt
vn inftinct fi naturel à l'Homme ; qu'il n'y a jamais
eu de *Nation* fi barbare & fi fauuage, qui n'ait
produit des Perfonnes ; qui éprifes d'vne fi belle
paffion, fe font adonnées à l'étude, à la recherche
& à la contamplation de la Verité. Les Iuifs n'ont-
ils pas toûjours eu leurs Rabbins, les Indiens
leurs Brachmanes & leurs Gymnofophiftes , les

Iaponnois leurs Bonzés, les Perses leurs Mages, les
Chaldéens leurs Astrologues, les Egyptiens leurs
Prétres : les Gaulois leurs Bardes & leurs Druides,
les Grecs leurs Sages ou Philosophes?

Les plus anciens de ce dernier rang furent Muzée, Linus, Orphée, Homere ; qui cacherent
les Choses Natureles & Diuines, sous les voiles de
la Poësie & de la Fable. Pherecidés precepteur de
Pythagore, fut le premier qui la deueloppa en
proze. Socrate treuuant trop d'orgüeil dans le
nom des *Sages*, dont la Grece en contoit Sept plus
remarquables, se contanta d'estre appelé Philosophe ; c'est à dire Studieus, ou Amoureus de la
Sagesse.

Depuis l'on a veu naître *diuerses Sectes de Philo-*
*sophes*, qui ont pris des noms differants ou de leurs
Auteurs, ou des matieres qu'ils traitoient ; ou de
la maniere de les traiter, ou de quelques autres
circonstances. Ainsi Pythagore a donné naissance
aus Symboliques, Zenon aus Dialecticiens, Dio-
gene aus Cyniques, Talés aus Physiciens, Socrate aus Moraus. Les Academiciens ont pris leur
nom, & l'ont laissé à tous les Lieus où les belles
Choses sont enseignées. L'Academie Ancienne eut
pour Chefs, Socrate & Platon : la Moyenne, Arce-
silaüs ; la Nouuelle, Carneadés & Lacidés. Ces
trois ont produit la Cyrenaïque ; la Stoïque, la
Cynique, l'Epicurienne ; & la Peripateticienne, qui
emprunte son nom de ce que ses Maîtres l'ensei-
gnoient autrefois en se promenant. La Scepti-
que

que ou Pyrrhonienne, qui doute de tout. Et *l'Electiue,* qui permet à vn chacun, de choifir l'opinion
qu'il juge la plus vray-famblable; laquelle dans
ces Sçiances puremant humaines, n'eft pas peut-
eftre la pire. Mais parceque la Nature & la Doctrine nous conduît toûjours par les plus bas degrez
pour arriuer aus plus hauts étages, continuant la
méme Methode pour penetrer dans les trois Sçiances Speculatiues; il faut commancer par celle qui
s'approchant de la raifon, ne s'éloigne pas encore
tout à fait du fenfible.

# LA PHYSIQVE
## Generale.

’E S T dans fon etymologie grecque, la Sçiance ou la connoiffance des chofes natureles.
Elle eft ou puremant Dogmatique, tele que les
Peripateticiês l'enfeignêt depuis quattre cens
ans dans le Lycée d'Ariftote. Ou joignant l'experiance à la doctrine, elle engendre la Medecine & la Philofophie que tantôt j'appeleray Secrete; laquelle ramaffe
d'vne main les principes de la Phyfique, & de l'autre les pratiques de la Medecine.

*La Speculatiue* a pour objet le Corps Naturel, entant qu'il
eft naturel. C'eft à dire entant qu'il eft compozé de matiere La Specula-
& de forme, accompagné de mouuemant : diftingué en tiue.
fubftance, & en accidans. Pour vne plus claire Methode,
on peut diftinguer, comme je fais dans mon Ouurage Latin, deus fortes de Phyfique; la Generale & la Speciale,
l'Vniuerfele & la Particuliere.

*La I. P. La Sçiance Humaine.* N

La Physique generale.

Les Principes.

Diuerses sortes.

Les Eloignez, & les Prochains.

Leurs Proprietez,

LA PHYSIQVE GENERALE recherche la nature &
les proprietez, qui appartiennent en general à tous les Corps
naturels, Pour penetrer plus auant dans ces chofes, il faut
auant tout remonter jûqu'à leurs premieres Sources, qui
font les Principes. En cét endroit Ariftote parle des premiers,
qui n'en reconnoiffent point d'autres qui les deuancent : qui
ne naiffent point les vns des autres, & qui influënt dans la
production de tous les Eftres naturels. Les vns peuuent eftre
appelez des Principes de commancemant, comme le poinct
eft le principe de la ligne, & l'vnité eft le principe de tous
les nombres. Les autres font des Principes d'origine, ainfi
qu'il fe void dans les Perfonnes diuines ; dont la premiere eft
le principe de la feconde, & ces deus de la troiziéme. Les
derniers fe prennent pour les Caufes mémes, dont nous
allons incontinant parler, Delà il s'enfuit que dans la production des eftres Phyfiques, il y a des Principes éloignez &
plus vniuerfels, d'autres plus proches & plus immediats.
Mais il eft hors de doute, que les vns & les autres font accompagnez des *Proprietez* fuiuantes, tirées de la doctrine
d'Ariftote.

Il n'eft point de Principe particulier, qui ne foit de la méme nature que les chofes qui en procedent. Toutes les fois
que le concours de plufieurs eft neceffaire à la production de
quoy que ce foit, le moindre changemant qui fe fait en vn
de fes Principes, paffe dans l'effet. D'ordinaire fous vne
fort petite quantité & étanduë de matiere, ils enferment vne
grande vertu & beaucoup de puiffance. Cequi eft fort aisé
de juftifier dans les extraits & dans les femances, le germe
à ceque l'on dit, n'eftant que la centiéme partie du grain de
fromant. Les Principes font toûjours enueloppez de plus
grandes difficultez, que la fuite ; c'eft pourquoy vn heureus
commancemant, paffe pour la moitié de l'ouurage. Toutes
chofes font plus pures en leur fource, plus fortes en leur racine, plus eminantes en leur Principe ; qui contient par
poffeffion, ou en eminance, tout cequ'il communique à fes
diuerfes productions. Les mémes Principes, qui aident à la
production, fauorifent les connoiffances que nous en auons,

Leur confideration eft fans doute tres-importante, parceque
la fauffeté d'vn feul, mal posé ou mal entandu, produît vne
infinité d'erreurs. On les connoit ou par la fimple propofition, ou par induction. Et aucune Sçiance ne preuue les
fiens, mais les emprunte d'vne plus éleuée.

*Le nombre* des Principes eft affez incertain entre les Sçauans. Ceus qui n'en mettent qu'vn, à fçauoir ou le Ciel, ou
l'air, ou l'eau, ou le feu: ou l'harmonie, ou le temperamant; famblent ne vouloir pas connoître la grande diuerfité
des mouuemans, qui eft fi vifible dans la nature, puîqu'vn
Principe ne peut produire qu'vn feul mouuemant. S'en imaginer vne multitude infinie, c'eft fe perdre dans les atomes
de Democrite & d'Epicure. Outre que nôtre Efprit, auffi-
bien que la Nature, a en horreur toute forte d'excés, les eftres
n'ont qu'vne priuation entre deus extrémes. Vn corps par
example eft blanc, ou il n'eft pas blanc. Si vous ne fuppofez
que deus Principes, il faut contre la loy de la Nature qu'vn
contraire engendre fon contraire : que le froid, par example, naiffe du chaud. Les Pythagoriciens en ont établi jûqu'au nombre de dix. Les Platoniciens les reduifent à trois;
qu'ils appelent la DIVINITE', la Nature, & l'Art. D'autres à deus, DIEV, fans lequel rien ne fe fait : & le Ciel,
qui a des influances fur toutes les chofes d'icy bas ; jûques là,
que le Soleil & l'Homme engendrent l'Homme.

Mais fans s'arréter dauantage en ces Principes éloignez, &
plus vniuerfels, le Lycée d'Ariftote en établît *trois* prochains
& immediats ; fans lefquels rien ne peut eftre produît dans
le Monde, fujet à la generation & à la corruption. Il eft vray
que quand la chofe eft engendrée, elle n'en retient que deus
qui font fes parties effantieles. Et il n'eft pas tout à fait faus,
qu'il n'y a qu'vn Principe, ou qui embraffe l'vniuerfité des
Eftres, ou qui fignifie celuy qui eft ; je veus dire DIEV,
feul auteur de tous les Eftres.

LA MATIERE PREMIERE eft la matrice generale,
& la feconde pepiniere de tous les Eftres corporels. C'eft le
cahos dépeint en la Geneze, le Prothée des Poëtes, la boutique de la Nature, l'hôtelerie des formes, la Lune de ce bas



Combien il y
en a.

Les trois d'A-
riftote.

1. La Matiere
Premiere.

Monde : le fondemant de toutes les diuifions, & de tous les changemans qui roulent fur le grand theatre de l'Vniuers. En quoy l'on doit remarquer que la Matiere, dont il eft icy parlé, nè fe *prand* pas ny pour le fujet dans lequel la forme eft reçeuë, comme l'ame dans le corps : ny pour l'etoffe, fur laquelle le Speculatif ou l'Artifan trauaillent ; comme l'on dit que la quantité eft la matiere des Mathematiques, & les couleurs de la Peinture. Mais elle fignifie le premier Principe, d'où naiffent toutes les generations & les corruptions.

Parcequ'en cete confideration elle eft le dernier des Eftres, & que fon préque rien l'approche la plus prés du neant, on la *definit* en deus façons ; ainfi que l'on fait D I E V, qui eft le premier de tous les Eftres. Par voye negatiue ; difant auec Platon, que ce n'eft ny fubftance, ny accidant : ny quantité, ny qualité. Par voye affirmatiue, la pofant aprés Ariftote, pour le premier fujet, qui appuye par foy-méme la produftió de toutes les chofes fublunaires, L'Ecole des Thomiftes la dépouïlle de tout, & n'en fait que l'idole d'vn eftre, luy ôtant jûqu'à fa propre exiftance ; afin que comme il y a au féte des Eftres vn afte fans puiffance : de-méme il y ait dans le plus bas degré, vne puiffance fans aucun afte ou perfeftion. Mais quelque imparfaite que puiffe eftre cete Matiere Premiere, il n'y a que D I E V feul qui la püiffe dépouïller de toute forme. A la verité c'eft vne nuë puiffance qui ne fait rien, mais de laquelle tout fe fait. Auffi l'appetit qu'elle a pour les formes, fait vne partie de fa nature. Et cete méme raifon qui l'en rand infatiable, fait que d'vn côté elle fert à la conferuation generale : & que d'autre part, elle caufe la ruine des particuliers. Il eft vray que l'inclination que la forme a pour la matiere, n'eft gueres moindre que celle de la matiere pour la forme. L'on croit que cete premiere des chofes materieles eft Incorruptible, comme toutes les autres chofes produites par la creation : & que D I E V l'a crée au commancemant, comme vne femance vniuerfele. En forte que le Souuerain Auteur en donne à chaque Eftre, fa part & fa portion ;

Diuerfes fignifications,

Definie en deus manieres.

Si elle exifte de foy-méme.

Si fans forme.

Son appetit infatiable.

Elle eft incorruptible,

ſe reſeruant auſſi le droit ou de la reproduire, ou de l'accroître & de l'étandre, quand il eſt neceſſaire pour ſoûtenir les miracles de ſa puiſſance. C'eſt ce qu'il fait en la
multiplication des pains, quand les accidans ſe corrompent
en la diuine Euchariſtie, & dans la Reſurrection des corps.
Il y a toutefois des Sçauans, qui font paſſer ce plus imparfait de tous les Eſtres, pour vne chimere. Leur raiſon eſt
que les Eſtres ne ſe doiuent jamais multiplier, ſans vne neceſſité indiſpanſable. Outre donc qu'il ne ſe fait parmy les
corps, aucune mutation entiere qui détruiſe tout, les elemans ſuffiſent pour l'appuyer.

    Mais dautant qu'il n'y a jamais de generation ſans cor-
ruption, les Diſciples d'Ariſtote outre cete Matiere qui ſert
de premier ſujet à toutes les generations, & de dernier à
toutes les corruptions; mettent pour ſecond principe, la
Privation. C'eſt à diré, le depart, l'éloignemant &
l'abſance de la forme, qui par la deſtruction d'vn compoſé,
cede à l'introduction d'vn autre. Et parceque toute priuation eſt d'vne nature maligne, c'eſt elle propremant qui eſt
la cauſe de toutes les alterations & de toutes les ruines qui
ſe voyent icy-bas. Encore qu'elle en ſoit plûtôt le terme,
que la cauſe.

    Le troiziéme principe & le plus parfait, c'eſt LA FOR-
ME. Pythagore l'appele l'vnité, parceque c'eſt elle qui fait
la determination des Eſtres. Platon dit que c'eſt la ſemance, le veſtige, l'ombre & l'imitation des diuines Idées.
Les Stoïciens, la vertu & l'energie. Les Arabes, la lumiere
& la beauté. Et Ariſtote par vn mot qu'il a inuanté, la nomme l'*Endelechie*, c'eſt à dire l'acte, & la perfection du Compoſé. En effet, c'eſt vn rayon de la beauté eternelle, & le
caractere de l'Idée diuine en chaque choſe. C'eſt la racine de
l'vnité, qui diſtingue & qui determine tous les Eſtres en particulier. Elle eſt le mari, comme la matiere reſſamblable à
la famme. Et c'eſt de ſon ſein que coulent tous *les Accidans*,
qui ſeruent ou d'ornemans ou d'inſtrumans à tous les Eſtres.
Il n'y a au deſſous du Ciel que l'Ame des Hommes, qui
vienne du dehors, par creation & infuſion: toutes les au-

tres Formes, sont tirées du sein de la matiere, par la voye de la Generation. Desorte que c'est vn erreur d'Auicenne, de s'imaginer vne premiere Intelligence qui produise toutes les formes; les Anges n'en pouuant produire aucune, qu'en faisant l'application des Principes actifs de la Generation auec les passifs.

*La Generation.*

De l'assamblage de ces deus Principes, qui sont la matiere & la forme; s'engendre LE COMPOSE', par le moyen de *l'Vnion.* Cete vnion est vn demy-estre substantiel, qui mariant la forme auec la matiere, fait la liaison du Tout qui en resulte Les vns font de cete vnion vn demy-estre, les autres ne la distinguent nullemant des deus parties dont elle fait le mariage & la liaison. Ce qui a donné sujet à Platon, de dire que ce n'est que la proportion & l'harmonie qui fait toutes ces alliances natureles. Quoy qu'il en soit, ce qui est la cause de la Generatió, l'est aussi de cete Vnion. D'où naissent en suite, la pluspart des *Dispositions* antecedantes: les autres se tenant du côté de la matiere, laquelle elles imitent & determinent à telle ou telle production. D'où vient enfin qu'il n'est point d'Estre naturel, qui n'ait certains *Termes* & de sa grandeur & de sa petitesse.

*Le Composé.*

*L'Vnion.*

*Les Dispositions.*

*Tout Estre est borné & limité.*

*La Maniere* dont ces principes agissent dans les productions, sont la Creation à l'egard de DIEV: l'Influance par le mouuemant, par la lumiere & par la chaleur, à l'égard des Corps Celestes; l'Alteration & la Generation, à l'égard des Estres corruptibles. A quoy on ajoûte la Conseruation, la Nourriture, & l'Accroissemant.

*Diuerses manieres de produire.*

*Les Principes Particuliers,* qui seruent comme d'instrumans; sont les germes, & les semances: ou les qualitez qui répondent à la chaleur & à l'humidité, qui fait la vie des Animaus.

*Les Principes particuliers.*

Tout cecy est compris sous le nom de NATVRE, qui se prand en plusieurs & differantes manieres. Car elle signifie l'estre de DIEV, heureuzemant enrichi de toutes les perfections imaginables. La substance commune aus trois Personnes de la tres-adorable Trinité. L'état des choses crées, & l'enchaînemant des causes qui font cete belle œconomie dans

*La Nature.*

*Plusieurs Significations.*

l'Vniuers. Ce qui a fait dire aus *Sages*, que les œuures de la Nature, sont des ouurages de l'intelligence. Qu'elle ne souffre rien de superflu, ou d'inutile : qu'elle ne trauaille jamais en vain, ny par hazard. Que dans la conduite de ses desseins, elle vise toûjours à vn même but : & qu'elle marche toûjours par les chemins les plus courts, les plus faciles & les plus asseurez. Que ne manquant jamais de fournir tout ce qui est necessaire, elle est l'ennemie irreconciliable du Vuide & de l'oisiueté. Qu'estant pleine de constance & de perseuerance, elle ne s'arréte & ne se repoze jamais qu'elle n'ait conduit ses ouurages au comble de leur perfection. La Medecine prand encore la Nature pour le Temperamant. Ce qui a donné sujet à Galien d'écrire, que la Nature est la premiere Dame & Maîtresse, le Medecin l'Administrateur, & la Coûtume vne autre Nature. La Theologie employe le même mot, pour marquer la puissance ordinaire de D I E V: attachée à certaines lois & à certaines regles accoûtumées, dont la dispanse fait les miracles. Enfin nôtre Physique par vn lágage plus precis, se sert du nom de *Nature* pour signifier le generation ou la naissance des Estres sujets à corruption. C'est en ce sens qu'elle est definie le Principe, qui est en chaque chose la cause prochaine & immediate du mouuemânt & du repos. *L'Art*, est le singe de cete Nature; laquelle il peut bien imiter, mais non pas égaler. L'on fait neanmoins cete comparaison legitime, que D I E V agît sans aucun appuy : la Nature se sert de la matiere, qui est vn préque rien; l'Art a besoin du composé entier, pour trauailler. Par exemple le Peintre se sert des couleurs, l'Architecte du bois & des pierres, l'Orphevre de l'or & de l'argent.

Cete grande Mere des choses, les produît par les Causes, accompagnées des autres Circonstances, dons nous allons parler.

# LES CAVSES DES
## Eſtres Naturels.

TITRE XXV.

Ceque c'eſt que Cauſe.

L A recherche des CAVSES dans la Nature eſt de telle importance, qu'elle fait tout à la fois & la ſçiance & la felicité de l'Eſprit humain. Ce ſont les Principes vraimant naturels, & particuliers, qui influënt immediatemant dans leurs effets; qui leur ſont ſamblables, & qui dépandent d'elles neceſſairemant.

De combien de ſortes il y en a.

Les Vniuoques & Equiuoques.

Quis eſt pluuiæ Pater, &c. cap. 38.

Les Totales, & Partiales,

Il y en a d'Vniuoques, qui produiſent les effets de méme nature; comme l'Homme engendre l'homme, le feu produit le feu. Et celles-cy ne peuuent donner, que les mémes choſes qu'elles poſſedent. Il y en a d'Equiuoques, qui ne contiennent leurs effets que dans vn degré d'eminance. Ainſi Dieu eſt appelé par le diuin Philoſophe Iob, le Pere de la pluye, & celuy qui engendre la rozée. Celles-cy ſont d'ordinaire, plus nobles que leurs effets. Les Totales ſuffiſent à l'entiere production de leurs effets, les Partiales ne font qu'aider & contribuer. Le Soleil, par example, n'a beſoin d'aucun ſecours, pour éclairer le Ciel & la terre: mais il ne peut produire le raizin ny l'orange, ſinon en aidant la vigne & l'oranger. Les Cauſes eſſantieles, primitiues & neceſſaires, ſont celles dont la vertu eſt ſeule capable de produire vn

Les Eſſantieles, & Accidanteles.

tel ou tel effet. En ce rang on met la Cauſe materiele & la Cauſe formele, qui font la nature intime des choſes; comme il n'y a point d'Homme, ſans la liaiſon du corps & de l'ame raiſonnable. L'Efficiente & la Finale, marquent au dehors le principe d'où procede vne choſe, & la fin où elle va. Il y a enfin trois ſortes de Cauſes accidanteles, ſecondaires & exterieures.

L'Idée.

La premiere c'eſt l'IDEE, la forme & l'exemplaire; laquelle quiconque agit par deſſein & pour arriuer à quelque fin, ſe pro-

propofé dans le projet & la conduite de fon ouurage. Platon en fait tant d'état, qu'il en a fait toute la Sçiance & toute la felicité de l'Efprit humain. C'eft affez de remarquer en cete fubtile matiere, qu'encore que l'Idée foit vne connoiffance qui s'attache à vn objet, qui doit feruir de patron & de mo-dele, elle fe tient toûjours du côté de l'Ouurier. Que rien ne fe fait parmy les Eftres intellectuels & artificiels, fans l'enuifagemant de quelque Idée. Et que celle-cy eft d'autant plus noble, que l'ouurage fur lequel on trauaille eft excel-lant. Le commandemant que D I E V fit à Moyze, de faire bâtir le Tabernacle felon le plan & l'idée qu'il luy en auoit fait voir fur la Montagne, met toutes ces veritez dans vne parfaite euidance, Et D I E V méme, quoy que tres-parfait, ne produît jamais rien dans le temps, que fur le módele de fes Idées eterneles. D'où vient que les Platoniciens établif-foient la perfection & la felicité de chaque chofe, dans le re-tour & l'vnion auec fon Idée diuine.

*Fac fec. exem-plar, &c. Exod. 25.*

*La Fortune* ou le hazard, qui eft la feconde Caufe par ac-cidant, ne deuroit pas méme eftre nommée parmy les Chré-tiens : aufquels le Saint Euangile enfeigne qu'vn poil ne tombe pas de leurs tétes, ny vne fueïlle dans les plus épaiffes foréts ; fans vn ordre particulier & precis de cete Prouidan-ce, qui ne s'égare jamais dans la difpofition du Monde. De vray, les mémes Prophanes qui pour flatter les Erreurs popu-laires, ont fait de la Fortune vne fauffe Diuinité ; l'ont ran-duë ridicule, la faifant aueugle : & plus changeante que la rouë fur laquelle ils pofoient la ftatuë de cete perfide, qui n'eft conftante que dans fon inconftance.

*La Fortune.*

*Luc. 21.*

*Deus cuius pro-uidentia in dif-pofitione Mundi non fallitur. Collecta Ecclef.*

*La Deftinée* que les Anciens appelent *Fatum*, n'eft autre chofe que la fuite & l'enchaînemant des Caufes ; qui produi-fent leurs effets felon les lois eternelles, & les ordres inuiola-bles que le fouuerain Auteur des Eftres a établis dans la Na-ture. Si l'on contample ce bel ordre vniuerfel en fa fource, qui font les decrets de D I E V ; c'eft juftemant, ceque l'on nom-me la Prouidance. Si vous regardez ces lois comme écrites & grauées dans les tables de la Nature, on l'appele Fatalité ; parcequ'il famble que c'eft vn Arrét que D I E V a prononcé,

*La Fatalité.*

*Fatum quod Deus fatur.*

*La 1. P. La Sçiance Humaine.*      O

& vne loy qu'il a dictée. Or bien que cete liaiſon des Cauſes enueloppées les vnes dans les autres, rande ſouuant la production des effets *Neceſſaire*; la Theologie toutefois fait voir euidammant, que cete neceſſité qui n'eſt que poſterieure & de ſuppoſition, & qui laiſſe agir chaque choſe ſelon ſa nature, ne prejudicie jamais à la Liberté des Hommes.

L'on ajoûte en cét endroit la Cauſe *Inſtrumantale*, qui appartient vn peu à la Formele, mais beaucoup plus à l'Efficiente qui s'en ſert. Cequi eſt ſi vray, que les Inſtrumans n'agiſſent que dans la vertu, & par l'impreſſion de la Cauſe principale qui les employe. Deſorte que d'autant qu'elle eſt plus noble & plus parfaite, elle a auſſi moins de beſoin de l'aide de ces ſecours eſtrangers. Cequi a fait dire à Seneque, que le pouuoir de la Nature ne paroît jamais auec plus de pompe & d'éclat, que dans les plus petits ouurages. Et à l'Apôtre des Chrétiens S. Paul, que les plus illuſtres triomphes de la Grace, c'eſt qu'elle ſe ſert de moyens non ſeulemant foibles, mais contraires & oppoſez, pour la production de ſes diuins ouurages. D I E V agit vraimant en D I E V, lorſqu'il ſe ſert du neant pour aneantir cequi eſt, ou pour tirer du neant ce qui n'eſt pas.

L'on y joint encore la production des *Monſtres*. Ces accidans arriuent par le trop, ou par le peu de matiere: par l'excés des qualitez immoderées, par la conformation du lieu, où ils naiſſent; par la force de l'imagination, & autres cauſes ajointes. La principale c'eſt la foibleſſe de la vertu formatrice, que Tertullien appelle ἡγεμονική; laquelle toutefois ne s'égare préque jamais dans les principales productions, comme ſont celles du cœur & du cerueau. Tel fut ce Geant d'Arapha, qui auoit vingt & quattre doigts; ſix en chaque main, & ſix en chaque pied. Et cét autre qui auoit neuf coudées de hauteur, ſur quattre d'épaiſſeur. Quelquesfois ces Prodiges ſont ou des prezages, ou des menaces, ou des châtimans de la juſtice de D I E V. Comme ceque nos Hiſtoires rappottent de l'Enfant d'vn mariage illegitime, qui naquit auec vne téte, vn col, & des pieds d'Oye. C'eſt ainſi que les plus judicieus interpretent la generation de ces

Geans, non moins forts & violans, que méchans & cruels. L'Hiſtoire Sainte remarque expreſſemant, qu'ils furent engendrez du mariage des Enfans d'Enoch, qu'elle nomme les Enfans de Dieu (à cauſe de la ſainteté de leur Pere) auec les Filles de la lignée de Caïn, égalemant belles & debauchées. *Geneſ. 4.*

Au reſte, de rechercher *la Maniere* dont ces quattre Cauſes principales agiſſent ou les vnes ſur les autres, ou en la production de leurs effets; ſans mantir ce ſeroit vne étude plus ſubtile, qu'elle n'eſt vtile. Ie ne voy pas méme que la curieuze *Comparaiſon* que l'on fait des vnes auec les autres, ſoit fort importante; ſi ce n'eſt pour enſeigner à la Morale, que *la Fin* doit eſtre regardée comme la plus noble & la plus excellante. On l'accompagne de ces belles maximes, qui ne peüuent pas moins eſtre veritables, qu'elles ſe voyent generales. Il n'eſt point d'Eſtre en toute l'étanduë de la Nature, qui n'agiſſe pour quelque fin. Cés fins ſont tellemant differantes ſelon la diuerſité des Eſtres, que le plus noble conduit ſes actions à vne fin plus excellante. D'où vient que D I E V ne fait quoy que ce ſoit que pour ſoy-méme. La fin auſſi-bien que l'idée, eſt quelquefois plus parfaite que l'ouurage qui en depand, quelquefois auſſi elle n'eſt pas ſi releuée. Dans vne méme action l'on diſtingue pluſieurs ſortes de fins. Celle à laquelle l'on pretand d'arriuer, comme la ſanté, la ſçiance, la vertu. Celle en faueur de qui l'on trauaille, tel qu'eſt le malade : & celuy qui tâche de ſe randre ſçauant, & de deuenir vertueus. La fin de la generation, c'eſt la forme que celuy qui engendre veut acquerir ou introduire. La fin de la choſe quand elle eſt des-ja produite, c'eſt l'action; l'eſtre n'eſtant que pour operer. La fin eſt la premiere qui donne le branle à nos deſirs & à nos actions, quoy que dans l'execution elle n'arriue que la derniere. Encore qu'elle n'exiſte pas, elle ne laiſſe pas d'émouuoir & de ſolliciter à l'action par ſon idée. Ce qu'elle fait en deus manieres. Ou par vne vraye action, comme le Soleil éclaire l'air, le feu brûle le bois. Ou par vn mouuemant ſecret, & vn amoureus attrait. Ce dernier a donné occaſion à ce

*L'action des Cauſes.*

*Leur Comparaiſon.*

*La Fin.*

*Omnia propt. ſe met.operat.Deus, Prouerb. 16.*

*La fin excite en deus manieres.*

fameus Oracle, qui dit; que *l'ame est plus dans l'objet qu'elle aime, que dans le sujet qu'elle anime.* Il suffit méme quelquefois pour produire ces charmes & ces appas, que la fin soit vne chose imaginée, pourveu qu'elle ne soit pas jugée impossible. Car deslors que mon esprit enuisage vne chose comme m'estant commode, aussi-tôt le desir de l'acquerir naît dans mon cœur : & aprés auoir fait l'examen des moyens pour y paruenir, je me porte par le méme mouuemant au chois des plus fauorables & des plus auantageus. En tele sorte que je ne reconnois point d'autres charmes dans *les Moyens*, que ceus que la bonté de la fin y a repandus. Ce mouuemant continuë, jůqu'à cequ'il soit appaisé par la possession de la fin; laquelle me fait jouïr ou de quelque action agreable, ou de quelque delicieus repos.

Mais pour solliciter mon cœur à la poursuite d'vne chose, elle doit estre reuétuë de *trois Conditions.* Premieremant l'objet qui allume dans mon cœur la flamme du desir, doit éclairer mon esprit de quelques rayons de sa bonté. Secondemant il doit reluire dans cete bonté quelque motif particulier, qui fait qu'on desire la chose qui est bonne en elle-méme. Troisiémemant il y a quelque condition requise, afin que cete bonté se fasse rechercher. J'aime D I E V, voilà le premier. Parcequ'il est infinimant bon, voilà le second. Et cete infinie bonté m'est conneuë par la profusion de ses bienfaits, c'est le troiziéme.

Cepâdant, il y a vne tele liaison & vne depandâce si entiere entre les choses qui seruent de fin à tout cequi agit, que les particulieres se reduisent aus generales, & les secondaires à vne *derniere*, qui pour acheuer le cercle, est d'ordinaire le premier principe. La fin des Estres particuliers qui agissent sans cesse, c'est ou leur propre conseruation, ou la propagation de leur espece. Ce dessein des Parties, vise à entretenir l'ordre general, qui reluit en tout ce Tout. Toute la nature est faite pour l'Homme. Et l'Homme ne pouuant seruir à deus maîtres, ne doit viser qu'à D I E V; qui n'est pas moins sa derniere fin, que son premier principe. Bref, le méme ordre qui se treuue entre les Estres, est aussi celuy qui regne

*Les Moyens.*

*Trois conditions.*

*Les Fins subordonnées.*

*Nemo pot.ducb. Dom.seruire. Matth. 6. Apo. 1. & vlt.*

entre les fins. Et la même diuerſité qui ſe rematque entre les fins, ſe treuue auſſi entre les moyens d'y arriuer, qui ne ſont que trois.

DIEV quand il agît au-dehors, les Anges & les Hommes en toutes leurs operations diſcernent vne fin, deliberent ſur le chois des moyens : & pourſuiuent leur entrepriſe, auec deſſein & liberté. Les Animaus deſtituez de raiſon, ſont pouſſez par vn *Inſtinɛt* particulier, qui ne les determine qu'à vne même choſe. Et cét Inſtinɛt n'eſt que la phantaiſie même, & l'imagination des Bétes ; qui dans ſon plus haut effort, ſamble atteindre le plus bas degré de la raiſon. Ce ſentimant naturel eſt accompagné d'vn jugemant practique de cequi leur eſt profitable, ou de cequi les offance. L'on peut auſſi ſe figurer que cét Inſtinɛt eſt vne proprieté attachée à la forme, ou le caraɛtere particulier que le ſouuerain Maître a imprimé en chaque Eſpece generale, & en chaque Eſtro particulier. Les autres choſes du dernier étage deſtituées des aɛtions de la vie, ont de même receu de la main de leur ſouuerain Auteur, par l'entremiſe & l'organe des cauſes qui les produiſent, vn certain *Poids* qui les emporte où elles ſont deſtinées ; le feu en haut, la pierre en bas. Or comme ces mouuemans ſont naturels, ils ſont auſſi neceſſaires, & agiſſent toûjours ſelon toute l'étanduë des forces de la nature. Au contraire, quiconque agît auec connoiſſance, deliberation & éleɛtion, modére ſes mouuemans comme il luy plaît, & garde vne juſte mezure en toutes ſes pourſuites. D'où naît dans la Morale, cete belle reflexion de l'Angelique S. Thomas ; que le trop ou le peu, c'eſt cequi fait le peché. Et que *l'excés* ne ſe treuue jamais que dans les moyens ; vne fin legitime, comme eſt de joüir de DIEV, ne pouuant jamais eſtre trop deſirée.

Aprés les Cauſes ſuiuent les diuerſes Proprietez generales, qui accompagnent toutes les produɛtions de la Nature.

Trois manieres d'arriuer à ſa fin.
1. Dieu, & les Raiſonnables.
2. L'Inſtinɛt des Bétes.
3. Les Eſtres non viuants.

# TITRE XXVI. LES PROPRIETEZ Natureles.

Le Lieu.

A premiere que je rancontre auec Aristote, quoy que la plus detachée de la nature des choses, c'est *le Lieu.* C'est à dire la superficie exterieure qui les enuironne, & l'espace qui les contient. C'est à la Theologie d'enseigner la maniere, par laquelle l'immansité de Dieu le fait estre par tout. Celle qui borne & qui definit la nature de l'Ange, en vn certain endroit auquel il est present. La miraculeuse, qui fait que I. Chr. est dans toutes les Especes consacrées ; sans estre ny attaché à vn seul endroit, ny ajusté par vne exacte proportion au lieu où il est. Car pour la Philosophie elle se contante de dire auec S. Augustin, qu'ôter à vn Corps son lieu & son espace, c'est détruire vne Proprieté qui luy est naturele. Que ce grand Ouurier qui a trauaillé à la production de tous les Estres, leur a à même temps assigné leur quartier & le lieu de leur demeure, selon la noblesse de leurs natures. Que suiuant cete regle, tous les Elemans sont enueloppez les vns dans les autres. Qu'encore que prenant l'opinion d'Aristote, qui ne connoissoit point l'Empirée, le Premier Mobile ne soit point enuironné par la superficie d'aucun autre corps, toutefois son mouuemant continüel ne laisse pas de le faire changer de lieu. Que la même vertu qui porte vne chose à rechercher son *Lieu naturel*, la fait jouir de son repos quand vne fois elle est arriuée dans ce centre.

Diuerses façons d'estre en vn lieu.

Toutes choses ont leur place determinée.

Enfin cete Sçiance Naturele laisse à la Diuine, qui est sa Maîtresse, à decider & explicquer ; comme quoy vn Corps *peut* estre en méme temps & d'vne méme maniere, en plusieurs endroits. Et reciproquemant de quelle sorte deus, ou plusieurs Corps peuuent se souffrir en vn méme lieu. Certainemant l'on ne peut nier ny l'vn ny l'autre, sans déman-

La multiplication des Corps, & la penetration des quantez,

tir les adorables Myſteres de l'Euchariſtie, de la Naiſſance
de IESVS : de ſa ſortie miraculeuze du tombeau, & de ſa
triomphante éleuation dans le Ciel.

Parcequ'vne même Sçiance doit traitter des choſes contraires, Ariſtote aprés auoir parlé du Lieu, examine ceque
c'eſt que le VVIDE. Il le definit vn lieu qui n'enferme pas  _Le Vuide._
le corps, dont il peut & doit eſtre rampli. L'on ajoûte qu'aus
termes de la Nature, il n'y en peut auoir. Cequi eſt juſtifié,
contre l'opinion de quelques-vns tant Anciens que Modernes, par l'experiance, & par la raiſon. La premiere fait voir
la chair qui s'enfle & qui s'éleue dans les vantouzes, l'eau qui  _C'eſt l'ennemy_
monte en haut contre ſa pezanteur naturele : les deus côtez  _general de tou-_
d'vn ſoufflet qui demeurent fermez, les tonneaus pleins de  _te la Nature._
vin qui ſe rompent ; & les vaiſſeaus chimiques qui ſe fra-  _L'Experiance._
caſſent, plûtôt que de ſouffrir le Vuide. La ligue eſt generale
de tous les Eſtres qui s'y oppoſent, comme au commun _Enne-_
_mi_ de toute la Nature. La premiere raiſon, ſe prand du bien  _La Raiſon._
commun de cete même Nature ; dont chaque Partie aime
mieus perir, que de conſentir à la diuiſion des maimbres de
ce grand Corps. La ſeconde, de cequ'il n'y a aucun de ces
Eſtres particuliers, qui n'enferme vne vertu ſecrete, & extraordinaire. Mais vertu certes tres-puiſſante ; qui malgré
toutes les oppoſitions, la porte violammant à courir, fut-ce
même par ſa propre ruine, pour empécher qu'il ne ſe faſſe
quelque Vuide dans la Nature. A la verité celuy qui en eſt le
Souuerain Seigneur, pourroit y faire du Vuide, mais il ne l'a
jamais voulu. Et ſi vne fois il le produiſoit, en ce cas le Vuide quoy que fait par miracle, ne ſeroit pas neanmoins contre l'ordre extraordinaire de la Nature. Parceque, comme  _Dieu ſeul ſe_
dit ſubtilemant S. Auguſtin, la Nature n'a rien de plus na-  _peut produire._
turel que d'obeïr à l'Auteur de la Nature. Mais par la mé-
me raiſon, que ce ſouuerain domaine luy eſt ſi particulier ; il
faut conclure, qu'il excede la force de tous les Anges. En
effet, DIEV n'a pas donné à ſes Miniſtres & Officiers, le
pouuoir ny l'autorité, de faire des changemans ſi notables  _Non en. ſub. in_
dans le cours ordinaire de la Nature.  _orbem errar._
_Hebr. 2._

Queſi DIEV vzant, comme j'ay dit, de ſa puiſſance abſo-

luë, aneantiſſoit vn Eſtre, par la ſouſtraction de ſon conꝰ
cours : ou s'il donnoit à S. Michel, par example, la puiſſance
de vuider vn lieu de toute ſorte de Corps, il eſt aſſez juſte de

*Le mouuemant pourroit ſe faire dans le Vuide.*

croire, que dás ce Vuide les *Mouuemans* des Corps que l'on y
mettroit, s'y feroient à l'ordinaire & ſans aucun nouueau miracle. Car en cét état, je vous demande qui eſt ce qui empê-
chera les Corps legers de voler en haut, les pezans de deſcendre en bas ? Cequ'ils feroient méme non pas en vn inſtant, mais peu à peu ſelon l'exigence de leur nature. La
raiſon en eſt euidante. C'eſt que ny le mouuemant, ny la
ſucceſſion du mouuemant ne procedent pas principalemant
de l'air, par example, qui eſt le milieu : mais des autres qualitez, qui ſont inſeparables des corps naturels.

*Le Temps.*

Ce mouuemant ſucceſſif ou momantanée, donne occaſion d'explicquer la nature du TEMPS; qui eſt vne des choſes du monde la plus commune, & la moins conçeuë. Quand
Ariſtote dit que c'eſt le nombre ou la mezure du mouue-

*Ce que c'eſt.*

mant, il n'entand parler que de cete regle exterieure qu'il
prand du Premier Mobile, comme du plus noble & du plus
regulier de tous les Corps : & dont l'ajuſtemant, n'eſt qu'vn
ouurage de noſtre eſprit. Le vray Temps interieur, c'eſt la
Durée des choſes ; laquelle n'eſt diſtinguée de leur exiſtance, que parcequ'elle en marque la continuation. Telemant que le Sage a grande raiſon de dire dés le commance-

*Les diuerſes durées des Eſtres*

cemant de ſon Eccleſiaſte, que toutes choſes ont leurs temps,
*Omnia tempus habent.*

Le plus grand de tous ces eſpaces, c'eſt l'Eternité qui

*1. De Dieu.*
*Vide noſtram*
*Theolog. Chriſtia.*

n'appartient qu'à DIEV. Il n'y a que ce premier & ce Souuerain de tous les Eſtres, qui void ſa durée ſans bornes &
ſans limites ; parcequ'il poſſede toutes ſes perfections infinies dans vn poinct & dans vn momant indiuiſible, qui
eſt ſans fin & ſans commancemant. Il y a au ſecond étage
de cete premiere & infinie Subſtance, vne demy-Ieternité,

*2. Dés Anges.*

appelée *Æuum.* C'eſt elle qui fait la durée des Eſprits Angeliques, des Ames raiſonnables, de la Matiere premiere,
des Globes celeſtes ; & de quelques autres choſes ſamblables, qui ont à la verité commancé : mais qui demeurant
tou-

toûjoûrs en méme état , n'auront jamais de fin. *Le Temps* est la mezure de toutes les autres chofes , fujétes au change- *Le Temps.*
mant & à la caducité. C'eft pourquoy leurs diuerfes natures, produifent diuerfes fortes de Durée; la fucceffiue, la côtinuë, la feparée, celle qui n'eft que d'vn inftant. La plus ordinai-re , marquée par les trois Parques, diftingue le Temps paffé, le Temps prefent, & celuy qui eft encore à venir.

A l'occafion de ces Proprietez natureles, la fubtilité des Peripateticiens fait naître le difcours de *l'Infini*. D'abord le *L'Infini.*
plus parfait eft celuy qu'ils appelent Cathegorematique. Celuy-cy, s'il eftoit poffible, contiendroit tout à la fois des parties fans nombre, toutes égales, & qui n'aurroient nul-le communication. Le Syncathegorematique, ou Imparfait, enferme des parties fans nombre : mais qui n'ont nulle liai-fon, pour former vn corps infini. Tels font les poincts dans *S'il eft poffible.*
vne ligne. Actuelemant il n'y a rien qui foit infini hors de D I E V , qui feul ne reçoit ny bornes ny limites. Tout le refte eft enfermé dans fa circonferance , la nature de tous les Eftres eftant auffi retrecië, que leur operation : & tout ce-qui eft, eftant compofé de parties finies , ne peut eftre infini. Iûques-là que D I E V méme ne peut produire vn Eftre, qui foit actuelemant infini, la Nature ne pouuant porter cét ex-cés. Et quand méme il pourroit produire le plus petit de tous les Eftres , il n'eft pas vray qu'il pût auffi produire le plus grand ; parceque la perfection d'vne chofe , demande le concours de toutes fes circonftances. Ioint que l'on peut rancontrer le defaut qui limite quelque chofe. Mais nulle Creature n'approche de fi prés les perfections du Createur, qu'elle ou vne autre ne les puiffe encore dauantage imiter. Toutefois encore que l'Infini foit impoffible, il ne s'enfuit pas qu'il ne fe puiffe connoître.

L'Infini en puiffance eft de *trois* fortes. Le premier, de Suc-ceffion, admet veritablemant des parties fans nombre : mais *Trois Efpeces.*
parcequ'elles n'exiftent pas toutes à méme temps , elles fuc-cedent les vnes aprés les autres. Cequife void dans les par-ties du temps, & du mouuemant. Le fecond, eft appelé de Diuifion; comme fi on s'efforçoit de coupper vne ligne en

*La I. P. La Sçiance Humaine.* P

toutes ſes plus petites particules, dont on ne treuueroit jamais la derniere. Le troiziéme, eſt d'Addition. Ce qui ſe void
dans l'Arithmetique, qui ajoûte des nombres à l'vnité ſans
ceſſe & ſans fin. Toutes ces belles recherches, ne ſont à vray
dire, que des preludes dont Ariſtote ſe ſert pour aiguizer
l'eſprit de ſes Diſciples, & les conduire par là à la connoiſſance du MOVVEMANT, auquel il s'eſt dauantage arrê-
té en tous ſes raiſonnemans.

Sans mantir, jamais ce grand Maître des Peripateticiens
n'a paru ny plus ſubtil, ny plus obſcur qu'en cete matiere.

Definition du<br>Mouuemant.

D'abord il le definit l'acte de l'Eſtre qui eſt en puiſſance, entant qu'il eſt en puiſſance. Il veût dire en vn mot, que le
Mouuemant corporel ( duquel ſeul il eſt icy parlé ) eſt la
démarche & l'acheminemant d'vn corps pour acquerir cequ'il n'a pas. Il luy donne pour *proprietez* eſſentieles d'eſtre

Ses proprietez.

ſucceſſif, d'eſtre continu, & de ne ſe treuuer qu'entre les
contraires. Deſorte que la ſtabilité, l'interruption & l'identité ſont préque égalemant incompatibles auec le mouuemant. Il recherche en ſuite, jûqu'à quel poinct il eſt diſtin-
gué de la choſe qui eſt meuë : & de ſes deus termes, qui determinent ſon eſpece ; l'vn d'où il vient, & l'autre où il va.
Cequi ſe fait toutes les fois qu'vn corps *change* de quantité,

Trois autres<br>Eſpeces.

de qualité, ou de lieu. Car pour la generation qui produit la
ſubſtance, ce n'eſt pas vn des mouuemans, dont il eſt icy
parlé, parcequ'elle ſe fait en vn inſtant. Pour la Relation, elle
ne fait aucun changemant dans ſon ſujet. Et pour l'action &
la paſſion, ce n'eſt qu'vne méme choſe auec le mouuemant.
Si donc le mouuemant fait acquerir ou perdre à ſon ſujet
quelque quantité, cela s'appele accroiſſemant ou appetiſſe-
mant. Si cela ſe fait dans la qualité, on le nomme Alteration.
Et ſi dans le lieu, c'eſt vn mouuemant local. C'eſt cequi fait

1. Le Naturel.

le mouuemant *naturel*, qui a ſon principe au dedans du ſujet
qui eſt meu ; comme quand l'oiſeau vole, le lion marche,

2. Le Violant.

l'homme parle. *Le violant* ou de projection, eſt celuy qui ſe
fait par la force d'vne impreſſion étrangere, contre l'inclination naturele des choſes ; cóme quand on jette vne pierre en
haut, que l'on décoche vne fléche, ou que l'on tire vn canon.

L'Ecole, encherissant sur la subtilité de son Maître, *re-*
*cherche* si le mouuemant est continu, s'il est indiuisible: s'il se   *3. Diuerses*
peut faire en vn instant, & sans vnion ou liaison soit mediate,   *Questions.*
soit immediate de l'agent & du patient. S'il a pû estre de toute eternité, s'il a du repos dans le poinct de la reflexion.
Commant les choses commancent & finissent, & si les Indiui-
sibles se peuuent mouuoir. On examine les Principes du
mouuemant en general, & en particulier. D'où vient celuy
de l'imagination, du cœur, de la mer, de l'aimant : des   *Diuers Mouue-*
choses pezantes & legeres, des artificieles, & samblables,   *mans.*
que nous examinons en la suite de ce Traitté.

L'on finit parcequi touche le premier Moteur, qui est
DIEV, immüable, immanse, & infini. Auec le discours   *DIEV.*
des *Intelligences Motrices*, qui impriment le mouuemant à
chacune des Spheres celestes. Et par là s'acheuent les huict   *Les Intelligen-*
Liures de la Physique.   *ces.*

Ensuite de ces Principes generaus & de ces Proprietez vniuerseles des Estres corporels, la Sçiance naturele contample LES EFFETS qui en sortent : & dont l'exacte connois-   *Les Effets.*
sance, fait l'autre Partie de cete Sçiance Naturele.

---

# LA PHYSIQVE
## Particuliere.



C'EST elle qui foüillât dans les riches cabinets de
la Nature, découure à nos Esprits tout ce qu'elle a de plus precieus. I'entans toutes ces belles
productions, & ces admirables trezors qu'elle enferme en toutes ses parties. Entre ces Effets les
vns sont affranchis des Lois de la corruption, les autres y sont   *La diuersité des*
assujetis. Quelques-vns sont celestes, d'autres terrestres:   *Estres.*
d'autres simples, d'autres composez ; ceus-là inuisibles,
ceus-cy se montrent à nos yeus. Ce sont en vn mot, toutes
les choses dont le merueilleus assamblage fait le MONDE,

que l'on appele l'Vniuers ; comme qui diroit vniquē en ſa
diuerſité, diuers en ſon vnité.

Diuers Mon-<br>des,

    Pour en faire l'Inuantaire general, on le diſtingue en plu-
ſieurs ; qui ſont tous liez auec cete chaîne d'or, ſi celebre dans
l'Antiquité ſacrée & prophane. Le premier Monde Archetype ou ideal, c'eſt D I E V. Le ſecond c'eſt l'Intelligible,
l'Intellectuel ou Angelique. Le Celeſte eſt en haut, l'Elemantaire eſt icy bas. Le Macrocoſme, ou Grand Monde, eſt
compoſé du Ciel & de la Terre : le Microcoſme ou Petit Móde, c'eſt l'Homme ; ce hardi miracle de la Nature, cete image viuante de la Diuinité : ce frere des Anges, & ce diuin
abbregé de toutes les choſes crées & incrées.

Les proprietez<br>du Monde.<br><br>*Vide Coſmolog.*<br>*in Theolog.*

    Le Monde eſtant ainſi établi & diſtingué, l'on examine
ſa production, ſon accord, & ſes beautez : auec toutes ſes
parties, ſon riche & precieus ameublemant. La foy decide
qu'il n'y a qu'vn Monde, qu'il eſt tres-parfait, qu'il peut
neanmoins y en auoir pluſieurs. Que D I E V l'a produit,
quand il luy a plû, par la creation ; vn ſimple accent de ſa
voix, le tirant des abymes du neant. Qu'il ne peut eſtre de
toute eternité, cete prerogatiue n'appartenant qu'à D I E V
ſeul. Et que comme il a commancé, ainſi qu'il peut, & qu'il
doit finir.

Diuers Trait-<br>tez.

    Faiſant le partage des beautez de tout ce grand Tout, il n'y
a rien dans le pourpris de l'Vniuers qui ne ſerue d'entretien
à cete belle partie de la Philoſophie. C'eſt pourquoy en cete
claſſe on *traitte* du Ciel, & des Elemans : de la Generation
& de la Corruption, de la Vie & de la Mort naturele, ou violante. On traitte des diuers effets de la Vie ; de la Vieilleſſe,
& du Sommeil, des Temperamans & des diuers Ages ;
des Mixtes Imparfaits, & Parfaits. C'eſt à dire des Metheores, des Pierres, des Metaus. De l'Ame vegetable des Plantes ; de celle des Animaus, accompagnée des Sens internes,
& externes.

L'Ame Humai-<br>ne.

    Enfin on traitte de L'H O M M E, qui eſt l'anneau & la bou-
cle d'or, qui ferme le cercle de toutes les choſes crées. La
couronne de tout ce diuin Ouurage, c'eſt *L'Ame Raiſonna-*
*ble*, qui luy donne la vie. Elle vient du dehors, ἔξωτεν, c'eſt

à dire de DIEV qui l'a crée en la verfant dans le corps organizé , & qui la y verfe en la creant. Delà vient que n'ayant
nul commerce auec la corruption des chofes materieles , elle
joûit deméme que les Anges , du priuilege de *l'Immortalité*. Immortele.
Ceque nous explicquons ailleurs, & preuuôs principalemant
par deus voyes affez conueincantes. La premiere , font fes
belles connoiffances puremant fpiritueles, qui la font refléchir , retourner & fe replier fur elle méme ; cequi eft contraire à la nature des corps. La feconde fe prand de fes vaftes
defirs , qui ne peuuent eftre fatisfaits que par des biens infinis , & eternels. Cela méme qu'elle ne peut eftre contante
que de DIEV , fait affez voir qu'elle eft vn des rayons les
plus purs de la Diuinité. Et S. Auguftin n'a-t-il pas experi-
mauté les facheuzes agitations, & les continueles inquietudes de fon Efprit & de fon cœur, jûqu'à cequ'il foit retourné
à DIEV ?

Cepandant cete fille du Ciel a eu vn fort mauuais mariage.
Cete belle Ame au momant de l'information, eft vnie auec
vn *Corps* de faleté & de mort; dont elle épouze auec la vie,
les foibleffes & les miferes. Le nœu neanmoins qui l'attache
au Corps, eft fi fort & fi étroit, qu'il n'y a que la mort qui le
puiffe rompre, encore ne le quitte-t-elle jamais qu'à regret,
& elle en témoigne fa douleur, par la violance de fes agonies.
Mais deflors qu'elle eft *feparée* de fon confort, elle famble fe
trouuer en vne plus grande liberté, aus termes de la Nature.
Car foit qu'elle conferue les images des chofes qu'elle a
veuës & fçeuës dans le Móde, foit qu'elle en reçoiue de toutes nouuelles ; toûjours il eft vray de dire , qu'elle agît comme auec plus de liberté , auffi auec plus de pureté.

Aprés tout, ne luy donner rien de diuin, c'eft vouloir fe
randre foy-méme d'vne condition pire que celle des Bétes : &
prandre à la lettre la Metampficoze de Pythagore, c'eft vne
brutale folie. Cete Ame, n'eft ny dans le cœur, ny dans le
cerueau; ny dans les yeus, ny dans les oreilles: mais eftant indiuifible , elle eft toute en tout le corps , & toute en chaque
partie. Ses fonctions neanmoins éclatent plus en vn endroit,
qu'en l'autre. Leurs principes font ces deus nobles facultez,

L'Entandemant que l'on nomme l'Entandemant & la Volonté. La premiere
& la Volonté. attirant à foy les objets, forme la connoiſſance de toute ſorte
de veritez au dedãs de ſoy-méme. Et imprimant, côme vn ca-
chet, ſa figure dans les choſes qu'elle connoît, elle les abbaiſſe
ſi elles ſont plus éleuées: qùand elles luy ſont inferieures, elle
les rehauſſe. La ſeconde tirée par des ſecrets aimans, va chercher le bien, dont la veuë de l'eſprit l'a randuë amoureuze.
L'Entandemant éclaire la Volonté, la Volôté pouſſe l'Entandemant. Deſorte que diſputer ſur leur auantage & ſur la preferance de l'vn à l'autre, c'eſt vn procés inutile. Il vaut mieus
les comparer à ces deus demy-hommes de l'Anthologie des
Grecs. L'vn eſtoit aueugle, l'autre eſtoit boéteus. Le premier neaïmoins chargeant l'autre ſur ſes épaules, & le boéteus prétant ſes yeus à celuy qui n'en auoit point, & qui luy
prétoit ſes pieds; tous deus ne laiſſerent pas de voyager par
toute la terre, & de s'inſtruire de toutes choſes. Le priuilege de ces deus puiſſances, c'eſt que l'Entandemant par ſa
reflexion, & ſes curioſitez demezurées : & la Volonté par
ſon libre arbitre & ſes deſirs ſans bornes, preuuent, comme j'ay dit, l'Immortálité de l'Ame. L'vnion de tous les
deus fait la felicité de l'Homme, lors qu'il connoît ſon
D I E V, & qu'il l'aime par deſſus toutes choſes.

Nous nous contantons de marquer comme au doigt, toutes ces choſes; qui ont leurs deduction particulieres, en
diuers endroits de cét Ouurage. Outre qu'il eſt peu de Pe-
ſonnes amoureuzes de la verité, qui n'ayent fait leurs cours
en ceto ſorte de Philoſophie ; qui les enſeigne au moins
groſſieremant.

# LA MEDECINE.

TITRE XXVIII.

ARCEQVE là où finît la Physique, là commance la Medecine, ce n'èst pas mal à propos, que les Sages nomment celle-cy la Sœur de celle-là. Les Expers en établiffent trois Efpeces principales, fans parler de célle que l'on peut nommer miraculeuze; dont je treuue trois differantes efpeces, bien qu'elles procedent d'vne méme vertu diuine. J'appele la premiere, *Locale*; qui fe void encore aujourd'huy attachée à certaines Eglifes & à certains Autels, que D I E V famble auoir choifi, pour y répandre la grace de ces guerifons miraculeuzes. Cequi n'èft pas difficile à croire à quiconque confiderera attantiuemãt, ce que l'Euangelifte S. Iean racóte de ce Bain ou Lauoir, appelé vulgairemant *la Pifcine aus bétes*, que plufieurs circóftances ont randuë recommandable. Encore qu'il n'en foit point fait de mantion en aucun lieu du Vieil Teftamant, ce n'èft pas moins vne des plus belles & des plus faintes Antiquitez Iudaïques. Elle eftoit furnommée Betfaïde, c'eft à dire la maifon des fruits. Ou plûtôt Bethefda, c'eft à dire le lac ou l'écoulemant des eaus : ou la maifon de la mifericorde, & des Pauures. Les eaus de ce lieu, felon S. Iérôme, eftoient rouges; à caufe qu'elles eftoient téintes du fang dés Bétes qui y eftoient égorgées, ou dont les entrailles y eftoiēt lauées. Il y auoit tout au tour cinq grans porches, qui feruoient tant à garder ces Bétes deftinées aus facrifices, que d'Hôpital aus Malades; parceque le premier qui pouuoit fe

De la Medecine.

*Medicina foror Philofophiæ.* *Tertull. l. de Anim.E.1.*

Trois fortes de Medecine furnaturele.

*Cap. 5.*

lauer dans ce Bain, aprés que l'Ange en auoit remué les eaus, estoit infalliblemant gueri. Sur quoy les Sçauans Interpretes ont raison de remarquer, que cete admirable puissance de guerir toute sorte de maladies, ne venoit ny de la nature de l'eau, comme il arriue dans les minerales : ny de quelque secrete & occulte vertu, que les eaus receussent, à cause qu'elles seruoient à lauer les victimes immolées sur l'Autel du D i e v viuant. Ce miracle donc estoit vne Impression de l'Ange que D i e v faisoit descendre, laquelle il imprimoit dedans l'eau en la remuant. Ce qui se faisoit, non pas à certains jours prefix & determinez : mais de fois à autres, & de temps en temps, παρὰ καιρον, selon qu'il plaisoit à D i e v d'en ordonner. C'est ce qui obligea cét Homme perclus de tous ses membres, de demeurer dans ces maisons voisines l'espace de trante-huict ans. C'est à dire jûqu'à ce que ce pauure Paralitique se plaignant au Messie, de ce qu'il n'auoit personne qui l'aidât à descendre dans l'eau aprés le mouuemant de l'Ange, ce diuin Medecin qui portoit les miracles en ses paroles & en ses mains, luy commanda de se leuer à l'heure méme : de charger son lict sur ses épaules, & de s'en aller à condition de ne plus pecher. Toutes lesquelles circonstances ont donné sujet aus Peres de l'Eglise, de prandre ce Lauoir miraculeus pour vne excellante figure du Sacremant de Batéme.

*Pæon. Medicus. Clem. Alexand. 1. Pædag.*

La seconde sorte de guerizon miraculeuze, peut estre nommée *Personnele.* C'est, par example, celle qui sortoit secretemant de I. C h r. laquelle il a communiquée aus Apôtres & aus Saints : à leurs mouchoirs, mémes à leurs ceintures, & à l'ombre de leurs corps. En vn mot, c'est celle que S. Paul nomme la grace des guerizons, *gratia curationum.*

*Virtus de illo exib. &c. Luc. 6.*

*Gratia curation. 1. Cor. 12.*

La troiziéme guerizon extraordinaire, se peut dire *Hereditaire;* comme l'on dit que la famille de S. Hubert guerit de la rage, d'autres du carreau, d'autres des ruptures de mambres. Entre ces guerizons hereditaires, la plus magnifique, est sans doute le pouuoir de nos Rois de France, de guerir les Ecroëlles. Les Ennemis méme de cete Monarchie

*La guerison des Ecroëlles.*

chie ne peuuent nier la verité de ce miracle, qui leur eſt ſouuant tres-auantageus. Et ce n'eſt pas de merueille, ſi on a
de la peine à en découurir la ſource; puïque l'on void dans
l'experiance, que préque tous les Principes des grandes
choſes, voire-même des plus petites, nous ſont d'ordinaire inconnus. Ie ſçay bien que la flatterie des Romains
& des Grecs a forgé des miracles, pour marquer qu'il y
auoit quelque vertu diuine dans leurs Empereurs. Mais
quand même l'on tomberoit d'accord du fait, ce n'eſtoit
pas vne grace permanante & inherante en leurs Perſonnes,
comme celle que nous reüerons en celle de tous nos Rois.
Ie ne veus pas nier auſſi, que les prieres du S. Abbé *Marcoul*, que nos Monarques inuoquent incontinant aprés leur
Sacre : les grandes œuures de Pieté, par leſquelles ils ſe
preparent à cete celebre Action; & le ſigne de la Croix qu'ils
y emploient, ne contribuënt pas peu à vn ſi rare effet. Mais
quoique nos derniers Hiſtoriens doutent ſi les Rois des deus
premieres Lignées, ont joüi de cete faueur; deus raiſons   *Deus Raiſons.*
font que je la croy attachée au Sacre de nos Rois, conſequemmant à leur qualité de tres-Chrétiens & de Fils Aînez
de l'Egliſe.

La *Premiere*, c'eſt que refléchiſſant ſur les myſterieuzes
circonſtances que j'ay obſeruées dans le Couronnemant de
nôtre DIEV-DONNE', Louïs XIV. j'ay remarqué qu'il   *Le Sacre de nos*
ne ſe peut rien imaginer de plus auguſte, ny de plus diuin.   *Rois.*
Et que cete Royale ceremonie, eſt de vray vn recüeïl &
vn abregé de ce qu'il y a de plus ſaint dans la profeſſion de
nos Religieus, dans l'ordination de nos Prétres, & dans le
Sacre de nos Euéques. Par là j'ay conçeu le deſſein de la
Prouidance de DIEV, & le conſeil de I. CHR. ſur le Roy
de France; lequel il a choiſi pour eſtre le Roy tres-Chrétien, & le Fils Aîné de l'Egliſe ſon Epouze. Tellemant que
pour marque exterieure & perpetuele de ces illuſtres prerogatiues, il a attaché à ſon Sacre le priuilege de guerir cete
importune & fácheuze maladie, qui s'opiniâtre contre tous
les remedes de la Medecine. L'excellant Orateur qui fit le   *M. Cohon, E.*
Panegyrique de cete auguſte Ceremonie, le remarqua dans   *de Dol.*

le Théme de sa Harangue. *Ie couuriray de honte les Ennemis de la France, & je feray florir ma Sainteté sur son Monarque.* A quoy l'on peut encore rapporter cete autre Prophetie, préque synonime du méme Roy. *Pour en faire mon Premier-nay, je l'établiray le plus grand de tous les Rois de la Terre.* Le caractere donc de cete grandeur sureminante, c'est cete grace gratuitemant donnée de guerir les Ecroëlles. Mais grace d'autant plus incomparable, que contre l'ordinaire des autres dons, méme de celuy de Prophétie, elle est residante & permanante; nos Rois en faisant l'application & l'vzage, quand il leur plaît. C'est pourquoy je l'ay nommée le Caractere de leur Majesté Tres-Chrétienne.

Il est vray que ce que le Manuscrit de l'Abbé Guibert, rapporté par Scipion Dupleix, recite de Philippes I. fait voir que les saintes dispositions qu'apportent nos Rois, peuuent contribuer à ce miracle, *ex opere operantis,* comme parlent les Theologiens. Mais si cete grace a esté ôtée à ce Prince, en punition de quelques-vns de ses crimes, ainsi que remarque cét Abbé, & que l'Historien l'interprete de l'inceste & de l'adultere; puîque l'exception confirme la loy, n'est-ce pas vne preuue conueincante, que ce pouuoir miraculeus est donné à la qualité de Roy Tres-Chrétien, en vertu & ensuite de son Sacre; toute l'étanduë de l'Empire Chrétien n'ayant point de Prince, qui puisse éstre comparé à celuy-cy?

Ma *Seconde* raison prand sa naissance de cete premiere, que je viens d'explicquer, faisant la supposition d'vne autre principe, en cete maniere.

Outre l'opinion vulgaire, je suis témoin oculaire en deus occasions, que les *Setiémes* Garçons, nais d'vne méme Mere, sans l'interruption d'aucune Fille, ont aussi le pouuoir de guerir des Ecroëlles. La cause de ce miracle qui paroît à nos yeus, est entieremant cachée à nos esprits. La plus vray-samblable se prand des grans mysteres, que Dieu a enfermez de tous temps dans le nombre de sept: & de la priere de ce Saint Marcoul, qui estant le Setiéme Garçon de suite, obtint de Dieu cete faueur miraculeuze.

Cela ainſi établi , j'ay medité que le Roy de France , eſt le Setiéme Monarque de l'Empire de D I E V. Que puiſqu'il eſt par proportion & analogie le Setiéme , il doit eſtre ſignalé par le méme priuilege. En effet, l'Empire de D I E V, & le Royaume de I. C H R. ainſi que nous auons inſinué dans le Titre de la Chronologie, a eſté adminiſtré depuis la naiſſance du Monde, premieremant par les Patriarches en la Loy de Nature, & les Conducteurs du Peuple de D I E V entre les Iuifs dans la Loy écrite. En ſüite par les quattres Monarques en Babylone, en Perſe : parmy les Grecs , & parmy les Romains. Le ſiziéme a eſté l'Empereur Conſtantin, auec ſes Deſcendans jûqu'au Roy Clovis ; dont les Succeſſeurs qui ont commancé auec le debris de l'Empire , tiennent par la declaration méme des Souuerains Pontifes , le premier rang entre tous les Rois qui ſoûmettent leurs Couronnes au Thrône de I. C H R. eſtant ſeuls appelez pour ce ſujet les Tres-Chrétiens , & les Fils Aînez de l'Egliſe. Ce qui me fait conclure que le méme Priuilege de guerir miraculeuzemant les Ecroëlles , qui eſt octroyé aus Setiémes Enfans mâles dans la nature, eſt auſſi accordé au Setiéme Roy dans l'Empire de D I E V , & dans la Monarchie de I. C H R.

Reprenant le diſcours general des Guerizons miraculeuzes, il eſt hors de doute que ce ſecours ſurnaturel eſt neceſſaire particulieremant en ces Maladies ; dans leſquelles Hypocrate méme reconnoît θεἶόν τι, je ne ſçay quoy de diuin. Les Boëmiens mettoïent en ce rang la Goutte, & tous les Lepreus qu'ils diſoïent auoir peché contre le Soleil.

Mais m'arrétant auec le deſſein de mon Ouurage , à la Medecine Naturele, je dois remarquer que l'on en établît de trois ſortes. LA MÉTHODIQVE inuantée par Themizon , fut miſe en vogue par vn certain Theſſalus, qui viuoit ſous l'Empire de Neron. Tout le but de cete Methode, c'eſt de remedier au mal qui preſſe, ſans faire grand chois des remedes, ny vne diſtinction exacte des maladies ; n'en connoiſſant que de trois ſortes. L'Aſtraint , lors que les vaiſſeaus ſe bouchent, & font la ſuppreſſion des excremans. Le Coulant tout au contraire, lors que par vn flus immoderé, la dilatation des mémes conduits épanche ce qui ne deuroit pas sortir. Le Mélé, c'est lors que dans vne méme partie, il se rancontre vn débord d'humeurs auec vne tumeur manifeste.

L'EMPIRIQVE, prand son nom ou de l'experiance qui est sa plus grande Maîtresse, ou du feu dont elle se sert en toutes ses operations. Ses Professeurs la font plus ancienne qu'Hypocrate, & l'attribuënt à Acron. Elle n'appuye ses remedes que sur la seule experiance. C'est pourquoy elle ne connoit que deus fondemans. L'Histoire luy fournît vn amas de Secrets, recüeillis par tradition de main en main. L'Autopsie, s'arréte aus cures & aus experiances qui tombent sous les yeus. C'est pourquoy chacun estoit autrefois obligé de porter dans Memphis aus Tamples de Vulcain & d'Isis, le remede qui l'auoit gueri de quelque maladie. Dequoy les Prêtres tenoient regître, pour l'enseigner aus Malades qui se faisoient porter dans vne Place publique; afin que chacun leur dît ce qu'il auoit experimanté, sans que personne fît autre profession de Medecine. Depüis chaque partie du corps, & chaque maladie eut son Medecin particulier, ce qui les randoit beaucoup plus habiles: & plus capables de guerir agreablemant, promtemant, & seuremant.

La DOGMATIQVE a pour Princes, Apollon & Esculape: pour Maîtres, Hypocrate & Galien; pour Disciples, plusieurs grans Hommes, qui ont flori en tous les Siecles. C'est l'Ecriture méme qui fait leur éloge, qui exalte leur Sçiance, qui leur donne credit auprés des Princes & des Roys: qui nous oblige de les honorer, parceque nous en auons besoin, de les tenir auprés de nous: qui enseigne que DIEV a créé & les Medecins & les medicamans, qu'il menasse de punir nos pechez par les maladies. Méme, ce qui ne s'accorde pas auec la mauuaise opinion que les Malins conçoiuent souuant de la pieté des Medecins, DIEV nous asseure que nous treuuerons du secours & du soulagemant dans les prieres qu'ils feront pour leurs Malades; afin qu'il benisse & leurs soins, & leur conuersation.

La Medecine se soudiuise en Speculatiue, & en Pratique.

L'Empirique.

Herodot. l. 1.
& 2.

La Dogmàti-
que de deus
sortes.

Honora Medic.
&c. fusè. Eccle.
38.

Ipsi verò Deum
deprecabuntur,
&c. ibid.

La Specvlative s'appuye ſur la doctrine, ſur l'au- La Speculatiue.
torité : ſur le raiſonnemant, & ſur l'vzage. Son Empire eſt ſi
vaſte, qu'elle ne doit preſque rien ignorer de tout cequi eſt
dans l'étanduë de la Nature. Par la *Phiſiologie*, elle doit La Phiſiologie.
connoître les Corps Celeſtes ; pour ſçauoir leurs influances,
& nos depandances. Les Elemans, qui entrent en la conſtitution de toutes les choſes d'icy-bas. Les Mixtes, dans les
trois Royaumes ; qu'ils appelent le Mineral, le Vegetable,
& l'Animal. Les divers Tamperamans du Corps Humain,
la diuerſité des Sexes, des Ages : des Saizons, des Vants,
des Pays, & des Climats. La Morale, à cauſe des mouuë-
mans de l'Ame & des Paſſions ; qui contribuënt beaucoup
à la ſanté, ou à la maladie.

Par la *Pathologie* la Medecine s'étudie ſoigneuzemant, à La Pathologie.
diſcerner la nature & la diuerſité des maladies. Si elles ſont
ſimples, complicquées, organiques ; communes : attachées
à quelque partie, ou ſi elles ſuruiennent par compaſſion. Elle
épluche les Cauſes qui les deuancent, qui les produizent,
& accompagnent ; auec leurs Effets, qui ſont leurs Symptomes & accidans.

Par la *Simeïotique*, elle examine les ſignes d'où elle tire La Simeïoti-<br>que.
ſes conjectures & forme ſes jugemans. Les Memoratifs, ſont
pour le paſſé. Les Prognoſtics, regardent l'auenir ; ſi la maladie ſera longue, facheuze, perilleuze ; cequi dépand de la
coction, & des crizes. Les Diagnoſtics, s'afretent aus
affections preſentes.

*La Crize* qui vient du mot Grec qui ſignifie juger, diuizer, La Crize.
ou combatre ; eſt le promt changemant d'vne maladie à la
ſanté, ou à la mort. Elle ne ſe fait que dás les maladies humorales. L'imparfaite doit eſtre aidée, la meilleure eſt celle qui
ſe rand manifeſte & vniuerſele. Celles du ſetiéme jour, de
l'onziéme & du quatorziéme ſont les plus conſiderées. C'eſt
pourquoy auſſi Hypocrate appele le nombre ſeptenaire, le
diſpanſateur de la maladie. Venons à la Medecine Pratique. Elle ſe partage en deus. L'Hygeinie s'occuppe à preue-
nir les maladies, à conſeruer & fortifier la ſanté, à preſcrire
le regime de vie ; prenant méme ſoin de la beauté, & alors

Q iij

elle s'appele Cosmetique.

**Les Années Climateriques.** Dans cete diete ou regime, elle obserue assez particulie-remant les années *Climateriques*; qui conduizant la vie des Hommes, comme par les degrez d'vne échéle, y apportent des alterations & des changemans notables. Elles se pren-nent de la reuolution de sept en sept ans, & de neuf en neuf ans : & sont appelées pour ce sujet, hebdomadiques & en-neatiques. Telles sont le 7. 9. 14. 18. 21. 27. 28. 35. 36. 42. 45. 49. 56. La plus perilleuze, est celle où se rancontre la reuo-lution de sept & de neuf; qui est justemant, la soissante troi-ziéme. C'est pourquoy l'Empereur Auguste écriuant chez Suetone, à vn de ses plus Intimes, luy mande qu'il a échappé cete année fatale à toutes les Personnes, qui panchent vers la vieillesse.

**La Therapeu-ticque.** La *Therapeuticque* s'applique à la guerizon des maladies, qui est le vray office de la Medecine. Cequ'elle entreprand par vne Methode ou generale, ou particuliere; descendant aus remedes, qui sont propres à chaque maladie.

De là il est constant, que l'illustre objet de cete profitable Sçiance, n'est autre principalemant que le Corps Humain. C'est pourquoy afin d'en acquerir vne connoissance plus exacte & plus acheuée, elle se sert de l'étude de

---



# L'ANATOMIE
## Generale.

**Il y en a de deus sortes.** 'EST elle qui fait la dissection artificiele, & le curieus examen de toutes les pieces qui le compozent. On la distingue en deus. La sensi-ble, traitte des Parties Contenantes : l'Intel-lectuele, recherche les parties Contenuës.

**Les Parties du corps.** La *Partie* en general, se definit vn corps contigu & ad-herant au tout; qui vit comme luy, & qui luy sert pour ses diuerses actions.

La Diuifion des *Parties*, fe fait en vn fort grand nombre.
Les *Simples, & Similaires*, font celles ; qui paroiffent famblables, & qui ne peuuent eftre diuifées en d'autres efpeces. Il
y en a de *Communes*, qui feruent à compozer les Diffimilaires
& Organiques. Comme font les Os, les Cartilages, les Li-
gamans, les Mambranes, les Fibres, les Artéres, les Veines, les Chairs, & le Cuir. Leur differance fe recüeille, des
principes materiels & fenfibles de leur generation. Ceus-cy
eftant deus, la femance, & le fang menftrual ; ils font auffi
deus fortes de Parties fimilaires-Communes. Les vnes Spermatiques, & *Seminales* ; comme les os, les cartilages ; &c.

Les Parties *Charnuës* engendrées du fang épaiffi, font de
trois fortes. L'vne propremant nommée Chair, comme celle
des Mufcles, des Genfiues, &c. Des autres deus, l'vne eft
particuliere aus Entrailles, & eft appelée Paranchyme. Tele
eft celle du foye, de la rate, des poümons, du cœur, des
reins, &c. L'autre particuliere aus glandes, eft dite à caufe
de cela, chair glanduleuze ; comme le pancreaft, la fagoüe,
les amigdales, &c

Les Similaires *Propres* ne compozent qu'vne feule partie,
en forte qu'il ne s'en treuue point de famblable au refte du
corps. Tele eft la moëlle du cerueau, & de l'efpine du dos ;
les trois humeurs de l'œil, la chriftalline, l'albugineuze, &
la vitrée.

La Partie *Diffimilaire* eft celle qui fe peut diuifer en parties diffamblables d'efpece, de fubftance, & de nom. On
l'appele auffi *Organique*, ou organe. Parceque fon effance
confifte en vne loüable conformation ; qui dépand de la figure, du nombre, de la grandeur & de la fituation conuenable de chacune des parties dont elle eft compozée. Cequi eft
caufe que cete partie fait vne action, qui eft propre & particuliere. Il eft bien vray que les Parties Similaires font auffi
vne action, qui eft la nutrition, mais cete action eft commune à toutes les parties en general. Ceque n'a pas la partie
Organique, qui doit faire vne action qui luy foit tellemant
propre, qu'elle ne puiffe eftre faite par aucune autre partie.
Example. L'action de l'œil, qui eft de voir, fort d'vne partie

Simples & Si-
milaires.

Communes.

Seminales.

Charnuës.

Propres.

Diffimilaires.

Organiques.

Diſſimilaire ; à laquelle elle eſt tellemant propre, qu'il n'y a que l'œil ſeul qui puiſſe voir. Surquoy il faut remarquer, que la nature de l'organe, ne conſiſte pas en ce qu'il eſt compozé de parties diſſamblables : mais en cequ'il a vne figure propre à faire l'action, à laquelle il eſt deſtiné. Tele eſt l'action de l'œil.

Dans chaque Organe parfait, on obſerue quattre Parties. La premiere produit l'action, la ſeconde l'accompagne neceſſairemant : la troiziéme l'aide, la quatriéme eſt cauſe qu'on la continue.

Parties Nobles,    Il y a encore les Parties Nobles, & les Ignobles. *Les Nobles*, qui donnent vne faculté, ou vne matiere generale & maitreſſe à tout le corps, ſont trois. Le Cerueau, le Cœur, & le Foye. Le Cerueau enuoye la faculté animale auec l'eſprit animal, par le nerfs à tout le Corps ; pour luy donner le ſentimant, & le mouuemant. Le Cœur communique la faculté vitale auec l'eſprit vital, par les arteres à toutes les parties, pour les viuifier. Le Foye épand par les veines la faculté naturele, auec l'eſprit naturel & le ſang ; en faiſant la diſtribution à tous les mambres, pour les nourrir. Neanmoins à cauſe des fonctions plus excellantes, la Medecine ſe perſuade que le Cerueau, eſt plus noble que le Cœur, & le Cœur que le Foye.

Ignobles,    Toutes les autres Parties ſont dites *Ignobles*, dautant qu'elles ſeruent aus Nobles. Ainſi tous les organes des ſens, ont eſté faits pour le cerueau : toutes les parties enclozes dans la poitrine, pour le cœur ; & toutes celles du vantre inferieur, pour le foye.

Parties Contenues.    Les Parties CONTENVES ſont les Humeurs, & les Eſprits, qui ſont nos parties impulſiues, & mouuantes.

Les Humeurs.    Sous ce mot *d'Humeur*, eſt compris tout cequi eſtant d'vne nature liquide & coulante, a beſoin d'vn corps plus ſolide, pour l'enfermer & le retenir. Il y en a qui ſont nées

Innées,    auec nous, & qui accompagnent nôtre conception. Celles qui procedent de la nouriture, ſont ou Natureles, ou Con-

Contre nature.    tre nature. Ces dernieres, ſont les cauſes de toutes les maladies humorales.

Les

Les *Natureles* gardant leur jufte tamperie, forment la Natureles. fanté de l'Animal. Elles fe diuifent en Alimantaires, & Ex-crémantitieuzes.

Les *Alimantaires*, font faites du Chyle par le foye. C'eft Alimantaires. le Sang, la Pituite, la Melancholie, & la Bile. En chacun de ces quattre on obferue la proportion, le tamperamant, la faveur, le lieu, les effets, le mouuemant, & l'vzage.

De cete premiere Humeur alimantaire naît la feconde, par la qualité fpecifique & propre de chaque partie. Elle fe diuife de rechef en quattre. La premiere n'a point de nom, la feconde s'appele Rozée, la troiziéme glu ou colle, & la quattriéme change ou tranfmutation.

*L'Excrémantitieuze* eft vn fuc naturel, qui fe fepare des Excréman-titieuzes. alimans pour l'euacuation. Ce qui arriue ou à caufe de fa trop grande quantité, comme le laict: ou à caufe de fa qualité, mal propre pour nourrir. Et ces Excrémans font ou vtiles, comme le fiel, la lie du fang, & les ferozitez. Ou bien ils font fuperflus, & inutiles. Ainfi de la premiere coction, fe font les felles: de la feconde, les vrines; & de la troiziéme, la craffe & les fueurs. Outre que quelques parties ont leurs excrémans propres; comme le fuin des oreilles, le chaffie des yeus, &c.

*L'Efprit* eft vne fubftance vaporeuze, qui fait vne partie Les Efprits. de nôtre corps, contenuë dans les artéres: & qui roulant par tout d'vne viteffe incroyable, fert d'inftrumant general à toutes les fonctions de la vie. Il fe partage en trois.

L'Animal court du cerueau, & penetre la fubftance moël-leuze des nerfs, fans laquelle il ne peut agir. Le Vital cou- Ils font de trois fortes. lant du cœur, roule par les artéres jûqu'aus moindres parties pour communiquer la vie. Le Naturel s'exhale dans la circulation du fang, & fe fait de fa partie la plus fubtile & la plus chaude.

L'Efprit purifié, contribuë auffi à la nourriture, & à la *generation*. Mais à cete derniere d'vne façon fi excellante, que les Peres méme de l'Eglife l'appelent igemonique & principale. L'vne de fes plus grandes fingularitez, c'eft

*La 1. P. La Sçiance Humaine.*  R

# LA RESSAMBLANCE.

TITRE XXX.

**Trois Ressam-**
**blances.**

**1. d'Espece.**

 N la remarque des Enfans auec les Parans, en trois chefs; dans l'Espece, dans le Sexe, & dans l'Indiuidu. La premiere, est vne proprieté des agens naturels. Car lors qu'ils sont vniuoques, ils nemanquent jamais de produire leur sambla-ble, à moins que de faire des Monstres; qui sont des égaremans & des pechez de la Nature, dont les causes ont été touchées dans la Physique. La ressamblance exterieure, ne laisse pas de tromper quelquefois. Cequi a fait remarquer que le Singe qui a au dehors tant de rapport auec l'Homme, n'a rien au dedans qui luy soit samblable.

**2. de Sexe.**

L'on attribuë la ressamblance *du Sexe* à la force, ou à la foiblesse du germe. Mais bien que j'accorde volontiers, que la Nature vise dans ses trauaus à cequi est de plus parfait; je ne croy pas pour cela que son but soit toûjours de produire des mâles, veuque la femelle est vne piece necessaire pour sa perfection. Il est vray que les femelles, comme aussi toutes les parties gauches, sont toûjours plus foibles, faute de cha-leur. D'où vient deméme que parmy les hommes, les fam-mes ne sont jamais ambidextres: & raremant on void viure vn mâle & vne femelle, nays d'vne méme vantrée. Le Sexe

*Masc. & Fœm,*
*creau. ill. & vo-*
*cau. nom. eorum*
*Adam. Genes. 5.*

neanmoins apporte si peu de differance, que dans la creation de l'Homme l'on apperçoit cét Androgyne de l'ancienne Theologie.

**3. d'Indiuidu.**

La ressamblance d'Effigie ou *Indiuiduele,* vient de la vertu formatrice imprimée dans la semance; qui est vn extrait de toutes les parties du corps, & principalemant des esprits. Enquoy ils sont aidez de la chaleur naturele, des idées par-ticulieres, des impressions celestes: mais tres-notablemant,

**L'Imagination.**

par les efforts de *l'Imagination.* Cequi justifient les brebis de Laban, que l'industrieus Iacob faisoit agneler selon la

**Genes. 30.**

diuerse couleur des baguettes qu'il mettoit dans leur abre-

uoir au temps de la conception. Les poules qui font leurs
poulets blancs, si on les couure d'vn linge blanc lors qu'elles
couuent ; cete Dame More qui acoucha d'vn Enfant blanc;
Galien pour cét effet en ayant fait peindre vn de même couleur au pied de son lict. Et de là vient, par vne suite naturele,
que les Enfans heritent certaines maladies de leurs Parans:
qu'ils imitent leurs inclinations, leurs mœurs, & leurs
actions, qui est la ressamblance la plus legitime. D'où vient
aussi que les Enfans ont plus de rapport auec leur Mere, &
que les Meres ont de certains discernemans pour leurs Enfans. Car outre l'industrieus partage de Salomon, les Lacedemoniens ne pouuant sçauoir aprés la mort de leur Roy,
qui estoit l'Ainé de deus Enfans qu'il auoit laissez ; le reconneurent prenant garde que la Reine-Mere allaittoit, lauoit,
& habilloit toûjours Euristhenes deuant Procles, la nature
luy donnant cét instinct.

*Herodot. l. 6.*

Ie reconnois aussi la sagesse, & le jeu de la Nature ; qui
comme vn Peintre tres-habile, où sur l'example de D I E V
méme, se plaît de méler en tous ses ouurages l'vnité auec
la diuersité. Si bien que quelque rapport qu'elle mette entre
deus Estres, elle y ajoûte toûjours quelque caractere qui les
distingue : & d'ordinaire il s'y treuue plus de differance,
que de conformité.

Cequi me fait aussi reconnoître beaucoup de hazard en
cete fabrique. C'est à peu prés comme il arriua à ce Peintre;
qui jettant par dépit sa palette chargée de couleurs sur sa
toile, acheua cete écume de cheual en fougue, que son art
n'auoit peu representer. Et comme ce jeune Maracus, qui
ayant laissé tomber son pannier dans lequel il portoit des
vaisseaus de verre ramplis de diuerses liqueurs, leur mélange casuel fit vn parfum, que l'art a depuis imité. De même
la rancontre de tant de choses qui interuiennent en la generation, est vne des causes principales de tant de ressamblances.

Cequi se void euidammant en ces deus freres Bessons,
Esaü & Iacob; qui conceus à méme temps, selon S. Paul, n'a-
uoiet rien de samblable ny en leurs corps, ny en leurs mœurs,

*Isidor. in Origin.*<br>*Ex eodem concu-*<br>*bitu. Rom. 9.*

R ij

mais s'entrebattoient dés le sein de leur Mere. Au contraire
cét Enfant qui reſſambloit à l'Empereur Auguſte, celuy qui
voyagea par tout ſe diſant éſtre Sebaſtien Roy de Portugal :
Martin Guerre, & tant d'autres dont la reſſamblance a trompé
les Peres, les Meres méme & les Fammes; nous obligent d'a-
uoüer que nous ne ſçauons pas ny toutes les routes, ny toutes les regles, ny toutes les mezures de la Nature. Outre que
l'on void aſſez ſouuant, que les Neveus & les petits Enfans
ont bien plus de rapport auec les Oncles & auec les Ayeuls,
que non pas auec leur Pere & leur Mere. Cequi arriue parceque la chaleur des eſprits eſtant empêchée par quelque circonſtance, ils ſe recuizent, ſe rafinent & s'élabourent ; jûqu'à
cequ'eſtant excitez & comme réueillez , ils produizent leur
effet auec plus de vigueur , conſequammant auec plus de
rapport & de conformité.

　　Ce ſont donç les eſprits principalemant qui ſont la cauſe
tant de la reſſamblance, qui ſe void entre certaines Perſonnes , que de la force & de la foibleſſe de l'Imagination qui
produit certains effets auec tant de merueilles ; que l'on
aurroit peine à les croire, ſi l'on n'y eſtoit forcé par l'experiance. Cequi ſe fait en ceté maniere.

Effets de l'Ima-<br>gination.

---

## DES EFFETS PRO-
## digieus de l'Imagination.

TITRE XXXI.

Commant l'I-<br>magination<br>produit de ſi ra-<br>res effets.

IL y a vne liaiſon ſi étroitte entre l'Ame & le
Corps, qu'ils ſe communiquent generalèmant &
tous leurs biens, & tous leurs maus. Deſorte que
l'Imagination étant émeuë par les eſpeces qu'elle reçoit ou du dehors ou du dedans , elle remuë
les eſprits qui ſont ſes outils & les ouuriers de toutes les
actions, principalemant en la generation; à laquelle la Nature s'applicque auec plus de force, & de vigueur. Et parceque ces eſprits naiſſent du cerueau, ils ſont imprimez des

images & des phantômes que l'Imagination s'eſt figurée.
D'ailleurs le cerueau & la matrice ayant vne étroite ſympathie par les nerfs de la ſiziéme coniugaizon, & l'embrion
ou le *fœtus* étant vne matiere extrémemant molle & delicate; l'abondance des humeurs & des eſprits que l'Imagination
y enuoye par la faculté motrice, à laquelle elle commande,
marque comme le cachet ſur la cire, les mémes images &
les mémes phantômes, dont ces eſprits ſont grauez & em-
preints.

C'eſt donc de ces ſources que vient la reſſamblance des
Enfans auec les Parans, & quelquefois des Beſſons entre
eus. C'eſt auſſi de là que naiſſent ces *Auerſions natureles* & Antipathies.
ces marques extraordinaires, que l'on void en quelques
Perſonnes. Noſtre ſiecle en a veu qui ne peuuent ſouffrir
l'odeur d'vn leuraud, & qui éuanoüiſſent le ſentant méme
d'vn eſpace fort éloigné. D'autres qui pâment à la veuë, ou
au ſeul nom d'vne grenoüille ou d'vne ſouris. Il n'y a rien ſi
commun que ces enuies des Meres, qui defigurent leurs
Enfans dans les mémes endroits où elles ſe ſont touchées
eſtant enceintes. Parceque l'appetit, la joye, la crainte ou
quelqu'autre paſſion, auec cét attouchemant excite l'Imagination & le mouuemant des eſprits; qui courent & qui volent auec cete empreinte & cete copie, dans le fœtus.

Ceque quelques-vns font paſſer méme au delà du trépas.
Car ils ſoûtiennent, & certes non ſans raiſon, que les *épreu-*
*ues* qui ſe faiſoient autrefois par l'eau, par le fer chaud, par Les épreuues
les charbons de feu, par le duel ou combat d'homme à hom- extraordinaires.
me; ne doiuent pas auoir lieu parmy les formes, & les enquétes de la Iuſtice. Parceque, outre que ce ſont des recherches extraordinaires qui ſamblent tanter D i e v, l'Imagination peut en ces rancontres produire d'étranges effets.
Cequi ſe void particulieremant, lors que l'on fait toucher
le corps d'vn homme tué, par celuy que l'on ſoupçonne l'a- Le ſang des
uoir aſſaſſiné, parceque les corps morts *ſeignent* en la pre- corps morts.
ſence de leurs meurtriers.

Ie ne nie pas le fait, en ayant été témoin oculaire il y a
prés de quarante ans. Ie ſçay bien encore qu'vn Iuge pru-

R iij

dant & habile, peut se seruir vtilemant de ces moyens; afin
que le Coupable estant intimidé par là, confesse le crime volontairemant, comme il est souuant arriué. Au surplus l'on
ne peut pas nier, qu'il ne soit tres-mal-aizé, pour ne dire
impossible, de treuuer la liaison naturele de ces effets auec
leurs causes. Au moins en cete derniere rancontre de l'ho-
micide, je ne desappreuue pas tout à fait le recours de Le-
uinus Lemnius à l'antipathie des Esprits; que deus hommes
ennemis animez de colere & de vangeance, lancent l'vn contre l'autre. Car quelques-vns de ces Esprits enuanimez de
passion, qui restent encore dans le cadavre; se choquant
encore à la rancontre du Meurtrier & du massacré, ils s'en-
flent & se gonflent, comme fait le leuain dans la pâte. Cét
enflemant qui vient de la chaleur, liquefie & pousse au dehors le sang que la mort auoit figé & glacé dans les veines.

　　Aprés tout, je ne nie pas aussi, que dans ces autres ran-
contres-là, la Iustice diuine ne se serue quelquefois de ces
indices & de ces conuictions extraordinaires, pour châtier
des homicides; qui sans cela, demeureroient souuant im-
punis. Et pour moy je ne sçay à laquelle de ces deus causes,
il faut rapporter ce que recite Gregoire de Tours d'vn Mari
& d'vne Famme en Auuergne. Leurs deus corps, qui auoient
vécu vierges dans le Mariage, furent enterrez aprés la mort,
aus deus côtez de l'Eglize oppozez. Mais on treuua le lan-
demain leurs tombeaus, qui s'estoient approchez & joints
ensamble. Cequi donna sujet à ceus du Pays, de les nommer, *les deus Amans*.

　　Cete qualité des esprits agitez, est sans doute la méme
Diuerses sym-<br>pathies & anti-<br>pathies. *cause*, pour laquelle l'œil chassieus communique son mal à
celuy qui le regarde; le Lion ne peut souffrir le chant du
Coq: & le Coq d'Inde entre en fureur voyant du rouge. Par
la méme raison vne Nourrice sent de la douleur aus Mammelles, lors que son Nourrisson crie; le vin monte dans les
tonneaus, quand la vigne entre en fleur: la venaizon boût &
écume dans le charnier, en la saizon du rut; & méme sur la
jambe d'vne famme à Ville-Iuif, dont la chair estoit marquée de la figure d'vn sanglier.

De la méme intamperie de l'Imagination & actiuité des Esprits, naiſſent encore ces extrauagances *Hypocondriaques* de la folie; que l'on diuize en delire, phrenéſie, & melancholie. Parceque les vapeurs fuligineuzes, noires & épaiſſes detraquent l'imagination, broüillent les eſprits, & confondent les images ou eſpeces.

Ce qui preuue que l'Imagination remüant les eſprits & les humeurs, peut produire diuerſes ſortes de maladies. L'vne des plus celebres, c'eſt la *Lycantropie*, dont on parloit dés le temps d'Herodote. Cete eſpéce de manie rand ceus qui en ſont malades, auides du ſang humain. En quoy ils ſont ſamblables à ces Loups ſolitaires, que nous appelons garous; ſoit parce qu'ils s'égarent à trauers les champs, ſoit parceque vous vous en deuez garder. Nabucodonozor en reſſentit vn effet, broutant l'herbe parmy les bétes l'eſpace de ſept ans. Alors ſon imagination eſtoit ſi fort bleſſée, & ſes eſprits ſi péle-mélez, qu'il ſe figuroit eſtre vne Béte de la campagne. Et c'eſt juſtemant en cete maniere qu'il faut interpreter toutes ces diuerſes & bizarres Metamorphozes, dont il eſt parlé dans l'vne & dans l'autre Hiſtoire. Mais le prodige eſt, quand l'effet paroît méme au dehors. Comme l'imagination du combat des torreaus, fiſt naitre des cornes ſur le front de Cippus: & Gallus Vibius deuint fol, pour s'eſtre imaginé trop fortemant les cauſes de la folie.

Que ſi l'operation du *Demon* interuient, comme il arriua au pere de Preſtantius, dont parle S. Auguſtin en la Cité de DIEV; alors ce grand Ouurier d'illuzions, endort le corps de la Perſonne, en quelque lieu. Aprés quoy prenant ſa figure, broüillant les humeurs, & maniant les eſprits à ſon gré; il repreſente au dedans, tele figure qu'il luy plaît: & produît au dehors, les actions que l'on void. Ou faiſant vn corps d'air, il en couure celuy de la Perſonne, & fait luy méme toutes ces illuzions.

Aquoy l'on peut encore rapporter ce que les Grecs appélent Εφιάλτης, les Latins *Incubes*, & le Vulgaire Pezard. D'ordinaire ce n'eſt qu'vn empéchemant de la reſpiration,

de la voix, & du mouuemant ; auec oppreſſion, & accable-
mant de tout le corps. La cauſe de ce ſymptome, ſont des
vapeurs groſſieres, qui bouchent principalemant le derriere
du cerueau : & par là empéchent le commerce des eſprits
animaus, deſtinez au mouuemant de tout le corps. Ce qui
n'empéche pas toutefois que l'on ne croie cete autre operation des Demons Incubes, & Succubes ; qui ont donné
naiſſance aus Faunes & Satyres, que S. Hierôme décrit en
la vie de S. Paul : & peut-eſtre aus Geans, dont il eſt fait
mention en toutes ſortes d'Hiſtoires. Car pour ce que l'on
raconte de Merlin en Angleterre, de Melluſine en Poittou,
des Iagellons en Pologne, des Huns en Hongrie, des Nefe-
ſoliens en Turquie ; j'eſtime qu'il y a beaucoup de fable,
mélée auec bien peu de verité.

<table>
<tr><td>Faſcinations.</td><td></td></tr>
</table>

Des mémes principes naiſſent ces *Faſcinations* ou enchantemans, qui produizent les maladies ſur les corps ſans les
toucher. Car en ces rancontres ce ſont les eſprits contagieus,
aidez de la force de l'imagination, quelques-fois méme de
l'operation du Demon ; qui impriment ces malignes qualitez, principalemant ſur les corps des Enfans & des jeunes
Filles ; qui eſtant plus tandres, en ſont auſſi plus ſuſcepti-
bles. Ce que le Poëte Latin étand luy-méme jûqu'aus
agneaus.

*Neſcio quis te-*
*neros oculus mihi*
*faſcinat agnos.*
*Eclog. 3.*

*Lupi Mœrini*
*vidére priores.*
*Id. 9.*

C'eſt delà que le Loup enrouë ceus qu'il regarde, que le
Malade de jauniſſe communique ſon mal au Loriot en le
regardant : que les Fammes dans leurs infirmitez, gâtent
les miroirs, & deſſechent certaines fleurs : que les Thybées
& autres Peuples, tuënt par leurs regars : & que les Phtiſi-
ques, auſſi bien que ceus qui ſont frappez de peſte, communiquent leurs maladies. Et parceque la paſſion, principalemant de l'Enuie, redouble la force des eſprits ; elle
rand auſſi les rayons vizuels plus actifs, pour épandre ce
venin, principalemant par les yeus ; d'où vient le mot
d'*inuidere*. Le prodige en cela eſt, que l'on faſcine d'ordinaire les Enfans, & en les regardant, & en les loüant.

<table>
<tr><td>Les Amuletes,<br>&c.</td><td></td></tr>
</table>

Les mémes cauſes contribüent auſſi à la guerizon de ces
*maladies*, par amuletes, prefiſcines, faſcines, breuets pandus

dus au col, & paroles prononcées, auec d'autres samblables superstitions. Car outre les vertus occultes des choses natu-relés, & les miracles surnaturels de la Grace ; il est certain que la confiance que l'Imagination fait prandre en ces amu-letes, & le pacte du Diable peuuent faire dans nos corps des alterations & des changemans pour la santé préqu'aussi bien que pour la maladie.

La force de l'Imagination & de l'agitation des esprits pa-roit de même dans les *Somnambules*, que les Grecs appellent Hypnobates. Car parceque dans le sommeil il n'y a propre-mant que les sens externes qui soient liez, l'Imagination qui agit alors toute seule & de toutes ses forces ; remuë toutes les autres facultez, & plus que toutes celle qui produit le mouuemant, comme il se voit dans les Phrenetiques. Desor-te que l'on en a veu qui nageoient fort bien en cét état, les-quels se noyoient estant éueillez. Ce qui justifie que la regle de la Nature est beaucoup plus certaine, que celles qui vien-nent des reflexions de l'art & de la raison : & que les actions les plus simples, sont les plus asseurées.

Afin de mieus comprandre cete actiuité de l'Imagination & des Esprits, la Medecine distingue les trois *Facultez*, que nous allons explicquer.

*Les Somnan-bules.*

*Les trois Fa-cultez.*

---

# LES TROIS FACVLTEZ,
## la Naturele, l'Animale,
## & la Vitale.

*TITRE XXXII.*

LE SIEGE de la premiere c'est le Foye, & la *Nutrition* est son effet principal. C'est vn mira-cle caché dans les Estres viuans, d'autant plus admirable, qu'il nous est moins connu ; enco-re que nous n'ayons rien de si familier, ny de plus intime. Sa matiere est l'Alimant, qui doit estre partie

*La Naturele.*

*La Nourriture.*

*L'Alimant.*

*La I. P. La Sçiance Humaine.* S

dissamblable, pour receuoir l'action de la chaleur naturele? partie samblable, pour estre changé en la chose alimantée. D'où vient que les plus simples ou vniformes, comme il se void dans les Animaus : & les moins éloignez de chaque nature, sont les meilleurs; encore qu'ils ne soient pas toûjours les plus delicieus.

Les choses *Diuerses* vzent de differantes nourritures. Le Cameleon se nourrit de vant, la Cigale de rozée, le Pirauste de feu, le Poisson d'eau, la Taupe de terre : l'Homme fait du pain de toutes choses, & on en a veu fait de pierres en diuers sieges; enfin la delicatesse ou la gourmandize se sert de tout le Monde, comme du magazin de ses prouisions. Il est vray cependant que tous les Animaus, particulieremant l'Homme, ne se nourrissent que de ce qui est dous; encore que les douceurs dégoûtent, & chargent l'estomac. Et le saint Euangile nous asseure, que nous pouuons viure de tout ce qui sort de la bouche de D I E V.

Mais combien d'alterations & de changemans souffre cete infinie multitude d'alimans, pour estre conuertis en nôtre substance ? La main industrieuze les prepare, la bouche les reçoit : les dents les couppent & les meulent, la saliue les détrampe, la langue les precipite par l'œzophage au fond du *Vantricule*.

Celuy-cy, qui est le commun Rezeruoir du boire & du manger, est compozé de trois mambranes. Il emprunte la premiere, qui est commune, du Peritoine. Des deus autres propres, celle qui est en haut & charnue, facilite la coction. Celle d'embas toute nerueuze, est tissuë de trois sortes de fibres. Les droittes, attirent l'alimant : les obliques, le retiennent : & celles qui trauersent, vuident le vantricule : Il y a deplus deus Orifices. Le Superieur, qui s'incline à gauche, c'est l'Estomac, siege de l'appetit & du sentimant exquis, qui cause les deffaillances & les lipotimies. En bas est le Pylore, qui panche du côté droit. C'est comme le Portier, qui retient les viandes, jûqu'à ce que la *Digestion* soit acheuée. Ce qui se fait à peu prés en cete maniere.

Le vantricule s'étand ou s'affaisse, selon la mezure des alimans qu'on a pris. Il les embraſſe tres-étroittemánt, tandis qu'il joint à ſa nature particuliere, la chaleur des parties voizines ; pour en tirer le Chyle ; qui eſt vne certaine ſubſtance, épaiſſe & blanchâtre comme de la créme. Cela fait, le Pylore s'ouure, & le vantricule par le miniſtere de ſes fibres tranſuerſez pouſſe confuzémant tout cequ'il contenoit, & le chaſſe dans les *Inteſtins*, qui tous attachez au replis du Mezantére, ſont ou Deliez, ou Gros, ou Gréles. Commant ſe fait la Digeſtion, & la Diſtribution.

Les Deliez ſont trois. Le *Duodenum*, long de douze doigts : le *Ieiunum*, ainſi nommé parcequ'il eſt toûjours vuide ; & l'*Ileon*, à cauſe qu'il occupe les Iles ; qui ſont cét eſpace vague, qui s'eſtand entre l'vne & l'autre des hanches. Inteſtins.

Les Gros ſont auſſi trois. Le Sac, ou *Cœcum*; le *Colon*, où ſe forment les Coliques ; & le *Droit*, qui aboutit & ſe ferme par le Sphincter, qui eſt le muſcle du ſiege. Les Deliez.

Les trois Gréles ſont troüez dans toute leur longueur, par vne infinité de bouches ; qui s'ouurént des veines mezaraiques, afin que ſi quélque portion du Chyle paſſe par l'orifice de ces petites emboucheures, elle ſoit ſuéé par la ſuiuante. Ainſi ces veines ſeules preparent & diſtribuënt le Chyle, & les artéres du Mezantére n'y contribuënt rien du tout. Que ſi il s'écoule dans vn des trois gros Boyaus, il s'enfuît auec les reſtes de cete premiere coction, qui ſont les dejections groſſieres. La Nature ne laiſſe pas toutefois d'auoir des routes cachées, qui nous ſont inconnuës : & d'eſtre irreguliere dans ſon œconomie, & dans ſes mouuemáns. Car elle nous a fait voir le plus grand ceruéau de nôtre Siecle, qui auoit double conjugaiſon des nerfs optriques multipliez. Vn autre qui auoit la ratte, au lieu où doit eſtre le poumon. Et vn fort habile Medecin a publié ce que j'ay veu en la perſonne d'vn Ieune Gentilhomme, aujourd'huy braue Colonel ; qui randit par le côté vn épi de bled verd, qu'il auoit aualé. Les Gros.

Les Gréles.

Le Chyle donc ainſi ſucé, diſtribué & preparé par ces veines ; ſe ramaſſe dans la Veine-porte, qui s'embouche ſous la voute du foye. Là elle ſe diuiſe tant de fois, que ſes rameaus deuiennent auſſi minces que des cheveus. C'eſt par où le Chyle roule lantemant, & ſe communique jûqu'aus moin-

S ij

dres particules du foye. Où il emprunte peu à peu de son Paranchyme, les qualitez & la consistance ; qui le conuertissent en la nature du sang, de la Pituite, de la Melancholie, & de la Bile.

*La Pituite* n'a point de reseruoir distinct des veines, afin que par les abstinances elle se puisse conuertir en sang.

*La Bile* a sa retraite dans la vessie du fiel, tissuë d'vne seule mambrane sans nerfs : & de deus vaisseaus, nommez Cholidocques. L'Hepatique vient du foyé, & suce la Bile. Le Cystique sortant de la méme vesicule, s'insinuë au haut du Duodenum ; où il degorge le fiel, qui cause le benefice du ventre & la dejection.

Le suc *Melancholique* s'assamble dans la Ratte, qui est spongieuze & brune. Sa situation est du côté gauche, sous le diaphragme, l'estomac & le rein. Sa mambrane vient du Peritoine. Elle est toute farcie d'artéres & de veines, principalemant d'vne si considerable ; que quelques Modernes se sont persuadez qu'elle cuisoit le sang, & qu'elle estoit vn second foye. Au moins, elle le purifie de son humeur noire. Et aprés qu'elle s'est rassaziée du plus subtil, qu'elle épure par ses artéres : elle se décharge du plus grossier, le coulant par le Vas-breué au fond du Vantricule. Ce suc âpre comme il est, reserre le Vantricule, cause la faim : & sans autre changemant, va se vuider par les chemins de la nature.

Le foye retient *le Sang* le plus elabouré, & se degorge du reste dans la Veine-Caue. Mais alors il est encore mêlé d'vne serosité aqueuze, dont la source est ceque l'on boit : & qui sert au sang, pour se glisser par les étroites emboucheures des vaisseaus ; qui nourrissent, & qui se répandent par toute l'habitude du corps. Ce petit deluge de serositez, est entrainé par les veines emulgeantes dans les reins ; & puis coulant au trauers des vreteres, & tombant dans la vessie il fait les vrines.

Du diuers mélange de ces quattre humeurs, naît ceque nous appelons *Tamperamant*, Complexion, Nature ou Naturel. La Complexion Sanguine est la plus agreable, & la

Les quattre
Humeurs.

La Pituite.

La Bile.

La Melancho-
lie,

Le Sang.

Les quattre
Tamperamans.

plus propre pour les fonctiõs de la vie animale. La Phlegma-
tique est la plus engourdie, & la moins vtile. La Bilieuze
est propre pour l'Inuantion, & pour l'execution. La Melancholique est la plus fixe, & la plus ferme. Si elle s'épaissit &
se noircit par trop, elle deuient samblable à la lie : & méme
à la lie brûlée, lors qu'elle passe en l'atrabile. Quand elle se
méle auec les esprits du Sang épurez, & qu'elle est doucemant animée des splandeurs de la bile, c'est à lors qu'elle
forme ce Tamperamant, qu'Aristote attribuë aus plus Ingenieus & aus plus Prudans. Car ce mélange rand vn esprit facile, clair-voyant, ferme, judicieus, solide. Parceque, comme l'esprit qui se tire du vin mélé auec sa lie est bien plus excellant, que celuy qui se tire du vin seul : de méme les esprits
qui viennent du Sang fermanté par la melancholie, en sont
beaucoup plus vigoureus. Aussi est-ce ce Tamperamant, qui
fait les Heros en tous les siecles. Ses efforts se treuuent quelquefois si violans, qu'ils passent jûqu'à l'antouziasme ou
au mal-caduc. C'est pour ce sujet qu'on l'appele le mal d'Hercule, la maladie sacrée, ou le mal de Saint : & que l'on a
creû qu'il se guerissoit, comme la lepre, par l'vzage des bains
du Sang humain.

    Ces Tamperamans se changent, selon *les diuers Ages*
de la vie de l'Homme, que l'ancienne superstition assujettis-
soit & à quelques planétes, & à quelques-vnes de leurs fausses Diuinitez. Le commancemant s'appéle Ieunesse, le milieu l'Age moyen, la fin c'est la Viellesse. Ou bien auec plûs
d'étanduë, l'Adolescence comprand l'Enfance, jûqu'à sept
ans : la Puerilité jûqu'à quatorze, la Puberté jûqu'à dix-huict :
la vraye Adolescence jûqu'à vingt & cinq ; la Ieunesse
pousse la fleur & la force de l'âge jûqu'à trante & cinq, l'Age
viril jûqu'à quarante & cinq ans. La Viellesse dure Verte, jûqu'à cinquante cinq : la Moyenne jûqu'à soissante & cinq, ou
soissante & dix : & la Decrepite, jûqu'à la fin de la vie. Quand
elle a soissante & dix ou quatre vingt ans, c'est vne maladie
incurable ; qui n'est plus que la lie aigre & moizie, pleine de
tant de chagrin & de miseres ; que les Massagettes assom-
moient les Personnes décrépites, & les Romains les jet-

S iij

toient dans le Tybre, par pitié, ou par pieté. L'Ecriture fainte neanmoins fait vn châtimant au Peuple de DIEV, de n'a-uoir point de Viellars. Il falut croire que cete longue vie des premiers Hommes, eftoit affranchie de cete miferable ca-ducité. Parceque neanmoins elle a toûjours fon terme pré-fix, le refrein de la vie d'Adam, aprés auoir vécu neuf cens trante années ; eft celuy de tous les autres, *& mortuus eft.*

Donc la roüe de nôtre vie, que Salomon pour ce fujet nomme fort bien inftabilité & mort coulante, change de tamperamant auec ces diuers âges. Le premier eft chaud & humide, le fecond chaud & fec : le troiziéme fec & froid, le quattriéme, froid fec & humide. Cequi acheue le cercle du fang, de la bile, de la melancholie ; & de la pituite.

La troiziéme Coction commance lorfque le fang paffe en nôtre fubftance, & deuient vn autre nous-même. Cequi fe fait par vne merueilleuze œconomie, qui diftribuë le fang comme la manne du Ciel, égalemant par tout le corps, felon le befoin de chaque mambre. Car par l'orifice dés veines il s'écoule infenfiblemant, tout ainfi qu'vne vapeur par des voyes & par des fentiers qui ne font connuës qu'à la Nature. Mais ce qui hâte ces fecretes profufions, c'eft que chaque partie fûce auidemant l'humeur qui luy eft propre : & que l'on nomme *Rozée*, parce qu'elle tombe doucemant, & s'é-panche pour arrozer toùs les mambres. Elle s'y attache, deuenant épaiffe & vifqueuze, comme dela glu. Enfin par vne admirable metamorphoze, elle fe change en toutes les parties de l'Animal.

On attribuë deus fortes *d'Excrémans* à cete derniere coction. Les vns font inutiles à nous, & aus autres ; comme les Sueurs, la Craffe, la Chaffie, &c. Les autres feruent pour alaitter les indiuidùs, & conferuer l'Efpece.

Cete Faculté deftinée à la nourriture, eft aidée de *quattre* autres. La premiere attire l'alimant, la feconde le retient : la troiziéme digere, cuit, fepare le pur d'auec l'impur ; La derniere, que l'on nomme l'expultrice, chaffe dehors tout cequi eft de fuperflu. On joint à ces facultez, celles que la nature employe à la generation, à la formation, & à l'augmantation des Corps.

La Faculté VITALE, beaucoup plus noble que la pre- La Faculté
cedante, engendre les esprits, produit la vie, cause la ref. Vitale.
piration: fait les differances du pous, & excite les mouuemans irreguliers de l'Ame. Elle reside dans *le Cœur*, appelé Le Cœur.
pour cét effet la source de la vie, la fonteine des esprits: &
le principe de la respiration, laquelle il entretient par ses
deus mouuemans. Le premier Diastolé, ou d'Inspiration; Ses deus Mou-
attire par la bouche & par le nez, l'air frais. Le second Systo- uemans.
lé ou d'Expiration, pousse dehors les vapeurs fuligineuzes.
Il y a aussi vne Transpiration insensible, qui se fait par les
pores pour rafraîchir le cœur.

Sous cete Faculté est aussi contenu L'APPETIT SEN- L'Appetit Sen-
SITIF que l'Ecole partage en Concupiscible & en Irascible. sitif.
Le premier, est accompagné de six Passions: & l'autre de
cinq, que nous auons expliquées cy-dessus.

Entre toutes ces Facultez la plus parfaite c'est L'ANIMA- La Faculté Ani-
LE, qui reside dans le Cerueau; d'où par le moyen des male.
nerfs, elle communique le sentimant & le mouuemant à
tout le Corps.

Outre ces choses qui forment le corps de l'Homme, le
sage Medecin doit encore connoître les *Aides* & les acces- Les Aides de la
soires de la Santé. Il y en a six au dehors. L'air, les vants, les Santé.
saizons, les lieus où l'on habite: les bains, & les frictions.
Au dedans, le boire & le manger, le sommeil & les veilles,
le trauail & le repos, les exercices, les Vacuations & les
purgations. Mais soit pour reparer, soit pour conseruer la
Santé, on a recours à l'autre partie de la Medecine.

# LA MEDECINE
## Practique.



La Pharmacie.

ET Art si vtile à la vie des Hommes, parta-
geant la multitude de ses emplois, qui n'e-
stoient autrefois exercez que par vn seul; se
sert de la PHARMACIE, qui est demeurée
aus *Apoticaires*. Leur office c'est de connoître
certainemant, de choizir à temps & à propos : de preparer
soigneuzemant, & de compozer auec fidelité & exactitude
les Medicamans. Pour faire cela, selon les ordonnances &
l'intantion du Medecin, ils se seruent de diuerses Drogues:
& des remedes vzüels, ou specifiques; afin de guerir les
contraires par les contraires, & de conseruer les samblables
par les samblables.

En l'vn & en l'autre, on employe tout ce que produît
la Nature; les Pierres, les Metaus, les Vegetables, les
Animaus. Car de ces diuerses matiéres les Apoticaires
font les Suppositoires, les lauemans, les eaus distillées à
l'alambic, ou au bain-Marie: les Decoctions, les Syrops,
les Iuleps, les Apozemes, les Electuaires : Potions, Tablettes, Pilules, Bolus, Trochisques, Opiates, Conser-
ues, & samblables; auec les remedes Topiques, qui s'applicquent par le dehors.

Mais parceque la Medecine considere & experimante
que tous les corps sont alimans, ou medicamans, ou venins; l'vne de ses plus grandes vtilitez c'est de compozer les
*Antidotes* ou contrepoizons, que l'on appele aussi Alexiteres
& Alexipharmaques. Le plus excellant est la Theriaque,
dont la baze est la chair de Vipere: & qui reçoit en sa com-
pozition, plus de cent autres Mixtes. Le Mithridat prepara
tellemant le corps du Roy qui l'inuenta, qu'il ne peut aprés
s'empoizonner luy-méme. Quelquefois le poizon guerit

Les Alexiteres.

le

le poizon, comme le vif-argent aualé aprés du sublimé. Il
y a d'autres antidotes naturels, qui se treuuent par tout;
auec cete remarque, que la Nature ne produît jamais vn venin, qui n'ait son remede au méme endroit. La plus grande
merueïlle est de ceus à qui les poizons seruent de nourriture.
Vne fille au temps d'Alexandre se nourrissoit de napelle;
Sextus Empiricus de ciguë : Athenagore ne receuoit aucun
mal de la picqueure du Scorpion, les Troglodites mangent
les Serpans; & Auicenne fait mantion d'vn Homine, dont
la chair faisoit mourir les Serpans qui le mordoient.

Ces Medicamans sont ou *Genericques, ou Specifiques.* Les
premiers agissans par les premieres, secondes & troiziémes
facultez; ont leurs qualitez, & leurs effets manifestes. Les
autres specifiques sont determinez par leur vertu occulte, à
quelque effet particulier. Desorte que la Nature determi-
nant chaque chose à vne action particuliere, qui est vn effet
de sa forme; il y a des remedes cholagogues, melanago-
gues, emetiques, diuretiques : stiptiques, cephaliques,
cardiaques, spleniques. Ainsi la pulmonaire est bonne pour
le poumon, l'euphraze pour les yeus, le chardon benit pour
les douleurs picquantes : la betoine sert contre le haut mal,
le coral, la cendre de rainettes & grenoüiles contre l'hemo-
ragie, la pierre Iudaïque contre le calcul des reins : l'eau
de téte de cerf & l'os de son cœur, contre la lipotimie : la
mumie contre les vlceres & contusions, la theriaque contre la morsure des viperes dont la chair luy sert de baze; &
le scorpion appliqué sur sa propre picqueure, la guerit. Cequi vient, à mon auis, de ceque le scorpion attire par sympathie les esprits veneneus, & les rejoint à leur principe.
Ou de ceque la chair de ces serpans doit estre doüée d'vne
puissante vertu & d'vne qualité specifique, pour les deffandre
eus-mémes de leur propre venin. Ceque l'on raconte d'vne
cauerne proche de Naples, est merueilleus sur ce sujet.
Qu'vn lepreus ou autre, plein & atteint de ces sales maladies
s'y expose aus serpans qui viennent le licher, il guerît infailliblemant. Et parceque si le Malade remuoit tant soit
peu, il pourroit chasser ou irriter les serpans, on l'endort

Remedes Ge-<br>neriques, &<br>Specifiques.

auec de l'opium.

Parmy tous ces remedes, vn des plus prodigieus, c'eſt veritablemant LA POVDRE DE SYMPATHIE; qui eſt vne produ&ction de nôtre Siecle. On prand le Vitriol Romain. Aprés l'auoir deflegmé & purifié par la diſtillation, on le pile. Et lórs que le Soleil entre dans le ſigne du Lion, on l'expoze à la chaleur de ſes rayons, enuiron l'eſpace de quinze jours. Puis eſtant calciné & reduit en poudre tres-menuë, lors que quelqu'vn a vne playe ou vn vlcere, on trampe dans le ſang ou dans le pus, vn linge ſur lequel en ſuite l'on met de cete poudre de vitriol calciné. On enueloppe ce linge dans vn autre, & on enferme le tout en quelque boëte dans vn lieu tamperé. Si la playe du Malade s'enflamme, on a ſoin de rafraichir ce linge. Et ſans autre remede que de tenir la playe bien nette, on la voit guerir en peu de tams. L'on en fait vne autre compoſée, y ajoûtant parties égales de couperoze & de gomme tragacame, & celle-cy eſt bonne pour les grandes playes.

La Sçiance a de la peine à s'accorder en cét endroit, auec vne experiance publiée par tant de bouches. Et j'aſſiſté il y a quelque temps, à vne Conſultation qu'vne Perſonne de grande qualité, de rare eſprit & de vertu exquize fit faire ſur ce ſujet. Les Theologiens en ayant entandu le recit, conclurent qu'il n'y paroiſſoit rien contre les lois de la conſçiance; qui pût de ſoy-méme eſtre ſoupçonné comme pa&cte tacite, ou exprés auec le Malin Eſprit. Les Medecins & les Chirurgiens en rappelant au baûme de l'Euangile, qui eſt l'huile & le vinaigre; ſoûtenoient, que le ſoin qu'on auoit de la playe, auec la vertu de la Nature qui trauaille inceſſammant à ſa guerizon & à la révnion de ſes parties, eſtoient les vrayes cauzes de cét effet; la Poudre vitriolée n'y faiſant ny bien, ny mal.

Mais outre que cete raiſon ne ſamble pas peut-eſtre ſatisfaire pleinemant, aus experiances qui ſe voyent tous les jours, & que l'vzage du *Vin Emetique* que ces Meſſieurs introduizent de jour en jour, fauorize éuidammant les remedes chymiques; il y a des ſçauans Medecins, qui ſe ſont efforcez

La Poudre de Sympathie.

Liv. 10.

Le Vin Emetique.

de preuuer par les sympathies occultes qui se voyent dans la
Nature, par le mélange qui se fait de l'Esprit vniuersel auec
le particulier: par l'étroitte liaizon de toutes les parties de
l'Vniuers, & par cete substance étherée répanduë par tout;
que la Poudre de sympathie, est sans doute vn des plus grans
miracles de l'Art & de la Nature.

LA CHIRVRGIE, en laquelle Chiron a excellé, est **La Chirurgie**
l'autre main de la Medecine, qui enseigne la Methode de
panser diuerses maladies. Cequ'elle entreprand, ou diui-
zant les parties que la Nature auoit vnies; par la taille, & la
saignée. Ou réünissant les diuizées, par les compresses, les
bandes, les ligatures, &c. Ou tirant les corps étrangers, ou
qui sont separez de leurs autres parties. Ou guerissant par
les remedes topiques, les tumeurs contre nature; comme le
phlegmon, l'Erezypele, &c. Pour cela elle se sert de plusieurs instrumans, emplâtres, & onguens dont la diuersité
est merueilleuze. Elle exerce aussi à méme dessein, diuerses
sortes d'Operations. Vne des plus belles & des plus vtiles,
c'est L'ANATOMIE; c'est à dire la dissection, ou diuizion **L'Anatomie**
artificiele de toutes les parties du Corps Humain. Le pressis **Practique.**
que j'en feray icy, seruira d'Abbregé à tout ceque nous venons de dire.

---

# L'ANATOMIE
## Particuliere.

D'ABORD cete innocente boucherie diuizé le
Corps en toutes ses Parties. Elle considere leur **L'Anatomie est**
composition, qui comprand leur substance, leur **vn Abbregé de**
tamperature, & leur conformation; auec l'action **la Medecine,**
& l'vzage qui precede, qui accompagne, & qui
suit l'action. Cequ'elle fait ou par la voye resolutiue, diui-
sant le Corps en toutes ses Parties; jûqu'aus plus simples, & **Elle se fait en**
aus plus minces. Ou par la voye compozitiue, qui est celle **deus Manieres.**

de la Nature dans ſes productions ; commanceant par les plus petites, pour arriuer à l'aſſamblage de tout le corps.

Suiuant l'yne & l'autre de ces deüs Methodes, l'Anatomie eſt ou Generale de tout le Corps, ou Particuliere de quelque Partie. En la ſeconde maniere elle eſt *Soudiuiſée* en l'Oſteologie, qui traitte des Os & des Cartilages. En Sarcologie, qui eſt le diſcours des Chairs & des autres Parties Molles. Celle-cy comprand ſous ſoy la Myologie, qui traitte des Muſcles; L'Angeiologie, qui explicque cequi concerne les Veines, les Artéres & les Nerfs. La Splanologie, qui examine les Viſceres & les autres parties internes. Si bien que par vn partage plus vniuerſel, on peut dire que la diſſection ſe fait, de toutes les *Parties Exterieures, & Interieures.* Celle-là diuiſe le Squelét en trois; qui ſont la Téte, le Tronc, les Iointures.

La *Téte* eſt propremant priſe pour l'amas de toutes ces Parties viſibles, depuis ſon ſommet, jûqu'à la premiere vertebre du col. Sa figure eſt ronde; & ſe diuiſe en Crane, & en Face. Le Tét ſe void ſi agreablemant couuert de la cheuelure, que dés le temps du Prophete Elizée, appeler vn homme chauue, c'eſtoit vne injure qui merita des chaſtimans diuins. Il ſe compoze de huiĉt os propres, couſus enſamble par les cinq ſutures: de deus communs, le Sphenoide, & l'Ethmoide. Il eſt enueloppé de la cuticule, ou epiderme; du panniçule charneus, & dù pericrane. Ce dernier eſt vne mambrane étandue ſur le Crane par dehors, qui vient de la dure-Mere; laquelle placée au deſſous & au dedans, ceint étroittemant & de toutes parts le Cerueau. Elle eſt double, & par des veines qui la nourriſſent, elle eſt attachée de tous côtez, à la Pie-Mere, qui l'enueloppe immediatemant. La Face, outre les inſtrumans qui ſeruent à l'expreſſion de nos penſées, & à la premiere digeſtion de l'alimant; contient les organes de chaque ſens; la Bouche, le Nez, les Yeus, les Oreilles, &c.

*Le Tronc du Corps* eſt compozé de l'Epine, du Col, du Dos: des Lombes, de l'Os ſacrum, auec leurs Vertebres. Les Côtes ſont douze de chaque côté, ſept vrayes, & cinq fauſſes ; auſquelles ſont attachez le Sternon par deuant, les Omoplates par derriere. A ce Tronc ſont liez & attachez par les Iointures, les Bras & les Mains : les Cuiſſes, les Iambes, & les Pieds.

Ouurant *le Thorax*, comme vn coffre, on treuue dans ſa capacité les Parties que nous venons d'explicquer plus au long ; ſçauoir eſt les Natureles, les Vitales, & les Animales. Le Thorax.

Les Parties Natureles contenuës dans *le Vantre* inferieur, ſeruent à la nutrition, & à la procreation. Les Viſceres, Boyaus & Entrailles : le Mezantere, qui lie les Boyaus enſamble ; le Pancreas, qui embraſſe & appuye les rameaus de la Veine-Porte. Le Vantricule, où ſe reçoiuent les viandes, & s'engendre le Chyle, auec ſon orifice ſuperieur qui eſt l'Eſtomac, la bouche ou l'entrée, ſiege de l'appetit: l'inferieur, qui retient les viandes jûqu'à ceque la digeſtion ſoit acheuée. Le Foye, accompagné de la Veine-Caue, qui comme la fonteine du ſang le verſe par tout, principalemant dans le Cœur. La Veſicule du fiel, qui purge la bile. La Ratte logée vis à vis du foye, pour le decharger de la lie du ſang groſſier & melancholique. Les deus Reins, ou Roignons ; qui par tranſcolation purgent les ſeroſitez, & les dechargent dans les vreteres. Les Parties deſtinées à la conſeruation de l'Eſpece, par la propagation des Indiuidus. Le Vantre.

A quoy l'Anatomie nouuelle ajoûte qu'outre que le Sang eſt ainſi enfermé dans ſes vaiſſeaus, il eſt neceſſaire pour conſeruer la vie de l'Animal, & entretenir ſes diuerſes fonctions, qu'il ſe pourmene par toute l'étanduë du Corps. Ce qu'il fait par vn mouuemant local, qu'ils appelent pour ce ſujet LA CIRCVLATION DV SANG. Cete ſeconde inuantion de nos jours, ſe preuue par pluſieurs inductions. D'abord les Medecins ont remarqué, que la cauité droite du Cœur attire continuelemant de la Veine-Caue beaucoup plus de Sang, que ne luy en peuuent fournir tous les alimans que nous prenons du dehors : & dont cete petite fournaize a beſoin, pour tamperer ſa chaleur, & ſe rafraîchir. Cete remarque leur a fait conclure, qu'il falloit neceſſairemant admettre vne *Circulation* du Sang ; pour ſatisfaire à ces attractions continuel- Opinion nouuelle ſur la Circulation du ſang.

T iij

les, & à ces besoins qui durent aussi longtemps que la vie.
Cela se justifie encore par le *Battement des Artéres* si frequans,
qu'ils se monte à plus de deus mille, seulemant en l'espace
d'vne heure. D'où il s'ensuît manifestemant, que la cauité
droite du Cœur ne contenant à la fois qu'vn peu plus d'vne
once de sang qu'il attire par sa chaleur, il doit en vingt-cinq
ou trante de ses contractions, épuizer aumoins autant de
sang qu'il en contient en vne fois dans l'vne de ses cauitez.
De sorte que suiuant cete supputation, tout le sang qui est
en nous, peut passer en quattre ou cinq heures, de la cauité
droite du Cœur à la cauité gauche, & de celle-cy dans les autres. D'où aprés auoir ainsi coulé, il passe dans les veines à
trauers la substance des parties ; par le moyen des pores &
des einboucheures mutuelles, qui vnissent en plusieurs endroits les veines & les artéres. Et derechef des veines dans le
Cœur. De sorte qu'il continuë sans cesse cete Circulation.

L'on void dans la Mer, & dans nos Iardins, la circulation
des eaus qui roulent en la méme maniere. Ceque l'experiance



fait méme voir à l'œil en vn Chien viuant. Parceque luy
ayant ouuert la peau à l'endroit de la veine crurale, l'on lie
premieremant auec vn filet cete veine. Où l'on la void grossir
peu à peu, du côté des extrémitez des pieds : & qu'estant percée de ce côté, elle donne du sang. Cequ'elle ne fait pas, si
on la perce du côté du Cœur ; à cause que le Cœur en fait at-
traction, par ses dilatations. L'on lie aprés l'artére, qui tout
au contraire donne du sang, & s'enfle du côté du Cœur : &
non pas au dessous du filet, du côté des extrémitez. Cequi est vne experiance visible, que le sang vient du cœur
dans les artéres : & que lors qu'il est arriué aus extrémitez,
enflant le muscle, il remonte dans les veines par leurs petites bouches, qui se dilatent auec le muscle. La Structure
donc du Cœur, sa faculté attractiue, ses valuules, & celles des veines & des artéres ; qui empéchent le retour
& le reflus du sang, qu'elles ont receu par le méme vaisseau, preuuent euidamment cete verité. Car ces petites
écluzes dans les artéres, facilitent le mouuemant du sang
du dedans au dehors. C'est à dire, des entrailles aus extré-

mitez : & celles des veines, ouurent le paſſage au ſang du
dehors au dedans.

La méme Curioſité moderne a encore treuué vn *Second
Paradoxe*, ſur ces fonctions du foye & du cœur. Car depuis
quelques années, Azellius a découuert des *Veines Lactées* Nouuelles vei-
autour du mezantaire. Elles ſe voyent pleines de la ſubſtan- nes lactées.
ce blanche du Chyle, qui aboutiſſent toutes à vn certain Reſeruoir.
*Reſeruoir*, tiſſu de ces petites veines lactées. Par où ce ſubtil Ecriuain tâche de détromper les Eſprits qui ont creu jûqu'icy, & auec leſquels je viens de dire, que les veines meſaraïques ſuçoient le Chyle des inteſtins, & qu'il y commançoit à ſe rougir. En effet, il fait voir que les veines
meſaraïques n'ont point de bouches ny d'ouuertures dans
les inteſtins, pour en ſuçer le Chyle, ſuiuant l'ancienne
Ecole & tradition : mais que le ſang y vient d'ailleurs,
pour nourrir ſeulemant le mezantere. Et Peeket a depuis
découuert, que de ce Reſeruoir naiſſoit vn certain *Vaiſſeau* Vaiſſeau Tho-
*Thorachique*; qui eſt conduit le long de l'épine du dos. Ils rachique.
font voir ce vaiſſeau dans vn Chien qu'ils fandent par le
vantre, tandis qu'il eſt encore en vie. Alors il paroît
plein d'vne ſubſtance blanche, lequel ſe décharge dans
la veine auxiliaire, d'où il paſſe directemant dans le cœur.
Telemant que ſuiuant cete opinion, l'on ne peut pas ſoûte-
tenir, que le foye ſoit ſeul le principe de la ſanguification.
Mais il faut dire ſelon ces obſeruations, que la premiere
preparation du Chyle en ſang, ſe fait dans le Cœur.

Les Parties compriſes dans la Poitrine, ſont les *Mam-* La Poitrine.
*melles*. Elles ſont doucemant couchées ſur le ſein, qu'vn de Ezech. 23.
nos Prophetes appele *Cubile mammarum*; plus arondies & Les Mammel-
éleuées dans les Fammes, afin d'eſtre les aimables fontei- les.
nes du *Laict*; qui n'eſt qu'vn ſang decoloré, ou plûtôt blan-
chi par vne coction reïterée. D'où vient, ſelon la remarque de Clemant l'Alexandrin, la grande ſympathie que la
Nature a miſe entre les deus parties où ſe commance & s'a- 1. Pædag.
cheue ce premier alimant de nôtre conception & de nôtre
Enfance.

*Le Diaphragme* eſt le principal des muſcles, qui trauaille La Diaphragme.

pour randre la respiration libre. Sa situation oblique, sepáré le bas vantre d'auec la poitrine. Il est percé de deus grans trous. L'vn pour l'Oezophage, qui est ce canal appelé des Arabes, Meri : & qui descend de la bouche au vantricule, pour le trajet des viures, & dont la plus haute partie, se nomme Larinx. Par l'autre ouuerture du diaphragme la grande Aorte descend dans le bas Vantre, & la Veine-Caue monte dans la poitrine.

**La Pleure.**　La *Pleure* tire son sentimant, qu'elle a tres exquis, de la siziéme coniugaison des nerfs. Elle se nourrît par l'Inter-costale, & l'Azygos, qui fournissent la matiere des pleure-zies. Cete Mambrane est préque double par tout, & plus épaisse vers le dos. Enfin aprés qu'elle a ceint & entouré toutes les Parties interieures du Thorax, elle se joint & se double pour former le Mediastin; qui va du dos au sternon, & qui separe le droit & le gauche de la poitrine.

**Le Poumon.**　*Le Poumon* ce veritable organe de la voix, le Magazin de l'air, l'éuantail du cœur, a son assiete des deus côtez du Thorax, entre le mediastin & les côtes. Cete Partie spongieuze & molle, s'ajûste suiuant les lieus qu'elle occuppe, & qui la contiennent. Car où les Côtes font eminance, elle se creuze aussi de l'vn à l'autre. Son enueloppe n'est qu'vne Mambrane tres-mince, qui vient de la pleure.

**L'Artére Ve-neuze.**　Le Poumon a trois vaisseaus. *L'Artére veneuze* entre au dedans, & vient du vantricule gauche du cœur. C'est elle qui reçoit l'air, que le Poumon prepare : & qui met dehors, ces boüillantes vapeurs qui l'incommodent. *La Veine Arte-*　**La veine Arte-rieuze.**　*rieuze* fort du vantricule droit, se coule au derriere du Poumon; qui se nourrît du sang, qu'elle puize de cete source viuante. *L'Apre-Artére* tient le milieu. Ce tuyau formé des　**L'Apre-Artére.**　cartilages, sert pour conduire la matiere de la respiration & de la voix. Apeine est-il descendu de la gorge, qu'aussitôt il se fand en deus, & entre au milieu du Poumon. Là il se sou-diuize vne infinité defois. Son haut, s'appele Larinx : & la　**Le Larinx.**　fueïlle de lierre qui le couure, Epiglotte.

**Le Pericarde.**　*Le Pericarde* se fait des Mambranes des quattre vaisseaus du cœur; qu'il enueloppe, comme dans vne boëte, à cause

qu'il

qu'il eſt le plus precieus trezor de la Nature.

L E C O E V R eſt le Roy de tous les mambres, l'origine Le Cœur. des artéres, le principe de la faculté & des eſprits qui nous font viure. C'eſt non ſeulemant la ſource de la vie, parce-qu'il eſt le premier viuant & le dernier mourant, mais encore de la Sageſſe. Ce qui a fait dire à l'Auteur de l'Eccleſiaſtique, que les Sages ont le cœur au côté droit, & les Fous au côté gauche, & que c'eſt vn abyme inueſtigable. C'eſt pourquoy auſſi l'on baizoit autrefois non pas la bouche, mais le cœur des Grans Hommes, comme le trezor de la vie & de la ſa-geſſe.

Cor Sapient. in dext. eius, & cor ſtulti in ſin. illius. Eccl. 10. Abyſſ. & cor homin. inueſtig. Ibid. 42. Cor ſapit, & pulmo loq.

Les *deus mouuemans* qui l'agitent, celuy d'inſpiration, & celuy d'expiration, ſeruët à le rafraîchir. Il a deus Vantricu- Ses deus Mouuemans. les ſeparez l'vn de l'autre, d'vn mitoyen percé à jour de tou-tes parts. Le droit qui n'atteint pas ſa pointe, a deus vaiſ-ſeaus. Le plus gros, dont l'orifice eſt fermé de trois valuules, c'eſt la Veine-Caue ; qui entre & verſe abondammant le La Veine-Caue. ſang groſſier, qu'elle entraine du foye pour eſtre la matiere du ſang arterial, qui ſe prepare dans ce vantricule. L'autre vaiſſeau eſt la Veine-Arterieuze, qui n'a que deus petites portes. Le Vantricule gauche va jûqu'à ſa pointe. Son en-ceinte eſt trois fois plus forte, que celle de l'autre. Il a pareil-lemant deus vaiſſeaus, qui ont chacun trois valuules ; l'Ar-tére-Veneuze, & la grande Aorte. Celle-cy eſt ce fameus L'Aorte. ruiſſeau, qui ſe ſoudiuize vn milion de fois ; pour charrier par tout, le ſang petillant & arterial. Le cœur a de plus deus oreillettes, pour le rafraîchir & ménager l'air & le ſang. Ce ſont de petites eminances mambraneuzes, creuzes & mol-les. Celles qui paroît à la droite, eſt ſoumiſe à l'entrée de la Veine-Caue. Celle qui ſe void à la gauche, eſt placée à l'em-boucheure de l'Artére-Veneuze.

L'autre Partie principale de ce diuin Compozé c'eſt L E Le Cerueau. CERVEAV, dans lequel les Anciens reconnoiſſoient quelque choſe de diuin. C'eſt pourquoy ils n'en mangeoient jamais. Et dés ce temps-là ils auoient coutume de ſaluer, & de prier D I E V pour ceus qui éternüent. Il eſt enfermé dans le crane de la téte, comme dans vne citadelle ou dãs vn donjon. C'eſt

vne partie du corps blanche, molle, fpongieuze: le principe
de la Faculté Animale, & le fiege de la Raifonnable. Car il
n'eft pas feulemant l'origine des mouuemans volontaires, &
des fens: mais il eft auſſi le domicile du jugemant, de la memoire, & de la fageſſe. Il a fon diaſtolé, qui tire du Rets admirable l'efprit vital: & l'air par le nez, pour la generation des
efprits animaus; que le fyſtolé chaſſe & pouſſe, pour les diuerfes fonctions de l'Animal, dans les organes des fens, &
dans les mufcles. Sa figure eft ronde, comme le Crane. Sa
quantité eft incomparablemant plus grande dans l'Homme,
que dans le refte des Viuans fenfibles : & plus grande dans
les Hommes, que dans les Fammes. Son tamperamant eft
humide, & froid. Il a fes deus parties; l'vne deuant, l'autre
derriere.

Si on couppe par en haut fon grand corps moëlleus jûqu'à deus doigts d'épaiſſeur, on rancontre ces deus premiers
Vantricules; qui ont quelque rapport à la figure ovale. Au
deſſous de leurs cauitez font foumifes deus petites Eminances mammillaires; que l'on croit eftre les organes de l'odorat. Au deſſous de ces deus vantricules la Nature a difpozé
vne petite voute, foûtenuë de trois piliers. Elle couure le
troiziéme vantricule, qui a deus iſſuës. L'vne au deuant
faite en forme d'entonnoir, par lequel le Cerueau fe de-
charge dans la bouche, des mucozitez qui luy nuizent. Cét
entonnoir eft appuyé fur le Rets admirable, formé des plis
& des replis des Artéres-Carottides. C'eft le veritable fiege
du fommeil, puîque les vapeurs s'y éleuant, l'abaïſſent: &
que fa cheute lie les fens, & en interdit les actions. L'autre
iſſuë paroît plus grande, & s'en va droit au quattriéme vantricule pour le tranfport & la voiture des efprits. Le dernier
vantricule, qui eft le plus petit & le plus folide, s'étrecît
infenfiblemant; & finît à la moëlle de l'Epine; aprés auoir
paſſé par le Ceruelet, qui eft la partie pofterieure du Cerueau.

Son office, comme j'ay dit, c'eft de rafraîchir le cœur : &
eftre l'origine des mouuémans, & des *cinq Sens*; c'eft à dire
la Veuë, l'Oüie, l'Odorat, le Goûter, & le Toucher; dont

Les cinq Sens.

la defcription particuliere, acheue tout le Difcours de l'Anatomie & de la Medecine.

Ces deus Sçiances de la Phyfique, & de la Medecine, reçoiuent veritablemant de grandes lumieres & de merueilleus fecours de la *Chymie*, dont il faut auffi ébaucher le crayon en cét endroit.

---

# LA CHYMIE.

TITRE XXXV.

'ABORD je declare que je n'entens parler que de la Vraye & fincere, non pas de la Sophiftique; que les Ignorans & les Charlatans, ont randuë infame en tous les Siecles. Le mot de Chymie vient de χυμὸς, le fuc; parceque fa principale occupation c'eft de tirer les fucs, les extraits & les quinteffances de tous les corps. Ceus qui en font profeffion, s'appelent auffi Hermetiques, d'Hermés le Trifmegifte : & Spagiriques, de la fin de leur Art; qui eft de feparer, & d'affambler les corps. Pour moy, je homme auec jufte raifon, cete Etude la PHILOSOPHIE SECRETE. Et la diftingue pareillemant en deus; dont l'vne eft la Speculatiue, & l'autre la Practique.

De la Chymie.

La *Speculatiue*, eft la Magie, c'eft à dire la Sageffe des Anciens; ainfi que font appelez ces trois illuftres Princes ou Philofophes, qui fous la conduite d'vne étoille miraculeuze vinrent adorer le diuin Enfant de Bethléem. Cete belle Sçiance ouurant le Sanctuaire des Veritez & des Eftres, contample en general les trois Mondes. L'Archetype, l'Intellectuel ou Angelique, & le Macrocofme; auec leur miraculeus Epitome, qui eft l'Homme. Puis par vne rare fubtilité, & par vne fageffe tres-eminante, adorant la Nature qu'ils appelent Naturante, qui n'eft autre que DIEV: elle fait vne admirable inuantaire de la Nature Naturée, qui enferme tous les Eftres créez.

La Speculatiue.<br>Magi vener ab Oriente. Luc. 2.

Deus Natures.

Les Curieus en cete Ecole s'imaginent tout ce grand

V ij

Monde comme vn grand Animal, dont le corps est compozé de diuers mambres qui sont les Estres vizibles. L'Ame cachée au dedans, mais qui par ses operations répand sa vertu au dehors, c'est ce qu'ils appelent l'Esprit Vniuersel; qui fait par vn amoureus Hymenée le mariage du Ciel & de la Terre, pour la generation de toutes les choses Sublunaires. C'est ce que la Cabbale appele *Ruah Elohim*, c'est à dire cét Esprit de D I E V; qui imprimoit sa lumiere, sa chaleur & sa fecondité dans le premier berceau du Monde. L'Auteur du Pimandre la nomme la Ligne verte, qui fait germer toutes choses. Platon veut que ce soient les Idées, dont il parle si souuant: Aristote vn Elixir, & vne certaine quintessance plus pure que les quattre Elemans; & Heraclite vn Feu Etherée subtilemant bâti d'vn corps spirituel, qu'd'vn esprit corporel.

L'on peut bien croire en cete Philosophie, que D I E V est l'Esprit Vniuersel; qui répandu par tout ce Tout, produit, conserue & multiplie tout ce qui est engendré dans la grande boutique de la Nature. Mais comme ce premier & maître Ouurier, n'opere rien tout seul au dehors, il a établi deus Principes vniuersels; *la Lumiere, & les Tenebres.* De la Lumiere naissent toutes les formes, lés beautez & les perfections de la vie, qui enrichissent cét admirable Bâtimant. Cequi est de laid, de grossier, d'imparfait & tandant à la mort est attribué aus Tenebres. C'est de ces sources que fluë icy-bas par vne circulation & transmutation continüele, la generation de tous les Estres. Ce qui se fait en cete sorte.

D I E V au commancemant a versé la lumiere de sa bouche, comme la semance de toutes choses. En ayant fait le partage auec la suite des jours & des ouurages, chaque Espece a receu sa portion de cete semance generale, determinée tant par la volonté du grand Maître de famille, que par vne signature particuliere à tele ou tele nature, à teles proprietez, à tels accidans, & à teles operations. Il en a recuëilli la plus grande quantité dans le globe du *Soleil*, qui par ses rayons & par la rozée les épanche dans le sein de la

*Spiritus intùs alit totamque infusa, &c.*

*Spirit. Dom. fereb. sup. aquas. Genes. 1.*

La Lumiere, & les Tenebres.

Terre. Deforte qu'il fe fait vne generation, lorfque par le
mariage du Ciel & de la Terre, par l'action & le mouuemant des Caufes generales & particulieres, l'Efprit Vniuerfel vient à s'applicquer, fe méler & exciter dans les diuerfes matrices, l'Efprit particulier qui s'y treuue enfermé
par la fage induftrie de la Nature, pour y eftre conferué.
Car alors, comme il fe voit en la faizon du Primtemps, l'A-
gent particulier reçoit de l'Efprit Vniuerfel la Lumiere, la
Chaleur, le Mouuemant viuifique & prolifique. Et fournit
auffi de fon côté, la matiere, la determination à tele ou à
tele efpece, les conditions & les circonftances indiuidue-
les. Cequi fait que la lumiere & la rozée produifent, par
example, la roze dans le rozier, cete fleur de lys en cete
tige : Alexandre fils de Philippe dans le fein d'Olympia,
Efaü & Iacob dans les flancs de Rebecca famme d'Ifaac.

 LA CHYMIE PRACTIQVE imite la Nature méme,
dans la compofition des Eftres en trois Empires ; qu'ils
appelent le Metallique, le Vegetable, & l'Animal. Ses
*Principes* font le Mercure, le Soufre & le Sel. On les tire
generalemant, de toutes les chofes materieles ; en feparant
les impuretez qu'ils appelent le Phlegme infipide, la téte
morte, & la terre damnée. *Le Mercure* eft la liqueur la plus
fubtile & la plus fpirituele, famblable à l'air le plus pur. *Le
Soufre* eft le beaume oleagineus, qui entretient la chaleur,
comme le feu. *Le Sel*, comme la terre feche, conferue les
corps mixtes en empéchant la corruption. Nos derniers
Auteurs en cét Art, ajoûtent *l'Armoniac* pour quattriéme
principe. Et difent que l'Armoniac eft vn feu couuert, le
Mercure vne eau coulante, le Soufre vn air brûlant, & le
Sel vne terre continuë. Que mélant leurs vertus pour la
compofition de tous les Eftres, l'Armoniac volatile éleue
le Sel qui eft fixe, comme celuy-cy arréte l'autre. Le Mercure incombuftible porte le Soufre, & le Soufre donne l'ex-
tanfion. Il y en a aucontraire, qui ne veulent reconnoître
qu'vn Elemant.

 *Les Operations* de la Chymie font de refoudre les Mixtes, &
de les rejoindre. *La Diffolution* fe fait les calcinant & les re-

Commant fe
font toutes les
Generations.

La Practique.

Ses Principes.

Le Mercure.

Le Soufre.

Le Sel.

L'Armoniac.

Ses Operations.
La Diffolution.

fant en chaux & en vne poudre tres-fubtile, faifant éuapo-
rer fur les cendres, confumant par feu de reuerbere, deffechant & extrayant ; par Afcenfion, ou Defcenfion. L'Afcenfion fe fait fublimant, diftillant, & rectifiant. L'autre
par filtration, deffaillance, digeftion, putrefaction, circulation, & fermantation.

*La Coagulation*, qui rejoint les Mixtes, fe fait par exaltation ; leur augmantant la vertu, & la chaleur. Par de-
coction, cuizant & recuizant ; afin de purger toutes les faletez, & les fuperfluitez. Par congelation épaiffiffant les
parties fubtiles, aërienes, & aqueuzes. Par fixation, donnant corps à l'efprit, & arrétant le volatile.

De ces deus Operations, naiffent pour *Effets* ; les eaus
de fleurs, les eaus fortes : les efprits, les huiles ; les teïn-
tures liquides, molles, folides. Les baumes, les fleurs,
les extraits : les magifteres, les elixirs, & les quinteffen-
ces. Car il eft vray que ces Diftillateurs cherchant la Pierre
Philofophale, qui eft leur Grand Oeuure, leur elixir &
leur panacée ; découurent au moins des fecrets admirables,
méme pour la fanté.

Mais de fçauoir fi ces hardis effets de L'ALCHYMIE,
arriuent jûqu'à la tranfmutation Metallique ; c'eft vne difpute, qui à mon auis ne fera jamais decidée. Les Enfans de
l'Art n'y treuuent point de difficulté, parcequ'ils fuppozent
que les Metaus ne different point d'efpece, mais feulemant
en degrez de perfection. D'où ils conclüent que la Nature,
& l'Art qui l'imite, en peuuent faire la tranfmutation ; qui
eft méme enfermée dans leur nom, felon l'étymologie des
Grecs. Mais après tout, la chofe eft accompagnée de tant de
difficultez ; qu'elle peut & doit paffer pour impoffible, au
moins dans la pratique & dans l'execution. Ce que j'ay autrefois preuué à vn tres-grand Perfonnage, par *trois* raifons ;
qui parurent à cèt Eminantiffime Efprit, auoir affez de poids.

La premiere eft *Theologique* ; explicquée en cete maniere.
Ce n'eft point le ftyle de DIEV, d'accorder à fes Amis, comme par miracle, les richeffes de ce Monde. Car fans doute,
elles feroient capables (principalemant en cete abondance,

que l'Art randroit fi facile & fi exceffiue ) de débaucher les
Ames les mieus faites, de la pourfuite & de l'amour des
chofes eterneles. C'eft pour cela que fon Fils vnique dans
le deffein qu'il auoit de fonder le Chriftianifme, a epouzé
la derniere des pauuretez : & que pour marque de fa venuë,
il préche & promet les richeffes de fon Euangile & de fon
Royaume, particulieremant aus Pauures. D'ailleurs il eft
trop bon, pour mettre entre les mains de fes Ennemis, au
moins par des voyes extraordinaires, l'inftrumant general
de tous les crimes. Car qui eft-ce qui ne s'affujetît point à
l'empire, ou plûtôt à la tyrannie de l'or & de l'argent ?



La feconde raifon *Hiftorique.* Iamais aucune tranfmutation n'a efté écrite & rapportée, que par Ceus du métier & de
la cabbale. Ils reçoiuent, ( cequi arriue encore en beaucoup
d'autres chofes plus importantes ) vne tradition de main en
main ; les derniers ne parlent, que fur la depofition de ceus
qui les ont precedez. Deforte que Geber, Bacon, Arnaud,
Flamel, le Cofmopolite, le Treuifan ; bref, tous ceus qui
compozent le *Theatre Chymique*, ne doiuent paffer que
pour vn témoin qui ne fait pas foy eftant feul. Au refte tous
ces Soufleurs mélent tant de fables & de fatras en cete Etude,
que tout peut paffer pour chimerique. Et cequ'ils difent de
la toizon d'or des Argonautes, des Pommes des Hefperi-
des, de l'Or d'ophir, de la Clauicule de Salomon, & de la
Table d'Emeraude ; refamble plûtôt à des fonges agreables,
qu'à des vrayes interpretations. Auffi quand Iob treuue les
veines de l'or, les mines de l'argent : quand il change les
caillous en fer & en or, quand il fait venir ce dernier du
côté du Nort : & quand le troiziéme Liure d'Efdras, qui
n'eft pas Canonique, remarque que le Potier ayant befoin
de beaucoup de terre pour faire fes vaiffeaus, il ne faut qu'vn
peu de poudre pour faire beaucoup d'Or ; ou ils parlent de
ceque la Nature opere elle-méme, ou felon le langage ordinaire parmy les Hommes.



La derniere raifon eft tirée du fein méme de la Nature.
En chaque genre ou efpece, la production la plus acheuée a
fa matrice particuliere & fon berceau determiné. L'Hom-

me, l'Aigle, le Lion, le Palmier ; ne font conceus & produits
que dans les lieus, que la Nature leur a deftinez : & qui ont
le degré de chaleur neceffaire , pour leur generation. En
vain donc l'on cherchera l'Or le plus parfait des Metaus;
ailleurs que dans le fein de fa Mere, qui eft la nôtre commune. Outre qu'on ne tombe nullemant d'accord des Principes de cete Philofophie Hermetique , qui n'a rien de
meilleur que de nourrir de fes fumées & de fes efperances,
les pauures & les miferables qu'elle fait tous les jours.
Ie confeffe neanmoins , & fais voir ailleurs euidammant,
que la Theorie de cete Sçiance, fi vne fois on en découure le fecret, contient auec la Theologie Chrétienne,
celuy de la SAGESSE, & de l'Eloquence VNIVERSELE.

# LES MATHEMATIQVES.

TITRE XXXVI.

E la Sçiance des Corps materiels, on passe à ceus que l'on considere comme separez de nôtre matiere. Connoiſſance *La nature des Mathemati-* si noble, si releuée, & si excellante; que *ques.* la Discipline qui s'occupe en cét emploi, a seule retenu le nom general qui est commun à toutes les Sçiances. Les Chrétiens au commancemant ne les cultiuoient pas beaucoup. Parcequ'outre que le nom de Mathematicien estoit infame parmy les Romains, qui les auoient souuant chaſſez de leur Ville ; ces Sçiances sambloient trop subtiles, trop curieuzes & trop occupantes. Cequi a fait dire à S. Augustin, que beaucoup *Lib. de Ordin.* de Saints les ont ignorées : & que ceus qui les ont sçeuës, *c. 16.* n'estoient pas Saints. Parmy les Anciens neanmoins l'entrée des autres Parties de la Philosophie, n'estoit permise qu'à ceus qui auoient paſſé par l'étude de la Geometrie.

En effet, cete Discipline enferme préque toutes les autres. Outre que si on veût parler propremant, c'est elle seule qui treuue les demonstrations, qui sont les vrayes meres des connoiſſances les plus acheuées. Cequi peut-estre inspira à Platon le deſſein de faire grauer en lettres d'or sur le frontispice de son Academie, cete fameuze inscription ; *que*

*Perſonne n'entre en ce lieu , s'il n'eſt Mathematicien.* Et le même Philoſophe, ſurnommé le Diuin, condamne de blaſphéme & de ſacrilege, ceus qui applicquent les Mathematiques à des vzages prophanes. Comme ſi ces belles & ſubtiles connoiſſances, auoient quelques rayons de la Diuinité.

Au moins on les peut appeler des Sçiances *Royales*, puiſque de tous temps elles ont eſté cultiuées par les Princes & par les Soûuerains. Iob, Moyze & Salomon parmy les Orientaus : les Roys Mages , marquez dans l'Euangile: Ptolomée en Egypte , Alphonſe en Caſtille , Ticho en Dannemark. Et maintenant plus que jamais, il n'eſt point de Prince ; qui ne ſe ſerue auantageuzemant des induſtrieus effets de cete Sçiance , qui eſt la ſource de toutes les Inuantions.

La *definition* la plus generale de la Mathematique , ſe tire de deus principes. Le premier c'eſt la Quantité , qu'elle conſidere comme ſon propre objet. Le ſecond c'eſt la maniere auec laquelle elle regarde cete quantité ; c'eſt à dire comme ſeparée , & détachée de toute matiere.

Definition &<br>objet des Ma-<br>thematiques.

Mais parcequ'il y a deus ſortes de Quantité, l'vne Diſcrete , ou detachée , dans la multitude & dans les nombres; l'autre Continuë , qui fait la grandeur des Corps ; c'eſt auec juſte raiſon , qu'on diuiſe cete Sçiance de la Quantité , en *quattre Parties*. L'Arithmetique qui s'arréte ſur les Nôbres, eſt ou la Commune , ou l'Algebre. La Muſique , a pour objet, le ſon & le ton. La Geometrie & l'Aſtronomie, s'occuppent au tour de la quantité continuë ; & ſe diuerſifient ſelon qu'elles ſe mélent auec les lignes, les corps, la lumiere, les moûuemans & autres ſamblables qualitez.

Deus Quanti-<br>tez.

Quattre Parties<br>de la Mathema-<br>tique.

Chacune de ces Diſciplines ſe *Soudiuiſe* en deus. La premiere puremant Speculatiuë, contample & décrit les proprietez du ſujet qu'elle enuizáge. La ſeconde Practique, deſcend à l'execution , par diuerſes ſortes d'operations. D'où il arriue que préque toutes les Parties de la Mathematique, ſont impures ; à cauſe de ce mélange, qui les tire de la pure Theorie.

Speculatiue,&<br>Practique.

LA SPECVLATIVE, eſt bâtie de Principes, & de

Propoſitions. *Les Principes* enferment les Definitions que l'on ſuppoſe. Par example, le poinɛt eſt ce qui n'a aucune partie. Les *Demandes*, que l'on poſtule ; comme, qu'il ſoit permis de tirer vne ligne du poinɛt A au poinɛt B. Les *Axiomes* ou ſantances generales, deſquelles on tombe neceſſairemant d'accord ; comme, le tout eſt plus grand que ſa partie, trois & deus font cinq. *Les Principes.* *Les Veritez.* *Les Axiomes.*

De ces Principes on fait naître par demonſtration, diuerſes *Propoſitions*.

Le *Theoréme* eſt vne propoſition ſpeculatiue, dont la demonſtration ſe fait par les Principes immediatemant, ou par les Propoſitions des-ja établies. Il s'exprime toûjours par le preſent ; comme, les angles de la baze d'vn triangle iſocele ſont égaus. L'Auteur de l'Eccleſiaſtique fournît l'example d'vn Theoréme Chronologique, lors qu'il écrit en ſon Chapitre 43. que la Féte ſe reconnoît par la Lune. *Le Theoréme.* *A Lunâ ſignum diei feſti.*

Le *Probléme* eſt vne propoſition practique, en laquelle il y a quelque choſe de ſenſible à executer : & qui eſt differant de la demande, en ce qu'il ne paroît pas faiſable de ſoy. Il s'exprime ordinairemant par l'infinitif, quelquefois neanmoins auſſi par l'imperatif. Comme, inſcrire vn triangle dans vn cercle : couppez vne ligne, en trois parties égales. La ſeconde Loy donne l'example d'vn Probléme Geometrique, lors que D I E V commande à Moyze de bâtir trois Villes en diſtance égale l'vne de l'autre. Et dans l'Hiſtoire Royale, Ezechias demande à Ezaye, qu'il recule l'ombre d'vn Quadran de dix degrez ; ce que le Prophete execura *Le Probléme.* *Tres Ciuitates æqualis intrà ſe ſpatij æqualiter diuiſas ; cap. 19. Reduxit vmbram, &c. c. 4. Reg. 20.*

Le *Lemme* eſt vne propoſition moins principale, priſe d'ailleurs ; pour aider la demonſtration du Theoréme, ou du Probléme. Comme qui ſe ſeruiroit de l'Eclipſe generale, qui arriua à la mort de I. C H R. & du miracle qui arréta le Soleil au milieu de ſa courſe ; pour confirmer celuy d'Ezaye, lors qu'il fit retourner en arriere l'ombre du Soleil dans l'horloge d'Achas. Ce qui donna ſujet au Roy de Babylone, d'enuoyer des Ambaſſadeurs auec des liures & autres preſans à Ezechias, pour s'enquerir du prodige arriué ſur la terre. *Le Lemme.* *Iſa. 38. 2. Paralip. 32.*

X ij

Le Corollaire.

*Non fuit anteà,*
*nec posteà tam*
*longa dies.* Iosue
10.
*Vna dies facta*
*est quasi vuo.*
cap. 46.
Le Scholie.

*Le Corollaire,* est vne consequance, ou seconde verité, que l'on deduit d'vne premiere proposition démontrée. Comme quand le Texte du Liure de Iosüé, ayant recité le miracle du Soleil qui s'arréta au milieu de sa course ; il ajoute que deuant, ny aprés on n'a jamais veu vne si longue journée. Et l'Ecclesiaste, que ce jour-là en valut deus.

*Le Scholie* est la remarque ou obseruation, que l'on ajoûte à la Proposition démontrée. Ainsi dans le méme prodige, le Texte ajoûte que le Soleil s'arréta, D I E V obeissant à la voix d'vn Homme, *obediente Deo voci hominis.* On en donnera incontinant des examples plus précis, & dans vne matiere plus expresse ; n'ayant allegué ceus-cy, qui sont au delà des regles communes, que parceque je suis bien aise de faire voir que nôtre Ecriture Sainte est vn riche magazin de toutes sortes de richesses.

Voilà brieuemant, ce qui se peut dire en general des Mathematiques. Descendant au particulier, & suiuant l'ordre méme que ces illustres Disciplines gardent entre elles ; nous commancerons par celle, qui sert de clef à toutes les autres.

---

# L'ARITHMETIQVE.

TITRE
XXXVII.

Son origine.

*Sap.* 11.

Son nom.

Son objet.
Les Nombres.

ON origine ne doit estre rapportée ny aus Pheniciens, ny à Pythagore, ny à la Déesse Numeria : mais à D I E V méme, qui fait tout en poids, en nombre, & en mezure ; & qui a voulu honorer le quattriéme Liure du Pentateuque, du titre des *Nombres.* Cete Sçiance, comme toutes les autres, emprunte son nom de son objet, & a toûjours esté estimée si necessaire ; que c'estoient autrefois deus termes synonimes, d'estre ignorant, & de ne pas sçanoir conter. L'objet de cete tres-subtile Sçiance, sont les *Nombres* auec leurs proprietez, proportions, progressions, & racines. Or bien que les Nombres ne foient propremant , que l'vnité repetée & multipliée, ils ne laiffent pas de fe diuifer en plufieurs Efpeces ; remarquant auant tout , qu'encore que l'on treuue le plus petit Nombre , jamais toutefois l'on ne peut arriuer au plus grand.

Il y a donc premieremant les Nombres *Pairs* , qui fe peuuent diuifer en deus égales parties ; 2 en 1 & 1. 6 en 3 & 3. Les Impairs tout au contraire, comme 5, 7, 9.

Les *Pairemant-Pairs*, font ceus qui naiffent des nombres pairs ; comme 8 eft produit de 2, & de 4. Les *Pairemant-Impairs*, ou Impairemant-Pairs, font produits des pairs & des impairs ; comme 10 eft produit de 2, & de 5. *Les Impairemant-Impairs* font produits par nombres impairs ; comme 15 par 3, & 5.

Les Nombres *Premiers* , font ceus qui ne fe mezurent que par l'vnité ; comme 2, 3, 5, 7. Les *Compofez* au contraire, comme 4, 6, 9.

Les *Parfaits* , font ceus dont les parties aliquotes conjointes égalent le tout. L'on appele parties aliquotes , celles qui mezurent égalemant leur tout. Les aliquantes font celles qui eftant multipliées, ne mezurent jamais leur tout égalemant. Comme cinq à l'égard de douze. Les Parfaits, comme 6, qui contient 1, 2, 3. font tres-rares. Les *Imparfaits*, dont les parties aliquotes affamblées, ne font pas le tout ; comme 8, dont les parties aliquotes 1, 2, 4. ne font neanmoins que 7. Si les parties du nombre vnies , excedent le total , on les nomme *Abondans*. Ainfi douze eft abondant ; parceque les parties aliquotes 1, 2, 3, 4, 6, l'excedent.

Le *Digite*, eft le nombre depuis l'vnité jûqu'à dix ; comme 1, 2, 3. &c. *L'Article* fe fait au deffus, par l'addition des autres dizaines ; comme 10, 20, 30. Si on joint le digite & l'article, par quelque nombre qui foit entre les deus ; l'on fait le nombre Conjoint, Compofé, ou Mélé ; comme 15, 28, 37, 49, 66, 79.

Les Nombres *Entiers*, ne font compofez precifemant que des Vnitez ; comme 2, 3, 5. Les Rompus, contiennent les

Pair & Impair.

Pairemant-Pairs.
Pairemant-Impairs.

Impairemant-Impairs.

Premiers.
Compofez.

Parfaits.
Les Parties Aliquotes , & Aliquantes.

Imparfaits.

Abondans.

Digite.
Article.

Compofé.

Entiers.

diuisions de l'vnité, considerée comme estant liée à vne plus grande quantité. En sorte que le Nombre qui est au dessus de la ligne, s'appele le Numerateur; qui montre combien l'on a de parties de l'vnité, ou du tout. Celuy qui est au dessous, qu'on appele le Denominateur, montre en combien l'vnité ou le tout est diuisé. $\frac{2}{5}$ $\frac{3}{7}$. C'est à dire que celuy de dessous, donne le nom aus parties de l'vnité; comme si ce sont quintes, quartes, &c. Et celuy de dessus, montre combien il y en a.

Le Nombre Naturel, ou *Physique*, est tout nombre veritable; dont l'expression est possible, en quelque façon que ce soit.

Le Sourd, ou *Cossique*; n'est propremant qu'vne pure supposition de Nombre, qui ne se peut en aucune façon exprimer au juste; comme sont les racines des Nombres, qui ne sont point quarrez.

Les Nombres *Lineaires*, s'arrangent d'vne même suite; 1, 2, 3, 21, 100, 103. Les *Plains* ou Plats, sont produits par la multiplication des deus autres; comme 12 par la multiplication de 2 & de 6. de 3 & de 4: de 4 & de 5.

Entre ceus-cy les plus remarquables, sont les Nombres *Quarrez*. On prand vn Nombre, qu'on appele racine, lequel multiplié par soy-méme; produît vn nombre quarré. Par example, 5 est la *Racine Quarrée* de 29. La premiere est de l'vnité, sé multipliant en l'vnité: la seconde, de 2 en 4. la troiziéme de 3 en 9. Puis de 4 à 16. de 5 à 25. de 9 à 81.

Les Nombres *Solides*, sont produits par la multiplication de trois autres; comme 24 par la multiplication de 2, 3, 4. S'ils sé multiplient eus-mémes en leur Quarré, on les nomme *Cubes*; comme 4, 16, 64; qui se fait multipliant le Quarré, par sa racine.

Aprés la nature, les diuerses especes, & la valeur des Nombres; l'Arithmetique les compare les vns auec les autres, pour treuuer leurs PROPORTIONS. Si cete Proportion se peut exprimer par les Nombres, elle est *Rationele*. Si elle ne se peut, on la nomme *Irrationele*.

Cete Proportion ſe rancontre encore en deus manie-
res. La premiere, eſt d'*Egalité*; comme de 5 à 5. de 9 à 9. *(Egale.)*
La ſeconde eſt d'Inégalité ou grande, ou petite. La gran-
de *Inégalité* ſe fait, lorſque le plus grand Nombre precede *(Inégale.)*
le moindre; comme de 6 à 3. de 8 à 2. La petite Inéga-
lité, lorſque le moindre Nombre qui eſt comparé, eſt mis
deuant; comme eſt la proportion de 2 à 5. de 5 à 7.

Il y a *cinq* ſortes de Proportion; qui ſont autant de di- *(Cinq Propor-*
uerſes manieres, dont le moindre Nombre mezure le plus *tions.)*
grand, ou le plus grand enferme & contient le moindre.
La continuation de ces Proportions, ſe fait par la *Progreſ-* *(Trois Progreſ-*
*ſion*; qui eſt de trois ſortes. L'Arithmetique, continuë les *ſions,)*
Nombres auec égale differance; comme le nombre de 1,
2, 3, 4, 5, s'accroît toûjours par les vnitez. La Geometri- *(L'Arithmeti-*
que, repetant cequi excede par vne méme proportion, treuue *que)*
vne méme proportion entre les choſes comparéés; comme *(La Geometri-*
1, 2, 4, 8, 16, 32. La Proportion Harmonique, compoſée des *que.)*
deus precedantes; fait que la differance du premier & du ſe- *(L'Harmonique.)*
cond Nombre, a la méme proportion ou proportionalité &
habitude auec la differance du ſecond & du troiziéme, que
le premier au troiziéme; comme $\frac{2}{3}\ 6$.

L'Office ou l'Emploi de l'Arithmetique, c'eſt donc de
*Supputer*, & de conter tous ces Nombres. Ce qu'elle fait *(Conter.)*
en *deus* façons, ſelon l'occaſion qui s'en preſente. L'vne *(Deus manieres.)*
Ordinaire, commune & vulgaire: l'autre Extraordinaire,
plus laborieüze & difficile.

La *Vulgaire* le fait par les cinq Regles communes; qui
ſont la Numeration, l'Addition, la Subſtraction, la Mul- *(Vulgaire.)*
tiplication, & la Diuiſion. Lorſque l'on y employe cer- *(Cinq Regles,)*
tains petits bâtons chiffrez, on la nomme Rabdologie.
Mais d'ordinaire, elle ſe pratique ou écriuant auec des
Chiffres, ou calculant auec des Iettons. *(Iettons.)*

Les *Chiffres*, ſont de certaines figures; qui d'ordinaire
eſtoient chez les Anciens, les Lettres de leur Alphabet. *(Chiffres.)*
Aujourd'huy les plus recommandables ſont l'Arabique, &
le Romain.

*L'Arabique*, eſt dans l'yzage vulgaire de nôtre France. *(L'Arabique.)*

Comme tout vient de l'vnité, & s'acheue par la trinité,
il n'employe que neuf figures, qui fignifient par elles-mémes ; c'eſt à dire l'Vni-trinité trois fois repetée, & redou-
blée en elle-même ; 1, 2, 3, 4, 5, 6, 7, 8, 9. Aprés quoy
on reprand l'vnité, 1 : & on y ajoûte vn zero, o. Celuy-cy
ne fignifiant rien tout feul, accroît par fa multitude de dix
en dix; de cent, de mille, de millions & de milliarts : ou
comme on dit, billions, trillions, &c. la valeur de neuf
autres figures.

Le Romain. Le Chiffre *Romain*, fur l'example de celuy des Grecs
& des Hebreus, n'employe pour fes marques ou figures,
que les lettres de fon Alphabet. Auec cete remarque, que
comme le Chiffre Arabique ne fe fert que de neuf figures,
fe joignant enfuite le zero, o; qui eſt vne lettre Romaine,
pour exprimer tous les nombres imaginables : de même
le Romain ne fe fert propremant que de neuf lettres,
I, vn. V, cinq. X, dix. L, cinquante. C, cent. D, cinq
cent CIƆ. M. ou MS. mil. Q. & d'vn Chiffre Arabique 8.
Encore que l'on puiſſe dire, que ce ne font que deus SS.
liées enfamble.

Trois chofes. Pour faire vne *operation* d'Arithmetique, trois chofes
La Figure. font neceſſaires. La premiere, de connoître ces figures &
les caracteres des Chiffres. La feconde, de fçauoir la va-
La Valeur. leur de chaque lettre ou figure. La troiziéme, remarque
La Pofition. leur pofition, obferuant l'ordre & le lieu.

L'Ordre. *L'Ordre* change la valeur des nombres, felon qu'ils font
l'vn fur l'autre ;. Ou à côté, foit qu'ils foient feparez 1, 2,
3, 5. Soit qu'ils foient liez par enfamble, 1235.

Le Lieu. Le *Lieu* leur donne auſſi des valeurs differantes. Au
premier lieu ils ne valent que des vnitez : au fecond, des
dizaines : au troiziéme, des centaines, & ainfi du reſte.
Les vnitez fe content toûjours, de droite à gauche : les
autres dizaines, centaines, &c. de gauche à droite.

Echele Nume- Trois chofes principalemant aident ces operations d'A-
rale. rithmetique. L'Echele de numeration fuiuante, ou autre
famblable.

*Nom-*

| | |
|---|---|
| 1. | Nombre. |
| 2. | Dizaines. |
| 3. | Centaines. |
| 4. | Milles, ou Milliers. |
| 5. | Dizaine de Milles. |
| 6. | Centaine de Milles. |
| 7. | Millions. |
| 8. | Dizaine de Millions. |
| 9. | Centaine de Millions. |
| 10. | Mille de Millions. |
| 11. | Milliars. |
| 12. | Dizaine de Milliars. |
| 13. | Centaine de Milliars. |
| 14. | Mille de Milliars. |

La Table de Pythagore, sert à la multiplication. Ie la propose icy toute simple.

| 1 | 2 | 3 | 4 | 5 | 6 | 7 | 8 | 9 |
|---|---|---|---|---|---|---|---|---|
| 2 | 4 | 6 | 8 | 10 | 12 | 14 | 16 | 18 |
| 3 | 6 | 9 | 12 | 15 | 18 | 21 | 24 | 27 |
| 4 | 8 | 12 | 16 | 20 | 24 | 28 | 32 | 36 |
| 5 | 10 | 15 | 20 | 25 | 30 | 35 | 40 | 45 |
| 6 | 12 | 18 | 24 | 30 | 36 | 42 | 48 | 54 |
| 7 | 14 | 21 | 28 | 35 | 42 | 49 | 56 | 63 |
| 8 | 16 | 24 | 32 | 40 | 48 | 56 | 64 | 72 |
| 9 | 18 | 27 | 36 | 45 | 54 | 63 | 72 | 81 |

**Regle de trois.**   Enfin on se sert de la fameuze *Regle de trois*, ou Regle d'or ; dont l'inuantion est si subtile, & l'vsage si profitable, que Pythagore aprés l'auoir treuuée, se sentit obligé de sacrifier vne Hecatombe en actiõ de grace. Quoy que d'autres attribüent cela à l'inuantion de la 47. Propoſition du 1. Liure d'Euclide. Cete Regle se pratique en trois façons.

**La Droite.**   La droite multiplie le second nombre par le troiziéme, puis diuise le nombre produit par le premier, d'où naît incontinant le quattriéme. Par example 10. 12. 15. ( 18.

**L'Inuerse.**   La méme Regle Inuerse, multiplie le premier par le second, & diuise le produit par le troiziéme. Par example 10. 12. 15. ( 8.

**La Composée.**   La Composée multiplie d'abord le premier par le second, & le quattriéme par le cinquiéme : puis elle met le troiziéme entre les sommes produites , & opere enfin comme en la Regle droite. 451258. 2024. 1240. (20.

La Regle de Compagnie, n'eſt autre, que celle de trois; applicquée en particulier aus Marchans, qui entrent en quelque Societé. Et cela pour ſçauoir combien chacun doit retirer du gain total, à proportion de cequ'il auoit contribué. Par example, ſi trois Marchans ont mis en commun 240 écus; le premier 60. le ſecond 50. & le dernier 30. Et que le gain total ſe monte à 3000 écus, vous treuuerez qu'il en reuiendra 1250 au premier, 625 au ſecond, & 375 au troiziéme.

Treuuer la racine quarrée de la quantité incommenſurable, ou vn nombre inconneu, ſuppoſant vne racine, & les autres ſubtilitez de cét Art préque miraculeuzes; C'eſt ceque fait la grande & plus occulte, plus laborieuze & difficile Arithmetique. C'eſt elle laquelle, outre les operations de la Vulgaire, dont nous venons de parler, ſe ſert de certaines figures & caracteres qui luy ſont particuliers: & ſuppoſe vne racine, que les Italiens pour la diſtinguer de la racine quarrée nomment *vna coſa*, d'où vient la regle Coſſique. Par ce moyen l'on arriue enfin à la connoiſſance de quelque nombre, & de quelque quantité inconneuë. C'eſt cequ'on appele L'ALGEBRE, du nom de Geber Arabe. L'vn de ſes miracles, c'eſt de treuuer vn nombre moindre que le rien.

Tant y a que toute la Sçiance ſacrée & prophane a creu, qu'il y a de tres-grans *Myſteres* enfermez dans les Nombres; encore que l'on ait ſujet d'entandre cela des formes & des eſſances, que Platon appele nombres formels & rationnels: & que ſon diſciple Ariſtote, compare à l'vnité à cauſe qu'elle eſt indiuiſible.

C'eſt pourquoy le ſçauant Chanoine de Bergame Pierre Bungus, a remarqué dans le *Traitté* exprés qu'il a fait ſur ce ſujet; que celuy qui ſçait la Sçiance des Nombres, n'ignore rien. Que les Pythagoriciens établiſſoient trois Principes de toutes choſes; l'Infini, l'Vnité, & les Nombres. Que les ſimples & les compoſez ſont de méme nature, & qu'ils enferment vne méme vertu ſecrete. Que le formel des Nombres, eſt vne choſe bien differante de leur materiel. La Pou-

Y ij

le, par example connoît à la verité, la multitude & la trouppe de fes poufſins. Mais il n'appartient qu'à la Raiſon de ſçauoir auec ordre & arrangemant le nombre des jours de l'année, & des Soldats d'vne armée.

Que l'Vnité, cete abfoluë neceſſité, & qui marque vne virginité feconde, eft l'image de l'eſſance de D I E V. Elle eft fimple en ſa nature, elle eft infeparable de la Trinité des Perſonnes, qui eft vn retour à l'vnité. Et les nombres ſans fin que l'on y peut ajoûter, marquent la multitude infinie tant des Perfections diuines, que des Creatures qui en depandent eſtant repreſentées par les Nombres. Qu'outre que D I E V a fait toutes choſes en nombre, en poids, & en mezure; dans la Creation de l'Vniuers, le premier jour eft appelé vn & ſamblable, non pas premier: & le ſecond n'eft point beni comme les autres, parcequ'il diuife l'Vnité. Ce qui donne auſſi ſujet à la méme Ecriture Sainte, de taxer Lameth d'auoir efté le premier qui a violé l'vnité du Mariage épouzant deus fammes. Qu'il y a de quattre ſortes de nombres; le Muſical, le Naturel, le Raiſonné, & le Diuin. Que le nombre Impair, appelé le mâle & le parfait, eft conſacré aus choſes diuines. D'où vient que les victimes des Dieus Celeftes, eftoient toûjours en nombre impair: celles qu'on offroit aus Dieus Infernaus, eftoient d'vn nombre pair. Iûques-là que les degrez par leſquels on montoit au Temple de Ieruſalem, eftoient Impairs; ceus-mémes, ſelon Vitruue, de tous les logis le doiuent eftre; & les Docteurs de la Loy commandoient que la premiere demarche pour y entrer, ſe fit toûjours auec le pied droit. Que D I E V commanda à Noë de faire entrer auec luy dans l'Arche, des Animaus Mondes & Immondes. Mais les Immondes en nombre pair & plus petit, ceus qui eftoient Mondes ſept à ſept.

Que le Ternaire, ſe treuue illuftremant depeint en toutes choſes. C'eft pourquoy l'ancien Rituel preſentoit trois fois chaque jour, des Sacrifices au premier de tous les Dieus; afin conformemant à ſon nom, d'inuoquer ſon aide & ſon ſecours pour le commancemant, le milieu, & la fin de toutes les actions. Que le Demon ſe retira de I. C H R. dans le de-

Vnum porrò eft neceſſarium. Luc. 10.

Sapient. 11.

Genef. 4.

Numero Deus impare gaudet.

Ex mundis feptena & feptena. Genef. 7.

Du nombre de Trois.

Iuppiter, quaſi juuans pater.

Luc. 4.

*ſett* *conſummatâ omni tentatione* ; parceque toutes ſes tantations s'achéuent, & s'épuizent en trois efforts. Que ce nombre marque telemant la generation, & la perféction ; que deuant & aprés le Deluge la terre n'a eſté deus fois peuplée que
par les trois Enfans d'Adam, Cain, Abel, & Seth ; & par
les trois de Noë, Sem, Cham, &,Iaphet. Que la ville de
Ieruſalem, eſtoit appelée de trois noms : que la plus grande   *S. Hieron. in*
douleur de la playe en la Circonciſion, eſtoit le troiziéme   *Epitaph. Paulæ.*
jour.   *Geneſ.*

Le nombre de *Quattre*, eſt le cube de la perféction ; qui   Quattre.
eſt peut-eſtre la cauſe pourquoy en toutes les Langues, le
nom de D I E V eſt de quattre Lettres. Le *Cinq* contient de   Cinq.
grans ſecrets, dans la Nature & dans la Grace. Entre autres
que les Ainayz demeurent aprés leur conception dans le ſein
de leurs Meres, cinq jours plus que les Puinays. Mais ſans
rien dire du *Siziéme*, le *Setiéme* a toûjours paſſé pour l'vn des   Six.
plus myſterieus en toute ſorte de Sçiance & de Religions. Il   Sept.
eſt conſacré dés la naiſſance du Monde, il fait le partage des
temps, & le nombre des Sacremans de l'Egliſe Catholique.
Il marque la punition des meurtriers de Cain & de Lameç, ce-   *Septupl. vltio de*
qu'ont imité les Canons dans les regles de la Penitance.   *Cain, ſept. ſept.*
Aquoy s'accorde le precepte Euangelique, de pardonner   *de Lam. Geneſ.*
ſeptante-ſept fois. C'eſt luy qui dans la Medecine fait les   *4.*
jours Critiques,& les années Climacteriques. Iûques-là que   *Septuag: ſepties.*
le ſetiéme ſiecle aprés la fondation des Villes & des Empi-   *Matth. 18.*
res, leur eſt ordinairemant fatal.

Que la ſoiſſante-troiziéme eſt la plus à craindre, parcequ'elle reſulte du nombre ſeptenaire, neuf fois multiplié.
Que les pilules ſe prennent toûjours au nombre impair, que
la ſievre qui ſe paſſe en vn accés pair, retourne neceſſairemant. Que cinq ou ſept fuëilles de ſauge applicquées, ont
plus de vertu, que ſix ou huict. Que la Coloquinte eſt vn
poizon quand elle naît ſeule, vn remede ſi elle pouſſe en
grand nombre. Que les couches les plus fauorables ſont
celles qui ſe font au ſetiéme mois, ou au neuviéme, quoy   *Decem menſ.*
que Salomon en preuue dix pour le temps de ſa conception.   *tempore coagu-*
Que le ſetiéme Garſon nay d'vne Mere, ſans interruption   *lat. ſum. Sa-*
*pient. 7.*

d'aucune Fille, guerît particulieremant des écroëlles. Que
le septenaire dispanse la vie, en ce qu'en sept heures la semance reçoit sa premiere disposition à engendrer, en sept
jours elle se coagule, en sept semaines elle est articulée. Qu'à
sept mois la naissance de l'Enfant est heureuze, qu'il n'estoit
nommé qu'aprés sept jours, les dents luy poussent au setiéme mois, se renouuellent dans le setiéme an : & alors il
commance à bien former ses paroles, & estre capable de discipline. Que la Mere aprés auoir porté sept Enfans, deuient
foible. Qu'Henoch le setiéme aprés Adam, a esté transporté
au Ciel. Que le Chandelier d'or dans le Temple de Ierusalem, portoit sept lampes, qui estoient toutes allumées durant la nuict, n'en demeurant que trois allumées pandant le
jour. Que I. C H R. est le septante-setiéme en ligne directe,
depuis le premier Homme. Qu'il fut sept heures attaché en
Croix, & y parla sept fois. Qu'il a enfermé toutes nos prieres en sept demandes, comprises en sept fois sept paroles.
Qu'aprés sa Resurrection, qui est la setiéme dont l'Ecriture fait mantion, il se montra sept fois à ses Disciples : & leur
enuoya le Saint-Esprit, aprés sept fois sept jours. Que tous
les Mysteres de l'Apocalypse, & préque toutes les grandes
choses de la Nature, de la Grace, & de la Politique s'accom-
plissent en ce nombre. Que celuy de *Dix*, marque le plus
haut poinct du bien & du mal. D'où vient qu'il n'y a que dix
Commandemans dans les deus Tables de la Loy. Que DIEV
par vne religieuze ceremonie, se reserue les Dîmes de toutes choses. Que la diziéme vague est la plus dangereuze,
& que dans le langage de Iob, le diziéme outrage est la derniere des offances.



Que la *Creation* du Monde a esté faite en cercle & en rond,
s'éleuant peu à peu des choses imparfaites aus plus acheuées:
& multipliant les Ouurages, selon le nombre des jours. Car
au premier, la Lumiere fut produite : au second, le Firmamant & la diuision des Eaus; au troiziéme l'amas des Eaus
en vn méme lieu, la decouuerture de la terre, & la production des fruicts. Et ainsi de suite, la somme totale faisant vingt, & vn ouurages.

Que le *Huitiéme* n'est pas heureus, au contraire du *Neuviéme*. Que les Magiciens en la ville d'Athenes, sacrifierent à vn Homme aprés sa mort, dautant que sa vie auoit atteint le dernier poinct de la perfection, estant arriué à l'âge de 99. ans. Cequi est dautant plus considerable pour le nombre de 9. que toutes ses multiplications le conseruent toûjours estant diuisées dans le chiffre Arabique: par example 9 & 9. font 18. Les 18 estant separez, 1 & 8 font 9. A dix-huict adjoûtez 9. ce sont 27. Separez & assamblez 2 & 7, font neuf. Encore 9, font 36. Et il est euidant que 3 & 6, font 9. Encore 9, font 45. Qui font iustemant 9. Et ainsi du reste.

Que la vie de l'Homme se partage en trois, en cinq, ou en sept âges. Que celle du Messie a esté de trois dizaines d'années, trois ans & trois mois. Que les quattre demandes faites à I. Chr. & remarquées dans l'Histoire de sa vie, enferment vn méme nombre qui va toûjours croissant. Car sa mort dura 40. heures, son Ascension se fit aprés 40 jours : la conuersion des Gentils commança aprés 40 mois, & la ville de Ierusalem fut detruite aprés 40. ans. Que S. Paul demeura quinze jours en Ierusalem, pour receuoir l'instruction, ou l'approbation de S. Pierre.

Que le nombre 1095. estoit parmy les Egyptiens le symbole du silance ; parceque les Enfans qui aprés la troiziéme année ne denoüent point leur langue, ne parlent quasi jamais. Et que les Disciples de Pythagore, obseruoient le silance de trois ans. Que le nombre de 1335 est le caractere de la venuë du Messie, & la marque de la felicité. Celuy de 888, du Messie méme : & 666, de l'Ante-Christ.

Le tres-docte Chanoine de Bergame ajoûte mille autres Obseruations subtiles & profondes, empruntées de la doctrine de Pythagore, de Platon, d'Euclide, de Proclus, de Iamblicus, de Philon Iuif, du diuin Areopagite : des Rabins, & autres Speculatifs. Et bien que je ne me sois pas randu adorateur de tous ces Mysteres, jè confesse neanmoins que tout le secret de la SAGESSE VNIVERSELE, vient de celuy des Nombres. Ayant reconneu ( ainsi que je fais

Huit.
Neuf.

Paulus mansit apud Petrum xv diebus, hoc hebmadis & octoadis futurus Gentium Prædicator instruendus erat. Hieron. l. 2. Epist. 2.

1. Tom. de la Relig.
Et in Medulla Sapient.

voir ailleurs ) que tout eſt Vn. Que cete Vnité ſe deueloppe en Deus, s'acheue en Trois au dedans, pour produire au dehors vn Quattriéme ; d'où ſe fait vne propagation, & vne reuolution ſamblable jûqu'à l'infini.

Ces deus ſortes d'Arithmetique, ont produit deus Inuantions autant vtiles que ſubtiles. [Car de la Vulgaire ſont venuës les Mezures, les Poids, & les Monnoies : de l'Algebre, les Ecritures occultés, & les Chiffres. Diſons donc vn mot en cét endroit de ces deus matieres, qui ne ſont pas moins curieuzes que profitables.

---

**Des Mezures,
des Poids, & des
Monnoies.**

**Des choſes ſolides, & conti-
nuës.**

# DES MEZVRES, DES Poids, & des Monnoies.

LES Mezures ſont differantes, ſelon la nature de toutes les choſes ; qui viennent dans le commerce, par la vante & l'achat : & ſelon la coûtume des Prouinces & des Villes, qui eſt fort inégale en ces matieres.

Les choſes ſolides & continuës ſe mezurent par le doigt, qui eſt de quattre grains : par le palme ou l'empan, qui eſt de quattre doigts : par le pied, qui eſt de quattre palmes, ou plus communemant de douze pouces : par le pas Geometrique, qui eſt de cinq pieds ; ou l'aune, qui n'eſt que de quattre : par la toize ou la perche, qui eſt de ſix, ou de dix pieds : par les milles Romains, dont chacun eſt de huiẛ ſtades Grecques, ou de mille pas ; par la lieuë, qui eſt de deus ou trois milliaires ; neanmoins auec beaucoup d'incertitude & d'inégalité, ſelon les Pays & les Auteurs. Ceque l'on peut dire de plus precis, c'eſt que ſoiſſante & quinze mille lieuës Romaines, ou vingt-cinq lieuës d'Allemagne, répondent à vn degré du Cercle Celeſte. Et que l'vzage plus ordinaire de ces differantes mezures, eſt compris en cinq vers.

*Quattuor*

*Quattuor ex granis digitus componitur vnus,*
*Est quater in palmo digitus, quater in pede palmus.*
*Quinque pedes passum faciunt, passus quoque centum,*
*Viginti quinque stadium dat : sed milliare*
*Octies dat stadium, duplicatum dat tibi leucam.*

Pour ce qui est des choses détachées les vnes des autres, les seches ou solides se mezurent par le litron, le quart, le demi-boisseau, le boisseau, le minot, la mine. Les liquides par le demi-stier, la chopine, la pinte, le pot, la cruche, le mui, la pippe, ou le tonneau. La Métrete des Grecs, estoit de cent dix-huict liures : le Cotyle d'onze, le Cus de neuf, le Sextaire d'vne liure & demie : le Cyathus, de deus onces, deus drachmes. Le Stater, de quattre drachmes. Le Mna, de cent. C'est nôtre Mine, qui estoit de deus sortes ; & se prant comme plusieurs autres especes, tant pour vne mezure, que pour vne monnoie. La Conque estoit de cinq Cüeillerées. Il y auoit encore beaucoup d'autres mezures, tant pour les solides, que pour les liquides; mais dont l'intelligence est trop enueloppée, pour en pouuoir établir quelque regle certaine.

Des choses détachées, seches, & liquides.

Toutes ces choses soit solides, soit liquides, se pezent auec diuerses sortes de POIDS, A quoy se rapportent aussi les sommes d'or & d'argent, que l'on appele *Nummus* : ou comme veulent les Critiques, *Numus*, à cause de son Etymologie. Car ils deriuent ce mot, ou *à numerando* : ou parceque, selon S. Isidore de Seville, Numa second Roy de Rome, fut le premier qui fit battre de la monnoie empreinte de son effigie. D'autres le tirent de νόμος, dautant que la Monnoie doit estre de bon alloy, ou selon la loy.

Les Poids.

Les Monnoies.

De vouloir entreprandre l'éclarcissemant de ces Antiquitez, ce seroit vne chose non seulemant éloignée du dessein de cét EXTRAIT : mais encore, infinie en elle-méme. De vray, tant de Volumes écrits par les plus Sçauants, sur ces curieuzes & obscures Matieres: n'ont serui, ce samble, qu'à multiplier les difficultez, & à épaissir les tenebres. Ce sera donc assez de produire icy, ce qui se rancontre de plus commun dans cete sorte d'Erudition; afin

Voyez les Commantaires Historiques de Monsieur de Saint Amant.

*La I. P. La Sçiançe Humaine.* Z

au moins , de n'y eſtre pas tout à fait ignorant.

D'abord il eſt tres-conſtant, qu'il y auoit deus ſortes de *Poids*. Le premier eſt appelé dans les Lois de Moyze, Poids ſacré : le ſecond, Poids vulgaire. D'où vient parmy les Hebreus le *Sicle* du Sanctuaire , auec lequel deuoit eſtre acheté le Belier que l'on offroit en Sacrifice propitiatoire. Il pezoit quatre drachmes Attiques , qui ſont trois gros & demy de nôtre poids. On luy donne pour figure & empreinte d'vn côté vne Fortereſſe, auec l'inſcription hebraïque, qui ſignifie, *Hieruſalem ville de Sainteté*. De l'autre côté il n'y a que cete inſcription , *Dauid Roy* , *& ſon fils Salomon Roy*. C'eſt peut-eſtre ce Sicle d'or que l'Ecriture appele d'vn poids tres-juſte, *Ponderis juſtiſſimi*.

L'autre Sicle, eſtoit ou d'argent , ou de cuiure. Celuy d'argent eſtoit grand, ou petit. Le Grand du poids du *Stater* Grec, eſt de quatre drachmes Attiques ; qui ſont dix deniers , douze grains de nôtre poids. Le Petit ne pezoit que la moitié. Celuy d'argent portoit d'vn côté la forme du vaze , qui gardoit la manne dans le Sanctuaire. De l'autre côté vn rameau, qui repreſente la verge d'Aron. Celuy de cuiure auoit d'vn côté la racine du baûme , de l'autre vne palme. C'eſt vne choze merueilleuze que la cheuelure qu'Abſalon ſe faiſoit coupper tous les ans , pezoit deus cens Sicles du poids public. Mais l'obſeruation n'eſt pas moins rare dans le Ritüel Iudaïque, que pour racheter l'Homme qui s'eſtoit voüé à D I E V , il falloit payer cinquante Sicles ; quoy que pour vne Famme l'on n'en donnât que trante , comme le diuin Redemteur n'a eſté vandu que trante deniers.

La ſeconde diuiſion du Poids, ſe fait en fort & en foible. Le *Fort* eſt celuy du Prince , dont la marque ſe garde dans lieus publics ; pour y étallonner & ajuſter les particuliers, qui s'affoibliſſent par l'vzage ou par la mauuaiſe foy. Les poids de pierre , ſe conſeruent mieus en leur entier.

La troiziéme diuiſion des Poids ſe fait *ſelon* les Nations, & les Siecles. D'où viennent la Liure antique, & moder-

ne : l'Attique, la Romaine : celle des Medecins, de Marc,
de France, d'Efpagne, &c.

La *Maniere* de pezer c'eft auec le poids, la balance, le
trebuchet, & l'eau ; dont on ne peut treuuer le jufte poids,
parcequ'on ne fçait pas affez precizémént ceque c'eft que
le pied antique, par lequel on pourroit venir à la connoiffance de la Liure antique.

La Maniere de pezer.

Les diuers *Degrez* du Poids, font le Scrupule Romain,
qui eft du poids de 21. grains. Où l'on remarque que le
grain d'orge eft le meillour , parcequ'il change moins fa
nature & fon poids. La Drachme de 63. grains. L'Once de
504. grains. La Liure appelée auffi *Pondo*, quelquefois eft
de douze onces. Le Quintal eft de cent liures , dont cha-
eune vaut feze onces, chacune once huit gros, & chaque
gros foiffante & douze grains.

Les degrez du Poids.

On diftingue cependant *la Liure* de poids, d'auec celle
de mezure. La Ponderale eftoit d'vne fiziéme partie plus
forte que la manfurale. Car encore que chacune fût de
douze onces, les douze de mezure ne reuenoient qu'à dix
de poids. Comme encore aujourd'huy les douze onces de
Medecine, n'en valent que dix de poids de Marc.

Deus fortes de Liure.

La diuerfité n'eft pas moindre entre les M O N N O I E S,
qu'entre les Poids & les Mezures. La premiere Monnoie
employée dans les vantes & les achats, tandis que le Monde, dit Pline, viuoit encores dans l'innocence, eftoient les
chofes mémes, principalémant les Trouppeaus ; de l'é-
change & de l'vzage defquels, l'on a encore retenu le mot
de *perunia*. Maintenant que le Genre Humain eft comme
mort par les vices, l'on ne fefert que de Metaus, que la
terre enfeuelît en fon fein comme des chofes mortes , &
qu'elle cache comme le plus mortel de tous les poizons. Au
commancemant qu'on fe feruît d'or & d'argent, ceqni eftoit
dés les temps d'Abraham, l'on pezoït ces Metaus ; d'où
vient que pezer , *pendere* fignifie payer. Cequi fe faifoit premieremant en lingots, appelez *lateres*, parcequ'ils eftoient
faits comme des briques ; aufquels on ajoûta puis aprés, la
marque du Prince. En quoy les Sages Politiques ont toû-

Les Monnoies,

*Auri & argenti vfus omnium fcelerum mate-ria.* Iuftin. l. 3. Hiftor.

jours obſerué, que pour la reputation du Prince, pour la grandeur de l'Etat, & pour la richeſſe du Peuple; la forte monnoie & ouurée ſur le plus fin, auec moins de billon, eſt toûjours la meilleure. Et que ſon affoibliſſemant, eſt vne marque de celuy de l'Etat. Dés le temps d'Abraham, il y auoit des Sicles de bonne Monnoie publique.

*Probatæ mone-ta.Geneſ.23.*

Les principales *Eſpeces* de Monnoie, ſont les ſuiuantes. La Silique que la plû-part des Sçauants prennent pour la troiziéme partie de l'obole, ou pour la ſiziéme d'vn ſcrupule. D'autres la font valoir vn follis, ou vn miliareſion & demy. La Pite fait la moitié d'vne maille. La maille, l'obole & la drachme eſtoient à peu prés de méme poids & valeur. Il y auoit des deniers d'or, d'argent, doubles & ſimples. Or-dinairemant le denier valoit douze ſolz ou aſſes; dont chacun contenoit douze petits deniers. Le demi-denier s'appe-loit quinarius, ou victoriat; parcequ'il portoit vne victoi-re ſur vn côté, & de l'autre vn V. Le Denier auoit ſes ſemiſ-ſes, & ſes Tremiſſes.

*Diuerſes Eſpe-ces.*

Dupondius eſtoit la moitié de l'once, ou ſelon les Iuriſ-conſultes vne liure de vingt & quattre onces. Quadrans, la demie drachme, ou trois onces ſelon les mémes. La di-drachme valoit deus drachmes. *L'Aureus* eſtoit le Sol, au-jourd'huy l'Ecu d'or, & valoit vingt cinq deniers. Le nom des Princes, ſe donne d'ordinaire aus Monnoies qu'ils font fabriquer. Car nous auons des Iacobus, des Carolus, des Louïs, des Iuſtes: & dés le temps du Poëte Chrétien Pru-dance, il y auoit des Philippes d'or.

*Aureos ſecum Philippos detu-lit Hymn. de S. Laurent.*

La plus grande eſpece de Monnoie, eſtoit le *Talent*. Le Grand valoit à peu prés huict cens écus d'or, le Moindre ſix cens. Il s'appeloit Attique, parceque l'inuantion en eſtoit venuë d'Athenes, mais l'vzage en eſt deuenu auſſi commun parmy les Romains. Il s'en treuue encore chez quelques Auteurs, vn plus Petit; du prix de deus, ou de trois ecus d'or.

Le *Seſterſe* ſimplemant ſe prenoit pour l'aſſe, ou le ſol. *Seſtertia* au neutre, ſignifioit mille ſeſterſes. Si on y ajoûtoit quelque aduerbe de nombre, il marquoit cent. Deſorte que

dix fefterfes, *decem feftertia*; c'eft à dire, dix mille fefterfes.
Et dix fois de fefterfes, *decies feftertium*; c'eft à dire vn mil-
lion, qui comprenoit vingt & cinq mille écus d'or.

# DES MEDALLES.



LA derniere efpece des Monnoies, eft celle que
l'on homme propremant *Numifmata*, c'eft à
dire les Medalles; dont la curiofité eft appelée
de quelques-vns vne folle oiziueté, mais des
Sçauants, la Sçiance de l'Antiquité. Atticus le
grand ami de Ciceron, auoit vne extréme paffion pour cela.
L'Empereur Alexandre Seuere, en rampliffoit fes Cabinets
auec tant de foin; qu'il voulut mémo auoir parmy les autres, l'effigie ou l'image de I. Chr. d'Abraham, & d'A-
pollonius de Tyanée.

Des Medalles.

Dans les Medalles on peut confiderer fommairemant, *trois
chofes* principales. Leur Matiere, qu'ils nomment le pied;
c'eft à dire le metal, & le poids : leur Forme, qui comprand
les figures & les legendes; les Qualitez, ou conditions, qui
leur donnent le prix & l'eftime.

Trois chofes à
confiderer.

La *Matiere* des Medalles, pour les faire eftimer, doit
eftre l'or, l'argent, & le cuiure. Celles de fer, d'étain, ou
de plomb ne font pas en fi haute reputation; fi ce n'eft qu'elles contiennent des fujets rares, & recommandables. Celles
qui font fabriquées fur le fin, font plus recherchées; dautant qu'elles marquent la grandeur, & le floriffant état de
l'Empire.

La Matiere des
Medalles.

En effet, le droi6t de fe feruir de *l'or*, de le battre en monnoie, & de le diftribuer au Peuple; a toûjours efté le priuilege des Souuerains, & des plus puiffants Monarques. Cequi fe juftifie méme par diuers endroits de l'Hiftoire des
Macchabées. L'on s'en eft encore ferui parceque les Medalles d'or ou d'argent fin, fe conferuent mieus & ne fe con-
trefont pas fi aizémant.

Vzage de l'or,
marque de Sou-
ueraineté.
*Percuffura proprij
Numifmatu.
Dedit ei poteftat.
bibendi in auro,
& effe in purpu-
ra, & hab. fibul.
auream.* 1 Mac-
chap II. & c. 10.

Z iij

# L'IDEE GENERALE



Leur *Forme*, fignifie l'image ou la figure, dont les Medalles font empreintes. C'eft à dire en boffage, en haut, ou en bas relief. Cete figure, qui eft ordinairemant ronde ou en ovale, comprand auffi leur grandeur ou quantité.

Parceque les *Medallons* font d'vne grandeur extraordinaire, ils font auffi plus rares. On les fait ou à plaifir, ou pour conferuer l'image de ceus qui les font faire, & le pied fort de leur alloy : ou pour feruir d'Enfeignes, ou plû-tôt de Signes militaires. Alors on les appeloit images, & boucliers : & ceus qui les portoient, *Imaginarij*, ou *Imaginiferi*. Les grandes pieces de cete forte, n'eftoient point, comme toutes les autres Medalles des Princes, dans l'vzage ordinaire de la monnoie. Mais c'eftoit pour donner aus Amis, aus Etrangers : & quelquefois au Peuple, dans les largitions & donatifs. Cequ'ils faifoient par billets, breuets ou mereaus ; fur le pied defquels on alloit receuoir ces Medalles, ou autres prefans, de ceus qui auoient charge de les donner.

Toutes les autres Medalles, font diftribuées en *trois claffes*. Les Grandes, quand elles font d'or, ne paffent gueres deus gros, fept grains. Les Mezanes, ou Moyennes d'argent, font d'ordinaire de nôtre gros d'argent. Les Petites, font toutes celles qui font moindres. On treuue peu de grandes Medalles du bas Empire, au deffous de Galienus, mais il y en a beaucoup de petites. Les Petites du haut Empire fe treuuent plus raremant, & toutefois font moins eftimées.

Les Lettres & les *Infcriptions*, qu'on appele Ames, Deuifes, ou Legendes : font vtiles pour l'Antiquité, pour l'Hiftoire, pour l'Erudition, pour la pointe & la gentilleffe de leur fignification. Elles fe font en diuers caracteres, felon les Pays & les Regions. Ce partage du Saint Euangile, dans lequel le diuin Meffie s'eftant fait bailler vne piece de monnoie, demande de qui eft cét image, & fon infcription ; marque bien autantiquemant la coutûme ordinaire de ce temps-là ; de grauer fur les Monnoies & fur les Medalles, l'image du Prince auec quelque Legende.

Le *Prix & l'Eftime* des Medalles, fe prand, felon les Cu-

La Forme.

Les Medallons.

Signes Militaires.

Les Grandes,

Les Mezanes.

Les Petites,

Les Infcriptions.

*Cui Nummus omnis fcrib.tur.* Prudent. Hymn. de S. Laurent. *Cuius eft imago hæc, & fuper-fcriptio?* Matth. 22.

Le Prix & l'Eftime.

rieüs, de la matiere, de la grandeur, du poids : de leur antiquité, des figures & inscriptions : de leur integrité, de leur
rareté ; du lieu où elles ont esté faites, & des Ouuriers qui
les ont fabriquées,

Les Medalles de *fin or*, sont de reputation, principalemant les Medallons. Neanmoins on prefere ordinairemant,
celles de Cuiure. Entre autres, celles qu'on nomme à cause,
de leur matiere belle & jaune, les Corinthienes. Parceque
ce metal reçoit plus aizémant l'impression des coins, conserue mieus le poids antique : se treuue en plus de diuerses
grandeurs, auec plus de figures & d'inscriptions, & ne reçoit pas si facilemant la roüille.

Les *Figures* sont ou des Deïtez, ou des Consuls, & des
Empereurs ; cequi les fait nommer Consulaires, & Imperiales. Ou des Prouinces, des Villes, & des Colonies. Ou
enfin, des grans & celebres Personnages.

Plusieurs choses contribuent à les faire estimer *rares* &
curieuzes. S'il y a quelques figures peu communes. Teles
sont les *Antinous*, qui ne seruent neanmoins qu'à publier les
infamies de l'Empereur Adrian. Les Hermathenes, qui
representent Mercure & Minerue : les Hermheracles, Mercure & Hercule ; les Hermerotes, Mercure & Cupidon alliez dans vn méme côté de Medalle. Celles aussi de quelques Prouinces, & Communautez.

On ne prise pas moins les Medalles qui sont marquées
de deus, ou de plusieurs tétes. Comme sont celles de Marc
Antoine & de Cleopatre, de quelques-vns des Ieunes Cesars,
de quelques Empereurs & de leurs Fammes : des Trium-virs,
Auguste, Antoine, & Lepidus, vne Medalle de Galba, qui
represente les trois Gaules auec des Epis de blé, & cete inscription, *três Gallja*. Vn autre auec l'inscription de xl. ou
XXXX. *Remissa*.

Si la téte est marquée auec le buste ; comme vne de Commode, auec l'effigie de Crispine au reuers : vne autre de
l'Empereur Valerian, qui a ses deus Enfans au reuers, qui
estoient Gallien & Valerian le jeune. D'autres de Seuerus &
Caracalla, ayant vne Meduze sur leur poitrine. Ou si on en

treuue fort peu ; comme de quelques vnes de Claudius, & de Poſtume. Toutes celles du Ieune Antoine, fils d'Antoine & de Cleopatre ; qui fut ſurnommé le Soleil, comme ſa ſœur la Lune. Celle de Salonine Chryſogone Auguſte, famme de Gallien. Celles de Pertinax, qui a le reuers empreint d'vne Fortune, tenant en ſa main droite vn gouuernail de nauire arrété ſur vn globe : & portant en ſa gauche vne amalthée, auec ces deus mots, *Dis Cuſtodibus.*

Ou ſi elles donnent quelque nouuelle lumiere, pour les lieus obſcurs de l'Hiſtoire & des Auteurs. Teles ſont la Medalle du Ieune Victorinus, vne de Valerian auec trois vazes, où ſe mettoient les prix des Ieus publics : & vne Tyrienne, que Monſieur de *Saint-Amant* rapporte & explicque incontinant aprés la precedante, dans ſes Commantaires Hiſtoriques ; qui par vn laborieus & induſtrieus trauail, ſamblent auoir recuëilli tout cequi appartient à cete ſorte d'Erudition.



Les *Inſcriptions* les randent auſſi exquiſes. Et parceque ſouuant elles ſont difficiles à lire, & à entandre ; les Medalles ſont fort bien nommées chez le Poëte Prudance, des *Enigmes.* Il s'en treuue peu de Grecques. Mais ſi peu d'Hebraïques & de Syriaques, qu'elles ſont préque toutes ſoupçonnées. Les Gothiques n'ont nulle recommandation.

Les *Latines* encore qu'elles ſoient plus communes que toutes les autres, n'en ſont pas moins eſtimées. La raiſon eſt, qu'elles nous donnent plus d'inſtruction de l'Empire : de la ſuite de l'Hiſtoire, de la Topographie, & de l'intelligence des Auteurs, tant Grecs que Latins.

Si l'Inſcription eſt rare ou ſubtile, elle rand la Medalle plus precieuze. En ce rang on peut mettre celles, qui marquent la fidelité publicque auec ces deuiſes ; le Siecle d'or, le Siecle nouueau, le Siecle fertile : *Felix temporum reparatio, Beata tranquillitas,* &c. Celles qui marquent la grandeur de l'Empire, & la gloire des Empereurs ; comme, *Roma renaſcens, Tellus ſtabilita : Fundator pacis, Reſtaurator, Pacator orbis, Victoria comes,* &c. Celles qui mélent les titres & les habits des Diuinitez, auec les Princes & les Princeſſes ; comme *Iulia Auguſta Genitrix orbis, Mater patriæ,*

*triæ*, *Minerua Sancta: Opi diuinæ*, & famblables. Sur lefquelles les François doiuent remarquer, entre autres obferuations ; que les Anciens mettent ordinairemant, vne
fleur de Lys en la main de l'Efperance.

Dans le grand nombre de ces belles & plus curieuzes
Medalles, qui rampliffent les Cabinets ; je n'en choifis que
trois pour enrichir ce petit recuëil.

La premiere reprefente fur le reuers d'vne Medalle
d'Augufte, trois dextres jointes enfamble : trauerfées d'vn
Caducée , d'vne hache, de faiffeaus de verges, & d'vn
globe ; auec cete fuperbe deuife, *Salus Generis Humani*.

La feconde eft de Gordian , portant en fon reuers cete
Diane fi celebre en toute l'Afie , dont le culte fuperfti-
tieus excita vne fi grande fedition contre S. Paul, en la
ville d'Epheze. On la couuretoute de mammelles, on l'accompagne de deus Nimphes, de deus fleuues ; & d'autres
ornemans myfterieus , qui fe verront mieus en la Figure
méme.

*Magna Dianæ*
*Epheftor. Actor,*
*?*

*La I. P. La Sçiance Humaine.* Aa

La troiziéme curieuzemant examinée par le tres-fçauant
Annalifte de l'Eglife Baronius , reprefente l'Empereur
Conftantin deïfié ; le vizage tout jeune , la téte voilée à la
mode des anciennes Deïtez. Au reuers fe void la repre-
fentation du méme Conftantin, fur vn petit char de triomphe , qui l'emporte dans le Ciel , d'où fort vne main qui
le vient prandre ; trois lettres au bas , qui famblent marquer le lieu , où cete Medalle a efté frappée.

Le Sacre de nôtre Roy DIEV-DONNE', Louïs XIV. qui a
cete année comblé la France de joye & de felicitez, m'oblige
d'en mettre icy la Medalle ; remarquant pour l'inftruction
de ceus qui viendront aprés nous , que le trante-vniéme
du mois de May eft marqué en quelques-vnes, au lieu du

fetiéme de Iuin; cete Ceremonie, la plus belle qui fe puif-
fe voir, ayant efté differée jûqu'au Dimanche enfermé Le Sacre de Louïs XI V.
dans l'Octaue du tres-faint Sacrement, que nos François
appelent le Sacre. Ceque le braue Ouurier a luy-méme
corrigé dans les fecondes Medalles.

Celles qui ont efté fabriquées en temps de paix, qui
fait florir les Arts, font plus acheuées. C'eft pourquoy on
fait état des Medalles, qui fe treuuent depuis Neron jûqu'à Pertinax. De toutes celles de l'Empire d'Adrian,
parceque cét.Empereur aimoit la Sculpture. De celles qui
ont efté battuës à Rome, durant ces temps-là; dautant que
c'eftoit alors le centre des grans Maîtres & des excellans
Ouuriers, comme eft aujourd'huy Paris.

Outre toutes ces fortes de Medalles, il y en a de *Sacrées*. Medalles Sa-crées
Ce font celles, qui portent la figure des Princes Souue-
rains. D'où vient que la Monnoie, eft appelée Sacrée:
qu'il eft deffandu par les Lois, d'éntrer és lieus infames,
portant fur foy vne piece de ces monnoies. Et que le Pape Leon III. deffand le cours & l'vzage de la monnoie,
marquée au coin d'vn Empereur Heretique. Et méme parceque les Peuples les baifoient auec reuerance, quelques-
vns veulent qu'on les nomme auffi *Laurata*, ou *Labrata*;
d'où peut eftre venu le Λάβαρον, fi celebre parmy les Chré- Le Labarum.
tiens. La figure de la Croix qui le diftingue, a efté en vzage méme parmy les Prophanes, & auparauant la venuë du

Aa ij

Meſſie. Mais depuis l'heureuze conuerſion de l'Empereur
Conſtantin, on l'a marquée auec plus de gloire, ſur les
Autels, ſur les Caſques, & ſur les Etandars : ſur la téte
des Agneaus, & ſur les ſepulchres des Martyrs.

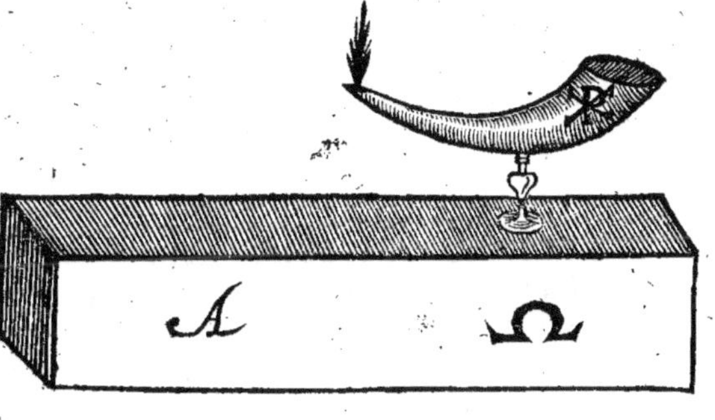

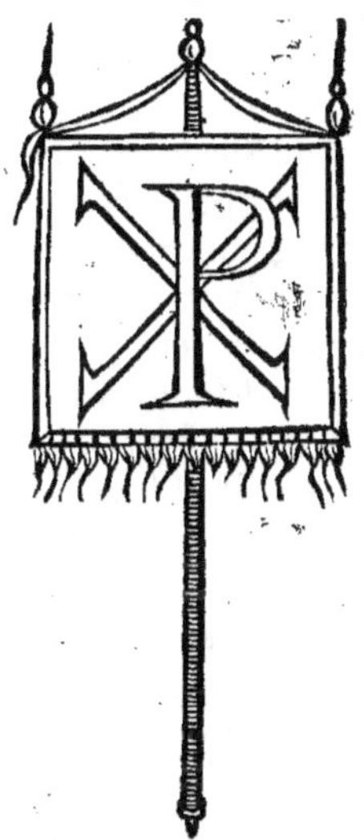

En effet, pour donner à connoître que I. C H R. eſt vraimant nôtre Souuerain Seigneur, les Princes Chrétiens,
ont pris la coûtume de mettre ſon image, ſes chiffres, ſa
croix ; bref, ſes autres marques & caracteres dans leurs Medalles Chré-<br>tiennes.
Monnoies, Iettons & Medalles  On en voit vne auec cete
deuiſe, IHS XPS ΒΑΣΥΛΕΥΣ ΒΑΣΥΛΕΩΝ. Et celle-cy
dépeinte par tout, IHS XPS NIKA.

A a iij

Tant il eſt vray que ces Images & ces Effigies de nôtre adorable Redamteur, ont toûjours eſté de precieus momumans danſ la Religion Chrétienne. I. C H R. méme ne s'eſt-il pas enchaſſé dans la tres-Sainte Euchariſtie, pour nous laiſſer vn precieus ſouuenir de ſes amours en nôtre endroit, & vne veritable repreſentation de cequ'il eſt? L'Egliſe Primitiue, au rapport de Tertullien, le figuroit ſur les Calices en habit de Paſteur, portant vne Brebis ſur ſes épaules. L'Hiſtoire Ecclefiaſtique remarque, que cete Famme qui dans le Saint Euangile fut guerie du flus de ſang, pour auoir ſeulemant touché le bord de ſa robbe: fit dreſſer vne Image, à ſon diuin Eſculape. Et qu'au tour de cete Statuë de I. C H R. naiſſoit vne herbe, qui auoit la vertu miraculeuze de guerir de cete ſale & importune maladie.

L'Antiquité innocente des premiers Siecles du Chriſtianiſme, eſt toute ramplie de repreſentations Hieroglyphiques de la Croix, & de l'auguſte Sacremant de l'Autel; que nous pouuons appeler legitimemant les Reliques & les Medalles, de nôtre égalemant aimable & adorable Redamteur. Ie n'en rapporteray icy que deus, que j'ay veuës à Rome, dans le curieus Cabinet de Monſieur Caſali, riche en toutes ces ſortes de recherches Sacrées & Prophanes.

La premiere, tirée de l'Egliſe de S. Iean de Latran, repreſente ſelon l'ancienne coûtume de l'Egliſe, vn Saint Eſprit ſur le haut de la Croix. Au milieu le Batéme de I E S V S, ondoyé par S. Iean ſon Precurſeur. Au bas vne grande Ville ou Cité, qui ſignifie l'Egliſe. L'Archange S. Michel en garde l'entrée, auec vne épée à la main; comme autrefois le Cherubin, que D I E V mit à la porte du Paradis terreſtre. Sur les murailles paroiſſent pour la deffandre, ſes deus principaus Apôtres; S. Pierre, & S. Paul. La Palme qui eſt au milieu, eſt le Symbole de la Paſſion de I. C H R. & le Phenix de ſa Reſurrection. Du pied de la Croix naît vne viue ſourcε, dont les eaus abondantes & ſalutaires; ſe diuiſent en ces quattre fleuues dépeins dans la Geneſe; qui arrozent toute la terre, & abbreuuent les Fideles ſous la figure des Cerfs & des Agneaus.

GION
FISON
TIGRIS
EVFRATES

Cete

Cete seconde Croix tirée de l'Eglise de S. Clemant au Mont *Ib. p.7.*
Celius, n'est gueres moins mysterieuze. Le Crucifix y paroît
attaché auec quattre clous. On y voit à droite & à gauche,
les images de la Vierge éplorée & de S. Iean affligé. Elle est
chargée de douze colombes, qui representent les douze
Apôtres. Son chapiteau porte des Couronnes, marques des
glorieuzes victoires que I E S V S a emporté dans la Croix.
Du pied, naissent quattre fleuues : deus Cerfs boiuent de ces
eaus, & vn troiziéme tuë vn serpant.

Ce sont là vraimant des Medalles Chrétiennes. Aussi ne
voit-on que des Images Saintes, sur celles des derniers sie- *Medalles & In-*
cles ; ausquelles la benediction des Souuerains Pontifes, *dulgences.*
attache les Indulgences. Et l'on a remarqué il y a long-
temps, que l'Homme est la Medalle & l'Image de son Crea- *Christus est ple-*
teur ; comme I E S V S est aussi appelé par le Chrysologue *num Diuinitatis*
Latin, la Medalle de son Pere. *Numisma. Ser-*
*mo. 169.*

La maniere de *faire* ou *fabriquer* tant les Monnoies,
que les Medalles: c'est de les jetter au moule, ou de les battre *Fabrique des*
auec le coin. Ces dernieres sont sujettes à crever, & étoiller. *Monnoies & des*
On en void de troüées, & de cerclées ; parcequ'on s'en ser- *Medalles.*
uoit dans les bagues, & dans les seaus, ou cachets. Cequi
a donné sujet de les appeler *signa* : de croire qu'à Rome la
ruë sigillaire, estoit celle où les Medalles estoient fabriquées ; & que cete marque ou Image de l'Empire, que les
Empereurs lors qu'ils se sentoient approcher de la mort, enuoyoient à ceus qui leur deuoient succeder, n'estoit autre
chose qu'vne grande Medalle d'or.

Il est euidant que les Medalles les plus *entieres*, sont aussi
les plus recherchées. C'est à dire celles dont l'empreinte, *Medalles en-*
l'inscription, les cordons & bordures sont les moins gâtées; *tieres.*
par la terre, la roüille, l'vzage, & la vieillesse. C'est pourquoy les Curieus de ces Antiquitez, apportent vn soin extréme à les *conseruer*. Et si elles sont endommagées, à les dé-
roüiller, les decrasser & les reparer.

Cequi se fait auec la pierre ponce, ou le tripoli. Auec vn
peu d'eau forte, pourueu que les Medalles ne soient pas de
billon ; parceque l'argent estant plûtôt mangé par cete eau

que le cuiure, la Medalle demeure toute noircie. On employe à méme effet, de la bouture; qui eſt vne leſſiue compoſée d'eau commune, de tartre, de vin auec vn peu d'alun. Mais ſans doute, le moyen le plus aſſeuré, c'eſt la pointe du burin; qui ôte la terre & la roüille, ſans gâter le metal. Il y en a qui verniſſent toute la Medalle, auec vne pâte compozée de ſouffre, de verd de gris, & de vinaigre. Ce qui la deffand de la roüille. On les enchaſſe auſſi en des cercles de corne, afin qu'elles ne ſe rompent en tombant, ou qu'elles ne ſe mangent les vnes les autres.

*Contrefaites.*

Mais il s'en treuue auſſi qui *falſifient* les Medalles, auec du cimant & du vernis, ou les jettant en ſable. D'autres en font de fourrées, qui n'ont que le cuiure ou du fer ſous quelques lamines d'or. D'autres frappent vn vieus metal, d'vn coin moderne, mais contrefait: ou ſur vn metal moderne, tachent d'imiter des figures anciennes.

*Commant les reconnoître.*

*Plin. l.33.c.9.*

Que ſi autrefois on dreſſa des ſtàtuës à vn certain Gaditan, pour auoir enſeigné au Peuple de Rome, la maniere de *reconnoître* les Monnoies fauſſes d'auec les bonnes; les Curieus en fait de Medalles, mettent le dernier poinct de leur art, à diſcerner les Antiques d'auec les fourrées & les falſifiées. Voicy leurs regles principales.

La vraye a le metal d'ordinaire plus fin & plus pezant, l'œil & la roüille vieille & antique. A peine en treuue-t-on deus ſamblables. Elles ne ſont ny ſi nettes ny ſi entières, comme les nouüellemant moulées; qui ſont toutes ſamblables, & bien arondies. Dés le temps de Pline, vne fauſſe piece de Monnoye eſtoit quelquefois achetée plus cher qu'vne vraye; afin de s'en ſeruir, pour diſcerner les vrayes d'auec les fauſſes.

*Falſi denarÿ ſpectatur exemplar, pluribuſque veru denarÿs adulterinus emitur. ibid.*

L'on pourroit encore mettre en ce rang des Medalles, ces Merreaus, Marques ou Enſeignes que l'Erudition ſacrée & prophane appele *Teſſeræ.* Outre les Militaires, qui ſeruoient à reconnoître les Soldats: & celles d'amitié ou d'hoſpitalité, nommées chez les Grecs Σύμβολα καὶ Συνθήμαλα: les Conciles mémes remarquent l'vzage dans l'Egliſe primitiue, de celles qui ſe nommoient *Litteræ Formatæ.* Elles

*Teſſeræ.*

feruoient à diftinguer dans les voyages, les Catholiques d'auec les Heretiques. Et eftoient marquées de ces quattre Lettres, Π. Τ. Α. Π. qui fignifient, felon la plus faine inter- pretation, les trois Perfonnes de la Tres-fainte Trinité, auec la foy de Saint Pierre.

Comme de l'Arithmetique ordinaire font venus les Poids, les Mezures & les Monnoyes que nous venons d'explicquer: de méme le fecret de l'Ecriture, eft nay de l'Algebre.

*Les Lettres for-mées.*

---

# DE L'ECRITVRE,
## & des Chiffres.

*TITRE XL.*

**L**'ECRITVRE fignifie la maniere d'expri-mer nos penfées & nos paroles auec les doigts, qui traçent certains caracteres fur le papier, auec la plume, imbuë d'ancre, ou de quelque couleur, ou auec le Style fur les tablettes, ou auec le burin fur l'écorce des arbres, d'où eft venu le mot de Liure. Il y en a vne Commune & vulgaire, l'autre Sacrée & occulte. La Commune fe fait parmy nous, écriuant de la main gauche vers la droite : L'Hebraïque va de la droite à la gauche ; la Chinoife, fe trace par colomnes de haut en bas.

Outre celle-cy le fameus Theologal d'Alexandrie, que S. Ierôme furnomme le plus fçauant des Anciens Peres, re-marque dans fes belles Tapifferies, que c'eft la coûtume de tous les Sages, tant facrez que prophanes, de cacher leurs Myfteres fous les voiles obfcurs des Symboles, des Enig-mes, des Allegories, Figures & Paraboles. Ce qu'ils font pour randre plus augufte ; & donner de la veneration à ce qu'ils tiennent ainfi voilé & caché. De vray les Egyptiens, qui par vne fole vanité s'eftimoient les plus anciens & les plus religieus de l'Vniuers, mettoient des Sphinx, fur le por-tail de leurs Temples : & ils auoient au dedans leurs *Adyta,*

*Omnes quidem vt femel dicam. Stromat. 5.*

*Loquar verba fapient. & ænig-tor. Prouerb. 1. Job 13. Ezech. 17.*

c'eſt à dire le Sanctuaire , dont l'entrée n'eſtoit permiſe qu'aus Docteurs & aus Sacrificateurs. Delà eſt , qu'ils partageoient leur *Sçiance* en deus claſſes. L'vne eſtoit Sacrée, l'autre eſtoit Prophane. En ſuite dequoy leur façon méme de coucher par *écrit*, eſtoit differante. La premiere Ἐπιστολογραφική, n'apprenoit qu'à former les Lettres. La ſeconde Ἱερογραμματική, n'appartenoit qu'aus Preſtres. La troiziéme Ἱερογλυφική, reſeruée pour les plus Sçauans , eſtoit encore de deus ſortes. La premiere Κυριολογική, eſtoit propre & naïue , parce qu'elle employoit les Lettres & les Elémans ordinaires. La ſeconde Συμβολική , ſe faiſoit par l'imitation des choſes. Comme pour repreſenter vn Soleil, ils depeignoient vn cercle rond. Vn Serpant qui rangloutît ſa queuë, pour ſignifier la reuolution de l'an en ſoy-méme, ou l'eternité. Le Lion pour ſymbole de la magnanimité, l'Aigle du Courage : l'Oliuier de la Paix , l'Huile de l'Etude. La ſeconde ſe ſeruoit de figures plus étanduës , accompagnées de Metaphores , & de Tranſlations. Atlas , par example, portant le Ciel ſur ſon dos , *Cui Cœlum ſarcina parua fuit* ; donnoit à entandre , que ce Prince eſtoit tres-ſçauant dans l'Aſtrologie. Tout ce que l'on dit du Phenix eſtoit peint en vn Tableau , pour marquer l'immortalité de l'Amę. La doctrine eſtoit dépeinte par la rozée, qui tombe du Ciel ; ce qui ſert d'entrée à ce magnifique Cantique que Moyze chanta à la loüange de l'Eternel, eſtant proche de ſa fin. Ces rares Tableaus ont eſté curieuzemant recherchez , & par l'Ancien Horus-Apollo , & par le laborieus Pierius Valerianus ; qui floriſſoit en Italie, au ſiecle des Beaus Eſprits. La troiziéme Ecriture ſymbolique, encore vn peu plus étanduë , ſe fait par enigmes & allegories. Ainſi Iob méme , exprime préque toute ſa diuine & eloquante Philoſophie en ce langage Oriental. Il parle du Pere de la pluye & de la rozée, des trezors de nege & de grêle, des routes du Soleil, des chemins de la lumiere : des mezures & des allignemans de la terre, de la Mer emmaillotée tout ainſi qu'vn enfant. Il dépeint la malice & la force du Diable, ſous les noms de Behemot & de Leuiatan ; qui paiſſent le

foin comme des beufs, dont la queuë est vn Cedre, les os
sont de bronze, les cartilages de fer, & le reste. Qui est
encore aujourd'huy la façon de parler des Peuples de l'A-
merique.

A l'imitation de ces Anciens, les Pythagoriciens ont eu
leurs Symboles, & leurs Santances dorées. Leurs Disciples
au commancemant n'estoient qu'Auditeurs, & comme No-
uices, Ακ૪σματικοί. Puis ils deuenoient Μαθηματικοί,
comme Profés & Sçauans. Dans la plus occulte Philosophie les Peripateticiens mémes, auoient leurs Sçiances internes, secretes, domestiques, & incommunicables, Εξωτέενα ᷅ ἀκωνοίτιτα. Et Εξωτέενα; c'est à dire externes,
vulgaires & communes à tout le monde. Certainemant
l'on peut dire que tous ces Prophanes imitoient en cela les
Hebreus, dont l'Ecriture estoit vn vray enigme deuant les
poincts, inuantez par les Massoretes il y a quelques siecles,
pour seruir de voyeles. Et personne n'ignore que les quatre lettres du grand & ineffable nom de DIEV, n'estoient
employées à aucun autre vzage.

Cete Ecriture Cachée a donné occasion à la Polygraphie,
& à la Steganographie de l'Abbé Tritheme; que Bouille
taxe de superstition, au moins d'vne assez vaine & oizeuze
curiosité. Ce n'est pas que l'on doiue condamner ny cés Hieroglyphiques, & ces Enigmes des Anciens, dont je viens
de parler : ny la Dactylogie de Bede, ny les gestes de Pan-
tomimes : ny les Chiffres qui abbregent les noms, ny les
Occultes, dont l'vzage est souuant necessaire. Il y a des Mysteres dans l'Oeconomie de la Religion & des affaires, principalemant dans la conduite des Etats; qui comme le vin &
les parfums perdent leur vigueur & leur pointe, dés-lors
qu'elles sont euantées.

Toutes les *Creatures* à propremant parler, sont les chiffres
& les caracteres du Createur. La raison est; que les choses
spirituelles ne peuuent estre communiquées à celles d'vn
étage plus bas & plus grossier, que sous des voiles & des
couuertures; que les Hebreus pour ce sujet appelent Sephi-
rots, vétemans & vehicules. La Loy & les ceremonies de



Les choses visi-
bles, sont les si-
gnifications des
inuisibles.
*Inuisib. Dei per
ea, &c. Rom.*

la Synagogue, n'eſtoient que les *ombres* du Chriſtianiſme.
Cequi a fait dire à Salomon & à S. Paul, que toutes les Ceremonies Iudaïques n'eſtoient que vanité : des elemans vuides, & affamez.

Generalemant il n'y a point de parole, ny d'action, en
laquelle on ne puiſſe diſtinguer *deus ſens*. L'vn exterieur &
manifeſte, qui eſt comme l'ecorce & le corps : l'autre ſecret
& caché au dedans, qui eſt comme l'ame & l'eſprit. Le premier, c'eſt la lettre qui tuë : le ſecond, c'eſt l'eſprit qui donne la vraye intelligence.

Deſorte qu'on peut voir, que toutes choſes ſe font par le
mariage du Ciel auec la terre, de la forme auec la matiere,
de l'agent auec le patiant, du Createur auec la creature, de
D I E V auec l'Homme : de l'ame auec le corps, du Sens caché auec l'Ecriture manifeſte ; celle-cy eſtant le corps, &
l'autre ſeruant d'ame. D'où il s'enſuit qu'on peut donner à
toutes choſes vn ſens literal, moral, allegorique, & anagogique. Quattre ſens qui ſont repreſentez dans l'Homme par
la chair, les viſceres, les os, & la moëlle : & dans l'Ecriture
Sainte, par les quattre rouës du Prophete Ezechiel. Plus
briéuemant, ces quattre ſens ſe peuuent reduire à deus ; l'vn
couuert & interieur, l'autre découuert & exterieur. Iûques-
là que le Ciel eſtant comparé par Ezaye à vn liure plié, mais
liure ſelon Ezechiel écrit dedans & dehors ; les Anges en
liſent l'Ecriture ; diſent les Rabbins, dans le conçaue du
Ciel, D I E V dans le conuexe.

Cequi a fait remarquer aus mémes Docteurs, que les deus
Tables de la Loy diuine, faites de ſaphir, que quelques Interpretes confondent auec le lapis ou la pierre d'azur ;
eſtoient écrites d'vne ſuite continuele, ſans ſeparation des
ſyllabes, ou dictions : & que de toutes parts, elles eſtoient per-
çées à jour. Deſorte que chacun y pouuoit lire du côté qu'il
ſe treuuoit, ou qu'il luy plaiſoit ; à droit & à gauche : en haut,
en bas, &c. Mais que Moyze ſeul, éclairé de l'Eſprit qui luy
auoit dicté la Loy, en conceuoit le vray ſens ; lequel il laiſſa
par tradition, aus Preſtres & aus Scribes. Deuant Moyze,
dans la Loy de Nature, Enoch Secretaire d'Adam, à ceque

difent les Curieus, auoit graué en caracteres hyeroglyphi-ques fur deus colomnes l'vne de marbre, l'autre de brique; tout cequ'il auoit appris de ce premier Pere, & Maître du Genre Humain.

Aquoy ils ajoûtent, que par vn autre myftere, les deus Tables données à Moyze contenoient en tout fix cens treze lettres, autant qu'il y a de preceptes. Sçauoir eft, deus cens quarante-huict affirmatifs, autant qu'il y a d'offemans dans le corps humain. Et trois cens foiffante-cinq negatifs, autant qu'il y a de nerfs, de tandons & de ligatures dans le même corps, & de jours dans l'année. Que les trois premiers preceptes, font pour la vie Contamplatiue : & les fept autres, pour la vie Actiue. D'où l'on peut tirer de beaus fecrets, & de riches inftructions pour la Morale & pour la Chaire.

Le F i l s - d e D i e v même dans le chapitre huitiéme de S. Iean, fe randant auocat d'vne Famme accuzée d'adultere, écriuit fur la terre certains caracteres ; qui étant leus, diuerfemant de tous les Accufateurs, les obligerent de fe retirer l'vn aprés l'autre. On a auffi voulu remarquer certains caracteres dans la future du crane de la téte de l'Homme, & fur les riuages de la Mer.

Delà eft née la C a b b a l e, du mot Hebreu *Cabal* qui fignifie receuoir ; c'eft à dire, vne Sçiance apprife par tradition. Elle eft de deus fortes parmy les Iuïfs. Ils appelent la premiere, *Berefchit*: la feconde, *Mercaua*. Celle-là traitte des chofes, celle-cy des noms. La premiere qui traitte des chofes, eft la Cofmologie ou la Sçiance Naturelé. La feconde eft la vraye Theomantie ou Theologie, qui explicque les dix Attributs de D i e v, qu'ils appelent Sephiroths ; c'eft à dire nombres ( ear chez eus, nombrer & fçauoir font termes fynonimes ) auec les Noms de douze & de quarante-deus lettres, qu'ils multiplient jûqu'à fept cens, & tout cequi touche les Anges ou Intelligences.

*Mercaua* ou l'Arithmantie, en enfermoit trois autres. Le *Notariacon*, & le Themurath enfeignent les tranfpofitions & commutations materieles des lettres & des mots ; d'où vien

nent les Anagrammes, & les Acroftiches. Cequi fe fait,
mettant les premiers lettres ou fyllabes, pour la diction entiere ; comme en S. P. Q. R. & en ce precieus titre de la
Croix I. N. R. I. Parmy les Grçcs Θ. fignifioit la fentance
de mort, I. d'abfolution. Λ & Δ de plus ample information: ζ. eftoit vn figne de mal-heur, parceque le corps de
ceus qui font pandus fait cete figure. Les quattre lettres
Grecques du nom d'Adam, marquent les quattre parties
du Monde; l'Oriant, l'Occidant, le Septantrion & le Midy. Les cinq voyeles de Federic III. A. E. I. O. V. font in-
terpretées, *Aquila Electa Iuftè Omnia Vincet.* Ou bien *Au-*
*ftria Extendetur In Orbem Vniuerfum.* Ou ne faifant que les
tranfpofer, comme Iéoachin, qui eft le méme que Iechonia,
VIVI, qui fe refoût dans le nombre Romain, XVII. Ou mettant vne lettre pour vne autre, comme Loy pour Roy, *ollis*
pour *illis* : *aduorto* pour *aduerto*, mafi pour mari, courin,
pour coufin; qui eft le langage ou des Anciens, ou des Prouinces, ou du Vulgaire, ou de ceus qui ont la langue graffe
& épaiffe. Ou en ôtant quelques lettres, comme en Sara, au
lieu de Sarai : païs, pour Paris : Louys, pour Clouis. Ou en
ajoûtant, comme Abraham, au lieu d'Abra : loüer, cloüer.

Le Calcula-<br>toire.

　　Le *Calculatoire*, leur donne vne valeur numerale. D'où
vient que les lettres de l'Alphabet Hebraïque, feruent auffi
de nombrés. Cequi fe void dans la diftribution du Pfeaume
CXVIII. & dans les Lamantations de Ieremie. Et le Liure
de la mort de Moyze, remarque ; que le mot du Pfeaume
XXX. qui fignifie *bonum tuum*, rand le nombre de XXXVII.
qui marque ces trante-fept voyes admirables de la Sageffe.

La Gematrie.

　　La *Gematrie* recherche les échanges formels dans les lettres, & dans les noms ; pezant leurs equiualances, leurs mezures, & leurs proportions. Cequi fait que dans l'Apocalypfe
méme, on compare le nom de I E S V S qui fait 888. auec celuy de l'Anti-Chrift, qui ne vaut que 666. Nombre que

Cap. 13.

quelques Curieus ont treuué dans les lettres Grecques du
nom de Martin Luther, & de celuy de Mahumet. Dans l'E-
rudition prophane, le nom de Hector auec ceus de Patrocle

Vide Bungum<br>pag. 264.

& d'Achille. Et dans vne ridicule fuperftition, on veut prandre

dre poŭr mauuais augure; si les lettres du nom & du surnom
de la Famme, surmontent en valeur celles du Mari.

Tant-y-a que tous les Contamplatifs ont toûjours enfermé beaucoup de vertu secrete, & de fatalité dans *les Noms.*
Les imposer ou les changer, est vne marque d'autorité & de
Sçiance. C'est pourquoy Adam imposa les noms propres à
tous les oiseaus de l'air, & à tous les animaus de la terre:
mais non pas aus poissons, ny aus plantes. L'Ange qui luita
contre Iacob, change son nom en celuy d'Israël. Zacharie
resoût la difficulté, sur le nom de son fils. L'Ambassadeur de
l'Incarnation donna ordre de la part du Pere Eternel à la
Vierge Marie, de nommer son Fils I e s v s ; ajoûtant que
son office de Sauueur, estoit enfermé en ce nom adorable. Ce
fut neanmoins S. Ioseph qui l'imposa aprés l'auoir Cir-
concis au huitiéme jour, selon la Loy & la coûtume. Et l'e-
xample du diuin Precurseur ajoûte, que d'ordinaire l'on
donnoit dans la famille à l'Enfant le nom du Pere, ou quelqu'autre commun. D i e v changea le nom d'Abraham, en
y ajoûtant: celuy de Sara, en y ôtant. L'Ange aprés la lutte change le nom de Iacob, en Israël. I e s v s-C h r i s t
celuy de Simon en Pierre, qui depuis a esté si respecté par
ses Successeurs les Souuerains Pontifes, que le Pape Serge
ayant nom Pierre deuant son élection; fut le premier qui
introduisit la coûtume qui a duré depuis ce temps-là, de
changer le nom à ceus qui sont éleus au Souuerain Pontifi-
cat. Les deûs Freres Iacques & Iean furent surnommez
*Boanergés*, c'est à dire Enfans du Tonnerre. Aquoy l'on
ajoûte l'ancien vzage de changer le nom aus Morts, aprés
les auoir lauez & couronnez. Cequi se pratique encore aujourd'huy entrant dans les Monasteres, qui est vne mort ciuile & religieuze. Delà vient le conseil que l'on donne aus
Parans, de choisir pour leurs Enfans, des noms heuteus:
& la pratique de la Milice Romaine, de commancer le role
de leurs Soldats par des noms fortunez. Aquoy l'on peut
aussi rapporter la reflexion de Suetone, que tous les Cesars qui ont eu le prenom de *Caius*, ont peri par le fer.

Mais omettant toutes ces curieuzes recherches, qui ne



Génes. 1.

Ibid.

Luc. 1.

feruent qu'à l'erudition, ou qui ne font propres qu'à la fuperftition : établiffons cete conclufion indubitable, qu'outre l'Ecriture ordinaire, il y en a vne autre ; qui donne à
connoître les penfées fecretes par des voyes occultes & extraordinaires. De vray, le fecret eft l'ame de toutes les
grandes chofes dans la Religion, dans les Etats, & dans
les Sçiances. D I E V eft vn chiffre inexplicable à tout autre, qu'à foy-méme : toutes les Creatures font autant de
chiffres, dont il tient la clef. Il parle aus Prophetes en
Enigmes, & fon Fils Incarné mêle des paraboles en toutes fes inftruétions. Toute la Loy de Moyze, qu'eftoit-ce
autre chofe que le chiffre, l'ombre & l'écorce de l'Euangile ? Iufqu'où n'eft point allée l'induftrie des Hommes pour
treuuer des inuantions de cacher leurs penfées à la Multitude, les découurant à dés Particuliers ?

Le fecret attribué à Pythagore, qui fe vante que l'Ecriture marquée auec du fang fur la glace d'vn *miroir* expo-
fé aus rays de la Lune, fait lire d'vne fort longue diftance, dans le Globe de cete Planete, cequi eft écrit fur ce
miroir ; n'eft autre chofe, à parler propremant, que la pro-
duétion d'vn Efprit lunatique.

Ecrire auec des *caraéteres inuifibles*, qui ne font leus que
de ceus qui les fçauent faire paroître : eft vne inuantion, que
la facilité a randuë inutile. On fe fert pour cela de laiét, de
jus d'oignon ; du fuc de limon, de l'eau en laquelle on a dé-
trampé de l'alun brûlé : du fel armoniac, ou du camphre.
Pour faire paroître l'Ecriture, faite auec ces petits artifices,
il faut montrer le papier au feu, le froter auec du charbon
pilé, ou le moüiller dans l'eau commune : ou le frotter auec
du coton, trampé en eau diftilée de vitriol ou de couppe-
roze ; ou en de l'eau de vie, imbuë de la teinture des noix de
galle. La plus fubtile eft celle qui compofe vne eau pour écrire, & vne autre pour faire paroître l'Ecriture.

Afin donc de s'arréter particulieremant à ce qu'on appele
*Chiffrer, & Déchiffrer* ; il eft certain, que le premier fe fait en
plufieurs & diuerfes manieres. En toutes lefquelles on obferue la figure ou la forme, l'ordre ou l'affiette, la valeur ou

*Ecriture oc-
culte.*

*Miroir Lunai-
re.*

*Caraéteres in-
uifibles.*

*Trois chofes
dans les Chif-
fres.*

la puiſſance des caracteres. Nous effleurerons les principa- *Chiffres des*
les, laiſſant le detail aus Secretaires. Sans rien dire au reſte, *noms.*
ny des abbreuiations, qui peuuent paſſer pour des Chiffres: *Verba notis bre-*
ny de cét entrelaſſemant des premieres lettres du nom, & du *uibus comprende-*
ſurnom de quelqu'vn. Les quatre ſuivans peuuent paſſer *re cuncta peritus*
pour les plus remarquables dans la Religion, & dans l'Etat. *Doctor, &c. Pru-*
*dent. ϕ Συ-*
*ϕαι. Hymn. 9.*

Baptiſte de la Porte qui auec Tritheme, Cardan & Vigenere a plus recherché cete ſorte de curioſité; donne la cor-
reſpondance de deus gros Livres, d'vn méme Auteur, de Deus Livres.
méme Impreſſion, & de méme Volume, en la Langue en
laquelle on veût écrire. Mais cete maniere eſt fort embroüil-
lée, & difficile.

La *Metaphorique* ou Allegorique, ſamble la plus aizée Deus Sens.

& la plus certaine, qui est d'écrire tout simplemant, en caracteres ordinaires : mais à deus sens, qui se peuuent diuersemant entandre. Le premier ouuert & naturel, le second secret & caché ; les paroles ayant vne occulte signification, de laquelle on est conuenu.

La Scytale, le
Chassis, &c.

*La Scytale* des Lacedemoniens, qui est vn bâton rond ou quarré enuironné d'vne courroye : les chassis, les coches ou tailles : les patinôtres, les épingles, les feus pandant la nuict, & les fumées durant le jour ; sont des manieres assez certaines, quand la correspondance est bien établie.

Pour le Chiffre qui se fait par les Caracteres, il y en a de deus sortes. Les vns sont extraordinaires, les autres vulgaires, mais employez en des vzages non communs.

Les Caracteres
feints.

Pour le premier, on feint à plaisir ainsi qu'on veût, ou vn Alphabet, ou vn Langage, comme celuy des Boëmiens : ou par redoublemans de syllabes, ou par dictions barbares. Ou bien on se sert au lieu des lettres, des mots, des figures & des caracteres de toutes les Sçiances : des nombres de l'Arithmetique & de leurs proportions, des notes de la Musique : des poincts, des lignes & des figures de la Geometrie : des étoilles, des planetes, des signes & autres positions de l'Astrologie : des traits de la Perspectiue, & de la Peinture : des ouvrages de la Nature & des Arts, comme des branches d'vn Arbre, des ordonnances de l'Architecture : du langage & des expressions de la Chymie, des abbreuiations de la Medecine ; des Armoiries, & autres. En sorte que comme l'Ecriture exprime toutes choses, deméme elle peut estre exprimée par toutes choses. Aprés tout, ces differans Alphabets sont plû-tôt pour la pompe & pour l'erudition, que pour l'vzage & le profit.

Caracteres
communs &
ordinaires.

Le meilleur donc c'est de n'employer que les Chiffres, les caracteres & les *mots communs* dans la Langue Latine ou Françoise : mais leur donnant vne signification secrete, & particuliere.

Diuerses façons
de Chiffrer.

Iules Cesar & son Successeur Auguste, ne faisoient que transposer les lettres de l'Alphabet. Quelquefois on met vn chiffre, ou vne lettre pour vn mot entier : vn mot, ou deus ou trois chiffres ou lettres, pour n'en signifier qu'vne. D'autresfois on fait des associations, & redoublemans de lettres & de chiffres. On contre-chiffre, déguisant vn méme caractere en plusieurs manieres : & enueloppant plusieurs chiffres reïterez les vns sur les autres, ou les changeant à toutes les lignes ; cequi les rand plus inexpugnables, & inuincibles.

La façon la plus ordinaire, c'est de dresser vn *Alphabet*. On le fait ou sans clef, & à fantaisie : ou auec vne clef soit mantale, soit exprimée, C'est elle qui marque d'ordinaire l'ordre, & le mot du guet par les lettres capitales, écrites à la téte du chiffre, ou à la gauche : ou transversales, ou perpandiculaires. Pour le faire plus malaizé à découurir, on les fait à double lecture : à double, méme à triple sens.

Aquoy il ne sert pas peu, de reduire les lettres de l'Alphabet, au moindre nombre qu'il est possible. Ensorté qu'vne seule lettre peut ramplir tout l'Alphabet. Cequ'on fait encore retranchant les lettres superfluës, en accouplant deus ou trois : diuersifiant leurs figures, pour donner à vne seule la valeur de plusieurs ; en laissant quelques-vnes pour servir de nulle, & des separations : & cachant vn second sens, dans le premier.

Pour developper ces Enigmes & *déchiffrer* tous ces bizarres caracteres, on se sert de quelques regles generales. Encore qu'il soit vray que le genie, l'imagination, le trauail, l'exercice, le hazard & la rancontre ont la plus grande part en cete artificieuse diuination.

I. On tâche de découvrir l'Idiome ; s'il est par example, Latin, ou François : & à méme temps, la voyele predominante.

II. Les deus se font reciproquemant l'vne par l'autre, par comparaison & proportion. Pour reüssir en cela, on examine la plus multipliée des lettres que l'on voit dans le chiffre. Par example, si elle y est six cens fois, il faut marquer 600. Delà on passe à celle qui en approche le plus. Par example, celle qui y est cent fois ; alors il faut marquer 100.

III. Comparez ensuite ce plus grand nombre 600. auec le plus petit 100. Et obseruez y la proportion entre les deus, qui est le six.

Cc iij

IV. Si la proportion n'eſt que double, triple, ou quadruplé, ordinairemant c'eſt du Latin. Si elle excede, c'eſt du François. La preuve ſe prand de la preſſe. Car imprimant en Latin, il faut auoir pour le moins trois fais plus d'*I*, que d'aucune autre voyele. Mais imprimant en François, il faut auoir pour le moins quattre fois plus d'*E*.

V. Par cete induſtrieuze recherche on découvre la Voyele dominante, comme par cete voyele on découvre le Langage.

VI. Vous poſez cete Voyele dominante, tout ainſi que le principe certain & immobile dans les mouuemans, l'vnité dans les nombres: & quelque caractere conneu dans l'Algebre, neceſſaire pour penetrer & pour paſſer à la connoiſſance de ceus qui ſont inconneus.

VII. Vous connoiſſez le Q. & l'V. par la neceſſité de leur liaizon. Ainſi vne ou deus lettres étant conneuës, il eſt préque auſſi aizé d'acheuer le déchiffremant; qu'au Serpant de gliſſer tout le corps dans vne caverne obſcure, aprés qu'il y a vne fois coulé la téte. Ou qu'il fut facile à la fameuze Ariadne, de ſortir d'vn labyrinte à la faveur du peloton de fil dont elle tenoit le bout.

VIII. Comtant donc ainſi combien de fois vne lettre ſe treuve en vne ligne, on prand pour voyeles les caracteres qu'on y voit le plus ſouuant employez.

IX On remarque, que les Monoſyllabes, ſont ordinairemant plus frequans en la langue Françoiſe.

N'ayant pas deſſein en cét Ouurage, de former vn Secretaire: ny de dire par le menu, tout cequi appartient à chaque Sçiance, à chaque Art, & à chaque Diſcipline; aprés auoir donné vn peu d'étanduë à ces curioſitez des Medalles, & de l'Ecriture, je dois paſſer à la ſeconde Partie principale des Mathematiques; qui eſt la Muſique.

# LA MVSIQVE. — TITRE XLI.

CETTE agreable harmonie a les Muzes pour Meres, & pour Marainés, parceque son inuantion, & son nom leur appartiennent. Les Speculatifs, comme ont esté principalemant les Sectateurs de Pythagore, & de Platon; appelant toute la Philosophie vne grande Musique, en reconnoissent vne *Naturele* en D I E V, qui est vn concert de toutes les perfections imaginables. Dans les Chœurs des Anges, qui loüent cét Estre Supréme, comme les Astres du matin. Mais les Mauuais ayant perdu par leur orgüeil l'harmonie qui se treuuoit parmy eus, sont deuenus ennemis de la Musique. C'est pourquoy le Demon qui agitoit Saül, estoit chassé par la melodie des Concerts, que Dauid faisoit resonner sur sa harpe. Encore que les Rabbins attribüent ce miracle à la vertu des caracteres du nom de D I E V, écrit sur le bois de cét instrumant. Et le Prophete Elizée commande au quattriéme des Roys, qu'on luy amene vn Chantre, ou vn Ioüeur de lut, ou de harpe; afin que par les sons de cete harmonie, il excitât & reueillât en luy-méme les entousiasmes de l'Esprit de D I E V.

Ils reconnoissent encore cete méme cadance harmonieuze, dans le branle & dans le mouuemant des Cieus, qui chantent la gloire de leur puissant Archytecte. Dans l'harmonie, qui tient tous les Elemans en vne juste consonance.

La Naturele.

Cùm me laudar.
Astra matut.&c.
Iob. 28.

1. Reg. 17.

Adducite mihi
Psaltem.4. Reg 3.

Cœli enarrant,
&c. Psal. 18.
Voyez l'Harmonie du Mõde de
Georges de Venise.

Dans l'Homme, qu'vn Pere de l'Eglise a eu raiſon d'appeller elegammant l'organe du monde, & l'inſtrumant de Muſique de toutes les Creatures.

La Muſique *Artificiele*, n'eſt qu'vne imitation de la precedante. Elle eſt née du raiſonnemant de l'Eſprit humain, qui ſamble ne ſe plaire qu'aus proportions & aus accors : & qui neanmoins met tout en diſcorde, & en confuſion. Le premier qui l'a inuantée n'eſt pas Pythagore, mais Iubal fils de Lamec.

Il faut bien ſans doute qu'il y ait quelque *vertu* occulte, mais tres-puiſſante dans la melodie, puiqu'elle charme les choſes les plus inſenſibles. Les Nourrices s'en ſeruent pour rejoüir leurs Enfans ; les Voituriers pour encourager au chemin les mulets & les chameaus, les Artizans & les Bergers pour ſe deſennuyer : l'Egliſe pour exciter la deuotion, la Guerre pour animer au combat, la Medecine pour guerir ceus qui ſont picquez de la Tarantole. Sans parler des miraculeus effets de la Muſique d'Orphée & d'Amphion, ſur les montagnes, ſur les foreſts & ſur les dauphins ; Il y a méme vne fonteine, qui au ſon du haut-bois s'agite elle-méme, épanche ſes eaus & ſamble vouloir danſer. Perſonne n'ignore le pouuoir qu'eut la flute de Timothée, pour exciter & appaizer la fureur d'Alexandre. Que Clytemneſtre conſerua ſa chaſteté, tandis que la Muſique la luy inſpira. Que Thalés de Candie appaiza par les dous accors de ſa harpe, vne ſedition entre les Lacedemoniens qui eſtoient préts de ſe battre.

Auſſi la Muſique eſt employée dans les rejoüiſſances publiques, dans les feſtins, en tous les actes de la Religion: & méme, au rapport de l'Euangile, dans les funerailles, quoy que la Sageſſe la rande importune dans l'affliction. Nos Tymbales Allemandes ne paſſent pas ſi auant comme les Sibarites, qui allant à la guerre faiſoient marcher leurs cheuaus à la cadance. La conduite des Gethes quoy que barbares n'eſtant pas ſi dangereuze, eſtoit bien plus myſterieuze. Car jamais ils n'enuoyoient leurs Ambaſſadeurs pour les traittez de paix, que la harpe en la main. Soly-

man

*L'Artificiele.*

*Geneſ.* 4.

*Effets de la Muſique.*

*Matth.* 9.

*Muſica in luctu importuna. Eccl.* 22.

man fe montra bien éloigné de ces penfées, lors que le Roy François I. luy ayant enuoyé comme vn rare prefant, des Muficiens tres-habiles: il les luy ranuoya tous, ayant fait caffer tous leurs inftrumans.

Autrefois ne fçauoir point de Mufique, eftoit la derniere des ignorances. Et j'ay fouuant admiré que l'Auteur de l'Ecclefiaftique, voulant dreffer les Eloges de tous les Celebres & de tous les Illuftres de la Iudée, qu'il appele grans & riches en vertu; il dit d'abord qu'ils eftoient curieus de la Mufique, & fçauans dans l'art de chanter.

*Magni virtut. diuites in virt. In perit. fuá requirent. modos Muficos, & narrantes carmina. cap. 44.*

L'Eglife méme n'a rien ny de plus deuot, ny de plus majeftueus; que fes hymnes, fon chant, & fa Mufique. L'vzage en eftoit dés le temps de la Synagogue. Car felon le témoignage de Zamoras en fa Grammaire, l'on y chantoit les cinq liures de Moyze, & les autres Hiftoires facrées, d'vn ton plein & dous: les Propheties, d'vn accent rude & fatyrique: les Pfeaumes d'vn air graue, qui tenoit de l'extaze & de la contamplation: les Prouerbes de Salomon, d'vne maniere infinüante: le Cantique des Cantiques, auec joye & allegreffe; l'Ecclefiaftique, d'vn ton ferieus & feuere. Dauid méme prit la peine, tout Roy qu'il eftoit, de compozer ces diuines chanfons & ces airs Ecclefiaftiques, auec lefquels on loüoit D I E V dans le Temple de Salomon. Et c'est vne chofe qui merite reflexion, de voir que l'Eglife Chrétienne fe fert de ces mémes Hymnes dans fes vzages facrez.

*La Metrique*, a efté expliquée dans la Poëfie; qui compoze les Vers, auec vne mezure & vne melodie capable de charmer l'efprit par les oreilles. *La Rithmique*, forme diuers accouplemans des nombres, mezurant leurs temps, leurs pieds & leurs mutations. Le difcernemant s'en fait par le toucher fur le Monocorde, par les yeus dans les danfes, par l'oïie dans le chant.

*La Metrique.*

*La Rithmique.*

Delà naît *l'Harmonique*, autremant dite la Mufique Canonique, c'eft à dire Reguliere. Elle eft partie Speculatiue, partie Practique. Et s'exerce tantôt auec la voix feule, tantôt auec les feuls inftrumans: ou feulemant touchez, com-

*L'Harmonique.*

me le lut & la harpe : ou aidez du vent , comme les or-
ges , le cornet & la trompette ; tantôt auec le mariage , &
l'affamblage de tous les deus.

Le *Plain Chant*, ou le Chant plat , est vne premiere &
simple modulation , qui roule naturelemant par les huict
tons principaus : & apprand à chanter par notes égales,
& de pareille valeur. Neanmoins comme cete valeur dépand de la quantité des Syllabes , il y en a de longues , &
de breues. Les Longues font ainfi marquées ▤. Les Breues en cete maniere ◈. On y ajoûte quel-　quefois vne
queuë, comme feruant　de marque & poinct, auquel il faut
vn peu s'arréter en chantant ◈.

Le partage le plus general ╪ de la Mufique ; fe fait en
VIELLE , & Nouuelle ? Anciennemant il y en auoit
trois Efpeces principales , qui eftoient en grande vogue.
*La Diatonique*, eftoit toute bâtie de tons & de femi-tons.
*L'Enharmonique* n'employoit au contraire , que les plus
petites interualles ; fçauoir eft les Diaizes , tant majeures
que mineures : fuiuies du Diton , ou tierce majeure ; pour
acheuer fon tretracorde , ou quattre. On croit que *la
Chromatique* tenant le milieu entre les deus , rouloit préque toute fur les femi-tons , les feintes & les diaizes ; &
c'eft la feule , dont l'vzage nous eft demeuré.

La Mufique NOVVELLE, vray-famblablemant eft vn
induftrieus ramas de toutes les anciennes. Il y en a de
deus fortes. La Simple , c'eft *le Faus-bourdon* , note contre
note. *La Figurée* fe change par diuerfes figures , notes , &
fredons.

Pour fondemant de cét Art , on fuppofe fept Lettres ;
*a , b , c , d , e , f , g.* Six Voix ; *vt, re, mi, fa, fol, la*, in-
uantées par Guy Aretin dans l'onziéme Siecle. De ces deus,
eft compofée la Game ; qui fe void figurée par vne main,
ou par vne Echele. Dans cete Game il y trois *Vt* differans , que l'on appele deductions , chacun defquels a cinq
voix en gouuernemant. Si bien qu'il faut confiderer en
compofant , & pezer en chantant la diuerfité des fons par
lefquels la voix s'éleue & s'abbaiffe ; deuenant haute, baf-

ſe, graue, aiguë, &c. D'où naiſſent les *quattre Parties* principales ; le Superius, la Baſſe, la Taille, la Contretaille. Quattre Par-<br>ties.

Entre ces ſix Voix, il y a vn ton entier ; excepté entre
*mi* & *fa* en montant, & entre *fa & mi* en deſcendant. Car
ces deus n'ont qu'vn ſemi-ton, de l'vn à l'autre. S'il faut
monter plus haut que le *la*, ou deſcendre plus bas que l'*vt*,
on ſe ſert de muances ; changeant le *ſol*, ou le *la* en *re*, Les Muances.
pour monter : le *mi*, ou le *re* en *la*, pour deſcendre. Mais
pour éuiter tout cét embarras aſſez importun & confus,
pour paſſer de la ſiziéme note à la ſetiéme du diapaſon, &
venîr à octaue, on ajoûte montant & deſcendant *ſi*, & on
pourſuit *vt*, *re*, *mi*, &c.

Des trois *Vt* de la Game, depandent encore *les trois*
*Clefs* ; toûjours aſſizes ſur les regles, & non jamais dans Les trois Clefs.
les eſpaces. Elles conduiſent tout le chant, faiſant connoître les Notes. Encore que l'on ne ſe ſerue plus à preſent que des Clefs de Nature, & de B mol, je ne laiſſeray
pas de repreſenter toutes les trois en la figure ſuiuante.

| | B mol | Nature | B care |
|---|---|---|---|
| E | | mi | la |
| D | la | re | ſol |
| C | ſol | vt | fa |
| B | fa | b | mi |
| A | mi | la | re |
| G | re | ſol | vt |
| F | vt | fa | |

Ddij

*Dans la Tablature, les Clefs se posent en la maniere suiuante.*

Toute l'étude donc & l'étanduë de la Musique, consiste à reconnoître la differance des diuers sons de la Voix humaine; pour les reduire en proportion, & consonance. C'est à dire en vn mélange raisonnable, artificieus & agreable des sons graues & aigus, qui frappent l'oreille auec vne douce varieté. Ces *Consonances* sont ou Simples, des sept interualles dans l'étanduë de l'octaue, la huitiéme faisant le retour de la premiere. Ou Composées, qui se font par les repliques des simples. Aquoy seruent les Tons, les Temps, & les Modes.

*Le Ton*, tant Majeur que Mineur, se definît vn son plein, vn espace legitime & raisonnable; qui fait la distinction de deus voix, lesquelles s'entonnent par elles-mémes. Ou bien dans les termes de la pratique, le Ton est vne seconde Majeure; c'est à dire la transition d'vne note à sa plus proche; comme de l'*vt* au *re*. Cequi s'entonne & se chante montant ou descendant de la moitié moins, & qui ne fait qu'vn peu suspandre le son entre les deus voix attachées immediatemant l'vne à l'autre; s'appele *Semiton*, ou vne seconde mineure, comme du *mi* au *fa*. Cequi est encore moindre, est le Semi-ton mineur, que les Pythagoriciens appeloient le Diaize, ainsi figuré ✕ *Le Coma*, *& le Chasma* des Anciens, fait encore de moindres

diuifions & des quarts de tons enharmoniques. Mais ils
ne font plus en vzage, & ne regardent que la pure theorie. L'vzage d'àprefent eft reprefenté dans les lignes fuiuantes.

*Vnifon.*
*a Ton.*
*b Semi-ton.*
*a Semi-diton, ou tierce mineure.*
*b Diton, ou tierce Majeure.*
*a Triton, ou quarte, dure.*
*b Diateffaron, ou quarte, bonne.*
*a Semi-diapente, ou quinte, imparfaite.*
*b Diapente, ou quinte, parfaite.*
*a Exacorde mineur, ou fixte mineure.*
*b Exacorde majeur, ou fixte majeure.*
*Sȩtiéme.*
*Diapafon ou oȼtaue, la plus parfaite des Confonances.*

De cét artificieus mélange de diuers Tons, eft venu *le
Mode* Dorique, propre aus deuotions : le Phrygien à la **Les Modes.**
guerre, le Lydien aus plaintes. En vn mot, delà font nées
artificieuzemant toutes les Vnifons, le Diapente, le Diateffaron, le Diapazon, le Difdiapazon ; & famblables ac-
cords, compofez & redoublez ; auec les figures, les feintes, les cadances & les paufes ; qui produifent les concerts,
& les harmonies. Car foit que l'on chante en contre-poinȼt
fimple, ou en figuré qu'on nomme *Fleurti*, ou en pleine **Fleurti.**
Mufique : on diftingue toûjours *les Accors* Parfaits, & les **Accors parfaits,**
Imparfaits. Les Parfaits font Vniffons, oȼtaue, tierce, **& imparfaits.**
quinte. Tous les autres qui font diffonants & imparfaits,
peuuent deuenir parfaits par l'accouplemant d'vn accord
parfait. Mais parceque la Mufique Chromatique, c'eft à
dire colorée, eft famblable à la Peinture qui rehauffe l'éclat
de fes couleurs par les ombres : elle fait auffi dauantage
paroître fes confonances, par les diffonances ; qui font la
feconde, & la fetiéme.

Dd iij

## Les Accors simples.

Accors simples.

| Replique | Vniſſon | Seconde | Tierce | Quarte | Quinte | Sixte. |
|---|---|---|---|---|---|---|
| | | 9 | 10 | 11 | 12 | 13 |
| | | 16 | 17 | 18 | 19 | 20 |

| | Sétiéme | Oſtaue | |
|---|---|---|---|
| | 14 | 15 | |
| | 21 | 22 | |

Les Conſonances.

## Conſonances parfaites, & imparfaites.

Diſſonancs·

| Paᶠaites , | | | Imparfaites. | |
|---|---|---|---|---|

| 1 | 4 | 5 | 8 | 3 | 6 |
|---|---|---|---|---|---|
| 11 | 12 | 15 | 10 | 13 | |
| 18 | 19 | 22 | 17 | 20 | |

| 2 | 7 |
|---|---|
| 9 | 14 |
| 16 | 21 |

Les Mezures.

C'eſt vne regle generale, que toute Muſique ſe commance par toucher , & s'acheue par leuer ; hâtant ou alantiſtiſſant *la mezure* par les ſignes du Mineur imparfait, qu'on appele nombre binaire, ou de deus ; & du Mineur parfait, qu'on appele nombre ternaire, ou de trois.

*Les Signes* donc du Mineur imparfait ainſi figuré, ⵜ ou 
⵾ montrent que tout ce qui ſuît, ſe doit chanter ⵜ à
⵾ mezure égale; qui eſtoit autrefois, de la valeur de deus
Semi-breues. Mais maintenant, il n'eſt plus que d'vne
ſeule.

Il y a huiƈt *Notes.* La Maxime ⵿ vaut huiƈt mezu- 
res, ou Semi-breues. La longue ⵿ en vaût quatre. La
troiziéme breue ⵿ en vaut deus. ⵜ La quattriéme Semi-
breue ⵜ ou O en vaut vne. La Cinquiéme blanche,
qui eſt quelquefois nommée minime, ⵜ vaût la moitié
d'vne mezure. La Siziéme noire ou ⵜ Semi-minime,
⵿ vaût la quattriéme partie d'vne mezure. La Sé-
tiéme croche, ou crochuë ⵜ vaût la huitiéme partie
d'vne mezure. La huitiéme ⵜ double croche ou crochuë, autremant fredon ⵜ vaût la ſiziéme partie d'vne
mezure.

D'entre ces huiƈt Notes il y en a ſept, qui ont chacune 
vne pauze de pareille valeur; c'eſt à dire qui oblige à faire
ſilance durant vn auſſi long eſpace de temps, qu'il en faudroit à chanter la Note de pareille valeur. Le Signe de
cete pauze, s'appele Bâton touchant à trois lignes, & eſt
le ſilence de la Longue ⵜ. Celuy de la Breue touche à
deus lignes, vaût deus mezures, & ſe nomme Demi-
bâ⵰ ⵜ. Le Silance de la Semi-breue, touche à vne ligne tandant en bas, vaût vne mezure, & ſe nomme pauze
ⵜ. Celuy de la blanche, touche à vne ligne tandant en
haut, vaût demi-mezure, & ſe nomme Demi pauze ou
ſoûpir ⵜ. Celuy de la noire touche vne ligne, tandant en
bas, eſt croché à droit, vaût le quart d'vne mezure, ſe
nomme demi-ſoûpir ⵓ. Celuy de la Croche, touche à
vne ligne, tandant en haut & en bas indifferammant: mais
qui eſt toûjours croché à gauche, vaût la huitiéme partie
d'vne mezure, & ſe nomme quart de ſoûpir ⵓⵧ. Le Silance de la double croche, touche à vne ligne, tand auſſi
indifferammant en haut ou en bas: mais eſt doublemant
croché, toûjours à gauche, ſe nomme Quart de ſoûpir,
& vaût la ſiziéme partie d'vne mezure ⵿.

Les Signes du Mineur parfait ⊖ ou ⊕ ou ☰ font
chanter ce qui fuît, par la mezure des    trois    Se    mi-
breues, ou trois blanches ou noires ; touchant fur les deus
premieres, leuant fur la troiziéme. Ses pauzes fe marquent
comme les precedantes , auec differance toutefois des fignifications. Il y a de plus le poinct de diuifion ou d'alteration, qui ne fe change point , mais fait feulemant alterer certaines Notes. Celuy de perfection.

Le troiziéme , qui feul eft demeuré dans l'vzage ; appelé d'augmantation, eftant mis aprés la Note augmante la
moitié de fa jufte valeur ☰. Le poinct d'Orgue, ☰ ou
☰ fignifie qu'il faut tenir la Note, fur laquelle ou fous laquelle il eft mis, en fon ton ; jûqu'à ceque les parties con-
uiennent à la note. Le figne de repetition, :||: ou |:| mar-
que qu'il faut repeter ; depuis le commance :||:    |:| mant
du mot, jûqu'à ce figne. Celuy de reprife, ☰ ou ☰ enfeigne qu'il faut reprandre la fin ; depuis le mot , fur lequel ou fous lequel il eft marqué.

Le Signe de Sefqui-altera , ou triplá ☰. fait conter la
Mufique fuiuante, par trois Semi-breues,    ou trois blanches en diuerfes façons. La Mufique faite en proportion
de hemiola , fe conte auffi par notes noires. Mais les Breues n'y font parfaites, ny les Semi-breues alterées.



Pour vne plus grande clarté, l'vzage moderne ☰ ☰
tous les anciens *Poincts* de la mezure , à deus feulemant.
Le Binaire eft ainfi nommé , parce qu'alors la mezure fe
bat par deus temps égaus, d'vn frappé, & d'vn éleué
☰ ☰ ; que l'on nomme fignes de temps imparfait , le
premier non barré fignifie la mezure plus graue, &
le barré plus vîte. Il y a vn autre figne que l'on nomme de
*triple* ou de tripla, parceque la mezure fe bat par trois temps
égaus; fçauoir deus en baiffant , & vn en leuant, & fe marque
par vn trois ☰. Quelquefois on ajoûte les Signes precedans,
☰ ☰ ☰ ☰ pour marquer que la mezure eft plus ou
moins graue. Ou bien on y ajoûte vn ☰ pour
marquer qu'elle fe fait par fix minimes noires , ☰ comme aus mouuemans de Courantes. Quelquefois on la marque

que par vn fix & vn deus , comme aus mouuemans de Sarabandes $\frac{6}{2}$; qui fignifie que les minimes noires, fe doiuent battre $\frac{6}{2}$ par deus temps égaus. Et il faut remarquer que les deus $\frac{2}{2}$ fignifient la mezure binaire.

Il y a en fuite *les Ligatures* des Notes, la valeur defquelles eft de diuerfes mezures ; felon leur figure quarrée ou oblique, à queuë, ou fans queuë: leur queuë à droite ou à gauche, tandant en haut ou en bas; leur fituation au commancemant, au milieu, ou à la fin. Encore qu'on n'obferue préque plus toutes ces alterations des queuës , que dans les ligatures des groffes notes.   *Les Ligatures.*

Les notes blanches & noires *changent* auffi la valeur de la mezure. Enquoy il eft à remarquer, que le nombre de Trois, eft tout blanc, ou tout noir. Au contraire le Mineur imparfait, reçoit le mélange des blanches & des noires. L'vzage ordinaire reprefente les valeurs dont on fe fert , par diuerfes Notes.

Icy je dois repeter que *la Pratique*; principalemant en nos jours, s'arréte fort peu à tous ces preceptes affez embarraffans. En effet, il eft peu de Perfonnes qui fe vuëillent rompre la téte à conceuoir les hautes fpeculations de Platon, de Proclus, de Georges de Venize, & de Pontus de Thyars. Méme le grand effort auec lequel quelqu'vn a tâché depuis trant ans, de treuuer vne nouuelle voye pour abbreger ces longues & ennuyeuzes Theories, n'a pas jûqu'icy fait paroître de grands fuccés.   *La Pratique plus courte & plus aizée.*

Il fuffit pour conclure cete matiere, qui eft plus agreable aus oreilles qu'à l'étude, de dire auec *S. Auguftin* qui a compofé vn Liure de la Mufique; que fon intelligence eft vtile, en plufieurs endroits de l'Ecriture Sainte. Que les fecrets qu'elle enferme , ont quelquefois aidé pour ramener des Heretiques au chemin de la verité. Que c'eft vn prefant du Ciel & vn don de D I EV, qui eft luy-méme vn tres-grand Muficien. Que la naiffance & le trépas, le jour & la nuiĉt , les biens & les maus , les aduerfitez & les profperitez , les vertus & les vices, la predeftination & la reprobation; font comme autant de fyllabes longues & breues, de   *S. Auguftin.*   *L.11.de Doĉr. Chrift. c.16. Epift. 28. ad Hieron.*

confonances & de diffonances, qui font en tout l'Vniuers
vn concert ſi admirable, qu'il n'y a point de cheueu ſi min-
ce, de fueille d'arbre, ny de grain de ſable qui ne tienne ſa partie: & qui ne chante à ſa mode, les loüanges de ſon
Auteur.

    La Quantité ſeparée, ayant fait l'objet de l'Arithmeti-
que: celle qui ſe treuue auec ſon & harmonie, l'objet de la
Muſique; reſte la continuë, qui ſert d'objet à la Geometrie & à toutes les Diſciplines qui luy ſont ſubordonnées.

# LA
# GEOMETRIE. ── TITRE XLII.

ETE Sçiance ayant bien plus d'étanduë, que son nom ne luy en donne, ne l'attachant qu'à a terre ; eſt toute occuppée à contampler, meſzurer & diuiſer les grandeurs que forme la Quantité continuë. C'eſt pourquoy comme puremant ſpeculatiue, elle en contample les regles infaillibles. Et comme Practique elle *enſeigne* à conſtruire auec le compas, la regle, & l'équierre ; les lignes, les ſurfaces, & ˡ Corps. Toutes ces figures pour ſe randre ſenſibles, deuiennent Phyſiques, qui enfermét celles qui ſont puremant Geometriques. Elle apprand auſſi à mezurer les diſtances, les hauteurs & les profondeurs des objets ſoit acceſſibles, ſoit inacceſſibles. D'où eſt nay *l'Arpantage*, qui mezure auec des cordes, & diuiſe les Terres & les Domaines. C'eſt ceque fiſt D I E V méme dans le partage de la Terre ſainte, fait aus Iſraëlites ſous le temps de Ioſüé.

La plus petite partie de cete Quantité, encore qu'on la nomme plûtôt ſon commancemant ; la plus proche du rien & la plus indiuiſible, n'ayant point de parties, c'eſt *le Poinct*. Puîque neanmoins ſelon la maxime de Platón, tout principe eſt diuin, le poinct doit porter cete haute qualité ; veuque c'eſt par luy que commance la ligne, le temps, les

*Ce que c'eſt que la Geometrie.*

*La Speculatiue, & la Practique.*

*Ses Vzages.*

*L'Arpantage.*

*Cap.* 13. *& ſeq.*

*Le Poinct.*

nombres, le centre, & toutes les choſes qui en dependent.
Iuſques-là que D i e v, qui eſt luy-même vn centre & vn
poinct, enferme les plus grandes choſes dans les plus petites.

De ce préque rien naiſſent diuerſes ſortes de *Lignes*, que
les Geometres definiſſent vne longitude qui n'a point de
latitude. Elles ſe reduiſent toutes à trois.

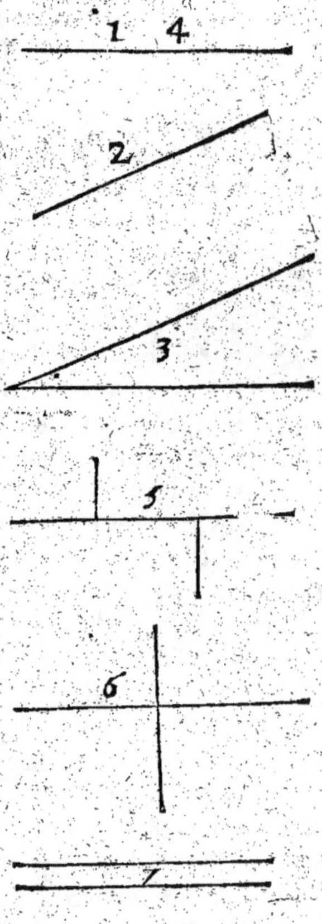

Les Lignes.

1

La Droite. La Droite, ſelon Euclide &
Platon, eſt egalemant compriſe entre deus poincts, qui ont
vne même ombre auec le milieu.

2

L'Oblique. L'Oblique, ſe courbe, gauchit
& decline de la droiture dans
le même eſpace.

3

La Mixte. La Mixte, Compoſée des
deus precedantes.
La Droite eſt conſiderée, ou

4

La Seule. Seule & Solitaire, ou
par rapport à quelque autre.
Alors elle eſt ou Perpandicu-

5

La Perpandi-
culaire. laire, qui tombant à plomb ſur
vne autre ligne, fait vn angle.
Ou

6

L'Interſecante. Interſecante, qui la couppe en
quelque poinct. Ou

La Parallele. Parallele, ſoit

7

Droite, ſoit

8

Oblique ; quand tirées à l'infini sur vn méme plan., jamais elles ne peuuent se rancontrer ny se joindre. Ou

9

Proportionele , qui a du rapport auec quelque autre ligne.

Aprés les Lignes Droites , suiuent *les Courbes*. Entre lesquelles, voicy les plus remarquables. 10

La Circulaire , va rejoindre le méme poinct duquel l'on a commancé de la tirer. Elle enferme dans son milieu vn poinct, qui est le Centre ; d'où l'on peut tirer à la Circonferance, vn nombre infini de lignes égales. Celle qui la trauerse par le milieu s'appele, le Diametre.

11

L'Eliple , n'est pas si entieremant ronde , & se forme en Ovale.

12

La Spirale , a des plis & des courbeures, comme les serpans & les ondes.

13

La Volute, se roule & se replie en elle-méme , sans retourner au méme poinct de son commancemant.

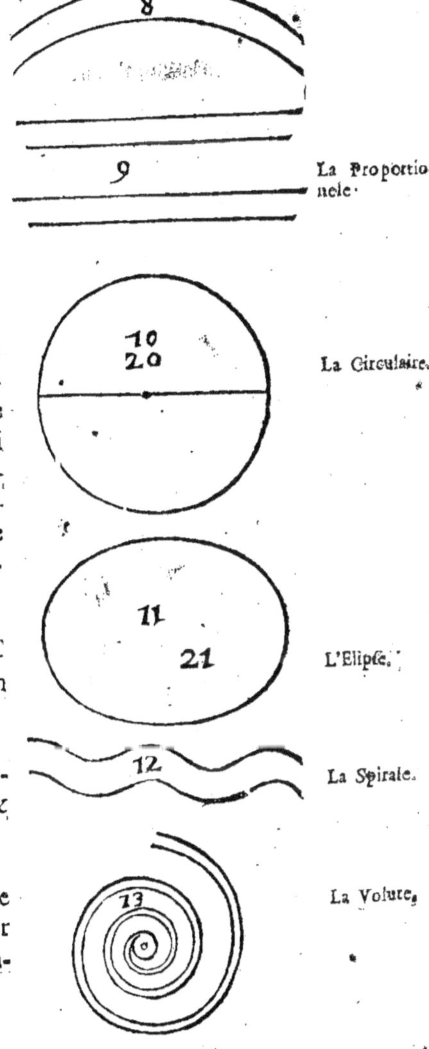

Leurs parties ou portions, ſont
auſſi ſouuant appellées des

14

Lignes Courbes. Mais celles de
la Circulaire, s'appelent parmy
les Ouuriers, Arcs, ou Sections

Les demi-Cercles.

de Cercles. Et les demi-Cercles,
Anſes de panier, ou Arcs-Sur-

15

baiſſez,

Les Angles.

Des Lignes naiſſent les *Angles*. L'Angle eſt defini par Euclide, l'inclination de deus Lignes l'vne vers l'autre, qui ſe touchent en vn plan, & qui ne ſont pas couchées droites. D'où vient que ſuiuant la nature & la liaiſon des lignes, il y a

16

Le Spherique.

l'Angle Spherique, qui ſe rancontre au poinct ou ſe couppent deus demi-Cercles.

17

Le Droit.

L'Angle Droit, eſt celuy qui eſt compris de deus lignes, dõt l'vne eſt perpendiculaire à l'autre.

18

L'Aigu.

L'Angle Aigu, eſt plus petit que le droit.

19

L'Obtus.

L'Angle Obtus, qui eſt moindre que le droit. Et autres ſamblables compoſez, & Poligones.

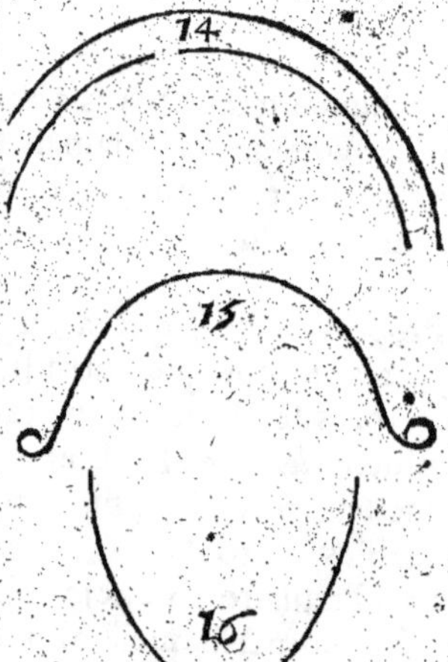

Des lignes & des angles font comprifes les *Surfaces* plattes, qui font des figures contenuës ou fous vne ligne feulemant;

20

comme la Circulaire, que nous venons de definir.

21

Et l'Eliptique, que nous auons auffi décrite. Ou fous plufieurs lignes & angles ; ce qui fait naître vne grande varieté & diuerfité.

Les Figures plattes recti-lignes, font de plufieurs fortes.

22.

La premiere eft le Triangle equi-lateral. Il eft ainfi nommé, parcequ'il eft bâti de trois lignes egales qui font fes deus jambes & fa baze. Tous les Sages Anciens l'ont employé pour Symbole de la Diuinité. Et les Chr.... ens en enferment trois l'vn dans l'autre, afin de fignifier la Tres-Sainte Trinité ; qui eft le premier, & le plus augufte de nos Myfteres.

23

L'Ifocele n'a que deus côtez egaus, le troiziéme eftant plus long, ou plus court.

24

Le Scalene, a tous les trois côtez inegaus.

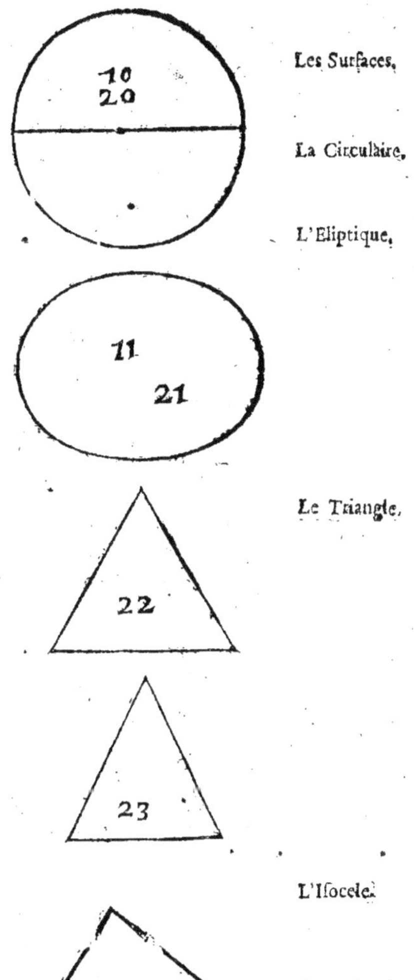

**25**

Le Quarré.

Le Quarré se forme de quattre côtez, dont les angles & les lignes sont dans vne parfaite égalité. La ligne qui le trauerse s'appele le diametre, ou la diagonale.

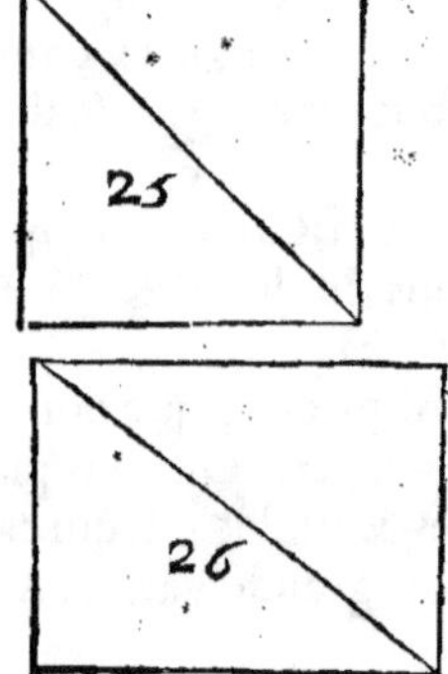


**26**

Le Quarré long.

Le Quarré Long a les angles égaus, & les lignes inégales. C'est à dire qu'il y en a deus grandes & deus moindres, en sorte toutefois que les angles opposez sont paralleles.

Les autres Parallelogrammes à angles inegaus, sont

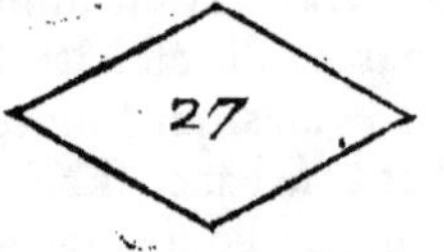


**27**

Le Rombe.

Le Rombe ou la Lozange; qui a les côtez égaus, mais non pas les angles. Car des quattre qui entrent en cete figure, deus sont aigus, & deus obtus; de sorte qu'il n'y a que ses deus angles opposez, qui soient égaus.

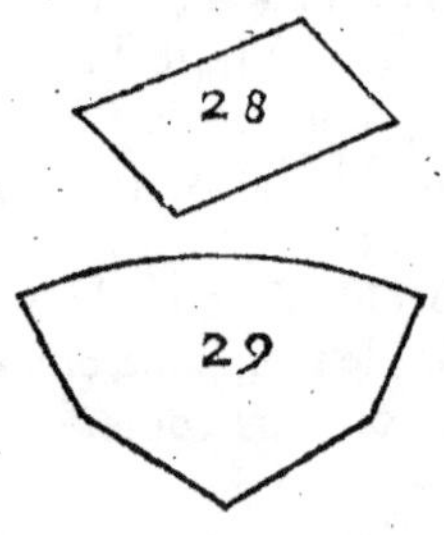


**28**

Le Romboïde.

Le Romboïde est vn peu differant, parcequ'il reçoit l'inégalité & de ses angles, & de ses côtez.



**29**

Le Trapeze.

Le Trapeze estant vne figure irreguliere, se forme en plusieurs & diuerses façons; n'ayant ny les angles, ny les côtez égaus.



Entre

Entre les Figures Regulieres, à plusieurs angles & côtez;

Le Pentagone en a cinq, selon l'etymologie méme de son

nom. L'Hexagone six. L'Heptagone sept. L'Octogone huict.

L'Enneagone neuf.

Le Pentagone.
L'Hexagone.
L'Heptagone.
L'Octogone.
L'Enneagone.

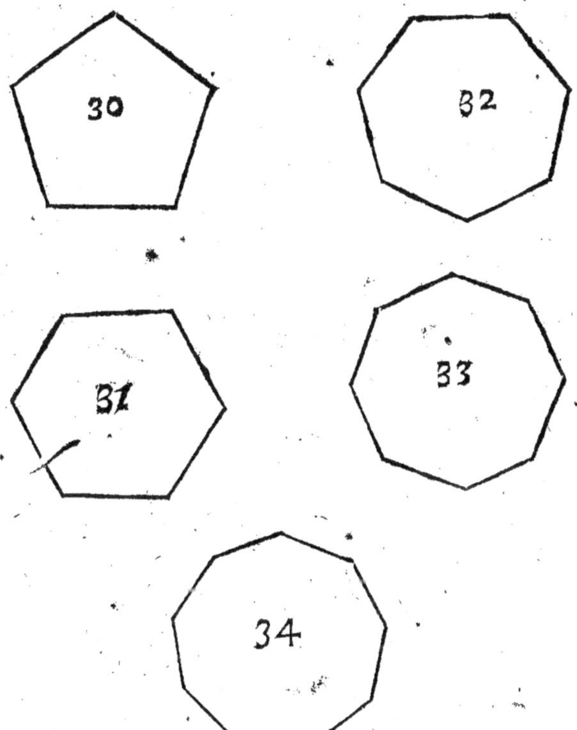


Et autres Polygones, selon qu'ils multiplient & qu'ils diuer-
sifient & leurs angles, & leurs lignes. Ce qui fait qu'il y a
des Surfaces *Regulieres*, qui gardent entr'elles vne égalité

Figures Regu-
lieres.

de lignes & d'angles. Les *Irregulieres* s'écartent de cete exacte proportion, & se font selon la phantaisie ou la commodité.

En general l'on peut dire que des lignes courbes se font le cercle, l'ovale, &c. des lignes droites & courbes, se composent la figure parabolique, & autres.

Comme les points font les lignes, les lignes les angles, les angles les surfaces : demême les surfaces Plattes, Concaües, ou Conuexes forment *les Corps*, qui enferment les trois dimansions ; que l'on appele la longueur, la largeur & la profondeur. Nous ne décrirons icy que les plus considerables, dont cinq sont appelez Platoniciens.

LE GLOBE est vn corps solide, compris par vne seule surface : en toutes façons rond & circulaire. C'est la plus noble de toutes les figures, & le plus parfait de tous les corps. En effet, cete figure contient plus d'espace, que toutes les autres de pareil contour. Elle n'a rien d'âpre, ny de couppé : point de detour, ny d'inégalité. Enfin c'est le Symbole de DIEV, de la Nature, de l'Homme ; qui sont & qui font tout en rond, & par vne continuele circulation. Le poinct qui est au milieu du Cercle, est appelé le *Centre*: le contour, la *Circonferance*, des Grecs la Peripherie. Le *Diametre* est la plus grande ligne, qui puisse estre inscrite dans le Cercle. Elle trauerse droit par le centre, le coupant en deus égales parties. Dans le quarré, elle se nomme diametre de quarré, ou la ligne diagonale. Cete circonferance du Cercle se diuise en deus, en quattre & samblables parties que l'on appele Degrez, representez dans le Quart de Nonante.

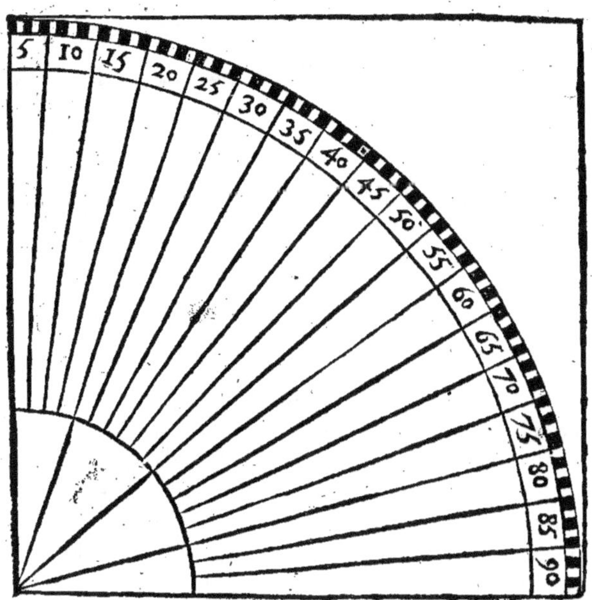

Le Cone est vn corps qui a pour baze ʋ cercle , alentour duquel & d'vn poinct fixe pris au dessus, est menée vne ligne qui forme vne superficie que l'on appele à cause de cela Conique ; comme est vne pomme de Pin , & toute autre figure ; qui estant large par en bas , finît en pointe.

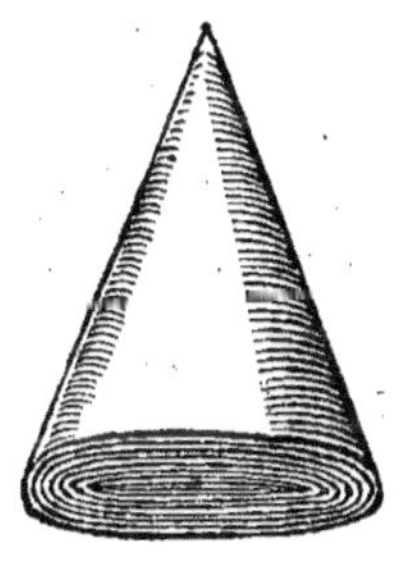

*Le Cylindre*, de groffeur égale en toute fa rondeur ; eft compofé de trois fuperficies , décrites par vn parallelogramme
à angles droits ; lorfque l'vn
des côtez demeurant immobile, le parallelogramme fait vn
tour alentour de ce côté immobile L'on nomme ainfi toute figure longue & ronde, qui
peut eftre facilemant roulée.

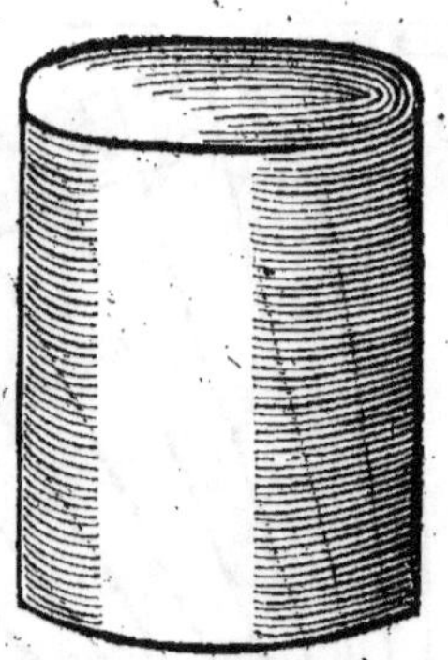

*Le Tetrahedre* Equilateral, ou
Piramidal, eft vn corps contenu de quattre triangles ; parceque celuy-cy & autres famblables , ont vne autre baze large,
& finiffent en pointe ; l'on peut
dire que ce font comme des efpeces de Pyramides imparfaites & irregulieres.

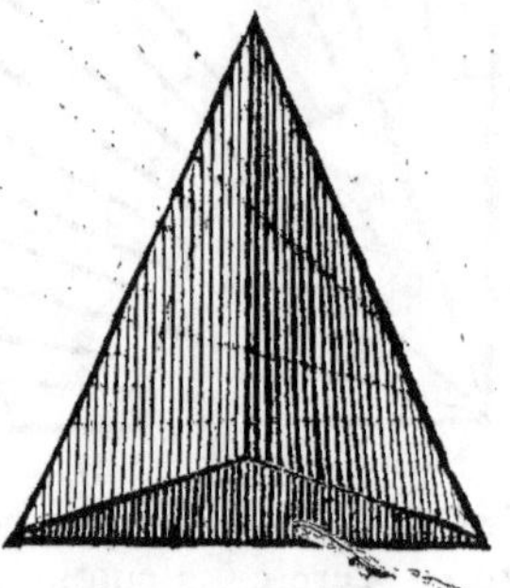

*Le Cube* eft vn corps folide,
compris de fix Quarrez égaus.
Ce qui fait la figure quarrée
de tous côtez , comme dans
les quarreaus.

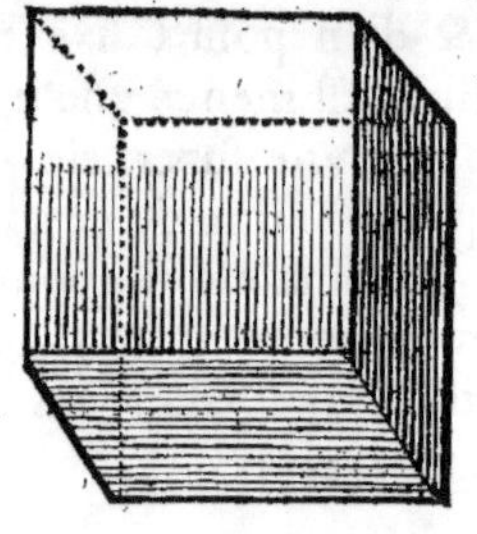

*La Pyramide* eſt vn corps compoſé au moins de quattre plans, faces, ou pans ; Elle en a trois terminez au haut en vn méme poinct, & vn autre pour ſa baze. L'on attribuë la figure Pyramidale à tous les corps, qui eſtant larges par en bas, montent en pointe. Elle ſe void aſſez ordinairemant en tous les Ouurages publics. Les Roys d'Egypte, les dreſſoient comme des illuſtres monumans de leur magnificence : ou pour y enfermer les trezors de la Couronne, ou pour occuper les Peuples en leur ſtructure. On les plante pour ſeruir de borne & de but, comme celle que les Latins appelloient *Meta* dans le Circe Romain, où ſe terminoient les Courſes de la quarriere. Nous l'emploirons en la troiſiéme partie de ce Traitté, pour explicquer tout ce que nôtre Methode à de plus particulier, dans la Nature, dans les Sçiances, dans l'Eloquence, & dans la Negotiation.

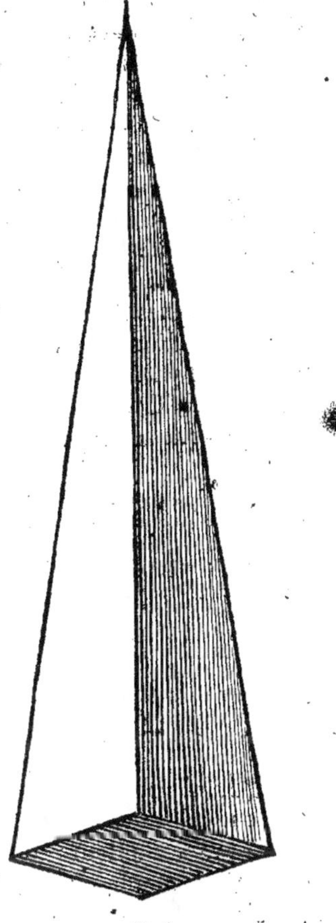

Enſuite de ces ſix on met tous les autres Polygones ; qui ſont outre les Figures plattes, dont nous auons parlé, les Polyhedres, qui ſont ſolides ; comme l'Heptahedre, le Decahedre, & ſamblables.

L'exercice de la Geometrie eſt ſi vtile, qu'il entre préque en toute ſorte de métiers. Il eſt ſi noble, qu'au jugemant de Platon, DIEV n'a point d'autre connoiſſance, ny occu-

pation. Si recommandable dans la vie Ciuile , que Licûr-
gue eſt loüé pour auoir introduit dans la Republique , la
proportion Geometrique au lieu de l'Arithmetique.

Operation d'vn Probléme.

Pour faire vne *operation Geometrique* ; ſi c'eſt vn *Probléme*,
premierémant on propoſe la choſe à faire, par l'infinitif.
Et ſur l'hypotheze donnée, on conſtruit la choſe requiſe.
Puis s'il eſt de beſoin, par la preparation l'on ajoûte quelque choſe ; qui met en ſon jour la demonſtration, ou qui
preuue la choſe faite. Par example, pour treuuer *la Moyen-*

Treuuer vne troiziéme ligne moyenne pro- portionele.

*ne proportionele* entre deus lignes données ; ſoient données les lignes A B & B C. Ioignez-les , & de ces deus
compoſez la ligne A C. Diuiſez-la par le milieu, au poinct
E. Et de ce poinct, par les extremitez décriuez vn demi-
cercle A D C. Et du poinct B. tirez la perpandiculaire
B D qui ſera la Moyenne proportionele.

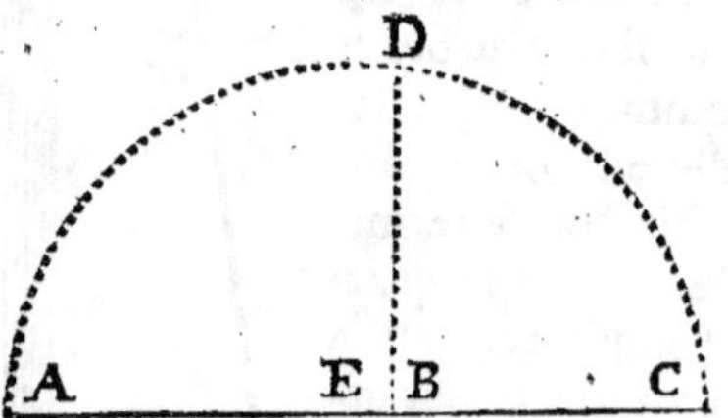


Operation d'vn Theoréme.

*Les Theorémes* , comme nous auons dit cy-deſſus , s'e-
noncent par le temps preſent, & n'ont point de conſtruction ; ayant d'ailleurs tout le reſte, ainſi que les Problémes. Par example , pour preuuer qu'en tout triangle lés

Trois angles ſont égaus à deus droits.

*trois angles ſont égaus* à deus droits, on procede de la ſorte.
L'angle D A B eſt égal à l'angle A B C. parceque les
angles alternes qui ſont entre deus ſignes paralleles, ſont
égaus. L'angle auſſi E A C eſt égal à ſon alterne A C B.
Ajoûtant donc l'angle B A C aus deus A B C & A C
B ; il s'enſuit que les trois angles de ce triangle ſont égaus
aus deus angles D A B, E A C : & au commun B A C, qui
ſont égaus à deus droits.

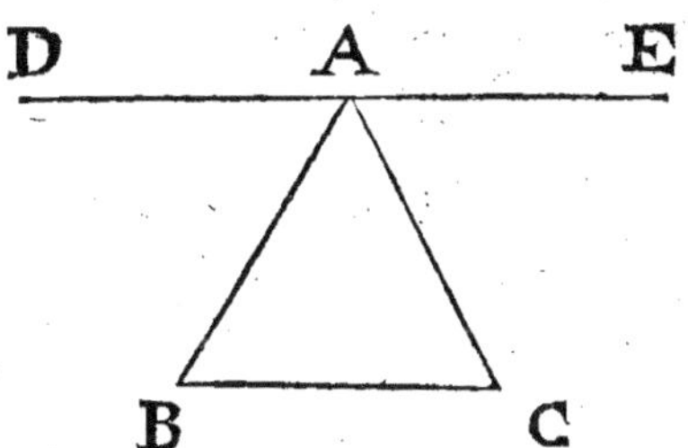


Le *Lemme* eſt en cete operation, la propoſition que l'on prand pour preuuer le Theoréme; à ſcauoir que tous les Angles qui ſe font d'vn même côté d'vne ligne droite, ne valent que deus droits. Cequi d'ailleurs ſe pourroit montrer, faiſant tomber vne ligne perpandiculaire; qui feroit deus angles droits, qui comprandroient tous les autres.
Du Lemme.

Le *Corollaire*, ſe tire du même Theoréme; à ſcauoir que toute figure quatri-linaire, ou quarrée ſoit parallelogramme, rombe, rhomboïde, ou trapeze, a toûjours quattre angles égaus à quattre droits. Parceque en effet, toute figure quatri-linaire eſt compoſée de deus triangles.
Le Corollaire.

Le *Scholie* ſe fera, lors que ſur ce même Theoréme, qu'en tout triangle les trois angles ſont égaus à deus droits; on remarque que cela ſe doit entandre pourueu que le triangle ſoit recti-ligne, non pas curviligne; autremant la propoſition ſeroit fauſſe.

Comme il n'y auoit autrefois que trois Muzes, figurées par les trois Graces, qui s'embraſſent les vnes les autres: on peut dire veritablemant, qu'elles repreſentoient les trois Parties principales de la Mathematique, que nous venons d'explicquer; l'Arithmetique, la Muſique, & la Geometrie. De leur ſein cependant naiſſent trois autres Parties Impures ou Mélées, dont nous allons faire auſſi vn Portrait racourci. C'eſt ceque comprennent la Coſmographie, les Arts Liberaus, & les Mechaniques.
Le Scholie.

LA COSMOGRAPHIE comprand l'Vranographie,
Trois Parties de la Mathematique Mélée.<br>LA COSMO-GRAPHIE.

qui dépeint tout cequi regarde les Cercles Celeſtes : & la
Stichologie, qui décrit la nature des Elemans. Comman-
ceons par le Ciel.

# L'VRANOGRAPHIE.

TITRE XLII.

*La deſcription
des Corps Ce-
leſtes.
L'Aſtronomie.*

CETE Sçiance qui contample les Cieus, met
beaucoup de differance entre l'Aſtronomie &
l'Aſtrologie.

L'ASTRONOMIE aidée de la Phyſique, mezure & conſidere la nature des Cieus : compoſée de méme, ou de differante matiere que celle des Eſtres
ſublunaires ; auec vne forme, qui luy eſt proportionnée.
Elle leur attribuë la figure ronde, comme la plus parfaite
& la plus propre au mouuemant. Vn éloignemant de la
terre préqu'auſſi incroyable, qu'inconceuable ; la diſtance du Soleil eſtant de prés de deus millions de lieuës : celle
de la Lune, qui nous eſt la plus voizine, de nonante
mille. Deſorte qu'vn Caualier bien monté faiſant tous les
jours quarante & ſix lieuës, emploiroit plus de cinq années
a faire vn chemin de cete longueur. Et à faire dix lieuës par
jour, il faudroit neuf mille ans, pour deſcendre au .
uiéme Ciel ſur la Terre. On doute ſi leur matiere eſt dure,

*Solidiſſ. quaſi
ære fuſi: Iob.37.*

comme celle du cryſtal ou de la bronze : ou ſi elle eſt liquide, approchant de celle de l'air & de l'eau. Ou ſi vn corps ſi
noble, eſt doüé de qualitez toutes differantes des nôtres.
La chambre de Neron auoit pour toið vn Ciel de cuiure,
dans lequel paroiſſoient tous les mouuemans des Aſtres.
Et vn Empereur Grec, en fiſt vn ſamblable de cryſtal.

*Le nombre des
Cieus.*

*Le Nombre* & l'ordre de ces Globes Celeſtes, commanceant par le plus bas, ſont les Cieus des Planetes. La Lune
☾, Mercure ☿, Venus ♀, le Soleil cent ſoiſſante-ſix fois
plus grand que la terre ✳, Mars ♂, Iupiter ♃, Saturne ♄:
le Firmamant, ou la huitiéme Sphere, enferme toutes

les

les Etoilles fixes. Les deus Cryſtallins, introduits par Alphonſe Roy de Caſtille, au lieu de la neuuiéme Sphere. Enfin le premier Mobile, qui regle le mouuemant de tous les
autres. La Theologie Chrétiene ajoûte vn douziéme Ciel,
qui eſt la demeure éclatante & le palais eternel des Bien-
heureus. Le Rabbi Moyze en conte jûqu'à dix-huiƈt. Les *In More*
Modernes ne demeurant pas d'accord de ce calcul des An- *Neuob.*
ciens, prennent des mezures, & ſuiuent vne route bien
differante. Et il y en a qui auec l'Apótre Incomparable, ne *2. Cor. 12.*
veulent admettre que trois Cieus. Le premier, c'eſt l'étanduë de l'air : le ſecond, les voutes étoillées ; letroiziéme, le
Paradis.

En ſuite on examine *le Mouuemant* de tous les Corps Ce- *Leurs mouue-*
leſtes, qui procede de leur propre vertu, ou de l'impreſſion *mans.*
des Intelligences motrices ; peut-eſtre de tous les deus con-
jointemant. On y remarque deus ſortes de mouuemant. Le
premier eſt propre au premier Mobile, qui tous les jours en
l'eſpace de vingt & quattre heures, entraîne par ſa rapidi-
té tous les autres Cercles Celeſtes de l'Oriant en l'Occidant. Cequi ſe fait auec vne viteſſe telemant inconceuable,
qu'il fait à chaque heure huiƈt millions de lieuës. Outre
celuy-cy chaque Ciel a ſon mouuemant particulier, qui le
reporte de l'Occidant vers l'Oriant ; auec beaucoup de diverſité, & d'inégalité. Outre celuy que l'on attribuë à la neuuiéme Sphere, ou plû-tôt aus deus Cryſtallins ; de trepi-
dation, & de balancemant.

En quoy il eſt à remarquer, que plus vn Ciel eſt éloigné du
premier Mobile : plus ſon mouuemant eſt promt, & ſa courſe acheuée en moins de temps. Car la Lune, par example,
qui a diuers quartiers, diuerſes faces & diuerſes mutations;
nouuelle-Lune, decours, &c. ſelon qu'elle s'approche, &
s'éloigne du Soleil, fait ſa courſe en vn mois.

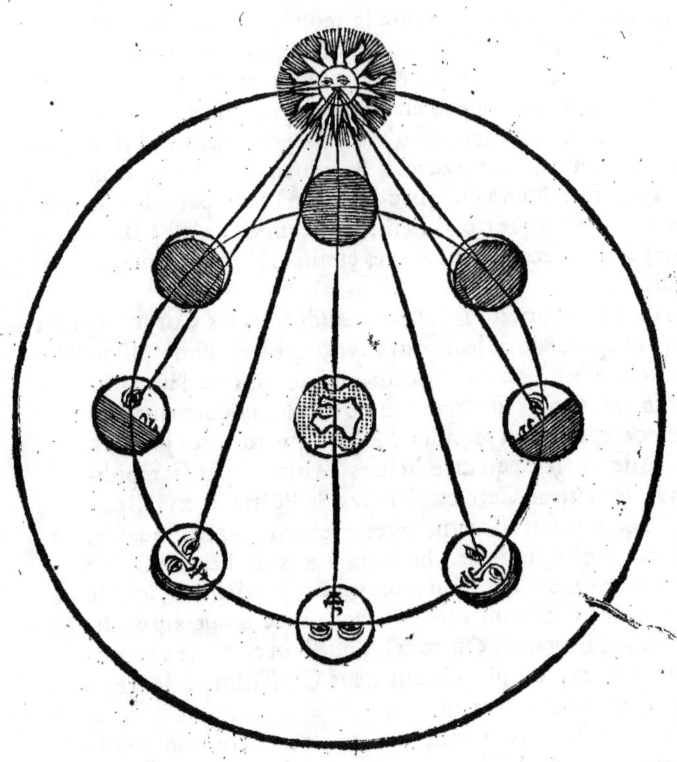

Les Epicycles. Les Anciens pour conceuoir la diuersité de ces mouuemans ajoûtoient les Concentriques, les *Epicycles*, & les Excentriques des Planetes.

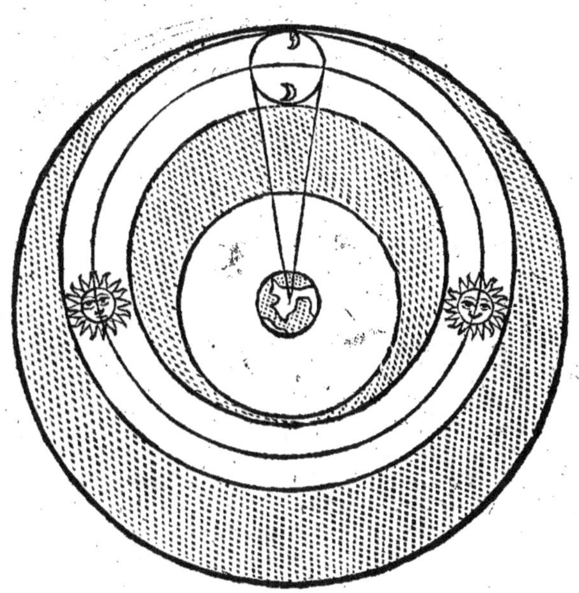

Mais les derniers Siecles ranuerſant tout cela, ſoûtiennent
que le Soleil eſt immobile au centre du Monde. Et que c'eſt
la terre qui ſe meut inſenſiblemant , au tour de ce Prince
des Aſtres. Toutes les differantes opinions des Auteurs ſe
font voir auec euidance, dans le Siſteme ſuiuant.

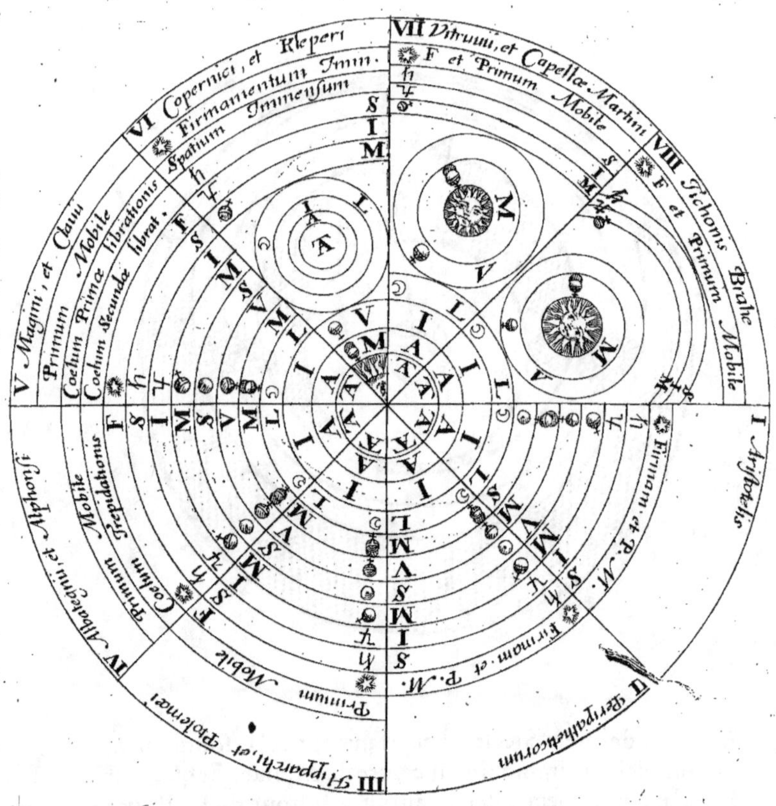


Les Etoiles.

Vient aprés au langage méme de l'Ecriture, l'ornemant &
la milice des Cieus , qui font *les Etoilles.* On les appele
Fixes, non qu'elles foient tout à fait immobiles. Mais parce qu'on les void toûjours garder dans leurs cours vne méme fituation, & vne méme diftance entre elles ; au contraire
des Planetes, qui changent fouuant de place. Leur grandeur eft fi vafte, qu'il n'y en a point de fi petite que le globe de la terre : & il s'en treuue, qui la furpaffent de cent

cinquantefois. Les Modernes toutefois ne tombent pas
d'accord de ces mezures. La Voye de Laict n'est pas sortie
du sein de Iunon, ainsi que les Poëtes veulent faire croire. Mais c'est vn amas de petites étoilles sans nombre; qui
vnissant & mélant leurs lumieres, forment cete blancheur
qui paroît durant la nuict, comme vne lueur imparfaite.

Il n'y a point d'Etoille qui n'ait son *nom*, & son mouuemant particulier. Cependant le premier est inconnu aus
Hommes. Car les noms que nous marquerons bien-tôt dans
le Globe Celeste, sont puremant arbitraires & phantasti-
ques. Et pour leur *Mouuemant*, il est si lant; qu'elles ne font
par an que 51. degrez. Desorte que leur reuolution entiere, fait
cete grande année qu'on appele Platonicienne; qui ne s'a-
cheue qu'en l'espace de trante-six mille ans, selon la plus
commune interpretation.

On considere de plus le Leuer, & le Coucher des Etoilles : leurs eleuations, leurs hauteurs, leurs longitudes,
leurs latitudes, leurs declinaisons. Leur situation, qui les
rand oriantales, occidantales, septantrionales, & meridionales. Leurs qualitez, qui les font estre lumineuzes, obscures, solaires, lunaires : directes, retrogrades; tardiues,
lantes, & reuétuës de samblables conditions.

Delà on passe aus Effets & aus *Influances* des Corps Celeste sur ce bas Monde, le Deuteronome pour ce sujet
l'appelant le thresor de DIEV. D'où naissent les predictions des temps, & des saizons. Mais principalemant
auec l'aide des Tables Astronomiques, les curieus Obser-
uateurs de ces grans spectacles, calculent les Ephemerides:
dressent les Calandriers & les Almanachs, preuoient les
*Eclipses* tant du Soleil, que de la Lune. Au sujet desquelles il suffist de remarquer en cét endroit. 1. Que le mot
d'Eclipse, ou deffaillance signifie toute priuation de lumiere, qui arriue par vne interposition diametrale de
quelque corps opaque. 2. Que celle du Soleil se fait par
l'interposition de la Lune entre le Soleil & nos yeus. Celle
de la Lune par l'interposition de la terre entre le Soleil &
la Lune. Ces deus Eclipses ne se font jamais que dans la

Gg iij

*Omnibus eü no-*
*mina vocat. Pf.*
146.

Les Influances.
*Aper. Domin.*
*thesaur. suum.*
*cap.* 28.

Les Eclipses.

tête, ou dans la queuë du Dragon, c'est à dire sur les deus points où l'ecliptique de la Lune couppe l'ecliptique du Soleil. 3. Que l'Eclipse du Soleil, ne se fait jamais hors de quelque nouuelle Lune, lors qu'elle se met entre le Soleil & la terre. 4. Qu'elle laisse toûjours au tour du Soleil quelques rayons en forme de diadéme, qui samble le couronner au milieu de la nuict. 5. Qu'il y en a qui ont perdu la veuë, regardant ces restes de lumiere.

*Non ex canonico syderum concursu. l. 5. Ciuit. c. 15.*

Par où l'on découure, auec S. Augustin, que l'Eclipse du Soleil qui arriua à la mort de nôtre diuin Sauueur, estoit vraimant *miraculeuze*. Parceque les tenebres furent en vn instant répanduës sur toute la terre, encore que la

*Celle de la mort de I. CHR.*

Lune ne cache ordinairemant qu'vne partie du Soleil : parce qu'elle se fist en pleine Lune, lors que le Soleil estoit dans le Meridien sur l'horison, & la Lune dans la partie opposée au dessous. Enfin parcequ'elle dura trois heures entieres, les autres durant toûjours beaucoup moins. De

*S. Dyon. Epist. ad Appollophan.*

sorte que ce n'est pas de merueille, si l'on dit que S. Denys l'Areopagite voyant ces prodiges, s'écria; ou le DIEV de la Nature patît, ou la Machine du Monde se detruit.

IV. Que celle de la Lune arriue toûjours, lors qu'elle est pleine & opposée. V. Que l'Eclipse du Soleil n'est jamais ny vniuersele, ny entiere : mais plus ou moins grande, selon les occurrances. VI. Que celle de la Lune au contraire, est toûjours egale par tout où elle peut estre veuë. Neanmoins aucune fois totale, d'autrefois seulemant de quelques doigts. Cequ'il est aizé de voir dans les figures suiuantes. La premiere represente l'Eclipse du Soleil, qui arriue d'ordinaire deus fois l'an, & quattre au plus.

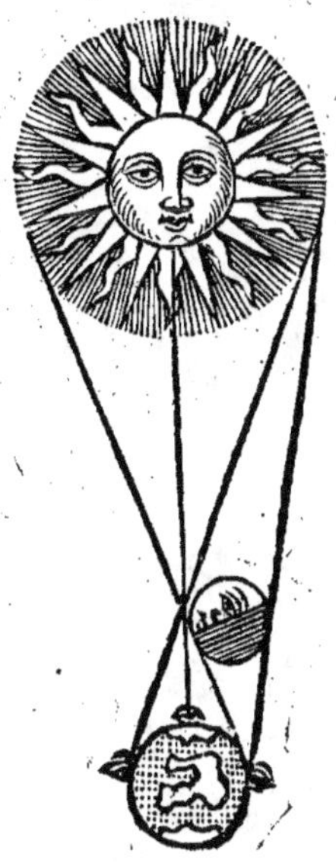



La feconde figure dépeint l'Eclipfe de la Lune, qui ne peut
arriuer que deus fois en vn an, quelquefois point du tout.

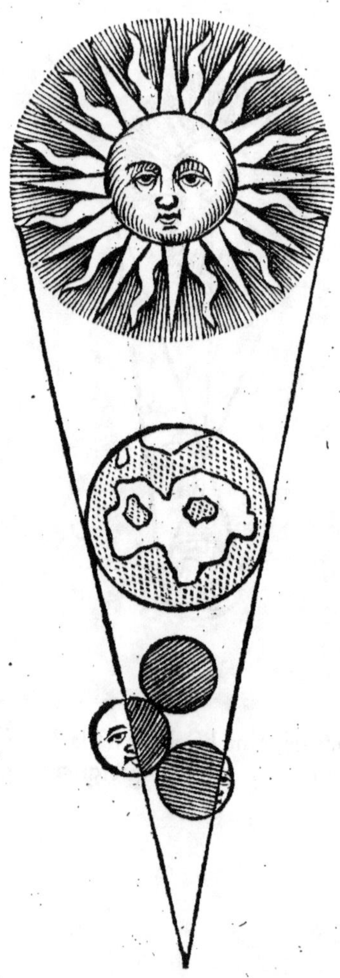



Le Soleil , la Lune , tous ces autres Planetes , Astres &
Etoilles ont esté enchassez dans le firmamant du Ciel,
comme parle l'Ecriture, pour auoir l'intandance , & faire
la

la diſtinction du jour & de la nuict : pour ſeruir non pas
de cauſes ny de principes, mais de ſignes ; & pour marquer la diuerſité des ſaiſons, des jours & des années. L'E-
loquant Patriarche de Ieruſalem S. Cyrille, remarque auſſi
par vne penſée fort ſubtile, que D i e v a voulu expreſſemant qu'il arriuât des Eclipſes, des anomalitez & des deffaillances dans le Soleil & dans la Lune ; afin de confondre la folie, de Ceus qui adoroient ces belles Creatures.
Il ajoûte que les Peuples des Indes & de Phrygie, qui
adoroient, ceus-cy le Soleil, & ceus-là la Lune ; demeu-
roient les vns durant le jour, & les autres durant la nuict
ſans leur Diuinité. Et que le Soleil n'a eſté creé qu'au quatriéme jour, de peur que l'on penſât qu'il fût le pere &
le premier principe des productions de la terre. Voilà
pour l'Aſtronomie, venons maintenant à l'autre Sçiance
plus curieuze, qui s'occupe au tour de ces mémes Corps
Celeſtes.

---

# L'ASTROLOGIE
## Iudiciaire, & des autres Predictions.

O V T R E les qualitez Phyſiques, que nous venons de reconnoître dans les Planetes & dans
les Conſtellations ; L'Aſtrologie Ivdiciaire, s'en imaginant encore de plus occultes, s'amuze à dreſſer les Horoſcopes au
poinct de la natiuité. Deſorte que par la ſpeculation de
ces cauſes celeſtes, elle ſe vante & promet de predire les
choſes auenir ; celles-là méme qui dependent du libre-
arbitre, & de la volonté humaine. Cequi leur a fait dire
que l'Aſtrologie apprand à lire dans le liure de D i e v, &
la Cabbale dans le liure de la Loy.

De l'Aſtrolo-
gie.

Aſtrologia docet
legere in libro
Dei, Cabbala in
libro legis.

Dans ce vain & foible deſſein, ces Sçauans oyſeus & ſteriles, dreſſent vn regître comme il leur plaît, de tout cequi ſe paſſe dans le Ciel. Et pour venir à leurs fins, ils reduiſent tout leur Art à *quattre chefs* principaus.

Le premier établit le partage & les qualitez des ſept
Planetes, des Etoilles principales : des douze Signes, & des
douze Maiſons. Ils enferment dans les trois autres claſſes,
leurs dignitez, leurs paſſions & leurs aſpects.

Par les Planetes du premier rang, ils diſtinguét toutes *ces faces* du Ciel, en maſculines & feminines, du jour & de la nuict,
predominantes du côté du Septantrion, obeïſſantes du côté
du Midy. Ils leur donnent aprés cela des qualitez virtue-
les, & des vertus occultes ; les vnes eſtant chaudes, froides,
ſeiches, humides : les autres benignes, malignes, fortunées & infortunées.

Pour *les Dignitez*, ils donnent aus Corps Celeſtes ſelon
diuers degrez, l'intandance & l'empire ſur les quattre ſaiſons de l'année : ſur les quattre tamperamans, & ſur les quattre âges de la vie humaine. Ils font répondre les quartiers
des Maiſons, aus douze Signes ; ne donnant au reſte qu'vne
Maiſon au Soleil, & vne à la Lune, deus à toutes les autres
Planetes : l'vne pour le jour, & l'autre pour la nuict. Ils
ajoûtent que leur jonction ou leur oppoſition donne de la
force, ou de la foibleſſe, Enſorte que dans les conjonctions
& ſyſygies la Maiſon influë cinq degrez de force, l'exaltation quattre, la triplicité trois, les termes deus ; & l'oppoſition, autant de foibleſſe à proportion.

Ils nomment les *Paſſions* des Planetes & des Etoilles,
lors qu'elles s'approchent plus ou moins du Soleil ; c'eſt à
dire, lors qu'elles n'en ſont pas éloignées plus de ſeze degrez. Eſtre brûlée, c'eſt à dire n'en eſtre pas éloignée de
huict. Eſtre ſous les rayons du Soleil, c'eſt à dire plus loin
que le diſſetiéme degré. Eſtre libre, c'eſt à dire n'eſtre plus
du tout ſous les rayons du Soleil. Eſtre ſauuage, c'eſt à dire
ſeule, &c. Cequi accroiſſant ou diminüant la lumiere,
augmante auſſi la force ou la foibleſſe des Aſtres.

Leurs *Aſpects* & irradiations ſignifient la diſtance ou l'é-

*[Notes marginales :]*

Quattre prin-
cipes.

Les Qualitez.

Les Dignitez.

Les Paſſions.

Les Aſpects.

loignemant, qui se void entre elles. Desorte que si cete distance contient soissante degrez, l'aspect est Sextile ✶, si nonante degrez, l'aspect est Quarré □; si cent vingt, il est trine △. Enfin il y a l'opposition ☍, & la conjonction ☌. De ces diuers Aspects ils appelent les vns amis, qui causent la bonne fortune: les autres ennemis, qui font la mauuaise. Par example toutes les Planetes, si vous en exceptez celle de Mars, sont amis de Iupiter.

C'est donc sur ces imaginations, que les Astrologues prennent leurs mezures : & dressent les horoscopes, au poinct de la naissance; dont ils dressent le Théme, en la maniere suiuante.

Theme<br>Genethlia-<br>que.

Contre l'Astro-
logie Iudiciai-
re.
In Signa. Ge-
nef. I.

Mais à vray dire, outre que l'Auteur de l'Vniuers a mis
les Aftres au Ciel pour feruir feulemant de Signes indi-
catifs, non pas de caufes produifantes ; n'eft-il pas euidant, que tous ces fatras ne font appuyez fur aucun principe certain, méme parmy les Profeffeurs de cete vanité?
Ils ne tombent nullemant d'accord ( ainfi que nous l'auons
infinué ) ny de la nature, ny du nombre, ny du mouuemant : ny des vertus, & des qualitez de tous ces Corps Celeftes. Ils confeffent que tous les noms qu'ils donnent à ces
Conftellations, font chimeriques.

Aprés, ne connoiffant pas la vertu de la moindre herbe
que nous foulons fous les pieds, commant découurir celle
de ces Corps Celeftes fi fort éleuez au deffus de nous ?
Quel inftrumant affez jufte, pour ne point faillir en des
chofes fi éloignées de nos yeus ? Quelle Arithmetique affez
exacte, en vn calcul & en vne fupputation préque infinie?
Outre que la diuerfité des mouuemans celeftes peut changer l'effet des influances, quelles contrarietez entre les
qualitez d'vne méme Planete? Quelle incertitude du poinct
de la Conception, & de la Natiuité; que ces Meffieurs en-
treprennent méme de reformer, par les accidans de la vie:
& qu'ils prennent fans aucun fujet, pour fondemant & pour
théme Genethliaque de toutes leurs prediction. Où aller
prádre je vous prie, ce momát qui n'eft cónû qu'à DIE. feul?

Et puis ne voyons-nous pas les complexions changer
d'âge en âge, ou par quelque accidant ? Ne voyons-nous
pas l'étrange diuerfité, je ne diray pas entre les Peuples &
Rom. 9.
les Perfonnes, foûmifes à vne méme Conftellation : mais
entre Efaü & Iacob, aufquels le Saint-Efprit ne donne
qu'vne méme conception. Combien de miferables Payzans,
& de chetifs Artifans naiffent au méme momant, que celuy
qui naît Roy, qui doit eftre éleu Pape ou Empereur ? Ne
feroit-ce pas chofe ridicule, de vouloir perfuader que les
trois cens feptante & cinq mille Sarrazins que Charles
Martel tailla en pieces proche de Tours : les cent mille
Albigeois que ce braue Simon de Mont-fort defift le jour
de l'Exaltation de la Sainte Croix, n'ayant perdu qu'vn

homme d'armes, & huict Soldats : & les cent vingt mille
Sarrazins, que Robert le Normand tua en Sicile, sans
perdre vn seul des siens ; estoient nays sous vne méme
Constellation, & en méme temps ?

Ajoûtez à cela, que les Etoilles qui nous sont inconnuës, ne
se peuuét nombrer. Et elles neanmoins ne laissent pas d'auoir
toutes generalement leurs influances particulieres. Ajoûtez
que Ceus qui établissent le mouuemant dans les Cieus, l'accompagnent d'vne si extréme vitesse, qu'elle ne peut estre
arrété : pour prandre ce poinct de naissance, bien moins celuy de la conception, qui seroit le plus important. Commant donc donner le nom de Sçiance, à vne conjecture qui
n'a point de principes : ou qui n'en a que d'inconnûs, & tres-
incertains ? Car je voy des plus habiles parmy eus, qui se
moquent méme de toutes les influances, des liaisons, & des
dependâces du Monde Celeste & Sublunaire. Ce qui a donné
sujet au tout Sçauant Tertullien, de se moquer assez agreablemant de ce Thalés le Milesien ; qui mezurant le Ciel
auec ses yeus, tomba dans vne fosse qui estoit à ses pieds;
*dùm totum cœlum examinat & ambulat oculis, incidit in puteum.*

Aprés tout, c'est mettre la vertu au neant, & éleuer le
vice sur le trône ; ôtant la liberté aus Hommes, si leur conduite dér...d de ces causes exterieures. Et ces Speculateurs
qui ne voient pas ce qui est à leurs pieds, ont tort de demander des apointemans, & de se plaindre de leur gueuzerie;
puîque c'est leur destinée, qui l'ordonne de la sorte.

Pour moy, toute autre raison cessant, je ne puis pas aizémant me persuader que personne ait l'Esprit plus subtil que S.
Augustin : ou plus curieus que cét autre miracle des derniers Siecles, Pic de la Mirande. Cependant le premier
s'accuze & se rit en ses Confessions, de s'estre laissé emporter à l'étude de ces Predictions mansongeres, & à ces réueries pleines d'impieté ; que l'autre combat & détruit auec
de si puissantes raisons, qu'il emporte sans doute la victoire
en cét illustre Combat. Sa conclusion va à faire passer toute
cete Sçiance subtile, pour vne haute folie. *Ergo eorum*, dit-
il, *sapere, desipere est.*

H h iij

*Astrologi genitu-*
*ram hominis ab*
*initio conceptûs*
*digerebant. Ter-*
*tull. l. de Anim.*
*c. 25.*

*L. 2. ad Nat. c. 4.*

*Nemo nocens, si*
*fata regunt.*

*Iam etiam Ma-*
*thematicorum*
*fallaces divina-*
*tiones, & impia*
*deliramenta, &c.*
*l. 7. c 6.*
*Lib. de Singulari*
*Certamine.*

Au reſte les funeſtes examples de ceus qui en tout temps, méme en ces derniers Siecles, ſont tombez en des malheurs extrémes, pour s'eſtre laiſſé faſciner l'Eſprit de ces faus pronoſtiques : doiuent ſeruir d'inſtruction, principalemant aus Grans de la terre, que l'ambition aſſujetît à cete folie criminele ; que S. Auguſtin appele au méme endroit, Idolatrie & pâture des vants, c'eſt à dire des Diables. De vray, les Eſprits Malins, n'ont point de pieges plus dangereus pour les Princes, comme l'Ecriture remarque en la perſonne du Roy Ozée. Et DIEV, permet ſouuant, que ce qui leur a eſté predit, leur arriue pour punition de leur ſuperſtitieuze credulité. C'eſt peut-eſtre cete eſpece d'Idolatrie, qui faiſoit adorer la Milice du Ciel, & dont le bon Roy Ioſias abolit tous les ſacrifices. Cequi porta auſſi les Romains, à chaſſer ſouuant ces Mathematiciens hors de leur ville & de toute l'Italie.



Cete ſorte de Gens qui obſeruent inutilemant toutes ces vanitez, & que Dauid auoit en haine ; ſe ſeruent à méme deſſein de la PHYSIONOMIE, & de la Chiromancie. Par ce moyen ils ſe vantent de connoître le dedans de l'Homme, par le dehors : & de predire cequi luy doit arriuer, par l'inſpection des traits & des lineamans de ſon corps. Elle en conſidere pour cét effet, la compoſition ou figure, la complexion & le temperammant : la couleur, & les autres qualitez.

Les Hiſtoires Sacrées & Prophanes, s'arrétant à faire le portrait des Grans Hommes ; ſamblent vouloir par cete image exterieure, nous faire connoître les qualitez & les mouuemans de leur Eſprit. Et le plus docte des Hebreus ſoûtient que les quattre Animaus d'Ezechiel, auoient tous des viſages d'Homme : mais que ce Prophete leur donne le nom & la figure de lion, de beuf & d'aigle, dont leur Phyſionomie marquoit la reſſamblance.



Le Iugemant qu'on fait en cete ſorte de Sçiance, ſe peut prandre à la verité de toutes les parties du Corps humain. Mais comme tout l'Homme eſt abbregé dans la téte, comme tous les ſens y ſont recuëillis ; c'eſt elle principalemant,

qui ſert à cete connoiſſance. L'Ecriture Sainte enſeigne expreſſemant, que la face eſt le miroir de l'ame. La pieté méme du cœur y reluit auec vn brillant ſi particulier, que
ceus de Samarie reconneurent par le viſage & la conte-
nance de I E S V S, qu'il alloit en Ieruſalem, *Facies eius erat
euntis in Ieruſalem.* Ariſtote remarque ſur le méme ſujet,
qu'on ne peint d'ordinaire que le buſte & la téte des Heros, & des rares Perſonnages. Et l'œil eſt appelé, il y a
long temps, le miroir de l'Ame. Mais à vray dire, ces obſeruations ſe randent vaines, ridicules & crimineles; ſi elles
paſſent les bornes d'vne ſimple conjecture, appuyée ſur le
temperammát & ſur la liaiſon naturele qui eſt entre le Corps
& l'Eſprit. Encore faut-il que l'âge, la paſſion, l'étude, le
vice & la vertu n'ayent point tiré de voile ſur le viſage, ny
changé ou deguiſé le naturel.

*In facie prudent.
luc. Sapient.
Prouerb.* 17.

*Luc.*9:
*Cor homin. im-
mut. fac. ſiue in
bona, ſiue in ma-
la. Eccli.* 19.
*Ab occurſu fac.
agnoſcitur, &c.
Eccli.* 19.

Les Curieus qui paſſent pluſ auant, regardent en particulier la compoſition de tout le Corps, qui eſt la Phyſionomie generale. Puis celle du viſage, qui fait la Metopoſ-
copie; enfin la diſpoſition des Mains d'où naît la Chiromancie, la Dactylomancie, & l'Onymancie; qui conjectu-
rent par les doigts, & par les ongles.

D'abord ils vous font vn rapport de toutes les parties du
Corps aus ſept Planetes, & aus douze Signes du Zodiaque: ils font le méme du contour du viſage, & de toutes
ſes parties. Enſuite ils les conſiderent toutes en particulier,
comme le rond de la téte, les cheueus, le front, les yeus:
les oreilles, le nez, la bouche, le col. Ils remarquent leur
quantité, leur qualité, leur forme, leur figure & leur couleur. Ils obſeruent le rapport & la reſſamblance qui s'y
treuue, auec les diuerſes eſpeces des Animaus; parceque
leurs actions n'eſtant que natureles, elles ſont ſans degui-
ſemant & toûjours d'vne méme façon. Et cete conformité ſe
doit prandre au moins de pluſieurs Signes, parceque vn ou
deus ne ſont pas concluans. Enfin l'imagination eſt du moins
plaiſante, de ceus qui veulent que l'on imite & que l'on
contrefaſſe en ſoy-méme le viſage, la mine, la contenan-
ce & les grimaces de celuy dont on veut deuiner la penſée

*Obſeruation
des Parties.*

par la Physionomie. Ce qui est d'autant plus vray-samblable,
que chaque mouuemant de l'Ame imprimé dans le Corps,
a son geste particulier pour s'exprimer. L'admiration leue
les yeus, l'étonnemant hausse les épaules, le dépit mort les
levres ou les doigts: le mépris fronce le sourcil, la douleur
ride le front; & ainsi du reste.

La Chiroman-
cie.

LA CHIROMANCIE est vne espece de Physionomie
particuliere, qui se fait par l'inspection des mains, c'est pourquoy elle en examine la substance, la qualité, la quantité &
les autres accidans; pour former des conjectures sur le
passé, & sur l'auenir. La Main samble estre plus propre
pour cela, à cause que c'est la partie du corps la plus tam-
perée, l'organe du tact, le premier de tous les instrumans:
& aprés ou auec le visage, le tableau sur lequel la Nature a
pris plaisir de se dépeindre auec plus de naïueté & de perfection. Ce qui a fait dire au diuin Philosophe Iob, que
D I E V met des Signes dans la main de tous les Hommes,
qui leur font preuoir leurs Oeuures. Et à l'Auteur des
Prouerbes, que la longueur des jours est dans la droite:
les richesses & les honneurs, dans la gauche; laquelle est
aussi la plus propre pour cét effet, à cause que le trauail
& l'exercice efface les lineamans de la droite. Outre que
son doigt annulaire à vne veine, qui répond droit au cœur.
Pour cét effet, l'on distingue *trois classes* principales dans
la Main.

*In manu homin.*
*signat, vt noue-*
*rint singuli opera*
*sua. cap. 37.*
*Longitudo dier.*
*in dext. eius, &*
*in sinistra illius*
*diuitia & glor.*
*cap. 3.*

1. Les sept Lignes; la Mansale ou de la fortune, la
moyenne naturele, la ligne de vie, ou du cœur. Celle du
foye ou de l'estomac, la sœur de la ligne de vie: la Percus-
sion de la main, & la Retrainte. L'on examine la grandeur, la largeur & la couleur de ces Lignes. Lors que se
trauersant elles font des Croix, c'est signe d'honneurs &
de richesses. Si elles forment des demi-croix, c'est signe
de mépris & de pauureté.

2. Les petites Eleuations, tumeurs ou eminances qui se
treuuent dans la vole de la main, au dessous de chaque
doigt; sont rapportées aus sept Planetes. C'est pourquoy
ils appelent la Montagnette ou la colline de Venus, la

bossette

boſſette qui eſt ſous le pouce : de Iupiter, celle qui eſt ſous l'index : de Saturne, ſous le troiziéme ; du Soleil, ſous l'annulaite, &c.

3. En toutes ces Lignes ils conſiderent leur quantité, leur largeur, leur longueur, & leur profondeur. Leur qualité, leur couleur, leur figure, étoilles, croix, & autres fantaiſies ; qu'ils cherchent méme dans les mains des Morts, pour reconnoître leur ſort ; alleguant pour cét effet, le Traitté des Mains qui ſe tréuue dans le Talmud.

Curioſitez damnables, vanitez également crimineles, & ridicules ; dignes certainemant de la haine des Hommes, comme elles ſont l'objet du courrous & des châtimans diuins, la parole de I. C H R. deuant ſeruir d'oracle en toute cete matiere ; *Non eſt veſtrum noſſe tempora vel momenta, quæ Pater meus poſuit in ſuâ poteſtate.*

Attandant que je remaniray encore auec plus d'étanduë, tout ceque l'Aſtrologie Iudiciaire m'a donné occaſion de dire ſur ce ſujet ; je veus clôre ce Traitté par vn riche raiſonnemant de *S. Auguſtin*, tiré de trois endroits de ſa Doſtrine Chrétienne. Parmy les Gentils, il y a deus ſortes de doſtrine. La premiere vient de l'inſtitution des Hommes, la ſeconde de Jeur reflexion ſur les choſes que D I E V a inſtituées. Entre les inuantions humaines, il y en a que l'on appele des *Superſtitions*, & d'autres qui ne le ſont point. Tout cequi touche le culte des faus Dieus, ou qui marque quelqué intelligence & commerce auec les Demons, doit paſſer pour ſuperſtitieus. Ce ſont, à propremant parler, toutes les dépandances de la *Magie* ; que les Poëtes recitent plûtôt, qu'ils n'enſeignent : & que ſes infames Profeſſeurs tâchent de déguiſer, ſous le nom de Phyſique & d'*occulte Philoſophie*. Par example, c'eſt vne pure ſuperſtition quand on a le hocquet, de preſſer le pouce de ſa main gauche auec la droite, de prandre à mauuais augure la rancontre d'vn chien ou d'vn enfant : retourner ſe coucher, ſi on éternüe en ſe chauſſant ; ne pouuoir ſouffrir à table le nombre de douze, deus couteaus en croix, ny vne ſaliere ranuerſée. S'imaginer vn grand malheur,



*Aſtor.* 1.

Sentimant de S. Auguſtin. *l.2. c.11. 20. 24.*

Ceque c'eſt que Superſtition.

Diuerſes eſpeces de Superſtitions.

si quelque habit est rongé par les sourris. Sur quoy ce grand
Homme allegue méme la repartie du Sage Caton, qui répondit à vn de ses Amis qui le consultoit sur ce ridicule accidant ; sans mantir ce seroit vn fait bien plus étrange
& plus étonnant, si vos souliers auoient mangé les sourris. Il y a, conclut S. Augustin, mille samblables badi-
neries pleines ou d'vne curiosité contagieuze, ou d'vn
soin trés-importun, ou d'vne damnable seruitude. Enfin
toutes ces Superstitions ou badines ou crimineles, naissent du commerce & du pact exprés ou virtuel que les
Hommes font auec les Diables ; dont l'amitié est toûjours & trompeuze , & ruineuze.

*Plena pestiferæ*
*curiositatis, cru-*
*ciantis sollicitu-*
*dinis, & morti-*
*feræ seruitudini.*

    Dv Ciel il faut passer au discours des Elemans , à la
faueur d'vne autre Sçiance particuliere.

# LE MONDE
## ELEMANTAIRE
## DV FEV, ET DE L'AIR.



L A STOICHOLOGIE defcendant dans le Monde Sublunaire, foüille ces quattre grandes fources, & découure les fecondes pepinitres de toutes chofes ; examinant la nature, les proprietez, & les effets des Elemans.

La Sçiance des Elemans.

LE FEV dans l'école d'Ariftote, eft vn corps fimple, chaud & fec, le premier & le plus actif de tous les Elemans. C'eft pourquoy il ne fe corromt jamais, n'eft changé en aucun autre, & ne produit quoy que ce foit. Cequi n'empéche pas que Platon ne le reconnoiffe pour le principal inftrumant de la Nature, & Empedocle pour le pere de toutes les autres productions natureles & artificieles. D'où vient que dans la Geneze, il eft porté & étandu fur les eaus ; la chaleur de cét Efprit diuin, couuant & fecondant ce grand Seminaire de l'Vniuers. C'eft pour cela que DIEV s'appele luy-méme vn feu qui confume, & qu'il commande qu'il foit toûjours allumé fur fes Autels. Elie le fait reconnoître par celuy qui

Le Feu.

Cap 1.

*Deus tuus ignis confum.eft.Deu-ter. 4.8.*
*Ignis in altari*

Ii ij

descend du Ciel, contre sa nature qui est de monter. Aussi le Feu estoit le D I E V des Chaldéens, *de Vr Chaldæorum*; à qui ces Idolatres randoient hommage, passant leurs Enfans par ses flammes. Et il a toûjours passé pour le symbole de la souueraine autorité. C'est pourquoy les Perses, les Patriarches, les Empereurs d'Orient, & encore aujourd'huy le Prête-Iean, portent du feu qu'ils appelent Sacré par honneur deuant eus, à la tête de leurs armées: & les Romains en confioient la garde, à leurs Vierges & Religieuzes Vestales. C'est même en nos jours la marque de nos deuotions, de nos victoires, & de nos joyes publiques. Les Anciens faisoient scrupule de l'éteindre. Et les Roys d'Ethyopie enuoyoient tous les ans des Ambassadeurs, qui éteignant le feu en toutes les maisons de leurs Sujets, en laissoient de nouueau pris dans le Palais du Prince. Tant-y-a que le feu est vne marque d'autorité, & vn prezage de bonne fortune; comme quand Darius vit, en dormant, le Camp d'Alexandre tout en feu.

Il se treuue cependant des Curieus qui soûtiennent que le Feu n'est ny substance, ny elemant. Mais que ce n'est qu'vne lumiere emanée du Soleil, & incorporée dans vne matiere elemantaire, dont elle fait son aliment; & qui montant en haut se resoût en son origine, sans remplir aucun espace sous le cercle de la Lune. Ceque l'example des miroirs ardans, samble confirmer. Tous cependant tombent d'accord, que le Feu est le fils du Soleil, & l'instrumant vniuersel de tous les Arts.

Le Feu excite le mouuemant, & le mouuemant excite le feu, qui n'est qu'vn excés de chaleur. Desorte que l'on void le feu & la chaleur naître en *quattre manieres*. Par propagation, qui est la voye ordinaire. Par l'vnion & le le recüeillemant des rayons, comme dans les miroirs ardans. Par pourriture, comme dans le foin & dans les fumiers. Par mouuemant, comme dans les fusils : ou frottant les os de lion, les bois de laurrier & de lierre, ou la nuict passant la main sur le dos d'vn chat: ou par antiperistaze, jettant vne goutte de vitriol rectifié en de l'eau

froide. Lors qu'il treuue vne matiere pure & subtile, la
flamme s'allume, mais elle ne brûle point; cequi se void
dans le linge, qui a esté trampé en l'eau de vie. Le feu
*s'éteint* toûjours par la separation de ses parties. C'est à dire
ou luy ôtant les alimants, ou l'étouffant, ou le détruisant
par son contraire, comme quand on verse de l'eau.

La Philosophie Secrete fait *plusieurs sortes* de Feu; le Celeste, le Central, le Naturel, le Vulgaire, l'Artificiel. L'V-
niuersel répandu par tout, excite la chaleur interieure de
tous les Estres : le Particulier, auec l'humide radical entretient la vie de toutes choses. Le plus miraculeus est celuy *des Enfers*, que D I E V par vne occulte vertu rand immortel sans aucune nourriture, & fait agir sur les Natures spiritueles. Et c'est là propremant, que la langue du
feu deuore la paille. Les Volcans, les Ethna, & les Ve-
zuues qui cachent des feus eternels dans leurs entrailles,
& qui de fois à autre vomissent des fumées & des cendres
effroyables, en font des images sur la terre : ou ce sont,
pour parler auec Tertullien, les gueules & les cheminées
d'Enfer.

*La matiere* de ces feus, outre l'opinion de Pythagore, qui
met le centr³ du feu dans le sein de la terre, c'est le souffre
& le bitu..e. Le souffre fossile est vne huile ou vne graisse
de terre, pétrie auec du limon onctueus. Le bitume est vn
suc gras, & se treuue de trois sortes. Le liquide, que l'on
appele petrole & le naphte des Babyloniens, attire la flamme:
& la conserue méme parmy les eaus, comme il se void en
cete fonteine proche de Grenoble. L'autre qui a plus de
consistance, est vn limon samblable à la cire molle, qui
flotte sur le lac de Sodome. Le troiziéme plus dur est samblable à nos houles, tourbes ou charbons de terre. Le nitre
& le salpetre se joignant à ces matieres combustibles, cause
ces violances & ces impetuositez, qui jettent l'admiration
& la terreur dans nos esprits. Trois montagnes en Islande
vomissent les flammes de leur racine, qui s'allument par
l'infusion de l'eau, & ont la cime toute couuerte de neige.
Le Purgatoire de S. Patrice en Irlande, dont les feus ne

s'eteignent jamais, ſi on s'en tient aus preuues de cét Auteur, qui les a recuëillies depuis quelques années. Vne
grande partie de l'Ecoſſe fut autrefois brûlée, par vn in-
cendie de ſeize ans. Les Iſles voiſines de la Mer, y ſont
ſujetes; parcequ'elle fournît des matieres onctueuzes à ces
embrazemans, dont la recherche trop curieuze a fait perdre la vie à Pline & à Empedocle.

Le Feu Central eſt ſans lumiere, caché dans le ſein de la
terre, comme ſous les cendres. Car la terre comme tous
les Elemans, eſt diſtinguée en trois regions. La Haute commanceant à la ſurface, va jûqu'à vingt & cinq braſſes. La
Moyenne s'étand à cinq cens braſſes. La Troizième, deſcend
jûqu'au centre. Ce dernier eſt le ſiege du Feu Central, qui
fait la generation de toutes les foſſiles, la chaleur des eaus
minerales, les feus des Volcans : qui fait que la terre de-
gele par le bas, & les riuieres par le fond.

Il y a encore des feus ardans, comme le Caſtor & Pollux
des Anciens, qui eſt le feu de Saint-Elme de nos Mariniers.
Comme ces feus folets que l'on void la nuict, & qui ne ſont
que des exhalaiſons graſſes & viſqueuzes; qui pour ce ſujet s'éleuent plus facilemant dans la Mer, dans les mareca-
ges, dans les cimetieres, & ſur la téte des Hommes; comme on le raconte d'Alexandre, & du pere du Roy Theo-
doric.

L'Air.  L'AIR eſt cete vaſte & molle étanduë qui eſt au deſſus de
nous, peut-eſtre jûqu'au Ciel Empyrée, tres-humide & me-
diocremant chaude. Ou bien l'on dira que l'Air de ſoy-
méme n'eſt ny chaud ny froid, mais qu'il eſt égalemant capable de tous les deus. Parcequ'eſtant le paſſage general &
le moyen vniuerſel de toutes les actions natureles, il ne doit
non plus que le cryſtallin de l'œil, eſtre imprimé des qualitez à la reception deſquelles il doit eſtre indifferant. D'autres ont crû que ce neſtoit que de l'eau plus ſubtilizée, ces
deus n'ayant autre differance que la rarefaction & la condan-
ſation. Les Hebreus le nomment la cole des Elemans, &
la vie des Animaus. Si bien qu'ils ne peuuent viure ſur la
cime du Mont-Olympe, ny ayant pas dequoy reſpirer. Et

quand le faint Euangile veût exprimer que I. CHR. vient *Expirauit, Luc.*
de mourir , il dit qu'il vient d'expirer, comme le fouffle *23.*
de DIEV eft le fondemant de nôtre vie.   *Inspirau. in fac.
ei. fpirac. vita.
Genef. 2.*

Quoy que ce foit , l'on diftingue cete fluide fubftance
en trois Regions ; la Superieure, la Moyenne, l'Inferieure.
L'on en fait découler la rozée, qui fert de germe celefte à
toutes les productions de la terre. Le fucre, le miel , & la
manne ; qui ne different peut-eftre, que felon les degrez
de coction & de pureté. La derniere appelée le pain des
Anges , auec lequel DIEV nourrit fon Peuple dans le *Pfal. 77.*
defert, durant l'efpace de quarante ans , eft vn abbregé
de merueilles ; dont l'vne des plus confiderables, c'eftoit *Deuteron. 8.*
que ce Pain quotidien fourni à vn chacun felon fon befoin,
ne pouuant eftre brûlé par le feu fe fondoit au Soleil : auoit
toute forte de goûts, & neanmoins ne laiffa pas d'eftre mé-
prizé des Ifraëlites. DIEV voulut que l'on en gardât dans *Exod. 16.*
l'Arche d'alliance, & permit que les Difciples du Bien-
aimé S. Iean ayant ouuert fon fepulcre, ils n'y treuuerent
que de la manne. Cequi s'accordant auec cete réponfe ambiguë que IESVS fit à S. Pierre, a fondé l'opinion que ce *Sic eum volo
manere, &c.*
diuin Euangelifte eftoit refufcité auec fon Maître. L'Air eft *Ioan. 21.*
le theatre magnifique des Mixtes Imparfaits qui fe voient
en fa moyenne region.

---

# LES METEORES,
## & les Vants.

**L**ES METEORES font ces beaus ou terribles *Les Meteores.*
fpectacles, qui obligent nos yeus à s'eleuer en
haut pour les regarder. Ce font des impref-
fions de l'Air qui naiffent des vapeurs de l'eau,
& des exhalaifons de la terre ; principalemant
en la faifon du Prim-temps, & de l'Automne. DIEV s'en
fert fouuant, comme de prezages de fes juftes punitions.

L'Histoire des Macchabées dépeint des Hommes armez, & des batailles en l'air. Tertullien recite qu'auparauant la ruine de Ierusalem par les Romains, l'on vit tous les matins durant l'espace de quarante jours, vne ville qui paroissant en l'air, s'euanoüissoit peu à peu auec le progrés de la journée. Et S. Cyrille Patriarche de Ierusalem, recite le miracle d'vne Croix brillante de lumiere qui parût sur cete méme ville de Ierusalem, sur la fin du troiziéme Siecle. Cequi a beaucoup de rapport auec ce diuin Phenomene, qui fut cause de la victoire & de la conuersion de l'Empereur Constantin.

Quand les exhalaisons sont plus onctueuzes, les impressions durent plus long temps. Celles du feu sont les feus follets, les cometes : l'éclair, le tonnerre, & la foudre. Les nuages qui enuironnent les astres, les font paroître plus grans lors qu'ils se leuent. Les *Parhelies* sont diuers Soleils, qui naissent principalemant au leuer & au coucher du Soleil, de l'opposition des nuës rondes, polies & terminées par leur profondeur, qui tient lieu d'opacité. Au temps de la naissance de nôtre Seigneur I. Chr. l'on vit trois Soleils sur vne des sept collines dé Rome, qui s'vnirent en vn. Cequi se void aussi quelquefois à l'égard de la Lune. Et ces noueautez, remarque fort bien le Sage Romain, meritent beaucoup moins d'admiration que le Soleil méme; que l'accoutumance, dit S. Augustin, nous empéche d'admirer.

L'*Iris* est la fille de l'admiration, cét arc sans corde & sans fléche : ce diuin symbole de la reconciliation de Dieu auec les Hommes, de la paix du Ciel auec la Terre ; le trône redoutable, & la couronne éclatante de I. Chr. au jour de son dernier Iugemant. Elle se forme dans le sein de la nuë, par la reflexion & la refraction des rayons du Soleil. Ses trois principales couleurs sont la jaune ou citrine qui dore le haut, la bleuë ou la verte qui tient le milieu, la rouge couchée au plus bas. Le bleu & le rouge, qui sont les deus principales, signifient, au rapport de Strabon, les deus Iugemans. Le premier qui a esté fait par le Deluge au temps

de

*2. L. cap. 5.*
*Constat & his*
*quoque testibus,*
*&c. L. 3. contr.*
*Marcion. c. 24.*

*In Epist. ad*
*Constant.*

*In Question.*
*Natural.*

L'Arc en-Ciel.

*Arcum meum*
*pon. in nubib.*
*cœli, &c. Genes. 9.*
*Sapient. 5. Eccli.*
*43.*
*Iris in cap. eius.*
*Apoc. 10.*

de Noë, le fecond qui fe fera par le feu à la fin du Monde.
Lors que ce plus beau de tous les Meteores touche de fa
pointe l'Epine royale, celle-cy exhale vne plus douce odeur.
Et certes il ne fe peut rien ajoûter à la fubtilité & delicateffe,
auec laquelle vne des meilleures plumes de nôtre Siecle depeint toutes ces rauiffantes beautez de l'Arc-en-Ciel.

M. de la Cham-
bre en fes Nou-
uelles Obferua-
tions fur l'Iris.

LES VANTS feroient l'haleine & les foufles du Monde, s'il eftoit vn Animal. En effet, ce n'eft qu'vn air plus
ou moins agité. On en met quattre Principaus, ou Cardi-
naus ; qui fe diuifent en quarts, puis en demi-quarts, & autres
parties : jûqu'à trante-deus, enfin en foiffante-quattre.
Le Vant qui fouffle du côté de l'Oriant, s'appele l'Eure, le
Leuant, ou l'Eft. Du côté du couchant, le Vant d'Aual, le
Ponant, ou l'Oëft. Du côté du Septantrion, l'Aquilon, le
Nort, la Bize ou la Tramontane. Du côté du midy, le Sud,
l'Auran, ou vant Marin.

Les Vants.

Nous ne voyons le Vant, que dans fes éffets ; qui font
vraimant prodigieus dans l'Air, dans la Terre, & fur la
Mer. Sa nature au refte, fa production & fes agitations,
font des trezors cachez dans la fçiance & dans la puiffance de DIEV. Tout ce qu'on en peut dire, ne fert qu'à marquer la foiblefe de l'Efprit Humain, qui a moins de connoiffance des chofes les plus communes ; teles que font la
lumiere, les couleurs, & l'origine des Vants. C'eft pourquoy
nôtre Seigneur declare en fon Saint Euangile, que le Vant
fouffle où il luy plaît ; fans que l'on fçache ny d'où il vient,
ny où il va. Le Saint-Efprit en a pris la figure & l'effet, au
jour de la Pentecôte. Le fouffle eft ce qui a animé Adam
dans le Paradis terreftre, ce qui a confacré les Prêtres après
la Refurrection : & ce qui a rampli les Apôtres, au jour de la
Pentecôte. Ariftote le nomme fort bien le balay de l'air,
qui le nettoye, & qui en empéche la corruption. D'où vient
qu'il eft & plus pur & plus fain fur la cime des montagnes,
que non pas dans le creus des vallées. Dans la Lybie vn Vant
amaffe de grans monceaus de fable, qui boucheroient
tous les chemins, fans qu'vn autre Vant les emporte. L'e-
xample du Satyre fait voir que le Vant échauffe, & refroi-

Qui prdoucit
vent. de thefaur.
fuis. Pf. 134.

dit. L'Ecclefiaftique remarque qu'il allume, & éteint le feu.
Il n'y a rien de fi foible, & de fi fort. Car fi felon ce vieus
apologue d'vn homme qui fe deshabille tout nud, la douceur & la chaleur des zephirs, n'a rien de pareil ; que ne
fait point la froideur, & la violance de la Tramontane? Il
ne faut pour en juger, que s'eftre veu fur vne mer agitée
de tempétes, dans le debris & dans le nauffrage. Le prodige eft que les Lappons, fi on en veut croire à quelques Auteurs, vandent les Vants à ceus qui voyagent fur Mer, *tantâ
emitur mercede nihil.* Mais que la dexterité de l'Efprit Humain eft merueilleuze, en ce qu'elle fait fes Valets des
deus Tyrans de la Mer & de la Terre. Le Feu fert à tous les
vzages de la vie, la Nauigation ménage les Vants pour voler
par tout : les Mechaniques les vniffent tous deus dans la
forge, pour la fabrique de tous leurs ouurages.

La méme exhalaifon feche qui brize la nuë, ébranle &
entre-ouure le vantre de la Terre pour fe mettre en liberté:
Cequi fait fentir d'étranges conuulfions à ce plus groffier de
tous les elemans. Car fi DIEV à la priere de Iosüé a vne
fois arrété le mouuemant du Soleil, à peine peut-on conter vn Siecle qui ne marque quelque *Tramblemant de la
Terre* qui eft deftinée au repos. Ces fecouffes font des Ifles,
comme on le dit de l'Ifle Sacrée, de celles de Sicile, de De-
los, de Rhodes & de Cypre : ranuerfent des montagnes,
abyment des villes entieres. Cequi eft arriué à Sodome &
Gomorre, à Coré, Datan & Abiron. En l'an 343 la ville
de Neocéfarée fut toute engloutie, à la referue de l'Eglife
Catholique & de fon Euéque. Sous Theodoze le Ieune le
tramblemant continua fix mois en celle d'Antioche, & ne
ceffa que par le miracle d'vn petit Enfant éleué en l'air,
qui apprit cette belle priere *Saint, Saint, Saint* ; d'où la
Ville fut nommée, Θεόπολις. Ariftote fait mantion de quelques vns qui ont duré jûqu'à deus ans, à caufe de la qualité
ou de la quantité des exhalaifons. Mais le plus miraculeus,
comme le plus vniuerfel, fut celuy qui publia par tout la
mort de nôtre Seigneur, dont douze villes de l'Afie furent
abforbées. Ces tramblemans de la Terre font caufez par les

Les Tremble-
terres,

Iosüé 10.

*Ante duos annos
terra motus.*
*Amos,* 1.

esprits chauds & secs, enfermez contre leur nature, dans
les concauitez de la terre: & sont ordinairemant precedez,
par vne grande tranquillité. Quand ils arriuoient à Rome,
toute la ville se vétoit de deüil.

*L'Eclair*, est la splandeur ou la coruscation de la matiere  Le Tonnerre.
enflammée. On l'apperçoit deuant que d'oüir le bruit, à
cause de la subtilité de l'éclat & de la veuë. *Le Tonnerre* est
le bruit excité par le choc & le fracassemant de la nuë, qui
s'entrouurant fait tomber la pluye. C'est pourquoy il est
plus frequant dans les pays Meridionaus que vers le Septantrion, & en Esté que non pas en Hyuer. *La Foudre* est
l'exhalaison enflammée, qui sort auec violance du sein de
la nuë; où elle se conuertit souuant en pierre, en figure de
coin, les Italiens l'appelent *Saëtta*. Tombant sur des Ser-  *Sneca.*
pans, elle en ôte tout le venin: & les Bétes qui en sont
frappées, tournent la téte du côté de l'éclat. Dauid dit que
ce sont les Ministres de la parole de D i e v, l'Apocalypse  *Ignis, grando,*
les fait sortir de son trône. Et l'on a raison de croire que les  *nix, glac. spirit.*
Demons se mélent quelquefois dans leurs effets, tant ils  *procellarum, quæ*
sont étranges. On void l'argent fondu en la bourse, l'é-  *fac. verbum cius.*
pée dans le fourreau: & le vin desseiché dans le tonneau,  *Ps. 148.*
sans les end ommager. On void les os moulus & brizez,  *De throno egre-*
sans que la chair paroisse seulemant effleurée. On en void à  *dieb. fulgura,*
qui la langue est arrachée, & tout le poil razé eus demeu-  *& voc. & tonitr.*
rant en vie.  *cap. 4.*

Il n'est gueres d'Impie si resolu, qui ne pense à soy,
quand D i e v tonne ainsi dans les nuës. Il y en a qui se vont
cacher dans les caues, la foudre ne penetrant jamais plus
de cinq pieds en terre. Baronius toutefois écrit que l'Empereur Anastase fut ecrazé de la foudre, se cachant en ces  *Herodot. libr. 4.*
lieus souterrains. Les Thraces decochent des fleches contre
le Ciel. D'autres portent des fueilles de laurier ou de figuier, les peaus de Veau marin & de l'Hyene, ou la Pierre
de foudre appelée Ceraunie. Le son des cloches, outre l'a-
gitation de l'air, porte benediction. Et entre les autres prieres, la plus efficace est celle de S. Thomas; qui disoit en
ces rancontres, *& Verbum caro factum est.* Les conjurations  *Io. m. x.*

prophanes, comme celles de Numa Pompilius, ont si peu
d'effet, que Tullus Hostilius fut foudroyé s'en voulant feruir. Mais rien n'est plus merueilleus, que ce qui est ra-
conté dans nôtre Histoire; de cete furieuze tempéte entre-
couppée d'eclairs & de tourbillons, qui empecha les Rois
de France & d'Angleterre de se liurer la bataille dans le
Pays Chartrain.

*Duplcix.*

---

## TITRE XLIV. L'HYDROGRAPHIE.

*De la nature, &*
*de la diuersité*
*des Eaus.*
*L'Eau douce.*

AV DESSOVS de l'air, se treuue la diuersité de
toutes les Eaus douces & salées. L'Eau douce
coule des sources & des fonteines dans les ruisseaus, dans les riuieres : dans les fleuues, dans
les torrans, dans les lacs & dans les étangs. Ou bien elle
tombe du Ciel par la pluye, par la neige & par la gréle;
ramplissant le large sein de la Mer tant Oceane, que Mediterranée.

*Les Natureles.*

*Genes. 1.*

Dés le berceau du Monde, vne seule fonteine ayant sa
source au milieu du Paradis, arrozoit tour la terre. La
méme Histoire Sacrée fait la description de ces quattre
grans Fleuues, qui se partagent en diuerses Regions. Les
riches beautez de la Nature, ne paroissent en aucun lieu si
magnifiquemant étalées que dans les Eaus. Les vnes sont
chaudes, les autres tiedes, les autres froides comme glace.
Iûques-là qu'vne méme fonteine reçoit successiuemant ces
trois qualitez, l'vne aprés l'autre; au matin, à midy, & au
soir. Il y en a de douces, & d'autres ameres ; comme celles
de Iericho, que le Prophete Elizée adoucit en y jettant du
sel. Celles d'vn méme fleuue sont ameres du côté du Septantrion, tres-douces du côté du Midy. Celles du Nil randent les fammes fecondes, aussi bien que d'autres les font
steriles. Le fleuue de Stix tuë tous ceus qui en boiuent. La
fonteine de Iouuance rajeunît les Viellars, celle de Co-
blens enyure : celle d'Etyopie fait perdre l'esprit, celle de

Bëocie fortifie la memoire ; celle des Ifles Fortunées fait mourir à force de rire, fi pour remede l'on n'en boit promtemant d'vne autre qui eft tout proche. Il y auoit dans la Iudée vn ruiffeau qui fe tariffoit tous les Samedis, comme pour honorer le Repos commandé dans la Loy.

Les *Eaus Minerales* gueriffent des maladies defefperées, parceque penetrant par tout; elles rafraichiffent, debouchent & fortifient. Elles prennent leurs qualitez des diuerfes Mines, par où elles paffent. Deforte que le vitriol les rand acides, le foufre chaudes : le cynabre rouges, le cuiure vertes, le fer noires, l'orpimant jaunes.

Il y a des Eaus qui font mourir les Animaus, d'autres qui les refufcitent. Quelques-vnes petrifient tout ce qu'on y jette, quelques-autres le changent en oizeaus. L'on en void qui ne peuuent eftre mélées auec du vin, & l'on en a rancontré qui ne peuuent eftre puizées que par des mains chaftes ; comme ce lac d'Herodote, de la vaze & de la bourbe duquel les feules Vierges tiroient des rameaus d'or. Cepandant l'adorable Precepteur de la Sçiance des Saints & le diuin Pedagogue de nôtre vie, enfeigne à vne Famme débauchée, fur le bord d'vn puy, les plus hauts fecrets de cete Theolo ie Myftique ; qui adore DIEV, en efprit & en verité. L'eau d'vnĕ fonteine fait mourir ceus qui en boiuent durant la nuiĉt, durant le jour elle eft tres-falutaire. La coûtume de bâtir les Tamples auprés des fonteines & des riuieres, a toûjours efté fort generale. Baronius n'eft pas feul à croire que c'eft pour lauer les Pelerins, & l'on peut ajoûter que c'eft auffi pour les defalterer. Ou bien parceque les Perfes n'adoroient autrefois, que les aftres & les fleuues.

Quoy que le cours ordinaire des riuieres les porte toutes vers le couchant, il ne laiffe pas de s'en treuuer qui coulent vers l'Oriant. Le Iourdain s'enfle au plus fort de l'été, & au temps de la moiffon : le fleuue Heuilath, charrie de l'or; & le Nil fert de Ciel à toute l'Egypte, qui n'a point d'autres pluyes que les debordemans de ce fleuue. Les plus Curieus font affez en peine de treuuer la vraye caufe de l'enfle-

mant & de la fecondité de ce fleuue. Il ne fe peut rien imaginer de plus fubtil, que ce gonflemant de nitre, comme
vn leuain, dont nous deuons l'inuantion à la curiofité
d'vn de nos Auteurs les plus fubtils. Mais cét Illuftre Voyageur a plûtôt fait d'attribuer ce debord & cete fecondité au
grand deluge des neiges, qui fe fondent en cette faifon fur
les hautes Montagnes.

L'Ecriture met des Eaus au deffus, & au deffous des
Cieus; dont le nom Hebreu Schamain, fignifie il y a des
eaus; d'où tombant a bondes ouuertes, elles firent le Deluge de Noë, qui eft le vray Deucalion des Prophanes. Les
trois Compagnons de Daniel conuient ces Eaus furcele-
ftes, de louer & de benir le Seigneur. Si ce n'eft qu'en ces endroits de la fainte Parole, les Cieus & le Firmamant foient
pris pour l'air; au méme fens qu'elle appele la pluye, la
rozée, & les oizeaus du Ciel, c'eft à dire de l'air.

Il y a vne *Eau Artificiele* qui fe tire de toutes les chofes
par la diftillation, comme en eftant le principe & la fin. Elle
fe diftingue de la Naturele, laquelle pour eftre bonne doit
eftre legere: fans couleur, fans odeur, & fans faueur. Celle
du fleuue Choafpé eft jugée fi excellante, qu'il n'eftoit
permis qu'aus Roys de Perfe d'en boire. L'eau moins agitée, fe gele plus aizémant. Eftant gelée elle fe refroidit
plûtôt au Soleil, & fe dépoüille elle-méme de cete chaleur
étrangere.

Le grand referuoir de cete humeur liquide, c'eft LA
MER; qui felon Pythagore, eft vne larme de Saturne.
Mais dans les certains oracles de l'Ecriture-Sainte, c'eft la
fource immanfe de toutes les Eáus; qui vont & viennent par
vn commerce perpetuel, tout ainfi que le fang & les autres
humeurs dans les veines du Petit-Monde. Deforte que les
fleuues & les riuieres font les conduits de la terre, & les lignes de communication entre fes Habitans.

Les roulemans de la Mer, fes vagues & fes flots, fes tampétes & fes naufrages font tout à fait admirables. Ses abymes font des trezors, & leur profondeur eft la plus riche
boutique des ouurages de la Diuinité. Parmy tant de mer-

*In aquis multis semen Nili. Isa. 23.*

*Genes. 1.*

*Aquæ omnes quæ sup. cœl. sunt. Daniel. 3.*

*Les Eaus Artifi-
cieles.*

*Herodot. l. 1.*

*La Mer.*

*Ad locum vnde ex flumin. &c. Eccli. I.*

*Mirabil. elation. Maris, &c. Pf 92.*

ueilles qui ramplissent ce troiziéme des Elemans, j'en choisis trois qui meritent vne reflexion particuliere; la Saleure
de la Mer, son Flus & son Reflus, & l'origine des Fonteines.

*Le Sel* est à vray dire, vne des plus rares productions de
la Nature. Il est tout à la fois le principe de la generation,
d'où vient qu'on en donne aus Bétes : & le symbole de la
corruption, d'où vient qu'on en seme sur les Villes détrui-
tes par vn Prince victorieus. Tandis qu'il est bon , c'est
l'embléme de la sagesse: quand il est euanté, c'est vn signe
de folie & d'inutilité. La statuë en laquelle fut changée la
famme de Loth , sert d'instruction à la curiosité de ce Sexe.
En general, on a raison de dire; que le Sel est l'ame des cadavres, comme la sagesse est l'esprit de ceus qui sont en vie.
C'est méme quelque chose de diuin, puique D I E V ne receuoit aucun sacrifice sans Sel. Aussi les plus fermes alliances sont appelées des Traittez du Sel. Et vn Prophete méme remarque, que l'Enfant nay est frotté auec du Sel, laué
& enueloppé en des langes.

Les *manieres* dont il se fait , sont tout à fait merueilleuzes.
L'on en tire de la terre, l'on en puise dans les fonteines. Il
rand les corps quelquefois legers, quelquefois plus pezants.
Témoin le ▪ ▪n salé, qui est moins pezant : & le bois flotté ,
qui se treuue d'vne vintiéme partie plus leger à la sortie de
l'eau, parce qu'elle luy a ôté tout son sel. Ce qui fait que sa
cendre est inutile pour la léxiue, à cause qu'elle a perdu toute
sa vertu detersiue. Herodote ne laisse pas de décrire des collines de sel, d'où coule vne eau tres-douce. Et vn puy d'où
coule tout à la fois du sel , du bitume , & de l'huile.

Au reste le Sel est si necessaire à la vie humaine, que l'on
en frotte le corps des Enfans nouueaus-nays : que sans sa
pointe, toute nourriture est dégoûtante; & que de tout temps,
la gabelle qui est l'impôt que l'on met sur le Sel, a esté vne
des sources les plus certaines des deniers publics. Les
Egyptiens qui n'vsoient point de sel , eussent esté examts
de ce subside.

Mais on peut dire que la grande source de Sel, c'est la Mer.
Son eau de soy-méme n'est pas *salée*. Car si cela estoit, ayant

couuert toute la terre dans la naissance du Monde, ce sel l'eût randuë sterile, comme il fait les riuages de la mer. Elle receut donc cete qualité, lors que le commandemant de D I E V la ranferma dans les abymes de l'Ocean. Ce qui fait dire à quelques-vns que la Mer Caspienne n'est point salée, parce qu'elle est separée de ce grand amas des eaus.

**Deux raisons.** Cete Saleure est fondée sur *deus raisons* fort euidantes. La premiere, c'est la conseruation de ce grand corps humide; qui échauffé par les rayons du Soleil, se corromproit aizémant, si le Sel ne l'en preseruoit. La seconde, c'est l'vtilité generale. Parce que l'eau de la Mer estant salée, elle est aussi plus terrestre & plus épaisse. Consequammant elle est plus propre tant à la vie & à la nourriture des grans Poissons, que l'Escriture appele *Cete*: qu'à porter les Nauires, qui entretiennent le commerce de toutes les quatre parties du Monde. Ce qui se justifie par l'example d'vn œuf, qui allant à fonds dans l'eau douce, surnage si on le met dans vn vaisseau rampli d'eau salée.

**Les causes.** Pour *la cause* de cete Saleure, outre que le Soleil qui darde plus à plomb la force de ses rayons sur cete pleine humide, succeant le plus subtil & le plus dous des eaus de la Mer, n'y laisse que ce qui est de plus épais, de plus terrestre & acrimonieus; ces eaux coulant par les veines de la terre, en emportent les cendres & les sels en si grande quantité, que l'abondance des fleuues & des riuieres n'en peut adoucir l'amertume. Elle la pert neanmoins quand l'eau marine est transcolée & comme filtrée, ou passant par les conduits de la terre: ou selon la remarque d'Aristote, coulant dans vn vaisseau bouché de cire vierge; ou enfin dans la generation & la nutrition des Poissons, qui sont fort dous encore qu'ils naissent en la Mer & qu'ils se nourrissent de ses eaus salées. C'est cete acrimonie vitriolée, qui auec le branle & l'agitation du Nauire cause le Mal de mer, qui par vn étrange merueille, cesse aussi-tôt que l'on est à terre.

**Le flus & le reflus.** La seconde merueille de ce liquide Elemant, c'est son *Flus & son Reflus*; si juste & si reglé, qu'il ne manque
jamais

Jamais à fon heure ; quoy qu'il fe rande bien moins fenfible dans la Mer Mediterranée, que dans l'Oceane : & qu'il
foit vray qu'elle monte en cinq heures, & defcend en fept.
L'on void ce mouuemant auec d'autant plus d'admiration,
que jûqu'icy la caufe en eft ignorée. Dequoy toutefois il
fe faut d'autant moins étonner , que le propre des fe-
crets c'eft d'eftre cachez. Le recours que l'on a à la Lune,    Sa Caufe.
pour eftre le plus commun , n'en eft pas plus certain. En
effet , cete Planete que l'on appelle la maîtreffe & la pre-
fidante du Monde Sublunaire, n'imprimant pas les mêmes
mouuemans periodiques en toutes les mers , ny en toutes
les Eaus ; l'on peut croire qu'elle en eft plûtôt le figne &
marque, que la caufe & le principe. D'en rappeler à l'E-
quinoxial ou aus Poles , c'eft vne chofe plus fubtile que
folide.

La raifon la plus naturele en cete matiere , comme en
toutes les autres famblables , c'eft d'attribuer la caufe de
ces effets à la forme du fujet qui les produît. De forte qu'il
n'eft pas Moins naturel à la Mer d'épancher fes ondes &
de les retirer , qu'au Feu de brûler , au Soleil d'éclairer ; &
au Cœur d'entretenir la vie de l'Animal par ces deus mouuemans alternatifs & reciproques , de Syftolé & de Dya-
ftolé. Ce font les proprietez des Eftres , que le Souuerain
Maître y a marquées auec certains caracteres inuifibles : &
auec des fignatures cachées en chaque efpece , & en cha-    *Vfque huc ven.*
que indiuidu. Ainfi fa parole toute-puiffante a commandé    *&c. Iob. 38.*
aus Eaus de laiffer la terre libre, pour la commodité de fes
Habitans : & à la vafte étanduë de ces Eaus , d'en arréter la violance auffi-tôt qu'elles touchent ces foibles bornes & ces limites que DIEV leur a marquées auec des
grains de fable. Ceqvi n'empéche pas que ce Souuerain
Maître n'en ait arrété la courfe, faifant fe retirer les eaus
comme deus montagnes d'écuëils pour donner paffage à
fon Peuple dans cét abyme qui noya l'armée de Pharaon
au même lieu. Et qu'il n'arriue quelquesfois des innonda-
tions ruineuzes, comme celle qui arriua à Naples fous la
Reine Ieanne : & celle qui noya cent mille hommes dans

la Frize, il n'y a pas long-temps. D'où vient que la Mer est appelée vn bon , & vn mauuais voiſin.

La remarque n'eſt pas moindre de reconnoître l'heure de ce flus & reflus de la Mer. Car les expers dans la Nauigation ont remarqué que le Soleil & la Lune parcourent en vingt-quattre heures, les trante-deus Rhombes des vants de la Bouſſole. Que durant cét eſpace il y a deus flus & reflus que les habitans des côtes appelent marées : ou deus croiſſants & décroiſſants , que l'on appele eaus viues & eaus mortes. Que quand la Lune eſt au Rhombe Nordeſt & Sudeſt , il eſt toûjours pleine mer : & quand elle ſe treuue au Sudeſt & Nordeſt, il eſt baſſe mer. Que le Soleil eſt à midy au Sud , & à minuit au Nord : & qu'en trois quarts-d'heures, il paſſe d'vn Rhombe à l'autre. Que toutefois cete inégalité n'eſt pas égale par tout principalemant à cauſe des Golfes, des Détroits, des vants , & des riuieres. Qu'enfin la marée depuis ſa conjonction auec le Soleil retarde de jour en jour de quattre quintes , c'eſt à dire de trois quarts & trois minutes d'heures.



La troiziéme merueille enſeignée même dans l'Eſcriture , c'eſt de voir que la Mer eſt tout à la fois & le tombeau & le berceau de toutes *les Eaus* qui ſont au Monde. Tous les fleuues y entrent, dit le Sage , ſans qu'elle en



ſoit augmantée. Aprés ils retournent au lieu d'où ils viennent , afin d'en ſortir derechef. Telemant que la Nature fait cete circulation continüelle , ſans que toutefois l'on puiſſe bien reſoudre comme-quoy il ſe treuue des Fonteines , ſur la cime des montagnes les plus éleuées. Pour découurir les ſources cachées en quelque lieu , le ſçauant Secretaire d'Etat Caſſiodore donne les quattre marques



ſuiuantes. L'abondance de verdûre, de roſeaus, de ſauls & de peupliers. La leine ſeche, laquelle miſe à terre ſous vn



couuercle durant la nuict, au matin ſe treuue moüillée. Si les premiers rayons du Soleil leuant, éleuent des vapeurs deliées. Ces petites fumées en forme de Pyramides , s'éleuent auſſi haut que la ſource eſt profonde. A quoy il ajoûte que s eaus ſont meilleures, du côté de l'Oriant & du Midy.

C'eſt auſſi vne autre des merueilles de cét Elemant qui en eſt le theatre, que du haut de la Mer l'on n'en void point le fond : & que cepandant du fond de la Mer, l'on void le Soleil. Mais rien ne doit ſambler plus admirable, que la force de l'Eau, qui la rand victorieuze de tous les Elemans, & du feu méme qui eſt le tyran de tous les autres. Cequi parut euidammant dans le combat du Nil des Egyptiens, repreſanté ſous la figure d'vn Crocodile, qui éteignit le feu qui eſtoit le Dieu des Chaldéens. Encore plus dans ce Cataclyſme, que la Sçiance prophane a dérobé de nos Ecritures Saintes. Les eaus de ce Deluge general, qui de toute la terre fit vn Oceàn, tomberent peu à peu durant l'eſpace de quarante jours continuels, D i e v ayant ouuert les cataractes du Ciel. Elle ſurpaſſoient de quinze coudées, la cime des Monts les plus éleuez. Elles noyerent & couurirent le Continant, l'eſpace de cent cinquante jours. D i e v enuoya vn vant pour les deſſeicher, l'Arche s'arréta ſur les montagnes de l'Armenie. Quoy que ce fut D i e v qui y eût enfermé Noë, celuy-cy toutefois ouure la fenétre & lâche le corbeau qui ne retourna point. La Colombe retourne la premiere fois, n'ayant peu trouuer ou ſe repozer. La ſeconde elle rapporte en ſon bec vne branche d'oliuier, chargé de fueilles vertes. Et à la troiziéme elle ne retourna plus du tout. Noë découurit bien ſon Nauire, mais il n'en oza ſortir que par l'ordre exprés de Celuy qui luy en auoit commandé l'entrée. Et la premiere choſe qu'il fit aprés ſa ſortie, ce fut de dreſſer vn autel, & d'offrir vn ſacrifice. D i e v eut ſi agreable la reconnoiſſance de cét Homme juſte, appelé par le Sage l'Eſperance du Monde, qu'il promit d'excuzer deſormais les foibleſſes humaines : qu'il permit l'vzage de toute ſorte de chairs, excepté du ſang ; & qu'il donna l'Arc-en-ciel, pour ſigne de la paix & de la reconciliation du Ciel auec les Habitans de la Terre.

    Reprenant le Diſcours de la Mer conſiderée en elle-méme, quoy que Pauzanias en conte jûqu'à trante, il les faut toutes reduire à deus principales ; l'Ocean, & la Mer Mediterranée.

Le Deluge.

Geneſ. 7.

Spes orbis terrar.<br>Sapient. 14.

Ll ij

*Chap. 38.*

En effet, le rond de la Terre famblable, dit Iob, à vñ Enfant emmailloté dans vn berceau ; eft préque tout couuert, & enueloppé tout au tour de *l'Ocean*. De tele forte que par vn infigne miracle de la Prouidance, la Terre eft conferuée par l'Eau qui la deuoit diffoudre.

L'Ocean.

L'Ocean eft ainfi appelé, peut-eftre parceque faifant vne Ifle de toute la terre, il l'enuironne comme vn baudrier ou écharpe, comme vñe bande ou vne ceinture. Deforte que la Terre chez Ariftote, eftant vne Ifle, paroît ceinte de l'Ocean ; qui emprunte diuers noms ou de fa fituation, ou de fes qualitez. Car on diftingue celuy de l'Oriant, de l'Occidant, du Septantrion, du Midy : de l'Inde, de la Chine. La Mer Ethiopique, d'Efpagne, Aquitanique, Britannique, Germanique : des Tartares, des Hyberboréens, la Glaciale, la Mer Morte, le Bofphore de Thrace, le Pont-Euxin, la Mer Cafpie, la Mer Baltique ; qui entre au Detroit du Zond, & qui va jûqu'aus frontiers de Mofcouie. La Mer des Indes, Mer Rouge ou Erithrée, de la Meque, de la côte d'Arabie, le Golfe Elcatif, ou de Perfe ; & autres noms compris fous le grand Ocean, qu'on appele auffi Mer Externe.

Mediterranée.

Ce méme Ocean s'embouchant entre l'Afrique & l'Efpagne au Détroit de Gilbratar, qui eftoient les .nciennes Colomnes d'Hercule ; s'appele Mer Interieure, ou *Mediterranée*. Le côté droit, s'etand vers l'Afrique le gauche côtoye l'Europe. Elle fe diuize en Mer de Thunis, d'Afrique vers Tripoli & Barbarie : Egyptienne, qui arroze l'Egypte. Et parcourant ainfi diuerfes Prouinces, elle fe fait nommer felon les lieus qu'elle baigne ; Syriaque, Egée ou Helles-pont : Archipel, Mer de Thrace, de Macedoine, de la Morée, de Conftantinople ; jûqu'à la Mer Adriatique, joignant le Golfe de Venize, & l'Efclauonie. Puis doublant vers le Sud ou Midy : elle a fon cours prés le pays de Calabre, jûqu'à la fin de Rhege fous le nom d'Ionique : & fe coulant entre la Sicile & l'Italie, au détroit de Scylle & de Charibde, elle s'appele Tyrrhene. Delà elle côtoye la riuiere de Genes, fous le nom de Liguftique ; laquelle feparant

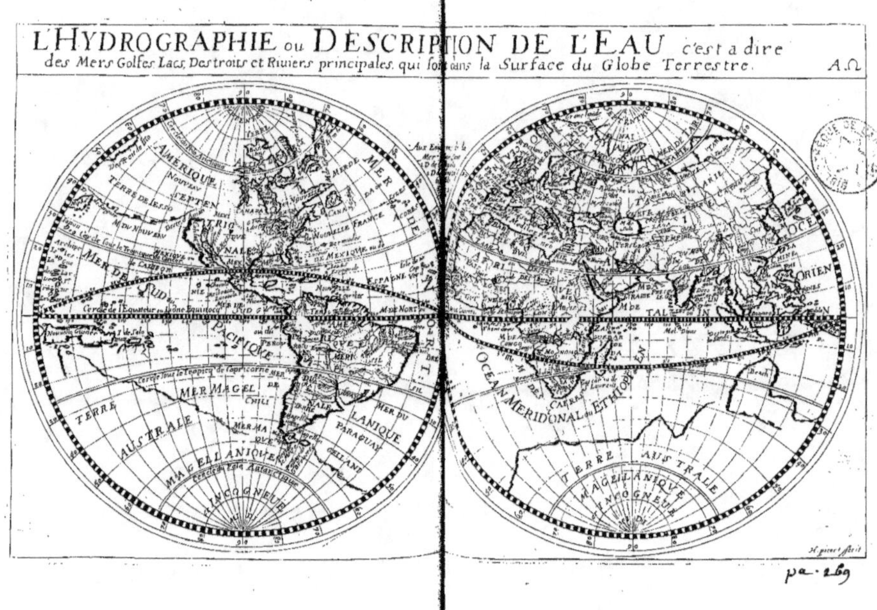

L'HYDROGRAPHIE ou DESCRIPTION DE L'EAU c'est a dire
des Mers Golfes Lacs, Destroits et Riuiers principales, qui sont dans la Surface du Globe Terrestre.
A.Ω
AMERIQUE SEPTENTRIONALE
Nouveau
TERRE DE LABO
MER DU NORT
MER DE SUD
MER PACIFIQUE
Cercle de l'Equateur ou Ligne Equinoctiale
AMERIQUE MERIDIONALE
CHILI
MER MAGEL
TERRE AUSTRALE
MER DU
PARAGUAY
MAGELLANIQUE
INCOGNEUE
EUROPE
ASIE
AFRIQUE
OCEAN ORIENTAL
OCEAN MERIDONAL ou ETHIOPIEN
TERRE AUSTRALE
MAGELLANIQUE INCOGNEUE
H. picart fecit
pa. 269

l'Italie de la France, s'appele Mer Gauloize. Enfin para-
cheuant son rond elle s'en va aus Isles de Maiorque & Minorque, là où elle est surnommée Baléarique. D'où elle
s'auance sous le nom d'Iberique, vers le Détroit de Gilbratar; où nous auons veu la bouche & l'ouuerture de cete Mer
Mediterranée, receuoir l'Ocean.

# LA TERRE.



Description de
la Terre.

 A Terre le dernier & le plus groſſier de tous
les Elemans, eſt vn corps ſimple : qui ſe liant à
l'eau par ſa froideur & au feu par ſa ſechereſſe,
commance & acheue cète belle liaizon des Eſtres
corporels. La merueille eſt de voir qu'eſtant la
moins noble, elle ne laiſſe pas d'eſtre la plus feconde &
la plus riche en toutes ſortes de productions ; dont la diuerſité vient de celle des rayons du Soleil, qui eſt ſon épous &
ſon mari. Auſſi eſt-ce la Mere commune de tous les Viuans.
Ce que Brutus entandit fort bien, la baizant pour accomplir l'Oracle. Et la Vielle Theologie conſeilloit de ſe coucher à terre, quand il tonne ; comme pour ſe mettre à couuert, dans le ſein de ſa Mere. C'eſt elle qui enfante l'Homme, qui le nourrit : & qui luy ayant ſerui de berceau, ouure
ſon ſein pour luy ſeruir de tombeau.

Tite Liue l. 1.
Decad. 1.

    Celle que D I E V choiſit pour en former le corps d'A-
dam, eſtoit rouge ; d'où il emprunta ſon nom. Sa plus
grande gloire c'eſt d'eſtre par l'Incarnation, vnie dans le
corps de l'Homme auec vne Perſonne Diuine : & par les

Terra aut. Scabel.
Ped. tuor. Pſ.
109.
Adcr. Scabell.
Ped. ei. Pſ. 98.

triomphes de l'Aſcenſion, éleuée au deſſus de tous les Cieus
à la droite du Pere Eternel. Deſorte qu'encore que ce ne
ſoit que l'eſcabeau des pieds de D I E V, elle ne laiſſe pas de
meriter nos adorations.

    Pour conceuoir vn tableau racourci, de la nature de
cete grande hôtelerie de l'Homme ; figurez-vous que *le*

Le Monde eſt
vn Globe.

*Monde* vniuerſel, ce riche & precieus bâtimant, qui emprunte ſon nom de ſes beautez dans les trois Langues, la
Grecque, la Latine, & la Francoiſe, eſt vn Globe parfait.
Ce Globe, dit Apulée, eſt artiſtemant compozé de l'alliance du Ciel auec la Terre. Deſorte que la Terre eſt ceinte
& enuironnée de la Mer, ainſi que je viens d'explicquer. Et
cete vnion forme le Globe Terre-Aqueus qui eſt enfermé

dans l'étanduë de l'Air , l'Air dans la ſphere du Feu : le Feu
dans la concauité de la Lune , du moins dans les autres voutes celeſtes ; à peu prés comme l'on void des boëtes qui ſont
telemant encloſes, que les moindres ſont enfermées dans
les plus grandes.

D'où il s'enſuît que la Terre ſeparée ou conjointe auec
l'Ocean , eſt vn boule parfaitemant *ronde* ; ſa figure eſtant **La Terre eſt**
ſpherique, & circulaire. Rondeur que les collines, & les **ronde.**
vallées n'empêchent non plus qu'vne orange ; qui ne laiſſe
pas d'eſtre ronde en ſon tout, quoy que ſes parties ſe voient
inégales. On preuue cete figure de la Terre, parceque ſon
ombre ſe montre ronde dans les Eclipſes de la Lune. Par
le leuer & le coucher du Soleil, en vn endroit plûtôt qu'en
vn autre Par les ſommets des montagnes & la pointe des
clochers, que les Voyageurs découurent plûtôt que le pied ;
qui ſe verroit en même temps , ſi la Terre eſtoit platte. Par
l'éleuation des Poles que l'on void plus grande ou plus petite, à mezure que l'on s'en approche. Enfin cete figure ſert
pour la commodité de ſes Habitans, afin que chaque partie
de la Terre ait ſes *Antipodes.* Car ceque Lactance & S. Au- **Les Antipodes.**
guſtin les ont niez , c'eſtoit vne ignorance de fait. Ou bien *Lib. 3. c. 25.*
c'eſtoit pour la même raiſon qui donna ſujet au Pape Za-
charie , de condamner vn Euéque d'Allemagne , à cauſe
qu'il en tiroit des concluſions ruineuzes à la Religion Catholique.

La circonferance de ce Globe Terreſtre , eſt de quinze
mille lieües. Ses qualitez ſont la froideur, & la ſechereſſe ;
qui la randent, ainſi que nous venons de dire, pezante &
ronde comme le centre de l'Vniuers ; éloigné du plus bas
Ciel , qui eſt celuy de la Lune , d'vn eſpace incroyable.
Si vous mettez vn vaiſſeau dans ce centre, il eſt plus capable & contient plus de choſes.

Si ſon aſſiette eſt *inébranlable* , comme eſtant la baze & le
fondemant de l'Vniuers , qui eſt l'opinion d'Ariſtote, de
Ptolomée , de Ticho-Brahe : ou bien ſi elle ſe remuë au
tour du Soleil, ainſi que ſe l'imaginent Pythagore, Philo-
laüs , Copernic , Galilée , Keppler , Origan , & préque tou-

te la Curiozité Moderne ; fans mantir c'eft ce qui eft affez difficile à refoudre, veu la conteftation des Efprits & le
poids des raifons alleguées de part & d'autre.

*La Premiere opinion* s'appuye fur la Symmetrie de l'Vniuers, qui place le Ciel au plus haut comme le tout , & la
Terre au plus bas comme la baze immobile de ce diuin
bâtimant. Sur la nature des chofes pezantes , qui tan-
dent toûjours au plus bas lieu : & qui font plus propres au repos, qu'au mouuemant. Sur ce que de tous les
endroits de la Terre nous découurons la moitié du Ciel,
voyons dans le Zodiaque les Signes oppozez , & apperçe-
uons toûjours la même grandeur dans les étoilles. Cequi
montre que la Terre eft au centre, & comme vn poinct
en comparaifon du Firmamant. Sur la nature de la Terre,
qui ayant à caufe de fa pezanteur fon mouuemant droit &
perpandiculaire , n'en peut auoir de circulaire ; puîqu'vn
corps n'eft doüé que d'vn mouuemant , & que deus contraires s'empécheroient l'vn l'autre. Sur ceque l'on ne vér-
roit jamais des nües immobiles , ny portées du côté de
l'Oriant. Sur l'incommodité qu'apporteroit la viteffe de
ce mouuement de la Terre, & de l'air. Enfin fur l'Ecriture-
Sainte qui donne à la Terre vn état contraire à l'agitation,
au Soleil vn mouuemant de giration contraire au repos. Et
qui marque comme vn prodige, que Iofué ait fait vn jour
auffi long que deus, qui eft le plus long qui fera jamais;
deffaudant au Soleil de fe remüer , & luy commandant
d'arréter fa courfe ordinaire.

Terra in ætern.
flat. Eccl. 1.
Oritur fol & oc-
cid. gyrat per me-
ria. & flcctit. ad
Aquilon. Eccl. 1.
Iofue. 10.

Les Fondemans de la *Seconde opinion* font, que le Soleil
deuant eftre au milieu comme le cœur & le flambeau du
Monde ; le repos luy appartient, comme à l'image la plus
vifible de la Duinité parmy les Corps fimples. Que les Planetes font le même mouuemant , au tour du Soleil : que
nier ce mouuemant de la Terre , c'eft nier fon equilibre:
que l'Aimant à bien fes deus mouuemans contraires, que par
là on fe debaraffe de tous ces orbes, imaginez pour expliquer cequi fe paffe dans le Ciel; la Sçiance , comme la
Nature, agiffant toûjours par la voye la plus courte. Enfin
qu'il

qu'il eſt bien moins abſurd de faire faire en vne minute enuiron cinq lieües à la Terre, qu'à la huitiéme Sphere plus de quarante milles. Au reſte pour les autoritez tirées de l'Ecriture, Galilée s'efforce d'en donner la ſolution; méme par la façon commune de parler, à laquelle l'Ecriture s'accommode aſſez ſouuant.

Omettant les autres proprietez de la Terre, qui ſont étalées dans la Phyſique; il vaut mieus la repreſenter, comme elle eſt dépeinte dans la Sçiance qui ſuit.

# LA GEOGRAPHIE
## Ancienne, & Moderne.
TITRE XLVI.

NOS Grans Peres ne diuiſoient la Terre, qu'en trois Parties; qui eſtoient l'Europe, l'Aſie, & l'Affrique ou la Libye. Nos Peres y en ont ajoûté vne quattriéme, qui eſt l'Amerique. Elle a emprunté ſon nom de Veſpuce Americ, qui decouurit le Breſil, quattre ou cinq ans aprés que Chriſtophle Colomb y eut fait le premier voyage. *Herodot. libr. 4.* *An. 1492.*

Cete derniere Partie, quaſi égale aus trois autres, eſt diuiſée en deus; qui ne ſont ſeparées que par vn Iſtme, d'aſſez petite étanduë. La Septantrionale comprand la Nouuelle Eſpagne, où eſt Mexico: la Terre-Neuué, la Floride, la Virginie; Canada, les Iles d'Iſlande, & de Groënland, & autres Terres inconneuës. Elle eſt ſeparée par le Détroit de Magellan, de la Meridionale; qui contient le Perou, la Caſtille d'or, le Braſil: & tout cequi eſt depuis ce Détroit de Magellan, jûqu'à celuy de Pamana. Là où eſt la Mer du Midy, ou Pacifique: la Terre du Feu, & des Perroquets; le Détroit du Maire, auec cete autre grande Terre Auſtrale qui nous eſt inconneuë.

Que ſi nous voulons nous arréter au nombre de trois, la premiere Partie de la Terre contient les trois anciennes

*La I. P. La Sçiance Humaine.* M m

parties du Monde ; l'Afie, l'Affrique & l'Europe. La feconde , les deus Ameriques. Et la troiziéme , le Détroit de
Magellan , & le refte de cete terre Auftrale qui nous eft encore inconneuë.

L'Afie.

L'A s i e tres-floriffante eft bornée de l'Ocean à l'Oriant,
au Septantrion, & au Midy : à l'Occidant, des Mers Medi-
terranées, Rouge, Noire, & Major ; contenant dix-fept-
cens-cinquante lieuës , depuis la Mer Noire , ou Pont-
Euxin jûqu'à l'Ocean de la Chine Oriantale. Elle a cinq
Parties principales. La Chine , les Indes Oriantales , la
Perfe , l'Arabie Heureuze & Pierreuze , & la plus grande
part de la Tartarie.

L'Affrique.

L'Af f r i qv e comme vne grande Pen-Infule, eft attachée
à l'Afie feulemant par cét Iftme qui eft entre la Mer Rouge
& la Mer Mediterranée. Elle a l'Oriant, la Mer Rouge ou
le Golphe d'Arabie : au Midy la Mer Ethyopique, l'Atlantique à l'Occidant, & la Mediterranée au Septantrion. Elle
contient feze cens cinquante lieuës de longueur , & feze
cens foixante-quinze lieuës de largeur. Ses Regions les plus
remarquables, font l'Egypte, l'Ethiopie, la Numidie, la
Lybie : les Royaumes de Fés, de Maroc , d'Alger, de Thu-
me : de Congo , de Monomotapa, & les E.ats du Prête-
Iean.

Ses diuers
noms.

La plus petite portion de la Terre , c'eft L'Evrope. Mais
à prefent fans doute elle doit paffer pour la plus douce, la
plus fertile , la plus noble, la plus belle : la plus peuplée,
& la plus glorieuze de l'Vniuers. L'on croit qu'elle emprunte fon nom d'*Europe*, fille d'Agenoir Roy de Phenicie, que
Iuppiter rauit fur vn Beuf, ou plû-tôt fur vn nauire, ainfi
nommé ; dans lequel il l'enleua , & la mena en fon Royaume de Candie. Quelques-vns la nomment *la Tyrie* , que
l'on croit auoir efté la Mere de cete Europe.

EVROPAE DELINEATIO
OCEANVS OCCIDENTALIS
SEPTEN TRIONALIS
THVLE male nonnulis credite
THVLE Ins
OCEANVS
ORCADES Ins
INSVLAE BRITANNICAE
SCANDIA
SINVS CODANVS
SARMATIA
EVROPAEA
SCY THI AE
ASIATICA PARS
Ryphaei M.M.
GERMANIA
GALLIA
ILLIRICVM
DACIA
PALVS MAETIS
PONTVS IVXINVS
HISPANIA
ITALIA
GRAECIA
ASIA MINOR
MARE MEDITERRANEVM
SICILIA
IONIVM MARE
AFRICA
GADITANVM FRETVM
CRETA
CYPRVS

L'Europe.

Cete Evrope que nous habitons, a l'Ocean Atlantique à son Occidant: à son Septantrion la Mer Hyperborée
ou Glaciale, étanduë depuis l'Islande, jûqu'au Détroit de
Dauis; qui empéche, à ce qu'on croit, qu'elle ne se joigne
sous nôtre Pole à l'Amerique. Elle a la Mer Mediterranée,
à son Midy: à son Oriant l'Archipel, la Mere Noire, & vne
ligne imaginaire joignant les fleuues d'En, ou Tanaïs &
Oby; qui la separent de l'Asie, vers le Pont-Euxin & le Pa-
lus Meotis. Sa longitude depuis le Cap de **S.** Vincent
( c'estoit autrefois le Promontoire Sacré ) qui est en Espagne sur les confins de Portugal & de l'Andalouzie, à l'O-
cean Occidantal, tirant en droite ligne jûqu'à Constanti-
nople, vers l'Oriant sur le Détroit de la Mer Noire, est
de mille cinq cens quattre lieües Françoises. Sa latitude de
huiĉt cens quarante, depuis le Cap Tapa, ou promontoire Tenarien, qui fait la pointe de la Morée vers le Midy,
sur la Mer Mediterranée; jûqu'au Cap de Nokin, ou Promontoire de la Scrikfinie, autrefois *Rutubæ*; & la Mer
Oceane, vers le Septantrion.

　Cete partie du Monde est toute habitée, comprenant
jûqu'à vingt & huiĉt Royaumes, quinze Regions, & douze
Isles principales. Sa figure, selon Strabon, est samblable à
peu prés à celle d'vn Dragon ou d'vne Reine. Sa téte est
l'Espagne, contenant les deus Castilles, Grenade, Galice,
Valance, l'Arragon, le Portugal, & autres Royaumes,
L'Allemagne forme le vantre de l'Europe. Ce qui s'étand
dans l'Italie, samble l'aile ou le bras droit, & à la gauche
sont la Hongrie, la Pologne, la Litüanie, la Suede, le
Danemarc, la Norvege; & autres vers les Tartares, la
Moscovie & le Septantrion. Quoy que le froid entréme rande ces dernieres Contrées présque inhabitables, en plusieurs
endroits; la plus grande partie, neanmoins de l'Europe, est
telemant cultiuée & ciuilisée, que parmy les Nations barbares, *les Européens* passent pour les Peuples les plus polis.
Et nous auons cét Auantage, que les Mahumetans les appelent tous *Franki*; marquant par ce glorieus Eloge, l'estime qu'ils font de LA FRANCE.

L'Espagne,
L'Allemagne.

L'Italie.

Le Septantrion.

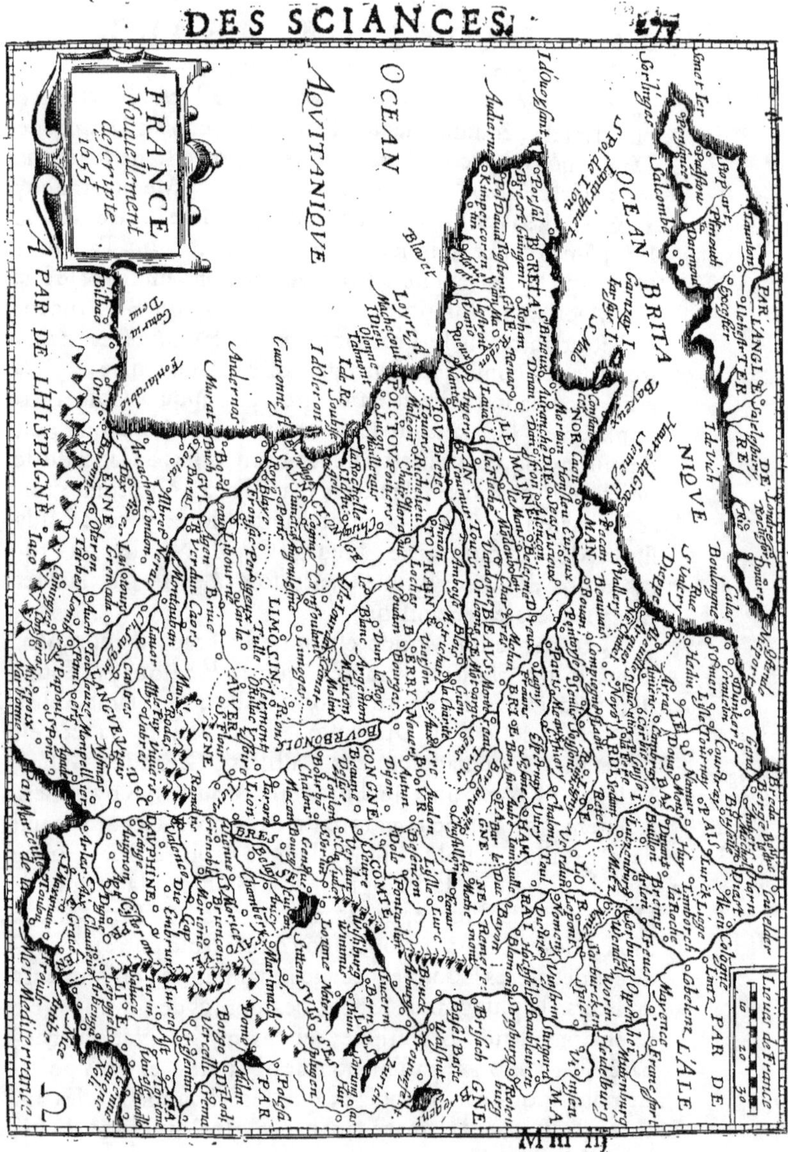
FRANCE
Nouuellement
descripte
1633

*La Gaule & les Gaulois*, emprunte son nom du mot Grec γάλα, qui signifie du laiϛ ; à cause de la blancheur de ses Habitans, les vants & les montagnes empéchant les ardeurs du Soleil, & faisant vne temperature moderée. Ou bien ce nom vient de *Galate*, fille de Hercule : & dont l'on croit assez communemant que *les Galates* dans l'Asie Mineure , ausquels S. Paul écrit vne Lettre Canonique , estoient vne Colonie. Au moins Strabon , Ptolemée , & Pline , écriuent que les Gaulois , dont les Inuasions , que l'on appeloit *Tumultes*, ayant rauagé toute l'Italie , ils allerent conquerir cete Prouince , nommée γαλαϑέα , ou Gallo-Græcia ; qui confine à la Cappadoce , à la Bytinie & à la Pamphilie.

Laissant ce qui est du nom , LA GAVLE samblable au col & à la poitrine qui contient le cœur , est large de trois cens trante & sept lieuës ; depuis S. Iean de Luc à la racine des Pyrenées , au dessus de Bayonne & de Fontarabie , jûqu'à Calais dans l'extremité de la Picardie. Sa longitude de deus cens soissante-dix lieuës, depuis la derniere pointe qui regarde l'Angleterre , vers S. Mahé, aus derniers confins de la Basse-Bretagne ; jûqu'au fleuue du Var, qui se degorgeant dans la Mer Mediterranée, entre Nice & Antibe, la separe de l'Italie. Sa ron'eur est de mille vingt lieuës. Elle est située sous les Climats VI. & VII. & les parties du V. & VIII. entre les degrez 20 , & 29, de longueur : 41, & 52, de largeur. Ce Royaume merite bien sans doute, qu'afin d'en faire tomber sous les yeus de ses Habitans, vne plus parfaite connoissance ; nous enfermions en ce lieu vne Table Topographique d'vn Royaume, qui porte tous les jours tant de Saints, tant de Sçauans, & tant de Vaillans.

PLAN DE LA VILLE
CITÉ ET VNIVERSITÉ DE PARIS.
DES SCIANCES
R. S. Antoine
Pont Rouge
la Cité
la Chapelle
P. S. Michel
Pont Neuf
Riuiere de
Seine
le Louvre
Les Tuilleries
R. S. Honoré
R. de Richelieu
R. Montmartre
Denis
P. de la
Ville de Paris
P. de la Con-
ference.
2 P. S. Honoré. 3 P. de
Richelieu. 4 P. de
Montmartre. 5 P. S.
Denis. 6 P. S. Martin. 7 P.
du Temple. 8 P. S. Louis. 9 P. S. Anthoine
Porte de l'Vniuer- site.
1 P. de Nesle.
2 P. Dauphine.
3 P. Bussy.
4 P. S. Germain.
5 P. S. Michel.
6 P. S. Iacques.
7 P. S. Marceau.
8 P. S. Victor.
9 P. S. Ber-
nard.
la Grenouillere
A. 2.

Cé floriſſant Royaüme eſt borné de l'Angleterre, de l'Artois, du Hainaut, du Liegois, du Luxambourg & de Lorraine, vers le Septantrion : vers l'Occidant, de la grande Mer Oceane, qu'on appeloit le Golfe Aquitanique : au Midy, des Monts Pyrenées & de la Mer Gauloiſe : vers l'Oriant, des Alpes; qui la ſeparent de l'Italie, des Suiſſes, & des Allemans.

Autrefois elle eſtoit diuiſée en Citerieure & Cis-alpine, à l'égard de l'Italie : & Vlterieure, ou Trans-alpine. Toute cete étandue delà & deçà les Alpes jûqu'au fleuue autrefois Rubicon, maintenant Pizatello ; enfermoit trois diſtributions generales des Gaules. Celle qu'on appeloit *Togata*, à cauſe que ſes Habitans portoient des robbes à la Romaine, s'étandoit en la Lombardie; depuis les Alpes jûqu'en Toſcane, & au Golfe Adriatique. L'autre nommée *Braccata*, comprenoit les Peuples qui portoient des Brayes à la Gauloize. C'eſt la même que la Narbonnoize, entre les Alpes, le Rhône, la Mer Mediterranée, les Seuenes & les Monts Pyrenées. Le reſte s'appeloit *Comata*, Cheueluë. Et comprenoit l'Aquitanique, en deçà des Pyrenées; les Seuenes, & l'Ocean Aquitanique.

La *Celtique* ou Lionnoiſe eſtoit bornée des Riuieres de Rhône, Marne, Seine, Loire, & de la grande Mer Oceane. La *Belgique* eſtoit enfermée entre le Rhin, le Rhône, la Mer Britannique : & les Riuieres de la Seine, & de la Marne.

Depuis elle fut partagée en quattre Royaumes; de Paris, de Soiſſons, de Bourgogne, & de Mets ; ou d'Auſtrazie, où eſt la Lorraine. Maintenant cequ'on appele LA FRANCE peut eſtre diuizé en quattre Parties principales; la Belgique, la Celtique, l'Aquitanique, & la Narbonnoize.

En cét état, elle ſe void heureuzemant ſoumiſe ſous la Monarchie du ROY TRES-CHRETIEN, qui dure depuis douze cens ans. Elle conte ſoiſſante-quattre Roys, depuis Pharamond jûqu'à Loüis XIV. nôtre Miraculeus DIEVDONNE'. Et fait gloire en cete ſuite nombreuze,

de

de n'en auoir jamais eu aucun Heretique. Dans cete étanduë, elle conte plus de trante grandes Prouinces. Les
principales sont la Bretagne, la Normandie, la Picardie,
la Champagne, la France, la Beausse, le Berry, le Blaisois.
le Maine, la Touraine, l'Anjou, le Poittou, l'Angou-
mois, la Saintonge, le Perigord, le Quercy, le Limozin,
le Bourbonnois, le Niuernois, l'Ausserrois, l'Auuergne : la
Bourgogne, la Bresse, le Lyonnois, le Dauphiné, la Prouance, le Languedoc, la Gascogne, le Bearn ; & par nos
dernieres victoires, l'Artois, la Lorraine, l'Alsace, &c.

Elle a quinze Archeueschez, cent trois Eueschez: dix
Parlemans, outre la Souueraineté de Dombes: douze Vni-
uersitez: grand nombre de Villes tres-remarquables, dont la
Capitale c'est PARIS; qu'on a raison de surnommer, *Petit-
Monde.* Bref, dans son riche & agreable sein, elle nourrît
vne quantité de Peuples préque innombrable. Pour en
sçauoir dauantage, l'on peut auoir recours à nôtre Ouurage Latin ; qui contient vne étanduë suffisante des choses,
qui ne sont icy qu'abbregées, & comme indiquées.

---

# DIVERS INSTRVMANS,
## qui seruent à la Mathe-
## matique.



**P**OVR s'imaginer auec plus d'exactitude, toute
la structure, l'ordre & le mouuemant de ces
Corps Celestes & Elemantaires: & afin d'en tirer
diuers vzages sur la Terre, & sur la Mer ; on a
tres-subtilemant inuanté *les Globes, la Sphere Artificiele,
l'Astrolabe : & la Boussole* à la faueur de *l'Aimant*, qui
tourne toûjours vers le Pole.



Voulant donc dépeindre tout l'Vniuers, on se sert de
deus Globes; le Celeste, & le Terrestre. *Le Globe* dans sa

definition generale, eſt vn corps ſolide, arrondi égalemant

Ce que c'eſt que Globe.

de toutes parts, & enfermé dans vne ſeule ſurface concave;
qui a dans le milieu vn poinct ou centre, duquel toutes les
lignes tirées à la ſurface, ſont entre elles parfaitemant égales.

Le Globe Celeſte.

Le Globe Celeste eſt proprement vne Sphere
ramplie & parſemée d'Etoilles, pour repreſenter le Firmamant.

Les Etoilles.

On diſtingue *les Etoilles* de la 1, 2, 3, 4, 5, & ſiziéme grandeur, au nombre de mil vingt & deus; ſans conter la Galaxie, ou Voye de Laict, compoſée d'vn nombre innombrable d'Etoilles fort petites & obſcures. Les autres plus remarquables, ſont rangées en quarante-huict *Conſtellations.*

Les Signes du Zodiaque.<br>Job l'appele<br>Coluber tortuoſus<br>cap. 26.

Entre leſquelles les principales ſont, les douze Signes du
Zodiaque; ainſi nommé, par ce qu'il repreſente la figure de
douze Animaus ſous de certaines figures ou abbreuiations.
Le Belier ♈. Le Taureau ♉. Les Iumeaus ♊. Le Cancre
♋. Le Lion ♌. La Vierge ♍. La Balance ♎. Le Scorpion
♏. Le Sagittaire ♐. Le Capricorne ♑. Le Verſ-eau ♒. Les
Poiſſons ♓. Et chacun de ces Signes, eſt diuizé en trante
degrez.

Les Conſtella-tions.

Suiuent aprés les autres *Conſtellations*; comme l'Ourſe
Majeure, & Mineure. La Caſſiopée, Andromede, le Dauphin, la Harpe, le Cigne: Hercule, la Couronne, la Baleine, Orion, la Couppe, le Lievre, le Centaure; & le
reſte jûqu'au nombre de trante & neuf, auec les *nouueaus
Phenomenes*, comme les Etoilles de l'an 1573, 1900, &
1604. Depuis vn ſiecle & demy la nauigation a fait découurir de nouueaú, dix Conſtellations vers le Pole Antartique du Midy. A vray dire, ces nouueautez dans vn
Corps, que l'on croit n'eſtre ſujet ny à la corruption, ny
au changemant, donnent bien la géne aus Beaus Eſprits:
& beaucoup de liberté aus plus hardis; comme celuy qui a
écrit depuis peu, que le Soleil s'eſtoit notablemant appro-
ché de la terre.

Le GLOBE TERRESTRE eſt pareillemant vne Sphere ramplie; qui repreſente la Terre. Sa rondeur, comme j'ay dit cy deſſus, n'eſt non plus empéchée par l'inégalité des montagnes & des vallées, que celle d'vne orange par les grains de ſon écorce. On y joint l'elemant de l'Eau. Et les deus vnis enſamble, font le Globe Terre-Aqueus, auquel on donne 18000. de contour, faiſant répondre vingt & cinq de nos lieuës ordinaires, à vn degré du Globe Celeſte. Sa longitude ſelon la Geographie, ſe prand de l'Oriant en l'Occidant : ſa latitude, du Midy vers le Septantrion.

Cete *Longitude* des lieus qui ſe prand de l'Occidant vers l'Oriant, n'eſt autre choſe, que l'eſpace enfermé entre deus Meridiens. Celuy des Canaries, ou des Aſſores, qui different de dix degrez, & celuy qui paſſe par le lieu dont on cherche la longitude. La *Latitude* toûjours égale à la hauteur du Pole, ſe mezure par les nonantes degrez ; qui ſont de chaque côté de l'Equateur vers les Poles. C'eſt pourquoy cete Sçiance enſeigne particulieremant à treuuer les lignes Meridienes, l'eleuation de l'Equateur, & la hauteur du Pole en chaque Region.

Ce méme Globe compoſé de la Terre & de l'Eau ſe coupe auſſi d'vn Pole à l'autre, & s'étand de deçà, delà & autour de l'Equateur en diuers façons ; qui font les *Mappes* & les *Cartes*, afin de marquer ſur vne ſurface platte, toutes les mémes choſes qui ſe voient dans les diuers côtez de la figure circulaire. Ce mot de Mappe, eſt fort bien exprimé par celuy de *Nappe*; qui ſignifioit auſſi ce Linceul, c'eſtoit peut-eſtre vne écharpe & vn eſpece d'étandard dont le Preteur ſe ſeruoit pour ouurir la carriere dans le Circe des Romains. On la nomme donc Mappe ou Carte Geographique, lors qu'elle trace toute l'étanduë du Globe. Chorographique, quand elle n'en depeint que quelque partie, comme de l'Europe ou de la France. Et Topographie, ſi elle ne repreſente qu'vn Lieu particulier; comme Fonteine-Bleau, ou la Ville de Paris.

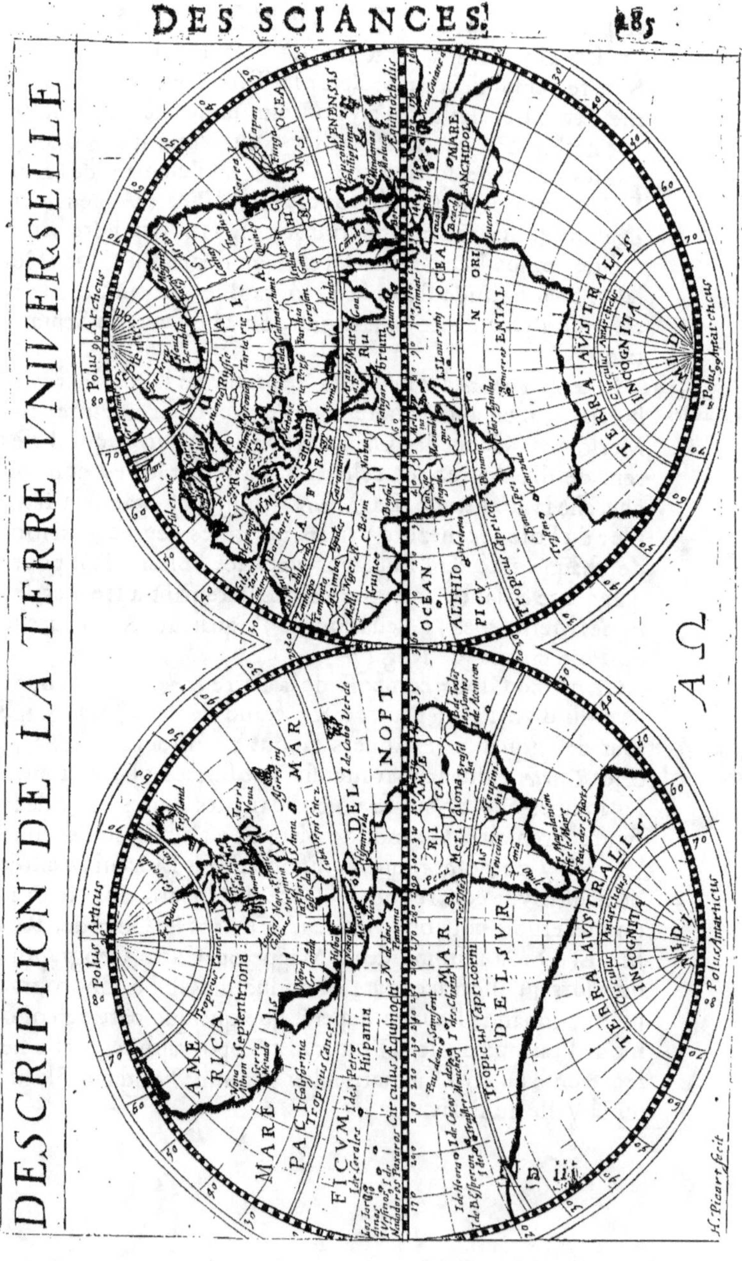
DESCRIPTION DE LA TERRE VNIVERSELLE
TERRA AVSTRALIS INCOGNITA
TERRA AVSTRALIS INCOGNITA
AMERICA Septentrionalis
MARE PACIFICVM
MAR DEL NORT
MAR DEL SVR
OCEAN
AETHIOPICVM
Polus Arcticus
Polus Septentrionalis
Polus Meridionalis
Polus Antarcticus
Tropicus Cancri
Tropicus Capricorni
Circulus Aequinoctialis
Circulus Arcticus
Circulus Antarcticus
H. Picart fecit

*La Sphere Artificiele*, que l'on nomme autremant Armillai-re, eſt vn Inſtrumant compozé de diuers Cercles, propres à repreſenter les mouuemans Celeſtes. La petite boule arrétée au milieu, marque la Terre. L'axe ou l'eſſieu, eſt vne ligne droite qui trauerſe le centre de la Terre. Les deus bouts de cete ligne ſont les deus poles ou piuots, ſur leſquels on fait rouler toute la Machine de l'Vniuers. L'Arctique ou Boreal, paroit toûjours éleué ſur nos tétes, en deçà de la ligne Equinoxiale du côté du Septantrion. L'autre Antarctique ou Auſtral, nous eſt toûjours caché ſous l'Horizon vers le Midy. Certainemant cete belle & indu-ſtrieuze Machine compoſée de tant de cercles artiſtemant enchaſſez les vns dans les autres, eſt vne des plus riches inuantions de l'Eſprit Humain. S'il eſt vray qu'Archimede en auoit fait vne de verre, lorſque cete matiere eſtoit malleable, outre ſa beauté, elle eſtoit bien propre pour repreſenter les mouuemans Celeſtes. L'on dit que Choſroë, & d'autres Empereurs en ont eu de ſamblables dans leurs Palais. Et que par vne fauſſe affectation de la Diuinité, ils vouloient par là, contre la maxime de Iob, contre-faire ſur la terre toute l'œconomie du Ciel. La Sphere des Hebreus, auoit cecy de particulier, & qui eſt à mon jugemant fort remarquable. C'eſt qu'elle eſtoit ſoutenuë de trois colomnes ou piliers ſur leſquels ces trois mots eſtoient grauez; *le Iugemant, la Paix, & la Verité*. Mais ſans aller ſi loin, celle que nous donnent & nous explicquent SacroBoſco, Clauius, & les autres Sçauans, doit ſatisfaire les plus Curieus. En voicy la figure.

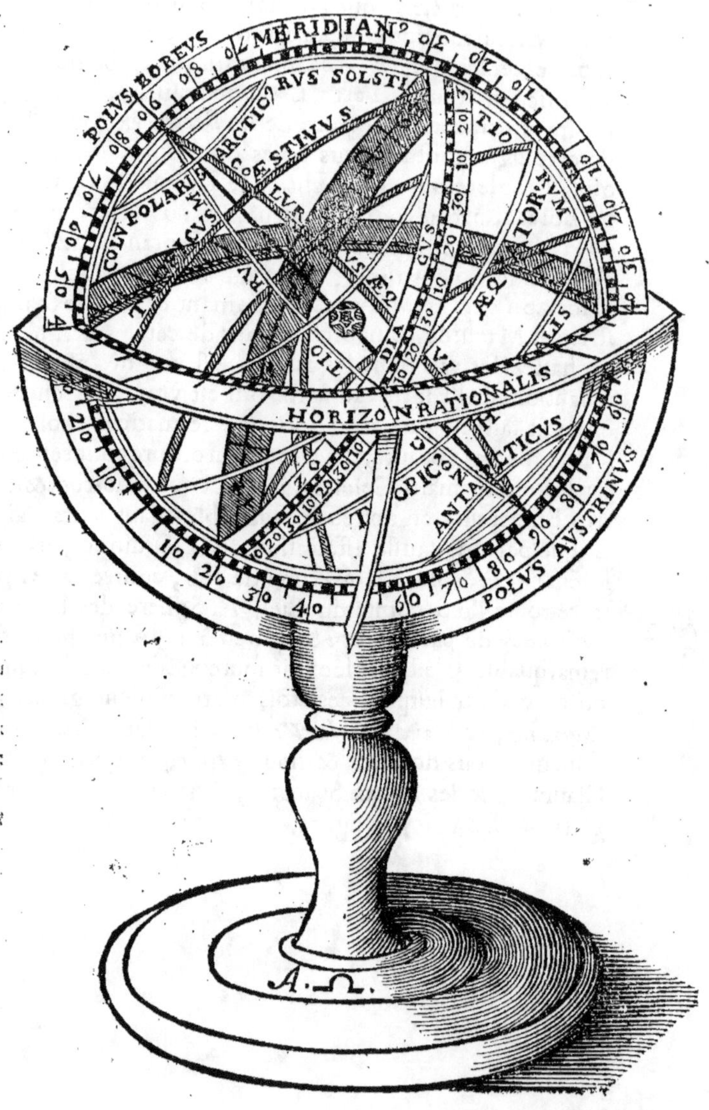
POLVS BOREVS
MERIDIAN
RVS SOLSTI
ARCTICVS
AESTIVVS
COLV POLARIS
TIO
RVM
AEQVATOR
AEQ
DIA
HORIZON RATIONALIS
ANTARCTICVS
TROPICO
POLVS AVSTRINVS
A. Ω.

Dans cete Sphere il y a ſix grands *Cercles*, & quattre petits. Les Grans la couppent juſtemant par la moitié , & ont le même centre que celuy du Globe. Les vns ſont droits & paralleles , c'eſt à dire égalemant diſtans l'vn de l'autre : & ont pour Poles , ceus du Monde. Les autres ſont obliques , & de trauers. Il y en à qui ſont fixes & immobiles, gardant toûjours vne même ſituation dans la Sphere ; comme l'Equateur, & le Zodiaque. Les autres changent ſelon la diuerſité des lieus , comme l'Horizon & le Meridien.

*L'Horizon* determine le leuer & le coucher du Soleil & des Aſtres , ſepare nôtre Hemiſphere de celuy de nos Antipodes : ſert comme de pied à la Sphere, & eſt chargé du nom des Vants principaus.

Il y a vn Horizon Intelligible , qui diuize tout le Globe du Monde en deus parties égales ; la Superieure , & l'Inferieure. Le Senſible ne s'étand pas plus loin que nôtre veuë , ſeruant de borne à la portée de nos yeus. Tous ces Horizons ont leurs poles , dont le poinct vertical qui pand perpandiculairemant ſur nos têtes, eſt nommé par les Arabes , Zenit : l'autre diametralemant oppozé ſous nos pieds, s'appele Nadir.

*Le Meridien* ſe tire d'vn pole du Monde à l'autre , paſſant par le Zenit de chaque lieu. Il couppe l'Equateur en deus points, & diuize toute la Terre en deus parties ; dont l'vne eſt Oriantale , & l'autre Occidantale. Et il fait le Midy & la Minuit , de tous ceus qui ſont ſous vn même Meridien.

Les Meridiens fixes ſe prennent des Iſles Fortunées , que l'on croit eſtre les Canaries , ou bien des Aſſores. Ou plûtôt depuis cete celebre conſultation faite en France , par le commandemant du Roy d'heureuze memoire Louys XIII. de la partie Occidantale de l'Iſle de Fer.

*L'Equateur*, que l'on appele auſſi la Ligne & l'Equinoxial, eſt égalemant diſtant des deus Poles du Monde , qu'il diuize en deus parties ; la Meridionale , & la Septentrionale.

*Le Zodiaque* , eſt vn Cercle large de douze ou ſeze degrez : oblique & fait en ceinture , écharpe ou baudrier.

II

Il est diuisé en douze Signes. Au milieu des poinéts noirs
& blancs marquent la Ligne Ecliptique, qui represante
le chemin du Soleil. Elle est ainsi appelée, commequi diroit la ligne de deffaillance, pareeque les Eclipses se font
sous ce Cercle.

Les *Colures* sont deus grans Cercles, qui s'entrecoupent
à angles droits, aus deus Poles du Monde, & diuisent la
Sphere en quattre parties égales. L'vne est appelé le Co-
lure des Equinoxes, & l'autre des Solstices. Le premier
couppe L'Équinoéthial, au méme poinét qu'il est couppé
par L'Ecliptique. Ce sont les poinéts Equinoéthiaus, au
commancemant du Belier & du Capricorne. L'autre des
Solstices, passe par les Poles du Zodiaque, & par les deus
poinéts Solstitiaus ; qui sont les commancemans de l'E-
creuice, & du Capricorne. Ils diuisent les Signes du Zodiaque en quattre parties, qui répondent aus quattre Saisons
de l'année; le Printemps, l'Eté, l'Autonne, l'Hyuer. Il y
a de plus en la Sphere quattre autres Cercles Moindres, &
Paralleles à l'Equateur; qui la couppent en parties égales.

Les deus *Tropiques* d'Eté & d'Hyuer sont à côté de l'Equateur, & bornent l'obliquité de l'Ecliptique. Quand le Soleil poussant sa course est arriué à ces deus Tropiques,
leur nom méme nous fait entandre qu'il ne passe jamais au
delà de ces deus bornes ou limites, parcequ'il retourne
aussitôt sur sa route. Ceque nôtre Ecriture-Sainte méme
samble remarquer, lorsqu'elle decrit si admirablemant les
periodes de ce Prince des Astres qu'elle compare à vn
Geant.

Celuy des Tropiques qui est le plus proche de nous,
s'appele le Tropique Arétique, de l'Ecreuice ou de l'Eté:
l'autre vers le Pole se nomme l'Antarétique, du Capricorne ou de l'Hyuer. On les surnomme aussi Solstitiaus, parceque le Soleil les ayant joint, on ne le void plus l'espace
de quinze jours s'approcher ou s'éloigner sensiblemant.

Les *Polaires*, sont deus petits Cercles paralleles à ces
deus Tropiques, éloignez des Poles du Monde, comme
ceus-cy le sont de l'Equateur; c'est à dire, chacun de vingt-

*La I. P. La Sçiance Humaine.* O o

cinq degrez trante minutes. L'vn eſt appelé Polaire Arctique, l'autre Polaire Antarctique ; chacun prenant ſon nom,
du Pole qui luy eſt voizin.

  Ces quattre Cercles Moindres couppent auſſi la ſurface
de la Terre en cinq Parties, que l'on nomme *des Zones*.

**Les cinq Zones.**   La Zone du milieu, s'appele Torride. Elle eſt entre les
deus Tropiques : couppée en deus par l'Equateur, & a qua-
rante-ſept degrez de largeur. Les deus qui ſont aus extremitez du Monde vers le Septantrion & le Midy, enfermées
dans les Cercles Polaires, ſont les Zones Froides. Au milieu, ſont les deus Tamperées. Nous habitons dans la Septentrionale, qui a quarante-trois degrez de largeur.

  On diuize encore la terre en Paralleles, & en Climats.

**Les Paralleles.**   *Les Paralleles* ſont des Cercles, tirez de l'Occidant vers
l'Oriant ; commançant des deus côtez de l'Equateur, & ti-
rant vers l'vn ou l'autre Pole. Le nombre qui en pourroit
eſtre infini, eſt reduit par Ptolomée à vingt & vn.

**Les Climats.**   L'eſpace de terre enfermé entre deus ou trois Paralleles
à l'Equateur, ſe nomme *Climat* ; qui change, & fait le jour
plus grand d'vne demi-heure dans les plus grans jours,
couppant les Meridiens en angles droits. Le nom ſe prand
de la cauſe qui eſt l'inclination de l'horizon ou de la Sphere vers l'Equateur, & de l'obliquité de l'Ecliptique vers
ce méme Equateur. Deſorte qu'où la Sphere eſt droite, il
n'y a point d'inégalité de jours.

  Les Anciens n'en mettoient que ſept, ne connoiſſans
point de Terres habitées par delà les lieus où les plus grans
jours ſont de ſeize heures. Depuis l'on en a tracé vingt-
trois, ou vingt-quattre. Les Modernes en diſtinguent jûqu'à
trante Septantrionaus, & autant de Meridionaus. Mexico eſt ſous le III. Ieruſalem ſous le IV. Tunis ſous le V. Lis-
bone ſous le VI. Rome, Conſtantinople, Marſeille ſous
le VII. Paris & Vienne en Autriche, ſous le VIII. Cologne
ſous le IX. Londres ſous le X. & ainſi du reſte.

**Trois pozitions de la Sphere.**   La Sphere ſe met en *trois pozitions* differantes. Elle eſt
Droite, lors qu'elle a le Zenit dans l'Equateur, & les deus
Poles dans l'Horizon. Elle eſt Oblique lors qu'vn des deus

Poles eſt éleué entre le Zenit & l'Horizon : & l'autre ab-
baiſſé, entre l'Horizon & le Nadir. Elle eſt Parallele, lors
que l'vn des Poles eſtant dans le Zenit, & l'autre dans le
Nadir, l'Equateur eſt égal à l'Horizon.

Cete diuerſe pozition de la Sphere, fait la diuerſité des
*Saizons* & des Regions. Car delà vient qu'il y en a qui ſentent deus Hyuers, & qui joüiſſent de deus Éſtez. Qui ont
toûjours les journées & les nuicts égales, de douze heures
chacune. D'autres qui ont des jours de vingt-quattre heures, d'autres de ſix, de trante jours & de ſix Mois entiers.
Encore qu'à la fin de l'année, la diſtribution de la lumiere
du Soleil ſe treuue auoir eſté égale par tout.

Delà procede encore la diuerſité des *Ombres*. Car ceus
qui habitent les Zones Froides, les ont en rond au tour
de leur Horizon. Ceus qui habitent les Zones tamperées,
les ont tout à fait ou Septantrionales, ou Meridionales.
Ceus qui ſont ſous la torride, ont leurs ombres quelque
temps du côté du Midy, d'autres fois du côté du Septantrion.

D'où vient que l'on appele Periœciens, ceus qui habitent ſous vn méme parallele & ſous vn méme Meridien,
neanmoins en des lieus oppoſez. Les Antoëciens, habitent
ſous vn méme Meridien, mais ils demeurent ſous des paralleles égalemant éloignez deçà & delà l'Equateur. Les
Periſciens habitant les Zones Froides, voient leurs ombres qui les enuironnent, roulant autour de l'horizon.
Les Heteroſciens habitent ſous les Zones Tamperées, &
n'ont jamais leurs ombres que du côté du Septantrion, ou
du Midy. Les Amphiſciens ſous la Zone Torride, ont leurs
ombres vne partie de l'année du côté du Midy, & l'autre
partie du côté du Septantrion. Les Antipodes ſont ceus
qui demeurent en deus endroits de la Terre, diametralemant oppoſez. Cequi ſe verra mieus en la Figure ſuiuante.

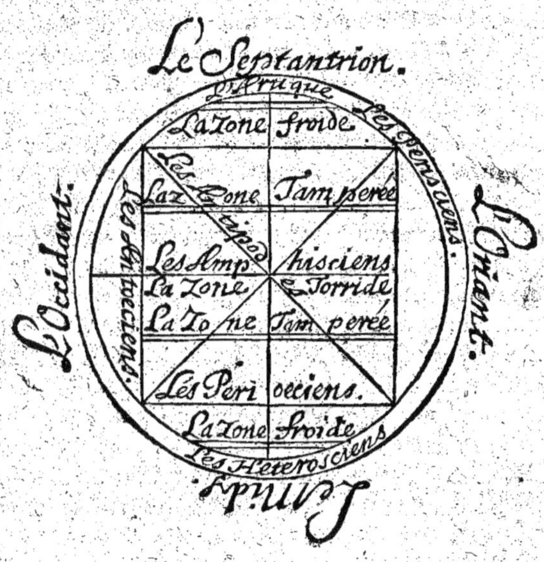


Ie croy auoir des-ja auerti, que Lactance & S. Augustin
ne s'imaginoient pas qu'il y eût des *Antipodes*. Mais la rondeur de la Terre, & les fameuzes nauigations ordinaires en
ce Siecle, ne permettent plus d'en douter. Aussi n'appar-
tient-il pas precisemant à ceus qui manient les Sçiances sacrées, de decider des choses qui sont d'vn autre métier. Et
vn saint Personnage de nôtre temps, a fort bien remarqué,
que l'Esprit de DIEV n'est pas donné à l'Eglise, pour determiner des veritez natureles : mais directemant pour discerner & établir les choses de la Foy, qui dépandent d'vne
reuelation diuine.

    Pour faire *la Situation* de la Sphere Astronomique,
droite, oblique, parallele, on se conduît en cete maniere.
Il faut premieremant treuuer la ligne meridionale, par le
moyen d'vne aiguille touchée de l'Aimant : ou par les deus
extremitez des ombres marquées dans vn même cercle,
deuant & aprés midy. Puis il faut chercher l'éleuation de

l'Equateur par l'éleuation meridionale du Soleil; ajoûtant
ou ôtant les declinations, que le Soleil fait de l'Equateur.
Enfuite parceque l'éleuation de l'Equateur acheue la hauteur du Pole, fi vous la retranchez du nombre de 90. cequi
reftera fera la hauteur du Pole. Enfin dans la Sphere artificiele éleuant le Meridien fur la ligne treuuée, on marque
l'éleuation du Pole.

---

# L'ASTROLABE,
## la Bouffole, & l'Art de
## Nauiger.



'EST vn autre inftrumant rond & plat, compofé de deus faces; l'vne deuant, & l'autre derriere. La premiere eft ceinte d'vn cercle, diuifé
en 24. parties horaires. Puis en quattre parties;
dont il y en a deus du côté d'Oriant, deus du
côté du Midy & du Septantrion; chacune diuifée en nonante
degrez. Dans ce Cercle eft couchée la Mere de l'Aftrolabe,
diuifée par les cercles de l'Equateur, & des Tropiques : par
ceus de Progreffion, qu'on nomme Almucantarats : par les
Verticaus, qu'on nomme Azimuths; par ceus des Maifons
celeftes, & des heures inégales ou des Planetes.

De L'Aftrolabe.

Cete Mere eft couuerte d'vn Ret ou filet. Elle eft diftin-
guée par le Zodiaque, & par plufieurs autres cercles, auec
des flamméches; qui marquent çà & là, les Etoilles les plus
confiderables. Au milieu eft attachée la petite Lame, auec
l'Alhidade ou ligne d'affeurance.

Au dos de l'Aftrolabe, le plus grand Cercle marque
les quattre parties du Monde, comme deffus. Dans ce premier Cercle eft enfermé vn fecond, qui marque les douze
fignes du Zodiaque. Et dans vn troiziéme, font les douze

Oo iij

Mois de l'année. Où il est à remarquer que l'entrée des Signes, se fait maintenant enuiron le vingtiéme de chaque
Mois ; laquelle auparauant la correction du Calendrier, se
faisoit vers le diziéme.

Au fonds & au milieu de l'Astrolabe, il y a des Quarrez
Geometriques. Et on diuize ces Quarrez en douze, ou soif-
sante parties. Ils sont aussi chargez de plusieurs petits Cercles qui seruent à diuers vzages.

Enfin sur le poinct du milieu, est attachée vne regle, auec
les pinnules. On fait tourner cete Regle tout au tour pour
treuuer la hauteur du Soleil, & pour diuers autres vzages.

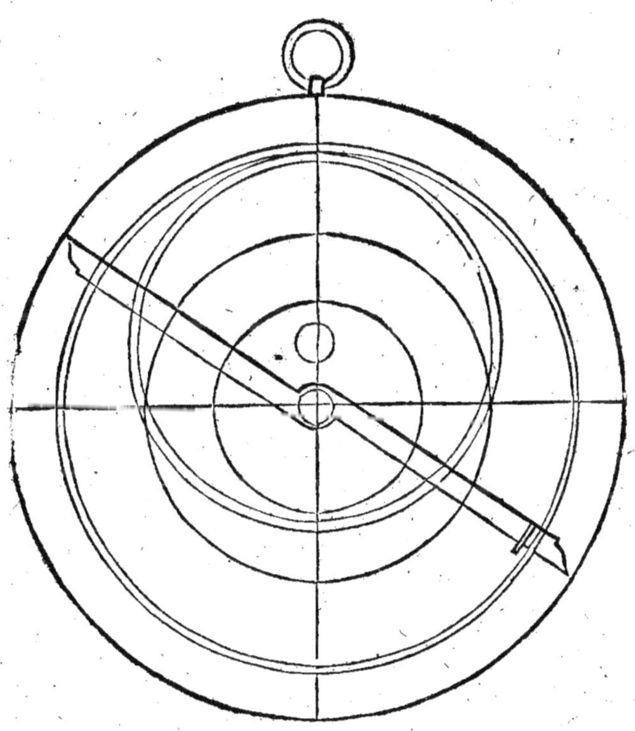

Cét Aſtrolabe ſert auſſi bien que le Quarré Geometrique & le Bâton de Iacob, à *mezurer* les longueurs, les lar-
geurs & les hauteurs de quelque lieu que ce ſoit. La façon
neanmoins plus vniuerſele de les prandre, c'eſt par la regle
de trois, qui eſt celle de la proportion entre les côtez du
triangle aus angles droits, marqué dans l'Inſtrumant : &
entré la ligne de la diſtance de l'œil & de la Tour, par example, que l'on mezure. On regarde ceté Tour de vingt pas, ſi
vous voulez : on s'en éloigne derechef, de tele diſtance que
l'on veût ; puis dans ces ſtations, on dreſſe des angles
droits, dont on tire la longueur, ou la hauteur de ceque
l'on cherche.

Mezureries
Longitudes,
Latitudes, &
Hauteurs.

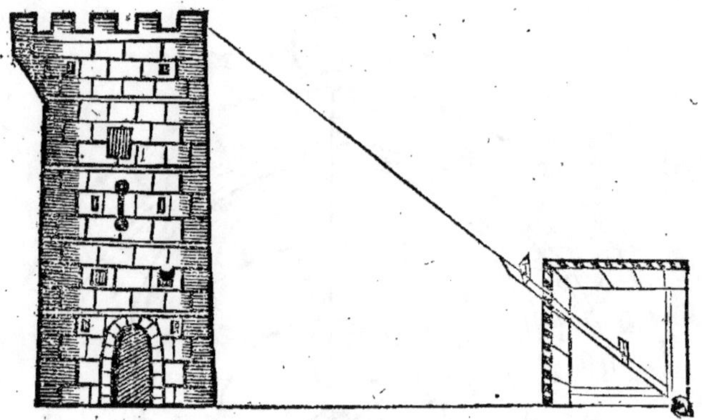

Mais il y a vne façon plus aizée de prandre toutes ces mezures. Par example, pour mezurer la longueur d'vne Courtine inacceſſible ; ſoit A B, la Courtine donnée à mezurer ;
faute d'autre Inſtrumant propre à prandre les angles, il
ſuffit d'auoir deus regles mobiles attachées enſamble, en
forme d'vn V. en ſorte qu'elles ſe puiſſent ouurir plus ou
moins : & qu'elles ſoient garnies de trois petites pointes en
forme de pinnules ou guidons. Ayant choiſi la ſtation C, à
diſcretion, il faut ouurir l'Inſtrumant ; en ſorte que les
rayons viſüels conduits par les guidons, aillent rancontrer

les extremitez de la Courtine A B. Laiſſant l'Inſtrumant
ainſi ouuert, il le faut tranſporter en quelqu'autre ſtation;
d'où la méme ouuerture embraſſe encore juſtemant la
Courtine A B, & ſoit cete ſeconde ſtation D. Alors il faut
changer l'ouuerture de l'Inſtrumant, jûqu'à ce qu'vne des
regles demeurant pointée vers A, l'autre viſe vers C. Et
l'Inſtrumant ainſi ouuert, ſera raporté à la premiere ſtation
C, où ſans le changer, ayant pointé vne des regles vers B,
l'autre regle conduira le rayon viſüel parallele à la Courtine propoſée. Ainſi ayant fait planter vn piquet dans le
rayon viſüel, quelque part au poinct E, il ſera facile de
treuuer C F, égale à A B, tranſportant l'Inſtrumant vers
E. Enſorte que ſa derniere ouuerture demeurant, la regle
qui conduiſoit le rayon viſüel vers B, le conduiſe vers A,
cepandant que l'autre ne quittera point la parallele. Cequi peut ſeruir à dreſſer les batteries. Car ayant treuué
C E, parallele au mur qu'on voudra battre, on pointera
deſſus l'artillerie à tel angle que l'on voudra.

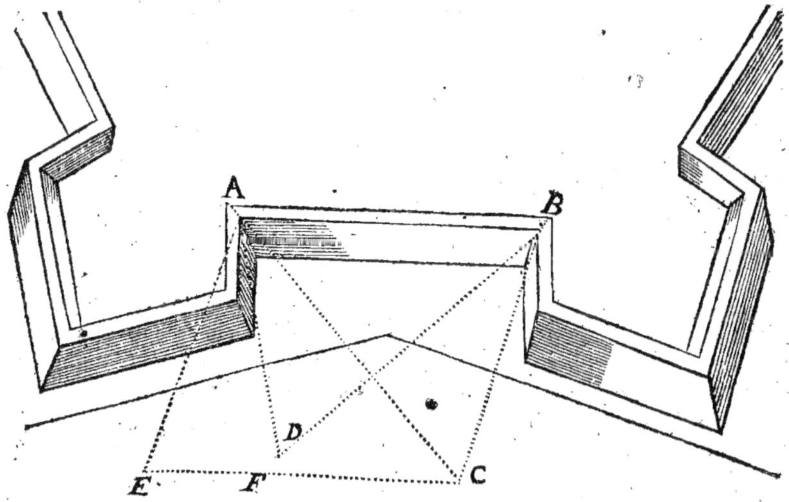

Deméme pour mezurer la largeur d'vn foſſé ſoit A B,

la

la largeur du foſſé. Prenez A C , C D , égales parties
d'vne méme ligne : ouurez les regles de l'Inſtrumant comme cy deſſus , ſuiuant l'angle D A B. Et l'ayant tranſpor-
té ainſi ouuert au poinct D , pointez vne des Regles vers
A. Et ſuiuant l'autre , faites mettre vn piquet dans le rayon
viſüel, en quelque part au poinct E. Puis dans la ligne D E,
cherchez le poinct F , tel que regardant par C , vous
voyez B. Car D F, ſera égale à la largeur A B.

Pour mezurer vne hauteur acceſſible , ſoit A B. Ayant
pris à diſcretion le poinct C , plantez-y perpandiculairemant vne Picque tres-droite, qui ſoit C D. Puis reculez-
vous jûqu'à ceque l'œil du poinct F , viſant par la pointe
D , voie le ſommet A. Alors ayant mezuré d'vne méme
mezure les diſtances E B, E C, & G D, qui eſt ce dont la
hauteur de la Pique ſurpaſſe celle de vôtre œil ; vous aurez
ainſi trois termes connus, qui par la regle de trois , vous
en donneront vn quattriéme ; auquel ajoutant en fin la
hauteur de vôtre œil , vous aurez la hauteur A B.

Lieu acceſſible.

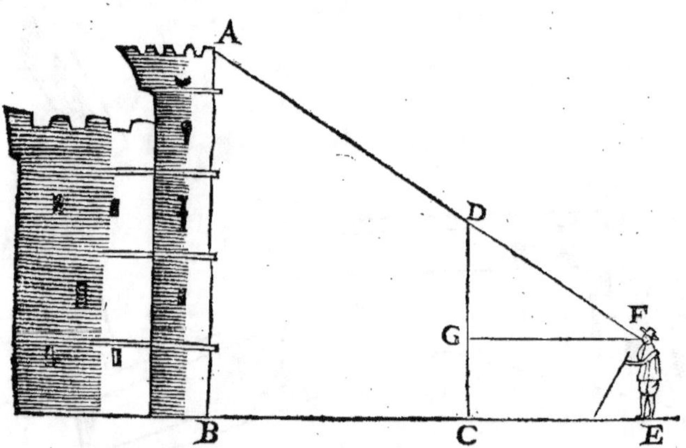


Si le lieu eſtoit inacceſſible , il faudroit premieremant mezurer la diſtance G B, tout ainſi qu'vne largeur de foſſé. Et
cela fait, ce ſecond cas ſeroit reduit au premier. Ou bien

il faudroit se seruir du Quarré Geometrique, comme nous
auons dit en la premiere operation.

La Bouſſole.
LA BOVSSOLE, eſt vn inſtrumant rond ; qui auec
l'aimant ou calamite, l'aiguille marine, & la Carte de la
route que l'on tient, dreſſe le cours du Vaiſſeau. C'eſt par
elle que l'Etoille du Nort ou la Tramontane ſert de guide
aſſeurée dans les voyages les plus lointains, & dans les plus
grandes tempétes. C'eſt par elle que l'on fait la differance
des Vants. Et que dans la Mer Mediterranée l'on juge par
eſtimation, ſur quelle hauteur & en quel endroit eſt le vaiſſeau. Dans l'Ocean on ſe ſert de l'Aſtrolabe, ſi on veut
ſur le midy prendre la hauteur du Soleil : & pour les Etoilles, du Bâton de Iacob, & de l'Arbalétre ou Arbalétrille.

La Sonde.
*La Sonde* ſe jette auſſi en mer, pour ſçauoir ce que l'eau
a de fond : pour reconnoitre le moüillage & le pays où l'on
eſt, par les choſes qu'elle rapporte.

A n'en point mantir l'Homme n'entreprand rien de plus
hardi, que de ſe randre maître de ce plus fier des Elemans:
& ne pouuant demeurer dans l'air ny dans le feu, de n'e-
ſtre ny vif ny mort ſur les ondes. Deſorte que nos Peres
*Quid non poteſt*
*mihi perſuaderi,*
*cum perſuaſum*
*eſt vt Nauigem.*
*Senec. Epiſt. 33.*
n'auoient pas ce ſamble mauuaiſe raiſon de faire leur teſtamant, lors qu'ils alloient ſur Mer : & Caton de ſe repan-
tir d'auoir confié ſa vie à l'épaiſſeur d'vn Vaiſſeau, auſſi

bien que d'auoir decelé vn secret à sa Famme, & passé vn jour sans rien faire. Cepandant Colomb, Americ, Ferdinand, Magellan, Drac, le Maire, Cane, & autres, ont bien ozé faire tout le tour du Monde.

Cét ART DE NAVIGER sur Mer, est certainemant l'vne des plus rares inuantions de l'Esprit-Humain, & la plus vtile pour le commerce & le trafic. *Les Vaisseaus* dont on se sert à cét effet, sont de plusieurs façons. Il y en a de guerre, de marchandize, de passage ; que l'on frette, donnant le Naule.

La Nef, ou le Nauire, est vn mot general aus grans Vaisseaus, & de haut bord. Les Caraques, sont les plus grans. Le Gallion & la Ramberg● sont vaisseaus de guerre, plus puissants & ranforcez. Les Barques menées par les Barqueroles, sont moindres que les Nauires. Le Coquereau, l'Esquif, le Cayf, la Chalouppe, la Gondole sont les plus petits. Les Galeres sont des vaisseaus longs qui vont aussi à rames, tirées par les Forçats ; dont la Chiorme est commandée par les Comites, auec le sifflet. Lors que l'on s'en sert pour conduire les grans Vaisseaus ronds, l'on appele cela Remorquer. La Galleace est le plus grand des Vaisseaus de rang, ou de rames. Les Carauelles, Flûtes, Brigantins, Fragates, Tartanes, Pataches, Falouques ; vont la plus part à voile, & à rame. Les Brulots sont pleins de feus d'artifice.

Afin d'auoir vne connoissance generale, & de n'estre pas ignorant des termes les plus ordinaires au fait de la Nauigation, l'on peut *distinguer* les Pieces principales, dont le Vaisseau est bâti : les Voiles, qui prennent le vant pour singler sur Mer : les Personnes necessaires pour la conduite, & le seruice ; enfin le cours de la Nauigation.

La Quille fait la Carenne du *Vaisseau*, qui le soûtient comme l'épine du dos : les Varengues, sont comme les côtes : les Ailes, sont les flancs, les Ceintes ou Ceintures sont tout au tour. Cequi est hors de l'eau, s'appele l'Oeuure-morte. Et il n'y a si petit Ais, qui n'ait *son nom & son vzage* particulier ; differant toutefois dans les Vaisseaus & les Ga-

leres, quelquefois auſſi la Mer Oceane & Mediteranée. La
Prouë eſt la partie du deuant qui jette vn Eperon, ſur lequel
les Galeres portent leur Canon. Il y a deſſus vn Château,
que l'on fortifie dans l'occaſion du combat. La Pouppe eſt
ſur le derriere, ſoûtenant le Gouuernail auec ſon timon &
ſon talon qu'il a dans l'eau; lequel appuyé de ſon ſafrant,
conduît & tourne le Vaiſſeau à la diſcretion du ſage Pilote.
En ce lieu eſt la Chambre de Sainte Barbe, qui ſert aus Canonniers. La Chambre de la Pouppe, qui eſt celle du Capitaine. Les Dunettes, qui ſont pour les Lieutenans & les autres Officiers. Et l'Habitacle, qui eſt le lieu où ſe tient celuy
qui manie le Gouuernail, & où eſt auſſi la Bouſſole.

Il y a des Vaiſſeaus qui n'ont qu'vn Pont, Tillac, ou
Platte-Forme; d'autres en ont jûqu'à quattre. Le Pont de
treillis, eſt celuy d'enhaut; au milieu duquel il y a vne Cour-
ſie, pour marcher plus facilemant. Dans les Vaiſſeaus de
guerre les Ponts ſeruent pour dreſſer les batteries, ouurir &
fermer les Saborts ou Canonnieres; faciliter le guindage,
& reculemant du canon. Sous le Tillac ſont les Soultes & le
fond de cale, où l'on enferme le Biſcuit & les Marchandiſes.
Le Run eſt encore plus bas, pour mettre les choſes groſſieres. La Pompe ou l'Oſſec ſert à vuider les eaûs de la Santine.
Le Cabeſtan ou Viruaut ſert pour approcher le Nauire, &
tirer les Ancres; que l'on jette en Mer pour l'amarrer, &
tenir en rade.



Auparauant que de Varrer, c'eſt à dire mettre en eau,
& de faire Voile; le Vaiſſeau *doit eſtre* bien calfaté ou cal-
feutré & radoubé, auec le ploc & le gaudron: leſté auec la
Saourre, ſable ou étage, pour luy ſeruir de contre-poids:
muni, equippé & armé de tout l'Attiral neceſſaire, principalemant ſi c'eſt pour des voyages de longs cours. Les Câ-
bles & Amarres, ſont les plus gros cordages: les Aubans,
ſont des groſſes cordes, qui tiennent le Matz ferme en Nef.
Les Ecoutes, Coyts, Balancines & Ytaques, ſont des cordes plus petites; qui ſeruent à dreſſer, yſſer & guinder
les voiles, auec la guindereſſe ou poulie: à les attacher,
& tenir fermes aus Chouquets. Les Antennes & les Ver-

gües font les perches trauerfantes, pour foûtenir les Voiles,
qui font de diuerfes grandeurs, & de plufieurs façons.

*Les Voiles* Latines font en pointe & en triangle, les autres Les Voiles.
font quarrées. Dans les Vaiffeaus ronds & de haut bord,
ces Voiles font differantes felon *les Matz.* Car il y a au
milieu le Maître & le Grand Matz, dont le pied eft enchaffé dans la Carlingue. Celuy-cy porte la Grande Voile ou
Marabou, & fupporte vn autre Matz qui porte le Hunier.
Il prand fon nom de la Hune, faite en forme de pannier
ou de cage fonde, qui fert pour découurir de loin, & faire
quart. Car c'eft ainfi que fe nomme la veille du guet, & les
fentinelles fur Mer. Au deffus eft encore le Perroquet,
c'eft-dire vn troiziéme Matz, & vne Voile de méme nom.
Vers la Prouë eft le Matz d'auant, dont la plus grande
Voile fe nomme le Bourcet. Celle qui eft au deffus,
s'appele le Petit Hunnier : & la troiziéme, le Petit Perroquet. Le Beaupré, ou Paupret hors de la Prouë le long
de l'eperon, s'auance fur l'eau. Outre fa voile de méme
nom, il a les Ciuandieres, Contre-Siuandieres, & le Perroquet du Beaupré. L'Artimon, qui eft au derriere du Vaiffeau, a auffi fa Mizaine & fes autres voiles. Le Matz d'auant
porte le Trinquet, ou le Maraboutin. Les Bonnettes fe mettent au bas des Voiles, pour les accroître lors qu'il fait peu
de vant. Et au côté l'on met quelquefois des Coutelas, pour
les élargir. L'on dit caler les voiles, quand on les abbaiffe : les amener, quand on les plie : bourfer, ou broüil-
ler & quarguer, quand on les plie à moitié pour prandre de-
my-vant, aller moins vîte, &c.

Le Vaiffeau mis en état, on luy donne fes *Officiers*; Pa- Les Officiers.
trons, Pilotes, Maîtres de Nauire, Contre-Officiers : Maî-
tres, Capitaines, Canonniers, Marchand, Auitailleur,
Ecriuain. Celuy-cy enrolle dans la Charge-partie, toute la
Quargaifon du Nauire ; Soldats, Paffagers, Maîtres, Valets:
Matelots, Mariniers, Pages & Garçons.

Tout eftant prét, la Banniere de la Partance & le Pauillon Le cours de la
jetté, on leue l'ancre : on met les voiles au vant, on fingle en Nauigation.
haute Mer ; fuiuant le romb ou le rum, qui eft le chemin du

vant qui peut conduire au lieu deſtiné. On a le vant en pouppe à pleines voiles, lorſqu'il prand par derriere : à la bouline
ou à orſſe, quand il vient par les flancs dans les voiles enfilées. Si on craint les Pirates & les Corſaires, qui écument
la Mer & detrouſſent les Paſſans, l'on marche de Conſerue. Tandis que les Vaiſſeaus voguent auec les rames, ou
cheminent à la voile de droit fil, ayant à gré vant & marée,
principalemant ſi les Eaus ſont viues, comme depuis le
Croiſſant jûqu'à la pleine Lune ; l'on n'apprehande que
la terre, & le feu. Ou bien dans l'air le calme & la bonn-
aſſe, qui vous laiſſent emporter par les courans hors de
vôtre route. Dans la terre, les bancs & les heurts : dans
l'eau, les brizans & les écueils : dans les vagues & les flots,
les houles, les bouraſques, les orages, ou quelque fortu-
nal & coup de Mer. Car alors le Vaiſſeau ne pouuant ny
ſe jetter en quelque port, havre ou cale : ny ranger la
côte, ny demeurer ſur les ancres : il ne faut qu'vne bouf-
fée violante de vant contraire, pour le faire échoüer par
vn entier débris & par vn triſte naufrage.

Cepandant parceque c'eſt auec l'aiguille aimantée,
qu'on a entrepris ces grandes Nauigations, qui ont découuert le Nouueau Monde, & ouuert la porte à la Predication
de l'Euangile, jûqu'aus Antipodes ; il faut en paſſant, dire
vn mot de L'AIMANT, & de ſes miraculeus effets, qui ſont
vne des plus belles curioſitez de nôtre Siecle.

# LA NATVRE, ET les Effets de l'Aimant.

'ANTIQVITE' la plus reculée a reconneu sa vertu, qui attire le fer: mais non pas celle de se tourner vers le Pole, ny la declinaison. On voit assez que la nature de l'Aimant est metalliqué, & qu'elle a vne entiere sympathie auec la Terre. On l'appele toutefois vne Pierre par excellance, la Pierre d'Hercule à cause de sa force & de sa puissance : *Magnes*, parcequ'on croit que les Magnesiens ont fait les premieres experiances de sa rare vertu. Mais le langage François samble mieus rancontrer, lors qu'il le nomme Aimant ; puis qu'on le voit embrasser le fer & l'acier, tout ainsi que deus Aimans se lient par vn étroit mariage.

Les Merueilles de l'Aimant.

Sa Nature.

Ses noms.

Tous les Curieus trauaillent à rechercher la raison de cete secrete amitié, qui donne des pieds & des mains à ces choses qu'on croit inanimées ; pour aller l'vne à l'autre, pour s'embrasser & s'attacher ensamble. Nous en crayonnerons icy grossieremant, les *trois* plus sçauantes ; qui sont au moins les plus specieuzes, & les plus subtiles.

Trois raisons de ses proprietez.

La premiere, est cete *occulte liaison* & cete secrete sympathie, que l'on remarque en tant de Choses enfermées dans le pourpris de la Nature. Ie sçay bien, qu'on appele cela l'azyle de l'ignorance. Mais à méme temps que tous les Sçauants declament contre cete occulte sympathie, on n'en voit pas vn qui ne soit enfin contraint d'y auoir recours préque à chaque propos. Cete occulte Sympathie, est peut-estre le caractere de D I E V dans tous les Estres , connû à luy seul. C'est cete ame, qui samble donner à l'Aimant la faculté de sentir & de se mouuoir. C'est cét appetit, qui luy fait chercher le fer & la pourpre, à ce qu'on dit, comme ses delicieus alimans. Pour moy je ne rejette pas tout à fait l'o-

La Sympathie

opinion de Ceus qui reconnoiffent en ces chofes qui ont ces occultes fympathies, vne même Signature; par rapport auec vn même Aftre, & à vne même influance du Ciel. Eftant vray que toutes les parties du Monde font liées enfamble, & qu'il y en a qui ont vne alliance particuliere auec les autres.

D'où naît la feconde raifon, tirée de la *reffamblance*; qui eft la mere de l'amour, de l'attrait & de l'vnion. Ainfi la chaleur du feu attire celle d'vne brûlure, le venin d'vn crapaut celuy d'vn charbon peftiferé, la fechereffe du Soleil les exhalaifons de la terre. Deforte que la Nature ayant mis vne fympathie & vne reffamblance particuliere, entre l'Aimant & le fer: ils ont de l'amour l'vn pour l'autre, fe cherchent mutuellemant; le plus fort attirant le plus foible, pour fe marier tous deus & s'vnir enfamble par de tres-fortes étreintes.

*Gaffend. ad Philofoph. Epicur.*

La troiziéme raifon, eft vne production de nos *Nouueaus Philofophes*; qui penfent auoir ôté le voile de la Nature, & qui croient parler auec fes anciens Oracles & Interpretes. Ils fuppofent en premier lieu, que de toutes les chofes natureles, il fluë & coule inceffammant de *Petits Corps* in-perceptibles. Ce paffage du Saint Euangile, qui fait fortir de I. CHR. vne Vertu qui gueriffoit les Malades, pourroit bien fauorizer cete opinion; *virtus de illo exibat, & fanabat omnes*. Ils veulent reciproquemant, qu'il y ait en tous les Corps de petits efpaces vuides, comme des pores & des concauitez. Ils ajoûtent qu'il doit y auoir de la proportion entre ces petits corps, & ces petites efpaces. Deforte qu'ils ne fe peuuent pas tous ajufter indifferammant les vns auec les autres. Cela pofé, ils concluent en cete maniere.

*Philofophie an-cienne-nou-uelle.*

*Luc. 6.*

De l'Aimant & du Fer, mais de l'Aimant en plus gran-de quantité, coulent ces petits corps déliez & pointus; qui font des Atômes faits comme des aiguilles ou tous droits, ou à crochets, & comme des vis, des ains ou hameçons. Cete fluxion & cét écoulemant produît du vuide dans les deus corps de l'Aimant & du Fer, & rarefift l'air qui les enuironne. Pour fuppléer à ce vuide & à cete rarefaction, les petits corps coulent en plus grande quantité, & courent

auec

auec plus de viteſſe, les parties de l'air agité les pouſſant
auſſi fortemant. D'ailleurs la proportion qui eſt entre les
atômes & les eſpaces vuides de l'Aimant & du Fer, fait
qu'ils entrent les vns dans les autres ; leur figure droitte,
ou crochuë, ou à vis, fait qu'ils ſe lient, s'embraſſent, &
s'vniſſent. Et à lors le plus fort tire, entraîne & rauit à
ſoy le plus foible ; c'eſt à dire celuy qui a moins de ces
petits corps, & atômes. Peut-eſtre que ſi quelqu'vn vouloit explicquer cela par la nature & l'action des Eſprits, il
rancontreroit aſſez heureuzemant.

Au reſte cete proportion, cét ajuſtemant & cete reſſam-
blânce des corpuſcules de l'Aimant & du Fer procede, diſent ces Philoſophes, de cequ'ils naiſſent tous deus d'vne
même matiere, ont vne même matrice, vn même berceau;
eſtant engendrez l'vn & l'autre dans vne même veine de
terre, & ont vne même ſtructure ou compoſition; ceque
n'ont pas les autres metaus. Qui eſt juſtemant retomber
dans l'amitié, dans la ſympathie & dans la reſſamblance
dont nous auons parlé. Si bien qu'il ne faut pas s'étonner,
ſi le Fer ſe rejoint à ſon origine ; chaque choſe par vn mouuemant naturel retournant toûjours à ſon principe, *ortus* Boet. in Philoſ.
*cuncta ſuos repetunt.* Par où il eſt aizé de comprandre, que Prop. 8.
l'Aimant n'eſt autre choſe qu'vne petite Terre, & que la
Terre n'eſt autre choſe qu'vn grand Aimant.

Quoy qu'il en ſoit, les *prodigieus Effets* de cét Aimant
ſurpaſſeroient certes toute ſorte de croyance ; ſi nos yeus Les Merueilles
n'en eſtoient les témoins, & les garans : & ſi les nouuelles de l'Aimant.
Experiances qui croiſſent de jour en jour, n'en augman-
toient la merueille.

Pour le mieus comprandre, on diſtingue trois choſes
en l'Aimant, particulieremant s'il eſt rond ; le Pôle Septantrional, le Meridional, & la Ligne diametrale qui les conjoint tous deus. Cela poſé, n'eſt-ce pas vne choſe qui ſur-
prand l'Eſprit-Humain, de voir l'agitation & l'inquietude,
auec laquelle l'Aimant & les corps aimantez, par example
vne aiguille touchée de l'Aimant, ſe tournent inceſſammant
vers les Pôles du Monde ? Qu'elle marque infailliblemant

le Midy & le Septantrion, encore que ce soit toûjours auec
vn peu de declinaison ? D'où est procedée l'inuantion admirable des Boussoles, & des Quadrans portatifs ; l'Aimant
communicant au Fer & à l'acier, toutes ses proprietez.
Voire-méme faisant fondre de l'Aimant, il en coule vn
acier tres-fin : & la matiere qui reste aprés cete fusion, n'est
plus doüée d'aucune vertu magnetique.

L'étonnemant n'est pas moindre, de voir que l'Aimant
comme vne petite terre, a ses pôles ; l'vn Meridional, mais
qui regarde le Septantrion : l'autre Septantrional, qui se
tourne toûjours vers le Midy. Neanmoins si vous diuisez
vn Aimant en plusieurs parties, cete separation leur donne des pôles differans de ceus qu'elles auoient dans le morceau entier.

Ces Pôles, sont comme les centres, ou plû-tôt ce sont
les sources de la vertu attractiue que nous admirons en
l'Aimant. Mais cete vertu est bien plus grande, quand ses
pôles sont armez ; c'est à dire quand ils sont couuers de fer,
ou d'acier bien poli. Iûques-là qu'il s'est treuué des pieces
d'Aimant, qui soûtiennent trois cens fois plus de fer lors
qu'elles sont armées ; plus ou moins toutefois, selon la
bonté naturele de la Pierre. Par où l'on péut conclure, que
l'Aimant donne au Fer la force qu'il n'a pas ; puique quelquefois méme le Fer arrache à l'Aimant, ce qui luy estoit attaché. Que si vous mettez quelque corps que ce soit, entre
le Fer & l'Aimant armé ; ce corps du milieu le desarme, en
sorte qu'il n'a plus de force.

Ne voit-on pas encore plusieurs pieces d'Aimant, pourueu qu'elles nagent libremant sur l'eau en de petits vazes,
non seulemant dresser leurs pôles vers ceus du Monde :
mais ne cesser jamais de se chasser & attirer les vnes les autres, jûqu'à ce qu'elles se soient toutes mises queuë à queuë
dans la ligne du Midy. Souuant il arriue qu'vn moindre
Aimant, a plus de vertu pour attirer & soûtenir le Fer, qu'vn
plus grand : & que s'il est couppé ou brizé, quelquefois vne
partie separée a plus de vertu que le tout vni. Encore qu'vn
Aimant ne tire d'ordinaire, que trois ou quattre anneaus de

fer feparez : il en tire neanmoins fept, ou huiét enchaïnez ;
& s'il touche feulemant le premier anneau, les autres fuiuent.

Le Pôle Septantrional d'vn Aïmant, eft ami du Pôle Meridional d'vn autre Aïmant, & ennemi du Pôle Septantrio-
nal du méme Aïmant. Deforte que les deus de méme nom,
fe repouffent l'vn l'autre. Au contraire le Pôle Septantrio-
nal d'vn Aïmant, fe joint & s'attache au Pôle Meridional de
l'autre Aïmant. Et ces deus Pôles amis eftant attachez l'vn à
l'autre, n'en peuuent jamais fouffrir vn troiziéme. La raifon eft, que ce troiziéme eft neceffairemant de méme nom
auec quelqu'vn des deus premiers. C'eft pourquoy eftant
ennemis, le plus fort chaffera fon riual plus foible ; afin de
fe joindre à celuy, qui luy eft ami.

Cete amitié & cete inimitié des pôles, fait que dans deus
Bouffoles la plus forte aiguille donne à l'autre vne fituation toute contraire à celle qui luy eft naturele : & qu'vne
Pierre d'Aïmant eftant couppée en deüs par les pôles, les
pieces fe fuyent fans fe pouuoir joindre, qu'aprés les auoir
tranfposées. Delà vient auffi, qu'ayant aimanté deus aiguilles à coudre ; fi vous les couchez fur vne táble, enforte
que les bouts touchez du méme pôle fe regardent, alors fi
vous en pouffez vne, l'autre commancera à rouler & s'en-
fuir deuant. Mais fi feulemant vous les tranfportez, fans
les aimanter de nouueau, elles s'attacheront enfamble ; de
forte qu'en tirant vne auec l'ongle, vous ferez fuiure l'autre fans la toucher.

Vigenere a crû que l'Aïmant n'a aucune affinité auec le Pôle Antartique, & que fi on en frotte vn couteau ou vne épée,
ils couppent fans aucune douleur ; le méme enfeigne à lire
par le moyen de deus aiguilles aimantées, cequi s'écrit en
vn lieu diftant.

Si vous mettez vne aiguille fur du verre, fur du papier,
ou fur quelque autre corps delié ; remüant pardeffous de ce
corps vne pierre d'Aïmant, vous faites auffi remüer l'aiguille comme il vous plaît.

C'eft vne chofe encore plus admirable, de voir que l'Aimant ôte au Fer en vn inftant la vertu qu'il venoit de luy communiquer. Cequi arriue, non feulemant lors qu'on fait toucher le Fer à vn autre pôle de l'Aimant : mais encore au même, duquel il auoit receu la vertu. On reufsit en cela, fi on le paffe par deffus ; auec vn mouuemant, contraire à celuy dont on l'auoit premieremant frotté & aimanté.

On fufpand auffi en l'air, plufieurs girouettes au tour d'vn aiffieu de fer ; qui tournent toutes, chacune de fon côté. On fait vne chaîne de plufieurs anneaus, qui s'attachent l'vn à l'autre. On fait herifler & ondoyer en l'air, de la poudre d'Aimant, ou d'acier ; comme vne campagne d'épis de bled, agitez par les vants.

Le Fer & l'acier affiné, ont auffi de famblables vertus. Et les pointes de Clochers, qui ont long-temps efté dreffées à plomb, ont la vertu magnetique. Cete vertu n'eft empé-chée ny par l'or, ny par le diamant, ny par l'ail, ny par l'oignon, ny par aucune autre chofe famblable. Elle fe perd neanmoins fi vous laiffez l'Aimant dans le feu, & s'affoiblit fi on le bat trop auec le marteau. Même cete vertu aimantine fe communique bien plus aizémant à vn Fer qui foit en longueur, qu'à vn rond ou quarré. Elle eft encore empéchée par la roüille du Fer, ou lors que vous mettez quelque corps épais & folide entre l'Aimant & le Fer. Elle a auffi la Sphere de fon actiuité limitée, laquelle eft plus petite, lorfque l'Aimant eft armé, bien que la force en foit plus grande. On redonne la force à la pierre d'Aimant, la repaffant fur la meule, ou en ôtant la roüille auec vn poinçon ; puis l'ayant lauée en de l'eau, on la fait fecher en du fon.

Toutes ces obferuations & autres famblables, qui fe découurent de jour en jour, ont donné fujet à Ceus qui les recherchent plus curieuzemant, de paffer cete Pierre pour vn miracle tout plein de *Paradoxes* : & de treuuer dans fes riches proprietez, vn rare Portrait des perfections de I. C H R.

En effet, ne voit-on pas dans l'Aimant, vne action qui famble fe faire en vn inftant, & neanmoins auec fuccés de temps: des qualitez qui paroiffent contraires en vn même fujet, & qui ne le font pas ? N'y voit-on pas vne vertu diuifible dans

Paradoxes de l'Aimant. *Voyez le P. Grand-Ami en fa Nouuelle Demonftration.*

vn poinct indiuisible, celle du tout en l'vne de ses parties : le centre étandu dans sa circonferance, & la circonferance enfermée dans son centre ? Cete vertu Magnetique est tout à la fois corporele, & spirituele : penetre par tout, sans rien blesser ; se porte à ce qui est éloigné, & ne laisse pas de passer par le milieu. On la voit couler par vn flus continuel, sans toutefois s'épuizer ou s'affoiblir. Quoy plus ? L'Aimant donne souuant ce qu'il n'a pas, le plus petit a plus de force que le plus grand : le poids du fer soûtenu, se diminuë ; celuy de l'Aimant qui le soûtient, s'accroît. Ce n'est que dans cete occasion que les contraires ont de l'amour pour leurs contraires, & que les choses samblables se declarent ennemies de leurs samblables. Déus choses qui sont vnies en vne troiziéme, sont separées en elles-mémes. Vne vertu qui naît d'vn méme principe, se treuue oppozée : celle qui coule d'vne source contraire, est fauorable. Vous mettez vn ennemi entre deus ennemis, & il les chasse tous deus : vn tiers suruenant, fait diuorce entre deus amis ; & vn ami au milieu de deus ennemis, demeure neutre & comme indifferant. Enfin, par vn mouuemant perpetuel, vne méme vertu produit dans vn méme sujet, le mouuemant & le repos.

La Meditation est encore plus solide, qui voyant nôtre Seigneur I. Chr. comparé à vne Pierre dans le Texte-Sacré, applicque cete mysterieuze comparaison à la Pierre d'Aimant. Ne dit-il pas luy-méme, cét adorable & aimable Saueur, qu'aussi-tôt qu'il sera exalté sur la Croix & dans le Ciel, il tirera tout à luy ? Ne le voit-on pas, ne le sent-on pas tous les jours imprimer secretemant la puissante vertu de sa grace, sur des Cœurs qui sont plus durs que le fer ? Quel miracle, je vous prie, d'auoir communiqué à S. Paul, & aus Apôtres : & de communiquer encore tous les jours aus Predicateurs de l'Euangile, la méme vertu qu'il a de luy acquerir & attacher les Ames qui estoient ses ennemies ? Voyez le changemant qu'il a fait, par example dans cete illustre Madelene. Aussitôt que la vertu de ce diuin Aimant a touché le cœur de cete fameuze Pecheresse, elle court aus pieds de Iesvs : & toute la passion qu'elle auoit pour les vanitez de la terre, se

Caput anguli,<br>Psf. 117.<br>Lapid. quem reprobau. &c.<br>1. Petr. 2.<br>Petra aut. erat<br>Christus. 1. Cor.<br>10.<br>Si exaltat. &c.<br>Joan. 12.

tourne vers le Ciel & l'Eternité. La merueille n'eſt pas moindre de conſiderer que l'Aimant n'attire ny l'or, ny l'argent,
ny les perles & les pierres precieuzes : mais ſeulemant le fer
froid, pezant, terreſtre. Deméme le F i l s d e d i e v ne
prand alliance, qu'auec nôtre Nature criminele : & il ne
communique ſes faueurs les plus inſignes qu'aus Simples,
aus Pauures & aus Pechours. Mais quel eſt l'effet de cete
liaiſon admirable ? Ce Fer, j'entens le cœur de l'Homme,
ainſi vni à ce diuin Aimant par des liaiſons ſecretes & ſacrées, perd ſa pezanteur naturele, s'éleue vers le Ciel :
redouble ſon mouuemant & ſa force tant plus il s'approche
de ſon principe, s'attache à tous les anneaus qui compozent la méme chaîne, le méme Corps Myſtique du Saueur.
Il ſert d'inſtrumant aus deſſeins de I. C h r. emprunte d'autant plus de ſa vertu, qu'il eſt plus petit. Et pour n'aller à
l'infini, l'Homme Iuſte, qui eſt dans l'état de la Grace,
comme le Fer à l'égard de l'Aimant, n'eſt, ne peut, & n'a-
git qu'autant qu'il eſt vni à I. C h r. dans I. C h r. & par
I. C h r.

Nous auons veu jûqu'icy comme-quoy la Coſmographie dépeint en abbregé, toute la vaſte étandué de l'Vniuers. Le Ciel par l'Aſtronomie, & par l'Aſtrologie : le Feu,
l'Air & l'Eau par la Stichographie. La Terre en general par
la Geographie, ſur les Cartes & Mappemondes. Les Regions & les Prouinces, par la Chorographie. Les Villes, les
Bourgades, les Châteaus & autres Lieus particuliers par la
Topographie. Enfin les Inſtrumans employez à diuers vzages, par ces diuerſes Sçiances ; les Globes, la Sphere, l'Aſtrolabe, la Bouſſole auec l'Aiguille d'Aimant.

Mais pour tracer les Plans de tout cela, le Sçauant Ouurier
a beſoin de la delineation & des depandances de l'Optique
que nous allons explicquer.

Nuſquam An-
gel. &c. Hebr. 1.

Non multi nobi-
les, &c. 1. Cor. 1.
Sinite paruul.
ven. ad me
Matth. 11. & 19.

# L'OPTIQVE.



'OPTIQVE est cete belle & agreable Sçiance, qui sur l'imitation de la Nature, enseigne par des artifices & par des subtilitez vraimant miraculeuzes, commant se forme la veuë des choses qui tombent sous nos yeus. C'est pourquoy elle a pour objet la Quantité, entant qu'elle peut estre regardée en plusieurs & differantes manieres. D'où naissent aussi ses trois Sou-diuisions; en l'Optique, la Dioptrique, & la Catoptrique.

L'OPTIQVE, que l'on pourroit aussi nommer l'Ophtalmique, s'appropriant le nom general; *examine* l'objet, le milieu, l'organe, ou le sujet, & l'action. L'objet, c'est la couleur : le milieu ou moyen, c'est le diaphane qui est vn corps lumineus : l'organe, c'est l'œil ; l'action, c'est la maniere dont se forme la veuë.

*L'Objet* c'est tout cequi se peut voir, soit réel, soit apparant. La lumiere & la couleur randent les corps visibles. Et ces corps sont ou luisans, ou éclairez. Dous choses les randent d'eus-mémes éclatans. La premiere si ces corps ont les parties rares, deliées & transparantes. Cequi arriue lors qu'il enferment peu de matiere sous beaucoup de quantité; à quoy est opposée l'épaisseur, & l'opacité. La seconde, si ces mémes parties se treuuent égales & vnies ; à quoy sont opposées les parties rudes, & inégales. Le Ciel & le Feu sont les premiers

corps qui ont la lumiere en eus-mémes, sans la receuoir d'ailleurs.

Les Corps éclairez , empruntent la lumiere de quelque
autre source. Ainsi encore que l'Eau & la Terre ayent quelques-vnes de leurs parties diaphanes & transparantes, de
soy-méme neanmoins ce ne sont pas des corps lumineus:
mais opaques & épais, capables d'estre renétus de la lumiere
qui vient d'ailleurs. L'Air qui tient comme le milieu entre
les deus, n'est de luy-méme ny lumineus , ny non lumineus.
Seulemant il sert comme d'vn moyen & d'vn passage vniuersel, à cause que ses parties se peuuent aizémant rarefier,
& condanser.

Les yeus des chats, ceus de l'Empereur Tybere qui voyoit
au milieu de la nuict : les soles desséchées, la langue d'vn
certain poisson qui éclaire au milieu des orages, ces petits
vers-luisans dont la Campagne de Sienne est toûjours con-
uerte au printemps : le bois pourri, & autres choses samblables, forment de grans doutes en ces matieres. Car comme
nôtre Sçiance n'est jamais parfaite, & que nous ignorons
dauantage les choses qui nous sont les plus familieres ; toute la curiosité ancienne & moderne n'a pû encore definir,
cequ'il faut croire *des lumieres & des couleurs* ; sans lesquelles
celuy qui a des yeus , ne verroit pas mieus que ceus qui
sont aueugles. Desorte que Marsile Ficin a eu raison de demander, commant il se peut faire qu'il n'y ait rien au Monde de si obscur que la lumiere, qui éclaire les plus sombres
obscuritez ?

Le plus certain en cete belle controuerse, c'est de dire que
la Lumiere est vne substance moyenne entre les corporeles
& les Spirituelles ; ou la plus parfaite des qualitez corporeles : qui a beaucoup de rapport auec la vie, comme les tenebres en ont auec la mort. Que la lumiere est vne couleur separée, que la couleur est vne lumiere incorporée. Que la lumiere est la couleur des corps simples, qui sont d'autant plus
accompagnez de lumiere, qu'ils sont plus simples. Que la
couleur est vne lumiere, terminée par des corps opaques,
qui naît du mélange de l'humide auec le sec, causé par la
chaleur,

Les Corps illu-<br>
minez.

Suetone en<br>
sa vie.

Les lumieres,<br>
& les couleurs.

chaleur, & determiné par le froid. Qu'en ce mélange l'humidité s'épaississant, engendre le verd ; qui est la premiere des couleurs, & qui pour ce sujet est le symbole de l'esperance. Que si la chaleur predomine dans la mixtion, elle produit le rouge & les autres couleurs viues & éclatantes. Au contraire si le froid l'emporte, on voit naître les couleurs mortes, & enfin le noir. Que ce noir est la derniere des couleurs. Ou plû-tôt que c'est vne privation de couleur & de vie, l'humidité estant toute consumée; comme il se void dans les charbons, & dans les parties gangrenées. D'où *Le Dueil.* vient qu'encore que *le duëil* des Princes soit le violet, des Vierges le blanc, des Orientaus le bleu, des Egyptiens le jaune, des Ethiopiens le gris; le noir neanmoins est la cou- *Pullatus.* leur la plus commune en l'Europe, pour marquer l'affliction, & le duëil pour la mort de ses amis.

*Le Milieu* est vne espace transparant entre l'objet pre- *Le Milieu.* senté, & les yeus qui le regardent; comme le Ciel, l'air, l'eau, le verre, & samblables. Selon qu'il est disposé, il fait la vision droite, de reflexion, ou de refraction, que nous explicquerons cy-aprés.

L'O E I L est le sujet & l'organe, où se forme la veuë. C'est *L'Oëil.* la plus rare partie, & le plus beau miracle du corps, comme l'entendemant est l'œil de l'ame. Sa perfection l'a fait choisir par les Egyptiens, pour le symbole & de la Royauté, & de la Diuinité. Son vzage fait toute la joye de nôtre vie, les tenebres sont les marques de la mort qui ramplissent d'hor- *Quale gaud.&c.* reur les plus hardis. Les autres sens estant forcez par la *Tob. 5.* presence de leurs objets, il n'y a que l'Oëil qui ait la liberté de se fermer ou de s'ouvrir à la presence des siens. C'est vn miracle qu'vn si petit miroir, comme est la prunelle, contienne & represente tant de choses diuerses, si grandes & si vastes. L'ame se dépeint toute entiere sur cete glace, & la beauté établit le siege de son empire sur ce trône de chrystal. En vn mot, il y a je ne sçay quoy de si diuin dans les yeus, que le cerveau même est fait pour cete belle partie, au jugemant de Galien: qu'au dire d'Anaxagore, les Hommes ne sont nays que pour voir ; & qu'estant auec les oreilles le sens

de l'invantion & de l'inſtruction, l'on a raiſon de condamner
de folie ce Philoſophe, qui ſe creva les yeus, pour mieus
philoſopher. Encore qu'il ſoit vray qu'Homere & Dydime
juſtifient par leur example, que les Aueugles peuvent eſtre
tres-Sçauans.

*Sa Figure.*  La forme ou *figure de l'Oëil* eſt ronde, tirant vn peu en
ovale pris en toute ſa longueur : & en figure pyramidale,
conſideré en ſa profondeur; parcequ'il a ſa baze au dehors,
& ſa pointe au dedans vers le nerf optique. La Nature eſt ſi
ſoigneuze de garder ce trezor, qu'elle l'a enfermé dans l'os du
front muni de ſourcils, de l'alongemant du nez, des paupieres, & de l'éleuation des joués: du ſecours même des mains &
de toute la tête, pour ſe deffandre des attaques du dehors.

*Sa Subſtance.*  Sa ſubſtance en ſes diuerſes parties, eſt molle, diaphane, épaiſſe, ignée, aqueuze. Telemant que l'Oëil eſt compoſé de *trois Humeurs.* La Chryſtalline eſt le miroir & le
*Ses trois Hu-* centre de l'Oëil, enueloppée de ſa tunique arachnoïde.
*meurs.* Elle eſt ſupportée par les Retours cilliaires, qui s'étandant
*1. Sa Chryſtal-* vers les ſourcils, dilatent ou reſerrent l'humeur chryſtalline;
*line.* & qui par ce double mouuemant, ouvrent ou ferment les
yeus à la plus forte ou plus foible lumiere.

De la differante forme de ce chryſtallin, naît la differan-
*Trois ſortes de* ce des *trois Veuës*; la courte, la longue, & la raiſonnable.
*veuës.* Car ſi l'humeur chryſtalline eſt trop ronde, ou trop platte,
elle ramaſſe trop tôt, ou trop tard les eſpeces receuës de
chaque poinct de l'objet. Si elle eſt trop ronde, au lieu de
les vnir dans la Retine, elle les a des-ja vnies dans la Vitrée;
où l'objet ne peut eſtre veu, à cauſe que cete humeur eſt
diaphane. D'où il arrive que Ceus qu'on appele Μύωπες,
c'eſt à dire qui ont la veuë courte, ſont contraints d'approcher l'objet de l'œil; afin de reculer par ce moyen l'vnion
de ſes eſpeces, jûques dans la Retine.

Au contraire ſi la vielleſſe, ou quelque accidant a relâ-
ché & aplati le Chryſtallin; ce verre naturel n'ayant pas la
force de reünir aſſez tôt les eſpeces, elles entrent en confuſion plus avant dans l'œil. Deſorte que la nature induſtrieuze
fait reculer l'objet, afin que cete vnion des eſpeces ſe faſſe

comme elle doit ſur la Retine.

Quelquefois auſſi les humeurs éleuant des broüillars dans ce Cryſtallin, où la puiſſance s'affoibliſſant ; on a recours aus Lunettes, qui groſſiſſent les objets pour les faire diſtinguer. Que ſi le Cryſtallin a la compoſition qu'il doit, alors la viſion ſe fait naturelemant ; ſans qu'on ſoit obligé d'approcher, ou de reculer les objets.

L'Humeur *Aqueuze*, que l'on appele autremant la blanche ou l'albugineuze, parcequ'elle reſſamble à vn blancd'œuf, eſt enueloppée de la tunique que l'on nomme la Cornée. La *Vitrée* ſamblable à du verre fondu, eſt vn peu plus verdâtre. Elle eſt au deſſous de la Cryſtalline, enueloppée de ſa tunique Hialoïde. Car toutes ces humeurs coulantes & brillantes, ſont retenuës par ſept *Tuniques* ou Mambranes. La Conjonctiue autremant appelée l'*Adnata*, ou Adherante paroiſſant la premiere au dehors, eſt blanche & groſſiere. Elle nâit du pericrane, affermît & enueloppe tout l'œil, exceptée la partie Interieure qui joint *la Cornée*. Celle-cy, qui eſt dure & polie, ranferme l'humeur aqueuze, & conſerue la cryſtalline. Elle naît de *la Sclerode* ou Sclerotique, qui eſt couchée ſous la Conjonctiue, & vient de la Dure-mere. Sous la Cornée eſt l'*Vuée*, qui retient l'humeur blanche. Elle eſt noire au dedans, & peinte par dehors des couleurs de l'Iris ; reſſamblant à la peau d'vn grain de raiſin, dequoy elle emprunte ſon nom. Elle eſt percée au milieu de la Prunelle, qui eſt la fenétre de l'œil, & qui n'a aucune couleur ; laquelle s'ouure ou ſe ferme plus ou moins, pour receuoir vne lumiere plus ample ou plus petite. Cete Vuée naît de la Choroïde, qui prand ſon origine de la Pie-mere, & qui a au deuant *la Retine*, Retiforme, ou Reticulaire ; laquelle procede du nerf optique, en forme d'vn rets ou d'vne couppe. C'eſt elle qui répand les eſprits viſüels, & qui porte les images des objets au cerueau. C'eſt auſſi d'elle que naît plus auant dedans l'œil, l'*Aranoïde*, la plus deliée de toutes, compoſée de pluſieurs nerfs ou filets cóme vne toile d'Araignée ; cequi luy donne ſon nom, qui enferme & ſuſpand le cryſtallin. Quelques-vns ajoûtent *la Vitrée* inconneuë aus An-

R r ij

<table>
<tr><td>2. L'Aqueuze.</td></tr>
<tr><td>3. La Vitrée.</td></tr>
<tr><td>Sept Tuniques.</td></tr>
<tr><td>1. La Conjonctiue.</td></tr>
<tr><td>2. La Cornée.</td></tr>
<tr><td>3. La Sclerode.</td></tr>
<tr><td>4. L'Vuée.</td></tr>
<tr><td>5. La Reticulaire.</td></tr>
<tr><td>6. L'Aranoïde.</td></tr>
<tr><td>7. La Vitrée.</td></tr>
</table>

ciens ; qui enueloppe l'humeur vitreuze : & laiſſe paſſer au fonds de l'œil, les images des objets.

Les nerfs opti-<br>ques.

Les deus *Nerfs optiques*, compoſez de pluſieurs autres petits nerfs, prennent leur origine du cerueau, auquel ils les attachent l'œil, & ſeruent à la veuë ; les eſpeces ou images des objets venant à s'vnir au poinct de la conjugaiſon de ces deus nerfs. S'ils ſont bouchez, comme par la goutte ſerene, la veuë ſe perd. Et quelquefois, ainſi que je l'ay veu, en vn momant. Il y a vne *autre paire* de nerfs,

Deus autres<br>nerfs.

qui meuuent l'œil auec vn grand nombre de veines & d'ar téres ; ſans que jamais toutefois vn œil ſe meuve, ſans l'autre. Car ſi cela ne ſe faiſoit ainſi, l'objet paroîtroit double. I'ay veu cela de particulier en l'œil du Cameleon, qu'il ſe vire & tourne tout entier de tous côtez, comme vne pe-

Les ſix Muſcles.

tite boule ronde. Le mouuemant des yeus, ſe fait par *ſix Muſcles* ; en haut, en bas, à droite, à gauche, & en rond. Les principales diſpoſitions de l'œil ſe reconnoîtront à peu prés en ces deus Figures, dont la premiere repreſente l'œil detaché de ſa place, & reuétu de ſes muſcles & de ſes mambranes. E B marque la mambrane appelée *Adnata*, qui ſert pour affermir l'œil. A O, la partie apparante de l'œil. P, la partie cachée. A, le Soleil, l'Iris, ou le brun de l'œil, & la prunelle dans le milieu. O, le blanc de l'œil. R, le nerf de veuë, appelé le Nerf optique. V, les muſcles pour le mouuemant de l'œil. La ſeconde fait voir l'œil de front A, l'I-ris. O le blanc. E, la mambrane *Adnata*. I, les conduits des larmes.

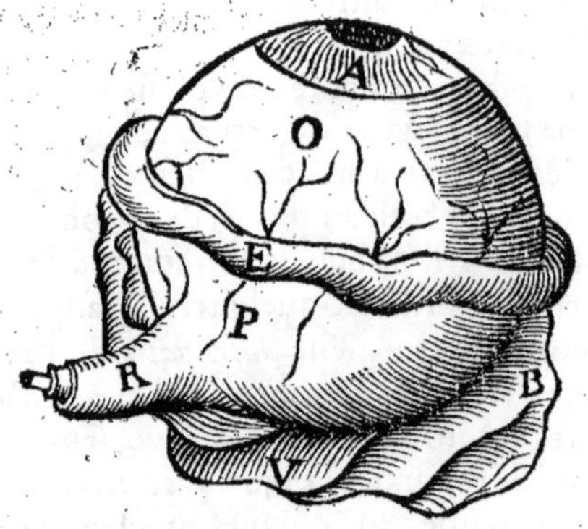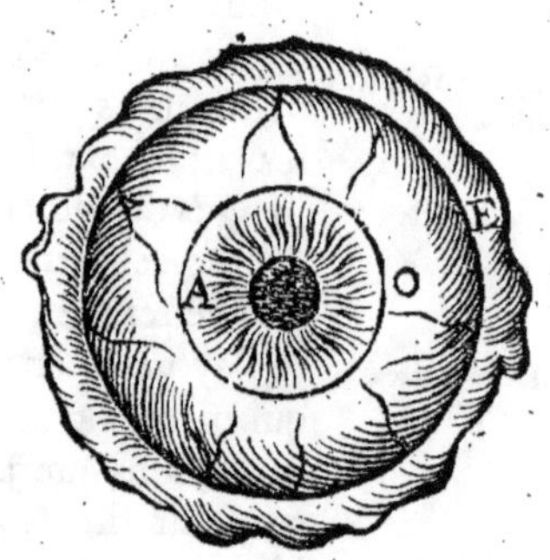

C'eſt donc l'Œil ainſi compoſé & diſpoſé , qui forme *la veuë* des objets ; par vne action la plus noble, & la plus parfaite de toutes les ſenſitiues. Car outre qu'elle tient moins de la matiere, & plus de l'eſprit : elle fait diſcerner la couleur, la grandeur, la diſtance, la ſituation, les mouuemans ; & preſque toutes les autres proprietez des corps, que l'on regarde.



Mais de particularizer la *maniere* dont ſe forme la viſion ou l'action de la veuë, en verité c'eſt vne choſe tres-difficile. Le plus certain, à mon auis, c'eſt de s'imaginer, que le corps reuétu de lumiere & de couleur, enuoye par des lignes droites, des images ou eſpeces de ſoy-méme. Que ces images eſtant ainſi receuës dedans l'œil, la viſion ſe commance dans la Cornée, s'auance dans l'Aranoïde, s'achéue dans la Reticulaire. Que là ces images & les rayons de la lumiere exterieure ſont ramaſſez, aprés auoir paſſé à trauers le Cryſtallin, qui eſt diaphane, ſpherique, & le centre de l'œil: & ſe joignent à la vertu, & à la lumiere qui reſide dans la Retine. Que cete tunique où reſide la puiſſance viſiue, ranuoye l'image qu'elle a receuë du dehors, par ſon rayon viſüel droit à plomb au deuant d'elle, où elle va apperceuoir l'image qui a eſté repreſentée dans ſa ſubſtance. Enquoy ſes rayons viſüels ne ſouffrent aucune refraction, parcequ'ils paſſent d'vn milieu plus danſe dans vn plus rare. Au lieu que les



R r iij

rayons des objets exterieurs , se brisent plusieurs fois , à cause qu'ils passent des milieus plus rares par ceus qui sont plus danses. Ils ne paroissent au moins brisez qu'au Cry-stallin en cete Figure , qui m'a samblé la plus propre entre plusieurs de diuers Auteurs.

L'explication de la Figure suiuante.

Les rayons A A qui viennent du poinct A de l'objet C A B estant reflechis du poinct A de la Retine , par la méme ligne , s'appelent les essieus des yeus. Ce sont eus qui vont apperceuoir le poinct A de l'objet. Mais ensorte que le poinct C de l'objet qui est à gauche , se vient pein-dre à droite dans la Retine. Aussi tôt par le moyen d'vn filet du nerf optique , ou par la continüité de la substance méme de cete tunique auec celle du cerueau, la méme image se peint aussi à droite dans le cerueau. Et neanmoins l'objet est veu du côté gauche dans sa situation naturele , par vn rayon qui est aussi à plomb, que la Retine y enuoye. Le poinct B de l'objet, en fait autant : & est aussi veu à la droite, quoy qu'il soit peint dans la Retine & dans le cerueau à la gauche. En quoy il faut remarquer que cete lumiere naturele est pro-duite dans l'œil , par le concours des esprits, qui coulent du cerueau par les deus nerfs optiques , dont la coniugaison se rancontre. Que cete lumiere interne de l'œil, estant foible d'elle-méme , elle est puissammant fortifiée par la clarté qui vient du dehors. Que par ces mémes conduits, qui seruent à faire descendre les esprits dedans l'œil, les images qui y sont enuoyées par les objets & éclairées d'ailleurs , montent au cerueau. Et alors s'achéue la vision , l'Ame se seruant de toute cete merueilleuze œconomie , pour voir les objets de la veuë. Ce qui se peut voir fort clairemant dans cete Figure suiuante.

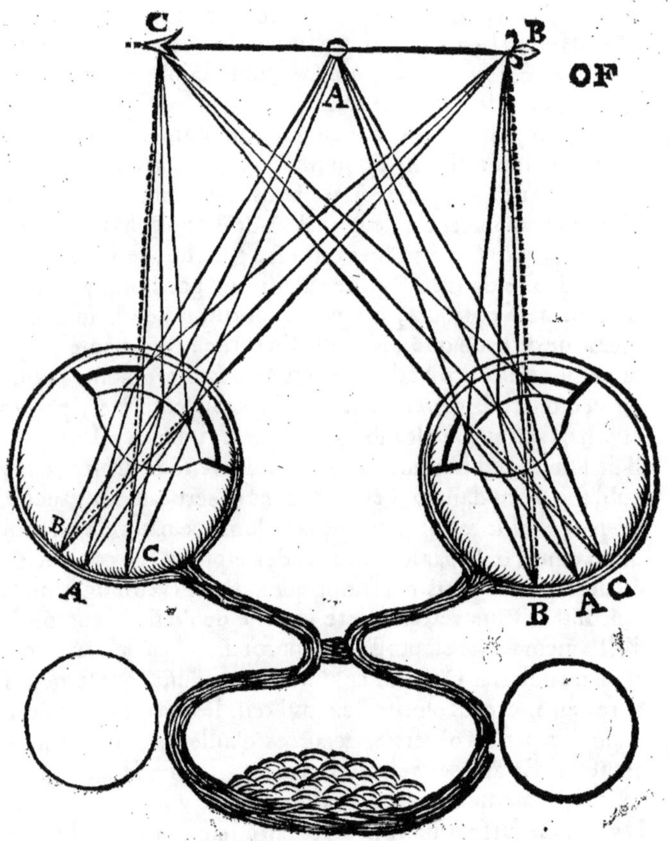


Mais pour l'entier accomplissemant de cete illustre & merueilleuze action, & pour euiter les tromperies de la veuë; il
y a diuerses *conditions*, qui sont necessaires du côté des trois
principes, dont elle se forme. L'Objet doit estre lumineus,
representé, terminé ; auec vne grandeur, & en vn espace
proportioné. Le Milieu doit estre diaphane, vüide de toute couleur, & de toute autre clarté trop forte. L'Oeil doit

Diuerses condi-<br>tions.

eſtre bien figuré & bien ſain : denüé de toute couleur, non preoccupé d'aucune lumiere plus grande, que celle dont l'objet exterieur eſt reuétu.

Toutes ces conditions ainſi miſes, la Viſion ſe peut former en trois manieres. La premiere, lorſque les eſpeces ou images des objets ſont receuës dans l'œil, par vne ligne *droite*. Et c'eſt ce que nous auons tâché d'explicquer jûqu'icy.

Rayons directs, ou lignes droites.

Si les choſes lumineuzes répandant leurs rayons en droite ligne, viennent à rançontrer des corps épais & opaques, alors les rayons ſont empéchez de paſſer plus outre : & contraints par cét obſtacle, de ſe replier. C'eſt juſtemant, ce qu'on appele *Reflexion* ; qui ſe fait du rayon ou retournant ſur ſoy-méme, ou tombant à côté. Cequi redoublant la chaleur, fait qu'elle eſt plus grande dans les vallées, comme la lumiere ſe répand mieus ſur les hautes montagnes.

Reflexion.

Mais lorſque le rayon de lumiere rancontrant des moyens de differante nature, paſſe d'vn milieu rare dans vn épais, comme de l'air dans l'eau, alors le rayon ſe romt. Parceque ſortant de ſa ligne droite, il tombe d'vn côté ou d'autre. Et c'eſt àlors que ſe fait la *Refraction*. Cete rancontre produit trois angles ; l'vn d'incidance, l'autre de refraction ou courbure, & le troiziéme de reflexion. Cequi ſe void en la figure ſuiuante. l'Objet A. L'air B. L'eau C. la fraction D. le rayon viſuel ou de reflexion D. E.

Refraction.

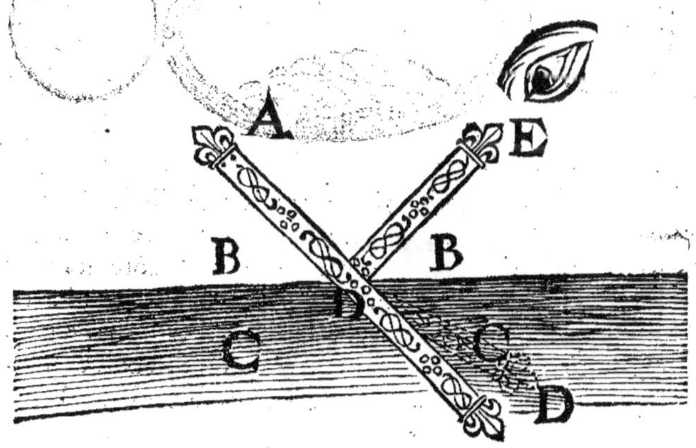

Pour explicquer la maniere dont ces chofes fe paffent, on foudiuife l'Optique en deus autres Difciplines.

---

# LA DIOPTRIQVE, TITRE LI.
## & la Catoptrique.

**L**A DIOPTRIQVE confidere la vifion, lors De la Dioptri-qu'elle fe fait, la lumiere paffant au trauers d'v-que. ne lunette, d'vn verre, ou de quelque autre corps tranfparant.

La CATOPTRIQVE, eft propremant la Sçiance des La Catoptri-Miroirs, qui ont à la verité la fuperficie polie: mais tout le que. corps doit eftre opaque, afin d'arrêter & rejetter les images des chofes qui font veuës dans le miroir. C'eft pour cét effet que l'on étame par derriere les miroirs, auec vne feüille d'étain.

Cete reflexion fe fait ou feulemant de la lumiere, & de la couleur: ou des images mémes, le rayon de la lumiere eftant arrété fur des corps polis & liffez. Et parcequ'il n'y a jamais que les images des chofes peintes fur ces glaces, la memoire s'en perd bien plû-tôt que quand on void les chofes en elles-mémes.

Ces corps qui font les Miroirs font ou Naturels, ou Artificiels. Entre les Naturels les vns font animez, comme l'œil qui eft le miroir de l'ame. Les autres font deftituez de vie, comme l'air épaiffi, l'eau, la nüe. Les Artificiels, contretirez fur les precedans, font ceus qui fe font de verre, de quelque metal, ou autre matiere. Dans les vns & dans les autres, la veuë des *images* fe fait à peu prés en cete maniere.

Premieremant l'objet enuoye fon efpece ou image dans le miroir par vn rayon direct, ou vne ligne que l'on appele Commant fe d'incidance, B. Tombant fur la furface du miroir au poinct fait la vifion fur C, elle remonte dans l'œil par vne feconde ligne, que l'on vn Miroir.

*La 1. P. La Sçiance Humaine.* S f

appelera de reflexion, D. Celle-cy donc porte l'image que
l'objet auoit enuoyé fur le miroir, dans l'œil qui le regarde,
E. Entre ces deus lignes l'on s'en imagine vne troiziéme,
nommée Cathetus; laquelle tombant à plomb fur la furface
du miroir au poinct d'incidance & de reflexion, fert pour
determiner leurs angles.

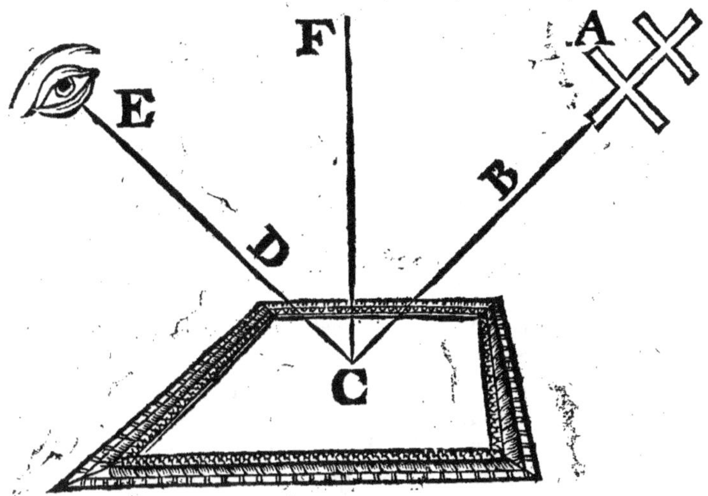


La rancontre de ces angles fur la glace polie, fait que
les objets ont diuers côtez dans le miroir & dans les yeus.
Si bien que la chofe que le miroir montre du côté droit, pa
roît dans les yeus du côté gauche. Et quand le miroir eft
creus & concaue, l'amas des rayons qui fe fait dans le
poinct qu'on nomme le foyer, allume le feu; d'où vient
qu'on les nomme, des Miroirs ardans.

Diuerfes fortes de Miroirs.

La fabrique de ces *Miroirs artificiels*, fe rand de jour en
jour plus merueilleuze. Elle les fait ou Reguliers, d'vne
feule & fimple figure. Ou Irreguliers, à plufieurs & diuerfes faces; plats, ronds: concaues, conuexes: paraboliques,
hyperboliques: en colomne, en pyramide, &c.

Reguliers, & Irreguliers.

Il y en a qui font voir dans vn endroit de la chambre où
l'on eſt, tout cequi ſe fait dans la maiſon, méme tout cequi
ſe paſſe dans la ruë. D'autres donnent aus objets mille figures & couleurs, tres-agreables à la veuë. On en voit qui jettent l'image bien loin, hors de la ſuperficie du miroir ; qui
appetiſſent les grandes choſes, qui accroiſſent les petites:
qui découurent les parties les plus profondes, & cachées.
Les vns embelliſſent, les autres enlaidiſſent. D'autres font
voir les images à la ranuerſe, les pieds en haut, la téte en
bas. On dit qu'vn Seigneur Neapolitain auoit vn miroir,
dans lequel ceus qui ſe regardoient ne voyoient que leurs
épaules ; faiſant acroire que ceus qui eſtoient illegitimes,
ne s'y pouuoient voir le vizage. Qu'vn autre en fit vn dans
ſon bouclier, qui rejettoit les rayons du Soleil : & qui faiſoit paroître cinq ou ſix épées, dans les yeus des Ennemis
qu'il combattoit. Quelle reputation n'acquît point Archimede, par l'inuantion de ſon Miroir parabolique ; auec lequel il brûla l'armée nauale de Marcellus, qui venoit aſſie-
ger la ville de Syracuſe ?

Leurs effets differans.

A la fabrique de ces Miroirs, ſe doit joindre l'inuantion
des *Lunettes.* Il y en a pour les Viellards, d'autres pour
les demi-courte-veuës. Celles de Galilée ſont des inſtrumans compoſez d'vn grand tube, qui a à chaque bout deus
verres, dont le plus grand eſt conuexe & épais par le milieu:
l'autre au contraire eſt concaue, & ſe met du côté de l'œil
pour approcher les objets éloignez ; qui paroiſſent encore
plus éloignez, ſi on les regarde de l'autre côté de cét Inſtrumant.

Des Lunettes.

L'vn des plus rares artifices, est celuy qui dans quelque
plan ou espace dépeint tout au tour plusieurs visages ou diuers traits, de châcun desquels on tire sa ligne particuliere.
Car passant toutes au trauers des facettes du verre, qui est
à vn des bouts du Tube ou Cylindre, elles viennent toutes
s'vnir au poinct de l'autre bout du Tube où est l'œil. Lequel par ce moyen n'apperçoit qu'vn excellant visage, recuëilli du concours industrieus de toutes ces lignes differantes; qui méme ne paroissent quelquefois qu'vne confusion de couleurs, & comme des griffonnages, sur la toile,
ou sur le papier.

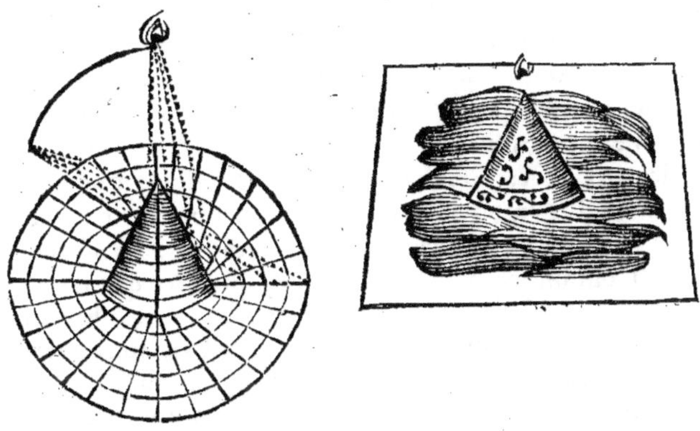

Enfin sur toutes ces illustres matieres de la veuë, de la
lumiere, & autres dependances de l'Optique; il y a mille
belles *Questions* à proposer. Par example, si la veuë se void
elle-méme ? Si la couleur se peut voir sans lumiere ? Si la
vision se fait par l'émission des rayons visüels hors de l'œil,
ou par la reception de l'espece des objets au dedans de l'œil,
ou par le mélange de tous les deus ? Si deus yeus voyent
mieus qu'vn seul ? Pourquoy on ferme vn œil, pour mirer
& viser à vn blanc ? D'où vient qu'il y en a qui voyent dans
les tenebres ? Pourquoy l'Homme se regardant en vn miroir, s'oublît plû-tôt de soy-méme, que des autres qu'il y a

veus ? Pourquoy afin de s'applicquer plus fortemant à la mo-
ditation , on cherche les lieus obfcurs ? D'où vient qu'il y
en a qui s'imaginent voir des phantômes , & qu'vn certain
Antiphon fe voyoit toûjours luy même ? D'où vient qu'il
famble aus Perfonnes yures , que tout ce qu'ils apperçoi-
uent tourne : & qu'ils voyent plufieurs objets, où il n'y en a
qu'vn ?

Il y a auffi de tres-excellans *Theorémes* fur cete méme
matiere. Par example, nous ne voyons que la fuperficie des
objets, l'œil ne fe remuë jamais que tout entier, l'objet vifible doit toûjours eftre plus épais que le milieu : les rayons
ne fe confondent nullemant : la liaifon du nerf optique, fait
que l'œil ne forme à chaque fois qu'vn regard fur vne méme efpece vifüele. Toute vifion fe fait en angle. Donnez à
vn Viellard l'œil d'vn Ieune homme, il verra comme luy.
Les yeus les plus profondemant enfoncez, voyent mieus.
Dans vne raze campagne , la bonne veuë s'étand l'efpace
d'enuiron fix lieuës. Pendant le jour, les étoilles fe fond voir
dans le fond d'vn puy ; & c'eft vn des problémes de Virgile, qu'en vn endroit de la terre l'on ne void que trois aunes
de ciel. La lumiere vnie eft plus forte , que lors qu'elle eft
diffipée. La lumiere éclaire dauantage l'objet , qui luy eft
plus proche. Quoy qu'elle paffe au trauers d'vn trou ouuert
en triangle ou en quarré , elle paroît toûjours ronde. Vne
plus grande lumiere affoiblit , ou efface la moindre. Celuy
qui eft en vn lieu tenebreus, voit cequi eft au jour : celuy qui
eft dás vn lieu clair, ne voit pas cequi eft dás l'obfcurité. Pour
s'approcher trop prés de l'objet , on n'en voit pas mieus. L'é-
loignemant fait paroître les chofes feparées , comme fi elles
eftoient vnies : & les obliques, comme fi elles eftoient droites. La feconde lumiere qui fe fait par la reflexion , eft plus
forte ; l'oppofition des corps, redoublant fa clarté. L'opacité
du miroir fait refléchir le rayon , & fa politeffe fait refle-
chir l'image de l'objet. Les miroirs plats, ne changent point
les efpeces ; d'où viennent les Conferues, qui ne feruent qu'à
tamperer la lumiere. Au contraire des conuexes, qui grof-
fiffent les objets ; tout ainfi que les nuages du matin font

paroître le Soleil plus grand , à caufe que leur furface eft fpherique.

La veuë fe *trompe* en regardant , à caufe de la diftance , de la quantité , de la figure , de la fituation , du nombre, du mouuemant, ou du repos : de la lumiere ou de l'ombre, de la couleur & des autres conditions qui enueloppent les objets. Neanmoins cete tromperie ne fe fait que dans l'imagination ou dans le jugemant, & non jamais dans le fens exterieur. Car l'œil voit neceffairemant l'objet, en la même façon que l'efpece luy en eft imprimée.

Toutes ces tromperies & ces illufions , font *corrigées* par quelque fens ; comme par le toucher , même par la veuë quand on change de diftance, & enfin par la raifon ; laquelle recherche & juge fi les chofes font en elles-mémes , teles qu'elles fe montrent à nos fens.

*Tromperies de la Veuë.*

*Commant on fe détrompe.*

---

## TITRE XVII.    LES DEPANDANCES
## de l'Optique.

'OPTIQVE eft encore la mere de LA PERSPECTIVE. Cét Art préque miraculeus , apprand à reprefenter les objets de la méme façon qu'ils nous apparoiffent dedans vn Plan perfpectif. On l'apele autremant la fection de la pyramide vifüele , dont la pointe eft dans l'œil & la baze dans les objets mémes. Si bien que l'objet trace fon image apparante dans ce plan, qui eft éleué à plomb entre luy & l'œil, paffant au trauers pour aller dans nôtre œil.

Pour cét effet, l'on tire premieremant *la Ligne-terre*. C'eft la partie interieure de la baze du plan Perfpectif ; c'eft à dire du lieu où l'on veut defigner l'objet en perfpectiue, qui eft éleué à plomb entre l'œil & le plan geometral. Il s'appele autremant la fection , la table , le verre , le diaphane. Au

*La Perfpectiue.*

*La Ligne-terre.*

deſſous de ce plan Perſpectif, eſt celuy que l'on nomme le *Geometral* ; qui eſt vne Figure plaine, décrite geometrique-mant & ſans perſpectiue.

Au deſſus de la Ligne-terre, eſt *la Ligne Horizontale* , qui ſe peut appeler la projection Recti-lineaire de l'horizon qui termine nôtre veuë, où ſe trace le poinct & le rayon principal. Elle eſt toûjours parallele à la Ligne-terre , ſur laquelle elle eſt éleuée de la méme hauteur qu'eſt l'œil de celuy qui regar-de le plan perſpectif ; où l'on ſuppoſe que l'objet qui eſt au deſſous vient peindre ſon image, paſſant dans cete ligne ho-rizontale. L'on place pour l'ordinaire *Trois poincts*, qui ſer-uent à prandre toutes les proportions & à conduire la veuë. Le Poinct Principal, comme nous auons des-ja dit, auec deus autres que l'on peut appeler Secondaires, ou poincts de di-ſtance. Ces deus ſont égalemant diſtans du poinct principal, & en ſont autant éloignez que l'on ſuppoſe l'œil eſtre éloi-gné de la ſection ou table de verre.

La *Figure* ſuiuante nous repreſente tous ces plans , & toutes ces lignes. La ligne 3 2 1, repreſente la Ligne-terre. E. F la Ligne horizontale. O N M L repreſentét la Figure plaine, décrite geometriquemant. Les quarts de cercles marque-tez par des lignes ponctuées, repreſentent comme quoy & par quels arcs le Plan geometral O N M L, ou ſon image ap-paráte eſt éleué ſur la Ligne-terre : & ſe vient peindre, ou tra-cer dans le Plan perſpectif ; où elle eſt veuë du poinct F, par les rayons de l'œil. Car ces rayons repreſentent par les lignes ponctuées vne pyramide viſüele , qui eſt couppée par la ſe-ction ou Plan perſpectif, 2 ; qui fait voir le Plan geometral repreſenté en perſpectiue, par la Figure M N O L. Les lignes qui partent des poincts de diſtance E, s'appelent les *Diago-nales*. Celles qui viennent du poinct principal , ſont nom-mées les *Radiales*.

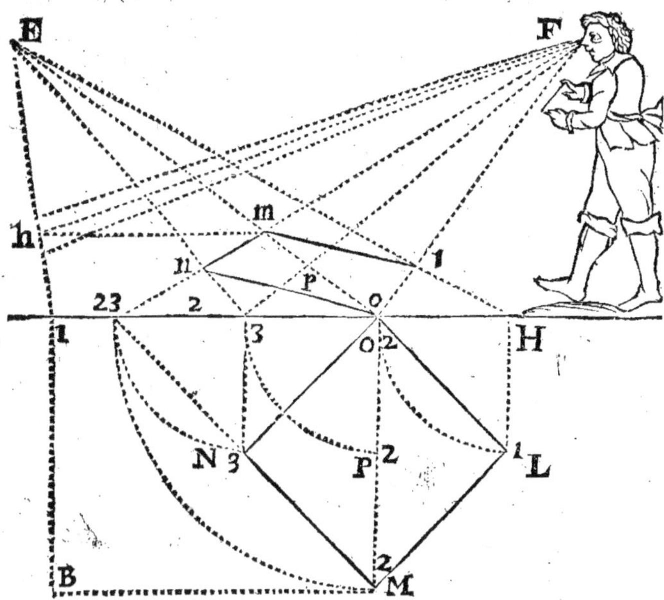

Les Miracles que nôtre Siecle a inuantez par ce ſubtil artifice, ſurpaſſent toute creance : & trompent ſi adroitemant les
yeus, que la raiſon a peine, à corriger les ſens, & l'Eſprit fait
ſes delices de ces agreables manſonges.

De ces admirables connoiſſances de la lumiere, des ombres & de la veuë auec l'aide de la Mechanique ; eſt née l'a-
greable, & profitable inuantion des HORLOGES. Ce mot
dans la compoſition grecque , ſignifie propremant l'indice
des ſaiſons , & la montre des heures. Si bien qu'on les peut
definir des Inſtrumans de Mathematique , par leſquels on
reconnoît les heures du jour naturel : & ſi on veût , la diuerſité de tous les mouuemans des Corps Celeſtes. Ces Horloges ſe *diuiſent* generalemant en Mechaniques , & en Scioteriques.

Les *Mechaniques* ſont Anciennes , ou Modernes. Les
Anciennes eſtoient des Siphons , & autres cheutes d'eaus de
baſſin

La Gnomoni-
que des Hor-
loges.

Les Mechani-
ques.

baſſin en baſſin ; qui montroient les heures, à proportion qu'elles montoient ou deſcendoient. Pour ce ſujet on les nommoit Hydrauliques, ou Clepſidres. Ils employoient à même vzage, les Horloges de ſable; comme nous faiſons encore ces grandes Machines compoſées de timbres, de marteaus, de roüës, de balanciers, de contrepoids ; qui ont receu leur derniere perfeƈtion, de l'induſtrie moderne. Mais ſans doute, celles qui enferment plus de merueilles en moins d'eſpace, ſont ces petites *Montres* portatiues, qui par l'entre-laſſement artificiel de leurs roüës, marquent les heures, & même les font ſonner ſur le timbre.

Les *Scioteriques*, ſelon leur etymologie, recherchent & font connoître les heures par les ombres. On les nomme *Quadrans*, parceque leur forme plus commune eſt la quar-rée : ou dautant qu'ils ſont préque tous faits, par le moyen du Quart de nonante.

Ils ſe *diuiſent* en Mobiles, & Immobiles. Les Mobiles, ſont ceus qui ſe peuuent porter ; comme ſont les Cylindres, les Boétes, les Bagues, les Anneaus, les Aſtrolabes, Quarts de nonante ; & ſamblables, que les Ingenieurs inuantent tous les jours.

Les Immobiles ſont ſtables & arrétez, ou ſur des ſurfa-ces plattes ; comme vne tour, vne muraille, vne couuer-ture. Ou bien ſur des ſurfaces non plattes, comme celle d'vn globe entier, ou d'vn demi ſeulemant : d'vn Cylindre con-caue, ou conuexe, &c.

Les vns & les autres ſe peuuent *diuerſifier* en auſſi grand nombre, qu'il y a de Cercles, d'Etoilles & de Planetes dans le Ciel. Voicy les plus vſitez.

L'Horizontal, le Vertical, le Meridional : l'Oriantal, l'Occidantal ; le Polaire, l'Equinoƈtial. Tous peuuent eſtre ou Inclinez, ou Declinans, ou Inclinez-Declinans. Tous (ſi vous exceptez l'Horizontal) peuuent auoir deus ſurfa-ces. L'vne deſſus & l'autre deſſous, s'ils ſont Inclinez : ou bien aus deus côtez, s'ils ſont ſans inclination. Ils peuuent eſtre Simples, n'ayant que les lignes horaires : ou Compo-ſez, admettant toutes les merueilles de l'Aſtrolabe. Ils peu-

Les Montres.

Les Scioteri-ques.

Quadrans.

Diuerſes eſpe-ces.

uent eftre Vniuerfels , montrant les heures par tout le Monde : ou Particuliers, à chaque Climat.

Enfin par vne curieuze & fçauante diftinction , chaque
Horloge & Quadran eft ou Aftronomique , ou Italique , ou
Babylonique , ou Iudaïque & Antique. C'eft à dire qu'on y
compte les heures felon les diuers vzages de ces Peuples ,
*Dans la Chro-*
*nologie. Titr. 7.*   comme nous les auons cy-deffus explicquées. Par example,
regardant vn Quadran Babylonique, fi l'ombre du ftyle tom-
be fur la x v. heure ; vous fçauez, qu'il y a x v. heures que le
Soleil eft leué. Dans vn Horloge Italique, le ftyle marquant
x x i i i. heures, fait connoître qu'il y en a x x i i i. que le Soleil eft couché ; & par confequant, qu'il ne refte plus qu'vne
heure de jour.

Pour conceuoir vne plus parfaite idée de toutes ces Horloges , il ne faut que jetter les yeus fur ce Plan des Quadrans
qui fuit.

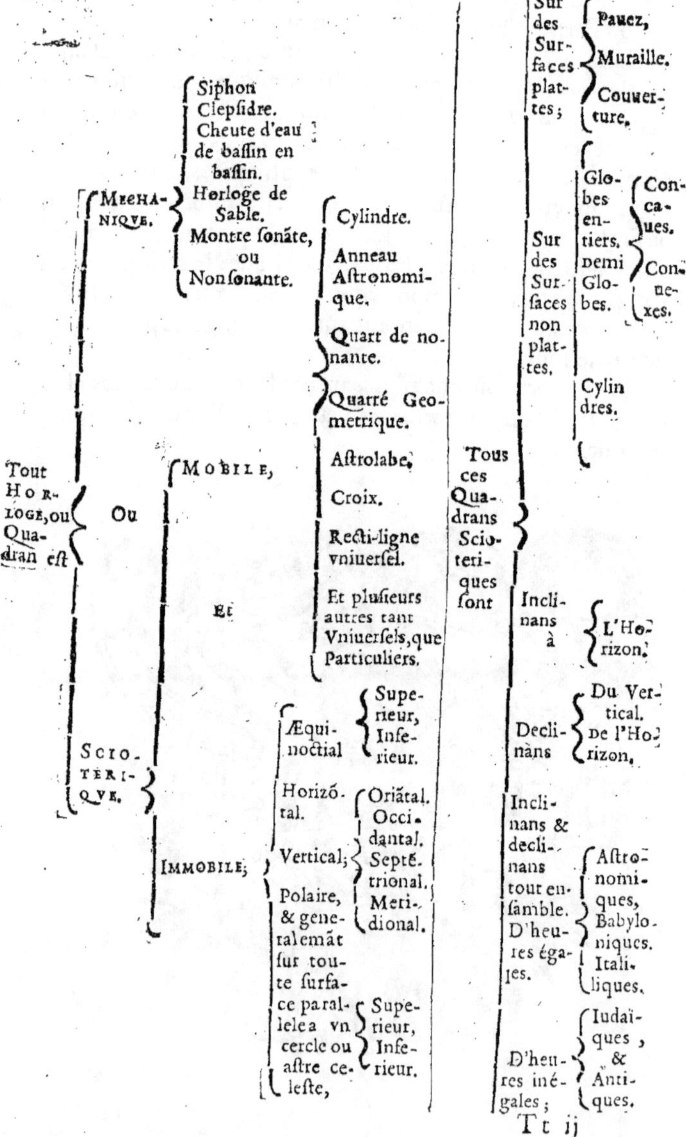
Tout HORLOGE, ou Quadran est
SCIOTERIQVE.
MECHANIQVE.
Ou
Et
IMMOBILE;
Siphon
Clepsidre.
Cheute d'eau de bassin en bassin.
Horloge de Sable.
Montre sonate, ou Nonsonante.
MOBILE,
Cylindre.
Anneau Astronomique.
Quart de nonante.
Quarré Geometrique.
Astrolabe.
Croix.
Recti-ligne vniuersel.
Et plusieurs autres tant Vniuersels, que Particuliers.
Æquinoctial
Superieur,
Inferieur.
Horizótal.
Vertical;
Oriátal.
Occidantal.
Septétrional.
Meridional.
Polaire, & generalemát sur toute surface paralele a vn cercle ou astre celeste,
Superieur,
Inferieur.
Tous ces Quadrans Scioteriques sont
Sur des Surfaces plattes;
Pauez,
Muraille.
Couuerture.
Sur des Surfaces non plattes.
Globes entiers.
Demi Globes.
Concaues.
Conuexes.
Cylindres.
Inclinans à
L'Horizon.
Declinans
Du Vertical.
De l'Horizon.
Inclinans & declinans tout ensamble. D'heures égales.
Astronomiques,
Babyloniques.
Italiliques.
D'heures inégales;
Iudaïques, & Antiques.
Tt ij

Trois chofes principales comprennent toute la *fabrique* des Quadrans. 1. le Plan, qui eft la matiere fur laquelle on les tire. 11. Les lignes qu'il faut tracer. Et qui font Horaires, d'Almucantarats, d'Azimutz, de Declinaifons, des Arcs & des Signes du Zodiaque. 111. Le Style qu'il faut pofer, & applicquer. C'eft la Verge, qui s'éleue pour faire l'ombre; difpofant le Quadran dans fa jufte fituation, s'il n'eft pas fixe & arrété.

Il y en a *fans ftyle*, qui montrent les heures, non point par l'ombre : mais par vn petit filet de lumiere, qui entre & paffe à trauers d'vn petit trou ; fur l'anneau, par example, ou fur des plans couuers d'vn toiĉt, ou d'vne muraille. Il y en a de Polygones, à diuerfes faces & à diuers angles ; dont les pans donnent l'ombre, fans autre Style.

En tout Quadran la pointe du ftyle, reprefente le centre du Monde. Et la furface de l'Horloge eft autant éloignée du centre du Monde, que le ftyle eft long. Deforte, que fi l'axe d'vn Quadran eftoit prolongé infinimant, il iroit paffer par les deus Pôles du Monde. D'où il s'enfuît, que les Quadrans qui répondent aus Etoilles du Firmamant, font les plus parfaits. Au contraire ceus de la Lune, n'ont pas plus de certitude que leur Planete. La raifon eft que la differance qui ne paroît point dans les premiers, eft toute fenfible dans le dernier.

Les rayons des Signes en vn Quadran, montrent en quelle partie du Zodiaque eft le Soleil. Les differans Meridiens font connoître quelle heure il eft, dans les diuers pays de la terre. Les Almucantarats ou cercles de hauteur, font paralleles à l'horizon & determinent la hauteur des Etoilles. Les Afimutz ou Verticaus paffent par le Zenit & par le Nadir, montrant en quelle partie principale du Monde eft chaque Region, ou chaque Ville.

C'eft affez pour mon deffein, de mettre icy la compofition de deus Quadrans ; dont le premier eftant Vniuerfel, peut feruir par toute la terre : & le fecond, fe fera Particulier.

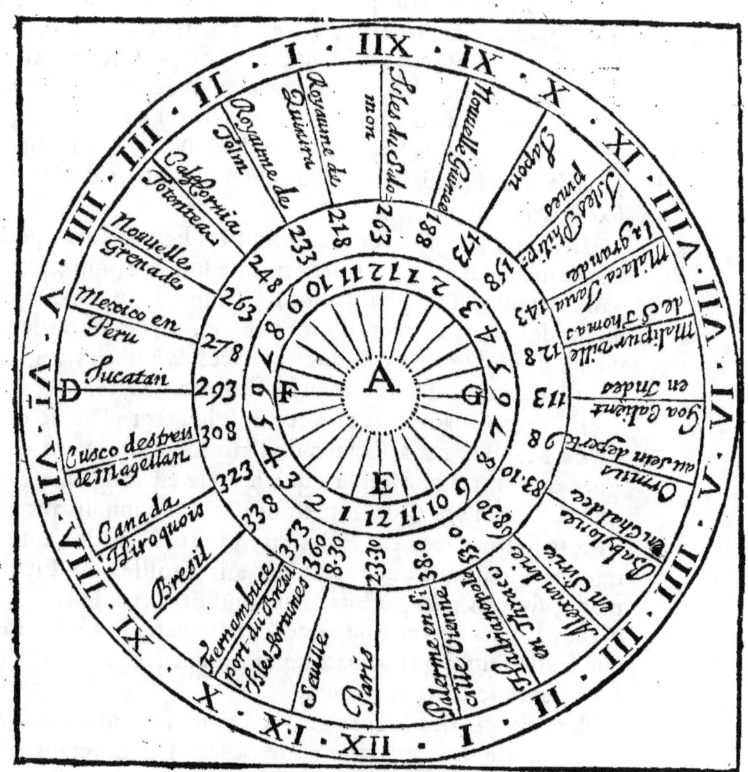
Royaume de Quitira
Royaume de Tolm
California
Totonteas
Nouuelle Grenade
Mexico en Peru
Sucatan
Cusco destreu de Magellan
Canada Hiroquois
Bresil
Fernambuce
Port du Bresil
Isles fortunees
Seuille
Paris
Palerme en Sicile
celle Vienne
Halbianopoli en Thrace
Alexandrie en Surie
Babilone en Chaldee
Ormus au Sein dexte
Goa Calecut en Indea
Malipurville des S. Thomas
Malaca Iaua la grande
Isles Philippines
Iapon
Isles Philippines
Nouuelle Guinee
Isles du Salomon
D
F
A
G
E
218
233
248
263
278
293
308
323
338
353
360
263
288
158
143
128
113
98
83
38
8.30
336.30
233
218
143

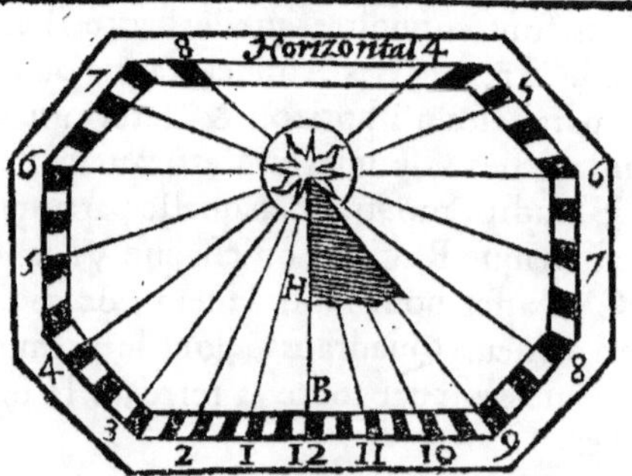
Horizontal
H
B

# DE LA PEINTVRE.

**TITRE LIII.**

**De la Peinture**

**M M. M. & B.**

ES premiers crayons ou pourtraitures de tout ce qui se passe en la veuë des objets presans à nos yeus, ont donné naissance à la PEINTVRE; qui est vne imitation des proportions, qui se treuuent dans les choses natureles. Surquoy j'ay appris de deus Illustres dans le Pinceau, & le Burin; que les Hommes ne peuuent rien communiquer aus autres, que par proportion & égalité; la Nature au contraire faisant tous ses ouurages, auec vne merueilleuze diuersité & surabondance. C'est pourquoy elle ne fait ny Tableaus, ny Iardins, ny Architecture : ny generalemant aucun Ouurage, qui dépande de l'ordonnance & de la proportion artificiele.

Que la Peinture est vn agreable mansonge, qui trompe par sa ressamblance auec la verité. Desorte que les Couleurs estant des estres veritables[1], elles ne sont pas la vraye Peinture. Que cete agreable imitation de la Nature n'est pas vne écriture müette, comme on le dit ordinairemant, mais vne écriture parlante. Parceque les choses ne pouuant souuant parler elles-mémes, le pinceau les empéche d'estre müettes. La raison de cela est que la premiere, la plus ancienne & la plus naturele façon d'écrire, ç'a esté de dépeindre les choses mémes; d'où l'on a retenu le mot de *pingere*, & d'où est venuë la Hieroglyphique. C'est propremant nôtre Ecriture qui est müette, & inuantée par les Hommes sans aucun rapport naturel aus choses qu'elle signifie. Si bien qu'auec vne peine & vne difficulté ( qui est, à mon auis, vne des plus grandes dans l'Etude des Sçiances ) il faut apprandre dans les rudimans de la Grammaire, à lire & à écrire.

La Peinture au contraire estant fondée sur la verité & sur l'imitation de la Nature, parle d'elle-méme. N'est-il pas vray, qu'il n'y a personne si grossiere; qui voyant vne

copie & son original , ou le tableau & le naturel ne con-
noisse aussi-tôt l'vn par l'autre. Témoin Appellés qui ne pouuant nommer à Ptolomée celuy dont il parloit , le fit connoître l'ayant representé auec vn trait de charbon. D'où il
s'ensuît par vne riche obseruation , que le dessein est sans
doute la premiere Peinture ; attribuée à la fille de Belus,
qui voyant l'ombre de son pere contre vne muraille, la por-
fila & contretira auec vn charbon. Son example a donné
occasion d'imiter la Nature , premieremant auec le simple
trait. Puis l'on y a ajoûté le blanc, & le noir. Ensuite l'on
s'est étudié à placer les Lumieres , qui ont formé le Relief.
Enfin l'experiance, l'étude & l'imitation ont ajoûté les autres couleurs & embellisemans.

De vray , la *Couleur* est le second objet visible, que l'on
peut definir vne lumiere inherante & attachée aus corps. Elle
se compose de la diuerse proportion & du mélange de la lumiere, de la perspicuité, de l'opacité , & des quattre premieres qualitez. D'où vient qu'il y a des couleurs qui sont
Simples. Et de celles-cy les *deus* premieres & extrémes, sont
la Blancheur & la Noirceur. Celle-là naît de l'abondance
de la lumiere, & de l'excés de la transparance. Celle-cy au
contraire du peu de lumiere, & du trop d'opacité. Les Couleurs Moyennes sont le Iaune, le Rouge,& le Bleu. Du mélange de celles-cy, se composent toutes les autres ; comme
le Verd,la Pourpre,&c.Elles sont de trois sortes, ou Réelles,
par la mixtion des corps mémes ; comme du mâchicot, & de
la cendre verte pour faire le verd. Ou Intantioneles, lorsque
sur vne premiere couche on met vne autre couleur transs-
parante, qui a moins de corps , & qui sert pour glacer , &
pour épargner ; comme la lacque, sur vne autre lacque fine
plus grossiere. Ce mélange fait vne couleur composée. On
appele Couleur Notioneles, lors qu'on méle les moindrès
parties de diuerses couleurs, qui par la varieté de leurs especes forment comme vne couleur ambiguë ; ainsi que le
Nacarat , le Tafetas changeant , & autres couleurs à la
mode. Les premieres sont propremant en l'objet , les secondes dans le moyen, les troiziémes dans l'œil.

Les Couleurs.

De trois sortes.

Le *Iour* c'eſt le clair ou la lumiere, qui ſe prand à la diſcretion & à la commodité du Peintre ; ſelon la ſituation, qu'il veût ordonner au Tableau. Il y a des jours accidantels , qui viennent de diuerſes reflexions. Les Peintures qui ſe voyent en grand air , doiuent auoir vn plus grand jour. S'il eſt ſeulemant emprunté d'vne chandele ou d'vne fenétre, les couleurs doiuent eſtre plus viuès, & les ombres plus obſcures.

Le jour paroît dauantage par le voizinage , & par l'oppoſition de *l'ombre.* Cete Ombre n'eſt autre choſe qu'vne priuation de lumiere, dans vn milieu tranſparant. Elle prouient de l'oppoſition d'vn corps épais, entre le corps éclatant & l'œil qui le voit. Delà vient que l'ombre eſt bien nommée la fille de la lumiere. Car les rayons brillants atrétez par vn corps opaque, ombragent l'endroit qui ne reçoit point de lumiere. Ce qui fait diſtinguer l'ombre naturele du jour, ou de la nuiĉt. Et cete Ombre eſt plus ou moins obſcure, naturele ou artificiele, totale ou imparfaite, droite ou ranuerſée; oblique, en cylindre, en pyramide, & autres diuerſes figures. C'eſt le plus haut & le plus ſubtil de cét Art , de bien prandre le poinĉt principal, & les tiers poinĉts : & de mettre bien les clairs & les ombres, en leurs places.

*La Platte Peinture* eſt 'ou ébauchée & croquée, ou finie & acheûée. Elle ſe fait à ſimple détrampe, ou à huile : en pourfil, & en plein, ou de front & à dos : en grand, ou petit volume : à freſque ou frais ſur vne muraille, ou ſur la toile imprimée. On appele Gruppes, lors que pluſieurs figures ſont jointes les vnes aus autres. L'Enluminure enrichît les Tailles douces, auec les couleurs. La Mignature ſe fait par petits poinĉts de couleurs belles & delicates, détrampées auec de l'eau de gomme. Mais il faut prandre garde, qu'il n'eſt point de couleur, que la chaux ne gâte & n'amortiſſe.

La Parfeĉtion d'vn *Tableau,* c'eſt de montrer vne inuantion hardie, vne belle ordonnance & diſpoſition, auec l'expreſſion naïue. Que le tout ſoit bien hiſtorié, que les proportions ſoient regulieremant obſeruées , l'allimant & le varimant des couleurs agreables, auec leurs teintes & demiteintes:

teintes : la carnation & le coloris approchant du naturel, la drapperie étoffée comme il faut : le jour bien pris auec les reflexions, les ombres, les ombrages, & les nuicts : les païzages agreables, la perspectiue exacte : les tours, les contours, les cauitez, les plis, les boffes, les enfondremans, les rantremans, les adouciffemans au dernier poinct de la delicateffe ; en vn mot, l'Ouurage tout complet & parfait.

La curiofité eft aujourd'huy extréme, entre Ceus qui fe picquent de fe connoître en Tableaus ; pour juger de leur prix, & de leur excellance. Les *regles* les plus generales qu'ils prennent pour cela, font celles-cy.

*Regles principales pour juger de la Peinture.*

La i. c'eft de reconnoître les Pieces qu'ils appelent du bon goût, du grand : de la forte, & de la riche maniere.

La i i. de difcerner dans les Tableaus, les diuerfes manieres des Peintres qui les ont faits. Par example, le Tiffien a efté grand Colorifte, Raphaël d'Vrbin a excellé dans le deffein, les Caraces dans l'expreffion : Michel Carauague dans la copie aprés le naturel, Leonard Dauinci dans l'Anatomie, Rubens dans l'Hiftoire & dans le luftre, la Hire dans les proportions, & ainfi du refte.

La iii. de diftinguer les Antiques, d'auec les Pieces Nouuelles ; auec l'air du bel Antique, & du Moderne.

La iv. Si l'Ouurage eft d'original & d'inuantion, ou s'il n'eft que coppié. Surquoy les Sçauans remarquent, que les Originaus faits aprés nature, & de chofes non encore veuës ; paroiffent d'vne maniere raifonnablemant, libremant, & franchemant executée ; la main famblant fe randre hardie, par l'afpect du naturel ou veu à l'œil, ou fortemant imaginé. Aucontraire les Coppies quoyque lechées & frottées, marquent toûjours vn pinceau peu ferme, & vne main tramblante ; qui trauaille auec fujettion, peine & incertitude, fans jamais atteindre à la perfection du Patron.

La v. Que la plû-part des Tableaus faits à veuë d'œil, ont efté fautifs ; jûqu'à ceque nôtre Siecle a randu les regles de la Perfpectiue & de la proportion, plus faciles à entandre & à pratiquer. Que felon la derniere, les pieds & les mains de l'Homme étandu font en égale diftance du nombril, que

la longueur de tout le corps, est huict fois celle de la téte;
que l'empan de la main, est la mezure depuis la pointe du
manton jûqu'au haut du front ; & autres proportions telemant infaillibles , que sept excellans Ouuriers ayant fait
chacun vne partie d'vn Colosse, lors qu'on vint à les joindre toutes, elles representerent vne Statuë parfaite. Tant-
y-a que le Tableau le plus parfait, est celuy qui a moins
de defauts.

VI. Qu'au reste, pour pretandre à la gloire de ce rare Métier, il faut auoir bon œil , & bonne main : l'imagination
forte, l'inclination grande , l'Etude laborieuze & continüelle. Mais que l'imitation ou la representation est vne chose
si naturele, qu'il n'y a point de corps qui ne dépeigne in-
cessammant son image dans l'air , dans l'eau, & par tout
où il forme son tableau. Que DIEV méme ne fait que se
dépeindre au dedans, & au dehors.

Toutes ces belles productions tenant beaucoup de la
nature des Sçiances, & mettant neanmoins la main à
l'œuure ; approchent de celle des *Arts* que nous allons
explicquer , comme les dernieres Parties des Mathematiques.

# LES ARTS
## LIBERAVS, ET
### Mechaniques.

ES Principes de la Geometrie Statique, font iſſus quelques-vns des ARTS Libe-raus, & ſans doute tous les Mechaniques. Les Liberaus n'eſtoient exercez que par des Perſonnes libres, dont la naiſſance eſtoit ingenuë. Les Mechaniques ou ſerui-les eſtoient le partage des Seruiteurs, & des Eſclaues. Il eſt vray neanmoins que ces choſes ont com-mancé auec le Monde, & que ſes premiers Habitans ont auſſi eſté les premiers Artizans. L'Hiſtoire Sacrée ne remar-que-t-elle pas qu'Abel, & Iabel furent peres des Bergers: Caïn de l'Agriculture & de l'Architecture, Iubal des Muſi-ciens, Tubalcain des Ouuriers en fer & en cuivre? Pour ces derniers, c'eſt aſſez de ſçauoir en general que tous leurs ouurages, ſe font par les poids graues, & legers : par les mouuemans naturels, artificiels, & violans.

Enquoy l'Eſprit humain recherche auec beaucoup de curioſité, ſi l'Art peut imiter & contrefaire dans ces corps inanimez le mouuemant perpetuel ; que la Nature entre-tient dans le Ciel, dans les eaus & dans ſes autres ouurages.

Des Arts Libe-raus.

Geneſ.

Les Principes des Mechani-ques.

Mouuemant perpetuel.

Vu ij

Au moins l'on tombe d'accord., que cete diuine inuantion n'a point encore esté treuuée. Cequi est vn grand prejugé, que c'est vne chose impossible. Outre que cela repugne à la cause efficiante du mouuemant, qui estant finie ne peut produire vn effect infini ; il samble que D I E V s'est reserué pour preciput, le poinct de la perfection en toutes choses. Desotte qu'on a raison de remarquer en tous les Arts, quelque Idée qui ne se peut executer. Tele est la quadrature du Cercle en la Geometrie, la diuision du ton en deus égales parties dans la Musique, la Pierre Philosophale en la Chymie : l'Orateur de Ciceron en la Rhetorique, le Prince de Xenophon en la Morale , la Republique de Platon en la Politique ; & le Mouuemant Perpetuel, dans les Mechaniques.

Les Instrumans.

La perfection des Arts, est aidée par les *Instrumans* ; qui sont ou Simples , ou Composez. Les Simples sont le coin, le leuier, la poulie, le poids à crochet, & la vis. Les Composez sont les machines d'eau, de vant , & de feu.

Ceus qu'on apele *les Feus d'artifice*, seroient surprenans, s'ils n'estoient à presant fort communs. On les compose de poudre à canon, tamizée ; que l'on tampere auec du charbon , du bois de buys , ou de la cendre de vigne. De ces matieres enfermées en des cartouches, on fait voler en l'air, courir sur la terre , rouler dans les eaus des saussissons & des petars, mille sorte de fuzées ; que l'on void semer des étoilles, former des serpanteaus, faire couler de la pluye ; & produire d'autres diuersitez agreables , qui accompagnent les réjoüissances publiques.

Diuision des Arts.

Chacun fait à sa fantaizie *le partage* de tous ces Arts tant Liberaus, que Mechaniques. Mais celuy-là me samble le plus raisonnable, qui les distingue selon que leurs ouurages seruent à la necessité, à l'vtilité, ou aus plaisirs du Genre-Humain.

La Cuisine.

Dans le premier rang, l'on met le soin d'appréter *les Viandes* pour nôtre nouriture ; encore qu'à vray dire, la premiere innocence se contantoit des mets que la nature luy fournissoit sans artifice. Ces déguizemans que les delices accroiſſent de ſiecle en ſiecle, pour aiguizer l'appetit, & allumer la volupté; n'eſtant aprés tout, que des intamperances étudiées, & des maladies veritables.

On peut dire la méme choſe, du ſoin de couurir nos nuditez par *les Vétemans*. Ce qui dans ce ſiecle d'or, ne ſeruoit qu'à la neceſſité & à la commodité particuliere; eſt deuenu par corruption & par abus, vn ſcandale public, vn luxe prodigue: vne affeterie criminele & ridicule, & vne dépanſe effroyable. D I E V prit la peine luy-méme de faire à Adam & à Eue, les deus premieres Tuniques pour couurir leur vergogne, que le peché leur auoit découuerte. Mais il les traitta auec ironie; & ne fit ces premiers habits que de peaux de Bétes, auſquelles leur crime les auoit rendus ſamblables, comme Eus-mémes s'eſtoient contantez de fueilles de figuier. Et c'eſt vne remarque de Clemant l'Alexandrin, que les premieres Fammes portoient au col des figures de ſerpans, pour ſe ſouuenir de la faute de leur grande Mere: mais que la vanité change ces couleuvres, en carquans & en coliers de perles. Le méme D I E V n'eut-il pas le ſoin de conſeruer les habits de ſon Peuple dans le deſert, en ſorte qu'ils ne s'vzerent point en l'eſpace de quarante ans: & de donner aus Ouuriers vne induſtrie miraculeuze, pour les habits des Prétres & des Leuites?

Le Monde n'a pas beaucoup vieilli, ſans trauailler peu à peu à faire toute ſorte d'outils, pour les diuers vzages de la vie. D'où eſt venu la Charpanterie, la Menuizerie, la Forge, la Fonte; & tous les autres Ouurages, que l'inuantion humaine a fait naitre de ſiecle en ſiecle. Leurs plus belles productions ſont la Statuaire, la Sculpture, la Graueure, & l'Imprimerie.

La S T A T V A I R E fait les Images en relief, & les arondît de tous côtez ſans tenir à rien. La demi-boſſe, baſſe taille, ou bas relief; paroît ſelon que l'Image eſt releuée deſſus le fond & ſe jette hors du plan.

Pour faire de cete ſorte vne Image, ou Statuë; il faut auant tout tracer & crayonner le deſſein ou auec le Charbon, la Mine de Plomb, la Sanguine: ou auec la Plume, qui eſt la

Les Vétemans.

Fecit Dominus Deus tunicas pellic. Gen. 3.

Exod. 28.

Diuers outils.

La Statuaire.

V u ij

manière la plus Stabile. Aprés on choisît la matière, puis
on prepare le Creus ou Moule, pour la jetter en fonte, si
elle eſt fuſible. Ainſi fut fabriqué le *Veau-d'Or*, qui a fait
ce crime des Iuifs ſi enorme ; qu'eus-mémes auoüent qu'en
toutes leurs calamitez, il y a toûjours vn reſte de la punition que le vray D I E V fit ſentir à cete criminele Idolatrie.
A quoy les Rabbins ajoûtent que par vn certain billet en-
chanté, dans lequel eſtoient écrits ces mots, *Leue-toy Taureau* ; cét Animal adoré en Egypte ſous le nom de Serapis,
ſortit de ſa Fournaize viuant & paiſſant l'herbe. Ce qu'ils
font dire méme à ces deus verſets du Pſeaume 101. *Ils ont
changé leur gloire en la figure du Veau, qui mangeoit le Foin.* Il
y a bien plus de vray-ſamblable, en cete autre reflexion ; qui
dit que ceus qui furent les plus coupables en cete ridicule
Idolatrie, creverent ayant aualé l'eau en laquelle Moyze
auoit mélé la pouſſiere & les cendres de cét Idole.

La méme Hiſtoire Sainte décriuant les miracles du Temple bâti par Salomon, fait mantion de ce merueilleus Ouurage de fonte qu'il appele *Mer de bronze*. C'eſtoit vne Cuue
d'vne prodigieuze grandeur, large de dix coudées, profonde de cinq ; qui contenoit deus milles bates, c'eſt à dire prés
de ſoiſſante mille pintes.

Si la matiere, ſur laquelle trauaille la Statuaire, ne ſe peût
fondre, L A S C V L P T V R E vient à ſon ſecours. C'eſt lors
qu'auec le marteau, & auec diuerſes ſortes de cizeaus, on
ébauche la beſogne ſur le bloc de marbre, de tuffeau : de
bois, & autres étoffes ; d'où l'on fait naître diuerſes Figures, jûqu'à ceque l'ouurage ſoit acheué, poli & mis en
ſon dernier luſtre.

L A G R A V E V R E produît les mémes effets en creus,
auec le burin, ſur toutes ſortes de matieres. La meilleure
aprés l'Acier, que l'induſtrieus Valdor a treuué l'inuantion
d'amolir, c'eſt le Cuivre rouge & franc ; à cauſe qu'ayant
plus de fermeté & de douceur, il ſe plane & polit mieus auec
la pierre & le charbon dur & rude : il reçoit & conſerue dauantage les traits, ſurpaſſant en cela la Peinture qui ſe paſſe
& s'efface. Si la Graueure ſe fait ſur du bois, celuy de poi-

rier & de buys sont les meilleurs ; à cause de leur fermeté, & pollissure. Alors elle ne se fait pas en creus, mais en relief comme les cachets.

Lors donc que l'Ouurier veût trauailler, il applicque sur vne planche de cuiure preparée, le dessein frotté par derriere auec du blanc, quoy que l'ingenieus Melan ait treuué moyen de s'en passer. Ensuite il le calque auec vne pointe. Puis il trauaille auec le burin, & l'échoppe ; d'où naissent les Stampes, & les Tailles douces. Deus choses les randent plus recommandables ; la bonté du traict, & la beauté de la graueure. Le méme a treuué l'inuantion de ne faire paroître qu'vn seul trait, continué en toute vne Piece.

Pour abreger le temps & le trauail du burin, on se sert depuis peu de *l'Eau-forte.* Cequ'on fait mettant sur la plac- que de cuivre preparée, vne couche de vernis mol ou dur ; celuy-cy est le meilleur, principalemant dans les grandes Planches. Ce vernis est composé de cire, de spalte, & autres ingredians. Cela fait prenant le papier, sur lequel est le dessein enduit de blanc par derriere, on le trace auec la pointe pour marquer les traits. Ensuite ayant leué ceque la pointe a marqué, & repassé la pointe sur ces traits ; on jette à diuerses fois & reprises, l'eau forte sur la planche, ou bien on l'en couure toute : l'arrétant tout au tour, par des éleuations de cire. L'on donne le temps à l'eau forte de creuzer & de faire la graueure, aus lieus marquez ; les autres estant conseruez de l'aigreur de l'eau, par vne mixtion faite d'huile & de suif. Puis l'on ôte le tout, & on treuue la Taille douce imprimée. Enfin on l'achéue auec le burin, retouchant pour ébarber les bauocheures : adoucir les traits, acheuer les lointains & finir tout l'Ouurage.

Quant à cequi est des Armes, des Sçeaus, des *Cachets,* & des Monnoyes ; cequi doit y estre graué suiuant le dessein des Figures, se cizele, se contre-poinçonne & nettoye auec les échoppes. Puis on les frappe ou imprime dans la matie- re metallique, qui en doit estre empreinte, & qui a esté preparée à cét effet. La plus propre c'est l'or, l'argent, le cuivre, l'acier. Les Illustres en toutes ces matieres, Varin, Mélan, Verdeloche, Nanteüil, &c. ont fans douté porté en nos jours la delicateſſe & la hardieſſe du Burin, au dernier poinct.

*L'Imprimerie* en cequi eſt de la graueure de ſes poinçons & prototypes, ſe conduit à peu prés en la méme maniere. L'obligation que tous les honnétes Gens ont à cette Nourrice des Sçiances, me contraint doucémant d'en traitter icy auec tant ſoit peu plus d'étanduë, afin de fauorizer Ceus qui s'y occupent dignemant, & de vanger les Habiles de la honte des mauuais Ouvriers.

L'Imprimerie.

# L'IMPRIMERIE.

LLE n'a eſté treuuée en Allemagne, que depuis deus ſiecles. Mais on ſoûtient que l'vzage en eſt beaucoup plus ancien dans la Chine, auſſi bien que de la poudre à canon, & de beaucoup d'autres raretez; dont l'Europe n'a pû encore atteindre la delicateſſe, & la perfection. Le Speculatif & curieus S E N L E C Q V E va rechercher plus loin l'origine de ce bel Art; alleguant l'ancienne Tradition, qui aſſeure que le doigt de D I E V graua ſes Commandemans ſur la pierre; & que les caracteres qui furent premieremant inuantez par Seth, ont eſté redonnez aus Hebreus par Moyze. Il fait auſſi reflexion ſur la Cabbale, qui diſtingue *trois* grans Mondes. L'Archetype & Ideal, c'eſt D I E V : l'Ectypique, c'eſt toute l'œconomie des Cieus. Le Typique comprand toutes les Creatures ſublunaires, comme autant de caracteres; qui compoſent ce grand & admirable Liure de l'Vniuers, que l'Ecriture compare à vn Volume. Le méme Auteur établit enſuite *trois* Typographies, ou Imprimeriés Royales. La premiere ſe fait ſur la cire, dans la grande Chancelerie des Sçeaus de ſa Majeſté. La ſeconde ſur le metal, dans la fabrique des Monnoyes. La troiziéme ſur

le

TITRE LV.

Trois Mondes.

*Apoc. 6.*

Trois Imprimeries,

le papier, dans l'Imprimerie Royale du Louvre, & chez les Maîtres ou Expers. Puis par l'effor d'vn zele tout particulier pour cét Art fi noble, & fi vtile, il le diftingue en *fept* Parties. Il nomme la Premiere la Typotypie, d'où procede l'inuantion des deffeins de tous les caracteres imaginables. La Seconde, qu'il appele Typo-tomie ou Archetypoglyphie, enfeigne l'induftrie de grauer fur l'acier les Poinçons, Originaus ou Archetypes. L'Ectypie trauaille à la fabrique des Matrices, qui fe frappent dans le cuiure. La Typ-organie comprand l'artifice des Moules, compofez d'enuiron trante-cinq pieces, juftifiées dans leurs exactes relations auec leurs matrices. La Typochyfie enferme la fonte des caracteres, & des planches d'Imprimerie ; dont la matiere eft vn mélange de plomb, d'étain, de cuiure, & d'antimoine. Céte matiere eftant fonduë au feu, on la jette dans les moules : & par leur canal ou conduit elle coule dans les matrices, où fe forment les caracteres de differantes figures. Par la Typolynie, il entand toutes les parties de la Preffe. Cequ'il arrange en tele forte, qu'il a bien méme la penfée de pouuoir vn jour mediter la fuite d'vn Cours de Typographie.

    Au commancemant de l'Impreffion, l'on ne fe feruoit que de Lettres de bois ; lefquelles on n'employe plus que pour les Lettres grifes, ou les Lettres Capitales figurées. Les caracteres eftant fondus, en la maniere que nous venons de dire, forment diuerfes fortes de *Lettres*, felon les diuerfes Langues. Les principales font celles qui fuiuent.

*L'Hebreu*, רננת התנור תרנגול בתבל צעקה

*Le Grec*, ἐχ καὶ ὁ μονοπάτιον. Γ γατεῖα ὁδὸς, ὅ τι, ὁ πα-

*L'Arabe*, الجمال * وَالْعَبْ فَدَّان مِنَ الْبَقَرْ

*Le Syriaque*,

*Le Chaldeen*, בֵּין אֻונְקְלוֹסתַרְגוּם וַאֲמַר בְּרִיךְ יְיָ אֱלָהָא ,



Sept parties de cét Art.

Diuerſes Lan-<br>gues.

*L'Armenien*,   պաշտոքզ տոուր մէզ այսաւր.

*Le Samaritain*,   ﬧﬡﬣﬠ﬩·ﬤﬥﬦﬧ·ﬨﬠﬡﬤﬥﬦ

*Le Rabbin*, נוכח כנגד זהכל שאר הככבים שהם זה כנגד בגד הימין

Diuers Cara-<br>cteres.

Tous ces Caractéres ſe font en *diuers blancs*, dont voicy ceus qui ſont plus en vzage ſelon la groſſeur; chacun deſquels à ſon *Italique* proportionnée.

# Le Gros Double-Canon.

## Le Gros Canon.

### Petit Canon.      Gros Parangon,

Petit Parangon.      Gros Romain.

Saint Auguſtin.      Cicero.      Petit Romain.      Petit Texte.      Mignonne

Diuerſes Figu-<br>res.

Outre ces Caracteres communs, il y a des lettres Capitales, de trois & de deus Poincts, des Griſes, ou Fleuries : des Accentuées, des Signes d'Aſtrologie & de Medecine, &c. L'on ſe ſert auſſi des Vignettes, Reglets, Crochets, Lettrines, Guillemets, Quadrats, Quadratins, Eſpaces : & autres ajuſtemans, qui ſe peuuent rancontrer dans les diuerſes occurrances.

Toûtes ces Lettres eſtant diſtribuées dans les Caſſetins, ſeruent au *Compoſiteur* pour compoſer ſur la Coppie ; la li- Le Compoſi-ſant, ſoutenuë par le viſorium, & arrétée par le Mordant. teur. Auſſi-tôt que la Forme entiere eſt préte, on la ſerre en vn chaſſis de fer ; afin que le tout deumant juſtifié, ſe pouſſe également. Puis on la poſe ſur le Marbre du train de la Preſſe, où eſtant juſtifiée & arrétée par les coins ; l'Impri- La Preſſe. meur prand de l'ancre auec vne de ſes Balles & l'ayant diſtribuée auec l'autre, il touche auec les deus ſa Forme ; ayant auparauant margé la fuëille ſur le Tympan, & l'ayant juſtifiée & arrété auec les pointes. En ſuite il abbaiſſe la Friſ-quete, les Tympans & la Platine ſur la fuëille : fait rouler la preſſe, & tire l'Epreuue pour la faire voir au Correcteur.

L'aſſamblage des fueilles eſtant fait, on baille le Livre entier à relier, ſelon la grandeur & le ply des fuëilles de pa- La Relieure pier. La fuëille *Infolio*, pliée en deus, contient quattre pages. *L'Inquarto* quattre fuëillets, qui font huit pages. *L'Inoctauo* huit fuëillets qui font ſeize pages, & les autres à propor-tion. La Relieure s'en fait en papier marbré, en parchemin, en marroquin, en veau fauue, bronzé, marbré, rouge, tané : auec des filets, ou plein d'or ; doré, marbré, ou jaſpé ſur tranche, & mille autres enrichiſſemans.

*L'Vtilité* de cete rare Inuantion, ne peut eſtre payée. Car Les Vtilitez de quelle peine d'écrire, comme faiſoient les Anciens, ou ſur l'Imprimerie. les écorces des Arbres, d'où vient le mot de Livre : ou ſur des Tablettes, enduites de cire ; ou méme auec la plume, ſur le Papier ? Si l'Imprimerie eût eſté dés le temps de S. Ierôme, le Pape Damaze n'eut pas eu beſoin de gager ſix Secretaires, Notaires ou Ecriuains, pour tranſcrire ſes Ouurages. Et il ne ſe ſeroit pas gliſſé tant de fautes, ny tant de Pieces ſuppoſées dans les Ouurages des Anciens, qui ſe fuſſent auſſi bien moins perdus.

C'eſt par le moyen de l'Imprimerie, qu'à la faueur de la main, l'eſprit exprime ſes penſées bien mieus qu'auec la voix. Car l'Imprimerie les communique en toute ſorte de Langues, à toute ſorte de Nations, & en tous les Siecles. Vn ſeul caractere parle tous les Idiomes, ſans en entandre

aucun. L'Imprimerie eſt le Commiſſaire , & l'Interpretē
géneral de la Sageſſe , & de la Verité. C'eſt le vray Peintre
de l'Eſprit, les Tableaus ne repreſentent que le Corps. Auſſi
les Images ſont pour les Idiots , & les Livres ne ſeruent
qu'aus Habiles ; d'où vient , peut-eſtre , que la Sçiance eſt
appelée du nom de *Literature*.

Cependant c'eſt vn regret non moins légitime qu'vniuerſel , de tous les Auteurs , Imprimeurs , & Libraires , qui ont
les vrais ſentimans de l'honneur des Lettres & du Bien public ; de voir les deſordres étranges qui regnent dans la
plûpart de nos Imprimeries Françoiſes , principalemant
depuis vingt ou trante ans. Leur ſource , à çequ'ils diſent
eus-mémes , c'eſt le trop grand nombre d'Ouvriers peu habiles. L'épargne auaricieuze & meſquiñe , de quelques-vns
qui ne viſent qu'à gagner , ſans ſe ſoucier de la beauté de
leurs Ouvrages. Le mélange des caraĉteres demi-vzez.
La mauuaiſe ancre , & le mauuais papier. Le peu de ſoin
que quelques Maîtres apportent à la preſſe , & à la corre-
ĉtion ; auec la débauche & le libertinage des Compagnons,
qui ne viſent qu'à acheuer leur tâche , à la chapelle & à la
banque : non pas à donner au jour de belles productions ;
qui pourroient encore égaler , ou ſurpaſſer dans Paris , la
gloire des Eſtiennes , des Morels , des Plantins , & des
Cardons.

Mais il faut auöuer qu'avant les merueilleuzes inuantions dont je viens de parler , le premier employ de l'indū-
ſtrie humaine a eſté autour de la Terre : le ſecond , pour
bâtir des Logemans contre les injures du tamps , & les
ſurpriſes des voleurs ; le troiziéme , pour ſe deffandre des
Ennemis du dehors , qui attaquoient ouuertemant , & à
viue force. C'eſt delà juſtemant qu'eſt née *l'Agriculture* ,
*l'Architecture* , & *l'Art Militaire*.

# L'AGRICVLTVRE.

L'AGRICVLTVRE eſt ſans doute le plus an-
cien, le plus vtile, le plus agreable & le plus in-
nocent de tous les Métiers. DIEV méme en eſt
le premier Auteur, puîque dés le commancemant, dit l'Hiſtoire Sacrée de la Geneſe, il
planta vn Iardin de delices, dans lequel il mit l'Homme
aprés l'auoir creé ; & il l'y mit pour le cultiuer, pour y joüir
de la beauté, & ſe nourrir de la bonté de ſes fruits. Mais ce
nouueau Iardinier ayant violé le commandemant du Maître, vn de ſes plus rudes châtimans fut d'eſtre banni de ce
Paradis térreſtre. Il le fut en ſorte, que DIEV mit à la
porte vn Cherubin qui tenoit en main vne épée flamboyan-
te, & branlante, pour empécher que l'Homme n'y ren-
trât. Encore la Bonté diuine ſe montra ſi indulgente, qu'elle
voulut changer nôtre-penitance en felicité ; ne ſe poüuant
rien imaginer de plus heureus, que les exercices de la Vie
champétre.

L'Agriculture eſt de vray l'Art des Arts, & la vraye
Nourrice du Genre-Humain. Il n'y a rien de plus vtile, au ſentimant du Prince de l'Eloquence Romaine.
Il n'y a rien de plus agreable, ny qui ſoit plus digne
d'vn Homme libre. Les Patriarches dans l'Etat de Nature, les Rois du Peuple de DIEV, les Prophetes de
l'Ancienne Loy, les Inſtituteurs de la vie Monaſtique dés
les premiers Siecles, & les Apoſtres de l'Euangile ; ont
eſté pris du Labourage, de la Bergerie, & de la Péche. C'eſt
delà que le SAINT-ESPRIT, & I. CHR. empruntent
quaſi toutes leurs comparaizons, leurs paraboles, & leurs
inſtructions.

Les Plantes au commancemant des Eſtres, parurent comme les premices : c'eſt à dire comme les premieres, & les
plus exquiſes productions entre celles de ce Monde Sublu-

Xx iij

De l'Agricultu-
re.

*Non oderis la-
borioſa opera, &
ruſticationem
creatam ab Altiſ-
ſimo. Eccli. 7.
Plantauer. Dom.
Deus Paradiſum
voluptat. &c.
cap. 2.*

*Felices nimiùm,
ſua ſi bona noſſēt,
Agricolæ.
Voyez l'Epiſtre
148. de Syneſ.*
Les loüanges de
l'Agriculture.

*Nihil melius,
nihil vberius,
nihil dulcius, ni-
hil homine libero
dignius.* Cicer.

*Germinet terra
herbam virent.
&c. ibidem.*

naire. Auparauant le Deluge, les Hommes n'auoient point d'autre nourriture que les fruits & les legumes. Leur vie estoit plus longue, parce qu'elle estoit plus sobre : ils viuoient les huit & les neuf cens ans, parceque leur estomac ne seruoit point alors de cloaque à tant de charognes & de pourritures. D'où vient encore que chez les Latins, quand on veût dire vn Homme de bien; on nomme Celuy qui se nourrît de ces mets innocens, *homo frugi.* Daniel méme, & ses Illustres Compagnons, tirerent delà & la beauté de leurs corps, & la sagesse de leurs ames. Salomon n'a pas jugé que ce fût vne occupation indigne de sa gloire, de mettre la main à la plume pour écrire sur ces belles matieres. Et si l'enuie ou le rauage des temps ne nous auoit fait perdre cét Ouurage Royal, qui dépeignoit la nature des Plantes depuis le Cedre du Liban jûqu'à l'Hyssope qui fait la bordure des Iardins : nous aurions sans doute, d'admirables secrets. Nous verrions certainemant de grandes productions de cete diuine sagesse, qui luy fut infuze miraculeuzemant. Luy-méme ne se vante-t-il pas d'auoir fait planter des Iardins, & des Vergers ?

Tout le Cantique des Cantiques samble n'estre qu'vn recüeil des beautez des champs & des jardins, des montagnes & des vallées. Nôtre adorable Messie, n'est-il pas promis & dépeint en diuers endroits, sous la figure d'vne racine, du lis des vallées, & de la fleur des campagnes ? Luy-méme dans son Saint-Euangile se compare à la vigne, ses Apostres aus sarmans, son Pere à vn celeste Agriculteur : son Royaume à vn grain de moutarde, sa parole à la semance, son Eglise à la moisson. Il n'allegue point de preuue plus demonstratiue de sa Prouidance, que ce beau satin rouge & blanc dont les Lys sont habillez auec plus de pompe & de delicatesse, que n'estoit Salomon en toute sa magnificence.

L'Eglise pour loüer les Saints, principalemant la tres-Sainte Vierge-Mere du Saint des Saints; la compare aus Cedres qui éleuent leur téte glorieuze sur la haute cime du Liban, aus Cyprés qui croissent sur celle de Sion : aus

Palmiers de Cadés, & aus. Rozes de Iericho. Et où est-ce, je vous prie, que nous cüeillons les fruits salutaires de nôtre Redamtion, sinon sur le bois de la Croix ? Le fruict d'vn arbre nous auoit perdus, le fruict d'vn Arbre nous sauue. Dans ce premier bois la vie a causé la mort, la mort dans le second deuient vne source de vie. Iûques-là que les Curieus font entrer en la structure de cete sainte Croix, quattre diuerses especes debois. Le pied, à leur jugemant, estoit de Cedre, le corps de Cyprés : le trauers de Palmier, & l'éloge ou le titre estoit écrit sur vne table d'Oliuier. Eccli. 24. Ligna Crucis palma, & Cedrus, Cupressus, Oliua.

L'Antiquité *Prophane* n'a pas moins eu de respect, de deferance & d'amour pour l'Agriculture. Elle a mis au rang des Dieus, ceus qui en ont esté les premiers Inuanteurs. Les Temples les plus anciens, estoient les foréts, les bocages : les écorces d'arbres, les füeilles & les ramées. Tous leurs plus fameus Oracles se donnoient dans ces lieus-là. Temoin cét Oracle du Mont-Carmel, que Vespasien consulta allant à la conquéte de la Iudée. Témoin le Iupiter Dodoneen, où les Arbres parloient : & les Sybilles, qui n'écriuoient leurs Vers prophetiques que sur les füeilles. Le Rameau d'or qui montroit le chemin pour aller aus Champs Eliziens, estoit caché au milieu d'vne épaisse forét. Et les Prétres les plus religieus de nos anciens Gaulois, s'appeloient Druides ; à cause que toute leur deuotion estoit occupée, dans les Mysteres du Guy de Chéne. A chaque Diuinité méme, ils consacroient vn Arbre ; le Chéne à Iupiter, le Laurier à Apollon, & ainsi du reste. Parmy les Prophanes. Delubra, Dÿ lucorum, adorare in excelsis. Aeneid. 6. Δρυς.

Les Romains ont tiré du soc & de la charüe, leurs plus renommez Capitaines. Ces braues Empereurs faisoient gloire d'y retourner aprés leurs triomphes. Les plus illustres Familles de cete Republique Maîtresse du Monde, marquent encore leur origine dans leurs noms ; les Taurus, les Fabiens, les Serranus, les Lentulus, les Cicerons, les Vitellius. Et leur plus grande gloire estoit ranfermée dans leurs couronnes, faites de laurier, de chéne & de persil. Parmy les Romains.

Parmy les autres Nations mémes on appeloit volontiers Les autres Nations.

au gouuernemant des Etats & de la Republique, ceus q̄
l'on remarquoit eftre les plus foigneus & les plus dilige͂
à cultiuer leurs terres. Le premier Roy de Boheme Santo-
plucus, voulut que l'on conferuât fon foc, fa charuë, fon
vieus chappeau & fes guétres de Laboureur. Il commanda
méme qu'on les mît publiquemant fur les coins de l'Autel,
au jour du Sacre de fes Succeffeurs ; comme s'ils en euffer
deu faire vn precieus ornemant, de cete royale ceremonie.
Xenophon ayant nommé l'Agriculture la mere & la nourrice de tous les autres Arts, fait que fon Prince s'y occupe.
Et Diocletien aprés auoir renoncé à l'Empire, voulut finir
fes jours en cét agreable & heureus exercice.

*Du Brau. L. I.*
*Hiftor. Boëm.*

Ces beautez natureles ayant vn peu fait prandre l'effor
à ma plume, il eft temps de me reduire dans la confideration plus precife de l'Agriculture.

---

# LE PARTAGE DE l'Agriculture.



*La diuifion de*
*l'Agriculture.*

*Agriculture*
*generale.*

NOVS en pouuons faire de deus fortes. L'vne
eft Generale, & l'autre Particuliere. L'Agriculture *Generale*, dépeinte fi admirablemant dans
les Georgiques du Prince des Poëtes Latins, eft
cét Art qui apprand à cultiuer les Herbes, les
Arbriffeaus, les Arbres, les Iardins, les Vergers, les Bois,
les Montagnes, les Collines, les Valées, les Prairies & les
Campagnes. Elle enferme les Perfonnes qui exercent ce
Métier, les chofes qui font cultiuées, auec les diuers Inftrumans dont on fe fert à ce deffein : & qui felon le Droiɛt,
ne peuuent eftre faifis, ny enleuez des mains du Proprie-
taire pour quelque occafion que ce foit. Elle a pour principes le foleil, l'eau, la terre, l'homme. Pour fin, l'vtilité, & le diuertiffemant.

En *particulier* on peut diftribuer toute l'Agriculture, en
trois

trois principales especes; qui sont le Labourage, le Iardi- *Trois principales especes.*
nage, & le soin des Arbres.

L E L A B O V R A G E, comme la partie la plus ample & la *Le Labourage.*
plus necessaire; prand le soin de cultiuer les campagnes, semer les terres, cüeillir les moissons, planter & labourer
les vignes, faire les vandanges : dépoüiller les prairies,
coupper les bois, dresser toute sorte de ménagerie, ainsi
qu'il est enseigné dans la Maison Rustique ; obseruant le *Quid est Agrico-*
climat, le Soleil, les saisons & la nature des semances. Te- *la? Terræ medi-*
lemant que ce Philosophe a bonne grace, de nommer l'A- *cus.*
griculteur le medecin de la terre. *Secundus Athe-*
*niens. in Sentent.*

Cete partie de l'Agriculture, en a trois autres qui l'accompagnent ; la Bergerie, la Chasse, & la Volerie.

*La Bergerie* s'occupe au tour du Bétail, & des Troup- *La Bergerie.*
peaus. C'estoit la principale occupation de cét âge d'or,
qui a honoré l'innocence du Monde, & la plus grande ri-
chesse de ses vieus Habitans. Leur commerce ne se faisoit
ordinairemant que par l'échange des Animaus, d'où le mot
de pecune, a passé & est demeuré dans les trafics ; que la
coûtume & la commodité font faire maintenant, auec les
metaus monnoyez.

Abel fut le premier qui s'addonna à cét Exercice. Ce fut
par là que Iacob merita aprés vne fidele & laborieuze perseuerance de quatorze áns entiers, de joüir enfin des beautez de sa chere Rachel. Moyze paissoit les Trouppeaus de
son beau Pere Ietro, quand D I E V l'appela du milieu de *Exod. 3.*
ce miraculeus buisson ; qui brûloit, sans se consommer. Deuant la Loy de ce diuin Legislateur, tous les Enfans d'Israël n'auoient point d'autre métier que celuy-là. Au temps
des Rois, pour ne rien dire de Cyrus, de Romulus, de
Mahumet, & des autres Prophanes ; Dauid ne fut-il pas éleué par vne vocation surnaturele, de la houlete au sceptre,
& des soins de la Bergerie au trône & à la couronne ? Enfin *De post. fœtantes*
I. C H R. affecte dans son Saint-Euangile, la qualité de Bon *accep. eum. Ps. 77.*
Pasteur ; dont l'Eglise est le Bercail, & les Brebis sont les
Ames predestinées. Dans sa naissance il a voulu expressé- *Ego sum Pastor*
mant se faire connoître par des Heraus du Paradis aus *bou. Joan. 10.*

Bergers de la Iudée, qui veilloient à la garde de leurs Trouppeaus. Dans la vallée de Iosaphat il samble plû-tôt faire l'office de Berger que de Iuge, separant les Agneaus d'auec les Boucs. Ce parfaitemant bon Pasteur, non seule-mant expose sa vie pour ses Oüailles : mais, ce que n'a jamais fait aucun autre, il les nourrît de sa propre chair & les abreuue de son sang. C'est pourquoy j'ay des-ja remar-qué ailleurs auec l'Histoire Ecclesiastique, que les plus an-ciens Tableaus de la Religion Chrétienne, representoient I E S V S en habit & en posture de Pasteur ; portant sur ses épaules vne Brebis ou qui estoit malade, ou qui s'estoit éga-rée. Et que les pieds des calices dont on se seruoit à la Messe, estoient burinez de cete méme figure.

La Chasse.

La C H A S S E samble estre veritablemant vn exercice du pouuoir que D I E V a donné à l'Homme, sur tous les Animaus. Son antiquité est méme marquée dans l'Ecriture-Sainte. Encore aujourd'huy, elle passe pour vne medita-tion de la guerre : & pour le diuertissemant le plus ordinai-re tant des Princes, que de la Noblesse. L'Antiquité pro-phane a fait vne Déesse des Chasseurs. L'Ecriture-Sainte parle du premier Roy du Monde, comme d'vn fort & puissant Chasseur : & Isac ne voulut benir son Fils, qu'aprés auoir mangé de sa chasse. Le Droiét Canon la defand en temps de jûne, & ne permet aus Clers que celle qui se fait sans bruit & sans clameurs.

*Nembrot. Genes.*
*10.*
*Esaü. Genes. 27.*

Sa diuision.

Son partage plus general se peut faire en trois, selon les trois genres de Bétes ; qui sont les Oiseaus en l'air, les Animaus sur la terre, & les Poissons dans l'eau.

La Volerie.

La V O L E R I E comprand la Chasse de toute sorte d'Oi-seaus. Elle se fait auec des Oiseaus de proye, dont il y en a quatre especes principales. Les *Faucons* sont les pre-miers, d'où vient le nom de Fauconnerie. Car les Expers mettent l'Autourserie en vn plus bas degré. Le Gerfaut est le plus gros, sujet à charier, lier la proye, & la dérober. Il vole auec tant de vehemance, qu'il n'est que d'vne ha-leine. Le Sacre est opiniâtre, de grand trauail, & de bon guet, propre à toute volerie. Mais il est si âpre, qu'il ne

Diuers Oiseaus de Chasse.

Le Faucon.

Le Gerfaut,

Le Sacre.

dure gueres, & ſe porte à la charogne. Le Sacret eſt
de meilleur vzage. Le Lanier eſt le plus poltron & ruſé, Le Lanier,
n'eſt pas bon voleur, eſt fort pillard ; neantmoins il eſt
bon compagnon, & plus il vieillit il deuient meilleur. Ceus
que l'on appelle Alphanetz ou Tuniſſiens, ſont les plus
recommandables. Les autres Oiſeaus moindres ſont les Les Epreuiers,
Epreüiers, les Autours bons pour meubler la Cuiſine. Les &c.
Emerillons, qui ſont les plus petits, mais dont le vol eſt
agreable. Les Falquets, les Cercerelles, les Hobereaus &
les Bâtars. Entre tous les Oiſeaus, les plus excellans ſont
les *Alethes*; c'eſt à dire ſi courageus & ſi veritables, que rien Les Alethes.
ne leur échappe. En toutes ces eſpeces les femelles s'appel-
lent Formes, & les mâles Tiercelets.

L'on appele Oiſeaus *Niais*, ceus qui ſont pris dans Diuers noms.
l'aire ou dans le ré à la premiere ſortie du nid, qui eſt aus
mois de May. Le Gentil eſt celuy qui eſt pris dans le mois
de Iuin, de Iüillet, & d'Août. Le Pelerin ou Paſſager, qui
eſt pris loing de ſon aire & de ſon nid ; dans le mois de Septambre, d'Octobre, de Nouambre, & de Decembre. S'il
eſt pris aus mois de Ianvier, de Fevrier & de Mars ; quelques-vns le nomment Anti-verre, comme pris deuant le
Primtemps. Les autres Antenaires, du mot Italien *Ante-*
*nido*; parcequ'il eſt pris lors qu'il repaſſe pour aller airer la
premiere fois, n'ayant point encore fait de petits. Les vieus
Gaulois le nomment Antannaire, parcequ'il tient ſon pennage d'antan, qui veût dire l'année derniere. Les Niais
ſont plus robuſtes que les paſſagers, & les muez meilleurs
que les ſors. Quand il a mué vne fois, on l'appele, aſſez
impropremant, Hagard, qui ſignifie Etranger. L'Aigle eſt
le Roy des Oiſeaus de jour, le Duc de la nuict.

C'eſt donc auec ces diuerſes ſortes d'Oiſeaus, & tout
leur attiral, que la Nobleſſe chaſſe en haute, moyenne & 
baſſe volerie : au poil, & à la plume. *Tout Oiſeau* pour eſtre Leſquels ſont
bon, & bien reüſſir ; doit eſtre grand, gros, & pezant ſur les bons.
le poin. Il doit eſtre bien luſtré en ſa couleur rouge ; blon-
de, brune, ou turturine ; encore qu'il ſoit vray, que de
tout pennage il s'en rancontre de bons & de mauuais. La

queuë doit eftre belle, & chargée de fes douze pennes. Car
outre le duuet, la plume & les vannaus, les pennes bien attachées auec l'aileron aus cerceaus & aus mahutres, font
le vol long & hautain. La main doit eftre grande, & deliée.
Plus les ferres & les ongles font pleines de fang, plus l'Oifeau eft courageus. Les excellans ont les yeus vifs, clairs,
nets, & à fleur de téte,

Soin à les dref-<br>fer.

La peine n'eft pas moindre que l'induftrie, à les *dreffer*.
Le vouloir faire à la hâte, afin qu'ils volent bien-tôt, c'eft
les ruiner. Encore que fi on les careffe trop, on les perd;
ils aiment toûjours d'eftre traittez doucemant, d'vne méme main : reconnoiffent, & font jalous de leur Maître.
D'abord on les tient dans la chambre fur la perche, ou
fur le bloc, les veillant nuict & jour. On les çille & de-
çille, afin de les accoûtumer peu à peu aus chapperons, aus
longes, filieres, gets & fonnettes. Puis on les jardine, on
les leurre, & on les reclame; jûques à ce qu'ils foient feurs,
de bonne foy & creance. Comme leur chaleur eft fort grande, & digere beaucoup, on leur donne les cures, les gor-
ges & le pât de trois en trois heures; les familleus ou les
plus affamez, eftans les meilleurs. Mais dautant qu'ils font
quinteus de leur nature, & fujets à fe rebutter; il faut les
empécher de fe debattre, & tempéter : d'eftre criars, pil-
lars, & charriars; de prandre l'effor, & de s'écarter. Les
meilleurs font les Vantoliers, ceus qui ont le vol bon &
hardi, patiant, hautain & leger. Qui fe foûtiennent en
l'air, fur les aîles, & tournent fur les picqueurs : dont la
defcente eft belle, qui font des pointes de la bonne forte;
qui fe blocquent quand il faut, tombent & fondent bien à
propos fur le gibier; fe contantant aprés que la proye eft
prife, de leur droict, qui eft la téte & la ceruelle dont on
leur fait plaifir.

La Muë.

Le foin s'accroît, quand aprés l'année de leur forage,
on les fait *müer*; qui eft vn fupplemant de la fage Nature, au defaut de la fueur & de l'vrine, les Volatiles n'ayant
point cete décharge. Ils commancent à fe depoüiller de leur
robbe, par le bec. L'Oifeau qui a müé plus d'vne fois, fe

homme Madré. Et vn Gentilhomme dit, j'ay vn Faucon
de tant de muës; c'est à dire, de tant d'années.

Il n'est pas croyable à combien de *Maladies* ces sortes Leurs Maladies.
d'Animaus sont sujets, ny combien le soin doit estre grand
pour les conseruer en santé, ou pour les remettre quand
ils sont bas? L'ongle les attaque aus yeus, le haut-mal à la
téte : le baillemant au bec, la pepie, le fourmi, les bar-
billons & les filandres à la langue; le mal subtil, qui est la
phtisie, le subec ou reume chaud à la poitrine : la craye
leur enfle la mulette. Ils sont trauaillez de la teigne, de
l'asthme : de la podagre, & de la chiragre. Le pis en cela
est, que toutes leurs maladies sont contagieuzes. On les
connoît & on les discerne à leurs actions, comme ils endui-
sent, & à leurs emeuts. Pour y *remedier* on les essime, on Leurs Medeci-
les abbaisse & décharge, on les poiure : on leur donne des nes.
pilules, on les saigne, & on les baigne.

Pour *voler*, apres estre monté à cheual, l'on bat la Campagne, lès Remarqueurs menant la quéte. Quand les La Chasse
Chiens ont rancontré, par Example, les frais des Perdreaus, actuele.
l'on jette les Oiseaus les faisant voler & les mettant amont.
L'on fait partir le Gibier sous eus, ils branlent & tournent
jûqu'à-cequ'ils viennent fondre dessus. Si quelqu'vn
prand l'essor, & monte hors de veüe; on ne fait que jetter
vn autre Oiseau aprés, pour faire descendre le premier.
Quelquefois il se blocque & se repose au guet du gibier,
qui est à la remise. On les reprand, lors qu'il est temps, auec
le branle du leurre ou du gand. Et on les reclame, quand
on le reprand au poin auec le tiroir & la voix.

Les habiles n'ignorent pas qu'il ne faut jamais voler
durant la pluye, ny durant l'égail de la matinée; à cause que
l'humidité éteint l'odeur du gibier, & émousse le sens de
l'odorat dans les Chiens & dans les Oiseaus. Il faut aussi euiter le trop grand chaud, & remarquer que les Oiseaus sont
plus fiers & plus faroûches au matin qu'au soir.

L'on prand encore les Oiseaus, par ruse & par artifice;
au piege, à l'appas, à la pantiere, à la glu, aus filets : on les
tuë auec l'arme à feu, méme en volant.

La Venerie, LA Venerie comprand vniuerfelemant toute forte de Chaffes de Bétes à poil , fauues ou noires. Celle du Lievre eft la plus diuertiffante , parcequ'il fait plus de ruzes, de changes, & de contre-détours coup à coup. Celle du Loup, eft la plus neceffaire. Auffi les Anglois s'en font

Diuerfes Chaf-fes. feruis, pour dépeupler leur Ifle de ces ennemis des Trou-peaus innocens. La chaffe du Sanglier eft accompagnée de dépanfes, & de danger. Il n'y a que la Laye qui crie, quand on la tuë : & parceque les Meacoüins ont peur, ils ne marchent qu'en compagnie jûques à trois ans. La Chaffe du Cerf, eft la plus laborieuze & la plus noble. Auffi le nom general de Venerie , & de Veneur ; eft tiré de la Ve-naifon, qui fignifie la greffe du Cerf.

Celle du Cerf. Le Liure intitulé la Chaffe Royale compozé par Char-les IX. & ce qu'y ont ajoûté depuis Phebus, le Fouilloux, & d'Efparon ; recherche fort exaëtemant, tout cequi eft du Cerf. Sa nature, fon rut en l'automne, qui le fait réer & bramer aprés les Biches : fa retraite dans les forts, les liëts, les chambres , & les repofées. La cheute de fon bois, le renouuelemant de fa téte ; comme-quoy il la froye aus ar-bres, pour faire tomber fes lambeaus : puis la brunît, pour la randre nette. Le jugemant que les habiles font de fon âge, de fa taille & de fa force en diuerfes façons. Par le pied, par les alleures : par les portées & les frayées fur les herbes, & contre les branches des arbres. Par les diuerfes figures des fumées, par le lieu où il fait fon reffüy : par fon debu-chemant pour aller au viandis , & par fon rambuchemant, où l'on jette les brizées. Il eft encore plus feur de juger à la veüe, que par le pied. Car on remarque la téte du Cerf, bien nourrie, haute, groffe de merain, qui eft la perche : chargée de fes andoilliers , bien cheuillée de cors felon fa haùteur ; les meules, la trocheure, la pierrure, les goutieres, la paumure, la couronne ; en vn mot, toutes les parties de fon bois, bien proportionnées, par où l'on peut faire juge-mant. Le Cerf pouffe fes dagues à deus ans, fes boffes de-uant fon bois, à fept il ne marque plus ; au contraire du Sanglier, qui naît auec toutes fes dents ou deffanfes, lefquel-

les ne font que croître & groffir. Quand le Cerf eft viue-
mant pourfuiui, & qu'il n'en peut plus ; fon dernier refu-
ge, c'eft l'eau. Et quand il eft aus abois, fes coups font
dangereus. D'où vient l'ancien prouerbe; au Cerf la biere,
au Sanglier le Barbier.

En toutes les Chaffes l'on fe fert de muttes de *Chiens*, qui Diuers Chiens.
doiuent eftre bons & bien dreffez. Ils font toûjours meilleurs
dans le pays où ils font nays, d'vne même race, & d'vn méme pòil : & quand c'eft vne belle Lyce, qui les porte. Neanmoins ceus de la premiere laittée, ne valent rien. On les diftingue en Dogues, Limiers Levriers : Chiens-Courans,
Chiens-Couchans; Baffets, Epagneuls, & autres efpeces.
Les bons font de grandeur, d'entreprife, de haut nez,
gardent bien les changes: font feurs & ne font point man-
teurs, n'appellant point à faus. On leur debouche les nazeaus
auec du vinaigre, afin qu'ils flairent & qu'ils fentent mieus.

Le foin de leur nourriture & de leur traittemant, n'eft
pas petit : la dépanfe en eft fuperfluë, & deuient fouuant
criminele. Ils font auffi fujets à diuerfes maladies, la
plus dangereuze c'eft la rage enragée. L'on croit que S. Hubert Patron des Chaffeurs, a receu de D I E V vn pouuoir
particulier d'en guerir. Mais le remede de la Mer, eft fans
doute le plus experimanté.

*La Pêche*, eft la derniere efpece de Chaffe. Elle fe fait La Pêche.
pour prandre les Poiffons dans la mer, dans les riuieres,
&c. auec des dards, des filets, & à la ligne. Le plus grand
honneur de cét Exercice, c'eft que le F I L S D E  D I E V en *Faciam vos fierì*
a voulu tirer fes Apôtres; comparant le Monde à vne Mer, *Pifcator. hom.*
les Hommes à des Poiffons: les Predicateurs à des Pé- *Matth. 4.*
cheurs, & la doctrine du Saint-Euangile à la Pêche. Luy-
méme eft reprefenté dans les vers des Sybilles, fous la figure d'vn poiffon ; l'Acroftiche d'Iχθὺς, fignifiant I E S V S
C H R I S T  D I E V  N Ô T R E  S A V V E V R.

La feconde Partie principale de l'Agriculture, enfeigne
à cultiuer les *Iardins*.

---



# LE IARDINAGE.

De la Culture des Iardins.

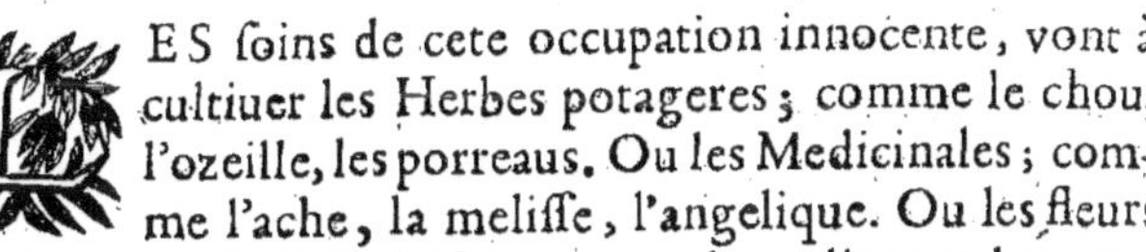

ES ſoins de cete occupation innocente, vont à cultiuer les Herbes potageres ; comme le chou, l'ozeille, les porreaus. Ou les Medicinales ; comme l'ache, la meliſſe, l'angelique. Ou les fleurs qui ſont pour le ſeul plaiſir ; comme les tulippes, les anemônes, les imperiales. Ou pour le plaiſir, & le profit ; comme la roze, le lys, la violette, &c.

Cete curioſité des IARDINS, a toûjours eſté ſinguliere entre les Perſonnes de qualité & d'honneur, de doctrine & de vertu. Auſſi eſt-ce le ſeul métier, que D I E V commanda au premier de tous les Hommes. Nôtre Siecle le rancherît ſans doute, par deſſus les autres. Et les compartimans, les quarrez, les parterres, les bordures, les berceaus, les palliſſades, les eſpaliers, les arbres nains & en buiſſon, les pepinieres : les allées, les ſtatuës, les grottes, & les fonteines, que l'on void dans les belles Maiſons au tour de Paris ; effacent ou du moins diſputent auec les delices & les beautez des Iardins d'Aſſüere, d'Adonis, & des Heſperides. L'on a méme eu tant de reuerance pour les Iardins, qu'ils ſeruoient de cimetieres & de Sepultures ; comme il ſe void par l'example du Roy Manaſſés, & de I. C H R.

Les Plantes.

La Phytologie par vne étude particuliere, s'addonne à la connoiſſance & à la culture des PLANTES ; qui ſont comme des natures moyennes entre les Minerales, & les Animales. Le partage qu'on en fait en trois Claſſes, ſamble le plus naturel ; ſuppoſant que le vegetable a auſſi ſes Inſectes.

Les Champignons.

Ce ſont les Truffles, les Pattes & les Champignons ; dont la generation vient de corruption, leurs pelures leur ſeruant de ſemance. Elle eſt ſoudaine, ſans diſtinction de parties ; d'ordinaire auec, ou aprés le tonnerre ; & leurs qualitez ſont deletaires, ou venimeuzes. De vray, l'Empereur Claude mourut d'en auoir mangé d'empoizonnez.

*Les*

*Les Arbres* plus grans & plus hauts, comme le Chéne, le Pin, le Pommier, le Poirier, &c. cachant leurs racines dans la terre, pouſſent au dehors des parties permanantes, ou paſſageres. Le tronc, la moëlle ou le cœur: les deus écorces, la tandre au dedans, la plus dure au dehors; les branches ou rameaus, demeurent auſſi long temps que l'Arbre ſubſiſte. Les boutons, les fleurs, les fuëilles & les fruicts tombent quand la ſaiſon eſt paſſée. *Les Arbres.*

*Les Arbriſſeaus*, ſont entre les Arbres & les Herbes; comme le Rozier, l'Eglantier, le Buis, le Phileria, le Troëne, la Lauande, le Romarin, la Sauge, l'Hyſſope, &c. Les Soû-Arbriſſeaus ne differant que ſelon le plus & le moins, ne doiuent pas conſtituer vne nouuelle claſſe; mais bien eſtre reduits à la precedante. *Les Arbriſſeaus.*

*Les Herbes* ſont des Plantes plus petites, non boizeuzes: mais molles,& tandres. En ce rang on met la Laittuë, l'Ozeille, la Bugloze, le Pourpié,&c. Et bien que ces choſes ſamblent foibles & petites, toutefois *preſenter l'herbe* n'a pas laiſſé d'eſtre parmy les Anciens, vn aueu qu'on ſe confeſſoit veincu. *Les Herbes.* *Herbam porrigere.*

On leur ajoint les ſurcroiſſances, les mouſſes, les gommes.

Toutes ces Plantes reçoiuent encore pluſieurs autres ſoudiuiſſons. Il y en a de ſauuages & de domeſtiques qui viennent naturelemant, ou qui ſont aidées par l'artifice: qui aiment les lieus ſecs, ou humides; qui naiſſent ſur les montagnes, ou dans les campagnes, qui ſont fecondes, ou ſteriles. On les diſtingue encore par leurs racines, par leurs tiges, leurs branches, leurs fuëilles, leurs fleurs, leurs fruicts & leurs graines. Ce diſcernemant ſe fait à l'œil, au toucher, au goût,& à l'odeur. Il y en a qui aiment l'Eté, d'autres l'Hyuer: quelques-vnes le jour, d'autres la nuict; les vnes le Soleil, & d'autres la Lune. *Soudiuiſions.*

Mais la meilleure diuiſion, au moins à mon gré & à mon propos, eſt celle qui conſidere les Plantes en elles-mémes, & hors d'elles-mémes. Dans le premier on *examine* leur nature, leurs proprietez, & leurs maladies. Ces dernieres

leur arriuent , tout ainſi qu'aus Animaus, natureles oū
étrangeres : par defaut , par excés, ou par quelque autre
accidant. Il y en a de generales, il y en a de particulieres, mémes de contagieuzes. Aus vnes & aus autres on treuue des
medecines, qui les ſauuent quelquefois de la mort.

Leur vzage.

Dans le ſecond, on regarde leur vtilité pour l'alimant,
pour le medicamant, & pour le plaiſir qu'on reçoit de leur
beauté. Ce dernier ſamble eſtre propre à l'Homme, les
deus premiers appartiennent auſſi aus Animaus.

Dans cete nature des Plantes, on *conſidere* generalemant,
leur vie, leur production, & leurs vertus tant communes,
que ſingulieres.

La vie des Plan-
tes.

Pour l'ame & *la vie* des Plantes , les Stoïciens la leur
ôtent entieremant. La Philoſophie & la Medecine Vulgaire la leur accorde , dans les actions de la Vegetatiue.
C'eſt pourquoy toutes leurs facultez eſtant enfermées en
cela, on les void croître & fructifier beaucoup mieus que
la nature animale , qui eſt diſtraitte à d'autres fonctions.
Il ſe treuue des Auteurs Anciens & Modernes qui leur donnent même la vie ſenſitiue, & Galien ne leur refuze pas
quelque ſorte de ſentimant.

Ceus qui fauorizent la vie *ſenſitiue* des Plantes , en font
vne exacte analogie auec les Animaus. Ils remarquent
que DIEV eſt appelé chez Platon φυτυργὸς , l'Ouurier
des Plantes : l'Homme vne Plante celeſte & ranuerſée, φυ-
τὸν ᾀράνιον. Ils treuuent parmy les vegetables des parties
ſimilaires, & diſſimilaires : la differance des ſexes , les mouuemans d'aller & de venir ; de joye & de triſteſſe : la veille
& le ſommeil, la maladie & la ſanté , la vie & la mort.
On les void ſujetes à des maladies & generales, & particulieres ; les Ruſtiques neanmoins y reſiſtent bien mieus, que
celles des Iardins. Enfin le trépas leur arriue, comme aus
Animaus , en trois façons ; par maladie, par violance, ou
par vielleſſe & deffaillance.

La Colchique, la Tulippe, & le Satyrion vont & viennent,
marchant bien loin ; les vnes dans les creus de la terre,
les autres vers la ſurface. Le premier coup de coignée,

entame l'Arbre bien auant, comme s'il eſtoit ſurpris. Mais
eſtant frappé, il ſamble ſe roidir, ſe fermer & s'endurcir,
pour reſiſter aus autres coups, que décharge le Bucheron.
La baguette de coudre, par vn mouuemant naturel, ſe panche vers l'endroit de la terre où il y a des mines metalliques. Vne couche entiere de melons ſe fletrit & ſe deſſe-
che par la méme cauſe qui tache vn miroir, lors qu'vne
famme s'en approche. La Treffle-aigre, ſurnommée *Alleluya*, ſentant la pluye & la tempéte, plie ſes fuëilles en
globe, afin de ſe couurir. La Clandeſtine ſe cache toute
ſous la terre, comme pour dérober aux Fammes les vtilitez que leur Sexé en reçoit. La Plante-Animale ſe montre
ſi ſenſible, que ſi vous touchez la moindre de ſes parties,
elle ſe retire & ſe ferme comme ſi elle eſtoit pâmée; puis
quelque temps aprés, elle reprand ſa premiere force, &
ſe déueloppe peu à peu de ſon bocail. L'Arbre triſte de
Malabar, ne fleurît que la nuiĉt. La plus part ſe ferment
ſur le ſoir, & s'ouurent au retour du Soleil. Il y en a qui
ſuiuent viſiblemant la courſe & la carriere de ce Prince des
Aſtres. La Roze & l'Oëillet ſont bien plus odorantes au
matin, que pandant le reſte de la journée. Toutes ont en
elles-mémes, leur germe ſpecifique. Toutes par leurs fibres, par leurs racines, & oignons tirent leur nourriture
connaturele du ſel de la terre: leur breuuage, de la rozée
de l'eau; & leur eſprit, de l'air qu'elles aiment & recherchent. Toutes ſe purgent de leurs excremans, aprés que
la premiere digeſtion de leur alimant eſt faite dans les
racines: la ſeconde, dans le tronc & dans les branches; la
troiziéme, dans les fleurs & dans les fruiĉts.

Quant à ce qui eſt de la *Generation* des Plantes, DIEV
le Createur ayant enfermé en chaque eſpece ſa propre
ſemance: elles produizent toutes leurs ſamblables, en pluſieurs manieres. La terre leur ſeruant de matrice vniuerſele; leur pere au Ciel, c'eſt le Soleil. La Nature eſt la
mere de leur generation, mais l'Art & l'induſtrie humaine leur ſert ſouuant de Sage-famme. Elles ſe produizent
donc par ſemances, graines, oignons, cayeus, racines,

La production
des Plantes.

*Cuius ſemen in
ſemet ipſo.* Gen,
3.

fçions, bouttures ou marcottes : par greffes en fante, en écuffon, en flûteau, en boutton, en couronne, entre le bois & l'écorce, les famblables doiuent eftre antées fur leurs famblables. Que fi on les plante dans des lieus qui leur foient propres, ou du côté du Soleil Oriant, elles viennent plus belles, & durent plus long temps. Le pourpié germe en vingt & quattre heures, la laittuë en deus jours : le coucombre en huict, l'ozeille & la patiance en douze ou quinze ; l'Angelique en fix mois, le Lys felon qu'on l'a planté plus ou moins auant dans la terre. Il y en a qui pouffent deus & trois fois l'an, principalemant dans les pays chauds. Et toutes viennent beaucoup mieus eftant arrouzées de l'eau de la pluye, que de celles des fonteines ou des puys. Les fauuages ont plus de forces, & de durée ; neanmoins elles deuiennent toutes fauuages, fi elles ne font cultiuées.

Les Lunes doiuent eftre bien obferuées pour les coupper, greffer, femer & planter. Le bois couppé lors qu'il eft en feve, ou lors que la Lune eft en fon croiffant, eft fujet à pourriture. Méme la differante fituation des Arbres, y met des qualitez differantes ; leur couppe, marque la diftinction des parties du Monde. Les pois femez tandis que la bize fouffle, font difficiles à cuire. Les plantes femées depuis le premier quartier de la Lune, jûqu'au plein, fe chargent de branches & de fuëillage, mais auec fort peu de fruicts. Si on les plante en decours, elles viennent plus petites, maif aufli plus fecondes. La greffe cuëillie le dernier jour de la Lune, & antée le premier, apporte du fruict, dés la premiere, ou dés la feconde année.

Les Plantes qui arriuent plûtôt à leur perfection, finiffent aufli plûtôt. Celles qui portent plus de fruicts, viuent le moins. Il y en a d'Ephemeres, que l'on voit naître & mourir en vn jour. Les plus belles fleurs, ne durent gueres plus d'vne femaine. Le Pécher porte à trois ans, & meurt à neuf. Le Chêne dure jûqu'à trois cens ans.



Bien plus ; elles fe *changent* quelques-fois, les vnes dans les autres. Au temps de Xerxes, on vit vn Oliuier meta-

morphozé en Plaine. Le Figuier domestique degeneresou-
uant en Figuier sauuage ; raremant ce dernier s'éleue à la
bonté du premier. L'Imperatoire se change en Angelique, le fromant en seigle, celuy-cy en yvraye. Et la diuersité que quelques-vns croyent, qui arriue entre les Tulippes, du mélange de leurs oignons, rand cete conjecture
vraye-samblable ; que plusieurs graines de differautes espece broyées & mélées ensamble, produiroient peut-estre
de nouuelles especes, comme il arriue dans les Animaus.
Elles ont de la sympathie, les vnes auec les autres; la vigne aime l'ormeau & le figuier, la myrthe l'oliuier.

Et celles-cy s'antent plus aizémant les vnes sur les autres.
On void neanmoins diuerses greffes sur vn méme tronc. Les vertus des
Et Pline dit auoir veu à Tivoli, vn Arbre qui portoit toute Plantes.
sorte de fruicts. Elles ont aussi des antipathies, & des ini-
mitiez ; comme il se void entre les Chou & l'Origan, entre le Coucombre & l'Oliuier, la Coudre & la Vigne.

Enfin leurs *vertus* & proprietez sont tres-excellantes, &
en si grand nombre qu'elles rampliroient des Volumes entiers. La differance de ces facultez procede, comme dans
les Animaus, du diuers mélange des quattre premieres qualitez. Chaque Prouince a ses Plantes particulieres, dont l'v-
zage samble meilleur à ceus du pays que celuy des Etrangeres ; soit pour l'alimant, soit pour les medicamans. On
experimante que les Agrestes sont meilleures pour la Medecine, les Cultiuées pour la nourriture. Que dans les Plantes, tout ainsi que dans les Animaus, leurs diuerses parties
sont douées de vertus differantes. Le pepin a vne vertu,
que n'a pas le fruict : & celle de la fleur est souuant contraire à celle de la fuëille, de l'écorce & de la racine. La
cerise, le raisin, la seconde écorce du sureau & de l'hie-
ble sont laxatiues. Au contraire la gomme des ceriziers,
le pepin de raizin, la premiere écorce du sureau & de l'hie-
ble ressérent & constipent. Ce qui se discerne méme par
la differance des saveurs & des odeurs, qui se treuuent en
ces diuerses parties des vegetables. Le pecher a le fruict
tres-dous ; sa fuëille, sa fleur & son noyau sont fort amers.

Le figuier ayant l'écorce tres-amere, porte des figues tres-delicieuſes. Le fruiƈt du poirier ſauuage eſt âpre, ſon pepin dous. La noix & l'amande ont les écorces dures & ameres, le dedans mol & delicat.

Les vnes ſont chaudes, les autres ſont froides. Les vnes purgent, les autres alterent & incizent les humeurs. Il y en a de cephaliques, d'optalmiques, de cardiaques, d'hepatiques, de ſpleniques ; qui ſont bonnes pour la tête, pour les yeus, pour le cœur, pour le foye, pour la rate, & pour les autres parties du corps humain.

Il ne s'entreuue aucune veneneuze, qui ne ſoit accompagnée de ſon antidote ; le napet de l'anthore, l'aconit de l'origan, l'opium de l'abſinthe, la juſquiame de l'ail : la ciguë du vin pris copieuſemant ; car ſa petite quantité, ne feroit qu'aiguizer la pointe du venin. Voilà ce qui ſe peut dire en general des Vegetaus, paſſons à ce qui eſt de particulier.

---

<table>
<tr><td>



</td><td>

# LES VERTVS PAR-<br>ticulieres des Plantes.

</td></tr>
</table>

Les Vertus ſpecifiques des Vegetablés.
*Has ergò ſapientias arborum & ſcientias, lib. de Anim. c.19. Geneſ 2.*

Le Palmier.

LEs *proprietez* ſpecifiques, ſont ſans doute infinies dans les trois ſortes de Plantes. C'eſt peut-eſtre ce que Tertullien appele ſubtilemant, les Sageſſes & les Sçiances des Arbres. Pour en particulariſer quelques-vnés, je commanceray par les Arbres. Les deus du Paradis Terreſtre, dont l'vn reparoit la vie, & l'autre nous a canſé la mort, auoient quelque choſe de ſurnaturel. *Le Palmier*, que les Hebreus expriment par vn méme mot que le Phenix, eſt le ſymbole de la Reſurreƈtion, de la force, de la viƈtoire ; parcequ'il meurt, s'il n'eſt éclairé du Soleil : plus il eſt chargé, plus redreſſe & ſe roidit contre le poids. *Nititur in pondus.* Le mâle porte des fleurs ſans fruiƈts, la femelle des

fruits ſans fleurs. Ils demeurent ſteriles ; s'ils ne
s'accouplent : & pour randre l'vne feconde, il la faut
charger de rameaus & couurir des branches de l'autre. Cét
arbre a toute la moëlle dans ſa téte ; laquelle venant à eſtre
couppée, la Palme meurt incontinant. A chaque nouuelle
Lune, il pouſſe vn nouueau rameau. On appele ſes fruicts
des cariotes, des nicolas, ou des dates, *dactili*, parcequ'ils
ſont faits en forme de doigts. La Palme dont on couppa
des rameaus, pour honorer l'entrée triomphante de I. C H R.
en Ieruſalem ; fut conſeruée, comme par miracle, long-
temps aprés le ſac & la ruine de cete Ville. Et vn Empereur
fit battre vne Medalle, qui repreſantoit le Crocodille lié
& attaché à vn Palmier ; auec cete diuize, *nemo ante reli-*
*gauit*, montrant par là qu'il auoit domté l'Egypte.

*Les Figues* ſont ſi belles à la veuë, & ſi agreables au goût, Le Figuier.
qu'on les a priſes pour ce fruict defandu ; qui ſeruit d'objet
de tantation à nos premiers Parans, & qui cauſa la ruine
de leur poſterité. Tous deus, Adam & Eue, ſe ſeruirent
des fuëilles de cét Arbre ; pour couurir leur nudité, aprés
leur crime. Iudas ſe pandit luy-méme à vn figuier, qui ſe
voyoit encore au téps du venerable Bede. A Rome ſous l'Empire de Neron, le Figuier qu'on appeloit Romulus, deſſecha
au méme temps qu'on y vit germer & pouſſer vn morceau du
bois de la Croix, planté par les deus premiers Apôtres S.
Pierre & S. Paul. Le Figuier ſauuage appaize la fureur des
Taurreaus, mortifie & attandrît les viandes fréches, fait
cailler le laict. En Egypte pour randre les Figuiers plus fer-
tiles, on les gratte, on les taille, on les couppe, puis on
les arroze auec de l'huile. Il y a vne ſorte de figues ſi deli-
cieuzes, qu'on les nomme des Muzes, comme ſi c'eſtoit
la nourriture de ces neuf Sœurs. Et Ezaye guerit le Roy 4. *Reg. Cap.* 20.
Ezechias, mettant ſur ſon mal vn cataplâme de figues.

L'Hiſtoire des Iuges, recite que *l'Oliuier* prefere la douceur L'Oliuier.
de ſon fruict à l'Empire des arbres, qui n'eſt accepté que par
le Buiſſon. Dans l'Hiſtoire Prophane, la ſtatuë d'Hercule, *Judic.* 9.
& la couronne de Themiſtocles eſtoient de bois d'Oliuier. Les Demons qui pour mieus fourber ſe ſeruent des

proprietez natureles des chofes, employoient les Statuës de Diane & d'Auxefie faites d'Oliuier, pour remedier à la fterilité par tout où l'on les portoit. L'huile eft la medecine de l'Euangile, eft de tres-grand vzage dans les alimans & dans les medicamans. Elle fe tire de toutes chofes, mais la fouueraine fe fait des Oliues. La plus douce vient, de celles qui ne font pas encore meures : celle qui coule d'elle-méme, fans eftre épreinte par force, s'appele Huilé-Vierge. Et vn tres-Sçauant Euéque de Paris a remarqué, que l'Oliuier planté, ou touché par la main d'vne Famme impudique, ne porte jamais de fruiᵭ : qu'il feche, & qu'il meurt auffi-tôt. Son vzage dans les lampes, eft tres-commode à la vie des hommes : & c'eft auec regret qu'ils ont perdu l'inuantion qui les randoit inextinguibles, comme celle que l'on treuua à Padouë dans le tombeau de Tullia fille de Ciceron. Ceus qui boiuent de l'huile dans les feftins, contre l'yurognerie ; imitent peut-eftre les Anciens, qui en oignoient les Perfonnes yures. Mais il eft certain que les Fammes s'en feruoient pour la beauté, & les Athletes pour fe fortifier.

*Le Meurier* eft le Symbole de la prudance, parcequ'il fleurît le dernier des Arbres domeftiques ; comme s'il attandoit que les incommoditez de l'hyuer, fuffent paffées. Auffi croit-on que c'eft par antiphraze, que les Grecs empruntent fon nom de la folie, μωρία. Ce nom appartiendroit bien plus propremant à l'Amandier, qui fe voit d'ordinaire dépoüillé de toutes fes promeffes & de toutes nos efperances. Neanmoins l'élection d'Aron au Souuerain Sacerdoce, fe fit par le miracle de fa baguette, qui parût chargée en vn inftant de boutons de fuëilles & de fruiᵭs ; en memoire dequoy, elle fut gardée dans le Tabernacle. L'Arbre nommé la Pudeur ou la Pudique, ou Honteuze ; retire fes branches & fes raineaus, quand on approche d'elle, ou qu'on la touche. Celles que l'on nomme du Soleil & de la Lune, donnoient de certains prefages au leuer de ces deus Planetes. Il y en a vne en Egypte, qui ne porte point de fruiᵭ qu'aprés vn fiecle : d'autres dont les racines du côté d'Occidant

font

*Herodot. libr. 5. & 8.*

*Le Meurier.*

*Sicut moros in pruinâ Pf. 77.*

*L'Amandier.*

*Numer. 17.*

*La Pudique.*

font tres-venimeuzes, celles qui pouſſent vers l'Oriant ſeruent d'Antidote. Il y a des pommes d'Adam, ſur la chair
deſquelles l'on voit des dents marquées.

   *Le Tramble* ou Peuplier, eſtoit chez les Anciens conſacré  *Le Peuplier.*
à Hercule. Les mémes ont creu que l'Ambre ſe formoit de
ſes larmes. Les Sçauans en cete matiere, n'en tombent pas  *L'Ambre.*
d'accord ; & leur diſpute s'échauffe beaucoup, ſur la naiſſance de *l'Ambre.* Le Iaune, dont le plus clair & le plus
tranſparant ſe nomme Carabé, eſt vne gomme qui coule
en des Iſles deſertes, ou du Peuplier, ou de certains Arbriſſeaus. Le flot de la mer l'entraîne, le nettoye & le jette ſur
les côtes. Si tandis qu'il eſt liquide, il s'y enferme quelque
mouche, ou autre choſe ſamblable ; il eſt plus rare, & plus
cher. Les Propheties d'Ezechiel & de l'Apocalypſe, voyent
l'Image du Fils de l'homme qui eſt d'ambre depuis la ceinture en haut, & de fer en bas. Pour *l'Ambre gris,* on croit
communemant que c'eſt la Baleine qui le vomit ; comme le
Muſc n'eſt que l'émeute des Martes : & qu'il n'acquiert cete
odeur excellante, qu'auec le temps qui le purifie.

   Sur les Montagnes du Dauphiné on voit vn Arbre haut
& droit, que ceus du pays appelent *Meliſſe* ; qui porte l'ar-  *La Meliſſe.*
ſenic au bas de ſon tronc, la terebinthe en ſon bois : ſur ſes
fueïlles la manne, que S. Chryſologue nomme *mellitus im-*  *Serm. 73.*
*ber.*

   Les Statuës des Dieus, ſe faiſoient d'ordinaire de *Cedre*  *Le Cedre & le*
*& de Cyprés.* De ce dernier l'on fait les auirons, & on en  *Cyprés.*
plante dans les Cimetieres comme les Symboles de la mort,
parcequ'ils ne portent point de fruiſt : & de l'immortalité,
parcequ'ils ſont toûjours verds. Le magnifique Temple de
Salomon, en eſtoit auſſi tout reuétu ; à cauſe ſans doute,
que ces deus ſortes de bois reſiſtent à la vermoulure & à la
corruption.

   *L'If,* appelé des Latins, *Taxus,* a toûjours eſté eſtimé ſi
venimeus, que tous les poizons ſont appelez toxiques.  *L'If.*
Son ombre fait mourir, Ceus qui s'y endorment : & le vin
dans vne taſſe faite de ce bois, deuient vn mortel poizon.

   *La Vigne* eſt d'vne nature moyenne entre les arbres, &  *La Vigne.*

   *La I. P. La Sçiance Humaine.*      A A a

les arbriſſeaus. Ses fleurs faiſant mourir les Scorpions & les Crapaus, chaſſent toute ſorte de Serpans. L'eau qui en decoule lors qu'elle eſt en ſeve, eſt excellante pour les yeus, & pour embellir le vizage. Il n'y a que la Vigne, dont la liqueur ſoit de diuerſes couleurs : & il n'eſt point d'animal, qui ne ſoit friand de ſes raizins. La froideur des Peuples du Nort, les rand amoureus de ce fruiȼt qui les échauffe. Iûques-là que les Allemans adoroient autrefois au lieu du Dieu Mars, vne épée ſur vn ſarmant de Vigne ; & les premiers Temples, en eſtoient bâtis. Mais à Rome, au rapport de Tacite, les Soldats n'eſtoient foüettez qu'auec du ſermant de Vigne.

*Le Vin* qu'on en exprime, pourueu qu'il ſoit bien choizi & pris auec mezure & ſobrieté, eſt le meilleur reſtaurant de la vie humaine. C'eſt l'allegreſſe des Hommes formez, le laiȼt de Venus & des Viellards. Les Vignes dés-ja vielles portent moins de vin, mais il eſt plus fort & plus vigoureus. Les couppeaus de hétre le font meurir plus promtemant, & le purifiant le mettent en état d'eſtre bû. Le blanc paſſe pour le mâle, à cauſe qu'il eſt le plus aȼtif. Le vin le plus delié, c'eſt le meilleur ; de méme que le miel le plus épais, l'huile la plus legere, & le fromant le plus pezant paſſent pour les meilleurs.

Quand le vin n'eſt encore que du verjus, il ſert d'aſſaizonnemant : ſi on luy ôte l'eſprit, deuenant vinaigre il demeure comme vn corps ſans ame. Le reȼtifiant au feu, on en tire l'eau de vie ; dont on ſe ſert, principalemant ſur Mer, pour ſe nourrir, méme pour ſe rafraîchir.

Il n'y a rien dans le vin qui ne ſerue à quelque vzage ; la lie, la fleur, l'aquoſité, le tartre ou le cryſtal. Et ce n'eſt pas ſans myſtere, que la vie de grace eſtant conferée aus Chrétiens par l'eau du Batéme ; le Pain & le Vin ſont employez pour la conſeruer, & pour l'accroître dans la diuine *Euchariſtie*. C'eſt à cauſe de ces diuins Symboles, qu'on a au commancemant accuſé nos Ancétres d'adorer Bacchus & Cerés. Mais ce celeſte Fromant n'eſt que pour les Eleus, & ce Vin n'engendre que des Vierges. Le diuin Sauueur

*Herod. lib. 1.*

*Le Vin.*

*Syneſ. Epiſt.* *148.*

*Frument. elect. & vin. germin. Virgin. Zach. 9.*

ne ſe compare-t-il pas luy-mème à vne Vigne, & ceüs qui *Joan.* 15. croyent en luy, aus ſarmans ? N'eſtans bons à faire aucun ouurage, s'ils ne ſont dans le ſep, on n'en peut faire que *Auguſt.* 16. de la cendre; *aut vitis, aut ignis.* *Ezech.* 15.

L'Hiſtoire de Ioſeph recite, qu'il y auoit yne Vigne d'or taillée dans le Temple de Ieruſalem : & les Rabins ajoû-tent, qu'elle portoit de vrayes grappes de raizin. L'Epouze du Cantique en fait ſes delices, le beuuant auec du laiⅽt. *Cant.* 5. Saint Paul toutefois en permet ſeulemant l'vzage mediocre à ſon Diſciple Timothée, à cauſe de la foibleſſe de ſon eſto- *1. Timoth.* 5. mac. L'Example de Noë fait voir combien l'abus en eſt fa-cile, & a de fâcheuzes ſuites. C'eſt pourquoy D I E V le def-fand aus Nazaréens, & à ceus qui entroient dans le Taber- *Leuit.* 10. nacle. Anciennemant on ne le gardoit que dans les bouti- *Deuter.* 14. ques des Apoticaires, comme vn cardiaque & vn contre- *Ierem.* 35. poizon, dont la coûtume rand la vertu inutile. La plûpart des grans Capitaines, ont deffandu cete liqueur aus Sol-dats. Deſorte que Mahumet ayant enyuré les Officiers de ſon armée, & par là donné occaſion de ſe quereler & de s'en-tretuer ; il leur perſuada que c'eſtoit le ſang du premier Ser-pant, dont le ſep retient encore la figure tortuë, & les Hom-mes yures les mauuaiſes qualités. Mais la vraye raiſon po-litique de la deffance qu'il leur en fit, c'eſt que ſa trop gran-de acrimonie en l'Afrique & en l'Arabie, engendre la le-pre. Outre que cete abſtinance diminuë beaucoup les dé- *Suetone en ſa* panſes, & les débauches de la guerre. Cequi porta Domi- *vie.* tien à faire vn Ediⅽt, pour déraciner toutes les vignes au tour de Rome.

Quoy que les Anciens fuſſent ſi ennemis de l'yurogne-rie, que les Lacedemoniens ne la ſouffroient que dans les Eſclaues ; ils la permettoient en la fète de Bacchus, parce-que c'eſt le Dieu de la vigne. La ſainte Parole même re-connoît le vin, de ceus que l'on menoit au ſupplice, qui *Vinum damnat.* ſeruoit ſans doute, ou à les fortifier, ou à les aſſoupir. L'Hi- *bibeb. Amos* 2. ſtoire des Machabées dit que la montre du vin rouge, que *Vinum myrrha-* l'Ecriture appele le ſang de raizin, anime les Elephans, Et *tum.* nous auons encore parmy nous, γεϱϭιον ὄινον; qui eſt ce vin *1. Lib c.6.*

d'honneur, dont les Villes & les Communautez font pref-
fant aus Perfonnes illuftres.

*Le Corail* qui eft vn arbriffeau au fond de la Mer, & qui
s'endurcît à l'air ; arréte le fang, & eft doüé de beaucoup
d'autres proprietez merueilleuzes.

Le méme *Elizée* qui adoucît la coloquinte auec de la fa-
rine, fe feruit d'vn certain bois & de fel pour ôter l'amertume d'vne fonteine. Efaye remarque que l'on écrit fur du
buys.

Le Laurier tient le premier rang entre les *Plantes-viues*,
à caufe qu'il ne perd jamais fa verdeur ; ceque l'on attribuë
à la quantité de vitriol, qui entre en fa compofition. On
croit qu'il a la vertu de faire predire l'auenir, de refifter à
la foudre : & de guerir l'Epilepfie, ou Mal caduc. C'eft la
matiere la plus ordinaire des couronnes. Et les Vniuerfi-
tez en tirent le nom, dont elles honorent leurs Difciples,
qui commancent à faire éclore les premiers fruits de leur
doctrine. Celuy qui triomphoit à Rome, plantoit vne branche de Laurier, qui fe deffechoit lorfqu'il venoit à mourir.

*L'Ecriture* compare l'Homme vertueus à la Plaine, à l'O-
liuier, à la Palme, & au Cedre. Elle le fait fleurir comme le
Lys, & comme la Roze : & dit que nos corps germeront, en la
refurrection.

*Le Lierre* fe liant aus arbres pour s'éleuer & en tirer fa
nourriture, les fait mourir ; parcequ'il leur dérobe leur
alimant, & les étouffe. Auffi eft-ce la marque de l'Ingrati-
tude. L'on en fait neanmoins des guirlandes, d'excellante méche à fuzil : & des vazes dans lefquels fi vous mettez
du vin auec de l'eau, le vin s'écoule auffi-tôt. Du temps
d'Ariftote, l'on prit vn Cerf, qui portoit des branches de
lierre, nées & entortillées entre le bois de fa téte.

Le Corail.

4. Reg.1.& 14.

Ifa. 50.

Le Laurier.

Baccalaureus.

Eccli. 24.

Le Lierre.

# LES PROPRIETEZ,
## & les Curiositez des Simples.

ES Herbes & les Simples ont encore des vertus plus rares, & des proprietez plus conneuës. *Le Pain* qui se prand parmy les Leuantins, comme le boire en nos Contrées, pour toute sorte de nourriture; montre l'excellance du bled, & du fromant: C'est le symbole de l'abondance. Et l'on prit à bonne augure, quand on vit des fourmis porter des grains de bled dans la bouche de Mydas, lors qu'il estoit encore enfant. L'esprit tiré du pain & du vin, est vn merueilleus restaurant. D'vne grosse mie de pain blanc fait de pur fromant, imbibée aussi de vin blanc, & du plus genereus, l'on fait vne pâte; laquelle enfermée dans vn vaisseau circulatoire seelé hermetiquemant, on fait digerer dans le vantre de cheual durant vn mois. Puis on distille cete matiere selon l'Art au bain, à feu du second degré. Cete liqueur est vn vray or potable. Mais comme si le Pain & le Vin estoient les vrays symboles ou de la pieté ou de l'immortalité, ne voyons-nous pas encore aujourd'huy les offrandes pour les Morts, qui se font de pain & de vin?

Le syrop de bled Sarazin, ôte la raucite. Celuy des Riforts, est divretique. L'Ail est la theriaque des Paysans: Neron se seruoit de Porreaus, pour se randre la voix nette & claire. Les fuëilles de Saule, l'Agnus Castus, la Ciguë, les Coucombres & Nymphes-d'eau appaizent les mouuemans contraires à la Chasteté. L'herbe Scitique appaize la faim, & la soif. Il n'y a point de serrure assez forte, pour resister à l'Ethiopique. Et celle que les Rois de Perse donnoient à leurs Ambassadeurs, leur estoit vn trezor qui leur procuroit l'abondance de toutes chofes.

*Les Féves.*

Dans *les Féves* on remarque des caracteres funeftes, & vne marque noire famblable à la téte d'vn mort ; leur naiffance eftant attribuée à la pourriture des corps morts. C'eft pourquoy Pythagore en deffandoit l'vzage à fes Difciples. Par là donnant à entendre que la Sageffe eft le remede de la folie, ou que Venus eft contraire à Minerue : ou que pour philofopher, il fe faut retirer du grand Monde, & des affaires publiques.

*Le Benauax.*

*Le Benauax*, Boramets, ou Mouton-Plante eft entierement famblable à la figure d'vn Agneau ; excepté qu'il porte fur le front, au lieu de cornes, vne touffe de poil fort delié ; il broute les herbes qui luy font voifines, & les Loups le cherchent comme leur plus friande pâture. Vn bois d'Ecoffe trampé dans l'eau fe change en Canars. Le Baume fremît à l'approche du fer. Le Cameleon blanc replie fes fleurs, quand il doit faire de la tempéte. Ce qui fait qu'on l'appele l'Almanac des Payzans. Les verges de coudre, s'enclinent vers les mines d'or & d'argent.

Que n'experimante-t-on point en nos jours de ce Thé de la Chine, fi fort recommandé dans les Relations du R. P. de Rhodes ? Du Cachou, tres-efficace contre les fluxions de la poitrine ? Et de cete écorce d'arbre, nommée Chimachina ; laquelle prife en poudre auec du vin blanc, eft fpecifique contre les fievres quartes.

*Dicit Borrago, gaudia femper ago.*

Par ce que la Bugloze & la Bourache purifient le fang, & réjoüiffent le cœur : le vin qui fe fait de leurs fleurs, eft appelé *Euphrofinum*. On fe fert à méme deffein des taffes de Tamaris pour boire dedans. La Coloquinte eft la mort des Plantes. Le Séné eft en nos jours, le Triomphe de la Medecine : on appele le Thabitrum, la Sageffe des Chirurgiens. La Lizimache empêche les Bétes de fe battre. Il y a des Herbes qui font faigner, d'autres qui arrétent le fang. L'Epimedium de Matthiole, abaiffe le fein des Fammes. Le Letraï ou herbe judaïque, attire les humeurs, par vne infenfible tranfpiration. Nepeta ou l'herbe aus chats, les enyure : & leur fait faire, mille fauts, & gambades. La Sferra cauallo d'Italie, deferre les cheuaus.

Que ne font point les Herboliftes fur la curiofité des *noms*   Les Noms pour
qu'ils donnent aus Plantes, pour denoter leurs vertus ? Ils  marquer la ver-
ont l'Epouze du Soleil, qui eft la Chicorée : la Grace de  tu des Simples.
Dieu, la Palme de Chrift, le Morfus Diaboli : la Cruciate,
le Sceptre d'Elizée, les Larmes de Iob, les Gands de Nôtre-
Dame, l'Angelique & l'Archangelique. La Grenatille du
Nouueau Monde, ne porte-t-elle pas tous les inftrumans
de la paffion du F I L S D E D I E V ? En vn mot, cete famille des Vegetatiues eft fi feconde en remedes ; que la Medecine en connoît plus de trois mille efpeces differantes.

La *fuperftition* méme s'eft mélée bien auant, dans ces in-  Superftition.
nocentes matieres. Les premieres offrandes que firent les
Idolâtres, eftoient des fleurs : les premiers Temples eftoient
faits d'écorces d'Arbres, ce qui les fit nommer *Delubra*.
Celle des Druïdes autour du Guy de Chéne, a efté dés-ja
rematquée. Le Prophete Baruc taxe ces Fammes, qui
ceintes auec des cordes, brûlent dans les grans chemins
des noyaus d'Oliue. Les Ifles de la Mer Britannique fe
vantent d'auoir des Arbres, qui font éclore des Oifeaus,
au lieu des fruicts. Les Anciens ne cuëilloient la Sabine
qu'auec la main droite, ayant les pieds nuds, & aprés auoir
facrifié. L'Herbe de la Saint-Iean, eft encore en vogue
parmy nos Payzans : comme parmy les Curieus, la graine
de fougere ; & la verge de coudre franc & rouge, que l'on
cuëille fourchuë & auec ceremonie. Que ne feint-on point
de la *Mandragore*, ou Mandegloire ; qui felon l'étymologie  La Mandragore.
méme de fon nom Allemand, reprefante la figure des Hom-
mes & des Fammes ? Rachel mangeant des Mandragores
de fon pays, que fa fœur Lia luy donna, guerit par la
froideur & par l'humidité de ce fruict, l'intamperie chaude & feche, qui la randoit fterile. L'herbe *Baaras* chez  Le Baaras.
l'Hiftorien des Iuifs Iofeph, ne fe voit jamais durant le
jour : pandant la nuict, elle brille comme vne étoile. Si
vous la voulez cuëillir, elle s'enfuît : & Celuy qui l'at-
trape, meurt en la prenant. Pour faire multiplier le Saf-
fran, il le faut fouler aus pieds. Pour faire multiplier
l'Oxicum, on le charge d'injures en le femant. Le Garus

fert de Medecine, pourueu qu'on ne le nomme point. On appele Champignons qui font voir Dieu, ceus de Hongrie; dont on ne peut manger fans eftre faifi d'vne fiévre chaude, & d'étranges réueries, qui font voir Dieu en fon trône. Paracelfe, Batifte de la Porte, & autres Curieus, recherchent ces fecretes & occultes vertus, dans la phyfionomie & dans la fignature des Vegetables. Mais à vray dire, rien n'eft fi plaifant en cette matiere, comme les réueries des Zabiens parlant de l'arbre d'Adam. Si on les en croit, fes branches jettées à terre, fe trainent comme des ferpans : la racine reprefante la figure de l'homme, & parle diftinctemant. Et de ces autres Arbres d'or & d'argent dediez au Soleil & à la Lune, dont ils empruntent les vertus.

*L'Eglife* méme reconnoît quelque vertu dans les Herbes, & dans les Plantes ; puifqu'elle les employe fpecifiquemant, dans fes Ceremonies. L'on attribuë l'vzage de la Ruë dans les Exorcifmes, à cete proprieté que fes racines font empreintes naturelemant du figne de la Croix. Et il n'y a pas long temps, que ( fans doute pour la confufion de l'Herefie ) l'on treuua tous les habits, dont le Prétre fe fert à l'Autel, produits, finon naturelemant, au moins miraculeuzemant, dans le tronc d'vn arbre. Tant-y-a que l'on a toûjours creu, qu'il y a quelque chofe de diuin dans les Arbres, & dans les Plantes. C'eft pourquoy non feulemant nos anciens Druïdes & les Prétres de Baal, adoroient Dieu dans les épaiffes foréts: mais Abraham méme bâtît vn Bocage en Berfabée, & inuoqua le nom de D I E V en cét endroit.

I'irois à l'infini, fi je voulois feulemant recuëillir les plus curieuzes obferuations des beautez & des richeffes, que l'Auteur de la Nature enferme dans les Plantes. Et nôtre Siecle experimante combien les Perfonnes, je dis les plus éloignées de la vanité, ont de paffion pour les Simples & pour *les Fleurs*. On force méme le cours de la Nature, pour auoir préfque toute forte de fleurs, en tous les pays, & en toutes les faizons. Témoin ce Polonnois, qui enfermant les cendres de chaque Plante en vne phiole de verre figillée hermetiquemant; les tiroit de cete matiere, échauffant

le fond

More Zenoch.
Part. 3. c. 28.

L'Eglife,

Gaffarel,

Les Fleurs,

le fond du vaze d'vne douce chaleur. En effet on a experimanté , que lors que l'on ne peut, ou que l'on ne veût
pas fe charger de la Plante entiere, il ne faut que la calci-
ner & en tirer le fel ; lequel eftant femé puis aprés , produit
la méme Plante dont il a efté tiré.

La France ne va plus chercher en Italie , les Grenadiers,
les Citronniers, ny les Orangers. Le Iafmin, le Phileria,
les Tulippes , font aujourd'huy les parures ordinaires de
nos Iardins.

Mais entre toutes les Fleurs, les *Tulippes* font fans doute
deuenuës les maîtreffes & les reines , depuis que les **Les Tulippes.**
Holandois nous les ont apportées du Nouueau Monde : ou
que fans aller fi loin , le deffein ou le hazard les ont cuëil-
lies fur la cime des Pyrenées, des Alpes, ou des Apennins.
Tant-y-a que la Nature qui difpanfe fes dons auec mezure,
n'ayant pas donné aus Tulippes l'odeur des Rozes , ny
l'vtilité des Violettes , les a neanmoins parées de tant de
beautez ; qu'elles ont merité d'eftre cultiuées par des mains
illuftres, de deuenir les delices des plus grans Princes : &
de faire croire à de Sçauans Medecins, que la Tulippe eft
le vray Narciffe des Anciens.

Tout le fecret de cete innocente curiofité, confifte dans
les couleurs. Pour aider la Nature à les varier, on fe mocque
aujourd'huy de Ceus, qui s'amuzent à incizer les Tulippes : à les anter , les méler, mufquer leurs oignons, & faire
autres famblables artifices ; dont les Fleuriftes toutefois ne
tombent pas tous d'accord. C'eft donc affez, d'auoir vne
pepiniere de bonnes couleurs ; comme de Veuues, de Sa-
blons, de Marechalles, d'Agathes, d'Angeliques, de Monftres , de Fantafques, & autres exquizes. Elles fe *connoiffent*
par le gobelet, le pilier, les étamines : par le fond de la **Commant les**
Tulippe, & par la couleur. **connoître.**

Le Gobelet c'eft la forme ou le vaze, qui fait le corps de
la fleur. Les plus finguliers, font les plus exquis, le rond
eft le moindre. On en voit en cœur, & en pointe. Il y en a
de recourbez, danchez, cizelez en fuëille de chéne, & en
mille autres façons.

*La 1. Part. La Sçiance Humaine.*                 B B b

Le Pilier eſt cete petite tige, qui naît du milieŭ de la Tulippe, enuironnée & comme deffanduë de cinq ou ſix pointes; dont chacune eſt ſurmontée d'vn petit grain, qu'on nomme Etamine.

Le Fond eſt le maître ſigne, qui marque le prix d'vne couleur; en quoy le vert, & le bleu tiennent le premier rang. Par ce Fond on entand quelques couleurs, qu'on void au dedans de la Tulippe; qui naiſſent de la tige, & qui ſe répandent ſur chaque fuëille. Quelquefois ce Fond eſt continu, quelquefois il eſt couppé, ayant du blanc au milieu; qui eſt vne excellante diſpoſition à la nature, pour bien trauailler en cete fleur. Quelquefois il eſt beaucoup chargé, quelquefois peu; & ce dernier eſt le mieus. Tantôt il eſt diſpoſé en forme d'étoille, & tantôt il eſt ſans figure.

Or la belle Tulippe ſe perfectionne, lors que la nature pouſſant de ce Fond le long de chaque fuëille; chaſſe cete couleur groſſiere, qui luy ſeruoit de premiere robbe. Car pour lors la plus grande partie de chaque fuëille demeure blanche, bleuë, &c. auec des tirades ou panaches d'vne autre couleur, qui font cete agreable diuerſité qui charme les yeus. Lors que ces Panaches ſont ſi bien marquées d'vn côté & d'autre de la fuëille, qu'on n'attand plus rien de nouueau de cete Tulippe: elle s'appele rectifiée, ou pour parler auec le Vulgaire, paſſée. En cét état, les fuëilles de la fleur ſont tres-deliées; parceque s'eſtant déchargées de cete humeur groſſiere, elles ne peuuent plus eſtre ſi épaiſſes. Cequi a fait croire à quelques Fleuriſtes, que la beauté d'vne Tulippe eſt vne maladie de nature, qui perd ſa vigueur aprés quelques années. Si bien que n'ayant plus de force de pouſſer aſſez d'humeur, pour fournir à la teinture de ſa premiere couleur: elle la perd peu à peu, & n'en enuoye plus aus fuëilles qu'vne partie. D'où il arriue, que le reſte demeure blanc; couleur que l'on ſçait eſtre dans les Viuans, vne marque de foibleſſe.

De ce principe les Experimantez ont conclu, contre l'auis du Vulgaire, que pour auoir plûtôt des *Tulippes variées*, les oignons ne ſe doiuent pas mettre en vne terre

graſſe, mais plûtôt en vne terre ſablonneuze. Parceque celle-cy deſſechant plûtôt l'oignon, les fuëilles auſſi ſe déchargent plûtôt de leur teinture épaiſſe & groſſiere.

Entre les couleurs, on eſtime toutes *les Bizarres*; parce
qu'il arriue que la Nature trauaillant ſur ces couleurs mortes, fades & ſingulieres; elle fait quelquefois des miracles
en beauté. Et il ne faut pas s'émerueiller, ſi en vn ſi grand
nombre de Tulippes, il y en a fort peu d'excellantes; veu
que la perfection reſultant de toutes les circonſtances, le
moindre defaut fait perir & auorter ces fraîles & delicates beautez. L'vn des inconueniains les plus ordinaires,
c'eſt que le fond de la Tulippe montant, il ſe méle ou ſe
barboüille auec la couleur : & pour dire le terme, la Tulippe s'enyvre. Enſorte qu'elle n'eſt point conſiderable, encore qu'elle ſe varie, parce qu'elle ne l'a pas fait dans la
noble façon. Depuis que ce fond commance à pouſſer ſa
couleur par les bords de la fuëille, c'eſt ſigne qu'elle ne
ſera jamais grande choſe. Mais lors qu'il la pouſſe par le
milieu, c'eſt vne marque aſſeurée que tôt ou tard la Tulippe ſera rauiſſante.

Ce Diſcours des Fleurs, ne peut auoir vne plus belle
couronne, que celle de la France. Ce premier Royaume
Chrétien a receu du Ciel *les Fleurs de Lys* ſans nombre,
jûqu'à Charles V I. qui les reduiſit à trois. Ce n'eſt pas
mal-à-propos, que cete parole du Saint-Euangile, *Lilia
non nent*; a eſté employée, pour ſignifier que le Sceptre des
François ne tombe jamais en quenoüille. Les Grecs font
tant d'état de cete belle Fleur, qu'ils en font vn nom general à toutes les autres, & l'appelent la fleur des fleurs.
Auſſi eſtant la fleur de nos Rois, elle merite bien d'eſtre
la Reine des fleurs : & d'auoir eſté ſingulieremant choiſie
de DIEV, parmy toutes ces beautez de la terre. Les Lys
ſont employez, par ordre exprés du Saint-Eſprit, dans les
ornemans du Temple. Ils ſont nommez parmy les braſſe-
lets de la belle & chaſte Iudit. Ce ſont dans le Sacré Cantique, les innocens Symboles de l'Epous & de l'Epouze.
Le Pſeaume qui marque les victoires de Dauid, eſt intitu-

Les couleurs<br>bizarres.

La Fleur de Lys.<br><br>*Luc.* 12.<br>*Suid. in Etym.*<br>*Nicand. apud<br>Athen.*<br>*Omnes terræ flo-<br>res Lilium vin-<br>cit, & præcellit<br>in gratia : tan-<br>túmque diſtat ab<br>vniuerſo germine<br>Lilium, quantũ<br>Regem ſpecie &<br>gloriâ cunctis<br>conſtat præcellere.<br>Chryſolog. ſerm.<br>163.<br>Ex omnibus flo-<br>rib. eleg. tibi Li-<br>lium vnum.* 4.<br>*Eſdr.* 5.

BBb ij

le pour les Lys. Et autrefois pour reconnoître la valeur des braues Conquerans, on leur donnoit autant de lys, qu'ils auoient emporté de victoires. Le bout du Sceptre des Aſſyriens, eſtoit chargé d'vn lys d'or. *Le Fils de* DIEV méme ſe ſert de leur parure naturele, & de ce beau ſatin blanc & rouge qui étale leur pompe ; pour effacer la gloire de Salomon dans ſes habits, les plus magnifiques, & pour nous inſtruire des ſoins paternels de ſa Prouidance. Le Lys a cela de propre, que ſa larme & ſon eau luy ſert de ſemance : & que n'ayant point de ſaizon, il fleurît tôt ou tard, ſelon qu'il eſt planté plus ou moins auant dans la terre ; & que pour le produire la Nature a beſoin de s'eſſayer dans la Campanelle, ou Cloche-blanche, dont elle fait ſon apprantiſſage. Enfin le plus haut degré de la perfection dans les Ames ſaintes, eſt dépeint par cét embléme du Sacré Cantique ; qui fait paroître vn Lys, naiſſant du milieu d'vn halier & d'vn buiſſon d'épines. Et la tres-Sainte Euchariſtie n'eſt-elle pas repreſentée dans les mémes Symboles, par vn morceau de fromant, enuironné de fleurs de Lys ? *ſicut aceruus tritici vallatus lilijs.*

*Herodot. libr. 1.*

*Matth. 6.*

*Lilium ſeritur lachryma ſuâ.*

*Campanella rudimentum Naturæ, Lilium facere diſcentis.*

*Sicut Lil. inter ſpinas. cap. 2.*

*Cap. 7.*

# L'ARCHITECTVRE.

APRES les foins de la Campagne pour la nourriture, pour l'occupation, & pour la recreation des Hommes; leur induftrie s'eft incontinant employée à fe deffandre des injures du temps, & peu à peu de la violance des Bétes & des Ennemis. C'eft ce qu'ils font par le moyen de l'ARCHITECTVRE, qui apprand à éleuer & bâtir toute forte d'Edifices, Sacrez & Profanes, Publics & Priuez; edifiant les Villes, les Ruës, les Eglizes, les Palais, & les Maifons. Et cela auec folidité & commodité, pour la durée & pour l'vzage: auec ordre, beauté & fymetrie pour l'agrémant.

*De l'Architecture.*

*Son employ.*

Son *origine* eft auffi ancienne que le Monde, dont DIEV eft le Soûuerain Architecte; qui l'a bâti pour feruir de Temple à fa Majefté, & de Palais à l'Homme, qui eft fon Lieutenant & fon Vice-Roy. La premiere Ville, felon le témoignage de l'Ecriture, a efté bâtie par Caïn; qui l'appela Henoch, du nom de fon Fils aíné. Celuy-cy certainemant fut le bon fils d'vn tres-mauuais Pere: & par fa rare pieté, il merita que DIEV l'enleuât dans la Loy de Nature; comme Elie l'a efté en la Loy Ecrite, & le Diuin Saüueur en la Loy Euangelique. Iabel enfeigna auffi à fes Enfans, qui eftoient Bergers, à l'example d'Abel, à fe loger en des hutes, en des tantes, & fous des pauillons. Les Hirondeles, les Alcions, & les autres Oyzeaus dreffant leurs nids auec vne merueilleuze induftrie; ont auffi appris aus Hommes, la maniere de faire des Maifons pour s'y enfermer. Au commancemant elles n'eftoient que de gazon, de ramées, & de branches d'arbres; comme font encore aujourd'huy, les Cabanes des Sauuages. Depuis la curiofité fe joignant à l'vtilité, & à la neceffité; on dreffe le plan, on

*Son origine.*

*Genef 4.*

BBb ij

creuze les fondemans. Sur ceus-cy l'on éleue les gros murs, qui foûtiennent la charpanterie du comble pour couurir l'Edifice. Aprés quoy l'on ramplît le dedans de toutes les parties neceffaires, & de tous les ornemans imaginables.

Cét Art s'étudie principalemant à obferuer vn jufte rapport des dimanfions, & des proportions de toutes les pieces ; pour feruir à la commodité, & à la bien-feance. Il employe à ce deffein la diuerfité des *Cinq Ordres*, qu'on appele ( peut-eftre à caufe du lieu, où l'on les a premieremant inuantez ) le Tofcan, le Dorique, l'Ionique, le Corinthien : & le Compofite, Commun ou Italique, qui fe compofe du mélange de quattre autres. Le Tofcan & le Dorique, comme les plus fermes & les plus maffifs, feruent ordinairemant de premier corps & de foûtien aus autres ; lorfque dans quelque bâtimant, on les éleue les vns fur les autres.

Tous ces cinq Ordres fe *diuifent* en Parties principales. La premiere eft le Stylobat, ou Piedeftal. Il eft compofé d'vne baze, d'vn Dé, & d'vn chapiteau ; fur lequel repofe la baze, le fût ; & le chapiteau de la colomne : & enfuite l'architraue, la frize, & la corniche.

Ces principales Parties font encore foudiuifées en plufieurs autres *petites*, dont quelques-vnes font particulieres. Par example, la Corniche fe void ordinairemant chargée de modillons, de danticules, & rozaces. La Frize reçoit les fuëillages, les arabefques, les morefques, & triglyphes. Si l'ordre eft Dorique, le chapiteau eft orné de fuëilles : de tigettes, s'il eft Corinthien ; de volutes, s'il eft Ionique ; de toutes les deus, s'il eft compofé. Il y en a encore d'autres *moindres*, qui font communes à toutes les parties principales, comme font les thores & demi-ronds, les quarts de rons : les gueules ranuerfées, les doucines, les aftragales ; les filets, les plaintes ou plintes ; & autres enjoliuemans fans nombre. L'œil fera mieus comprandre à l'efprit cete belle diuerfité dans la Figure fuiuante, qui dépeint l'ordre Corinthien.

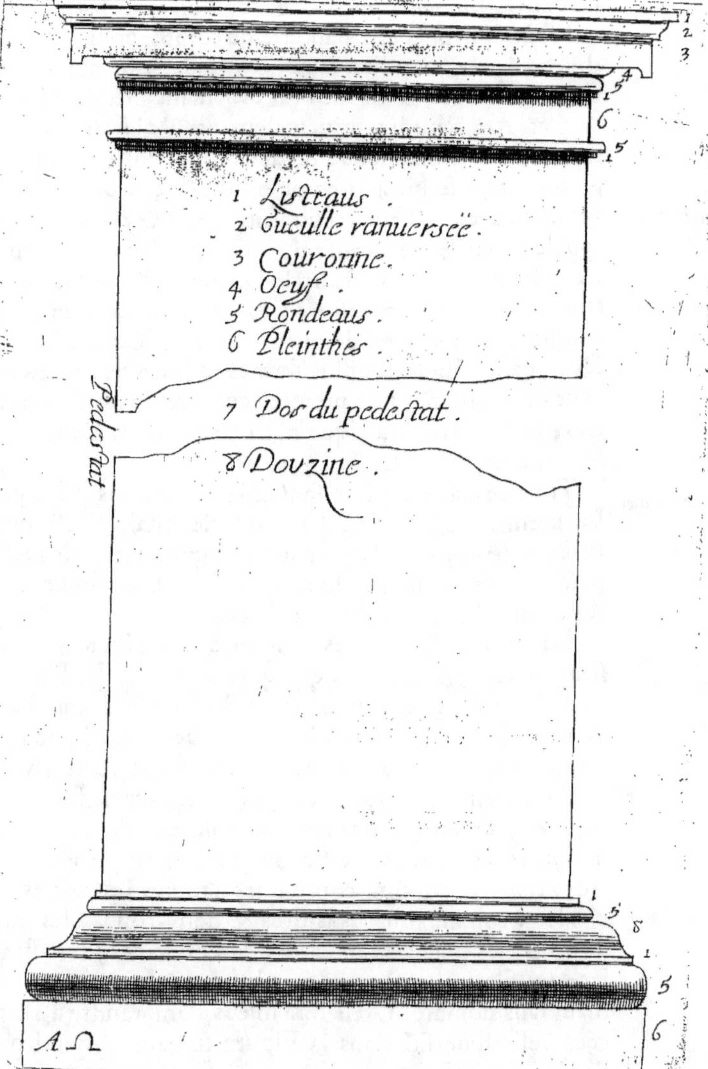
1 Listraus.
2 Cuculle ranuersée.
3 Couronne.
4 Oeuf.
5 Rondeaus.
6 Pleinthes.
7 Dos du pedestat.
8 Douzine.
Pedestat

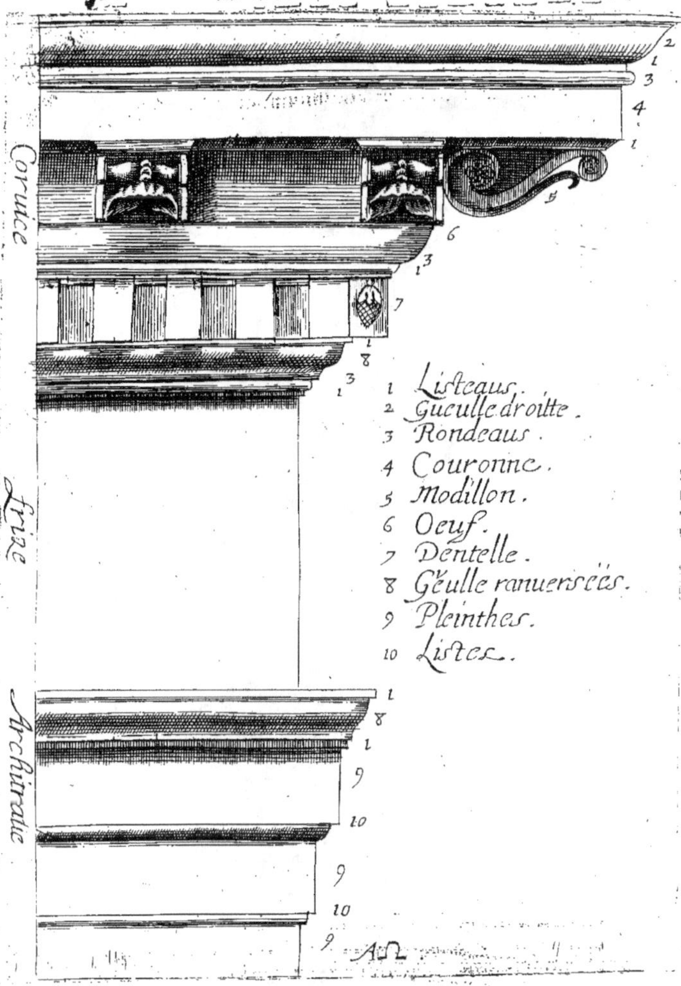
Corniche
Frize
Architrale
1  Listeaus.
2  Gueulle droitte.
3  Rondeaus.
4  Couronne.
5  Modillon.
6  Oeuf.
7  Dentelle.
8  Gueulle ranuersées.
9  Pleinthes.
10  Listes.

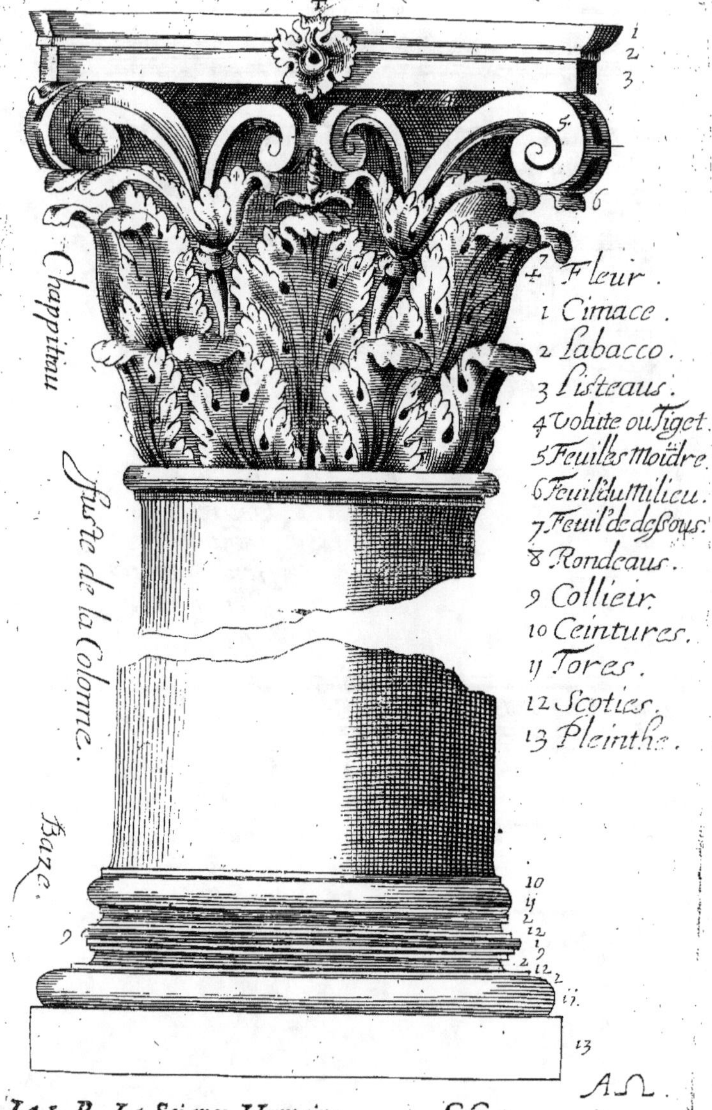



La 1. P. La Sçiance Humaine.          CCc

Or bien que toutes les parties principales se treuuent en chaque Ordre, les particulieres ne s'y rancontrent pas, au moins d'vne méme façon. Car par example le chapiteau de la colomne Toscane , ne reçoit jamais les fuëilles ny les tigettes du Corinthien. Et encore que le Composé les admette , elles n'y sont pas employées de la méme maniere.

Tout vn Ordre est *diuisé* depuis sa baze jûqu'à sa corniche, en certain nombre de parties. Le Dorique, par example, en vingt: le Corinthien en vingt-cinq, le Toscan en dix-sept, L'Ionique en vingt-deus. En chacune de ces parties on fait vn module, c'est à dire le demi-diametre de la colomne qui sert à proportionner toutes les autres parties. C'est pourquoy il se diuise en douze parties au Toscan & au Dorique, & en dix-huiçt aus trois autres.

Cete proportion qui regne dans les Edifices, se treuue méme en la figure de l'Homme. Car selon Vitruue, la longueur de son corps, est de six fois plus grande que la largeur. Et étandant les bras & les jambes, elle fait vn cercle. Méme la main est la longueur de la face; laquelle est contenuë huiçt fois, en la longueur de tout le corps.

Quelquefois l'Architecture éleue ses Ordres auec des portiques ou arcades , quelquefois sans arcades : quelquefois auec des piédestals sous les colomnes , quelquefois sans y en mettre. Cete diuersité naît partie de la disposition des lieus , qui reçoiuent les bâtimans : partie du dessein , & de l'imagination de l'Architecte. Vitruue, qui a esté vn grand Maître en ce métier, enseigne qu'il n'y a point de Bâtimant qui ne doiue imiter la structure de l'Homme. Il ajoûte que pour estre habile en cét Art, l'Architecte ne doit préque rien ignorer de toute l'Encyclopedie. Il doit estre Geometre, afin de bien dresser ses plans & de prandre tous les alignemans de l'edifice. Arithmeticien, pour supputer justemant tous les frais de la dépanse. Philosophe, pour connoître la nature des materiaus qu'il employe. Medecin, pour bien faire le chois des emplacemans salutaires, ou dommageables à la santé. Astronome, pour

bien placer & ouurir les Bâtimans aus aspects des Astres,
dont les influances sont fauorables; comme sont l'Oriant,
& le Septantrion. Enfin s'il n'est bien experimanté, l'Ouurage estant acheué fera toûjours paroître des fautes irreparables; qui fait dire à nos François, que *qui Bâtit, mant.*

Il n'y en eut point sans mantir, dans les trois Edifices
les plus accomplis de l'Vniuers; l'Arche, le Tabernacle,
le Temple; dont D I E V traça luy-méme les desseins, &
inspira l'industrie aus Ouuriers. L'Arche, le premier nauire
du Monde, auoit trois cens coudées de long, cinquante *Genes. 14.*
de largeur, & trante de hauteur. Le plan & le modele du
Tabernacle, auoit esté montré à Moyze sur la cime du *Exod. 15.*
Mont de Sinaï. Pour le Temple magnifique de Salomon,
il fut bâti sans que l'on y entendît jamais aucun coup de *3. Reg. 6.*
marteau ny de cizeau. Tout y estoit reuétu de bois de Cedre, & couuert de fin or. Les Portes y estoient d'oliuier. Ce
Sage Prince fut sept ans à le bâtir, & treze à la construction *Domuncula ad*
de son Louure. Au milieu de la galerie, il y auoit vne petite *judicandum in*
Maison pour randre justice. Mais Achab l'vn de ses Suc- *medio porticu.*
cesseurs, voulut bâtir vn Palais tout d'yuoire. *3. Reg. 7.*

Les Hommes ayant ainsi pourueu à leur nourriture par le
Labourage, & à leur logemant par l'Architecture; se sont
puis après adonnez au manimant des Armes, lors que la
passion a porté les plus ambitieus, comme Nembroth, à
tyrannizer les autres: ou que le droit naturel a obligé Ceus
qui estoient attaquez, à se deffandre. C'est ceque fait *l'Art*
*Militaire,* dont nous allons parler.

# L'ART MILITAIRE.

TITRE LXII.

De l'Art Mili-taire.

VNE cruele vanité ayant attaché à ce sanglant Métier, la gloire & les recompanses ; on en fait vne serieuze Etude, ou d'escrime dans les Sales, auec la brette & le fleuret : ou de combat, dans les occasions. *La Guerre* ne se peut faire sans Hommes, & sans Armes. Sous ce dernier est compris l'Argent, qui est le nerf de toutes les grandes entreprises.

Les Gens de Guerre.

LES HOMMES en ce rude & sanglant exercice de Mars, sont le Generalissime, qui est d'ordinaire vn Prince ou vn Maréchal de France : le General ; le Lieutenant General, le Grand-Maître de l'Artillerie, le Maréchal de Camp, le Maréchal de Bataille, le Major de Brigade, le Colonel, le Capitaine, le Lieutenant, le Major, l'Aide-Major, l'Enseigne. Les autres Officiers, l'Intandant, le Threzorier, le Maréchal des Logis, le Fourier, le Preuôt, le Sergent, le Caporal, l'Enspeçade, les Commissaires, les Canonniers, & les autres Officiers de l'Artillerie. Les Soldats, sont les Caualiers ; Volontaires, Gendarmes, Cheuaus-Legers, Carabins, Dragons, Fuzeliers, &c. Les Piétons, & Fantassins ; les Mousquetaires : les Picquiers ; les Appointez, les Reformez, les Factionnaires.

Tous Ceus qui veulent seruir soit dans les leuées, soit dans les recruës, doiuent estre enrôlez en vne Compagnie, préter serment : & se tenir dans leur bande, escoüade, ou brigade. Il y en a d'autres, qui seruent aussi au métier de la Guerre ; comme les Ingenieurs, les Espions, les Herauts, les Trompettes, les Tambours : les Pouruoyeurs, les Pionniers, les Mineurs ; les Chartiers, les Goujats, & Gens de samblable étoffe.

Les Capitaines

Les *Capitaines* doiuent *sçauoir* la Guerre, par étude, par instruction & par experiance. Cinq qualitez principales les randent dignes d'estre Chefs, & de commander ; sça-

uoir eſt la vaillance, la vigilance, l'autorité, le jugemant,
& le bon-heur. Les *Officiers* ſe randent recommandables
par la diligence, & par la fidelité. Les *Soldats* tant de Ca-
ualerie, que d'Infanterie ; par l'obeïſſance à la Diſcipline
militaire, par le courage & par la valeur dans les occaſions.
Ceus qui s'y portoient lâchemant, eſtoient ſaignez parmy
les Romains. Alexandre fit voir à Darius, que le grand
nombre n'eſt pas toûjours victorieus. Et je croy que la plus
grande armée qui ait jamais eſté veuë, eſtoit celle du Peuple de DIEV ; qui ſortirent de l'Egypte, ſix cens trante
mille cinq cens cinquante Combatans, ſans conter la lignée de Leui. Deſorte qu'il ne faut pas s'étonner ſi ſous
leur General Ioſué, ils defirent trante & vn Roys en vne
ſeule bataille. On ranuoyoit de l'armée les nouueaus Mariez, les Vignerons, les lâches & les coüars comme fit Gedeon. Quand DIEV ſe méle de la partie, la victoire eſt
bien aſſeurée. Il l'a fait pluſieurs fois dans l'vn & l'autre
Teſtamant. C'eſt pourquoy lors qu'on éleuoit l'Arche d'alliance pour la faire marcher deuant le Peuple de DIEV,
Moyze faiſoit cete priere ; *Leuez vous, Seigneur, que vos en-*
*nemis ſoient mis en déroute : & que ceus qui vous haïſſent, s'en-*
*fuyent de deuant vòtre face.* Il faiſoit cete autre, lorſque les
Leuites la déchargoient ; *retournez, Seigneur, à la multitude*
*des Enfans d'Iſraël.* Moyze tenant les mains étanduës vers
le Ciel, gagne la bataille. Ioſué tenant ſon bras éleué en
haut auec ſon bouclier, emporte la victoire ſur les Habitans de Hay. Attaquant Gabaon, qui eſtoit vne des villes
royales, des pierres tombent du Ciel : & à la parole de ce
General, le Soleil s'arréte au milieu de ſa courſe. Les hauts
faits de Debora, de Iephté, de Gedeon, de Samſon : & le
maſſacre de toute l'armée de Sennacherib en vne ſeule
nuict, font aſſez voir la force de ce grand DIEV des armées ; qui compare méme l'Egliſe ſon Epouze, à vne armée rangée en bataille ; deuant laquelle les Chantres du Seigneur auoient coûtume de marcher, & dont il prenoit bien
luy-méme la peine d'aſſoir le Camp, de dreſſer les quartiers
& les logemans.

Les Officiers.<br>Les Soldats.

Le Dieu des<br>Armées.

Sicut caſtrorum<br>acies ordinata.<br>Cant. 6.<br><br>Leuit. 2.

CCc iij

Les Armes of-
fanfiues, & de-
fanfiues.

LES ARMES pour attaquer, font l'épée, le poignard, l'arme à feu, la picque, la lance, l'arc & la fléche, la hache, la halbarde, la pertuifane, &c. Pour deffandre; le pauois, la rondache, le bouclier, le cafque : le corcelet, la cuiraffe, les cuiffarts, les braffarts, les gantelets, fi on eft armé de pied en cap.

Guerre Etran-
gere, & Ciuile.

Nauale.

On fe fert des vnes & des autres dans *la Guerre* foit Etrangere, foit Ciuile. Dans les combats *par mer,* que donnent les Armées Nauales; compofées de Galions ou Vaiffeaus ronds, Galeres, Pataches, Fûtes, Barques, &c. Sous la conduite de l'Admiral, du Vice-admiral, du Lieu-tenant General, des Chefs d'Efcadre, & du General des Galeres.

Les Combats
fur terre.

Les combats *fur terre* fe font par les Armées, les Troup-pes, les Regimans, les Compagnies : les Efcadres, les Bandes, les Files, les Hommes detachez, &c. Et cela ou dans les fieges, ou dans les partis, ou dans les rancontres, & embûches : ou dans les retraittes, ou dans les batailles rangées. Deforte que tout ce fanglant & funefte métier, auquel je ne fçay quelle manie a attaché tant de gloire, fe reduit à deffandre, ou à attaquer les Places, à bien camper fes Trouppes ; l'Ecriture remarquant que le Camp de l'Ar-

*Deuter.* 23.

*Caftra quafi ca-
fta.*

mée doit eftre chafte & fainte : à marcher en campagne, à ranger vne Armée en bataille, à bien ménager la vi-ctoire, fi on l'emporte : & fi on eft veincu, à faire vne belle retraite, & rallier le refte de fes Trouppes.

Toutes fortes
de Sçiances.

C'eft pourquoy l'Art Militaire, fe fert préque de toute forte *de Sçiances* De la Religion, pour inuoquer le fecours du DIEV des batailles, & contenir les Peuples. De l'Hi-ftoire, pour la prudance. De l'Aftrologie, pour preuoir les faizons & le temps. De la Geographie, pour connoître le pays. De la Geometrie, Arithmetique, Optique, Archi-tecture, & des autres parties de la Mathematique.

La Defanfiue.

Car tout fon employ confifte dans l'Offanfiue, ou dans la Deffanfiue. Pour *deffandre* vn petit nombre contre vn plus grand, on fortifie les Places; confiderant leur fitua-tion, leur étanduë, leur figure, leur épaiffeur, leur éleua-

tíon, & leur matiere. Ce qui produit diuerſes ſortes de
FORTIFICATIONS ſoit Régulieres, ſoit Irregulieres. Les Fortificá-
On les fait dans les Villes, dans les Citadelles, dans les tions.
Châteaus, Donjons & Reduits : dans les Forts, & dans
les Fortins.

Aprés auoir leué le deſſein & tracé le plan de la Place
qu'on veût bâtir, ou fortifier; on commance par le fondemant, ſur terre ferme. Que ſi le lieu eſt ſablonneus, ou ma-
récageus, on met auparauant des pilotis. Auſſi-tôt on
creuze les foſſez, dont la juſte largeur eſt de quinze à
trante pas. Pour la profondeur, la plus grande étant la
meilleure, elle doit eſtre au moins de ſix à ſept pieds. Les
vtilitez d'eſtre ſecs ou pleins d'eau, ſont differantes. Les
Sçauans & Expers ont decidé depuis peu, que les ſecs ſont
plus propres aus grandes Villes; y ajoûtant au milieu, ou
proche de la muraille des cunnettes larges de quinze ou
vingt pieds, & les plus creuzes que l'on peut. L'eau eſt de
plus grand ſeruice au tour des moindres Places, principalemant pour empécher les ſurpriſes.

On accompagne les foſſez de leur talu, de contreſcarpes,
de paliſſades, chandeliers, tenailles & ſamblables inuantions; pour arréter l'Ennemi, ou le combatre dans le foſſé.
Les coffres & les caſmates ne ſont plus gueres en vzage.

Sur la contreſcarpe on fait le corridor, large de deus à
cinq toizes : couuert de ſon eſplanade, haute de huiĉt à dix
pieds; qui ſe va perdre, à dix ou quinze pas de la campagne. Pouſſant les ouurages plus outre, s'il y a des eminances qui commandent à la place, on les raze, ou l'on y bâtit
des Forts. On auance auſſi dans les dehors les Demi-lunes,
les Rauelins : les Tenailles, les Paliſſades, & les Queuës
d'Hyrondelles.

Dans l'enceinte de la Fortereſſe, preferant la commodité
du combat à celle du logemant, on arange les Ruës, les Places d'armes, les Corps de garde, les Arcenaus, Magazins;
auec la prouiſion des moulins à eau, à vant : à cheual, & à
bras. L'on y fait auſſi des bâtimants ſans éleuation, pour
eſtre à couuert du Canon de l'attaquant.

La Grande Place d'Armes, doit eftre proportionnée au nombre des Soldats; qui doiuent eftre pour l'ordinaire, à raifon de deus cens hommes pour baftion : ou cinq cens, s'il faut foûtenir vn fiege. Et puîque chaque homme marchant en bataille , n'occupe que trois pieds de front ; & fept de file : & en combattant, que deus pieds de front, & enuiron trois de file ; dans vn quarré, dont le côté fera de quarante toizes , on pourra ranger en bataille, fix mille hommes ; donnant à chacun neuf pieds d'aire , trois de front, & trois de file.

Il faut en fuite dreffer les Rampars, de quinze à vingt-cinq pieds par deffus le niueau de la campagne. Cequi fe fait tant pour couurir les maifons de la Place, que pour commander fur les trauaus de l'Ennemi. Lors qu'on a befoin d'vne hauteur plus grande que le Terre-plain, on fe fert de Plates-formes, & de Caualiers. Et pour hauffer les Moufquetaires on dreffe des banquettes, degrez ou relais d'vn pied & demi de haut, larges de trois. L'épaiffeur d'vn Rampart eft fuffifante de vingt à trante pas par en bas, entre dixhuict & vingt-cinq par en haut. La terre argileuze & graffe , eft la meilleure. Son talu ou glacis doit eftre couuert de gazons, ou de bonne terre non remüée ; entremélant des branches fleuries de faule , ou des oziers. Et femant fur le dehors de l'aueine , du gramen, ou du fain-foin. Son plan, où l'on peut auffi planter des Arbres, doit aller vn peu en panchant vers la Ville, afin de faire écouler les eaus

Le Rampart eft reuétu d'vne muraille de maffonnerie, encore qu'elle ait fes incommoditez dans vn fiege : & qu'vne Place reuétuë de terre , foit incomparablemant meilleure. Parmy les pierres , dont les meilleures font lés plus feches & la brique , on entre-mêle quelquefois des touches d'arbres. Derriere la muraille on fait des Eperons, & des Contreforts auancez dans le terrain, pour la foûtenir & affermir ; les meilleures fe font en forme de demie-tour. La Chemize eft la folidité du mur, depuîs fon talu jûqu'au cordon. L'Efcarpe, eft le talu ou la pante qu'on

baille

baille vers le foſſé à la muraille, pour la mieus ſoûtenir.
Le Parapet ſert pour coüurir les ſentinelles & la ronde,
qui marche auec le mot du guet. Les Courtines ſont entre
deus Baſtions. Et au dehors vne ſeconde muraille, qui eſt
l'*Antemurale* des Anciens, & nos fauſſes-Brayes d'apreſent.
Auec les embrazures qui ouurent les parapets, pour tirer
ſur l'Ennemi : & les Contre-mines, & Caſcates.

Les pieces plus importantes d'vne Forterefſe ſoit reguliere,
ſoit irreguliere ſont les Portes, & les Baſtions. Les premieres
ne ſont jamais mieus, qu'au milieu des courtines; accompagnées de Poternes, Ponts-leuis, Bacules, Palliſſades, Heriſ-
ſons, Barrieres : Moulinets, Corps de garde, Garde-fous;
d'Orgues, qui ſont de groſſes poutres dont on ſe ſert à preſent au lieu de Herces & de Cataractes qui tomboient par
des couliſſes.

Les Fortifications qui ſe conſtruiſent à la Françoize, à la
Holandoize, à l'Italiéne, & à preſent du mélange de toutes
les trois manieres ; forment les Baſtions, de diuerſes figures.

*Le Baſtion* eſt vn grand corps fait de muraille, ou bien  Le Baſtion.
vne leuée de terre; diſpoſée en pointe, auec des faces ou
pans qui ſont les parties les plus auancées vers la campagne : & des flancs, qui l'attachent aus courtines. La mode eſt de les bâtir la pointe en angle droit; au deſſus du
cinquiéme angle. L'angle ſaillant ou auancé, pouſſe au dehors : l'angle rantrant, tourne vers la place. On entre de
la place dans le Baſtion, par la gorge. Son centre eſt la
rancontre de deus demies-gorges, ou de deus courtines.
Il a encore ſes lignes capitales, de deffanſe, razante; auec
ſes conſerues, contre-gardes, cornes, couronnemans,
fraizes, redaus & autres ouurages.

On prand le feu, c'eſt à dire toute partie d'où on peut
tirer & faire feu pour deffandre la place, le plus grand
que l'on peut; tant du flanc, que de la courtine. A chacun des flancs & des demies-gorges, l'on donne vingt & vn
à trante pas geometriques. La grande ligne de deffanſe,
n'eſt point trop longue de deus cens pas : les flancs ſe cou-

urent auec des épaules, des orillons, ou des dehors.

*eEn genral* il faut qu'il n'y ait aucun lieu, qui ne soit flanqué & couuert à l'Ennemi : qui au contraire, ne soit veu du dedans de la Place. Elle est d'autant meilleure, qu'elle a plus de deffanse, & moins de choses à deffandre ; sans aucun lieu plus foible, ayant toutes les fortifications à l'épreuue des attaques. Les parties les plus proches du centre, doiuent estre les plus hautes pour commander aus plus éloignées. Toute la massonnerie doit estre de pierres douces, & les moins sujettes à faire des éclats estant battuës du Canon. Nous ajoûterons icy le plan de deus Places fortes, l'vne Reguliere, l'autre Irreguliere ; afin d'en reconnoître mieus les parties.

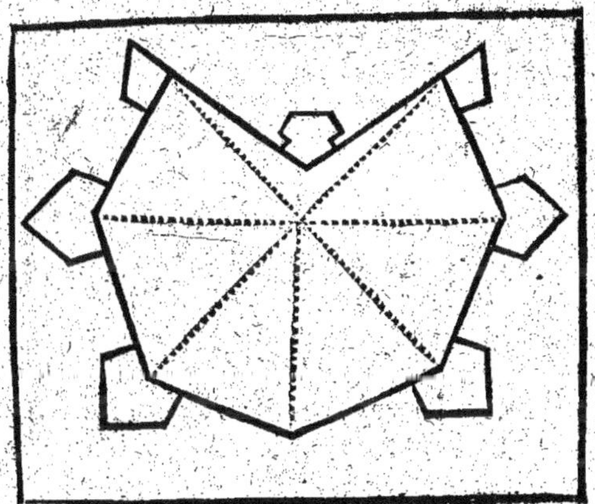

Figure Irregu-
liere.

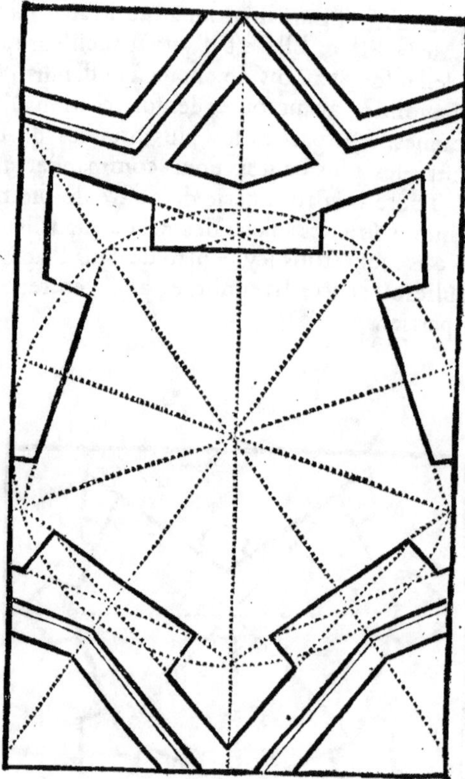



*L'on attaque* pareillemant du côté ennemi , inueſtiſſant, blocquant & aſſiegeant la Place ; par la circonuallation , par les lignes de communication, tranchées, &c. Par petarts, bombes , grenades , *canons*, mines , fourneaus , bréches , aſſauts. Enquoy l'ARTILLERIE fait vn tout autre effet, que ne faiſoient les Belliers, les Balliſtes & les Machines des Ancieus.

*Les Sieges.*

Cete inuantion meurtriere , & que nôtre ſiecle a fort

bien nommée *ratio vltima Regum*, s'est fait voir dans l'Europe, en l'an 1380. Les vns croyent qu'elle y a esté apportée de la Chine, aussi bien que l'Imprimerie. Les autres
que les operations de l'Alchymie, en ont donné la premiere connoissance. L'on y considere sommairemant, *trois choses*, la Poudre, la Bale, le Canon.



L'esprit de la *Poudre*, c'est le nitre ou salpêtre : l'ame,
c'est le souphre ; le corps, c'est le charbon. Y mêlant de
l'eau de vie rectifiée, auec l'esprit de camphre ; elle prand
plûtôt feu, & a de plus grans effets. Si on en ôte le Sal-
pétre, n'ayant plus son esprit le coup tire sans bruit, mais
est fort affoibli.



Les *Boulets* & les balles sont de pierre, de fer, ou de plomb.
Celles d'or & d'argent seroient bien plus dangereuzes. Les
rondes bien serrées & enfoncées, sont les meilleures : leur
grandeur, doit estre à proportion du calibre.



Les *Canons* sont differans en longueur, & en grosseur.
Les grandes Pieces, qu'on appele Canons : les Pieces de
Campagne, Couleuurines, Bâtardes, Moyennes, Faucons,
Fauconneaus, Perriers, Mortiers & samblables.

Le Canon de France, a de longueur dix pieds de metail,
son affût quatorze : tout monté, il en a dix-neuf. Pour manier vne piece de Canon, il faut trois toizes, ou prés de
cinq pieds Geometriques en quarré. Quand on le démon-
te, on le met à terre sur le vantre. Estant monté sur les
rouës, balancé sur les piuots ; on le bracque, pour le tirer.

La charge de poudre se coule dans l'ame ou canal, auec
la lanterne ; le jour qui est entre le boulet & le metail, demeurant vuide. La mire se prand de la culasse, par le rayon
& le bouton, droit au blanc où l'on vize. Le feu entrant par
la lumiere, pousse le boulet selon la portée du Canon, de
poinct en blanc enuiron huit cens pas : ou à portée morte,
lors que le boulet tombe à terre. Et quand on le pointe, il
faut prandre garde à sa reculée. Vne Piece ne peut tirer en
vn jour, plus de cent coups, encore faut-il la rafraîchir
auec du vinaigre. Le boulet qui a enuiron demi-pied de
diametre, peze ordinairemant trante-trois liures ; & il faut

vingt liures de poudre, pour le charger. Plus le Canon eſt
haut, plus il porte loin : & il porte plus droit de bas en haut,
que de haut en bas.

Les moindres *Armes à feu* ſont les Arquebuzes à croc, les
Mouſquets, les Mouſquetons, les Carabines, les Fuzils, les
Piſtolets, &c. Le Mouſquet porte enuiron ſix vingt toiſes,
tuë de plus de trois cens pas. Nôtre Siecle, comme s'il n'y
auoit pas des-ja aſſez de portes ouuertes à la mort, a encore inuanté les Bombes & les Grenades.

Les moindres
Armes à Feu.

Si les forces de deus Parties ſont à peu prés égales, on ſe
reſoût de part & d'autre, de donner & liurer vne *Bataille
rangée.* Le jour pris, chacun tâche de bien choizir ſon
poſte & ménager tous les auantages des lieus : de bien placer ſon canon : de mettre le bagage en ſeureté, & ſonger à
la retraitte en cas de déroute. Puis on dreſſe l'Auant-gar-
de, le Corps de l'armée, l'Arriere-garde. Le tout par Batail-
lons, & Eſcadrons entremélez ; ce qui forme ce que l'on appele, premiere, ſeconde, & troiſiéme Ligne ; auec les Aîles,
& les Corps de reſerue. Le ſignal donné, les Enfans perdus
commancent le combat, attachant les écarmouches : l'Artillerie joue ſon jeu, faiſant jour dans les files ; les gros des
deus Armées viennent à ſe rancontrer, & à s'entre-choquer.
Alors ſe fait vne ſanglante mélée, & vne cruele boucherie.
C'eſt en cete rancontre que les Officiers genereus ont beſoin de toutes leurs lumieres, pour voir & ſecourir à propos
les endroits des lignes affoiblis & mal-traittez par l'Ennemi ; faiſant ſoûtenir par des Trouppes fraîches, celles qui
ſont rompuës, afin de leur donner le temps de s'aller rallier, & de ſe remettre tout de nouueau en état de combattre.
Chacun faiſant ainſi ſon deuoir, la Victoire balance, jûqu'à
ce que l'vn des deus Côtez venant à ployer, ſe ranuerſe, ſe
rompe, ſe mette en fuite ; auec défaite & déroute totale,
chacun ſe ſauuant le mieus qu'il peut. Les Victorieus pourſuiuent les Fuyars, jûqu'à ce qu'ils ayent taillé tout en pieces : ou contraint de demander quartier ; alors on fait les
Prizonniers de guerre. La retraitte ſonnée, Celuy qui a ramporté la victoire, demeure maître du Champ de bataille ;

Bataille rangée.

DDd iij

chacun va au butin, & à la dépoüille des Veincus. Enfin
on rand les Morts de part & d'autre, pour les enterrer : &
on échange les Prifonniers, ou bien on en tire rançon.



Au refte, la *Guerre* ne fe doit jamais faire que par vne
extréme neceffité, pour vn fujet tres-important & fort jufte : auec grandiffime deliberation, & la prouifion neceffaire à tout ce grand & redoutable attirail ; n'appartenant
qu'aus grans Princes, d'en foûtenir la dépanfe. Auffi ne
doiuent-ils jamais s'y engager, que pour venir à la conclu-



fion d'vne bonne Paix ; qui fe commance par fufpanfion
d'armes, fuiuie de la tréve, dônant des Otages de part & d'autre. Enfin les Articles arrétez, fignez & jurez fur les Saints
Euangiles : on chante le *Te Deum*, on fait les Feus de joye,
on éleue les Triomphes ; on donne les recompanfes & les
marques de gloire à vn chacun, felon fon merite.

# LES ARMOIRIES.

E ce manimant & du fuccés des Armes, font
venus fans doute les Ecuffons & les A R M O I-
R I E S ; qui font les marques legitimes des
grandes Maifons, & des illuftres Familles. Pour
en auoir quelque intelligence, il faut fuppofer
que la *Nobleffe* eft definie par les Iuris-Confultes, vne clarté de lignée & vne fplandeur d'Ancétres, auec poffeffion,
& fucceffion d'Armoiries & d'Images. Elle fe peut diuifer
en Naturele, & Acquize.







La *Naturele*, n'eft autre que la generofité ; qui eft le
fondemant de la vraye vertu, & le principe de toutes les
belles actions.

*L'Acquize* eft de deüs fortes. La premiere, Heritée
par fucceffion des Ancétres ; qui l'ont poffedée à titre, les
vns d'autorité, les autres du manimant des charges & des
affaires publiques, les autres de richeffes ; quelques-vns
par inuafion, & par vfurpation. La feconde eft Perfonnele,
donnée pour recompanfe de la valeur, ou de la fçiance.

Estant vray au reste, qu'aucune République n'a mis de prix
à la Vertu Morale, ny à la sainteté ; peut estre parce qu'il
n'y a que D i e v, qui en soit le juste salaire. Il y a cependant
vne distinction à faire, & plusieurs remarques.

La distinction enseigne, que les *Annoblis* qui ne sont pas
d'ancienne Cheualerie, se peuuent bien appeler Nobles ;
mais non pas Gentils-hommes. Les remarques sont que
plus la source de la Noblesse est éloignée & inconneuë, comme celle du Nil, plus elle est estimée. Qu'encore qu'elle
aît son fondemant le plus solide dans le merite des actions
genereuzes & vertueuzes, il faut auoüer neanmoins
qu'elle doit beaucoup de son éclat à l'opinion. Qu'elle peut
subsister auec toute sorte de Conditions ; puîqu'Adam estoit
Laboureur, Noë Vigneron, Iacob & Dauid Bergers, les
Apôtres Pécheurs : & que tous les Nobles d'Italie, sont
Marchans. Que c'est vn reproche domestique aus Enfans
s'ils degenerent, comme font d'ordinaire ceus des plus
celebres Personnages. Qu'estre soy-méme auteur de sa
Noblesse, comme Marius, marque vne vertu au delà du
commun : En vn mot ; que si le sang des Peres est le corps de
la Noblesse, la vertu des Enfans en est l'ame. Qu'au reste, ce n'en pas si peu de chose, que le F i l s d e D i e v
n'aît voulu nous faire connoître plus d'vne fois sa Genealogie ; qui conte des Capitaines, des Iuges & des Roys :
bref, qui remonte jûqu'à vne excellante source, *qui fuit Dei.* Luc 3. 4.

Les examples de Nemrod, d'Hercules, d'Apollon, de
Bellerophon, & autres Domteurs de Monstres ; font voir
euidammant que la plus ancienne Noblesse, & les premieres Armes viennent de la gloire acquise par les Braues &
par les Vaillans. C'est à dire Ceus qui ont combattu contre les Bétes sauuages auparauant que les Hommes se fussent enfermez dans l'enclos des murailles. C'est pourquoy les plus Curieus en la langue Latine, tirent le mot
de *Bellum à Belluis*, du massacre des Bétes. D'où vient que *Prouerb. quasi*
la Chasse a toûjours passé pour l'exercice de la Noblesse, *Nemrot robustus*
& pour vn aprantissage de la Guerre ; à laquelle on a aussi *venatior or. dans*
attaché principalemant la valeur, l'estime & la reputation. Gen. 10.

Lors que la Paſſion des Hommes les a armez les vns contre les autres, Ceus qui n'auoient pas encore donné des preuues de leur courage par aucun fait d'armes ou exploit memorable, portoient leur Bouclier tout nu, comme vne table d'attante. Et à cauſe de cela, on l'appelloit blanc

**Bouclier blanc.** ou pur; *Parmá inglorius albá.* S'ils reüſſiſſoient en quelque occaſion éclatante, comme à tuer vn Geant, ou vn Vaillant Capitaine, à rallier vne Armée qui commançoit à ployer; ils faiſoient peindre ſur leurs Boucliers, les marques de ces actions genereuſes. Et c'eſt de là originelemant, que ſont venuës ces differantes Figures, & ce nombre préque infini de Pieces qui compoſent le corps de l'Ecu; dont la connoiſſance a donné ſujet à cete SçIANCE, que Ceus qui

**Sçiance Heroï-** en ſont paſſionnez nomment HEROÏQVE, *Heraldica*;
**que.** qui traite des *Armes, & des Blazons.*

Comme chaque Siecle a ſa manie, le nôtre eſt trauaillé de celle-cy entre pluſieurs autres. Mais ſans mantir, il y a ſouuant plus d'imagination que de verité. Ce qui paroît en cela aſſez agreable, c'eſt que de ce dechiffremant d'Armes, il ſe ſoit fait vn jargon tout particulier: & que l'on ait reſerré dans le rond de l'Ecu, tant de pays & de familles. Il y a toutefois vn inconueniant en cete matiere, qui arriue auſſi préque en tout le reſte. C'eſt que les Maîtres les plus habiles ne conuiennent pas aſſez vniuerſelemant, de leurs façons de parler; qui changent auſſi peut-eſtre, auec les Siecles & les Nations.

**L'Abregé des** Nous nous contanterons pour nôtre deſſein, de *donner*
**Armoiries.** *icy* les plus neceſſaires Diuiſions de l'Ecu: de nommer les Pieces principales, qui entrent en ſa compoſition; de rapporter les Regles les plus generales, & les Termes les plus ordinaires. Ce qui ſuffira pour en auoir vne connoiſſance raiſonnable. Car le detail n'appartient propremant, qu'aus Herauts, ou Roys d'armes: & à certaines Perſonnes, qui s'ourent l'entrée auprés des Grans par cete ambitieuze flatterie.

**Leur compoſi-** *Les Armoiries* donc ſont compoſées de l'Ecu, de Metal,
**tion** de Couleur, de Panne, des Pieces ou Marques d'honneur, & des ornemans qui ſont hors de l'Ecu.

*L'Ecu*

*L'Ecu* n'eſt autre choſe que le Champ de l'Armoirie, ſur lequel on applicque le metal, qui eſt de deus ſortes ; Or, & Argent. Propremant il repreſente le Bouclier, dans lequel toutes les Nations ont ranfermé quelque choſe de diuin, d'heroïque, & de bonne fortune. Les Getes faiſoient leurs ſermens ſur leurs Ecus, les anciens Allemans les adoroient: la France, la Grece, Rome les ont receus du Ciel: Celuy d'Enée portoit graué en ſa face, tout le deſtin de ſa poſterité. Les Empereurs de Rome, & nos Roys des deus premieres Races, eſtoient portez ſur leurs Pauois en la féte de leur Couronnemant: nos Monnoyes en ont retenu le nom, & les vrays Gentils-hommes s'appellent Ecuyers. L'Ecriture décrit des Boucliers d'or, & de feu. Parmy nos Gaulois, la derniere des lâchetez c'eſtoit de quitter ſon Bouclier : & quiconque retournoit de la bataille ſans l'auoir, eſtoit mis à mort. Ietter ſon Bouclier, c'eſtoit lâcheté: le montrer, c'eſtoit ſe randre ; frapper deſſus, c'eſtoit reſiſter. *L'Ecu.*

Il y a diuerſes *diuiſions* dans l'Ecu. On l'appele Parti, lors qu'il eſt diuiſé en deus parties égales par vne ligne qui vient du haut en bas. Couppé, depuis le milieu d'vn flanc à l'autre. Tranché, du haut angle dextre, au ſeneſtre de la pointe. Taillé, tout au contraire. Gironné & de huiɛt pieces, approchant de ces figures qu'on appele Girons. *Sa diuiſion.*

Si l'Ecu eſt diuiſé en quattre Parties égales, il s'appele Ecartelé: ou bien parti, & couppé. S'il eſt diuiſé en ſix, on dit parti d'vn trait, couppé de deus. Et ainſi de ſuite, jûqu'à trante-deus quartiers ; qui eſt parti de ſept traits, & couppé de trois. Sommairemant il y a dans l'Ecu *neuf parties principales*, qui répondent à celle du vizage de l'Homme; qui eſt le vray écu, & le portrait naturel d'vn chacun.

*Les Couleurs* de l'Ecu, ſont cinq principales. L'Azur, c'eſt le bleu: Gueules, c'eſt le rouge: Sable, c'eſt le noir: Synople, c'eſt le vert: Pourpre tient du metal & de la couleur, eſtant compoſé d'Azur & de Gueules. Les Anglois y ajoûtent le Tanné ou Orangé, & le Sanguin. *Les Couleurs.*

On ne conte que deus *Pannes*, ou Fourreures ; l'Hermine, compoſée d'argent & de ſable. Le Vair, qui eſt fait *Les Pannes.*

de diuerfes pieces d'argent & d'azur en forme de verre. Les
Graueurs ont méme treuué en nos jours , l'inuantion de
faire reconnoître ces metaus & ces couleurs , fur leurs ftam-
pes ou tailles douces ; comme vous en voyez la diftinction,
en la Figure fuiuante.

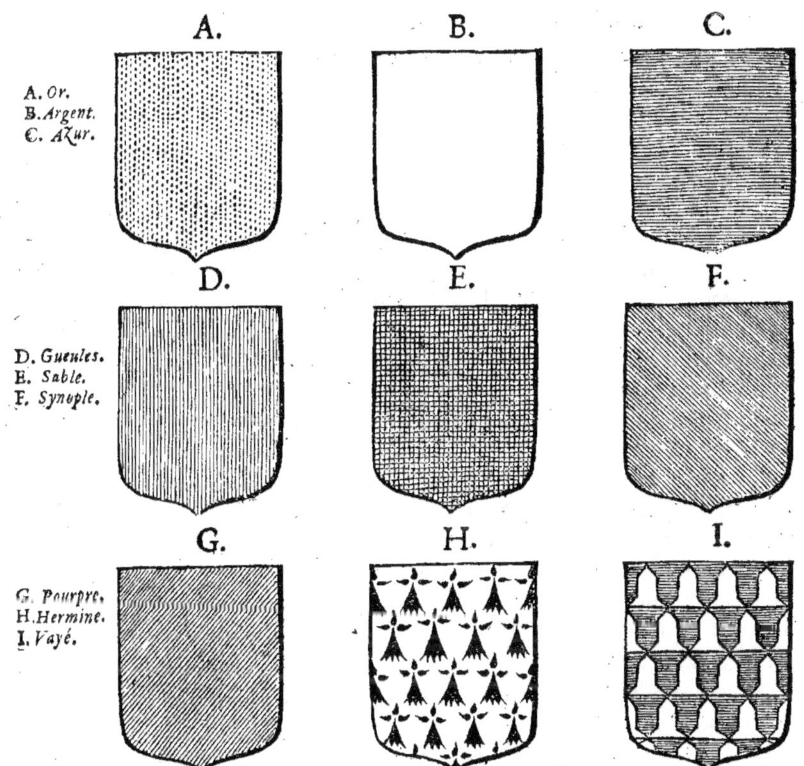


Les Pieces.

*Les Pieces* qui rampliffent & qui compofent l'Armoirie,
fe prennent de toutes les *Chofes imaginables* ; auec vne diuerfité de noms affez bizarre, au moins tout à fait particuliere.

Les Chofes Celeftes y font employées ; le Soleil rayon-

nant, les Croiſſans ranuerſez, adoſſez, acornez, &c. Les
Etoilles deſquelles on conte les pointes, lors qu'il y en a
plus de cinq. Les Choſes Elemantaires, comme le feu, la
foudre, les ondes d'eau. Les Vegetables, comme le lys au
pied nourri, c'eſt à dire couppé: la roze feuïllée, & pointée: vn chéne englanté, & famblables.

Entre les Choſes viuantes, ſont les Poiſſons pâmez; lors
qu'ils ont la gueule beante: endormis ou vifs: le Dauphin
courbé, tourné, couché, verſé: orné de ſes nageoires,
peautré de ſa queuë, allumé de ſes yeus. Les Oyzeaus
becquez, onglez, ou armez: languez, mambrez, crétez,
barbez, diadémez, & couronnez. L'Aigle a toûjours les
aîles étanduës, s'il a deus tétes il s'appele Eployé. Les Aiglons qui n'ont ny bec ny pieds, & qui ont les aîles étanduës ſe nomment Alerions: on les appele Merletes, ſi elles
ne ſe montrent qu'en pourfil, & ſans pieds, auec les aîles
pliées. Mais parceque l'Art doit imiter la nature, il ordonne
qu'on perche toûjours vn oyſeau, ſur quelque choſe où il
puiſſe ſe ſoûtenir.

Les Animaus terreſtres, ſont encore en plus grand nombre.
Le Lion eſt toûjours rampant, & ne montre qu'vn œil. S'il
les montre tous deus auec les deus oreilles, on l'appele
Leopard-Lyonné. S'il eſt paſſant auec les deus yeus, c'eſt
vn Leopard. S'il auorte vn œil, c'eſt vn Lion-Leopardé.
Il eſt naiſſant, s'il ne fait voir que le train de deüant. S'il
ne montre que le train de derriere, on le nomme Iſſant.
Cequi ſe dit encore de l'Enfant, qui ſort de la gueule du
Guiure de Milan.

Il y a des Cheuaus effrayez, des Cerfs ſommez ſans
nombre: des Beliers ſautans, des Brebis paſſantes; des
Agneaus couchez, des Taureaus furieus, des Loups rauiſ-
ſans, des Chevres ſaillantes. On dit de ces Animaus, qu'ils
ſont accornez, décòrnez: accolez du lien, clarinez de la
ſonnaille; adoſſez, lors qu'ils ont le dos l'vn contre l'autre.
On ne rejette pas méme les Serpans, les Couleuvres, les
Moûches. Bien moins, les mambres, & les parties du Corps
Humain; comme l'œil, la main, la tête.

E E e ij

Bien plus ; il n'y a point de Métier, qui ne rampliſſe les Ecuſſons de ſes ouurages & de ſes outils. Toute ſorte d'Habits de paix & de guerre, ſeruent à cét vzage. Les Lozanges ſamblables aus carreaus des vitres, percées en rond au milieu s'appelent Ruſtres : & Macles, ſi elles ſont percées en lozange. Les Bezans, ancienne eſpece de monnoye ayant cours à Bizance, qui eſt Conſtantinople, ſont toûjours de métal. Les Tourteaus, ſont toûjours de couleur ; les Bezans-Tourteaus, ſont compoſez de tous les deus. Les Billettes reſſamblent aus bricques, plus longues que larges. Les Villes, les Tours & les Chaſteaus ſont maſſonnez, crenelez, baſtillez, à creneaus panchans, &c. On employe jûqu'aus moindres inſtrumans de la Mechanique ; les fuzées, les navettes, les grillets, &c. Iùqu'aus Ieus de hazard, comme les Dez, l'Echiquier, &c.

Mais les Pieces *les plus ordinaires*, & celles qu'on appele Honorables ; ſont le Chef, la Faſce, la Bande, la Barre : le Pal, le Chevron, les Croix. Et toutes ces Pieces ſont diuerſemant faſcées, bandées, palées d'hermine : vairées, echiquettées, écartelées, ondées, nebulées, aiguizées, échancrées, fleurdelizées, crenelées ; breteſſées, lors qu'il y a des Creneaus qui ſe répondent des deus côtez : danchées, engrélées, palées, rompuës, brizées, contrepointées, entrelaſſées, entées ; & autres termes, inuantez à plaiſir. On dit Faſcé, Bandé, Palé, &c. Quand le nombre de ces Pieces eſt égal. S'il eſt inégal, on dit le nombre aprés en auoir blazonné le champ.

Il y a *vn Chef* qu'on appele couzu, pour éuiter la fauſſeté de l'Armoirie ; lors qu'il eſt fait de couleur, ſur couleur. Chef ſoûtenu, lors qu'il eſt terminé par le bas d'vne piece ſamblable à vn triangle. Surmonté, lors qu'il eſt terminé par le haut, d'vne ſamblable piece ; laquelle eſtant de méme blazon que le champ, fait qu'on nomme ce Chef abaiſſé. Il y a des Chefs chappez, chaperonnez, mantelez, emmanchez, chauſſez, vétus : à dextre, à ſenétre, Chef ſemé de trefles, &c. Lors que le Chef & le Pal ſont joints enſamble & ont vn méme blazon, on les appele Chef-pal,

Les Pieces Honorables.

Le Chef.

Quelquefois on les joint enfamble auec la fafce.

Les *Croix* les plus remarquables, ( car l'on en conte plus Les Croix.
de trante ) font la Potancée, qui eft de Ierufalem. Celles
de Malthe, du Saint-Efprit, de Tholoze : Vuidée, ou Ramplie. La Croix ancrée, bourdonnée, recroifetée, pomme-
tée, fleurdelizée, patée : alaizée, c'eft à dire accourcie,
qui ne touche pas les bords ; au pied fiché, affize fur vn
tertre, ou fur plufieurs degrez. La Croix de S. André,
qu'on appele Sautoir. On met auffi des Bâtons & des Epées
en fautoir.

Les *Brizures*, qui font les marques pour diftinguer les Les Brizures.
Armes des Puifnays ; fe font de Lambels, quelquefois
fans Pandans : quelquefois à vn, ou à plufieurs pandans :
d'étoiles, de croiffans, de coquilles : de bezans, de mo-
dures, d'orle, de bâtons, de cotices ; & autres famblables
figures.

On employe le plus fouuant ces mémes Pieces pour diftinguer les Armes des Familles, lorfque d'ailleurs elles
fe treuuent famblables. Et alors ces Pieces s'appelent *Char-* Les Chargeu-
*geures*. Les Bâtars, ou Donnez, portent la Barre ou Bâton res.
en contrebande ; c'eft à dire, du haut de la gauche au bas
de la droite de l'Ecu.

*La Bordure* fe met au dedans, comme vn petit bord au Les Bordures.
tour de l'Ecu. Elle eft quelquefois crenelée, dantelée,
dancheé, vairée, componée, cantonnée, &c. On borde
auffi quelquefois les Pieces Honorables, comme la fafce,
la bande, &c.

*L'Orle* ne fe marque point, mais feulemant on met quel- L'Orle.
ques figures de méme Efpece en certaine diftance tout le
long du bord de l'Ecu. Par example, il porte d'or au Lion
de gueules, à l'orle de huict merlettes de fable. Il y a vn orle
fleurdelizé & contre-fleurdelizé, qu'on appele autremant
vn Double-Trécheur.

*Le Filet* eft vn menu trait, qui a méme fituation que la Le Filet.
Cotice. Il fert quelquefois de brizure aus Puifnays. Le
filet à gauche, eft pour les Bâtards. La Barre eft large, &
paffe du côté gauche de l'Ecu, au côté droit de la pointe.

EE e iij

Les Picces du dehois.

Les *Ornemans Exterieurs* des Armoiries font les *Couronnes*, d'où les Latins les nomment *Stemmata*. Ces Couronnes font diftinguées felon les dignitez, n'y ayant que les Imperiales & les Royales qui foient fermées.

La Thiare Papale, qu'on appele auffi *Regnum*, eft enuironnée d'vne Triple Couronne, ornée d'vn globe & d'vne Croix à fon fommet : affize fur deus clefs d'or, paffées en fautoir, liées d'azur. Peut-eftre pour denoter l'Eglife Militante, Souffrante, & Triomphante : que toute la grandeur du Pape vient de la Croix, & s'exerce par la puiffance qu'a le Succeffeur de S. Pierre de lier & de délier, d'ouurir & de fermer le Ciel comme Vicaire de I. C H R.

Diuerfes Couronnes.

Celle de *l'Empereur* eft ouuerte & rehauffée en façon de Mitre, ayant au milieu des deus pointes vn diadéme ; furmonté d'vne boule ronde, & d'vne Croix de perles.

Celle *du Roy de France*, eft toute garnie de fleurs de lys : eft rehauffée de huiƈt bandes ou demi-diadémes d'or, releuez & aboutiffans au haut de fa pointe, enrichie d'écarboucles & de diamans.

Nos Ducs & Pairs la portent d'or, rehauffée de huiƈt tréles ou fleurons. Les Marquis, d'or rehauffée de quattre fleurons, leur entre-deus garni de douze perles de Comte. Les Comtes, rehauffées de neuf groffes perles. Les Barons ont vn cercle d'or émaillé, enuironné de trois tours de perles enfilées. Les Chanceliers & les grans Prefidans, portent vn Mortier. Les Veuves, la Cordeliere. Les plus grandes dignitez Ecclefiaftiques ajoûtent des Chapeaus, à cordons & à houppes : & les moindres, des Chapelets & des Bâtons. Les Chanouines, vne téte d'Ange.

Les Cafques.

La differance des *Cafques*, fe tire de la fituation & du nombre des vizieres. Le Cimier eft vne figure que l'on pofe à la cime, ou au fommet des Cafques qui font fur l'Ecu des Armes. Les Lambrequins ou Hachemans, volent fur les Cafques. Les Supports foûtiennent l'Ecu, l'éleuant par les deus côtez. Les Tenans le gardent à la main, fans l'éleuer. Les Bourelets font les rubans ou cordons des Cafques. Par deffus tout eft la deuize, & le cry de guerre. *Efperance*, eft la deuize de la Maiſon Royale de Bourbon. *Mont-joye S. Denys,* le cry de guerre de France, S. Iacques d'Eſpagne: S. Marc de Venize, S. Pierre de l'Egliſe.

Les Armes ſimples, pleines, & les moins *parlantes*; ſont les plus nobles, au goût des François. Ces dernieres tou-tefois ſont legitimes, lors qu'elles ont eſté données par le Prince. La plû-part des Nations voiſines, les ont ordinai-remant appprochantes de leur nom. Mais tous tombent d'accord, de *cete regle generale*; qu'on ne met jamais metal ſur metal, ny couleur ſur couleur. Car ſi on le faiſoit, elles ſeroient fauſſes. Si ce n'eſt qu'on ait deſſein de dreſſer vne Armoirie, qu'ils appelent *pour enquerir.* Comme celle de Godefroy de Boüillon, qui aprés la memorable priſe de Ie-ruſalem, porta d'argent à vne Croix potancée d'or, can-tonnée de quattre croizettes de méme. Regles du Blazon.

L'on croit que les vnes ſont venuës du Ciel, comme la Croix de Conſtantinople & les Lys de France. Les autres ſe tirent de quelques actions ſingulieres, comme la Croix de Sauoye & les Allerions de Lorraine. Les plus anciennes, ſont les plus eſtimées: & les plus belles ne ſont pas d'ordi-naire les meilleures, parcequ'elles ſentent l'étude & la nouueauté. Celles de France ſe treuuent dans la ceruelle d'vn cerf, l'Aigle Imperial dans la racine de fougere couppée de biais: les Macles de Rohan, ſe treuuent en des pierres; bref chaque Maiſon affecte de paroître auſſi ancienne, que la nature. Et à peine y-en-a-t-il vne ſeule, qui ne ſe rehauſ-ſe ſur la fable & ſur le manſonge. L'Hiſtorien Romain le remarque de cete ville Maitreſſe de tout le Monde, dont le nom eſt bien plus ancien que le temps de Romulus. Concub. nomine Roma. Geneſ 22.

Les Ordres de Chevalerie ajoûtent par deſ-ſus la Nobleſſe ordinaire, vn éclat plus vif, & vn rang plus ſublime. Le P. Boſſeduc en fait venir l'inſtitution d'Abraham. L'Eſpagne a pris la Toizon & ſon fuzil de Bour-gogne, l'Angleterre ſa Iartiere d'vne danſe: celuy de la Bande, auoit pour ſa fin principale de dire la verité. Celuy de Malte ou de S. Iean de Ieruſalem, de deffandre l'Egliſe contre les Mécroyans. Celuy de Nôtre Dame du Mont- Les Ordres de Cheualerie. *Voyez Fauin.*

Carmel, eſt ſingulier, dans le pouuoir d'vnir des Benefices
auec le Sacrémant de Mariage. Mais ſans contredit tous les
Ordres cedent à celuy du *Saint-Eſprit*, inſtitué en France
par le Roy Henri 111.

Comme depuis la multiplication du Genre-Humain,
l'ambition des vns & la juſte deffance des autres a donné
occaſion aus crueles inuantions de la Guerre & de l'Art Militaire : de méme la ſocieté des Hommes jointe à leur nature, auec les beſoins des pays, qui n'ont pas toutes ſortes
de danrées, c'eſt cequi a fait naître le Commerce & le Trafic,
que nous ne ferons que toucher en paſſant.

---



# LE COMMERCE, ET le Trafic.

L ſe fait ou entre Ceus d'vn méme pays, ou
entre les Etrangers : en gros, ou en détail;
pour les Particuliers, ou par les Compagnies
de pluſieurs; qui s'aſſocient en communauté
de perte ou de gain, au prorata de ceque Cha-
cun fonce à la miſe ordinaire, ou de long cours. Il ſe fait de
toutes ſortes de Marchandizes, qui ſe peuuent tranſporter
par terre & par eau. A quoy feruent les traittes auec les cheuaus, & les charrois. Mais la commodité des riuieres, auec
l'art de nauiger ſur la Mer ; a treuué des inuantions prodigieuzes, pour randre le Negoce facile, profitable &
agreable.

Par tout au commancemant, comme encore aujourd'huy
dans le Nouueau Monde, & dans la plus grande partie de
l'Oriant; la maniere de traficquer eſtoit la permutation & l'é-
change, méme des Hommes, par l'eſclauage. Deſorte que
le nom Latin, *Pecunia*, a retenu ſon origine du Bétail, que
l'on troquoit plus ordinairemant. Depuis pour vne plus
grande facilité l'on a introduit la voye de la vante & de l'a-
chat,

chat, l'or & l'argent ayant vzurpé la tyrannie sur toutes choses. La difficulté & la deffance du transport des Monnoyes, est beaucoup soulagée par les Lettres d'échange, qui seruent aussi pour les Marchandizes de contrebande.

L'on ne sçait pas pourquoy le Traffic estant si vtile, Licurgue l'a entieremant deffandu en Lacedemone, & Romulus ne l'a permis qu'au Vulgaire. Peut-estre que ces grans Legislateurs ont apprehandé d'vn côté la corruption, qu'apporte la hantize & le mélange des Etrangers : d'autre part le mansonge & la mauuaise foy, le larcin, le parjure & les autres supercheries ; qui sont des vices ordinaires dans le Commerce. Ce qui porta Platon à faire bâtir les Villes de sa Republique, loin des ports de Mer. De vray, le Marchand a tant de peine à tenir son cœur, ses levres & ses mains nettes ; que DIEV deffand à son Peuple, qu'il y en aît parmy eus. Nôtre Seigneur méme les a chassez de son Temple, le fouët à la main. Et toutes les Nations qui font état de Noblesse, comme en France, la jugent incompatible auec le Negoce.

Neanmoins comme l'vtilité & l'honnéteté peuuent s'accorder excellammant en cete condition, l'experiance fait voir qu'il n'y en a point qui soient plus auantageuzes aus Etats & aus Republiques. Car pour ne point parler des Cheualiers Romains, qui trafiquoient en gros par eus & par autruy : la grandeur où se sont éleuez méme en nôtre Europe, les Venitiens, les Genois, les Florantins, les Luquois, les Neapolitains, les Holandois, les Anglois, les Castillans & les Portugais, qui ont ouuert & decouuert les deus Indes ; font assez voir que le meilleur fonds & la plus riche épargne d'vn Royaume, ou d'vne Republique, c'est le Commerce & le Trafic ; principalemant le Maritime, exercé méme par les Roys Hiram & Salomon ; qui de trois ans en trois ans, enuoyoient vne flote en Ophir & en Tarse; d'où ils aportoient de l'or, des singes, des perroquets, des paons. D'où vient que le dessein de l'établir ou de le rétablir en France, a esté l'objet de tous les grans Ministres : & l'on a certes grande raison, de le mettre au nombre des

*La 1. P. La Sçiance Humaine.* FFf

Arts neceſſaires.

Mais l'Eſprit , le temps, l'experiance & le hazard perfectionnant tout ceque l'induſtrie naturele des Hommes auoit groſſieremant ébauché ſur la diuerſité des Arts que nous venons de crayonner ; l'on a ajoûté peu à peu , l'vtile au neceſſaire. Puis à tous les deus par corruption & abus, le delectable, le ſuperflu, l'excés ; pour repaître la curioſité, chatoüiller le plaiſir, & flatter la volupté.

C'eſt cequi inuanta entre autres , les DIVERS IEVS d'exercice, d'adreſſe : de diuertiſſemant, & de hazard. Tels ſont la Lutte ; la Courſe, qui faiſoit autrefois les Roys de Pologne : le Palet, la Paûme, les Dances à pied, & à cheual ; les Ioûtes & Tournois, les Combats & les Gladiateurs. Les Spectacles , les Comedies & les Farces ont auſſi eſté en vogue autrefois parmy les Prophanes. Et encore aujourd'huy à la honte du nom Chrétien, l'on n'a que trop de manie pour les Cartes, pour les Dez , pour les Bals & pour les Theatres ; où ſouuant dans l'image du Vice, on en apprand les trop funeſtes leçons & les veritables pratiques.

Au reſte nous ne voulons pas ſeulemant nommer en cét endroit, ces honteus Métiers & ces infames Artifices ; qui ne ſeruent qu'à faire des Sardanapales , & à metamorphozer des Hommes en Bétes. Venons donc à la fin de ce troiziéme Cercle des Sçiances Humaines , & de cét enchaînemant de la Doctrine Vniuerſele.

# LA METAPHYSIQVE.

E poinct vertical de la verité, & le plus haut étage de toutes les Sçiances, de tous les Arts & de
toutes les Disciplines, c'est LA METAPHY-
SIQVE. Il y en a deus, qui sont comme les Reines & les Maîtresses souueraines de toutes les
Sçiances, La Naturele, & la Surnaturele. La premiere enseignée par les Sages Prophanes, est l'heureus couronnemant
de la Philosophie. C'est vne Sçiance qui s'arréte à la nuë
& à la pure contamplation des Choses les plus abstraites de
la matiere corporele, & les plus separées des sens & de l'i-
magination. Cequi fait qu'elle est aussi *la plus* noble, la
plus certaine, & la plus agreable.

Deus sortes de Metaphysique.

La Naturele.

Trois auanta-
ges, son excel-
lance, sa certi-
tude, ses plaisirs.

Son eminance naît de la sublimité de ses objets, & de la
maniere auec laquelle elle s'y occupe. Sa certitude procede
des grans principes qui l'appuyant, randent l'Esprit qui la
possede inébranlable. Aussi ne puizant ses richesses que
dans son sein, elle les préte l.beralemant à toutes les autres
Sçiances qui consistent dans le raisonnemant. Les delices
que la Metaphysique verse dans l'Esprit qui la cultiue, coulent de ces mémes sources. De vray, que peut-il auoir de
plus agreable, que de s'éleuer au dessus du materiel & du
sensible: voler, comme vn Aigle genereus, dans la region
des idées; & comme les Oyseaus de l'Arabie heureuze, se
nourrir des veritez les plus pures? Aussi disoit fort bien
Aristote, que la moindre goutte de ces sublimes connoissances, est vn nectar & vne ambrosie incomparablemant
plus delicieuze à l'Ame, qu'vn ocean des autres connoissances plus grossieres. Il arriue dans l'étude de la verité,
tout ainsi que dans les parfums; les plus subtiles & les plus
deliées répandent vne odeur plus soëue, & plus douce.

*L'objet* de la Metaphysique, c'est l'Estre consideré en
soy-méme generalemant. Sous cete grande & vaste étan-

Son Objet.

duë il y a vne Metaphyſique Vniuerſele, qui embraſſe *l'Ency-clopedie* de toutes les Sçiances. Il y en a vne Particuliere, qui s'arréte ſeulemant à contampler la nature, les cauſes, les notions & les proprietez de *l'Eſtre* en general. C'eſt pourquoy elle le definît cequi peut ſortir du neant par l'exiſtance. Sous cete generalité, le nom d'Eſtre n'eſt ny vniuoque, ny equiuoque: mais il enferme vne analogie mélée de proportion, & d'attribution; parcequ'il embraſſe en toute l'étanduë de ſa ſignification, D I E V & les Intelligences, auec toutes les Subſtances & tous les Accidans. Après la nature de l'Eſtre, l'on examine ſon *Etat*. Il eſt ou abſolu, quand il ne depand point des autres qui le ſuiuent. Ou ce n'eſt qu'vne maniere des Eſtres, vne appendice, & ſi on oze dire vn demi-eſtre. Tele eſt l'Vnion, & la maniere dont les cauſes agiſſent.

Dans l'Eſtre entier l'on diſtingue l'Eſſance, l'Exiſtance, & la Subſiſtance. *L'Eſſance* c'eſt cete notion premiere & principale, qui s'offre à mon Eſprit lorſque je veus definir quelque choſe. Ainſi l'eſſance de l'Homme, c'eſt d'eſtre vn Animal raiſonnable. *L'Exiſtance* me fait connoître par vne ſeconde notion, que cete choſe que je conſidere, eſt actuelemant produite du ſein de ſes cauſes & ſortie de la fecondité de ſes principes. C'eſt pourquoy l'vn & l'autre preſuppoſe *la Poſſibilité* des choſes. Cete qualité de pouuoir eſtre a ſa premiere racine en la toute-puiſſance de D I E V, & ſa condition dans les choſes mémes qui n'enueloppent nulle contradiction: mais qui ſont en état de pouuoir eſtre produites, par qui il appartient. Cequi fait que l'eſſance & l'exiſtance ne ſont pas deus Eſtres réelemant ſeparez, la derniere ne pouuant jamais ſe treuuer ſans la premiere.

L'on ajoûte à ces deus premieres, *la Subſiſtance*, que l'on nomme auſſi le Suppôt. C'eſt le dernier acheuemant de tous les Eſtres, parceque c'eſt vn ſurcroît qui les met en état d'agir & d'operer. Dans les Eſtres Intellectuels, on appele ce ſuppôt *la Perſonne*, parceque c'eſt elle qui repreſente l'eſtre Diuin, Angelique ou Raiſonnable au dernier poinct de ſa perfection. D'où vient auſſi que toutes les actions luy font appropriées, comme les ruiſſeaus à leur ſource. L'Adorable Myſtere de l'Incarnation, nous oblige de croire qu'il y a vne diſtinction réele entre la Subſiſtance & la Subſtance.

L'Eſtre ainſi établi, eſt *diuiſé* en pluſieurs façons. Le Réel exiſte de ſoy-méme, ſans dépandre dè la penſée de qui que ce ſoit. L'Eſtre *de Raiſon* au contraire, eſt vne production de l'Eſprit qui le fait en le connoiſſant, & qui le connoît en le faiſant. Quelquefois c'eſt vne pure fiction, & vn manſonge étudié de la fantaiſie. Comme quand je m'imagine vne chimere, des montagnes d'or, & ſamblables illuſions d'vn eſprit badin, ou oiſeus. DIEV, qui void tout à nu & à découuert, ne peut ny faire ces Eſtres phantaſtiques, ny les connoître que dans nôtre Imagination qui les engendre comme des Monſtres. D'autrefois l'Eſprit à la verité eſt le pere de cét Eſtre imaginaire, mais c'eſt auec quelque ſorte de fondemant qu'il treuue comme vne ſemance dans les choſes mémes. En ce rang ſont toutes les operations de la Dialectique, & de la Logique. Comme quand je dis qu'vn nom eſt maſculin, qu'vn verbe eſt actif: qu'vn mot eſt le ſujet ou l'attribut, qu'vne propoſition eſt la majeure ou la mineure dans vn ſyllogiſme.

L'Eſtre Abſolu en toutes les manieres poſſibles, c'eſt DIEV ſeul. Toute Subſtance eſt auſſi abſoluë à l'égard de ces Accidans. L'Eſtre Depandant, ce ſont toutes les Creatures à l'égard de DIEV, les accidans à l'égard de leur Subſtance. L'Eſtre Infini c'eſt DIEV, qui s'étand au delà de tout cequi eſt méme imaginable. Le Fini eſt enfermé dans les bornes, & dans les limites de ſa nature. L'Eſtre Neceſſaire ne peut jamais changer d'état, le Contingent eſt ſujet aus mutations & à la viciſſitude. L'Eſtre Vniuerſel, enferme ſous vne notion & ſous vn nom general, pluſieurs choſes particulieres; comme le Genre, l'Eſpece, l'Indiuidu: l'Homme, l'Animal, le Viuant. L'Eſtre particulier demeure attaché à quelque choſe ſinguliere, preciſe & determinée; comme cét Homme nommé Pierre, cete Emeraude, ce Bouclier. L'on ajoûte l'Eſtre Eternel & Temporel, le Spi



Marginalia:
Diuerſes ſortes d'Eſtre.
Le Réel
L'Eſtre de Raiſon.
*Omnia nuda ſunt & aperta in ocul. ei. Hebr. 4.*
L'Abſolu.
Le Depandant.
L'Infini.
Le Fini.
Le Neceſſaire.
Le Contingent.
L'Vniuerſel.
Le Particulier.
L'Eternel, le

*Temporel, &c.* rituel & le Corporel, le Complet & l'Incomplet, l'Abstrait & le Concret, le Naturel & l'Artificiel.

Mais sans mantir la distribution la plus generale, & qui recuëille toutes les precedantes, se fait en *Substance, & en Accidant.* Car toutes les Choses se reduisent à ces deus Chefs, & sont enfermées dans *les dix Categories* : qui arrangent comme par classes, par degrez, decuries & cantons ; la Substance, la Quantité, la Qualité, la Relation, l'Action, la Passion, le Lieu, le Temps, la Situation, l'Habit. A quoy nous auons donné vne juste étanduë dans la Dialectique, d'où neanmoins nôtre Liure Latin tire ces Traittez ; afin de leur randre leur lieu naturel dans la Metaphysique, & les y explicquer auec plus de netteté & de solidité.

*Les Proprietez* qui appartiennent à l'Estre, sont certains Attributs positifs & réels, qui se treuuent generalemant en toutes les Choses qui subsistent. L'on en découure *trois* principales, ausquelles toutes les autres peuuent & doiuent estre reduites.

L'Vnite' rand chaque chose samblable à vn nombre & à vn poinct, qui ne peut estre diuisé sans estre ruiné. Il se treuue encore aujourd'huy des Speculatifs, qui l'établissent deuant l'Estre. Mais nous nous contantons d'en faire son premier rejetton, & son rayon inséparable. C'est vn enfant qui fait subsister son pere. Car l'estre se detruit, aussi-tôt qu'il cesse d'estre vn. C'est le nœu gordien, qui lie toutes les parties d'vne chose. En effet, la nature y treuue sa plus grande force, pour la production & pour la conseruation de tout ce qui sort de son sein. C'est pourquoy elle se montre si amoureuze de la figure ronde, qui fait l'vnion de la fin & du commancemant. Et ce n'est pas moins dans la Nature que dans la Grace, que l'Vnité passe pour vne absoluë necessité. De tele sorte, que l'Estre perit, au méme momant qu'il la pert.

La Sœur de l'Vnité, c'est LA VERITE'. Il y en a vne Absoluë dans les choses mémes, qui s'approchant de l'estre, s'éloignent du rien & du mansonge. L'autre Relatiue, est la conformité & l'ajuſtemant des choſes auec l'Eſprit qui les connoît. L'Eſprit de D i e v, eſt la regle & la mezure de tous les deus. De fait, ma penſée eſt autant vraye, qu'elle a de proportion auec les objets qu'elle conſidere. Et la verité des Eſtres, doit eſtre mezurée par la connoiſſance que D i e v en a de toute eternité. Mars pour la *fauſſeté* & le manſonge, ce n'eſt que le fruict de nôtre penſée, qui s'égare dans ſes connoiſſances; ou par la difficulté des choſes même qu'elle tâche de connoître, ou par ſa propre foibleſſe. 

> La Fauſſeté.

L'Vnité & la Verité forment, & découurent LA BONTE'. Il y en a de trois ſortes. La parfaite en tous les degrez imaginables, c'eſt D i e v. En ce ſens il eſt dit dans le ſaint-Euangile, qu'il n'y a que luy qui ſoit Bon. La Bonté particuliere, c'eſt cét amas de toutes les parties neceſſaires ou pour former la nature de quelque choſe que ce ſoit, ou pour luy donner ſon bien eſtre. 

> La Bonté.

> *Non eſt bon. niſi ſolus Deus. Matth. 19.*

Cete Bonté, qui ſe treuue dans la choſe abſolümant conſiderée en elle-même, fait couler ſes rayons par vne emanation naturele qui la rand propre, *conuenable* & accommodante au profit des autres. C'eſt de cete ſource que naît le Bien Honnéte, le Bien Vtile, & le Bien Delectable. *Le Bien Honnéte* ſe lie à la plus noble partie de l'Homme, qui eſt l'Eſprit & la Raiſon. *L'Vtile* s'attache aus commoditez de la vie, & à l'interét. *Le Delectable* flattant les ſens, fait le plaiſir & la volupté. Les charmes repandus en l'vn de ces trois Biens, les randent en troiziéme lieu *Aimable*. Et parceque nous n'aimons que ceque nous connoiſſons, & que nous connoiſſons dauantage ceque nous aimons; la *definition* ordinaire du Bien enſeigne que c'eſt cequi eſt deſiré, recherché & aimé de tout le monde. 

> Trois biens relatifs.

> L'Honnéte.

> L'Vtile.
> Le Delectable.

> Le Bien-Aimable.

> *Bonum id quod omnia appetunt.*

L'Ennemi du Bien parfait, c'eſt le defaut, la maladie, la mort, & le neant. L'Ennemi du Bien conuenable, c'eſt tout cequi nuït, bleſſe & offanſe. L'Ennemi du Bien aimable, c'eſt *le Mal* qui eſt l'objet de nôtre haine. Telemant que comme il y a trois ſortes de Bien, il y a auſſi trois eſpeces de Mal; le Deshonnéte, le Prejudiciable, & le Deplai-

> Le Mal.

ſant. Cepandant la Morale Chrétienne a grande raiſon, de ne reconnoître qu'vn ſeul Mal qui eſt *le Peché*; parcequ'il n'y a que luy qui nons priue de Dieu, qui eſt la ſource intariſſable de tous les Biens, & qui eſt luy-méme le ſouuerain Bien. En rechercher ailleurs, c'eſt quitter folemant la fonteine d'eau viue, pour ſe creuzer malheureuzemant des ciſternes deſſechées.

A ces trois illuſtres conditions qui reluiſent en tous les Eſtres, quelques Contamplatifs ajoûtent *le Nombre, l'Ordre & la Beauté.* Ce ſont peut-eſtre ce Poids, ce nombre, & cete Mezure que le grand Ouurier de la Nature & de la grace, garde & obſerue regulieremant en tous ſes Ouurages; imprimant par tout, ces trois glorieus caracteres de ſa Bonté, de ſa Sageſſe, & de ſa Puiſſance.

La Seconde Metaphysiqve, établie dés le commancemant de ce Traitté, c'eſt juſtemant la Sçiance Surnaturele; qui nous reſte à explicquer en peu de mots, comme vn Extrait de nôtre Theologie Chretienne.

# LA
# DOCTRINE
## DIVINE, OV
## Inspirée.

C E N'EST autre chofe que la vraye THEOLOGIE CHRETIENNE. La Theologie. C'eft cete Reine triomphante de toutes les Sçiances, cete Illuftre Fille de la Foy, & la feconde Nourrice de la Verité; qui fe fert de toutes les Difciplines, comme de fes feruantes à gage; de tous les Arts, comme de fes efclaues. Car encore qu'elle ne donne fes arréts, & qu'elle ne prononce fes oracles que fur les matieres de fon reffort, c'eft à dire fur les chofes qui touchent la Religion : neanmoins elle doit feruir de pierre de touche, à toutes les autres connoiffances. En effet, elles font fauffes, & meritent d'eftre condamnées, dés-lors qu'elles ruinent, chocquent, ou ébranlent tant foit peu les decrets de celle-cy.

Cete Sçiance reuelée enferme dans fon enceinte la connoiſſance des Choſes diuines, qui nous ont eſté reuelées dans la Loy de Nature, de Moyze, & de l'Euangile. La Sçiance qui s'occupe à l'explication de cete Doctrine reuelée ou Diuine, s'appele THEOLOGIE. Elle eſt de pluſieurs fortes.

---

TITRE I. # LA THEOLOGIE Poſitiue.

CETE premiere des Sçiances Diuines, eſt toute ranfermée dans *l'Ecriture-Sainte* ; c'eſt à dire, dans ce Sacré Volume qui contient la Parole de DIEV dictée par le Saint-Eſprit, pour feruir de canon à nôtre Foy, & de regle à nos mœurs. C'eſt pourquoy elle deuroit eſtre le pain quotidien, & la propre nourriture des vrays Enfans de DIEV: méme de ceus que la Grace éleue fur les trônes, & fur nos têtes.

De vray, les Roys de Iudée liſoient Eus-mémes *la Sainte Bible* dans les Aſſamblées publiques: eſtoient obligez de décrire du moins le Deuteronome de leur propre main pour leur vzage particulier ; & de ne paſſer aucun jour de leur vie, fans y lire. Dans nos derniers Siecles, l'Empereur Maximilien la leut durant fa vie quatorze fois toute entiere. Mais parceque c'eſt la Parole de nôtre Souuerain, Saint Charles Borromée la liſoit toûjours à genous; pour demander à DIEV la grace de lire l'Ecriture, auec l'Eſprit de l'Ecriture. Il la regardoit auec les yeus

*Omnis doctrina diuinitùs inſpir. vtil. eſt ad docend. &c. 2. Timoth. 3.*

L'Ecriture-Sainte.

*Deuter. 17.*

d'vne amoureuze reuerance, comme l'Alliance, le Testamant ou la derniere volonté de nôtre Pere, & l'Instrumant
de nôtre Salut. C'est pourquoy DIEV y parle en maître,
& bien plus par vne imperieuze autorité; que non pas par
les raisons, & par les ornemans d'vne eloquence humaine *Lactant.l.5.c.1.*
& artificieuze.

S'il est vray que cét Esprit de verité n'a seulemant ins-
piré que le sens de l'Ecriture, au moins il s'est serui des
paroles des Ecriuains Canoniques; qui à cause de cela, ne
laissent pas de garder entre eus, la differance de leurs *Sty-* *Le style de l'E-*
*les.* Desorte qu'Ezechiel qui estoit si sçauant dans les spe- *criture.*
culations Mathematiques, & Esaye homme de Cour &
du sang Royal, parloient d'vne façon toute differante de
celle de Ieremie & d'Amos; qui n'estoient que des Bergers,
& des Villageois.

Tout ce sacré Volume est compris en *deus principales* Le Vieus, & le
*Parties.* La premiere, c'est le Vieus Testamant. La secon- Nouueau Te-
de, c'est le Nouueau. Tous deus enseignent l'Alliance stamant.
mutuelle de DIEV auec les Hommes, & des Hommes
auec DIEV. Leur fin generale, c'est I. CHR. & le regne
de DIEV. La particuliere, c'est la sanctification des Pre-
destinez. Elle se fait par l'obseruation de la Loy, qui propose d'vn côté la laideur du peché, & la crainte des peines : d'autre part l'amour des vertus, & l'esperance de la
gloire. On le nomme Testamant, parcequ'il contient la
volonté de nôtre Pere, qui n'est conneu & confirmé que *Lactant. l. 4.*
par sa mort. *c. 20.*

On fait vn second *partage,* de tous les Liures de l'vn & de
l'autre de ces deus Testamans; en Loix, en Iugemans, & La Distribution
en Ceremonies: en Histoires, en Preceptes & Conseils, & des Liures Ca-
en Propheties. noniques.

Le denombremant de ces Liures Saints, s'appele *le Ca-*
*non.* N'estant pas specifié dans les Ecritures mémes, il ne Le Canon.
peut estre dressé legitimemant que par l'autorité de l'Eglise;
à laquelle seule I. CHR. a promis l'assistance du Saint-Esprit,
jusqu'à la consommation des siecles, pour enseigner en de- *Doceb. vos omn.*
tail toute sorte de veritez. *veritat. Joan 16.*

GGg ij

Les Proto-Canoniques.

Les Deutero-Canoniques.

Les Apocryfes.

Les Liures du Vieus Teftamant.
Le Pentatheuque.

*Jn Prelog. Galeat.*

*Laĉtance dit de neuf cens. L.4. c. 5.*

La Geneze

L'Exode.

Le Leuitique.

Les Nombres.

L'on appele les Liures *Proto-Canoniques,* Céus de l'autorité defquels l'on n'a jamais douté ; comme font la Geneze, les Pfeaumes, les Aĉtes des Apôtres, &c. Les *Deutero-Canoniques,* font Ceus qui ont efté receus au Canon de temps en temps, par l'autorité de l'Eglife. Tels font l'Hiftoire de Tobie, l'Epître de S. Iacques, l'Apocalypfe, & autres en fort petit nombre ; eftant à remarquer, que jamais l'on n'y en a receu aucun, qui en ait efté vne fois exclus, mais bien quelques-vns qui auoient efté omis au commancemant. Les *Apocryfes,* font Ceus qui non feulemant ne font pas admis : mais qui ont efté, qui font, & qui feront toûjours pofitiuemant exclus du Canon ; comme les deus derniers Liures d'Efdras, l'Oraifon de Manaffés, les Aĉtes de S. Paul, & famblables.

La Loy Ancienne, contient felon S. Ierôme, autant de Liures qu'il y a de Lettres dans l'alphabet Hebreu. Le *Pentatheuque ;* c'eft à dire cinq Liures, ou Volumes. Moyze en eft l'Ecriuain, par vn don de Prophetie qui l'a fait retourner fur le paffé : & qui a precedé les plus anciens Auteurs prophanes, au moins des trois cens ans. Car fuppofé méme que Mercure Tris-megifte ne foit point vn Auteur fuppofé, il eft toûjours tres-faus que ce foit le méme que Moyze ; ainfi quelqu'vn fe l'imagine, au rapport d'Euzebe.

La *Geneze* reprefente la Creation du Monde, fait en fix jours ; auec le repos de DIEV fanĉtifiant le fétiéme, qui eft le Sabbat : la Multiplication du Genre Humain, le Deluge, la Confufion des Langues, la Diuifion de toute la Terre ; & la vie des Patriarches, jûqu'à la mort de Iacob. *L'Exode* recite la vocation de Moyze, les Dix Playes de l'Egypte, la fortie des Enfans d'Ifraël hors de cete rude captiuité : & la Loy donnée fur la Montagne de Sina, parmy les foudres & les éclairs. Le *Leuitique* eft le Code, le Ritüel & le Ceremonial du Peuple de DIEV ; qui enfeigne l'ordre des Sacrifices, auec la Confecration des Preftres, & leurs habits Sacerdotaus. Le Liure des *Nombres,* n'eft que la continuation des deus precedans, auec les quarante-deus Campemans de ces illuftres Pelerins ; & le *Deutero-*

*nome*, en est vn diuin abbregé. Deus Tables contenoient les Dix Commandemans. Les vns sont affirmatifs ; les autres sont negatifs. Sous lesquels il y a autant d'autres Preceptes, que l'on conte de jours en l'an, & de mambres dans le corps humain. Vne des reflexions plus remarquables, c'est de considerer que la premiere Table n'estoit ramplie que du culte qui est deu à D I E V, & à nos Parans. *(Le Deuteronome.)* *(Libr. de morte Mos.)*

Les *Histoires Saintes* racontent ce qui s'est passé au temps de Iosuë, des Iuges, de Ruth, des Roys, du Pontife Esdras ou Neemie: de Iudith; d'Esther, de Iob, & des Machabées. *(Les Histoires Saintes.)*

Les Liures *Agiographes* ou Sapientiaus contiennent les *Prouerbes* ou les Paraboles de Salomon, qui enseignent la Physique & la Morale. *L'Ecclesiaste*, préche la penitance de ce Roy, & le mépris de toutes les vanitez du Monde. *Le Cantique des Cantiques*, est en figure le sacré Epithalame de I E S V S &, de son Eglise, ou de l'Ame Deuote. Parmy les Hebreus il n'estoit pas permis de lire ce Colloque amoureus, deuant que d'auoir atteint l'âge de trante ans ; non plus que les tableaus d'Ezechiel, & les premiers chapitres de la Geneze. *(Les Agoigraphes. Les Prouerbes. L'Ecclesiaste.)* *(Le Cantique.)*

L'on y joint la *Sagesse*, & *l'Ecclesiastique*. Le premier, n'est qu'vn recüeil des Merueilles que D I E V a fait en faueur de son Peuple. Le second, contient les plus hautes maximes d'vne vie tres-sage; auec les Eloges des Illustres Personnages, qui ont fleuri pamy les Iuifs. *(La Sagesse. L'Ecclesiastique.)*

Les *Prophetes* sont distribuez en deus Classes. Dauid y est comme surnumeraire, & le plus excellant. Car ce Prophete Royal en *CL. Pseaumes* a predit & décrit tous les plus hauts Mysteres de I. C H R. & de son Eglize. C'est auec ces Hymnes sacrez, que cét admirable Roy chantoit sept fois le jour les loüanges de son D I E V. Et c'est vne conduite merueilleuze de la Prouidance, que l'Eglize emprunte son Office Canonial de la bouche & de la plume d'vn Prince si fort occupé dans les grandes affaires de la paix & de la guerre. La remarque n'est pas moins belle que le premier mot du Pseautier, c'est, *Beatus* : & le dernier, c'est *Alleluya*. *(Les Prophetes.)* *(Le Pseautier.)* *(Septies in die laudem dixi tibi. Ps. 118.)*

Dans le premier rang de Ceus que l'on appele *les Grans Prophetes*, sont Ezaye surnommé le Prophete Euangelique. Ieremie le Pleureur, dont S. Gregoire de Nazianze lisoit les Lamantations, lors qu'il craignoit d'estre emporté par le vant de la prosperité; auec Baruch, son Contemporain & Secretaire. Ezechiel le Mystique, & Daniel l'homme de desirs & de reuelations. Douze Autres, que l'on appele les *Petits Prophetes*, rampliffent la seconde Claffe.

De toutes les *Versions* du Vieus Testamant, la plus en credit est celle que l'on appele des *LXX*. Elle se fit lorsque Ptolomée Philadelphe Roy d'Egypte voulant enrichir sa fameuze Bibliothecque d'Alexandrie, le Grand Prestre Eleazar choisit six Docteurs de chacune des douze Tributs ou Lignées, qui faisoient en tout le nombre de Septante-deus. On les enferma chacun en sa chambre separée, dans vne petite Ile proche d'Alexandrie. Et justemant au bout de soiffante-douze jours, chacun randit sa Traduction auec vn succés si vnanime, que l'vne n'auoit pas vn mot differant de l'autre. Le Liure de la mort de Moyze remarque que ce diuin Legiflateur, n'employa qu'vn seul jour à traduire la Loy en soiffante-dix Langues. Les Notes ajoûtent que Personne ne pouuoit estre Roy, s'il n'auoit la connoiffance detoutes ces Langues.

Deméme le NOVVEAV TESTAMANT a ses *quattre Euangeliftes*, qui publient la loy & la vie du Meffie dans leur Euangiles. Ce mot d'Euangile, signifie vne bonne nouuelle: le prix que l'on donne, ou les sacrifices que l'on fait pour vne bonne nouuelle. Entre plusieurs Euangiles qui ont couru en diuers siecles, l'Eglife s'est refferrée dans le nombre de quattre, qui est celuy de perfection. Cequ'elle fait peut-estre parcequ'il a du rapport auec les quattre fleuues, qui coulant d'vne feule source arrozoient tout le Paradis terreftre: & auec les quattre boucles d'or, qui feruoient à porter l'Arche d'Alliance. Mais du confentemant de tous les Saints Peres, & de tous les Doctes Interpretes, leur figure plus expreffe eftoient les quattre Roués l'vne dans l'autre: & les quattre Animaus du chariot d'Ezechiel,

Efaye.

Ieremie.
Orat. 12.

Baruch.

La Verfion des Septante.

Les Liures du Nouueau Teftamant.

Pourquoy quattre Euangeliftes.

Genef. 1.
Exod. 27.

Cap. 1.

attachez par leurs aîles ; qui portoit par tous les quattre coins de la Terre, la gloire de D i e v recuëillie dans les veritez de l'Euangile.

Le Saint Volume arrange ces facrez Auteurs, felon le *temps* qu'ils ont Ecrit : & la Tradition attribuë à vn Chacun, fon *Symbole* particulier. S. Mathieu ouurant fon Hiftoire par la Genealogie du Sauueur, eft accompagné d'vn Ange en forme d'Homme. Le tableau de S. Marc, eft chargé d'vn Lion ; parceque l'entrée de fon Euangile, eft la Predication de S. Iean dans les deferts. S. Luc commance fon Ouurage, par les fonctions du Sacerdoce ; c'eft pourquoy on le peint auec vn Bœuf, deftiné aus Sacrifices de l'ancienne Loy. S. Iean eft reprefenté par l'Aigle, parceque d'abord il prand fon eſſor, & vole à ce qu'il y a de plus éleué dans nos Myfteres ; qui eft la generation eternele du Verbe, qui eft D i e v. De vray, Emile d'Apamée lifant les premieres paroles de *l'In principio*, ne pouuoit affez s'étonner où vn Barbare ( ainfi parloit la Vanité Grecque) auoit appris vne fi haute Philofophie.

Leur Ordre, & leurs Symboles.

Il n'y a que S. Mathieu, qui ait écrit en Langue Hebraïque. Et fon Original ne fe treuuant plus, on ne fçait pas certainemant qui eft l'Auteur de fa Traduction en Grec. Mais il eft hors de doute qu'elle a efté authentiquée dés les premiers fiecles, par l'autorité de l'Eglize. Pour les trois Autres, tous les Sçauans tombent d'accord qu'il ont écrit en Langue Grecque, & que de là ils ont paffé dans la Latine. Neanmoins l'opinion eft affez commune, que S. Marc a premieremant écrit en Latin.

En quelle langue ils ont écrit.

Comme les Iuifs lifoient le Vieus Teftamant dans leurs Synagogue, de méme les Chrétiens lizent & le Vieus & le Nouueau Teftamant dans leurs Eglizes. Et l'on a tant de refpect pour le Saint-Euangile, que dans les Conciles on le met au milieu de l'Affamblée, éleué fur vn trône fous vn daiz tout entouré de luminaires ; comme le Livre, qui prononce les oracles de nôtre Foy.

En fuite de ces diuins Secretaires, les *Actes des Apôtres* continüent l'Hiftoire Euangelique, depuis la Triomphante

Les Actes des Apôtres.

Afcenfion de I E S V S de deſſus le Mont des Oliues ;
auec le berceau, & l'enfance de l'Eglize. Mais c'eſt principalemant vn Regître des Faits du grand & incomparable
S. Paul, recuëillis par S. Luc ſon fidel & bien-aimé Coad-
juteur.

Il y a encore vingt & vne Lettres ou *Epitres Canoniques,*
de cinq differans Apôtres. On void à leur téte les quatorze
dictées par S. Paul, & ſignées de ſa main. La raiſon pourquoy l'on met au premiere rang ce dernier des Apoſtres,
peut eſtre prize ou de la quantité, parceque luy ſeul en a
plus écrit que tous les autres enſamble : ou de la qualité,
parcequ'elles ſont les plus ſçauantes, les plus eloquentes,
& les plus ramplies d'inſtruction ; ſoit generalemant pour
la conduite de l'Eglize, ſoit pour les Perſonnes de chaque
condition en particulier. L'vné des plus belles remarques
que l'on fait ſur ces Sçauantes Lettres de l'Apoſtre du
troiziéme Ciel, c'eſt que l'adorable nom de I E S V S s'y
treuue repeté jûqu'à deus ceus dix-neuf fois.

Les ſept autres Epîtres ſont deus de S. Pierre, trois de
S. Iean, vne de S. Iacques, & vne de S. Iudes. Elles ſont,
dit S. Hierome, égalemant courtes & longues. Courtes en
paroles, longues dans les inſtructions.

Enfin le Nouueau Teſtamant eſt fermé, comme auec
vne perlé, par le Livre de *L'Apocalypſe* ; qui cache ſous
diuers Enigmes, les diuers états & ſuccés de l'Eglize. Mais
auec tant d'obſcurité, qu'il y a autant de Sacremans que de
paroles. Et auec tant de Religion, que ſous peine d'vn
eternel Anatheme il eſt deffandu d'ôter ou d'ajoûter quoy
que ce ſoit, à ce diuin Volume.

*Les Prophanes* mémes ont fait tant d'état de nôtre Ecriture-Sainte, que pluſieurs de ces rares Perſonnages voya-
gerent en la Iudée, & ſe firent méme circoncire ; afin d'a-
uoir l'entrée parmy les Iuifs, & de s'inſtruire dans leur
doctrine. Ce que Iamblic remarque particulieremant, de
Pythagore ; qui méme ſe vétit de blanc, & demeura parmy les Solitaires du Mont Carmel, pour profiter dans leur
conuerſation.

L'injure

L'injure des temps a fait perdre plusieurs autres Livres, qui se treuuent citez dans ceus qui nous restent. Tels sont le Livre d'Enoch, celuy des Iustes, dont il est parlé dans l'Histoire de Iosüé : la Lettre de S. Paul à ceus de Laodicée, les Diaires des Roys d'Israël, & autres samblables. *Livres perdus.* *Cap.* 10.

Dans tout le tissu de cete diuine Parole, on distingue deus sortes de *Sens* contenus sous son écorce. Le premier c'est le *Litteral*, qui doit seruir de fondemant à tous les autres ; s'arrétant aus paroles, & au recit des choses qui sont écrites. On le soudiuise en Propre ou Naturel, en Metaphorique, & Enigmatique. *Deus Sens de l'Ecriture. Le Litteral.*

Le second Sens est *Mystique*, caché sous la Lettre, qui est aussi de trois façons. Le Moral, sert d'instruction à la vie humaine. L'Allegorique cherche dans le Texte Sacré, les conduites & les diuers succés de l'Eglize. L'Anagogique, y découure les secrets de la vie future dans l'Eternité. Mais auec cete differance tres-remarquable, que les feus, les tenebres, les pleurs, les grincemans de dents, & les autres tourmans de l'Enfer tres-horribles, doiuent se prandre effectiuemant au pied de la lettre. Au contraire les precieus Palais, les Musiques harmonieuzes, les Banquets delicieus, & les autres suauitez & richesses du Paradis; se doiuent entandre metaphoriquemant, & dans la possession des biens spirituels. Mais pour ne se point tromper dans la recherche de ce vray sens de l'Ecriture, elle a besoin d'estre & interpretée & explicquée par la Theologie Exegetique, & Parenetique. *Le Mystique.* *Richard. de S. Vict. Benjam. c. 48.*

# LA THEOLOGIE
## Exegetique, & Parenetique.

TITRE II.

*De l'Expofition de l'Ecriture.*

A premiere de ces deus Sçiances, contient l'interpretation & la dilatation de la méme Ecriture-Sainte. C'eft vne prefomtion criminéle, de la vouloir interpreter par fon fens particulier. Prefomtion d'autant moins fupportable, que S. Gregoire de Nazianze, S. Ierôme, & generalemant tous les Peres n'ont pas méme permis la lecture de ce Sacré-Volume ny à la Ieuneffe, ny au Vulgaire. De vray, bien qu'il faille rechercher les Ecritures; neanmoins il ne faut pas les prophaner, en les randant méprizables. C'eft à dire que pour les lire vtilemant, & pour les entandre parfaitemant; l'on a befoin & de difcretion, de direction, & d'infpiration; parcequ'en effet le méme Efprit qui les a dictées, en doit donner l'intelligence. C'eft pourquoy tout ainfi que parmy les Iuifs, le grand Prétre portoit fur fa poitrine vne pierre precieuze, dans laquelle eftoit enchaffé ce beau mot, VERITE': de méme il n'appartient qu'à l'Efprit de Verité, qui refide dans l'Eglize vniuerfele, & dans fon Chef le Souuerain Pontife, de reconnoître & determiner l'Ecriture-Sainte : de diftinguer les Liures Canoniques d'auec les Apocryfes, & d'en donner le vray fens. Car les Chrétiens eftant des Enfans nouueaus nays, fans fraude, & fans malice; ils ne doiuent prandre le laict de leur nourriture fpirituele, que dans le fein de leur Mere. Deforte que l'on a raifon d'eftre fort referué à la publier en langue Vulgaire. Enquoy nos Peres font demeurez tresreligieus; Charles V. ayant efté le premier entre nos Roys qui là fit traduire en François, par fon Precepteur Nicole Oréme. Et il eft fi vray qu'il n'appartient qu'à l'Eglife, de nous nourrir de ce pain du Ciel; que le méme S. Au-

*Hac prim. intellig. quod omn. Prophet. fcripturæ propria interpretation. non fit. 2. Petr. 1. Orat. 26. & 103. Scrutamini Scriptur. Ioan. Commant les interpreter.*

*Quafimodo geniti infantes, &c. 1. Petr. 2.*

*Cete autorité appartient à l'Eglife.*

guſtin, qui adore la plenitude des Ecritures, proteſte qu'il ne croiroit pas que tele ou tele Ecriture fût l'Euangile, ſi l'Eglize ne le luy enſeignoit. Lors donc que la Parole de DIEV, couchée ſur le papier par les Auteurs Canoniques, a beſoin d'eſtre ou reconnuë & diſcernée ; ou ſupplée, ou interpretée : l'on a recours à la Tradition Apoſtolique, à la pratique de l'Eglize, aus deciſions des Conciles vniuerſels, à la Chaire de S. Pierre. Enfin aus ſentimans des Peres, & des Doĉteurs.

LES PERES de l'Egliſe ſont ces Grans Hommes, qui ont écrit à peu prés dans les cinq premiers Siecles depuis la mort de I. CHR. auec reputation de Doĉtrine, d'Eloquence & de Sainteté. Les plus renommez entre les Grecs, ſont S. Athanaze Euéque d'Alexandrie, S. Gregoire de Nazianze, S. Baſile de Ceſarée, S. Chryſoſtome Patriarche de Conſtantinople. Entre les Latins S. Ierôme, le plus ſçauant Interprete de l'Ecriture-Sainte. L'Auguſte S. Auguſtin, le Phenix entre les Eſprits : Saint Ambroize Archeuéque de Milan, & le grand Pape S. Gregoire. Les Peres de l'Egliſe Grecque, & Latine.

Mais parceque les Fideles ne conſultent les Peres, que comme les Secretaires & les Depoſitaires de la doĉtrine & des ordonnances, ou pratiques de l'Eglise de leur temps; il n'eſt pas hors de propos, d'enchaſſer icy quelques *Adreſſes* qu'il eſt bon de ſuiure en la lecture de leurs doĉtes & eloquans Ecrits. Leur donnant ailleurs plus d'étanduë, je me contanteray en cét endroit d'en toucher douze des principales. Adreſſes pour les lire.

I. Il faut ſçauoir & diſtinguer à peu prés *la ſuite des temps*, & en quel âge les Peres ont vécu; pour ne pas confondre l'ordre de la Chronologie, qui eſt le phanal & la lumiere de l'Hiſtoire. Afin auſſi de diſcerner, quand les veritez ont paſſé en articles de Foy. 1. Le temps qu'ils ont vécu.

II. Il faut prandre garde, par quelles mains leurs *Ouurages* nous ſont preſentez : & s'il n'y a point de deprauations qui gâtent les ſens, & les paroles de l'Auteur. 11. La pureté de leurs Ouurages.

III. Si on les lit en leur *Langue* primitiue, ou étrangere. Car d'ordinaire la Traduĉtion apporte vn peu de dé- 111. En quelle Langue.

HHh ij

chet. Il eſt vray neanmoins que c'eſt plus à l'élegance des paroles, qu'à la ſubſtance des matieres ; ſi le Traducteur n'eſt ignorant, ou infidele.


IV. Quelle eſtoit *la Qualité* des Auteurs. S'ils eſtoient Laïques, ou Eccleſiaſtiques : Prelats, ou ſimples Prêtres : dans l'emploi, ou dans la vie retirée ; en reputation, ou moins eſtimez ; quels ils auoient eſté, auant leur conuerſion. S'ils eſtoient nouuellemant conuertis des Ecoles Payennes, ou nàys dans le Chriſtianiſme. Quelles Sectes ils auoient ſuiui. S'ils ont perſeueré, ou décheu de la Foy Orthodoxe.


V. En quels *Pays* ils parloient, ou écriuoient. Car ſous la perſecution des Infideles, & dans les Prouinces fraîchemant conuerties ; ils ne parloient qu'obſcurémant, de pluſieurs Myſteres de nôtre Foy. Outre que quelques-vns n'eſtoient pas encore ou decidez, ou aſſez éclaircis.


VI. En quel eſtat eſtoit alors *l'Egliſe* au dedans. Si elle eſtoit vnie en paix, ou des-ja diuiſée par les Hereſies : quelle Secte ils combattoient pour lors, & contre qui ils écriuoient.


VII. Si c'eſt à *deſſein* qu'ils traittent tele, ou tele matiere. S'ils le font en ſa propre aſſiette, ou ſeulemant par incidant, & comme vn ſimple acceſſoire. Si c'eſt pour decider, ou par maniere d'exercice.


VIII. S'ils *parlent* ſouuant d'vne même choſe. S'ils s'accordent eus-mêmes en leurs Ecrits, ou ſi les vns ſeruent à explicquer les autres. C'eſt pourquoy il eſt bon de ſçauoir le mieus qu'on peut, quels Ouurages ils ont publiez les premiers. Au cas que l'on rancontrât deus opinions diametralemant oppoſées, il faut obſeruer s'il ſe treuue plus de paſſages pour l'vne que pour l'autre : pour l'affirmatiue, que pour la negatiue.


IX. S'il n'y en a qu'vn ou deus, qui faſſent des opinions à part : ou s'ils *conſpirent* pluſieurs enſamble, dans la deduction d'vne même verité.


X. S'ils parlent comme Auteurs particuliers, produiſant leurs opinions ſur les choſes douteuzes, & non en core refoluës. Ou s'ils rapportent cequ'ils difent , comme au nom de tous les Fideles ; couchant par-écrit la croyance , les Traditions & les vzages de *l'Eglife* Vuiuerfele. Enquoy Tertullien eft fans doute l'incomparable , fi fon humeur ambitieuze & auftere ne l'eût point emporté dans les extrémitez.

XI. Quelle eft la qualité de leur *Style* , qui comprand le fens & les paroles. S'ils tirent plus à l'allegorique, qu'au litteral : s'ils affectent la fubtilité , ou la fublimité ; l'obfcurité, ou la fimplicité.

XII. S'ils parlent precizémant de *la chofe propofée* , la confiderant en elle-méme ; ou en fes effets : en fon eftre, ou en fa maniere : en fa fin, ou en fes moyens : en ce qu'elle eft, ou en ce qu'elle paroît ; luy donnant toûjours vn méme vizage, ou la dépeignant de diuerfes couleurs.

A ces Anciens Peres ont fuccedé LES DOCTEVRS, dont les vns interpretent l'Ecriture-Sainte : les autres manient les Queftions, debattuës dans les Ecoles ; les autres enfin, forment les regles de la Confçiance. Il y a de la temerité, à nier leur commun confentemant : & il n'y a pas grande feureté, à s'attacher à vn, lors qu'il eft feul en fon opinion.

La difficulté de pouuoir découurir le vray fens des Myfteres reuelez, ou l'opiniatreté pour ne vouloir pas s'y affujetir après les decifions de l'Eglife, a fait naître les diuerfes Herefies que l'on doit combattre & furmonter.

XI. Le Style.

XII. La Matiere traittée.

Les Docteurs.

HHh iij

# TITRE III. LA THEOLOGIE Orthodoxe.

*Des Contro-*
*uerfes de la Foy.*

CETE troiziéme Theologie eft nommée OR-THODOXE, parcequ'elle enfeigne la droite croyance : CATHOLIQVE, parcequ'elle eft receuë vniuerfelemãt de toute l'Eglife. C'eft elle qui parmy les chofes de la Foy qui font côtrouerfées, établit auec certitude cequ'il faut croire ; afin d'auoir l'Eglife en terre pour Mere, & D I E V pour Pere dans le Ciel. On l'appele auffi POLEMIQVE, parcequ'elle a la conduite des armées & des batailles de la verité contre le manfonge ; détruifant les Herefies des Siecles tant anciens, que

*Ce que c'eft*
*qu'Herefie.*

modernes. L'vzage a nommé *Herefie*, le chois que chacun fait d'vne doctrine particuliere, ne voulant croire que ce qui luy plaît de la Religion : & cela par vn efprit d'orgüeil & d'opiniatreté, qui refifte à la verité conneuë.

*Leur diuerfité.*

Il y a des Herefies, qui naiffent des trop curieuzes fubtilitez de l'Efprit ; comme ont efté celles d'Arrius, de Neftorius, de Zuingle. Les autres font engendrées du libertinage, & des débauches de la fenfualité ; comme les infamies des Nicolaïtes, des Adamites, des Vaudois ; dont A Caftro, Philaftrus, & Perpinian font le denombremant dans leurs Catalogues. Cete mauuaife engeance s'eft telemant multipliée, que le nombre en eft étonnant. Et voyant leurs ridicules & horribles extrauagances fans nombre, j'ay fouuant penfé que l'Homme portoit en foy-méme

*Trois humilia-*
*tions.*

le fujet de trois tres-grandes humiliations. La premiere, c'eft l'erreur impertinant dans l'efprit. La feconde, le peché & l'offanfe de D I E V dans la volonté. La troiziéme, ce font les honteuzes & infames maladies aufquelles nôtre corps eft fujet. Tous les Sectateurs de ces cultes volon-

*A fec. confreg.*
*ing & dix. non*
*ftruam Ierem. 2.*

taires, font les vrays Enfans de Belial ; qui fecoüant toute forte de jouq, difent hardimant; *je ne feruiray pas.*

Les *Caractères* les plus vifibles de l'Herefie, font la di-<br>uifion, la nouueauté, la reuolte, même dans l'Etat: la fe-<br>paration de l'Eglife Catholique, Apoftolique & Romaine:<br>la haine contre fon Chef vifible, qui eft le Pape: l'animo-<br>fité contre les vœus, contre l'Etat Religieus & Monafti-<br>que: le chois & l'interpretation de l'Ecriture-Sainte, felon<br>le caprice & la phantaizie d'vn chacun: l'orgueïl, & le mé-<br>pris des Conciles & des Peres, la chicane fophiftique & le<br>langage fardé; difputant fur la maniere des Myfteres re-<br>uelez, & les reduifant aus fens groffiers, & à la raifon pu-<br>remant humaine. Le débat & l'entre-mangerie, qui eft en-<br>tre les Herefies mêmes. Parcequ'en effet, vne des mar-<br>ques les plus certaines, d'vne fauffe opinion, c'eft lorfque<br>famblable à l'engeance de Cadmus, elle engendre d'autres<br>fauffetez.

Caractères de l'Herefie.

Les *Prejugez* particulieremant contre la Nouueauté, qui a<br>paru il y a vn peu plus d'vn fiecle, au grand mal-heur de l'Al-<br>lemagne, de la France, & de l'Angleterre; font trois princi-<br>paus, à qui nous donnons ailleurs leur jufte étanduë.

Prejugez contre l'Herefie. *Dans nôtre Inftruction Catholique.*

I. Les Pretandus Reformez n'ont point de *Regle* cer-<br>taine, ny de Principe infaillible de tout cequ'il faut croire,<br>ny de tout cequ'il faut faire dans le Chriftianifme; pour<br>la gloire de D I E V, & pour le falut des Ames. Car renon-<br>çant par l'Article V. de leur Confeffion de Foy, à tous les<br>autres fecours, ils fe retranchent dans la feule Ecriture-<br>Sainte. Cependant ils confeffent eus-mêmes dans la Pre-<br>face de leur Bible, qu'il peut y auoir des fautes, non feu-<br>lemant aus paroles: mais auffi quant *au fens, & à l'intan-<br>tion* des Prophetes & Apôtres. D'où il s'enfuit euidamm-<br>mant, que cete Regle n'eft pas generale; puîqu'elle ne<br>conuient ny à tous les lieus, ny à tous les temps: ny à tou-<br>tes les veritez, ny à toutes les perfonnes. Elle n'eft non<br>plus certaine, & infaillible; au moins comme elle eft dans<br>l'vzage commun, de Ceus qu'elle doit inftruire. Car elle<br>ne fait pas elle même fon Canon ou Catalogue, elle eft<br>obfcure & difficile à entandre: elle ne dit pas tout cequi

Point de Re-<br>gle.

eſt neceſſaire, il y a ſouuant des comtradiĉtions, du moins
apparautes ; on a perdu l'Original de quelques Parties notables, comme de l'Euangile ſelon S. Matthieu, & de l'E-
pître aus Hebreus. Enfin puiſqu'au jugemant des Aduer-
ſaires il peut y auoir des fautes, elle n'eſt pas infaillible.
Produiſons vn example conueincant.

Le premier poinĉt & le plus fondamental article dans la
Religion des Caluiniſtes, eſt celuy qui oblige de receuoir, & de croire comme Ecriture-Sainte, tel *Catalogue*
des Liures Canoniques, ſpecifié en l'Article I V. de leur
Confeſſion de Foy; qui s'y treuue differant de celuy qu'a
tiſſu de nouueau la Reforme de Luther, & de celuy que
l'Egliſe Romaine a receu de toute antiquité.

Ce Catalogue des Liures Canoniques, qu'on doit croire auant tout, n'eſt couché en aucun endroit de l'Ecriture-
Sainte.

Donc, toute autre preuue ceſſante, l'Ecriture-Sainte
ne contient, & ne regle pas ny elle ſeule, ny infailliblemant
& generalemant ; tout cequ'il faut croire, & tout cequi eſt
neceſſaire à nôtre ſalut.

L'Ecriture-Sainte ne faiſant, & ne propoſant pas ce Catalogue des Liures Canoniques, à l'excluſion de tous les
autres ; il eſt euidant qu'on ne le reçoit que de la main, &
de l'autorité des Paſteurs aſſamblez, c'eſt à dire de l'Eglize
& de la Tradition.

Or cete autorité des Paſteurs aſſamblez, & cete Tradition
qui donne & preſcrit tel Catalogue des Liures Canoniques
à l'excluſion de tous les autres ; eſt infaillible, ou n'eſt
pas infaillible.

Si vous répondez le dernier, il eſt euidant qu'vne autorité qui n'eſt pas infaillible, ne peut faire vn Catalogue
certain : ny determiner tele ou tele Ecriture, pour regle
infaillible de la Foy.

Si cete Aſſamblée de Paſteurs, qui a dreſſé ce Catalogue
eſt infaillible ; vous demantez, ô Caluiniſtes, vn Article fondamental de vôtre croyance. Et en ce poinĉt capital, vous
eſtes dans le ſentimant de l'Egliſe Romaine ; laquelle ſeule
depuis

depuis la naiſſance de I. Chr. croit ſon Aſſamblée de
Paſteurs legitime; ſa tradition perpetüele, & vniuerſele:
& ſa Parole non écrite auſſi infaillible que l'écrite, l'vne &
l'autre eſtant vne méme Parole de Dieu.

Il faut de neceſſité, répondre precizemant à ces deus
poinƈts. Le I. Si le Catalogue des Liures Canoniques
dreſſé ſelon la nouuele Confeſſion de Foy, differant de
celuy des Lutheriens, & des Romains, ſe treuue couché
dans l'Ecriture-Sainte; laquelle les Seƈtateurs de Calvin
reconnoiſſent pour ſeul & vnique principe infaillible, &
pour regle generale de leur Foy. Le II. Si l'Aſſamblée des
Paſteurs, & la tradition qui leur donne tel Catalogue des
Liures Canoniques, a vne autorité infaillible. Car ces deus
manquans, comme ils ſont, la concluſion eſt peramƈtoire;
que la Nouuelle Seƈte n'a aprés tout ny regle certaine, ny
principe infaillible.

II. Les mémes Religionnaires n'ont point de *Sacre-* 11. Poinƈt de
*mans*, par conſequant ils n'ont point de Religion. Car Sacremans.
dans les deus Sacremans qu'ils ont retenus ( aprés auoir
retranché les cinq autres, ) ils ne croyent pas cequi eſt
dans l'Ecriture, & ils croyent cequi n'y eſt pas. L'example de la Cene ou Euchariſtie, le fait aſſez voir.

Il y a dans l'Ecriture, mot pour mot; *Cecy eſt mon Corps,*
*celuy-cy eſt mon Sang*. Nos Pretandus n'en croyent rien
nonobſtant ce Texte, qui au ſtyle de Tertulien eſt écrit auec
les rayons du Soleil. Ils croyent *Cecy eſt la figure de mon Corps,*
*qui ne ſe mange que par la bouche de la Foy*. Et de tout ce diſcours, il n'y en a pas vn mot exprés dans l'Ecriture.

III. Iean Calvin confeſſe dans ſes Inſtitutions, que les 111. Confor-
Choſes principales que ces Meſſieurs nous reprochent auec mité auec l'E-
tant d'aigreur, jûqu'à nous taxer d'Idolatrie; ſçauoir eſt gliſe Primitiue.
*la Meſſe, le Caréme, le Merite, les Moïnes, l'Inuocation des*
*Saints, le Purgatoire, la Priere pour les Morts*, &c. eſtoient
creuës & pratiquées de toute *Ancienneté*, ( car c'eſt ſon
mot ) dans l'Egliſe non encore corrompuë.

Donc l'Egliſe preſente, qui croit & qui pratique ces mémes
Choſes; eſt au moins incomparablemant plus conforme à

l'Eglife Primitiue , qui les croyoit & qui les pratiquoit il y a plus de quinze cens ans ; que n'eft pas la Secte de Calvin, qui bien loin de les croire & de les pratiquer , les condamne auec anathéme.

Aprés ces trois Preuues conueincantes, quiconque voudra reconnoître le vray caractere de l'Herefie , n'a qu'à lire le Liure des *Prefcriptions* de l'ancien Tertulien. Par là il jugera fans faillir, que fi la Secte née au fiecle de nos Peres , n'eft vne pure Herefie, il n'y en a jamais eu dans l'Eglife de DIEV. On en void les funeftes effets dans ces nouuelles Republiques , qui font cimantées par le fang. Et le mélange de Ceus qui ont fait banqueroute à la Foy eftant ruineus au poinct qu'il eft, l'Apôtre par excellance a eu raifon d'en deffandre le commerce & la focieté. Auffi la France qui a efté long-temps fans connoître de Monftres, les a toûjours eu en horreur. Le Roy n'eft pas moins le Protecteur de l'Eglife, que fon Fils-Aîné. Son Sacre l'oblige à fa deffanfe, & à l'extirpation de toutes les nouueautez contre la Religion. Et il y a long-temps qu'vn de nos Monarques refufa l'alliance de Totila, parcequ'il eftoit Arrien. Comme cete Sçiance bataille victorieuzemant contre les Ennemis de la Foy Catholique, il y en a vne Quatriéme qui entretient vne amiable *difpute* auec fes Domeftiques.

---

TITRE IV. LA THEOLOGIE
Scholaſtique.

De la Scholaſtique.

LLE prand fon nom des Ecoles, dans lefquelles difputant felon les fubtilitez de la Logique ; elle appuye , explicque & éclaircit les Veritez Diuines que la Catholique vient d'établir. Elle a efté reduite en cét ordre par S. Iean Damafcene entre les Grecs. Entre les Latins, par ce

fameus Euefque de Paris , Pierre Lombard ; furnommé
pour ce fujet , le Maître des Santances. Mais Celuy-cy
n'ayant fait qu'ébaucher la befogne , elle fe voit bien plus
nettemant arrangée dans les trois Partie de LA SOMME
DE S. THOMAS.

La Premiere Partie de cét admirable Recüeil , explicque comme-quoy DIEV eft Vn en Nature, Trin en Perfonnes : Createur des Anges , du Monde, & de l'Homme.
La Seconde, comme il eft la Fin derniere, & la Souueraine Beatitude ; à laquelle les Hommes arriuent par la pratique des Vertus Theologales , & Morales ; auec la direction des Lois, & le fecours de la Grace. La Troiziéme,
montre que le FILS DE DIEV s'eft Incarné ; pour eftre
le Reparateur du Salut, l'Inftituteur des Sacremans, & le
Confommateur de la Gloire.

Abbregé de la<br>Somme de S.<br>Thomas.

Nous l'auons toute reduite, felon nôtre Methode, en
DEVS TOMES LATINS ; qui ne font qu'vn Volume de la
Sçiance Diuine, mais qui enferment Neuf Traitez. Les
Perfections de la Nature Diuine, rangées fous les Neuf
Termes Abfolus. La Trinité des Perfonnes, qui font le Pere,
le Fils, le Saint-Efprit. La Production des Creatures, Spiritueles & Corporeles , Celeftes & Terreftres. Là eft compris le Traitté des Anges, diftribuez en Neuf Chœurs : & la
confideration de l'Homme, compofé d'Ame & de Corps.
L'Incarnation du Verbe. L'Etabliffemant des Lois. L'Oeconomie de la Grace. La Morale Chrétienne. L'Inftitution des Sacremans.

La Nôtre.<br>Theologia Chri-<br>ftianorum Scho-<br>laftica.

Ie ne nie pas qu'il n'y ait de Syndics & des Cenfeurs
qui reuocquent en doute, fi cete Theologie contantieuze a
efté vtile au bien de l'Eglize. Sa maniere eftant toute dialectique, ils difent auec S. Ambroife ; que le Lycée dans
les matieres de la foy, eft beaucoup plus dangereus que
les Iardins d'Epicure. Auec Tertulien, que les Philofophes font les Peres & les Patriarches des Herefies. Que ce
mélange apporte dans Ierufalem , les ordures de l'Egypte ; c'eft à dire les fuperftitions de Pythagore, les phan-
taifies de Platon, les Atomes d'Epicure ; en vn mot, la

Des Vtilitez de<br>la Scholaftique.<br><br>Hæreticorum<br>Patriarchæ Phi-<br>lofophi Aduerf.<br>Hermog n. c. 8.

chicane des Peripateticiens. Que pour ce ſujet vne Aſſamblée du Clergé tenuë à Paris ſous Philippe Auguſte, con-
damna au feu les Livres d'Ariſtote. Que la Creche & la
Croix, ne doiuent auoir rien de commun auec le Porti-
que ny auec l'Academie. Que cete Sageſſe Humaine n'eſt
que folie deuant D I E V, qui ne promet ſon Royaume
Celeſte qu'aus Pauures d'eſprit: & qui n'en reuele les pro-
fons ſecrets, qu'aus Humbles & aus Simples. Qu'encore que
l'Ecole de Platon ait eſté comme la pepiniere des premiers Chrétiens, la doctrine qu'elle enſeigne tire à la ſuperſtition; comme celle d'Ariſtote, panche vers l'impieté. Qu'au reſte dans la penſée méme de S. Auguſtin, les
Chrétiens ne ſe ſauuent pas par les ſubtiles connoiſſances,
mais par la ſimple croyance.

Cepandant bien que l'on ait raiſon auec vn ſçauant Car-
dinal, d'appeler le Chriſtianiſme vne Docte Ignorance; il
eſt certain neanmoins que c'eſt vne adoration de la Sageſſe Incrée, & Incarnée. Que comme la lumiere n'eſt point
contraire à la lumiere, deméme la Sçiance Naturele & la
ſurnaturele s'accordent auec vne parfaite vnion. Que la
Loy de D I E V doit eſtre écrite auec le ſtyle des Hommes,
c'eſt à dire qu'elle doit eſtre aidée du raiſonnemant humain. Et ſi bien l'on doit en ce poinct prandre la moderation que S. Paul commande, & retrancher l'excés qui
étouffe les belles & les ſolides veritez par des excreſcen-
ces monſtrueuzes, & des ſubtilitez ſuperfluës; toutefois
l'experiance fait voir, que *cete Methode Scholeſtique* éclar-
cit les Myſteres, les diſtingue, les arrange, les met au
net, les appuye ſur les fondemans de la Nature: & abbat
tout ceque l'Atheïſme, le Iudaïſme, l'Infidelité & l'Hereſie veulent oppoſer contre la Sçiance des Saints, qui eſt
celle de l'Euangile. Pourueu que la Foy demeure toûjours
la Maîtreſſe, c'eſt vne choſe digne de ſa Majeſté Royale;
qu'eſtant aſſizeà la droite de D I E V, elle ſoit pompeuze-
mant vétuë d'vne robbe de toile d'or, rehauſſée de broderie: & que toutes les Sçiances faſſent gloire de la ſeruir,
comme ſes Fammes de chambres & ſes Demoiſelles ſuiuantes.

*Ex Rigoberto in Geſt. Philp. Aug.*

*Sapientia hujus mundi, ſtultitia eſt apud Deum. 1. Co. 3. Beati pauperes ſpir. &c. Matth. 5. Confiteor tibi, Pater, quia abſcond &c. Matth. 11.*

*Cuſan. Lib. de Docta Ignorant.*

*Scribe ſtylo homin. jſa. 8.*

*Sapere ad ſobrietat. Rom. 12.*

*Aſſt. Reginæ, &c. Pſ 44.*

L'on ajoûte qu'il y a eu non feulemant de l'vtilité , mais auſſi *de la neceſſité* d'appeler la Dialectique au ſecours de l'Egliſe , à la ſtructure & à l'enrichiſſemant de ce Temple du vray Salomon. Et en voicy *la raiſon*. Il y a enuiron cinq à ſix cens ans , qu'Auicenne , Auerroë , Auencapé , & autres Arabes ; partie degoûtez des réueries de leur Alcoran , partie mal-informez & ſcandalizez des veritez de l'Euangile , ſe plongerent entieremant dans l'étude & dans la recherche de la Nature. Ce deſſein les randit Adorateurs de la doctrine & de la Methode d'Ariſtote , qui peut paſſer pour le Maître des Diſcoureurs & des Diſputeurs. Cete Sçiance & cete Dialectique , ſe randant auſſi tôt commune & celebre , effaça & étouffa peu à peu la Philoſophie de Platon ; laquelle auoit jûqu'alors tenu le premier rang , & qui ſambloit ouurir la porte & faciliter l'entrée du Chriſtianiſme. Les Ennemis donc de nôtre Religion , ne manquerent pas de l'attaquer auec ces armes luiſantes d'Ariſtote. C'eſt pourquoy il fallut alors employer les mémes armes , & pour la deffanſiue , & pour l'offanſiue de l'Egliſe. Il fallut ſe ſeruir de la Dialectique & de la Philoſophie des Peripateticiens , pour détruire l'erreur & appuyer la verité. Et c'eſt juſtemant , cequi a fait naître la Theologie Scholaſtique. Iûques-là , qu'vn Concile a prononcé , qu'il y auoit du danger à nier Ariſtote dans les matieres qui ne choquent point nôtre Religion. Telemant qu'il n'a peut-eſtre eſté brûlé dans Paris , que pour donner horreur du mauuais vzage que quelques Étudians de cete grande Vniuerſité , comme Scot & Abaillard , firent alors de ces ſubtilitez.

Quoy qu'il en ſoit , c'eſt ſans doute la Theologie Scholaſtique qui enſeigne à l'Homme Chrétien , generalemant , & tout cequ'il doit croire , & tout cequ'il doit faire ; tant pour la gloire de D I E V , que pour le ſalut de ſon Ame. Effleurons en paſſant les N E V F P A R T I E S , auſquelles je me ſuis attaché , afin de marquer au moins tout cequi peut ſeruir à former vn Sage Chrétien.

I Ii iij

# LA PREMIERE PARTIE
## de la Theologie Scholastique.

TITRE V.

La 1. Partie parle de Dieu, Son Estre.

'ABORD nôtre Somme Theologique enseigne I. que Dieu est. II. Ce qu'il est. III. Quel il est. Elle preuue contre les Athées, qu'il y en a Vn. Contre les Idolatres, qu'il n'y en a qu'Vn. Contre les Libertins & les Heretiques, qu'il enferme dans le poinct de son eminancé, toutes les *Perfections*, qu'ils luy disputent chacun selon son caprice : mais tous certainemant auec vne aueugle, & vne insolante impieté.

Donc par la regle qui nous oblige de commancer toûjours par cét Estre Souuerain, & d'ouurir la connoissance des Estres par celle des Noms ; nôtre raisonnemant examine le *Nom* que tous les Peuples donnent à Dieu, composé préque par tout de quattre lettres. En ayant fait la distinction & la separation legitime, l'on passe aus preues de l'Existance de ce premier & Souuerain Estre. Ceque l'ou entreprand contre les Athées sensuels & sçauans, par trois raisons principales. La premiere est vn chois des *Autoritez* tant sacrées que prophanes, prononcées de tout temps en faueur de cete premiere & plus importante de toutes les veritez.

La seconde enferme trois demonstrations. La 1. est prise de la necessité d'vn premier Principe ou *Moteur*, qui appuye tous les mouuemans que nous voyons rouler sur le grand Theatre de l'Vniuers. La II. D'vne *premiere Cause*, absolumant necessaire ; parceque quoy que ce soit ne se peut produire soy méme, & parceque d'ailleurs la Nature ne

Son Nom.

Son Existance.

1. La necessité d'vn premier Moteur.
2. D'vne premiere Cause.

peût fouffrir vn progrés infini. C'eſt elle qui doit établir & arranger l'enchaînemant de toutes les autres cauſes fecondaires & fubordonnées. La iii. De cét *Ordre* merueilleus, qui reluît par tout. En effet, il n'eſt pas même conceuable, que tant de Beautez rauiſſantes ayent pû ny ſe produire ou arranger elles-mémes, ny eſtre produites ou arrangées fortuitemant & par hazard. *[3 De l'Ordre general.]*

Aprés cela l'on en rappele à *l'Inſtinct* naturel de tous les Hommes, & à l'accord general de toutes les Sçiances. Puis on conclût que l'origine & les progrés de la Religion, de la Pieté, & de la Politique, ne permettent pas de douter qu'il y ait vn DIEV. *[4. L'Inſtinct Naturel, & Vniuerſel. 5 La nature même de la Religion.]*

L'on void, paſſant plus outre, que les mémes raiſons obligent de croire, que comme DIEV eſt : deméme il n'y en a, il ne peut, & ne doit y en auoir qu'vn. Que ç'eſt luy ſeul qui recüeille heureuzemant dans le poinct de ſon eminance, toute ſorte de Perfections ; que nous connoiſſons par la voye Poſitiue, Negatiue, & Superlatiue. *[Il n'y a qu'vn DIEV.]*

Tous ces grans ATTRIBVTS de la Diuinité expriment ou ſa Nature, ou ſes Operations, ou ſa Perfection. 1. Dans *lá Nature*, l'on déçouure la Bonté, qui le rand Communicatif, Liberal, & Magnifique. La Grandeur, par laquelle il eſt Excellant, Immanſe, & Infini. La Durée, qui le fait eſtre Immortel, Eternel : & par là vn Principe ou vne ſource de Vie qui ne s'épuize jamais, & qui épanche ſes ruiſſeaus par tout l'Vniuers. *[Neuf Perfections en DIEV. 3. De ſa Nature.]*

Dans l'heureuze œconomie des *Actions* Interieures & Exterieures, l'on conſidere deméme ſa Puiſſance, qui le rand Souuerain, & plein de vertu. Sa Sageſſe par laquelle eſtant Libre & Spirituel, il connoît toutes Choſes paſſées, preſentes & futures. Les poſſibles qui ne ſeront jamais, par vne veüe de ſimple Intelligence. Celles qu'il doit produire, par vne Sçiance Intuitiue. Les vnes & les autres en ſoy-même, comme dans la glace d'vn clair miroir. Et cela parcequ'en effet l'eſſance de DIEV contient toutes Choſes eminammant, outre qu'il en eſt la Cauſe Speculatiue par ſes idées, & Executiue par ſa toute-puiſſance. Ces cho- *[4. De ſes Operations.]*

fes depandant de fon entandemant & de fa volonté, l'on y
joint fon Amour, qui le ramplît de Clemance, de Mifericorde & de Iuftice. L'effet du dernier eft fa Prouidance,
qui eft l'ame de toutes Chofes. Et dont l'ouurage le plus
important eft la predeftination des Bons, & le châtimant
eternel des Reprouuez.

Enfin DIEV eft *Parfait*, par fa Vertu qui l'affranchif-
fant de toute imperfection, le fait eftre trois fois Saint, &
le centre vnique de l'Vniuers. Par fa Verité, qui le rand
connoiffable aus Efprits Angeliques & Humains dans la
Nature, dans la Grace, & dans la Gloire. Enfin il eft heureuzemant couronné de fa propre Gloire, comme le Principe, le Milieu & la Fin de toutes Chofes.

Aprés cete Vnité de la Nature Diuine enrichie de fes
adorables Perfections, LE SECOND TRAITTE' trace
vn Tableau de LA TRINITE' DES PERSONNES. Cét
incomprehenfible Myftere, au nom duquel l'on batize
tous ceus que l'on fait Chrétiens ; n'a rien de commun
auec la Nature, ny auec les Sçiances Humaines. Ce plus
grand de tout les *Miracles*, confifte en ceque les Perfonnes
n'eftant qu'vne même chofe auec la Nature ; elles ne laiffent pas toutefois de garder entre elles, vne diftinction réelle. La *Raifon* toutefois ne laiffe pas auffi de porter le flambeau, pour éclairer ces adorables tenebres. Et voicy commant. Cete inffinie Nature eftant vn pur Efprit & vn Acte
tres-fimple, agit au dedans de foy-méme de toute eternité. Cequi ne peut eftre fans que l'on conçoiue ce premier
de tous les Eftres, comme fubfiftant. Et voilà la Premiere
Perfonne ; laquelle fe connoiffant foy-méme, produît la
Seconde. Et parcequ'il n'y a rien d'inégal dans cete infinie Simplicité, la Volonté n'eft pas moins feconde dans les
actions, qui luy font propres, que l'Entandemant dans les
fiennes. D'où il arriue que les deus premieres Perfonnes
s'entre-aimant par vn amour reciproque, eternel, & infini ; elles produifent la Troiziéme en vnité de principe,
vniquemant neceffaire, & neceffairemant vnique. Voila
dons vne Nature, qui n'eft ny folitaire, ny oizeuze, ny
fterile.

fterile. Mais voilà auffi *Trois Perfonnes* diftinctes, fans faire trois Diuinitez, parcequ'il n'y a qu'vne feule nature.
Deforte que par vn prodige inconceuable la Foy nous
fait adorer l'vnité dans la diftinction, & la diftinction
dans l'vnité.

La *Premiere* de ces Trois Perfonnes, c'eft le Pere. Il
porte ce nom amoureus, parcequ'il engendre la Seconde
par voye de connoiffance intellectuele, qui dit formelemant vne reffamblance de Nature viuante. C'eft pourquoy
auffi la Seconde treuue dans ce diuin berceau, la qualité
de *Fils*. Et la Troiziéme eft appelée le *Saint-Efprit*, dautant que la perfection & l'acheuemant, l'impulfion & le
mouuemant appartiennent à l'amour.

Tout cela fuppofé, qu'il y a en la nature de DIEV vne.
*Exiftance*, qui eftant la méme chofe que fon Effance, entre dans fa definition ; parceque l'on ne peut conceuoir
DIEV, fans dire qu'il exifte, *ego fum qui fum*. Il y a vne *Puiffance* productiue, dont celles qui fe voyent parmy les chofes crées ne font que des foibles images. Des Origines,
des *Proceffions* & des Emanations ; qui marquent, & diftin-
guent la production de deus Perfonnes. Des *Relations*,
qui font l'oppofition entre les Perfonnes ; dont les vnes
font actiues, & les autres paffiues. Des *Perfections & des
Operations* effantieles, qui font également communes aus
trois Perfonnes. D'autres *Perfonneles*, qui n'appartiennent
qu'à vne feule de ces trois Perfonnes. Que delà naiffent
ces cinq illuftres Caracteres, que la Theologie nomme
*les Notions*, parcequ'elles font reconnoître & difcerner fes
proprietez Perfonneles. L'Innafcibilité eft le priuilege de
la Premiere Perfonne, qui nous fait entandre qu'eftant
luy-méme la fource & l'origine, il ne doit fa production
à aucun autre. Il eft vn Pere qui produit, fans eftre produit. L'on y ajoûte cete qualité de *Pere*, dont il communique les aimables rayons à toutes les generations du Ciel
& de la Terre. La troiziéme Notion tombe fur la Seconde
Perfonne. C'eft le Verbe Mantal, la connoiffance intime
& fubftantiele : l'Image, le Fils en vn mot ; qui eft tout à

*La 1. Part. La Sçiance Diuine.*　　　K K k

Trois Perfon-
nes.

Le Pere.

*Ex vtero hodie
genui te. P. 109.*

Le Fils.
Le Saint-Efprit.

Son Exiftance.

*Exod. 3.*
Sa Puiffance.

Ses Proceffions.
Ses Relations.

Ses Perfectiós,
& fes Opera-
tions.

Cinq Notions.

1. L'Innafcibili-
té.

2 La Paternité.
*A quo omnis Pa-
ternitas, &c.*
*Ephef* 4
3. La Genera-
tion.

la fois & produit, & produifant : mais en tout, & par tout égal à fon Pere. Et comme ces deus Perfonnes font vnies neceffairemant pour la production de la Troiziéme, on leur approprie la *Spiration Commune*. Enfin le Saint-Efprit qui eft produit, fans eftre toutefois principe d'aucune production au dedans, eft reconneu par la derniere Notion marque ou livrée ; qui fe nomme la Proceffion, ou la Spiration Paffiue.

Pour couronnemant de cét augufte Myftere, l'on ente fur l'vnité de la Nature, vne entiere, totale & parfaite *Egalité* des Perfonnes, des perfections, des actions, & de toutes les richeffes de la Diuinité. Vn *Ordre* qui n'eft établi que pour la facilité de nos penfées, ou au plus par là feule diftinction des origines & des proceffions. Vne mutuele Poffeffion, nommée dans l'Ecole *Immanance* ; qui fait que toutes les trois Perfonnes s'embraffent étroittemant, fe contiennent, s'enferment & font comprifes l'vne dans l'autre. *La Miffion* de Celles qui font produites, par celles qui les produifent. En vertu de laquelle le Pere a enuoyé fon Fils, dans l'Incarnation : & le Pere & le Fils ont enuoyé le Saint-Efprit, au jour de la Pentecôte. Que l'effet de ces diuines Miffions eft partie Interieur, qui communique toûjours vn nouueau don ; partie Exterieur, qui eft declaré au dehors & manifefté par quelque figne vifible. Que toutes les autres Miffions appartiennent égalemant aus trois Perfonnes, qui n'ont rien de propre ou de feparé au dehors, & qui ne fouffrent point au dedans d'autre *diftinction*, que celle que les Perfonnes empruntent de leur origine, de leur relations, & de leur oppofition.

Cequi n'empéche pas que pour aider nos expreffions fur ces ineffables Myfteres, il ne nous foit permis *d'approprier* certaines Perfections & operations, certains dons, titres & noms à l'vne des Trois Perfonnes. C'eft en ce fens que le Pere eft appelé Createur, le Fils Redamteur, le Saint-Efprit Sanctificateur. Que la puiffance eft appropriée au Pere, les lumieres & les connoiffances au Fils : l'amour &

la virginité , les dons & les graces au tres-Saint-Esprit.
Que suiuant la judicieuze remarque du fameus Euéque
de Nazianze S. Gregoire, la Premiere s'est fait connoître
dans la Loy de Nature, & de Moyze. La Seconde dans les
Mysteres de sa Naissance , en la plenitude des temps. La
Troiziéme depuis la promulgation de l'Euangile, dans la
conduite de l'Eglise.

LA COSMOPEE, ou Cosmologie dépeint en suite, *La Cosmopée.*
toutes ces beautez rauissantes & ces richesses magnifiques; 
qui reluisent auec tant de pompe & d'éclat dans la stru- *III. Traitté.*
cture , dans l'arrangemant & dans la conduite de ce grand 
*Vniuers.* LA QVATTRIEME PARTIE, fait l'Inuantaire *Le IV. Traitté.*
de la Hierarchie Celeste ; arrangeant tout cequi se dit de *Des Anges.*
la Nature , de la Grace ; & de la Gloire des *Anges* ; qui
sont les plus purs rayons de la Diuinité , & des Esprits
affranchis du mélange de toute matiere. Nous ne nous
arrétons pas icy à l'explication ny de l'vn, ny de l'autre de
ces deus illustres Traittez ; parceque cét Ouvrage en parle
en plus d'vn endroit auec assez d'étanduë , pour en former l'Idée sur laquelle nous trauaillons.

---

# LA SECONDE PARTIE
## de la Theologie Scho-
## lastique.

TITRE VI.

LE dernier des cinq Traittez , commance les *Le V. Traitté.*
heureuzes sorties de DIEV hors de soy-méme,
dans l'Etat de Grace. Les effusions de la mise- *Les Oeuures de*
ricorde du Pere, enuoyant son Fils sur la ter- *la Grace.*
re , pour operer le salut du Genre-Humain.
C'est cét adorable & aimable Mystere , ce Sacremant caché deuant tous les siecles dans le sein de la Diuinité ; que
nous appelons l'*Incarnation.* C'est elle qui a fait la recon- *L'Incarnation.*

ciliation du Ciel & de la Terre , l'Alliance du Createur
& de la Creature : & qui par la Vie Voyagere , Souffrante,
& Triomphante d'vn Homme-Dieu a établi la Religion Chrétienne.

Dans cete diuine *Oeconomie* , car c'eſt ainſi que l'Incarnation eſt nommée dans la Theologie des Grecs, *je diſtin-*
*guë* les *Motifs* qui la perſuadent raiſonnablemant : & les
Prejugez , qui peuuent en faire quelque ſorte de demonſtration.

Les premieres *Preuues* ſe treuuent aſſez clairemant. i. Dans
la liaiſon & dans la concorde du Viel & du Nouueau
*Teſtamant* , de l'Egliſe & de l'Etat. ii. Dans la condition
déplorable , où eſt maintenant reduit le Peuple *Iuif* ; exi-
lé , vagabond & miſerable ſans Loy, ſans Roy, ſans Temple & ſans Autel. Extrémité des malheurs, que le plus celebre de ſeurs Auteurs confeſſe hautemant leur eſtre arriuée ; depuis que par vne cruauté plus que barbare , ils ont
mis à mort ce diuin Meſſie promis à leurs Peres. Telemant que S. Auguſtin a grandé raiſon de remarquer, que
la diſperſion des Iuifs par toute la Terre, ne ſert ce ſamble qu'à publier leur châtimant : & que c'eſt pour porter
par tout les titres autantiques, & les témoignages irrepro-
chables de la Loy Euangelique. iii. Dans la verité de la
*Doctrine* de I. Chr. appuyée ſur les Perfections admirables
de ce Dieu-Homme : ſur les Oracles & les Propheties,
qui ſe ſont veuës exactemant accomplies dans ſa Perſonne , & ſur la Sainteté de ſes mœurs, qui a mis l'*Innocence* de
ſa vie hors de tout blâme. Enfin ſur les *Miracles* qu'il a faits
ſi continüels & ſi extraordinaires , qu'ils ſeruent de preuues conueincantes de ſa Diuinité. iv. Dans la Sainteté des
*Chrétiens* , illuſtres à la verité en toute ſorte de Vertus
eminantes : mais remarquables particulieremant par leur
Charité ſans bornes & ſans mezures. Par leur Pieté rauiſſante , par leur auſterité de vie inimitable , par vne chaſteté qui n'a point eu d'example au reſte du monde : enfin
par vne patiance qui triomphant des Tyrans , des Bourreaus & des ſupplices, a changé le ſang des Martyrs en la

femance des Chrétiens. Iûques-là que les fauſſes accuſa-
tions & les *calomnies* atroces dont l'ignorance des Peuples,
l'enuie des Sçauans, & la haine des Puiſſans, ont voulu
noircir l'Innocence de ces premiers Sectateurs du Crucifié, forment les plus beaus caractères de leur Apologie.

La derniere perſuaſion eſt priſe de toutes ces grandes
& merueilleuzes Circonſtances, qui ont accompagné la
*Publication* de l'Euangile. En effet, qui ne s'étonnera de
voir qu'en ſi peu de temps, douze pauures Pécheurs deuenus Apôtres & Précheurs, ont conquis toute la Terre?
La maniere d'en eſtre venu à bout, auec les deus choſes du
Monde les plus foibles ; la parole & la Mort ? Sa propagation de l'Oriant en l'Occidant, & du Midy au Septantrion ? Sa durée, qui n'a pour bornes que celles de toute
la Nature ? Son éclat, qui triomphant des Princes, des
Sçauans & des Puiſſants, a planté ſon Trône ſur le plus
haut du Capitole ? Sa matiere, préchant l'amour de la
pauureté contre la conuoitiſe des richeſſes, là honte & les
ignominies contre la gloire & l'ambition : la haine de ſoy-
même auec vne vie tres-rude & tres-auſtere fondée ſur les
eſperances des biens futurs, contre les delices & les voluptez de cete vie preſente ? Bref, là conuerſion des cœurs &
la ſanctification des Ames en tous les ſexes, en tous les
âges, & en toute ſorte de conditions ? Certainemant il n'y
a qu'vn D I E V qui puiſſe faire tant de miracles, auec de
ſi foibles moyens & ſi oppoſez.

La ſeconde claſſe des *Raiſons* produites pour juſtifier les
ſacrez Myſteres de l'Incarnation, preuuent que ce D I E V-
H O M M E nommé I E S V S C H R I S T, eſt le vray Fils du
Pere Eternel. Ceci qui ne peut eſtre nié par quiconque exa-
minera les ajuſtemans des ombres & des *Propheties* de
l'Ancienne Loy, auec le corps & la verité de la Nouuele.
Les *Miracles*, qui mettent cete verité hors de doute.
*L'Opinion generale* d'vn Roy, attandu dans la Iudée ; qui
donna ſujet au Tyran Herodes, de commander ce cruel
maſſacre des Innocens. Et à l'Empereur Auguſte de dire,
qu'il eût mieus valu d'eſtre le pourceau d'Herodes que



5. La publica-
tion de l'Euan-
gile.

Les prejugez
en faueur de
I. C H R.

1. Les Prophe-
ties.

2. Les Mira-
cles.

3. La Renom-
mée.

son fils. Les *Témoignages* & les depositions qu'ont randu
en faueur de I E S V S durant sa vie, à sa mort, & aprés sa
mort ; D I E V le Pere, les Anges Bons & Mauuais : tous
les Elemans, tous les Hommes Amis & Ennemis, Iuifs
& Etrangers.

Entrant plus auant dans ce diuin Sanctuaire, & particu-
larizant le détail de ces prodigieus Myfteres ; l'on explic-



que toutes *les Circonftances* de l'Incarnation. C'eft à dire
comme-quoy elle a efté ordonnée de D I E V par vne eternele predeftination, tout ainfi que le plus acheué de fes
Ouurages au dehors. Que le deffein de cete haute Entreprife a efté fa propre gloire, l'étroitte & amoureuze alliance qu'il vouloit contracter auec l'Homme ; fe donnant à
luy en toutes manieres : & le defir, payant fes détes auec
fon propre fang, d'effacer fes pechez, de fatisfaire à fa
Iuftice offanfee par la defobeïffance des premiers Parans ;
& le remettant en tous fes droits, de le randre capable
d'heriter la Gloire eternele.

Aprés ce decret & ces fuites, l'on fait voir que ce Myfte-



re qui fait vn H O M M E-D I E V ; eft vne chofe poffible,
puiqu'elle n'enueloppe aucune contradiction. Qu'au refte
c'eft vne action digne veritablemant de l'amour, de la fa-



geffe, & de la puiffance d'vn D I E V. Qu'aprés la *vie* que
I E S V S a menée fur la terre durant l'efpace de trante &
trois ans trois mois, toute éclatante de fainteté, de doctri-



ne & de miracles ; fa *mort* méme non moins douloureuze
qu'ignominieuze fur la Croix dans le Caluaire, eft la plus
grande preuue de la Diuinité de cét adorable Crucifié.
C'eft le cimant de la vraye Religion, & vne obligation
indifpanfable à tous les Chrétiens de ne reconnoître deformais d'autre falut ny d'autre perfection ; que dans l'imitation de la vie & de la mort de ce diuin Auteur, & Confommateur de nôtre Foy.

La Scholaftique pouffant plus auant fes fubtilitez, fait
encore vne anatomie plus exacte de cét augufte Myftere.



Commanceant par le nom, comme c'eft l'ordinaire de
toutes les connoiffances, on le nomme l'I N C A R N A-

TION; parceque c'est dans son accomplissemant, que le Verbe a esté fait chair. Comme pour marquer par cete plus foible partie, que c'est vn Mystere d'ancantissemant & d'humilité. Du nom de cete grande & admirable Chose, *Exinanin. semet. &c. Philipp. 2.* l'on remonte aus *Causes* soit natureles, soit meritoires, *Les Causes.* qui ont contribué à la produire. En suite l'on considere cete chaîne d'or, ce nœu plus que gordien, qui fait l'HOM- *L'Vnion hypo-* ME-DIEV; & le DIEV-HOMME. C'est *l'Vnion* Hypo- *statique.* statique, c'est à dire substantiele ou personnele. Desorte que comme la premiere & la plus ancienne de toutes les vnions, c'est celle qui vnît la Nature en trois Personnes: demême celle-cy vnît, & attache deus Natures en vne seule Personne. Mais par vn mariage si étroit, qu'outre que les deus Natures estoient en vne communauté entiere & reciproque de toutes choses, par la Communication des *Idiomes*; la mort méme qui a separé l'ame d'auec le corps de IESVS, n'a jamais pû détacher la Diuinité ny d'auec son ame, ny d'auec son corps. Et cete Vnion ine-narrable a esté si generale, qu'elle s'est étanduë jûqu'aus moindres parties de cete Humanité Sainte.

L'Ouurier de cét adorable Composé, ç'a esté le doigt du *Hæc est Victor.* Saint *Esprit*. C'est cét Esprit de pureté, sterile au dedans *quæ vinc. Mund.* & fecond au dehors; qui trauaillant à l'ombre du Pere *fid. nostra. 1.* Eternel, a organizé dans le sein de la VIERGE MARIE, *Joan. 5.* *Virt Altiss.* & formé des plus pures gouttes de son sang immaculé, le *obumbrab. Lu. 1.* plus petit corps d'Enfant qui ait jamais esté. Il attandit pour cela le consentemant de cete sainte Pucelle, randu à *Ecce Ancilla* la parole de l'Archange Gabriel deputé & enuoyé de la part *Dom. ibid.* de DIEV, en sa chambrette de Nazareth le vingt-cin-quiéme de Mars cinq mille cent quatre-vingt dix-neuf ans aprés la creation du Monde, & la quarante-deuziéme année *Et Verb. Caro* de l'Empire d'Auguste. Car dans cét heureus momant la *fact. est, & hab.* Diuinité & l'Ame raisonnable s'vnissant à ce diuin Corps, le *in nob. Ioan. 1.* Verbe a esté fait chair & a habité parmy nous. Il est deuenu, *Emmanuël no-* ainsi qu'Esaye l'auoit prophetizé, vn Emmanuël, qui est à *bis. Deus, Mat-* dire vn DIEV auec nous. *th. 8.*

Dés lors ce diuin Enfant a esté le Chef-d'œuure de DIEV,

le paradoxe du *Ciel* & de la terre, le trezor des Anges &
des Hommes; admirablemant enrichi de tout ceque l'on
peut s'imaginer de plus exquis dans la Nature, dans la
Grace, & dans la Gloire. De vray, il receut alors vne *Ame*
la plus acheuée qui fortira jamais des mains & du fouffle de DIEV le Createur. Et comme ce Nouuel Homme par vne difpanfation miraculeuze, mais neceffaire aus
conduites & aus fuccés de nôtre Redamtion, eftoit tout
à la fois *Voyageur & Comprehenfeur;* fon Entandemant eftoit
éclairé des fplandeurs de toutes les Sçiances; la diuine, la
bienheureuze, l'infufe, l'acquife, & l'experimantale. Iamais il ny a eu rien de fi reglé & de fi faint, que *fa Volonté.*
Pour la perfection de fon *Corps,* c'eft affez de le reconnoître auec l'Epouze, pour le plus beau des Enfans des Hommes. Et ce Roy Agabare eut fans doute raifon, de laiffer
charmer fes yeus, gagner fon cœur, & fe conuertir par la
feule veuë d'vn tableau de cete Beauté Incarnée.

Quant à fa *Puiffance,* elle a efté fi generale & fi abfoluë; qu'elle eftoit la fouueraine Maîtreffe de toutes chofes. La Vertu occulte, qui couloit fecretemant de fon corps
& de fes vétemans, les miracles dont il a honoré tous
les endroits de fa vie: ceus qu'il a operé dans la conuerfion des Ames, dans l'expulfion des Diables; dans la gue-
rifon des malades, dans la refurrection des morts. Ceus
enfin qu'il a, bien mieus que le Prophete Elizée, operés
méme après fa mort. Quoy plus? l'obeïffance que la Mer,
la Terre & tous les Elemans ont randu à l'empire de fa
vois; preuuent euidammant qu'vne Perfonne raifonnable
ne peut nier la Diuinité de ce grand Ouvrier de tant de
meruetlles, fans blafpheme & fans fe randre coupable.

Cependant cete force diuine n'a pas empéché, qu'il
n'ait pris part à toutes nos *foibleffes* humaines; excepté la
maladie du corps, l'ignorance dans l'efprit, & le peché
dans la volonté. Cequ'il a fait, afin de s'offrir en état de
Victime, à la juftice tres-rigoureuze de fon Pere, s'eftant
randu la caution de toutes nos détes. C'a efté encore pour
nous témoigner l'excés de fon amour, par l'excés de fes

fouf-

Son Ame.

*Nonum crean.
Dum. fup. terr.
Ierem.31.*

Il eftoit Voya-
geur, & Com-
prehenfeur.
Son Entande-
mant
Sa Volonté.
Son Corps.

*Speciofus forma
præ fil. hom.
Pf. 44.*

Sa Puiffance.

*Virtus de illo
exbib. Luc. 6.*

Ses foibleffes.

souffrances ; qui à cauſe de cela luy eſtoient ſi cheres, qu'il en parloit méme au milieu des ſplandeurs & des delices du Thabor. Enfin il a voûlu s'aſſujétir à toutes nos miſeres, *Lvc. 9.* pour nous enſeigner par ſes examples, encore bien plus efficacemant que par ſa doctrine ; qu'il n'eſt point d'état ſi abaiſſé, ſi delaiſſé, ſi endurant, ſi déplorable, où I E S V S ne nous ait donné des leçons de ſon imitation, & de nos pratiques.

Comme donc I E S V S aprés, ou auec D I E V, eſt le premier de tous les Eſtres, leur ſeruant de regle & de mezure ; il doit ſans doute poſſeder en eminance, toutes leurs *Perfections.* Elles ſont compriſes ſous certains T I T R E S Les perfections vniuerſels, qui attirent nos hommages & nos imitations. de I. C H R. Conceuons auant tout, que I E S V S eſt le *Chef* des Anges & des Hommes. Cequi fait que l'Egliſe Triomphante & 1. Le Chef. Militante, n'eſt qu'vn Corps. Que nous ſommes les freres des Anges, les mambres les vns des autres : vnis tous enſamble par le lien de la perfection, qui eſt la Charité. Mais qui deuons adherer, & eſtre vnis à nôtre Chef ; ſi nous voulons en receuoir la vie & l'influance, le mouuemant & la conduite.

Il eſt le Souuerain *Prétre*, que la Synagogue a fait mou- 2. Souuerain rir par effuſion de ſang, ſelon l'ordre d'Aron. Et qui par Prétre. vne derniere inuantion de ſon infini Amour, s'eſt ſacrifié Selon l'ordre luy-méme à la veille de ſon trépas, dans les figures du d'Aron. pain & du vin, pour accomplir les offrandes de Melchi- Et de Melchiſe-ſedec. dec.

Il eſt le *Roy* des Roys, nôtre Souuerain Empereur & Monarque. Le Sceptre & la Couronne luy appartiennent 3. Roy & Mo-par l'heritage & le don de ſon Pere, par ſa lignée Royale narque. eſtant petit Fils de Dauid : par l'achat, & la conquéte qu'il en a fait. Mais par vn rare miracle il demande l'inueſtitu- *Da imper. tuum* re de cét Empire, au momant de ſa mort : le Iuge méme *puer. tuo. Pſ.* 85. qui l'a condamné, en attache l'Eloge à ſon gibet ; & il I. N. R. I. n'eſt pas plûtôt reſſuſcité du tombeau, qu'il proteſte & *Data eſt mihi* publie que toute puiſſance luy eſt octroyée dans le Ciel *omn. poteſtas in* & dans la terre. Deſorte qu'encore que ſon Royaume n'ait *cœlo & in terra.*

Regnum meum
non est de hoc
mundo.

pas esté de ce Monde, durant sa vie pauure & souffrante,
il est vray neanmoins qu'il est deuenu le Maître de toutes les Couronnes. Que tous les Roys doiuent estre Chrétiens , & ne sont que comme ses Lieutenans ou Vice-
Roys. En vn mot , ils ne doiuent regner qu'auec luy, par
luy, & pour luy.

4. Mediateur.

Il est nôtre *Mediateur*, qui tient en sequestre & en de-
pôt la Nature Diuine & la Nature Humaine. Qui , comme
vne pierre angulaire , fait la liaison de la Nature , de la
Grace, & de la Gloire. Qui accomplit jûqu'à vn yota, la
Loy des Patriarches & des Prophetes , par les rampliffe-
mans & les coloris de l'Euangile. Qui a moyenné nôtre
salut, par les merites infinis de sa vie, diuinemant abbregez dans sa mort & dans son sang ; épanché pour nous sur
l'autel de la Croix , jûqu'à la derniere goutte. Qui encore aujourd'huy tantôt de bout , tantôt assis à la droite de
son Pere nous seruira *d'Auocat* dans le Palais de l'Eternité ; jûqu'à-ceque descendant de cét auguste trône auec
pompe & Majesté , il reuiendra sur la terre *Iuger* à la fin
du Monde les Viuants & les Morts en la vallée de Iosaphat.

5. Nôtre Auo-
cat.
*Aduocatum hab.
apud Patrem.*
I. *Joan* 2.
6. Le Iuge en
la Vallée de Io-
saphat.
Toute la vie du
Fils de D i e v,
enfermée en
neuf états, où
Mysteres,

L'Ecole laisse à la Pieté des Fideles , & à la Meditation
le reste des *Mysteres* ; qui sont la Conception Sainte , la
Naissance miraculeuse , l'Enfance adorable , la Vie cachée
& inconneuë de trante ans , la Penitante & tantée dans le
desert : la Publique & manifestée dans les predications &
les miracles ; la Souffrante dans la Mort & la Passion, la
Glorieuse dans la Resurrection , & l'Admirable dans les
triomphes de son Ascension. Elle passe donc dans ma
S i z i e m e  P a r t i e , du Soleil aus rayons , de l'arbre
aus fruits , de la cause aus effets ; j'entans de I. C h r. à
la Grace qu'il nous a meritée.

Le v i. Traitté
de la Grace.

*Per quam diu.
consort nat. effic.*
2. *Petr.* 1.

Nous appelons G r a c e , cete participation de la Nature diuine, que le Pere nous donne en veuë des merites
de son Fils naturel ; afin de nous randre famblables à luy,
& nous faire deuenir ses Enfans & ses Coheritiers. C'est
vne qualité spirituele & surnaturele , distinguée de la Cha-

rité & de tous les autres Dons celestes. C'est pourquoy
elle reside au fonds & au plus intime de nos Ames, comme la baze & le fondemant de tout l'edifice de nôtre predestination. C'est auec juste raison qu'on la compare au
rayon du Soleil, qui éclaire en échauffant, & qui échauffe en éclairant. Parce qu'en effet, cete douce & misericor-
dieuze preuantion, éclaire l'entandemant pour connoître
la verité : & émeut la volonté, pour la détourner du mal
& la porter à la vertu.

Il y a des *Graces* gratuitemant données, pour le bien
de l'Eglise & pour le salut des autres. Teles sont la Prophetie, les Miracles, la Doctrine, l'Eloquence. Et celles-cy n'ont aucune liaison necessaire auec l'état de Sainteté. Car Balam & Caïphe, ont eu le don de Prophetie;
Celuy-là estant Idolatre, & Celuy-cy Impie. Les Noua-
tiens faisoient des miracles. Et ceus de l'Anti-Christ seront si prodigieus, qu'ils ébranleront les Ames mémes les
plus constantes dans la Foy.

La Grace faisant-agreable, ou *Sanctifiante*, marque sa
nature & ses proprietez dans son nom. Elle bannit le peché de nos cœurs, elle y introduit la sainteté : & par là, elle
nous rand agreables aus yeus de la diuine Majesté.

L'on distingue encore la Grace en Actuele, & Habituele. *L'Actuele* ou excite & preuient nos actions, ou les accompagne, ou les consomme dans la perseuerance. Iamais nous ne la pouuons *meriter* seuls, & de nous-mémes.
Car si cela estoit, dit l'Apôtre de la Grace S. Paul, elle ne
seroit plus Grace. Cepandant c'est vn Article de Foy decidé
contre *les Pelagiens*, que cete Grace est absolumant neceffaire à toutes les actions tant en general qu'en particulier.
Ie dis lors que soit qu'elles soient natureles, soit qu'elles
soient surnatureles, elles ont quelque rapport à nôtre predestination, quelque influance dans nôtre salut : & qu'elles
peuuent en quelque façon que ce soit, nous acheminer à
l'eternité. Telemant que comme la perte originele & vniuersele de tous les Hommes, a esté causée par la rebellion
d'vn seul Homme : deméme il n'y a point de salut parmy

LLl ij

tous les Hommes , qui ne foit dependant des merites du fecond Adam Celefte. Ce grand ouurage ne peut fortir que des mains d'vn D i e v. Celuy qui plante n'eft rien, Celuy qui arroze encore moins, tout appartient à Celuy qui donne l'accroiffemant. Bien plus ; c'eft vn même Agri-culteur , vn méme Pere de famille qui plante , qui arro-ze, & qui fait croître. Ce fuccés ne dépand ny de nôtre bonne volonté , ny de nôtre trauail, ny de nôtre courage ou fidelité , mais de la feule clemance du grand Pere des mifericordes. C'eft luy , & luy feul qui donne non feule-mant la grace d'executer , mais les premiers mouuemans de la bonne volonté. Deforte que reconnoître en nous quelques *difpofitions* à la grace, ou les plus legeres femances du falut & les moindres commancemans des bonnes œuures, c'eft fe faire condamner auec *les Semi-pelagiens.*

*Neque qui plan-tat,&c. i. Cor.3.*

*Ipfe dat velle, & perfic.*

Or ces graces actuelemant neceffaires , & neceffairemant actueles , *font* d'ordinaire natureles en elles-mémes : & ne font furnatureles, que dans leurs accompagnemans. C'eft la bonté & la mifericorde de nôtre D i e v, qui par les me-rites de fon Fils vnique nôtre Sauueur, depart à tous les Hommes, dans le defir qu'il a de les fauuer tous ; comme D i e v eft le D i e v, & I e s v s le Sauueur de toùs les Hommes. Il le fait felon deus fortes de Prouidance, que nous diftinguons dans leurs effets. Les vns font ordinai-res. Les autres dans vn cours & pour des effets extraordi-naires , méme dans l'Etat furnaturel. Ce dernier fait des Productions infignes , rares & priuilegiées. Tele a efté la Conception de S. Iean Bâtifte , la haute & fureminante di-gnité de la M e r e d e D i e v : les Graces de S. Iofeph, la conuerfion de la Madelene , la vocation de S. Paul.

*Les Graces Pre-uenantes.*

Les preuantions Ordinaires que D i e v emploie en la conduite de nôtre falut, font à *l'exterieur* la Lecture fpiri-tuele , comme en S. Ignace de Loyola & en S. Iean Co-lombin. La Parole de D i e v, comme en S. Antoine & en S<sup>te</sup> Marie Egyptienne. Le bon example, comme en S. Ro-müald. Et les autres occafions qui nous arriuent fans que nous y penfions, mais D i e v y penfe pour nous.

Les *Interieures* font ces douces benedictions, ces mifc-
ricordieuzes preuantions, & ces ineffables mouuemans, qui
ne fe peuuent exprimer : mais qui fe font bien fentir,
méme à l'improuifte ; pour nous degoûter de la pourfuite
des vanitez , & pour nous faire deuenir amoureus de la
vertu.

La liaifon & la concorde de cete Grace auec l'vzage de
nôtre LIBRE ARBITRE , eft vn des plus grans fecrets
de la conduite de DIEV fur les Ames. Amoins que d'e-
ftre Heretique , l'on tombe bien d'accord que ces deus
caufes 's'vniffent pour produire vn méme effet. Mais le
poinct qui fait ce mariage eft fi fubtil & fi delié , que pour
le difcerner il faut eftre éclairé des rayons de la gloire.

Ce font les mémes tenebres épanduës fur cete liaifon,
qui dérobent à nôtre veuë la connoiffance & le difcernemant precis de cét important caractere , qui diftingue la
Grace *Suffifante*, qui ne manque jamais à Perfonne, d'auec
la grace *Efficace*; qui fans bleffer la liberté , triomphe de
la rebellion de nos cœurs, & emporte fon victorieus effet.
Il faut regarder cete Arche où la manne & la grace font enfermées, auec des yeus de refpect. Il faut adorer ce Sanctuaire de la *Predeftination*, en efprit de reuerance & d'humilité. Il vaut mieus incomparablemant trauailler à eftre
fidele aus infpirations de la Grace, qu'à eftre fçauant dans
fes routes auffi imperceptibles que celles de l'Aigle & du
Nauire. Certes le profit eft bien plus grand, plus facile &
plus affeuré ; de tâcher à deuenir Predeftiné, que non pas
d'étudier commant cela fe fait. La téte & les pieds des
Seraphins d'Efaye font voilez, il ne leur refte que les deus
aîles du milieu pour voler : & à nous les deus facultez de
l'Ame, comme les deus mains pour trauailler.

Pour moy je ne puis fouffrir il y a long temps, cete *in-
folante Curiofité*. Quoy ? Des vermiffeaus de terre, s'éleuer dans la contamplation de ces incomprehenfibles Myfteres ? DIEV au jour du Iugemant ne nous démandera
pas conte de ceque nous auons ignoré, mais fi nous auons
bien mis en pratique les connoiffances qu'il nous a dou-

LLl iij

nées. Nos Efprits fans mantir treuuent affez dequoy s'inftruire , dans les veritez qu'il nous enfeigne manifeftemant. Et il eft indubitable que s'il vouloit que nous en euffions fçeu dauantage, fa bonté paternele n'aurroit pas manqué de nous le reueler.

La premiere & la derniere Grace, qui enferment tout le fecret de la Predeftination, ne nous font pas moins inconneués que le premier momant de la vie & le dernier de fa mort naturele. Que fi cete curiofité , de foy criminele, eft accompagnée d'orgüeil & de hardieffe à condamner le Prochain, ou à refifter aus Superieurs ? c'eft vn figne euidant que l'on n'eft pas conduit par l'Eprit de I. Chr. qui eft tout confit dans la douceur & dans l'obeïffance, dans l'humilité & dans la charité. Nous ne pouuons faillir, quand nous croirons cequi nous eft clairemant & vnanimemant enfeigné : & qu'en toute forte de matieres nous nous affujétirons, fans exception ny interpretation, à l'autorité de l'Eglife & à la vois de fes Pafteurs.

La Grace *Habituele* eft cete méme qualité furnaturele, mais inherante & permañante dans l'Ame qu'elle fanctifie. A mon jugemant elle ne peut non plus fubfifter auec le peché mortel , que la veüe auec l'aueuglemant, & la vie auec la mort. Son premier & principal *effet* , c'eft de nettoyer, de purifier : d'embellir, de fortifier & d'enrichir nôtre Ame ; la delivrant des ordures, des faletez, des laideurs , des foibleffes , & des miferes où elle eft plongée par le crime.

D'ailleurs , parce qu'vne fainte racine ne peut produire que des fruits excellans , & que le jet d'eau remonte toûjours auffi haut que fa fource ; l'impreffion du fang de Iesvs, que la Grace fait dans les œuvres de l'Homme Iufte , leur donne vne valeur furnaturele. C'eft à dire qu'elle les rand dignes ou capables de *Merite*, & de l'accroiffemant de la méme Grace en ce monde : & de la Gloire dans l'Eternité , de laquelle elle eft appelée pour ce fujet la femance & la mezure.

Que fi nous auons veu jûqu'icy le Fils vnique du Pere

Eternel dans la plenitude de la Grace, la suite du texte
de S. Iean nous le fera paroître tout rampli de verité; *ple-*
*num gratiæ & veritatis.*

C'eft le TRAITTÉ DES LOIS qui nous le dépeint
dés deuant fa naiffance, comme nôtre Souuerain *Legifla-*
*teur*; qui n'a point fon pareil entre tous ceus qui ont gouuerné les Peuples, foit dans la Religion, foit dans l'E-
tat. En effet, puiqu'il eft nôtre Pere, nôtre Maître, &
nôtre Tout; comme il nous conduît par fa grace au dedans, deméme fes foins paternels nous doiuent diriger au
dehors en tout le cours de nôtre vie. Et parceque le Dé-
mon trauaille à nôtre perte, tant par les occafions exterieures du peché, que par les tantations qu'il imprime dans
nos Efprits; il faut pour nous mettre en état de refifter à
ce double mal, qu'outre la Grace qui fortifie nos Ames,
nous ayons auffi vne direction exterieure, qui eft celle des
LOIS, dont je joindray le Difcours à celuy qui fuit.

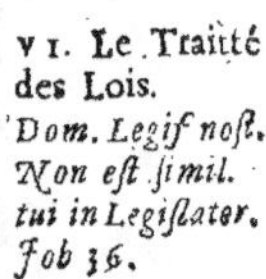

# LA MORALE
## Chrétienne.



BIENQVE cete huitiéme Partie foit encore
dirigée par la fpeculation, elle commance neanmoins de décendre à la pratique. De vray, il
importe bien moins à l'Homme d'eftre fçauant, méme dans ces Sçiances Diuines, que
d'eftre vertueus. Enchaffer de belles penfées en des paroles induftrieuzemant arrangées, c'eft vn artifice beaucoup moins vtile au Public & aus Particuliers; que de
donner vne regle à toutes fes actions, & de fçauoir bien
conduire toute fa vie au but où elle doit vifer. C'eft ceque fait la Sçiance des Mœurs, appelée pour ce fujet l'E₃

thique par les Grecs, & par les Latins L A M O R A L E.

Elle regle &
conduit les
Actions Hu-
maines.

Comme vne sage Sur-Intandante elle a la direction des *Actions*, que l'on appele Humaines. Ce sont celles qui ne se font ny à la volée, ny par hazard : mais auec attantion de nôtre Ame, quand elle prand garde à ce qu'elle fait. Cequi arriue toutes les fois qu'elle agît auec reflexion & discernemant, auec deliheration & jugemant. L'étude de cete profitable Sçiance, c'est de détruire les Actions Mauuaises, qui portent les caracteres du Vice & de l'Iniquité. De bannir les Actions Indifferantes, s'il y en a dans le détail ; l'Homme Chrétien estant, selon S. Augustin, vn Tabernacle où tout doit estre saint. Et de prescrire les Actions de vertu ; qui le randant agreable à D I E V, luy font meriter la gloire de l'Eternité.

Quattre cara-
cteres la distin-
guent de toutes
les autres Fa-
cultez.

C'est pourquoy on a raison d'appeler cete Discipline des Mœurs, la vraye Sçiance de l'Homme : la Sçiance des Chrétiens, la Sçiance des Saints. On la reconnoît par ses plus illustres Qualitez, qui la font estre Reéle, Practique, Actiue, & Chrétienne.

La premiere qualité distingue la Morale de toutes les autres Sçiances & Disciplines ; que nous auons veuës jûqu'icy, s'occuper dans l'étude des Paroles & du Discours. La seconde, l'empéche d'estre sterile ; ainsi que le sont la Physique, les Mathematiques, & les autres Connoissances puremant speculatiues. La troiziéme, la separe de tous ces Ouurages ; qui doiuent leurs productions aus Arts soit Liberaus, soit Mechaniques. La quattriéme, la rehausse dans l'état de la Grace. Desorte que luy donnant D I E V méme pour principe & pour fin, & I. C H R. pour modele & pour examplaire ; elle nous éleue au dessus de la Morale, qui n'est que Prophane & Politique.

Elle reside dans
la Volonté.

Par où il est aizé de conclure que la Morale n'a propremant son trône ny dans l'Esprit, ny dans l'Imagination, ny dans les Sens : mais dans *la Volonté*, qui est la Maîtresse, la Reine, & la Souueraine Princesse de la Republique Humaine. Cequi est cause qu'on nomme quelquefois la Morale, l'Art de la volonté, ou l'Art de bien viure, ou

la

la vraye *Prudance* Humaine ; dont on fait auſſi pour ce ſujet, *trois* differantes Eſpeces. La Premiere eſt la Monaſtique, la Seconde l'Oeconimique, & la Troiziéme la Politique. Nous ne ferons que les toucher toutes trois, leur entiere dilatation ſe treuuant dans nôtre MORALE CHRETIENNE, qui fait le Second Livre de la vraye Religion.

Trois eſpeces de Morale, ou Prudance.

---

# LA MORALE MONA-
## ſtique, ou Perſonnele.

TITRE VIII.

ES GRECS appelent cete Premiere Partie de la Morale, *Monaſtique* ; pour nous découurir par cete etymologie, ſon principal office. En effet, elle s'employe à former les Mœurs de chaque Perſonne ranfermée en elle. méme, c'eſt à dire de chaque Particulier ; enſorte qu'il viue contant & heureus, entre DIEV & ſoy-méme. L'Homme dans ce reduit perſonnel, n'a encore aucun égard ny à la Famille, qui eſt vn amas de pluſieurs Perſonnes : ny à la Republique, qui ſe compoſe de pluſieurs Familles. D'où il s'enſuît que cete Premiere Partie de la Morale, eſt ſans doute la plus neceſſaire à chaque Homme particulier.

La Monaſtique.

Céte etude de la Vertu, enſeigne d'abord ; que LA FIN derniere & la Souueraine Felicité de la Creature Intellectuele, ne ſe treuuant qu'en DIEV, tout le reſte n'eſt qu'vne pure vanité. D'où il s'enſuît que l'Homme peut legitimemant vzer des honneurs ; des richeſſes & des plaiſirs : mais non pas s'attacher à la joüyſſance de ces biens tranſitoires, & periſſables. Encore ne s'en faut-il ſeruir qu'en paſſant, & comme de moyens pour arriuer au dernier but, que l'Homme ſe doit propoſer en toute la conduite de ſa vie.

Il y a vne Fin derniere.

Il eſt hors de doute, qu'il n'y a point d'Eſtres qui ne tendent à quelque *Fin.* Les Anges la recherchent auec raiſon & ſans ſentimant, les Hommes auec la raiſon & le ſentimant.

Tous les Eſtres ont vne Fin.

*La 1. Part. La Sçiance Diuine.*     MMm

les Bêtes auec le fentimant, fans raifon; les autres Creatures par vne pante ou inftinct naturel, fans raifon & fans
fentimant. Mais aprés tout, il n'y a que les Anges & les Hommes, qui agiffent *formelemant* pour quelque Fin; parce qu'ils
la connoiffent, & veulent y arriuer : ils difcernent les
Moyens, & choififfent ceus qui y conduifent. Auffi eft-ce
la Fin, qui eft la mezure des Moyens. En tele forte qu'vn
moyen n'eft meilleur, que parce qu'il achemine mieus à
la fin où l'on veut arriuer.

Or toutes les Fins fecondaires, particulieres & fubordonnées; fe raportent à *vne* premiere, generale & fouueraine.
Puîque celle-cy confifte en la plus excellante action de
l'Homme, c'eft à dire en la connoiffance & en l'amour du
plus parfait de tous les objets ; S. Auguftin a raifon de fe
mocquer des deus cens opinions differantes, que les Anciens Philofophes ont multipliées fur ce fujet. Et nous, de
conclure auec le même Saint ; *Seigneur, tu nous as fait pour*
*toy : & nôtre cœur eft agité de tourmans & d'inquietudes extré-*
*mes, jûqu'à-ce qu'il retourne à toy.*

Pour nous acheminer à ce poinct de nôtre Beatitude, il
y a *deus Voyes* qui nous font ouuertes. La premiere, c'eft la
fuite du Mal & l'éloignemant du Vice. La feconde, c'eft
l'approche du Bien & la pratique de la Vertu. L'Homme a
en foy-même les *Semances* de tous les deus. Dans l'Entandemant, il a l'Intelligence des Premiers Principes ; qui par
l'induction même des fens, luy découurent les beautez &
les veritez. Dans la Volonté, il a la Syndereze & *la Con-*
*fciance*, qui luy donnent de la honte pour le mal : & de tres-
douces, mais tres-fortes-inclinations pour la vertu.

*La fuite du Mal,* confifte en la victoire, c'eft à dire en la
moderation des *Paffions.* L'Ataraxie empéche le jugemant
d'eftre furpris ou émeu de quoy que ce foit, ce qui eftoit
l'étude des Sceptiques. La Metriopathie, regle l'vzage des
Paffions. L'Apathie des Stoïciens, s'efforçoit d'acquerir
l'indoleance & l'infenfibilité. Mais comme la nature de ces
Paffions n'eft pas criminele, les vouloir deraciner, c'eft
vne entreprize ridicule de ces illuftres Arrogans ; qui fe

vantant de faire vn Dieu de leur Sage, en euffent plûtôt
fait vne fouche ou vn rocher. Le Maître de nôtre Morale
I. C H R. n'ayant pas renoncé à ces appanages de nôtre Humanité , fait bien voir que la vraye Morale Chrétienne
n'enfeigne qu'à corriger l'excés des Paffions : à les affujet-
tir à la raifon, les foûmettre à l'empire de la Grace; les faire agir par de faints principes, & leur propozer des objets
innocens & diuins.

La diuerfité des objets que nos Paffions enuizagent, en
a multiplié *le nombre*. L'Ecole les reduît, comme nous    Combien il y
auons dit à onze; ces onze à quattre, ces quattre à deüs: &    en a.
moy à vne, qui n'eft autre que L'A M O V R.

Comme il n'eft point de Paffion, qui ne foit accompagnée de changemant; fi la mutation fe fait de bien en mal,
noüs reffentons ou la douleur dans le corps, ou le déplaifir dans l'ame. Si la mutation fe fait de mal en bien, nous
receuons les chatoüillemans de la volupté, & les épanoüif-
femans de la joye. Il eft vray cepandant qu'il fe fait par
tout fur la terre vn *mélange* de fiel & de miel, & que la mezure de l'amertume eft bien plus grande que celle de la
douceur. Ce mélange méme empéche la confufion de ces
deus extrémes, dont *l'excés* ruine fon fujet. Ainfi vn So-    L'excés fait
phifte mourut de honte & de regret, de n'auoir pû répon-    mourir.
dre à vne queftion : Homere , de n'auoir pû foudre l'e-
nigme des Pécheurs. Ainfi Licinius mourut de déplaifir,
de fe voir condamné pour le crime de peculat : vne Fille
faifie de douleur, voyant les habits fanglans de fon Pere;
& ce braue Louys de Bourbon fils de Gilbert Duc de Mon-
panfier, étouffa à force de pleurer fur le fepulchre de fon
Pere à Puzzoli. La méme chofe arriua, mais par vn effort
encore plus diuin, à vn autre Gentilhomme François fur le
Mont d'Oliuet , dans l'extaze des derniers Myfteres de
I. C H R. Et l'on treuua fur fon cœur, ce bel epitaphe, I E S V S
*mon amour.*

Au contraire , Chryfippe voyant vn Ane qui mangeoit
des figues au bout de fa table, mourut à force de rire. Diago-
ras le Rhodien mourut de joye, de voir fes trois Enfans vi-

ctorieus en vn méme jour aus Ieus Olympiques : le Poëte
Sophocle, d'auoir ramporté le prix de la Tragedie ; & vn
grand Prince, au téps de François I. quand on luy apporta la
nouuelle de la reprife de Milan. Le premier arriue, parceque
la triftefle preflant les organes, fuffoque les efprits & étouffe
la vie. Le fecond au contraire, parceque la joye caufe la diffi-
pation, l'affoibliffemant & le trépas.

La nature des Paffions.

Ces Paffions, dont la nature n'eftoit pas mauuaife, ayant
efté gâtées & corrompuës par le *peché Originel*, ne produifent que de tres-mauuais effets ; fi la raifon ne les retient, & fi la grace ne les domte. Il eft vray que depuis cete
perte funefte, la corruption de nôtre Nature criminele eft
fi generale, qu'il n'eft point d'Homme qui naiffe innocent.
Et cete étincelle infernale a telemant allumé la rouë de nôtre natiuité, pour me feruir des termes de S. Iacques, que
toutes nôtre vie en eft enflammée. C'eft l'allumette malheureuze, le *fomes peccati*, qui embraze la conuoitife des
flammes de l'iniquité.

La fource des Pechez. *Iacob. 3.*

Ce mot d'*Iniquité* dans la Theologie de S. Iean, fe prenant pour toute forte de Peché, nous donne fujet d'en former vne *definition* generale : & de dire que c'eft vn defaut du
droict, de l'equité & de la droiture que l'Homme eft obligé
de garder en toute la conduite de fa vie. Ou bien nous dirons aprés S. Auguftin, que nous pechons lors que nous
formons vne penfée, que nous difons vne parole, ou que
nous faifons vne action contre la Loy de DIEV. Ce qui
a fait dire à S. Paul, que s'il n'y auoit point de Loy, il n'y
auroit point de peché. Verité qui n'empéche pas qu'il n'y
ait beaucoup de chofes, qui portent *en elles-mémes* les funeftes caracteres de l'iniquité : & qui ne peuuent jamais
eftre ny permifes, ny excuzées. Comme font l'Idolatrie,
l'adultere, le parjure, & famblables. Il y en a d'autres qui
empruntént toute leur bonté ou toute leur malice de *la Loy*
qui les commande, ou qui les defand. En quoy il eft fort à
remarquer, que le peché de Lucifer a efté d'vne chofe du
premier rang, auffi n'a-t-il point efté pardonné. Au contraire, manger vne pomme belle à la veuë, & delicieuze au

*1. Epift. 5.*

Leur definition, & leur diftinction.

*Rom. 5. & feq.*

1. Par eus mé-
mes, & par la
Loy.

goût, comme firent nos Premiers-Parans, n'eſtoit vne
choſe mauuaiſe que parcequ'elle eſtoit deffanduë.

Sur cete premiere diſtinction, eſt fondée celle des Pechez en pluſieurs & diuerſes *Eſpeces*. Les conſiderant en
eus-mémes, & dans leur nature dénaturée; la Sçiance Sacrée & Prophane diſtingue les Vices, les Crimes, & les
Pechez. Les *Vices*, à propremant parler, ſont comme les   Les Vices.
ſources & les habitudes, d'où naiſſent toutes les autres
engeances infortunées. C'eſt quand la coûtume de ſaire le
mal, eſt changée en nature. Cequi a fait remarquer à Ariſtote méme, qu'il y a vne tres-grande differance entre eſtre
yvre ou yvrogne: prononcer vn blaſpheme, & eſtre blaſ-
phemateur. Ce dernier dit vn ply formé, & vne habitu-
de enracinée. *Les Crimes* ſont les pechez plus énormes, &   Les Crimes.
plus atroces, qui portent les noirs caracteres d'vne méchanceté non commune en châque eſpece. Comme de
violer ſa Mere en fait d'impudicité, de fouler aus pieds
la Sainte-Hoſtie en matiere de Sacrilege. S.Iean les nom-
me des Pechez Mortels, *peccatum ad mortem*. Et le Fils de   Irremiſſibles.
DIEV proteſte en ſon Saint-Euangile, qu'ils ne ſont pardonnez ny en ce Monde, ny en l'autre. Parceque, dit-il,
ce ſont des productions d'vne noire malice, ou d'vn inſo-
lant orgüeil contre la bonté & la debonnaireté du Saint-
Eſprit. Donnant à entandre dans le méme texte, que ceus
qui ſe commettent par foibleſſe contre la puiſſance du Pere,
& par ignorance contre la Sçiance appropriée au Fils, ſont
pardonnables; comme eſtant des *Pechez* communs & or-   Les Pechez.
dinaires, dont nôtre fragilité eſt la cauſe, le plus Iuſte
tombant ſept fois le jour.

Par *Comparaiſon* à la Loy. Comme il y en a vne qui   2. D'Omiſſion,
commande, & l'autre qui deffand; omettre cequi eſt com-   & de Commiſ-
mandé, c'eſt cequi fait le peché *d'Omiſſion*: faire cequi eſt   ſion.
defandu, c'eſt le peché de *Commiſſion*.

A l'egard encore du *Pecheur*, il y a vn peché Originel,   3. Originel, &
c'eſt la deſobeïſſance actuele & perſonnele en Adam: mais   Actuel.
qui s'eſt deriuée, tout ainſi qu'vne maladie hereditaire &
contagieuze, en toute ſa poſterité. L'Actuel eſt celuy que

MMm iij

chacun *commet*, ou par la penſée, ou par la parole, ou par l'action. Car voilà la maudite genealogie de l'Iniquité, enſeignée par l'Apôtre S. Iacques. *Chacun*, dit-il, *eſt tanté par les allechemans ou les tranſports de ſa propre conuoitiſe. Aprés qu'elle a conçeu ce maudit germe de Sathan, elle enfante le peché. Et celuy-cy n'eſt pas plûtòt acheué, qu'il engendre la mort.*

Non ſeulemant la Nature, la Loy, le Pecheur, la Maniere; mais la Matiere méme diſtingue les Pechez en *Mortels*, & en *Veniels*. Les derniers ſont ainſi appelez; parceque n'eſtant que legers, ils ſont aizémant pardonnez. Les premiers empruntent auſſi leur nom de leur effet, qui eſt de détruire la Grace, de priuer l'ame de la vie qu'elle a par l'adheſion à D i e v : & parcequ'elle s'eſt tuée elle-méme, de la condamner, auec le corps, à vne mort eternele.

Il n'eſt point de Pechez *Veniels*, dont le nombre puiſſe égaler la malice d'vn peché Mortel. Encore qu'il ſoit trop vray, que ces foibleſſes ſont des maladies qui acheminent à la mort; comme la fluxion ne tombant que goutte à goutte, produît enfin l'apoplexie. Pour le Peché Mortel, jamais il ne peut eſtre commis que par celuy qui l'enuiſage : & qui s'y reſoût auec vn diſcernemant, vne deliberation, & vne liberté toute entiere. C'eſt méme en general vn oracle de S. Auguſtin, qu'il n'eſt point de peché s'il n'eſt *Volontaire*. Le plus dangereus, eſt celuy qui va au mépris de D i e v, à l'endurciſſemant de cœur, & à l'impenitance finale.

*Le Scandale* eſt vne circonſtance, qui en augmante le mal. Car il eſt écrit, que malheur à Celuy par qui le ſcandale eſt donné. Qu'il vaudroit mieus eſtre abymé, que de ſcandaliſer le moindre de ſes Freres. Et que c'eſt beaucoup accroître ſa damnation, que de faire perir par mauuais example vne Ame pour qui I. C h r. a ſouffert le ſcandale de la Croix. C'eſt pourquoy les Gouuerneurs des Peuples, & les Patriarches des Hereſies voyent tous les jours accroître leurs ſupplices dans les Enfers; par les ſcandales qu'ils

4. De Penſée, de Parole, & d'Oeuvre.

*Vnuſquiſque tentat. à propr. conſcient. &c. Cap. 1.*

5. Les Mortels, & les Veniels.

*Nullum peccatum niſi voluntarium.*

Le Scandale.

*Væ hom. ill. per quem ſcandal. ven. Matth. 18.*

ont donnez , & par les ruines qu'ils ont caufées ; Ceus-là
par les defordres de leur vie & de leur conduite , Ceus-cy
par leurs fauffes doctrines.

Ce qui eft de plus étonnant en cete matiere , c'eft que
Chacun porte en fon fein fon témoin, fon accuzateur, fon
Iuge , fon boureau, & fon fupplice. C'eft fa propre Con- La Confciance.
sciance, ou la Synderefe ; qui marque que nous ne
pechons jamais qu'auec fçiance, laquelle lors méme qu'elle eft fauffe & erronée, ne laiffe pas, fi vous la violez, de
vous randre coupable. C'eft donc auec grand fujet , que
Salomon confeille de fuïr le peché comme on fait vn Af-
pic & vn Dragon; puîque fon apparance, fes regars, fon
fouffle, fon ombre méme fait mourir. Par l'ombre du Peché qui conduît à la mort , quelques-vns entandent le
peché Veniel. Mais pour moy je l'interprete de *l'Occa-* L'Occafion.
*fion* ; laquelle, fi elle eft prochaine, l'obligation n'eft pas
moindre de l'éuiter, que le Peché méme. Parceque em-
braffer les moyens , c'eft vouloir la fin : quiconque aime
le peril, & fe jette dans les precipices , montre qu'il eft
refolu de fe perdre. Voilà cequi touche la fuite du Mal,
qui eft le premier degré de la Morale Chrétienne. La feconde demarche, c'eft de faire le Bien.

# LA PRATIQVE DV Bien.

TITRE IX.

E n'eft pas moy qui le fais , mais la grace de
Dieu auec moy : & moy auec elle, par le
moyen des Vertvs. Ce font les precieus
ornemans de la Grace , les illuftres appanages de la Sainteté. En vn mot , les Vertus
Chrétiennes , font des habitudes furnatureles , qui font
les viues fources des Actions honnétes, loüables : qui nous

*Non ego , fed
grat. Dei mec.*
1. *Cor.* 15.
Defcription des
Vertus.

randent agreables à D i e v , & qui nous font dignes de l'Eternité.

*Leurs Princi-pes.*

Aprés les auoir ainſi décrites, il faut remonter à leurs *Principes* ; qui ſont d'vne part D i e v, I. C h r. la Grace, les Sacremans. De nôtre côté la droite conſçiance , le bon naturel , l'honnéte & genereuze education : le grand courage , & le continüel exercice des belles & ſaintes actions.

*Leurs Proprie-tez.*

La méme étude recherche en ſuite les *Proprietez* des Vertus. Car elle n'en reconnoît point de vraye, ſi elle n'eſt marquée des glorieus caractères de la bonté : ſi elle n'en communique les qualitez auantageuzes, à Celuy qui la pra-tique : ſi elle ne marche en la compagnie de toutes les autres Vertus , qui ſont comme ſes Sœurs ; dont l'vnion eſt ſi étroite, qu'au moins en vn état parfait, elles ſont inſepa-rables. Mais ce qui eſt de particuliere à la Vertu, c'eſt qu'el-

*Le Milieu.*

le établît ſon trône dans le centre & dans le juſte M i l i e v; égalemant éloigné des deus extrémitez, qui ſont les vices oppoſez. En effet, la Nature , ſi elle n'eſt empéchée , va toûjours jûqu'au bout , & la Paſſion s'emporte dans les excés. La pierre ſe precipite jûque dans le centre, le feu vole jûqu'à la circonferance,& deuore tout ce qu'il peut. Le Roſſignol chante jûqu'à creuer , la colere n'a point de frein, ny la volupté de retenüe dans les Bétes brutes. Il n'y a que la Raiſon & la Grace, qui arrétent ces excés dans le juſte milieu.

Neanmoins ce poinct moral n'eſtant pas indiuiſible, comme eſt le poinct naturel , il a des *degrez* d'étandüe. Et cete Mediocrité tant vantée , n'a point de lieu dans les Vertus Theologales & Heroïques, qui tiennent du tranſ-port & de l'extaze. Dans les autres Vertus qui ne ſont que des moyens de la perfection, la moderation requiſe vient plus particulieremant de leur matiere. Ainſi la Liberalité garde la mezure entre l'Auarice & la Prodigalité , la Cle-mãce entre la Cruauté & l'Inſenſibilité.Le Courage entre la Temerité & la Lâcheté; l'Amitié entre la Flatterie & l'Hu-meur farouche ; la Modeſtie entre la Crainte ou la Honte

dereglée

dereglée & l'Impudance, la Facetie entre la Bouffonnerie
& la Rusticité. Desorte que ce n'est pas la seule Iustice qui
tient la balance en main, & dont l'excés deuient vne inju-
stice. Tous les autres Vices opposez aus autres Vertus, se
commettent par l'excés du trop ou du peu.

La Vertu pour glorieus *Effets* ordonne & prescrit les deuoirs de l'Homme enuers D I E V , par le culte sincere &
ardant de la Religion. Enuers Soy-méme, par vne vie honnéte & innocente. A l'endroit des autres, le randant vertueus & irreprochable dans la Societé soit Domestique, soit
Ciuile.

Les effets de la
Vertu.

Elle a diuers *Degrez* ; des Commanceans, des Profitans,
& des Parfaits. Le plus éleué c'est l'Heroïque, qui surpasse
le commun, & l'ordinaire des Parfaits. C'est luy qui fait
les Heros & les Saints dans la vraye Morale Chrétienne.

Ses Degrez.

La Vertu reçoit aussi des *Especes* differantes. Les prin-
cipales sont les $\begin{cases} ACQVISES, INFVSES: \\ CARDINALES, THEOLOGALES. \end{cases}$
Ce n'est pas que dans l'Ame du Iuste, elles ne soient tou-
tes plantées de la main de D I E V , & arrosées du sang de
I. C H R. consequammant surnatureles & infuses. Mais on
les appele *Acquises* , parceque si nous ne faisons rien sans
le secours de D I E V, D I E V reciproquemant ne fait rien
sans nôtre cooperation. On les nomme *Infuses* , parcequ'elles se forment comme des perles de la rozée de la
Grace, que le Soleil fait pleuuoir dans nos Cœurs.

Ses Especes.

Les Acquises.

Les Infuses.

Les *Theologales* les plus excellantes, s'éleuant au dessus
des autres, ne s'occupent qu'autour de D I E V : & sont

$$\text{Trois} \begin{cases} LA\ FOY. \\ L'ESPERANCE. \\ LA\ CHARITE'. \end{cases}$$

Les Theologa-
les.

L A F O Y, qui commance la vie du Iuste de D I E V,
est vne connoissance diuinemant infuse ; qui nous fait croire les choses reuelées, par l'Esprit de Verité ; qui ne peut
ny tromper, ny estre trompé. La necessité de cete premiere des Vertus qui nous sanctifient, est si generale, que sans

La Foy.
*Iustus meus ex
fide viuit. Rom.*
1.
Sa Necessité.

*La* I. *Part. La Sçiance Diuine.* N N n

la Foy Perſonne ne peut eſtre ſauué, eſtant le premier pas qui nous approche de D i e v ; lequel nous propoſe, comme Souuerain Maître, ce qu'il veût que nous croyons. *La Matiere* de cete Foy diuine, ſont toutes les Choſes reue-lées. Mais on les doit croire toutes auec vn accord ſi parfait, que qui peche *en vn principe*, la perd toute entiere: qui branle, tombe ; & qui doute de la moindre choſe, ne croit plus rien du tout. Quoy que ce ſoit vn feu qui ne peut eſtre allumé en terre, que par les rayons du Soleil ; il y treuue toutefois dequoy s'entretenir, & comme ſe nourrir. En effet, la Foy, quelque abſoluë qu'elle ſoit & indépandante, ne refuſe pas des *Regles & des Motifs* ſecondaires ; qui ſont comme ſes aides, & ſes adminicules. C'eſt en cete veuë que nous nous ſeruons de l'Ecriture-Sainte, de l'*Egliſe*-Vne, Sainte, Catholique, Apoſtolique & Romaine. De l'autorité des Papes, des deciſions des Conciles : de l'vnanime conſentemant des Peuples, des Traditions Authantiques, du ſecours de la Raiſon ; de la certitude des Sçiances Humaines, & de l'euidance des Miracles. Toutes ces choſes nous inuitent à croire, mais elles ne nous font pas croire. Elles nous conduiſent jûqu'à la porte du cabinet de l'Epous, mais il n'y a que la Foy, qui menant nôtre ame jûqu'au lict, la rand l'Epouze de ſon D i e v. Si Soiſſante Braues d'Iſraël enuironnent cete couche Royale, c'eſt pour la deffandre des attaques de l'infidelité ; qui a ſous ſoy l'Atheïſme, l'Apoſtaſie, l'Hereſie, le Schiſme, l'Erreur, & le Doute.

L'E s p e r a n c e eſt vne fermeté d'Eſprit inébranlable, que D i e v donne luy-méme à ſes Amis ; afin d'attandre de luy le ſecours neceſſaire en tous leurs beſoins, principalemant en cequi eſt du ſalut eternel. S. Paul la compare à l'*Ancre*, qui arréte vn vaiſſeau non ſeulemant ſur les abymes de la Mer : mais au milieu méme des orages les plus violants, & contre l'effort des plus furieuzes tempétes. Ses deus pointes ſont les amoureuzes promeſſes que D i e v a fait de ne point abandonner les Iuſtes, & d'auoir ſoin jûqu'au plus petit cheueu de leur téte, auec la puiſ-

sance qu'il a infinie pour les executer. L'Euéque de Cesa-
rée en Cappadoce S. Basile, se figure le Cœur de l'Homme comme vn grain de fromant, entre la crainte des Saints,
qui entre méme dans le Paradis : & l'Esperance, qui cesse
quand on arriue à la jouïssance. Pour moy je me l'imagine comme vn centre, dont le poinct est cete heroïque
Vertu; qui le tient ferme entre la presomtion de Lucifer,
& le desespoir de Iudas.

Dans le dernier example, certes je ne m'étonne nullemant
de voir ces Pecheurs fieffez se desesperer à la mort; aprés
auoir méprisé D i e v, & s'estre perdus eus-mémes durant
tout le cours de leurs vies. Mais je ne puis ny comprandre,
ny souffrir, que Ceus qui se disent Enfans de D i e v : qui
ont les mains toutes ramplies des schedules de son amour,
& des gages de son affection; se troublent cepandant, s'in-
quietent & se plaignent. Il y a certes de la honte pour leur
profession, à les voir parmy les aduersitez exterieures, ou
les tantations interieures comme ces Nations prophanes &
infideles, que je conçoi bien deuoir estre sans esperance,
puïqu'ils n'ont point de vray D i e v; *Sicut & cæteri, qui
spem non habent.* Ce n'estoit pas là veritablemant la conduite de nos Ancétres les Premiers Chrétiens, qui auoient
vne confiance en leur Pere Celeste si ferme, si generale, si
diuine; qu'à cause de cela on les appeloit *Sperantes*, les Cheualiers de l'Esperance.

La C h a r i t e' la plus excellante de toutes les voyes
pour aller à D i e v, & la Sçiance que S. Paul appele sureminante, laisse ces deus premieres Vertus à la porte du Paradis : & entre seule jûqu'au trône de D i e v, pour y estre
couronnée. C'est la racine de la Predestination, le fondemant du salut : la forme des Vertus, & l'ame de la Grace.
L'Apôtre tout comblé de richesses spiritueles, proteste
que sans cét or embrazé, il n'a rien, & il n'est rien.

*Le principe* de la Charité, c'est D i e v méme, qui la
prand pour sa definition. Celuy qui la verse dans nos cœurs,
c'est le méme S a i n t - E s p r i t qui a fait l'Incarnation
de I e s v s dans le sein de Marie. *L'Ordre* qu'elle établit



*[marginal notes:]*

*Adhuc excellen-*
*tior. viam.*
*Supereminent.*
*scient. Charitat.*
*Charit. nunq.*
*excid.* 1. Cor. 2.

*Son Principe.*
*Deus Charitas*
*est.* 1. Ioan. 4.
*Diffusa est in*
*cord. nost. per*

par tout , est admirable. Ses *effets* , vont au delà de tout ceque l'on peut s'imaginer ; le plus illustre, c'est le Martyre.

La Charité a deus Ennemis Capitaus. Le premier c'est la Haine de D i e v, qui n'est propremant le partage que des Damnez. Le second c'est la haine du Prochain qui fait autant d'homicides sur la terre, qu'il y a de Personnes qui n'aiment pas leurs Freres. Aussi est-ce le sommaire ou la consommation de la Loy & des Prophetes, qui nous oblige d'aimer nôtre Prochain comme nous mémes. Mais nous deuons auparauant aimer D i e v de tout nôtre cœur, & par dessus toutes choses : si non sensiblemant , au moins selon l'appretiation & par preferance ; resolus d'endurer toutes les morts & tous les Enfers , plûtôt que de l'offanser par le moindre peché mortel.

Cete heureuze *obligation* est telemant entée jûqu'au plus intime de nous mémes, qu'il n'est pas méme en la puissance de D i e v de nous en dispanser. De sorte que ny les Bons ny les Mauuais ne peuuent estre vn notable espace de temps sans s'en acquiter, à moins que de commettre vn nouueau peché mortel. Iûque-là que le Sçauant & Eminant *Cajetan*, s'est donné à luy-méme vn scrupule de consçiance bien subtil & bien delicat , mais tres-solide & veritable. C'est qu'il s'est auisé de se confesser, de cequ'à la sortie de l'Enfance, il n'auoit pas employé le premier vzage de la raison à conuertir son cœur à D i e v , ; pour luy adherer par vn acte d'amour , & de Charité. Au dessous de ces grandes Vertus Theologales , on rancontre les Vertus que l'on appele, *Cardinales* ; & qui enferment toutes les autres.

# LES VERTVS
# Cardinales.

ET augufte nom leur eſt donné, parceque c'eſt ſur elles que ſont appuyées toutes les autres qui compoſent l'edifice de la Morale. Si les precedantes ſont trois pour randre hommage à la Tres-Sainte Trinité, Celles-cy formant vn cube parfait, ſont enfermées dans le nombre de Quat-tre, { *LA TAMPERANCE, LA FORCE: LA PRVDANCE, LA IVSTICE.* La *Tamperance* regle les plaiſirs & les déplaiſirs, qui touchent le corps. C'eſt pourquoy on la peint auec vn frein & vne bride.

La *Force* modere l'Eſprit, entre la temerité, & la lâcheté; luy faiſant affronter la mort, quand il y va de l'int. erét de DIEV, ou du Public. Le Braue & le Courageus entreprand ſans temerité, & execute ſans peur. Il void le peril, & s'y expoze. Mais il le fait par principe de Vertu, & par le motif du vray honneur. Car ſi c'eſt par coûtume, comme les Couvreurs, les Mariniers & les Funambules : par neceſſité, comme les Deſeſperez : par deſir de gain, comme la Soldateſque : par ignorance, comme les Duëliſtes ; cete hardieſſe, n'eſt qu'vn faus idole de la vraye Force. Cequi eſt encore plus vray dans ces nobles & infames Gladiateurs, dont le poinct d'honneur n'eſt qu'vn phantôme ; qui neanmoins à la honte du Chriſtianiſme, & au grand malheur de la France, reſiſtent inſolammant aus Lois de DIEV & du Prince.

La *Prudance* eſt l'œil de la vie, & la main des actions; enſeignant à penſer, dire & faire toutes choſes bien à propos, honnétemant & Religieuzemant. Comme elle a la direction de toutes les autres Vertus, ſon reſſort eſt de fort grande étanduë. La Mythologie, & la Hieroglyphique la



La Force.

Contre les Duëls.

La Prudance.

*Son Symbole.*

repreſentent par ce Ianus, à deus viſages. C'eſt afin d'enſeigner au Sage Chrétien, qu'il doit ſe ſeruir de la reflexion ſur le temps paſſé, & de la preuoyance de l'auenir, pour ſe conduire dans le preſent. *La vraye* Prudance eſt

*La vraye Prudance.*

ou Naturele, ou Acquiſe, ou Infuze. Ou bien, pour mieus parler, on peut dire que c'eſt vn baûme precieus, compoſé le ces trois principes. *La Fauſſe* & la bâtarde, degenere

*La Fauſſe.*

en fineſſe, en dol & en malice.

*Ses Parties.*

Les *Parties* de la Prudance, ſont le Conſeil, le Iugemant, l'Execution & la Sollicitude; pour faire tout auec

*Les Vices contraires.*

poids, nombre & mezure. *L'Imprudance* qui luy eſt oppoſée, emporte l'Eſprit dans la Precipitation, dans l'Inconſideration, dans l'Inconſtance : dans la Tiedeur, & dans la Negligence.

*Regles generales de la Prudance.*

Les *Regles* les plus generales, que la Prudance preſcrit ſont celles cy. Il faut en toutes les affaires viſer à vn but certain, établir vn principe fermé: choiſir les moyens les plus propres, pour arriuer du principe que l'on a établi à la fin que l'on s'eſt propoſée. Chacun doit toûjours agir dans ſa ſphere, c'eſt à dire conformemant à ſon naturel, à ſa condition, & à ſon emploi. Et jamais on ne doit méler & confondre la fin de l'Ouurier, auec celle de l'Ouurage. Le Magiſtrat, par example, doit regarder dans l'exercice de ſa Charge le Bien public, & la conſeruation des Particuliers; non pas ſa gloire, ny ſon profit. Quelquefois il eſt meilleur de ſuivre les premieres penſées, principalemant ſi elles tiennent de l'inſtinct & de l'enthouſiaſme juſtifié par pluſieurs experiances. D'autres fois il faut attandre les ſecondes, qui ſont ſouuant les plus ſages parcequ'elles ſont les plus digerées. Autant que la deliberation doit eſtre longue, l'execution d'vne choſe bien concertée & vne fois reſoluë doit eſtre promte. Les quattre elemans de toutes les grandes affaires, ſont la grace de DIEV, le ſecret, la diligence, & l'argent. Dire peu & faire beaucoup, c'eſt vne marque de grande habileté. Et d'ordinaire il vaut mieus pecher par omiſſion, que par commiſſion.

La plûpart de ces regles ſont telemant propres à la Morale Particuliere, que leur exercice neanmoins regarde les deus autres Efpeces de la Prudance, dont nous allons parler.

# LA MORALE
## Oeconomique, ou Domeſtique.

TITRE XI.

'EST celle qui enfeigne à l'Homme, la vie honnéte & vertueuze ; cequ'elle fait, non plus comme à vn Particulier, mais comme à Celuy qui doit vivre en compagnie, & qui tient quelque rang en vne Famille. L'on y confidere *les Perfonnes*, & les Chofes. C'eſt pourquoy elle preſcrit les lois au Mari & à la Famme ; qui fe doiuent amitié & fecours mutüel, eſtant en vne parfaite communauté de toutes chofes. En qualité de Pere & de Mere, ils font obligez de prandre vn foin tout particulier de la nourriture, de la bonne education : & de l'établiſſemant des Enfans, fi D i e v leur en donne. Les plus grans trezors qu'ils puiſſent leur laiſſer, c'eſt la vertu & l'honneur : la crainte de D i e v & le feruice du Prince, la connoiſſance & l'amitié des Honnétes Gens.

Le titre de Maître & de Maîtreſſe, les charge auſſi de la conduite de leurs Seruiteurs Domeſtiques. Ce foin va à les bien choifir, & à les bien gouuerner. Encore que l'on ait dit, il y a long temps, que plufieurs font des Ennemis familiers, & des Efpions dont on ne fe peut deffandre ; les regardant neanmoins & comme Hommes, & comme Chrétiens, il les faut traitter auec bienveillance, juftice, & prudance. Comme de leur côté ils doiuent à leurs Maîtres & Superieurs fidelité, refpeƈ & obeïſſance. L'on eſt méme chargé en con-

L'Office de l'Oeconomique.

Les diuerfes Perfonnes de la Famille, le Mary & la Famme.

Les Parans, & les Enfans.

Les Maîtres, & les Seruiteurs.

ſçiance de leur inſtruction, en cequi touche le ſalut de leurs ames.

**Les Artiſans.** *Les Ouuriers* & Gens de métier, ſont en vn autre degré que les Valets à gage. Les employant pour le ſeruice de la Maiſon, on les doit traitter auec debonnaireté & juſtice. Il doiuent auſſi mutuellemant ſeruir auec loyauté, & exactitude. C'eſt vn peché d'exiger d'Eus des choſes au delà de l'equité. Mais c'eſt vn crime de frauder le prix, ou de retenir le ſalaire des Mercenaires.

**Les Pauures, les Malades, & les Hôtes.**

**Rom. 12. Heb. 13. Geneſ paſſim.**

La Famille bien reglée a encore ſoin de ſecourir *les Pauures*, de prandre ſoin des Malades : & de receuoir charitablemant les Paſſans, & les Etrangers. D'où vient que l'Hoſpitalité eſt recommandée par S. Paul, a grande vogue par toutes les Nations ; jûque-là que la coûtume de lauer les pieds aus Hôtes, eſt ſouuant remarquée dans l'Hiſtoire Sainte.

**Les Choſes du Ménage.** Les Perſonnes eſtant ainſi reglées, cete Prudance Domeſtique s'applicque à la conduite des *Choſes* ; qui vont au ſeruice, & à l'vtilité de la Famille. Elles ſont toutes Interieures ou Exterieures, Mobiles ou Immobiles, Viuantes ou Mortes. Et toutes ſont employées ou pour la nourriture, ou pour le logemant, ou pour le vétemant des Perſonnes.

**Regles d'Œconomie.** Les *Regles* fondamantales de cete Oeconomie, c'eſt d'acquerir auec juſtice, conſeruer auec ſoin : ménager auec épargne, accroître par voyes legitimes. Ses induſtries ſont principalemant en la dépanſe moderée, & en l'honnête vzage ; fuyant les emprunts, & les préts.

**Moyens & Induſtries.** Tout ce bon ménagemant ſe fait par l'Agriculture, par les Trouppeaus, par le Trafic : par les Charges, & les Offices ; par les Arts, l'induſtrie & le trauail.

Encore que ce trauail de tous les Particuliers, viſe au bien general de la Maiſon, il eſt vray toutesfois que ce ſoin domeſtique appartient particulieremant à la Mere de Famille ; les Hommes treuuant mieus leurs emplois, dans les exercices qui ſortent en Public par la troiziéme eſpece de la Prudance.

LA

# LA MORALE POLI-<br>tique, & Ciuile.

ETTE derniere Partie de la Philosophie Morale, apprand à viure honnétemant, vertueuzemant & saintemant dans LE PVBLIC. Pour
cét effet elle regarde & considere les choses,
qui sont en commun : les Personnes, auec qui
l'on a affaire ; & la forme d'Etat, en laquelle on doit viure.

Les *Choses*, sont ou Natureles ; comme l'air, l'eau, le Les Choses.
feu, la Patrie. Ou Artificieles, Immobiles ; comme les
heritages, les maisons, les rantes. Mobiles, comme sont
les meubles, les vtansiles, & l'argent. Ou elles sont tout à
fait hors de nôtre possession ; comme la Paix, la Guerre,
les Treves, & samblables. Le secret de la conduite en cela
est, de bien prandre tous les biais : de vizer toûjours au
but, qui est le Bien Public, & de ménager auantageuzemant
toutes les circonstances.

Les *Personnes*, sont en diuers degrez. Car il y a les Ecclesiastiques, les Laïques : les Souuerains, les Princes, les Les Personnes.
Gentils-hommes, les Magistrats ; les Bourgeois, les Arti-
zans, les Laboureurs, & le Vulgaire. Ie n'ajoûte point les
Esclaues, parceque la Nature n'en reconnoit point en sa
pureté. La verité du Saint-Euangile a heureuzemant affran-
chi tous les Hommes : & la France est si fort ennemie de la
Seruitude, que par vn rare priuilege, dés-lors qu'vn Esclaue y met le pied, c'est vn azyle où il treuue sa liberté. La
Seruitude neanmoins est fondée en la Loy Naturele, qui
soûmet les moins capables à l'empire des Habiles. Et c'est
le Droiƈt des Gens qui ôte la Liberté à diuerses sortes de
Personnes. Ceus qui sont veincus en guerre, qui ont merité la mort pour leurs crimes. Ceus autresfois qui ne pouuoient payer leurs détes aus Creanciers. Ceus-cy en cete

*La I. Part. La Sciance Diuine.* OOo

faillite & banqueroute, auoient droiȼt de demambrer leurs
debiteurs. Ceus enfin que naiſſoient de Parans eſclaues,
leſquels l'on appeloit Vernacules. La condition de ces Serfs
ou Eſclaues, eſtoit ſi raualée ; qu'ils ne tenoient aucun
rang, n'eſtoient contez pour rien, n'acqueroient que pour
leurs Maîtres ; qui juqu'à l'Empire d'Antonin le Debon-
naire, auoient vn droiȼt entier ſur leur vie & ſur leur mort.
Voilà pour les Perſonnes.

L'Etat ſignifie<br>1. la Societé.

L'ET A T ſignifie deus choſes. La premiere eſt *la Societé*,
qui aſſamble pluſieurs Perſonnes & Familles en vne méme
Compagnie, pour faire vn Corps. Cequi ſe fait par vn in-
ſtinȼt méme de la Nature. Car outre que l'Homme eſt vn
Animal Sociable, l'aſſamblée de pluſieurs les mettant en
communauté de mémes intereés, fait que non ſeulemant

Surquoy fon-<br>dée.

ils ſe deffandent contre la violance des Etrangers : mais
encore par des ſeruices mutuels & reciproques, ils ſe randent vtiles les vns aus autres. En effet, tout ainſi, ſuiuant
la remarque de S. Auguſtin, que DIEV par vne merueilleuze prouidance, n'a pas donné à chaque Region toutes les commoditez neceſſaires à la vie humaine ; afin de les
lier par le commerce & le trafic, qui porte à vn Royaume
cequi luy manque, & qui abonde dans les autres Prouinces.
De méme les ſeruices & les vtilitez que nous receuons, &
que nous *randons* les vns aus autres, forment cete belle
Societé Publique ; entretenuë par la diuerſité des ſexes, des
conditions, des âges, des inclinations, des métiers, des
charges & des offices.

Dépandances<br>Mutueles.

Sur quoy j'ay fait autre fois *deus Reflexions* aſſez conſiderables. L'vne, que toute la vie Naturele & Ciuile eſt appuyée ſur cete *dépandance* mutuelle. Iûques-là que les Hommes ne randent pas moins de ſeruices, par exemple à la Terre & aus Iardins, aus Etables & aus Trouppeaus, qu'ils en
reçoiuent d'vtilité. Voyez les ſoins qu'il faut prandre du
Labourage, des Beufs, des Cheuaus & des Moutons pour
en tirer du profit : des Chiens méme & des Oiſeaus, pour
en tirer du plaiſir.

L'autre obſeruation m'a fait voir que chaque Homme ne

contribuant d'ordinaire que *d'vne feule chofe* au Bien Public, il en retire des vtilitez fans nombre. Le Boulanger
ne donne que du pain. Le Peintre ne fournît que des Tableaus, les Magiftrats ne trauaillent qu'à la conduite &  Chacun reçoit
au gouuernemant. Cepandant il n'eft point d'Homme qui  plus qu'il ne
ne reçoiue, & qui n'ait befoin du fecours des autres en  donne.
mille & mille occafiòns. De l'vn il reçoit le pain, de l'autre le vin, de l'autre la viande. De l'autre les habits, de
l'autre le logemant : de celuy-cy l'inftruction, & la fanté;
de celuy-là, la juftice & la protection. Cequi eft fi vray, que
tant plus vne Perfonne eft *Eminante* en dignité; vifiblemant  Les plus Grands
elle reçoit dauantage, & a plus de befoin. De forte que la  dépendent le
Grandeur n'eft marquée que par fa dépandance, & fon Em-  plus.
pire par fes feruitudes. Vn Roy, vne Reine, vn Prince, vn
Prelat, vn Magiftrat, vne grande Dame, n'ont-ils pas incomparablemant plus befoin de meubles, d'habits, de train,
d'argent; que le Pauure, le Manœuvre, & le Villageois,
qui coulent doucemant toute leur vie auec moins de be-
foins, & beaucoup plus de liberté & de repos d'efprit?

 *L'Etat* fignifie en fecond lieu, la maniere ftable & arré-  Le Gouuerne-
tée, auec laquelle vn Pays fe gouuerne. Il eft ou bon, ou  mant.
mauuais en fa conduite. Dans le premier rang on met la
*Monarchie*, comme la plus excellante, la plus ferme : qui  La Monarchie.
eft de plus longue durée, & plus conforme à la conduite de
D i e v, & de la Nature. Elle eft ou par droict hereditaire
de Pere en Fils, comme en France : ou par élection, com-
me en Pologne. *L'Ariftocratie*, c'eft lors qu'il n'y a que les  L'Ariftocratie.
Perfonnes de merite, triées & choifies qui gouuernent la
Republique. *L'Oligarchie*, met le gouuernail en la main de  L'Oligarchie.
deus, de trois, ou de plufieurs Perfonnes. Elles font quelques-fois nommées de diuers Ordres; comme font en quelques endroits l'Eglife, la Nobleffe, & le Tiers Etat. L'on
appele *Democratie*, lorfque le Peuple eft le Maître.  La Democratie

 D i e v dit luy-méme qu'il donne les Sceptres à qui il luy
plaît, que toute Puiffance n'eft qu'vn copie dont il eft l'o-  *Per me Reges*
riginal : que c'eft par luy que les Rois regnent, & qu'il n'y  *regnant*, Pro-
a que fon bras tout-puiffant qui puiffe transferer les Royau-  *uerb.* 8.
        O O o ij  La Puiffance
               vient de D i e v.

mes, faire la mutation des Etats & des Empires. Sentimant
ſi naturel, que tous les Peuples reconnoiſſent quelque choſe de diuin en Ceus qui leur commandent. Deſorte que
tous les Fondateurs des Republiques, & toùs les Legiſla-
teurs n'ont jamais manqué, pour reüſſir en leur deſſein, d'arréter la Multitude par la croyance de quelque Diuinité. Cequ'Alexandre, Numa Pompilius, Mahumet ont fait en
cete maniere; ſont choſes trop connuës, pour eſtre icy re-
petées.

*Rex Regum,*
*Apoc.* 19.

Mais le Chriſtianiſme a grande raiſon de croire, que
D i e v eſt ſon premiere Roy & le Roy de tous les Rois;
dont les autres ne ſont que les Lieutenans, les Vicaires &
les Images. Et comme les Anciens auoient des Dieus Tu-
telaires, au ſecours deſquels ils attachoient la bonne fortune des Villes & des Royaumes : de méme la France, comme autrefois le Peuple Iuif, a choiſi S. Michel pour ſon
Protecteur, & S. Denys pour ſon Tutelaire : l'Eſpagne, S.
Iacques; la Republique de Ven_i_ſe, S. Marc; l'Egliſe, S. Pierre
& S. Paul.

Cete *Prudance*, dont nous auons fait trois Parties, a pour
objet en toutes ces choſes, le bien & la felicité des Perſonnes, des Familles, & du Public. Son occupation conſequammant, c'eſt de les fonder, les arranger par ordre : les
adminiſtrer, les conſeruer, les deffandre, & les amplifier.
Pour le faire vertueuzemant, elle doit ſuivre les Lois de
la Nature, le Droict des Gens, ce qu'on appele Coûtume;
& le Droict Ecrit. Tout cecy ne ſe peut faire, ſans appeler
à ſon ſecours la Iuſtice & la *Iuriſprudance*; laquelle, pour
ne me point départir de mon ordre, je renferme dans le
huitiéme Traitté de ma Somme Theologique.

# LA THEOLOGIE TITRE XIII
## Canonique.

AR CE QVE tout son emploi est dans l'explication des *Lois*, elle suppose cete verité preliminaire & fondamentale. C'est que la Loy & la Religion prennent sans doute leur nom, de leurs principaus effets. Car toutes deus font vn lien de soyméme indissoluble, qui attache la Creature Raisonable auec son *Dieu* : tous les Chrétiens les vns auec les autres, dans vne sainte Societé. En vn mot, c'est ce nœu Diuin, qui vnît la Politique auec le Christianisme, & l'Etat auec l'Eglise. L'Etat c'est comme le corps, la Religion luy sert d'ame : L'vn ne doit, & ne peut subsister sans l'autre ; & leur vnion fait la felicité des Peuples, gardant auec exactitude les regles de la *Iustice*. Cete vertu si importante a pour son propre office, de randre à vn chacun cequi luy appartient equitablement. Dequoy elle s'acquite en deus manieres. La Iustice.

*La Distributiue* gardant la proportion Geometrique, fait distinction des Personnes, & des Merites ; soit dans les Recompanses, soit dans les Châtimans. C'est à celle-cy particulieremant que les Princes sont obligez en leurs propres personnes. Et c'est celle toutefois, qui par vn extréme abus est depuis long-temps ou la moins conneuë, ou la moins exercée. Le General d'Armée aprés vne glorieuze victoire, cuëille sans doute les plus belles palmes. Mais les Officiers & les Soldats doiuent aussi participer à la gloire & à la recompanse, selon leur rang & leur trauail. Ne départir ces justes reconnoissances que par hazard, ou sans chois du merite, ou sans proportion des bienfaits, ou d'vne maniere desobligeante ; veritablement ce n'est pas satisfaire à cete premiere Iustice, qui fait subsister les Etats & les Republiques. La Distributiue.

O O o iij

*La Iuftice Commutatiue* s'attachant à la proportion Arithme-tique, tant pour tant; fait vne totale égalité entre les cho-fes mémes, fans aucun égard à la qualité ny aus merites des Perfonnes. De forte que les Iuges qui dans les affaires ci-uiles ou crimineles ont des oreilles pour écouter, ou des yeus pour voir & difcerner la qualité des Parties : la recomman-dation des Puiffants ou des Amis, le degré de Parantele, &c. fe randent coupables deuant D I E V, qui vn jour jugera tous leurs Arréts. C'eft pourquoy il eft tres-neceffaire, du moins tres-vtile & tres-auantageus à quiconque principalemant veut viure fur le grand theatre du Monde, non pas en re-clus ou en Solitaire ; d'auoir la connoiffance des *Lois* : & de fçauoir, au moins en general, les principes du DROICT; lequel pour cét effet, nous allons partager en toutes fes Efpeces.

Le Droict E T E R N E L, eft cete Idée adorable ; fur le mo-dele de laquelle D I E V a produit le Monde, quand il luy a pleu, par fa Toute-puiffance : puis le conferue, & le gou-uerne par fa tres-fage *Prouidance*. Car c'eft elle qui a écrit dans les grandes Tables du Ciel & de la Terre, les Decrets immuables de ce Souuerain Monarque. Dauid méme les appele des *Ordonnances*, que toutes les Creatures obferuent auec vne exactitude d'autant plus grande ; que le defaut de liberté, les empéche de deuenir libertines & refractaires aus Commandemans de leur Souuerain. Voilà le grand original & le portrait eternel, dont toutes nos conduites ne doiuent eitre veritablemant que des copies & des imita-tions. Tout le fecret en cela confifte dans l'induftrieuze liaifon d'vne douce force, & d'vne forte douceur. La Force fe rand victorieuze de tous les obftacles, & la douceur mé-nage les moyens; de forte qu'ils ne manquent jamais d'ar-riuer au but propofé.

Le Droict NATVREL eft cete lumiere emanée de la face de D I E V, & grauée dans l'ame de tous les Hommes auec des caracteres qui ne fe peuuent jamais effacer. La raifon de S. Thomas eft, que comme tous les mouuemans font reglez & compaffez par le premier Mobile : de méme tou-

---

*Marginal notes (left column):*

*Ego Iuftit. indi-cabo .Pf.*

Le Droict Eter-nel.

La Prouidance.

*Ordinatione tuâ per-feue at dies. Pfal. 118.*

*Præcep. pof. & non præterib. Pf. 148.*

*Attingit à fine ad fin. fortit. difpon. omn. fua-uit. Sap. 11.*

Le Droict Naturel *Lex tua fcripta eft in cordibus ho-minum, quam nec vlla quidem de-let iniquitas. Au-guft Confef. 2. Conf. 4. c. 2.*

tes les Lois & toutes les conduites au deſſous de Dieu,
ne ſont que des emanations de cete Loy Eternele, qui re-
gñe en tout cequi eſt hors de ſa nature infinie. La premiere
donc eſt cete Loy Naturele, dont parle S. Paul en l'Epî-
tre aus Romains. En vn mot, c'eſt la propre CONSÇIANCE    *La Conſçiance.*
& la Synderéſe particuliere d'vn Chacun. Le premier Ar-
rét qu'elle diête, c'eſt celuy-cy. *Ne fais point à autruy, ce*
*que tu ne ſouffrirois pas volontiers t'eſtre fait par autruy.* Il y a
de ſamblables Principes vniuerſels, qui ont vn méme credit & vne méme autorité par tout où il y a des Hommes.

Mais nous voyons par experiance que les *Concluſions* que   *Le Droiêt des*
l'on tire de ces premiers principes Naturels, ne ſont pas ſi   *Gens.*
euidantes dans les faits particuliers ; la Loy generale s'ob-
ſcurciſſant, ou s'affoîbliſſant par la rancontre des diuerſes
circonſtances. C'eſt cequi fait que les concluſions qui ſont
receuës d'vn commun accord, au moins parmy les Peuples
qui viuent en Societé Ciuile, conſtituent la troiziéme Eſpece ; que l'on appele DROICT DES GENS, des Peuples &
des Nations. C'eſt vn amas de ces grandes *Maximes*, qui   *MaximesGene-*
ont vigueur par tout où regne la raiſon. Par example que   *rales*
les Superieurs doiuent proteêtion à leursSujets,& que Ceus-
cy doiuent obeïſſance à Ceus-là. Que la Vertu merite des
recompanſes, & le Vice des châtimans. Que les Sacrificateurs, les Ambaſſadeurs & les autres Perſonnes publiques
eſtant comme ſacrées ſur l'Autel de la Foy publique, ne
doiuènt jamais eſtre violées ny outragées. Que la parole
eſtant vne fois donnée, elle doit eſtre religieuzemant gardée : & que la fourberie eſt vne lâche,& ſcandaleuze infamie.

De ces hautes & pures ſources eſt deriué LE DROICT   *LeDroiêtDiuin.*
DIVIN, & le Droiêt Humain. Le premier qui ſe montre
d'autant plus parfait, qu'il eſt moins éloigné de ſon principe ;
embraſſe la Doêtrine & le Culte *de la Religion*, que DIEV
a promulguée par les Patriarches, par Moyze : par I. CHR.
par ſes Apôtres & Euangeliſtes ; enfin par les Paſteurs &
les Predicateurs, qui de Siecle en Siecle ſuccedent les vns
aus autres. Et c'eſt icy l'endroit où paroit juſtemant la diſ-
tinêtion des TROIS LOIS, que les Peres de l'Egliſe com-   *Trois Lois.*

parent au Fromant, en herbe, en épi & en grain.

La I. c'eſt la Loy de NATVRE, en laquelle par des Ceremonies domeſtiques & particuliers, *Les Patriaches* ont ſerui DIEV & trauaillé à leur ſalut. Ainſi firent Abel, Enoch, Noë, Abraham. Le dernier, fut le premier qui receut le ſigne de *la Circonciſion*, afin de ſeruir de Marque qui diſtinguoit ſes ſectateurs & ſa Poſterité, de tous les autres Peuples de la Terre. C'eſt encore en cét état que par des inſpirations diuines & par le ſecours des Anges, Iob, Ietro & quelques Autres qui n'eſtoient pas du Peuples de DIEV, n'ont pas laiſſé de le reconnoitre, de l'adorer & de le ſeruir.

II. Cete Loy Naturele a duré ſans écriture, par les ſeules Traditions & Inſpirations, jûqu'a celle de MOYZE. Celle-cy eſtant dictée par l'Eſprit de DIEV ſur la cime du Mont Sina, & dilatée par ce fameus Patriarche ; a rétreint & attaché à certains cultes & ceremonies, les pratiques de la Religion qui a eu vogue parmy les Iſraëlites. Cete ſeconde Loy, n'a eſté donnée que par les Anges, & ordonnée par les Hommes. D'elle-même & toute ſeule, elle ne menoit rien au poinct de la perfection : & tout ce qui a paru de plus éclatant, n'eſtoit que des *ombres* & des figures. Auſſi ſon culte eſtoit-il fort groſſier. L'eſprit qui l'animoit, n'eſtoit que de crainte ſeruile. Conformemant à ſon langage, ſes plus grandes promeſſes n'eſtoit que des biens temporels. Tout neanmoins y eſtoit *myſterieus*, & plein d'inſtruction.

Il y *auoit* les Commandemans & les Preceptes, pour dreſſer les mœurs. Les Ceremonies, pour la pompe & la magnificence du Culte exterieur. Les Ordonnances Iudiciaires, pour la Politique. Le ſommaire des premiers eſtoit abbregé dans les dix Commandemans de DIEV, écrits ſur les leus Tables, que l'on nomme *le Decalogue*. La Premiere n'en contenoit que trois Affirmatifs, qui regardent l'honneur dû à DIEV, & aus Parans. Dans la Seconde eſtoient les ſept autres Negatifs, qui reglent nos deuoirs vers les Prochains.

Toutes

Toutes *les Solamnitez & les Ceremonies* marquoient ou la reconnoiffance de quelque bien-fait receu, ou la promeffe de quelque bien promis & attandu. Ainfi le Sabbat randoit hommage au premier repos du Createur, & à celuy que nous efperons dans la Beatitude. La Manne gardée dans le Propitiatoire auec les Tables de la Loy & la Baguette de Moyze, marquoit celle qui eftoit autrefois miraculeuzemant tombée dans le defert : & l'inftitution future de la tres-fainte Euchariftie, qui nous fait manger le Pain des Anges. L'Agneau Pafchal eftoit vn figne rememoratif de la fortie du Peuple de DIEV hors de l'Egypte, & figuratif de la mort de I. CHR. qui eft nôtre Agneau & nôtre vray Pâque, *Pafcha noftrum immolatus eft Chriftus.* Dans les Offrandes, les Victimes, les Sacrifices, & les Holocauftes, il y auoit mille *obferuations* belles & rares.

Les Premices & les Dimes eftoient offertes de toutes chofes, & des plus excellantes. La moëlle, la greffe, & le fang eftoient referuées pour DIEV feul. Il y auoit le Sacrifice du matin & du foir, & le feu ne deuoit jamais s'éteindre fur l'Autel. Le Miel, les Poiffons, les Oifeaus de Proye, & certains Animaus immondes diftinguez dés la Loy de Nature, n'eftoient jamais prefentez en offrande. Chaque condition & chaque peché auoit fon Sacrifice particulier. Et la maniere de les faire, eftoit prefcrite de poinct en poinct. Sur quoy le Rabbi Moyze remarque fubtilemant, que plus le crime eftoit enorme, les chofes offertes en facrifice eftoient plus chetiues.

Encore qu'il n'y eût qu'vn *Temple*, il y auoit *fept Fétes* principales. Le Sabbat ordinaire, fe celebroit tous les derniers jours de chaque femaine : le grand, de cinquante en cinquante ans. La Neomenie ou Nouuelle Lune, tous les mois. Tous les ans le Phafé, au Primtemps. La Pentecôte, à l'entrée de l'Eté. Les Trois autres, arriuoient dans le fetiéme mois. La Féte des Trompettes, eftoit chommée en honneur de ce qu'Ifac auoit efté delivré de deffous le glaiue de fon Pere. Ce Peuple choifi celebroit encore ; La Solamnité, pour expier l'adoration du Veau d'or. La Féte des Tabernacles, pour honorer les demeures de leurs Peres dans le defert fous les tantes de feüilles & de ramée.

Mais comme à mezure que les chofes s'éloignent de la multitude, elles approchent dauantage de l'vnité, & de la perfection ; tous les Sacrifices ont efté finis dans celuy de I. C H R. Et nos Fétes ont fuccedé à celles de ce Peuple. Toutes ces Ceremonies onereuzes ont ceffé par la troiziéme Loy Evangelique. Sa *perfection* fe fait affez reconnoître par tous fes auguftes titres, & par toutes fes myfterieuzes circonftances. Son Inftituteur, c'eft le Fils de Dieu méme. Sa Doctrine, eft toute fpirituele. Ses promeffes, font toutes celeftes. Son Trezor, c'eft la Grace : fon efprit, eft tout d'amour. Ses effets font tres-admirables, en ceque c'eft vne Loy fans erreur dans la doctrine, & fans defaut dans les mœurs. Elle opere la conuerfion des Cœurs, porte en elle-méme les témoignages de Dieu fon Auteur : & ramplit les Ames les plus ignorantes & les plus foibles, d'vne fageffe celefte & d'vne force toute diuine. Pour fa durée, elle égale non feulemant celle du Soleil & des Aftres ; mais celle de l'Eternité méme.

Elle n'a pas détruit ny aneanti la Loy Mozaïque, mais elle l'a *acheuée* ; tout ainfi que les belles couleurs d'vn tableau, cachent & perfectionnent les premiers crayons. Auffi ce joug de Iesvs dous & fuaue, déchargeant les Chrétiens du pezant fardeau des Ceremonies, elle n'en retient que les preceptes de la Morale : & cequi eft de plus exquis, dans l'adminiftration de la Iuftice. C'eft cequi a fait dire, que la Vieille Loy eft morte enfantant la Nouuelle. Que I Chr. le Diuin Meffie, qui fans y eftre obligé s'eft affujeti à toutes fes obferuances, a enfeveli la Synagogue auec honneur. Car comme la Loy de Moyze eft morte fur le Calvaire, de méme elle a commancé à deuenir mortele ; depuis que celle de l'Euangile a efté publiée par le Saint-Efprit méme, en forme de langue de feu, le jour de la Pentecôte.

Aprés auoir confideré ainfi briéuemant ces riches Antiques & ces grans Originaus, fortis de la main de Dieu méme ; il faut en rechercher les Copies.

# LE DROICT
## Humain.

I L eſt ainſi nommé, parceque les Hommes en ſont les Auteurs ; ſoit que l'autorité Legiſlatiue., qui eſt toûjours la Souueraine, ſoit recuëillie en vn ſeul , comme ſont le Pape & le Roy. Soit qu'elle ſoit épanduë en tout le corps, ou en quelques mambres plus remarquables , ainſi qu'il arriue dans les diuerſes eſpeces de Republique. La méme autorité qui donne pouuoir aus Superieurs de commander , porte obligation d'obeïſſance en tous les Sujets ou Inferieurs. Cequi s'entand lorſque la Loy procede d'vne autorité legitime , qu'elle eſt promulguée en la forme qu'elle doit · & qu'elle ne chocque le Droiĉt ny Diuin, ny Naturel. Car contre l'vn ou l'autre il n'y a jamais d'exception, ny de preſcription. Ie ſçay bien qu'il y a des Lois qui lient la conſçiance, d'autres qui n'obligentqu'à la peine ordonnée à la tranſgreſſion, & d'autres qui ſont Mixtes.

Pour bien conceuoir ces *diſtinĉtions* , il faut examiner le Superieur qui fait la Loy ; ſon fondemant , qui eſt la raiſon: ſa fin qui eſt le Bien Public ; en ſorte que la Loy ne s'adreſſe jamais , qu'à quelque Communauté ou Aſſamblée. Cequi eſt ſi vray, que lorſque le commandemant s'arréte à vn Particulier, ce n'eſt qu'vn *Precepte*.

L'effet de la Loy, c'eſt de détruire les vices, & de faire regner les Vertus. Elle employe les châtimans pour le premier, & les recompanſes pour le ſecond. La méme autorité qui fait la Loy, peut l'interpreter, en diſpanſer: la changer, ou l'abolir entieremant. Si la diſpanſe eſt fixe ou permanante , & donnée principalemant en faueur de Pluſieurs ; on la nomme vn *Priuilege* , c'eſt à dire vne Loy particuliere. Pour l'*Innouation* des Lois , la maxime eſt

Les conditions de la Loy.
Le Precepte.

*Lcgem eſſe oportet vitiorum emendatricem , commendatricemque virtutum. Cic. 1. de Legib*
Le Priuilege.

tres-certaine, qu'vne Loy qui est en vigueur ne doit jamais estre changée; si l'vtilité qui en doit reüssir, n'est asséurée: & si elle ne l'emporte de beaucoup sur les inconuenians, qui accompagnent toûjours samblables mutations. En effet, la Multitude, à qui la coûtume sert de Loy, haïssant la seruitude & aimant la nouueauté, s'émancipe volontiers. D'où il arriue qu'abandonnant cequ'elle souloit faire, sans s'accoûtumer à cequ'elle ne faisoit pas; elle ne fait enfin ny l'vn, ny l'autre. L'on a aussi raison de remarquer, que les Lois pour vne bonne conduite, doiuent estre en fort petit nombre, & conceuës en tres-peu de paroles. Mais qui doiuent estre simples, claires, efficaces: n air de commandemant, non pas de raisonnemant; de persuasion, ny d'autres ageancemans de la Rhetorique.

Mais les Superieurs & les Sujets s'oublient bien souuant, d'vne autre *Maxime* tres-importante. C'est que les Premiers n'estant que depositaires de l'autorité Legislatiue, qui leur est donnée pour edifier, non pas pour scandaliser; ils se trompent, s'ils pensent en estre les Maîtres absolus, pour en disposer par faueur ou par caprice. Bien plus; ils sont obligez Eus-mémes à la pratique des Lois, par le deuoir de leurs consçiances; lors méme que leur condition samble les mettre au dessus de la correction, & du châtimant. Car ce n'est qu'en ce sens, que Dauid dit à D i e v, *Tibi soli peccaui*. De méme ce n'est pas vn moindre *abus* à l'Inferieur, de s'imaginer que la seule volonté du Superieur le met à couuert de l'obligation. Car il y a deus choses dans la Loy. La premiere, la soûmission de l'Inferieur à son Superieur. La seconde, c'est la ressamblance qu'il doit auoir, comme mambre, auec toutes les autres parties de son corps. Encore donc que la dispanse ôtât le premier lien, le second demeure toûjours entier; si la dispanse n'est fondée sur quelque vtilité ou necessité, qui ôte l'anomalité & l'irregularité, & qui par ailleurs companse le defaut que souffre le Public par cete difformité.

Enquoy il faut remarquer cequε j'ay des-ja insinué, que toute la societé Humaine roule sur deus poles; qui sont *la*

Reflexions remarquables pour les Superieurs.<br>
In ædification. & non in destruction. 2. Cor. 13.<br><br>
Et pour les dispanses des Inferieurs.

*Religion,* & *la Politique.* Delà est que le premier & le plus general partage d'vne Communauté, se fait en deus Ordres. L'Ecclesiastique composé des Prêtres ou Sacrificateurs & celuy des Laïques, ou Seculiers. Car sans cete heureuze liaison de l'autorité diuine & humaine, il n'y a point de Societé qui ne se ruine elle-même. Parcequ'en effet, il est impossible que la malignité de la plus-part des Hommes depuis leur funeste corruption, se retire du mal, & se porte à la vertu; si ce n'est par la crainte & par l'amour de D I E V, & de ses Lieutenans: par le desir des recompanses, & par la crainte des châtimans en cete vie & en l'autre.

Les Ecclesiastiques<br>*Oderunt peccare mali formid. pœnæ.*<br>*Oderunt peccare boni virtutis amore. Horat. in Arte Poëtic.*

Delà naissent deus Especes generales de Droict; *l'Ecclesiastique,* & *le Ciuil.* Ce dernier que l'on appele I M P E R I A L, ou P O L I T I Q V E, a souuant changé de faces, selon les diuers Legislateurs; qui se sont accommodez aus personnes, aus temps, aus lieus, & aus affaires.

Le Droict Ciuil.

Mais comme par vne extraordinaire prouidance du Ciel, trauaillant au bien du Christianisme, les Romains ont recuëilli l'Empire de tout le Monde : aussi ont-ils ramassé, & fait vn Droict Vniuersel. C'est cequ'on appele aujourd'huy, le D R O I C T E C R I T; auquel chacun ajoûte son Droict Particulier, Municipal, & Coûtumier.

Le Droict Ecrit.

Il fut premieremant dressé par les Deputez du Peuple Romain, qui retournez de la Grece l'enfermerent dans les Douze-Tables. Depuis Scevola le randit encore plus general. Et il se multiplia extrémemant, jûqu'à ceque l'Empereur Iustinian se seruant des fameus Iurisconsultes de son temps, fit faire vn Corps de Droict Ecrit, enuiron l'an cinq cens trante. Là tout ce grand amas de Lois, se treuue partagé en *quattre Tomes.* Le Premier, contient la Table generale de tous les Titres, les quattre Livres des Instituts : les cinquante des Digestes, & des Pandectes. Le Second partage le Code en douze Livres. L'on y a depuis ajoûté le Troiziéme, bâti des Nouuelles des Empereurs, & des Canons Apostoliques : & le Quattriéme, des Fiefs.

XII. Tables.

Distribution des Livres du Droict Ciuil.

Le Droict contenu en cét Ouurage, se diuise en Absolu, & en Relatif. *L'Absolu* est Personnel, ou Réel. Celuy là

Le Droict Absolu.

PPp iij

traitte des Hommes confiderez ou comme Particuliers, ou
comme Parties de la Communauté ; felon leurs diuerfes
conditions, & offices. *Le Réel* s'arrête aus Chofes corporeles, ou infenfibles. Celles-la font ou immobiles, comme
les terres & les heritages. Ou attachées au fonds immobiles, comme les fruits. Des chofes, qui ne fe peuuent fentir ny toucher, les vnes fuiuent la quantité ; comme les
poids, les mezures, le prix, & la valeur des Monnoyes.
Les autres, marquent la qualité ; comme la Seigneurie, le
Domaine, la Proprieté : la Poffeffion, l'Alienation, l'Vzu-
fruit, &c. *Le Droict Relatif*, s'occupe dans les Procés, &
dans l'Exercice de la Iuftice. L'on y diftingue de méme
les Perfonnes, & les Affaires.

Les *Perfonnes* font ou Principales, comme les Iuges, &
les Parties : les Appelans, les Appelez, les Defandeurs,
& les Interuenans. Les Secondaires & Acceffoires, pour
donner confeil, dreffer & executer les Actes ; ce font les
Procureurs, les Greffiers, les Huiffiers, les Sergents &
autres, qui feruent à la Iuftice. Si on veût fçauoir en gros,
les obligations des vns & des autres ; l'on en treuuera vn
crayon, dans nôtre *Morale Chrétienne*, qui s'achéue d'imprimer. Paffons donc deformais a l'autre Partie, qui fait ;

LE DROICT CANON. Celuy-cy eft propre & particulier à l'Etat des Perfonnes confacrées au feruice de
DIEV, & des faints Autels ; ne regardant le refte des Fideles que fecondairemant. Toute fa vafte étanduë eft reduite en ces deus mots ; *le Decret, & les Decretales*.

*Le Decret* fut compilé enuiron l'an MCLI. par Gratien
Moine de S. Procule. Il n'a point d'autre autorité, que
celle qu'il emprunte de fes fources ; qui font les Canons,
ou les Regles & les Decifions des Conciles, des Papes,
& des Peres. Ce grand amas eft derechef diuifé en trois.
*La Premiere Partie*, contient CI. Diftinctions pour accorder cequi fambloit de difcordant entre les Regles, &
les Decifions que nous venons de dire. Chacune de ces
Diftinctions a fes Canons, fes Chapitres, fes Paragraphes
& fes Verfets. *La Seconde Partie*, enferme les Caufes,

d'où naiſſent les Queſtions, ſur leſquelles on diſpute. La Troiziéme eſt intitulée, de la Conſecration. Elle contient cinq Diſtinctions ; qui traittent des Reliques, des Sacremans, des Iûnes, des Fétes, de la Conſecration, ou Dedicace des Egliſes.

En ſuite du Decret, viennent les *Decretales*; c'eſt à dire les Epitres, les Récrits, les Brefs, & les Bulles des Souuerains Pontifes. *La Premiere Partie*, recuëillie par Raimond de Pennefort, eſt diſtinguée en Quattre Livres. *La Seconde* qu'on appele le Sexte, a eſté ajoutée par Boniface VIII. *La Troiziéme* de Iean XXII. contient les Clementines, promulguées par Clement VII. & renouuelées par le méme Iean XXII. auec les Extrauagantes ; ainſi nommées, parcequ'elles ſont hors du Corps entier du Droict Canon.

Ce Droict Canonique regle donc la Morale Chrétienne, la Diſcipline Eccleſiaſtique & les Cas de conſçiance. Ses ſources principales ſont les Conciles Generaus, Nationaus, & Prouinciaus. Les quattre premiers Oecumeniques ſont ceus de Nicée, de Conſtantinople, d'Epheze, & de Chalcedoine. Ils ont toûjours eſté comparez aus quattre Euangiles, & à ces quattre grans fleuues qui ſortant du Paradis d'Edem, arrozoient toute la Terre. Les autres Particuliers n'ont d'autorité, qu'autant qu'ils ſont appreuuez par celle de l'Egliſe parlant ou en ſon Corps, ou en ſon Chef.

L'on y ajoûte les nouuelles Bulles des Souuerains Pontifes, recuëillies dans les Bullaires de Laërce Cherubin, de Roderique, & autres ſamblables Abbregez ; auec les deciſions des Collecteurs des Sommes, autremant appelez les *Caſuites*. C'eſt en cét endroit principalemant que l'excreſcenſe, la trop grande recherche & la chicane ſe ſont randuës fort prejudiciables à la bonne conduite de l'Egliſe & au ſalut des Ames. Au moins les Perſonnes ſages n'experimantent que trop, que ces matieres écrites en Langue Vulgaire, font bien plus de playes qu'elles n'en gueriſſent. Il nous arriue peut-eſtre comme à la Republique d'Athenes, que le trop grand nombre de Medecins ramplit de Mala-

*Les Decretales.*

*Les Conciles.*

*Le Droict, & les Bulles.*

*Les Caſuites.*

des. Et parmy le conflit de tant d'opinions, le souhait de
toutes les bonnes Ames zelées & des-interessées, ce seroit
de revoir en nos jours, cete Somme qui fût nommée il y a
plus de deus cens ans, LA PACIFIQVE.

Quoy qu'il en soit ; car disant la verité, & ne visant qu'à
la paix, je ne veus point faire de guerre, le principal emploi
des *Casuites*, c'est de discerner les Pechez Mortels & Veniels, d'omission & de pensée, de parole, & d'action. Car
en toutes ces differantes manieres, l'Homme qui auec
connoissance & liberté consent à quelque chose qui est mauuaise en elle-méme, ou en quelqu'vne de ses circonstances, peche ou contre DIEV, ou contre Soy-méme, ou
contre le Prochain. Son peché deuient Mortel, lors qu'il
viole en des sujets importans, quelque commandement
de DIEV, de l'Eglise : des Superieurs, ou de quelque
grande Vertu à laquelle il est pour lors obligé.

L'vzage de cét Art du salut des Ames, se treuue principalemant dans l'administration du Sacremant de Peniran-
ce. C'est pourquoy le *Confesseur*, à qui la dispansation en
est confiée, ne peut ramplir cét office comme il doit, sans
estre tout à la fois Medecin, Iuge, & Docteur. Comme
Medecin il doit connoître les maladies spiritueles, & leur
applicquer les remedes conuenables. Comme Iuge, il a la
puissance des Clefs, pour absoudre ceus qui se repantent,
& pour condamner les Contumaces. Comme Docteur, il
est obligé de conduire les Ames où DIEV les appele, sans
les flatter par vne lâche & molle complaisance. Et c'est
cete conduite sincere & desinteressée, qui est vraimant la
Sçiance des Sçiances.

Toute nôtre Theologie s'achéue par vne matiere, qui
s'applicque encore dauantage à la sanctification des Ames,

# L'INSTITVTION, ET l'Vzage des Sept Sacremants.

TITRE XV.

E mot de Sacremant, signifie principalemant *trois* choses. Le Sermant de fidelité, que faisoient les Soldats quand ils estoient enrollez. Ceque les Grecs appelent Mystere, c'est à dire caché & sacré. Enfin l'Eglise-Catholique approprie ce nom aus signes visibles & permanans, que I. CHR. seul a institué; pour conferer la grace imuisible, à tous ceus qui les reçoiuent dignemant. D'où il s'ensuît que ceque nous appelons SACREMANTS, sont les illustres caracteres & les precieuzes livrées de la Religion Chrétienne. Ce sont les vases d'Or, & les Sacrez reservoirs qui enferment le Sang & les merites de I. CHR. Que leur institution dépand des soins de son amour en nôtre endroit , & leur vzage de nôtre fidelité. Qu'ils communiquent la grace , par leur propre vertu : mais què nos bonnes ou mauuaises *dispositions,* en peuuent augmanter ou étouffer les heureus effets. Que dans leur nature, qui embrasse la matiere & la forme., ils ne releuent que de l'autorité diuine. Mais que les circonstances & les ceremonies de leur administration dépandent de la sagesse conduite de l'Eglise, qui s'accommode au besoin des Temps, des Lieus, & de ses Enfans.

Leur nombre de *Sept.* n'est pas sans mystere & sans instruction ; si on les considere du côté de l'Eglise , du côté des Fideles, & du côte de nôtre Sanctification. *L'Eglise* qui est le Temple, la Maison & l'Armée de DIEV ; a besoin de la porte du Bâtéme, pour Ceus qui devienent ses Domestiques, & qui entrent en sa Milice. La Confirmation est necessaire, pour Ceus qui combattent. La Penitance, pour guerir les blessez. L'Eucharistie, pour les fortifier. L'Ex-

*Sacremant à trois significations.*

*Leur Definition.*

*Leurs Effets.*

*La Maniere de les administrer.*

*Il y en a Sept.*

*Raisons du côté de l'Eglise.*

trème - Onction, pour les moribons. L'Ordre, pour Ceus qui gouuernent la Police. Le Mariage, pour fournir des Enfans à cete Mere : des Soldats à cete Eglise, qui est toûjours rangée en bataille.



II. Si on enuisage *les Fideles*, chacun de nous peut estre consideré ou comme Personne particuliere, ou comme mambre mystique du Corps de I. CHR. Dans le premier état certes nous auons besoin d'vn Bâtéme, qui nous donne la naissance Spirituele au giron de l'Eglise. Du Sacremant de Confirmation, qui nous fasse croître selon la plenitude de l'âge de CHRIST. De l'Eucharistie, qui nous serve de nourriture & d'alimant. De la Penitance, qui est le baume de nos playes, & la panacée à tous nos maus. De l'Extréme-Onction, qui déracine jûqu'aus moindres rejettons du Peché. Regardant *la liaison* des mambres, qui font le Corps mystique de I. CHR. les vns auec les autres ; L'Ordre donné à nos Ames des Peres, des Prétres, des Pasteurs. Enfin le Mariage, fait la propagation des Chrétiens.



III. Pour *la Sainteté*, à laquelle les Chrétiens sont appelez & obligez ; les sept Sacremants sont de vray necessaires, afin de ruiner le peché, & d'établir en sa place l'Empire de la Vertu. Pour *la fuite du mal*, le Bâtéme en guerit la source qui est le peché Originel. La Confirmation, ôte les langueurs & les infirmitez. La Penitance, nous releue de nos cheutes. L'Eucharistie, nous empêche de retomber. La derniere Onction, achéue de guerir nos infirmitez, nos negligences, & nos ignorances. L'Ordre, empêche le dereglemant & la confusion de la multitude Laïque. Le Mariage, appaise les flammes de la conuoitise, & repare les rauages que la mort fait parmy les Hommes.



S'il faut après ces necessaires éloignemants du mal, *acquerir* la grace sanctifiante ; n'est-il pas vray, que nous ne pouuons reüssir en cete seconde partie de la Iustice Chrétienne, que par le secours, par la vertu & l'energie des Sacremants. Le Bâtéme produît en nos Ames la vertu de la Foy, pour connoître DIEV & ses veritez, & pour nous asujetir à ses volontez. La Confirmation, nous fait esperer

en la toute-puiſſance. L'Euchariſtie étreint le lien de Charité & ce nœu de perfection, qui nous vnît à la bonté de
Diev, & à l'amour de I. Chr. Voilà pour les trois Ver-
tus *Theologales.* Pour *les quattre Cardinales;* la Penitance eſt Les trois Vertus Theologales.
vne Iuſtice par laquelle nous ſatis-faiſons à Diev, à nous Les quattre Car-dinales.
& au prochain ; tirant de nous-mémes la vangeance, & le
châtimant de nos crimes. L'Extréme-Onction, nous donne
la force & la perſeuerance finale. La Prudance eſt deuë à
l'Ordre de Prétriſe, qui a la conduite des Ames. Et la
Tamperance appartient au Mariage, pour regler les ſentimans & les voluptez.

En voilà aſſez, ce me ſamble, pour tous les Sacremants Les Sacremants en particulier.
en general. Diſons vn mot de chacun en *particulier,* pour
l'inſtruction & la ſatisfaction du Lecteur.

---

# REVEVE DES SA-
## cremants en particulier.

Titre XVI.

L E BATE'ME eſt l'entrée de la Foy, la porte Le Bâtéme,
de l'Egliſe : le premier, & le plus neceſſaire de
tous les Sacremants. Sa matiere, c'eſt l'eau na- Ses perfections Natureles.
turele : ſa forme, *Ie te Bâtize au nom du Pere,*
*du Fils & du Saint-Eſprit.* Son effet d'eſtre re-
generé en I. Chr. & d'imprimer dans le fond de l'Ame, Son Admira-tion.
vn caractere que l'Enfer méme ne peut effacer. En cas de
neceſſité, il n'y a Perſonne qui ne le puiſſe *adminiſtrer.* Mais
quelquefois ce Bâtéme d'Eau, peut eſtre ſupplée par celuy
de Sang, qui eſt le Martyre. Et par celuý de l'Eſprit ou
du ſouffle, qui eſt vn acte d'vne parfaite Contrition ou
Charité.

Toutes *les Ceremonies* qui l'accompagnent, ſont ſaintes Les Ceremo-nies.
& auguſtes. La principale, c'eſt *le Cierge* allumé. D'où vient
que le Bâtéme dans la Theologie des Peres Grecs eſt
appelé Φωλιϲμòς, Lumiere ; comme dans les reuelations

de S. Paul, les Chrétiens font nommez les Illuminez. Au reſte il ne ſe *reitere* jamais, non plus que les deus autres qui portent caractere.

LA CONFIRMATION, marque ſon effet dans ſon nom. Elle fortifie les Chrétiens contre la honte & les perſecutions, auſquelles s'expoſent Ceus qui ſe font Bâtizer. Sa matiere éloignée, c'eſt le Chréme compoſé d'Huile & de Baume beni par l'Euéque ; qui en eſt ſeul le Miniſtre legitime, & ordinaire. Auec cete Huile il marque ſur le front le ſigne de la Croix, & fait mantion neceſſaire de la tres-Sainte Trinité ; l'impoſition des mains n'eſtant pas de l'eſſance de ce Sacremant.

Par-ceque dans les vzages de l'Egliſe Primitiue, l'on adminiſtroit *à même temps* le Bâcéme, la Confirmation, & l'Euchariſtie, auec le Laict & le Miel ; il y en a qui mettent l'*Euchariſtie*, au troiziéme rang. Ie n'en dis rien en ce lieu, par-ceque je n'en puis dire aſſez ſelon ſon merite & mon affection. Il n'eſt point de Catholiques qui ne ſçache les excellances, & les profits incomparables de ce plus Auguſte de tous nos Myſteres. Le FILS DE DIEV l'a planté à la fin de ſa vie, comme le dernier Trophée de ſon amour. Et vne grande Sainte a eu raiſon de mediter, que ceque l'Eſſance Diuine eſt aus Bien-heureus dans le Ciel, cela méme eſt la ſainte Euchariſtie aus Voyageurs ſur la Terre.

Sa matiere neceſſaire, c'eſt le Pain, & le Vin naturel. Sa forme, les paroles Sacramantales ; *Cecy eſt mon Corps, Cecy eſt mon Sang.* Son Miniſtre de neceſſite, c'eſt le Prêtre. Son vzage, pourveu qu'il ſoit auec diſcernemant & en état de grace, ne peut eſtre trop frequent parmy les Perſonnes qui font des progrés viſibles dans les voyes de la Sainteté. Ce Sacremant eſt auſſi vn Sacrifice quotidien dans la MESSE, & le precieus Viatique à l'article de la mort.

La neceſſité indiſpanſable d'eſtre en état de grace, pour dignemant *Communier*, me fait dauantage appreuuer le ſentimant de Ceus qui font marcher *la Penitance* deuant l'Euchariſtie. Elle n'eſt pas conſiderée en cete endroit comme vne Vertu particuliere, mais comme vne Vertu ſa-

*Illuminati.* Heb. 6.

La Confirmation.

Sa Nature & ſes Effets.

L'Euchariſtie.

Son excellance.

*Cum dilex. ſuos in fin. dilex eos.* Ioan. 17.

S. Thereſe.

Sa Nature. Son vzage.

La Penitance.

Ceque c'eſt.

cramantale. C'eſt la ſeconde Table aprés le naufrage ; & le
moyen neceſſaire pour reparer les ruines de l'innocence
perduë par les pechez aɕüels, que l'on a commis depuis
le Bâtéme. Sa matiere ſont tous les pechez mortels, cequi
eſt neceſſaire : & les veniels, cequi eſt de plus grande per-
feɕion. Sa forme, ſont les paroles de l'Abſolution.

On la compoſe de *trois Parties*, neceſſaires à ſon integri- Trois Parties.
té ; la Contrition de cœur, la Confeſſion de bouche, la Sa-
tisfaɕion. La principale piece de Celle-cy, c'eſt la *Reſti-* Son vzage.
*tution* de ce qui appartient à autruy. Son Miniſtre, c'eſt le
Prétre, appreuué de Ceus qui ont la Iuriſdiɕion ordinaire. Neanmoins il n'eſt point de Prétre qui en cas d'extréme neceſſité, ne puiſſe abſoudre generalemant de toute ſorte de pechez.

L'Extreme Onction, eſt inſtituée contre les foi- L'Extréme-On-
bleſſes de la maladie : & contre les tantations dont le Dia- ɕion.
ble attacque Ceus qui approchent de la fin de leur vie, & Sa Puiſſance.
de cét étrange momant duquel dépand l'eternité. Elle a
auſſi cete proprieté d'effacer les pechez veniels, & méme
par accidant les pechez mortels, parceque l'vn n'eſt jamais
remis ſans tous les autres. L'on y employe l'huile benite par Sa Natura.
l'Evéque, ſa forme eſt vne priere. L'application à tous
les cinq Sens, n'eſt pas de la derniere neceſſité. Et elle péut
eſtre reiterée, par le Superieur du Maladе, auquel cela
eſt reſervé, autant de fois, que de nouuelles maladies
mettent vne Perſonne en danger de mourir. Le plus vtile
neanmoins, c'eſt de ne pas attandre l'extremité.

L'Ordre, que les Grecs nomment χειροτονία ; c'eſt à
dire l'impoſition des mains ; eſt vn Sacremant compoſé des L'Ordre.
Quattre Mineures, & des trois Majeures. La Tonſure, le
Soudiaconat ; le Diaconat & la Prétriſe ſont enfermez
dans l'Epiſcopat. Deſorteque la conſecration d'vn Euéque deuant que d'eſtre Prétre, ſeroit inualide ; encore
que celle d'vn Prétre, qui n'eſt point initié des autres Ordres qui doiuent preceder, ſoit valide. Il n'y a point de
diſpanſe qui puiſſe permettre à vn ſimple Prétre de conſacrer vn Euéque, cela eſtant de droiɕ diuin. Et pour faire

vn Euéque, il doit y en auoir trois, au moins deus : ou vn, ſi la neceſſité eſt preſſante, auec le conſentemant des autres.

**Le Celibat.**

C'eſt de tout temps, certes auec tres-grande raiſon, que *le Celibat* eſt annexé à l'Ordre Eccleſiaſtique.

**Le Mariage.**
*Sacrament. hoc magn. &c.*
**Sa Fin.**

LE MARIAGE eſt vn grand Sacremant, quoy qu'il ſoit le dernier, parcequ'il ſignifie l'vnion de I. CHR. auec ſon Egliſe. Il l'a inſtitué, afin que toutes les choſes dans le Chriſtianiſme, ſoient ſaintes & ſanctifiantes. C'eſt même contre les deſſeins de la Nature, qu'vne Famme ſoit à pluſieurs Maris. La Polygamie qui eſt encore en vzage parmy tous les Infideles de l'Oriant, a eſté permiſe ou tolerée dés

**Son Vnité.**

le temps des Patriarches & des Iuifs. Mais parmy les Chrétiens, le Mariage ne peut eſtre qu'entre deus ; quand vne

**Indiſſoluble.**

fois DIEV l'a fait, il n'y a rien au monde qui le puiſſe defaire. C'eſt pourquoy l'on n'en diſpanſe jamais, mais l'on declare qu'il n'a point eſté contracté, & que jamais il n'a eſté valide.

**Quels Changemans.**

L'Egliſe qui n'a point de droict ny d'autorité ſur la ſubſtance des Sacremans, en peut *changer* les circonſtances ; comme elle fait declarant les Mariages *Clandeſtins*, nuls & abuſifs. Elle veût auſſi que l'on attande l'âge de puberté, & demande certaines autres conditions, dont le defaut rand les

**Le Diuorce.**

Mariages ou inualides, ou illicites. *Le Diuorce* ôte l'vzage du droict reciproque des deus Parties, ſans rompre le lien. Le

**Des Infideles.**

Mariage de deus *Infideles* qui ſe conuertiſſent à la Foy, deuient Sacremant. S'il n'y a qu'vn des deus qui ſe conuertiſſe, il peut renoncer à ce joug. *La Monogamie* recom-

**La Monogamie.**

mandée même auec chaleur dans l'Egliſe Primitiue, n'empéche pas que les Hommes & les Fammes, ne puiſſent de l'état de *viduité*, convoler même pluſieurs fois à de nouvelles Noces. Il eſt vray toute-fois que dans le ſentimant même vulgaire, cete multitude de lits a quelque choſe de reprochable, & de fort éloigné de la premiere rigueur du

**La Virginité.**
**La Religion.**

Chriſtianiſme. Encore aujourd'huy *la Virginité* eſt preferée auec tant de prerogatiues, qu'aprés le Mariage contracté deus mois deuant qu'il ſoit conſommé ; il eſt permis à l'vn & l'autre des Mariez, de ſe conſacrer à DIEV, par les vœus folemnels de Religion.

Au refte les grandes *difficultez* que j'ay veu naître depuis trante ans, m'ont fait faire cete *remarque* ; qui peut appaifer beaucoup de debats, & de contantions. Dans le Mariage il y a trois pieces effantieles à confiderer. 1. *Le Confentemant naturel & mutüel* de l'Homme, & de la Famme ; qui font tout à la fois la matiere, la forme, & les Miniftres. La 2. *le Contract Ciuil;* qui fe fait felon les Lois des diuers Princes Chrétiens. La 3. C'eft la qualité de *Sacremant* ; dont l'entiere jurifdiction eft du reffort de l'Eglife. C'eft donc à elle, & à elle feule, qu'il appartient de fe feruir des autres onctions, felon qu'elle le juge à propos pour fes decifions generales. L'Autorité Ciuile n'a nul pouuoir fur cét endroit. Mais toute fon étanduë eft bornée par fes principes, & par fon objet. Elle peut mettre teles conditions qu'il luy plait, faire toutes les declarations qu'elle juge à propos. Mais à condition que fes retranchemans foient plûtôt des châtimans, & que toute fa puiffance fe ferme dans fes lignes. Et vn mot, les Laïques ne peuvent jamais prononcer fur la validité ou l'inualidité du Mariage, comme Sacremant. Mais ils peuvent faire ceque la Loy & le Prince ordonnent, dans le reffort & l'étanduë d'vn Contract Ciuil. C'eft à dire fauorifer des graces communes & des biens du Public, Ceus qui contractent felon les Lois du Pays & du Prince, châtier au contraire Ceus qui y contreuiennent, & les punir par la priuation des chofes qui releuent de leur jurifdiction. Cequi eftant *bien entandu*, peut produire beaucoup de biens dans l'Eglife & dans l'Etat, & & ne peut caufer aucun mal.

La grace du Chriftianifme éleuant nôtre Morale, jûqu'à *la Sainteté* ; nous oblige encore à quelque chofe de plus excellant, que tout ceque nous auons veu jûqu'icy. Ou fi cete voye des Commandemans, eft commune à tous ; Ceus qui marchent par la plus étroite des Confeils, doiuent paffer bien plus outre. Leur vertu a fon principe même, qui eft D i e v, pour raifon & pour modele. *Soyez Saints*, dit l'Eternel, *par ceque je fuis Saint.* Bien plus, *foyez Saints,*

1. Le confentemant naturel.
2. Le Contract Ciuil.
3. Le Sacremant.
La Sainteté.

*comme je le ſuis.* Dans les voyes de cete ſureminante ſainteté, Iesvs eſtant l'Image de ſon Pere, nous deuons eſtre les copies. Mais eſtant comme Diev-Homme nôtre Prototype & nôtre Original, nous deuons-eſtre ſes Images, acheuées par les derniers traicts, que nous allons ébaucher.

# LA THEOLOGIE
## Symbolique, & Myſtique.

*TITRE XVII.*

*La Symboliſue.*

 A Theologie Symboliqve ou Enigmatique, repreſente les Myſteres de la Foy, par des Images ſenſibles, imaginaires, ſimples, doctes: propres ou transferées, & Metaphoriques. Dela eſt que les Prophetes dans l'Ecriture-Sainte ſont appelez les Voyans, c'eſt à dire Sçauans, par-ce que tous les ignorans ſont autant d'aueugles : & que chaque Roy d'Iſraél, àuoit ſon Prétre & ſon Prophete. Les plus celebres en ces ſortes de viſions, ont eſté S. Iean en ſon Apocalypſe : Daniel, & Ezechiel. Ce dernier ( que quelques-vns mal à propos ont pris chez Clement l'Alexandrin, pour Pythagore ) a dépeint dans ces myſterieus Tableaux, l'Etat de la Synagogue : le ſecond, celuy des quatre Monarchies ; & le premier, celuy de l'Egliſe.

*Qui Propheta diſitur hodie, vocabatur olim videns. I. Reg. 9. Ad Gad. vident. Dauidis. Paralip. 21. Jra Iairites erat ſacerdos Dauid. 1. Reg. 10. Stſomat. I.*

La Theologie *Myſtique* ou Contamplatiue, marchant par des routes ſecrétes ; s'éleue à Diev par negation, par affirmation, & par ſureminance. Mais elle luy adhere encore plus intimemant ; par ceque dans ces diuins ſentiers, l'Ame s'efforce bien plus de l'aimer par vne Charité embrazée, qu'elle ne tâche de le connoître par la ſubtilité de la pensée.

*Myſtique.*

Céte diuine Sapiance ne peut eſtre bien diuiſée, ny arrangée ; d'autant qu'elle eſt pardeſſus les regles, & qu'elle dépand toute d'vne ſauoureuze & amoureuze experiance. C'eſt vne Manne cachée, qui n'eſt conneuë que de Ceus qui la mangent. Encore en ont-ils plus de goût, que le diſcernemant.

*Nemo nou. niſi qui accip. Apoc. 19.*

nemant. L'Induſtrie humaine ne peut arriuer ny à la pointe
de l'Eſprit ny au centre du cœur, pour découurir cequi
s'y paſſe. Il n'y a que celuy de DIEV, qui ſouffle où, quand
& comme il luy plaît ; Perſonne hors delà ne ſçait ny d'où *Joan. 3.*
il vient, ny où il va.

Ceque l'on peut dire ſommairemant, c'eſt qu'en ces
voyes Myſtiques il y a *trois* Etats plus vniuerſels. Les Com- Trois Voyes,
mançants, ſont dans la vie Purgatiue : les Profitans, dans Vies ou Etats.
l'Illuminatiue ; les Parfaits, dans l'Vnitiue. Encore eſt-il
vray, qu'en ce diuin Sanctuaire auſſi bien que parmy les
Hierarchies Celeſtes, il n'y a point d'Etat ſi ſublime ; qui
n'ait ſes voyes de Purgation, d'Illumination & de Perfection.

La VIE PVRGATIVE, purifie l'Ame en deus façons. La Vie Purga-
Premieremant, elle la dépouïlle par les exercices de la Pe- tiue.
nitance & de l'auſterité, des objets de la vanité & de la ſenſualité, du deſordre des paſſions, & des habitudes vicieuzes. Secondemant elle la ſepare de l'ambarras des choſes
creées, & de la multiplicité groſſiere, qui ſe treuve même dãs
les pratiques de la vertu, & dans les moyens de la perfection. C'eſt juſtemant cequi opere la mortification interieure
& exterieure, qui conduît à cete tres-rigoureuze mort ; que
Saint Paul nomme ſelon la chair, & ſelon l'eſprit. Le principal de cete conduite, c'eſt l'horreur & la haine *du Peché ;*
fondée ſur ſa nature denaturée, ſur ſes funeſtes effets en
l'ame & au corps ; ſur ſes epouuantables châtimans temporels & eternels, en la perſonne méme de I. CHR. parcequ'il s'eſtoit reuétu de l'apparance du peché.

La VIE ILLVMINATIVE établit l'Ame dans la pra- L'Illuminatiue.
tique des Vertus les plus pures, & les plus heroïques. Et
cela par la contamplation de tous les Myſteres de la Loy
Euangelique, & par vne imitation tres-particuliere de la
vie & de la mort de I. CHR.

La VIE VNITIVE eſt cét vnique & bien-heureus par- *Vnum porrò nec,*
tage, dont la Madelene auoit fait chois : que DIEV ſeul *Luc. 10.*
donne à qui il luy plaît, & que l'Enfer méme ne peut ôter
à quiconque en a receu la poſſeſſion. C'eſt lors que l'Ame

nettoyée de toutes les impuretez, éclairée des diuines fplandeurs, & enrichie des precieus ornemans de toutes les Vertus, fe perd heureuzemaṇt en D I E V. Car alors deuenant vn méme Efprit auec luy, elle s'vnît à fa diuine
effance, par vne adhefion fecrete, amoureuze, fuaue, tranquille ; pleine en vn mot de cete paix, qui met le Paradis
en Terre, le Royaume de D I E V, & l'imitation de fes adorables perfections au dedans de nous.

Ces diferans Etats font accompagnez de diuerfes fortes
d'Oraifons, & de diuers degrez de Contamplation. La Meditation raifonnée & diuifée ; la prefence de D I E V entretenuë par des actes frequans, & par les Oraifons jacu-
latoires. La folitude, la recollection, le filance, l'introuer-
fion. Le repos de l'Ame, le fommeil, le Sabbat delicat, le
vol d'Efprit ; & la confommation entiere de l'Ame en
D I E V, qui eft fon Tout.

Le grand Maître de cete Theologie Myftique, dans le
Traitté qu'il en a fait, & qu'il enferme fous cinq ou fix Chapitres ; la reduît toute dañs la T H E O R I E, & dans la
Pratique. Il en côtample les fecrets en cete maniere. 1. Aprés
auoir humblemant & deuotemant inuoqué la furéminante
& fureffantiele Trinité, qui eft *le Maître* de cete diuine
Sçiançe, il établît fon *Ecole* dans le fommet & dans la
pointe de l'Efprit ; où il y a vn centre de chaleur, & vne
region de lumieres & de fplandeurs inenarrables. Cequi
luy donné fujet de diftinguer les *trois Degrez* de l'Ame,
d'où naiffent les Trois Vies ; que j'appele ailleurs, Raifonnable, Intellectuele & Spirituele. *La Leçon* enfeignée dans
ce Sanctuaire, font les Myfteres de la Diuinité ; qu'il appele
tres-fimples, abfolus, & immuables. La *Maniere* dont ils
s'enfeignent, eft vne lumiere tenebreuze, & vn filance tres-
caché. Les *Effets* & les productions font des clartez & des
obfcuritez, des lumieres & des tenebres. Les *Difpofitions*
neceffaires, pour eftre initié dans ces Myfteres occultes,
c'eft qu'il faut fe dépouiller des fens, fe defaire des operations méme intellectueles ; en vn mot, s'abftraire & fe
feparer bien loin generalemant de cequi eft & de cequi

n'eſt pas. Cequi arriue, lors que l'Eſprit s'éleue audeſſus de tout, par voye de mort & d'ignorance myſtique , de priuation & d'aneantiſſemant. Les *Progrés* ſont les ſublimes éleuations de l'Ame, audeſſus & du pur & de l'impur. Ces hautes eleuations randant l'Eſprit de l'Homme Myſtique, libre, detaché, ſeparé de tout : & vni ſeulemant au rayon de cete obſcure lumiere, & de cete obſcurité lumineuze. Cequi forme dans l'Ame vn état Conforme , Vniforme, & Deiforme. Cét état vnît dans le poinct de ſa ſimplicité, toutes ſortes de contrarietez ; ſans diſtinction des negations , & des affirmations. Comme cete Sçiance eſt toute ſinguliere , & cét Etat tres - particulier , tres - caché & tres - intime ; il a auſſi vn *Langage*, qui luy eſt propre : & parle d'vne maniere qui n'eſt ny commune, ny ordinaire. Deſorte que cete occulte Sageſſe eſt dilatée & & retrecie, eloquante & ſilantieuze, propre & extatique. Au commancemant elle dit beaucoup, puis elle dit peu. Enfin elle ne dit mot, ne parle plus, méme elle ne fait plus rien; entrée qu'elle eſt dans l'inaction, dans ce Sabbat delicieus du Seigneur : & dans ces Celliers, où l'Epouze s'enyvre du vin du ſaint Amour. Ainſi Moyze ſortit begue de ce miraculeus Colloque qu'il eut auec D i e v, ſur la Montagne. Et Ieremie ne pouuant non plus parler qu'vn Enfant, commance ſa Prophetie par les cris & les extazes; *a, a, a, Domine Deus, ecce neſcio loqui, quia puer ego ſum.*

II. Cét admirable Theologien, ſurnommé par vn autre Denys Capariſſiote, l'Oiſeau du Paradis ; enferme toutes les P r a t i q v e s de cete vnion Myſtique, dans la vocation & la conduite de Moyze. Sur ce rare example, il faut, dit-il, commancer par les *expiations*; remarquant, comme nous auons dé-ja fait, que chaque degré & chaque vie nouvelle, a auſſi beſoin d'vne *nouuele purgation*. Pour reüſſir en cela, il faut ſe *retirer*, s'écarter, ſe ſeparer de la multitude de tous les Hommes, & principalemant de ſoy-méme; par cete ſainte abnegation, marquée ſi precieuzemant dans l'Euangile. Icy l'on *commance* à entandre le ſon des Trompettes, & apperceuoir les brillans & les éclatans rayons du

Les progrés.

L'Etat Deiforme.

Le Langage.

Cap. 1.

La Pratique.
Example en Moyze.
Diuers degrez de purgation.

La retraitte.
L'Abnegation.

Le ſon des Trompettes.

Soleil de Iuſtice & de Miſericorde. Puis auec les Prêtres choiſis l'on *monte* ſur la Montagne, où Moyze n'a pas encore le bien de conuerſer familieremant auec D i e v. Mème il ne le void pas encore, parceque jûques-là il eſt inviſible. Mais il découvre ſimplemant le lieu, où il a eſté, Aprés il *entre* dans ce nuage épais, dans cete nuiɛt obſcure, & dans cete ſainte Caliginoſité ; qui eſt cauſée par les ſplandeurs de la Diuinité, & par les Tenebres de l'Ignorance Myſtique. Alors toutes les eſpeces des Sçiances, toutes les Images & toutes les connoiſſances ſont *bannies* de ce Diuin Cachot. L'Ame deſormais n'eſt plus à elle, elle n'eſt plus à quoy que ce ſoit. Mais dans vn *vuide* ineffable, & dans vn repos inexprimable, ſa pointe plus intime s'attache, ſe cole & s'vnit à Celuy qui eſt au delà, & au deſſus de tout. D'où il arriue que ne connoiſſant rien, elle connoît tout : que ne ſçachant rien, elle ſçait tout, & que n'eſtant rien, elle eſt tout. Mais il faut *goûter* ces grandes & ſecretes veritez, pour les croire. Auſſi n'y a-t-il que la vraye Sapiance, ou Sçiance experimantale, qui les enſeigne.

Enquoy il ne faut pas s'étonner, ſi Ceus qui ſont fauoriſez de ces communications extraordinaires de l'Eſprit de D i e v, employent des Termes *peu communs* & encore moins entendus du Vulguaire, méme des Sçauans. Cela vient de ce qu'ils ne peuuent exprimer par des paroles foibles, multipliées & bornées : les choſes qu'ils ſentent en Eus-mémes tres-hautes, tres-ſimples & totalemant infinies. Outre que Perſonne ne connoît ces voyes Myſtiques, que Ceus qui en reçoiuent les diuins priuileges. Que l'Homme animal, ne peut conceuoir ces choſes, qui ſe paſſent dans la pointe la plus pure de l'Eſprit. Et qu'au reſte il n'y a point d'Art, de Sçiance, ny de Métier ; qui n'ait ſes termes propres, & ſes expreſſions particulieres.

# LA THEOLOGIE
## Prophetique.

C'EST l'éclat d'vne lumiere furnaturele, qui enfeigne à l'Efprit , éleué au deffus de foy, les chofes diuines ; par des Vifions , par des Reuelations, & par des Infpirations extraordinaires. Pour en former vne parfaite idée, & afin de diftinguer la Verité d'auec le Manfonge, je dois icy établir & examiner quattre fortes de Prediction & de Diuination ; la Spirituele, la Naturele, l'Artificiele ; & la Criminele qui eft condamnée.

LA SPIRITVELE & furnaturele , vient de DIEV. C'eft luy qui fait paroitre ce qu'il eft, annonçant le futur. C'eft luy qui en communique auffi les preuifions à qui, quand , & comme il luy plaît. Cequi fe fait par infufion, ou de nouuelles efpeces , ou feulemant de nouuelles lumieres : & par des expreffions natureles , ou par des paraboles ; auec la voix aucunefois interieure , d'autrefois exterieure : auec l'inftinct, & le mouuemant ; la vifion Senfible , Imaginaire , ou Mantale, mais d'ordinaire Metaphorique.

Ce don de *Prophetie* , eft vne grace donnée gratuitemant ; qui peut eftre octroyée méme à vn Prophane ou à vn Impie, comme à Balaam & à Caïphe. L'Office des Prophetes , c'eft d'enfeigner , & de reprandre ; comme font les Docteurs , & les Predicateurs. D'où vient que l'Ecriture remarque , que Gad eftoit le Prophete de Dauid. De chanter, comme fit Saül auec le Chœur des Prophetes. De predire l'avenir , comme ont fait Michée & Elizée. De raconter le paffé par reuelation, comme a fait Moyze décriuant la Creation du Monde. De connoître les chofes fecretes , & éloignées des fens ; ainfi qu'ont fait

RRr iij

De la Prophetie.

La Spirituele.

Annunciate quæ ventura &c. Ifa. 41.

Quattre fortes de Prophetes. Numer. 25. &c. Ioan. 11.

Elie, & les autres Prophetes. Et le supplemant de l'Histoire des Roys remarque, que Ehonenias Prince des Leuites, estoit aussi le Prefet ou le Presidant de la Prophetie, à cause qu'il estoit doüé d'vne extréme Sagesse.

*Prophetia præerat. 1. Paralipom. 11.*

Dans l'ancienne Loy il n'y auoit rien de si commun, que ces Predictions de l'avenir : & cete penetration des choses cachées, qui est le caractere le plus illustre de la Diuinité. Depuis l'heureuze naissance du Messie, nous nous conduisons à la verité par des Reuelations : mais generalemant enseignées dans l'Ecriture-Canonique, par la bouche de l'Eglise, & par les examples de I. CHR. Cete voye vnique, qui nous est donnée du Ciel, est si certaine ; que d'en rechercher d'autres particulieres, c'est vn crime injurieus au Mystere adorable de l'Incarnation. Telemant que quand méme nous serions auec S. Pierre, les témoins oculaires de cete gloire magnifique, qui parut sur le Thabor auec tant de pompe ; il seroit toûjours vray de dire, que la Parole est encore plus certaine pour faire entrer par l'oüie la Foy dedans nos cœurs.

*Multifariam, &c. Hebr 1.*

*1. Epist. 1.*

*Fides ex auditu. Rom. 10.*

Il ne faut donc ny rechercher, ny faire grand conte de toutes ces *Extazes*, de ces Reuelations, & de ces Propheties ; qui font aujourd'huy, tant d'admirateurs. Ce n'est pas qu'il les faille toutes égalemant ou rejetter, ou méprizer. Seulemant il est hors de doute, que les Ames Deuotes doiuent-fort peu s'y arréter. Desorte qu'vn grand Homme encore plus eminant par ses rares qualitez, que par sa pourpre, a eu raison de dire depuis peu en mourant, qu'il ne falloit croire qu'à l'Euangile.

*Reuelations.*

Quant à Ceus qui ont en main, l'autorité & la conduite; ils doiuent d'abord, suspandre leur jugemant. Ensuite, pancher plûtôt du côté des difficultez ; puis porter la sonde par tout, auparauant que de rien appreuver en ces matieres. Le fameus Chancelier de l'Vniuersité de Paris, veût qu'on en fasse l'essai, comme d'vne monnoye d'or ; au poids, à la douceur : à la fermeté, à la figure, & à la couleur.

*Omnia probate, & 1. Thessal. 2. Gerson.*

Les *Regles* les plus generales pour examiner ces Reuelations, & ces Propheties particulieres ; sont les suiuantes.

*Examen.*

1. Il n'y doit rien auoir, qui soit contraire aus veritez Catholiques de l'Ecriture, & de l'Eglise. Moyze & Elie, la Loy & les Prophetes s'y doiuent rancontrer tout ainsi que parmy les Reuelations éclatantes du Thabor. 2. On y doit *Matth. 17.* toûjours appercevoir quelque bon dessein; c'est à dire vne fin vtile, honnéte, vertueuze & sainte. 3. Ces vtilitez doiuent plûtôt regarder le Bien Public, que celuy des Personnes particulieres, principalemant de celles qui reçoiuent ces faueurs. 4. Il ne faut point que le mélange d'aucune chose mauuaize vaine, badine, ny bouffonne s'y rancontre. 5. Le vrayes Reuelations suppozent la pratique des vertus solides, sont accompagnées de saintes frayeurs : & n'arriuent ordinairemant, qu'aus Ames extraordinairemant embrazées de l'amour de DIEV. Le chapitre quinziéme de la Geneze decrit vne illustre vision, dont DIEV fauorize le Pere des Croyans Abraham. Elle estoit pleine de tenebres & d'vne sainte horreur, de predictions & de promesses. Cependant elle s'aboutît, comme tout le reste, à la mort; *tu autem ibis ad patres tuos.* Et le dissetiéme chapitre en rapporte vne autre, qui arriua au même Patriarche dans la plus grande chaleur du jour; *in ipso feruore diei.*

M'en estant tombé entre les mains depuis trante ans, *Voyez nôtre* vn tres-grand nombre, & de toutes les façons; j'oze *Traitté, sur les* dire que je n'en ay jamais treuvé de pures, rancontrant *Etats Extraor-* toûjours quelque paille auec le bon grain. Cequi m'a fait *dinaires.* douter, si parmy les plus excellantes ( car j'en ay veu de tres-vrayes ) le Diable ou la Nature n'y mélent point du leur au commancemant, au milieu, ou à la fin. En effet, j'ay experimanté qu'il y a des Imaginations qui se plient & s'accoûtument à ces visions, comme d'autres font à d'autres habitudes. Et que l'Ange des tenebres qui veille sans *1. Petr. 5.* cesse à nôtre ruïne, ne manque jamais de faire glisser quel- *Sathan. transfi-* ques faus jours parmy ces lumieres apparantes. *gur se in Angel.*
*2. Cor. 14.*

I'en ay autrefois remarqué vne preuve si autantique, qu'elle merite, si je ne me trompe, d'estre rapportée en cét endroit; parcequ'elles est rare, & pleine d'instruction.

Tertullien pour preuver que l'Ame de l'Homme est corporele, recite que de son temps il y auoit en l'Eglise d'Affrique vne Sœur fauorizée de la grace des Reuelations. Que les Dimanches elle estoit rauie en extaze, qu'elle conuersoit auec les Anges, quelquesfois méme auec D i e v. Qu'elle voyoit, & entandoit de grans Mysteres : qu'elle auoit le discernemant des cœurs, & qu'elle operoit des guerizons miraculeuzes. Qu'vn jour, comme c'estoit la coûtume, les Prétres examinant cete Fille Deuote aprés l'Office Diuin ; elle leur dit que le matin de ce jour-là, estant rauie en Esprit, l'Ame de l'Homme luy fut montrée corporelemant d'vne matiere deliée, lumineuze : de couleur d'air, & d'vne forme tout à fait humaine. Par où cét Ancien & vigoureus Auteur s'efforce de preuuer son opinion, laquelle neanmoins a toûjours esté fausse ; puîque depuis ce temps-là, elle s'est veuë condamnée par l'Eglise.

I'ay esté aussi en peine de sçauoir, si la verité d'vne Reuelation particuliere peut subsister auec quelques *fauffetez*, au moins en quelques circônstances : méme auec quelques imperfections, & des pechez du moins legers.

Ceque j'ay resolu de plus asseuré, par la lecture, par la meditation, & par beaucoup d'experiances ; c'est que l'Esprit de D i e v, en ces états & en ces voyes extraordinaires ne compatît & ne subsiste jamais auec la superbe, auec le mansonge : la curiozité, ny la rebellion. L'Esprit de verité n'ayant point donné pour la conduite de son Eglise & des Ames, de marques plus conueincantes, ny de caracteres plus naturels ; que l'humilité, la sincerité, la simplicité, & l'obeïssance.

La seconde maniere de predire & de deuiner, c'est la NATVRELE. C'est elle qui par des instincts secrets, se treue en la plus part des Animaus, neanmoins auec beaucoup de diuersité. Tel est le vol, le cry, le chant, & le trepignemant de certains Oizeaus ; qui annoncent la pluye, & les changemans des saizons. Tel est l'instinct qui porte les Hirondelles à ressentir le Prim-temps, & les Fourmis à faire durant l'Eté leur prouision pour l'Hyuer.

Il y a vne autre espece de Diuination, que l'on appele de



Fureur

Fureur & *d'Entousiasme* ; comme celle des Poëtes, des Druï- L'Entousiasme.
des, des Dervis, des Bacchantes, des Amoureus, des In-
fansez, & des Melancholiques.

   Les plus illustres en ce rang ont esté les SYBILLES, dont Les Sybilles.
le nom signifie l'entrée qu'elles auoient au conseil de DIEV.
La plus-part des Auteurs en mettent dix, mais ils ne con-
viennent pas de leurs qualitez. Les vns les font Vierges,
& inspirées de DIEV : dans le sentimant des autres elles
passent pour des débauchées, & des Sorcieres, des Mena-
des & des Bacchantes. Quoy qu'il en soit, les Anciens Peres de l'Eglise comme Lactance, Clemant l'Alexandrin,
S. Augustin & les autres, ont donné credit à leurs Oracles
& à leurs Vers ; dautant qu'ils predisoient préque toutes
les circonstances de la naissance, de la vie & de la mort du
Messie. Et ce fameus Theologal d'Alexandrie rapporte dans
le premier Livre de ses diuerses Tapisseries, que les herbes qui croissoient sur le tombeau d'vne de ces Sybilles ;
aidoient les predictions, & en imprimoient la vertu dans
les entrailles des Bétes qui les mangeoient. En effet cete
connoissance de l'avenir est vne grace gratuïte, qui n'est pas
necessairemant attachée à la Grace sanctifiante. Témoin ce
Balaam enuoyé par Balac Roy des Moabites, pour maudire *Balam. Numer.*
le Peuple de DIEV, qui ne peut s'empécher de luy soûhai- *22. & seq.*
ter toute forte de benedictions. A la fin desquelles il prophe-
tise que les Romains détruiront les Hebreus, & qu'Eus-
mémes enfin periront. Il y a de plus vne autre façon de deuiner par les Songes, dont nous allons parler.

❦❦❦❦❦<br>❦❦❦❦

# LES SONGES.



Des Songes.
*Deciduum Pro-*
*phetiæ,& fiuctus*
*immaturus. Gol-*
*min. in Vita*
*Mof.*
*Habent & fom-*
*nia pondus.*

'EST ceque la Theologie des Hebreus appele vn diminutif de la Prophetie,& fon fruiɛ
qui n'eft pas encore meur. Le Pere des Songes c'eft le Sommeil ,qui arriue en cete maniere. Les vapeurs, fur tout aprés le repas,
s'éleuent du vantricule au cerveau, qui les condanfe par fa
froideur. Delà venant à tomber comme vne douce rozée
fur les nerfs, elles bouchent fes conduits naturels par lefquels l'efprit animal eft porté aus fens externes; qui demeurent comme en fufpanfion , & en vne demie-mort.
Alors les images des chofes veües en veillant, & que l'a-
gitation de la chaleur auoit confonduës, s'accroiffant peu
à peu , fe reprefentent à l'imagination. Cequ'elles font d'a-
bord tumultuairemant & groffieremant , puis auec beaucoup de clarté & de netteté. Cete imagination, qu'Ariftote pour ce fujet compare à vn Peintre, mélant ces diuerfes efpeces comme des couleurs, parcequ'elle n'a aucune
regle certaine , forme des fantômes , qui par hazard
font ou des chimeres , ou de vrayes reprefentations. Tandis que les fumées font épaiffes , noires & groffieres ,
comme elles font aprés le repas , dans les Enfans , &
dans les Yurognes ; ou elles empéchent l'imagination do
rien faire, ou elle ne fait que barbouïller. Mais lorfque la
coɛtion & le fommeil ont digeré, & purifié ces fumées, ( cequi arrive au matin, au lever du Soleil ) c'eft alors que les
Songes deuiennent plus confiderables. Les Songes Naturels
fuiuent d'ordinaire la complexion du corps, & la conftitution des humeurs. Les Animaus, fuiuent les occupations
de la vie & de la journée. Les Moraus, les bonnes ou les
mauuaizes inclinations.

Outre ces caufes interieures & natureles des Songes, ils
naiffent encore de la difpofition des corps celeftes, de D i e v

& des Anges Bons ou Mauvais. Cequ'ils font par l'infufion de nouvelles efpeces en nôtre phantaifie, ou par l'arrangemant nouveau de celles qui y font des-ja imprimées.
Les plus Speculatifs ajoûtent qu'en cét état la partie fupe-
rieure de l'Ame, eftant à demi demélée & déliée du corps,
elle a plus de communication auec D I E V, & auec les Intelligences. Car de dire qu'elle reçoit alors des nouvelles
de toutes chofes, parcequ'elles font liées les vnes auec les
autres, ou qu'elle va fe promener & roder parmy le Monde;
c'eft vne fpeculation d'Anaxagore, & vne réverie d'Her-
motime le Clazomenien.

*L'Interpretation* & la conjecture de ces Songes fe fait ou
par nature, ou par hazard, ou par fçiance & preceptes qui
fe prennent le plus ordinairemant de la reffamblance : ou
par coûtume & experiance, ou par infpiration & reuela-
tiõ diuine. L'Ancienne Theologie fait venir les vrays
Songes, par vne porte de corne : les faus, par vne d'yuoire. Mais c'eft vne belle remarque d'Abdala dans les thezes
de Pic de la Mirande, que d'auoir des Songes, c'eft vn effet
de l'imaginatton : mais de les interpreter, c'eft vn effet de
l'efprit & de l'intelligence. D'où vient que celuy qui les
reçoit, n'y entand fouuant rien : & celuy qui les interprete,
eft moins fujet à en auoir. Auffi Platon commande dans fa
Republique, que chacun faffe le rapport de fes Songes aus
Magiftrats, afin qu'ils ne foient interpretez que par les
Sages.

Surquoy il fuffira de faire deus reflexions bien remarquables. La premiere que les plus illuftres Revelations de la
Vieille & de la Nouuelle Loy, fe font faites par là voye des
*Songes.* Ainfi le Sommeil d'Adam eft appelé extátique,
lorfque D I E V l'endormit pour former Eue de fa côte. Ce
fut auffi la nuict & en dormant, que le Patriarche Iacob
vit cete Echele Myfterieuze; qui auoit fon pied fur la terre, & fon fommet dans le Ciel. L'Epous de la Vierge S. Iofeph n'a efté enfeigné fur les myfterieuzes circonftances
de l'Incarnation, que par les Songes. Les trois Roys Mages font auertis en fonge, de retourner en leur pays; fans

L'Interpreta-<br>tion des Son-<br>ges.

Homerus duas<br>portas diuifit<br>fomnijs; corneam<br>veritatis. fallaciæ<br>eburneam. Ter-<br>tull. l. de Anim.<br>c. 41.

In Adam Deus<br>amentiam im-<br>mifit, fpiritalem<br>vim in qua con-<br>ftat Prophetia.<br>Tertull. l. de An.<br>c. 21<br>Genef. 28.<br>Matth. 12. & 13.<br>Matth. 2.

S S f ij

aller randre conte à Herodes, de l'iſſuë de leur voyage.

La ſeconde remarque eſt, que la plus ordinaire interpretation des Songes, ſe prand, comme j'ay dit, de la
*reſſamblance.* L'ancien Ioſeph void en ſonge le Soleil, la
Lune & les Etoilles qui l'adorent. Il void les gerbes de
bled de ſon Pere, de ſa Mere, & de ſes Freres, qui ſe ſou-
mettent à la ſienne. Luy-méme eſtant en prizon, prodit à
l'Echanſon du Roy, ſon établiſſemant : & au Boulanger,
ſon dernier ſupplice. Le premier auoit ſongé qu'il preſſoit
des grappes, dans la Couppe du Roy Pharaon. Le ſecond,
que les Oizeaus enlevoient le Pain qu'il portoit en trois
Corbeilles. Le méme interpreta les ſept Vaches graſſes &
autant de maigres, les Epics pleins & vuides ; des ſept années de fertilité, & des ſept autres de ſterilité que l'on
vit arriver dans l'Egypte.

Il n'y a point de doute, que Ioſeph & Daniel ont eſté
les deus plus habiles en cét art d'interpreter les Songes.
Auſſi le premier s'ouvrit par cete haute intelligence, la
porte de ſa prizon, & l'entrée au Miniſtere de toute l'E-
gypte. Et le dernier receut de D I E V vne intelligence ſi
parfaite, qu'il deuinoit les Songes mémes ; ceque les De-
uins de Chaldée, auoient raiſon de proteſter eſtre vne
choſe du tout impoſſible. De vray, le Roy Nabucodonozor
en fut telemant raui, quoy que tout fût à ſon deſauantage,
qu'il commanda que l'on ſacrifiât à Daniel. Où je ne laiſſe
pas de remarquer, que ce diuin Prophete demeure aprés
ſes Reuelations foible, languiſſant, & malade. Et qu'vne de
ces viſions nocturnes les plus conſiderables, eſt celle de
cét Homme Macedonien, qui paroiſſant la nuict à S. Paul,
le prioit de venir à leur ſecours.

En vn mot, cete reuelation par les ſonges eſtoit ſi commune méme parmy les Prophanes ; qu'ils ſe couchoient à
la porte des Tamples, y paſſant toute la nuict enueloppez
dans les peaus des Bétes qu'ils auoient ſacrifiées. D'où eſt
peut-eſtre venu ce vieus proverbe, qui pour ſignifier qu'vn
Homme a de l'eſprit, dit qu'il a couché dans le cimetiere.
Et pour faire interpreter vn ſonge, il ne coûtoit que quat.

tre ſicles d'argent.

Tant-y-a que quand la ſuperſtition s'y mele, comme il arrive ordinairemant ; l'on peut bien dire en verité, que tous ces ſonges ne ſont que manſonges. C'eſt à lors que le Sage nous auertit, qu'ils ſont à Pluſieurs des occaſions de cheute & de ruine. C'eſt pourquoy la Loy de DIEV deffand en termes exprés les diuinations, les interpretations des Songes : de tondre les cheueus en rond, de razer la barbe, de couper la chair, & de faire aucune marque ſur ſon corps.

*Diuinatio error. & augur. mendacia, & ſomnia malefac. veritas eſt. multos en. errare fecer. ſomnia, &c. Eccle. 34. Leuit. 9.*

La troiziéme façon de deviner, depand de l'ART, & ſe fait en pluſieurs manieres. Les Aſtronomes prediſent les ſaizons, les pluyes, les orages, les Eclipſes. Les Aſtrologues paſſant bien plus outre, ſe vantent de predire méme les avantures de la bonne & de la mauuaize fortune. Les Medecins pronoſtiquent la ſanté & la maladie, la vie & la mort. Les Conſeillers d'Etat, jugent des affaires en paix & en guerre, des entreprizes & des evenemans Politiques. Les Patrons & Ceus qui connoiſſent la Mer, prevoient le calme & la tampéte. Dans l'Euangile méme, le ſoir rouge eſt vn prezage de beau temps.

*Trois façons de deuiner par Art.*

*Matth. 16. Luc. 12.*

Enfin Ceus-là commettent vn crime enorme, & vne impieté criminele & execrable, qui ſe mélent de *deviner* par l'entremize des Demons : & auec toutes ces differantes ſuperſtitions, qui ſont condamnées par les Loys du Ciel, & châtiées par les Arréts de la Terre. Il en faut dire vn mot, pour en accroître l'horreur.

*Par les Demons.*

# LA MAGIE.





ETE forte de MAGIE, que l'on appele Noi-re, dont le propre eft de faire perdre l'efprit, *dementare*, & d'eftre châtiée par l'aueuglemant; n'a point de parties, qui ne foient infames. Et bien qu'vn Sçauant ait foûtenu en nos jours, que tous les Grans-Hommes ont efté accuzez de Magie, il eft vray neanmoins que I. CHR. ne s'eft excuzé, & ju-ftifié que de ce crime. La plus baffe eft la Sorcelerie, qui emprunte fon nom du Sort. Elle produit fes effets par la malice du Sorcier, par le fecours du Diable, auec la per-miffion de DIEV. Il n'eft point de Loy, qui ne condam-ne les Sorciers, & les Magiciens. Et quoy qu'il ne faille pas confondre les ouvrages de la Nature, de l'Art & de la Magie, on ne peut pas nier les derniers; puîque ce grand Magicien Simon voloit en l'air, fe randoit invifible, fe changeoit en béte: enuoyoit vne faucille moiffonner tou-te feule, & faifoit mille paffe-paffes & illufions. Mais à vray dire, fi on auoit la foy vive, l'on experimanteroit que l'vn des plus illuftres bien-faits de la venuë du Meffie; c'eft d'auoir purgé la Terre de tous les Sortileges publics, qui font autant d'impietez.



Les *façons de deviner*, eftoient de plufieurs fortes parmy les Anciens. Les Augures & les Aufpices, fe prenoient du vol, du chant, & de la pâture des Oizeaus. Enquoy les Peuples de la Tofcane, eftoient les plus habiles. Les Ha-rufpices obferuoient par l'infpection des Hofties, la difpo-tion de leurs mouuemans, de leurs diuers mambres, & de leurs entrailles. Le Prophete Ozée reprand Ceus qui de-vinoient par le bâton. On le fait encore par le fas, & par le crible. L'Hiftoire du Patriarche Iofeph, remarque qu'il fit enfermer dans le fac fon petit Frere Benjamin, fa taſſe ou ſa couppe augurale; de laquelle il ſe ſeruoit pour boire, & pour deviner. Paſſage qu'il eſt plus facile ſans doute d'éluder, que d'explicquer. Car l'on ne peut croire ſans blaſpheme, que ce ſaint Patriarche ait eſté ny Augute ny Devin. De dire que par là il n'a voulu que tanter ſes freres, ce n'eſt pas aſſez. L'interpretation donc la plus raiſonnable, c'eſt de dire que cét habile Miniſtre d'Etat, pour faire la piece entiere à ſes pauvres Innocens; leur a fait tenir par le Maître d'Hôtel, vn diſcours qui leur laiſſoit conclure; qu'il ſçauoit fort bien par cete ſçiance occulte, qu'ils auoient dérobé ce Vaze precieus & important. C'eſt pourquoy il parle ſelon le langage & la ſuperſtition des Egyptiens, qui ſe ſervoient pour deviner de petites lames d'argent jettées dans l'eau, ou de ces couppes pour faire leurs enchantemans.

*La Necromantie*, par l'evocation des Manes, conſultoit les Morts pour connoître l'avenir. L'Hiſtoire Royale recite vne choſe, qui en témoigne la pratique. Saül le premier Roy de Iudée, qui auoit purgé ſon Royaume de toute ſorte de Devins, de Sorciers, & de Magiciens; ſe voit attaqué par vne puiſſante armée de Philiſtins. Saiſi de crainte & d'apprehanſion, il conſulte D I E V; qui ne luy fait aucune réponſe ny par les Songes, ny par les Prétres, ny par les Prophetes; ces trois voyes, ſont ſans doute remarquables. Alors il demande à parler à vne Pythoniſſe, ou Devinereſſe d'Apollon. On luy en enſeigne vne, il ſe deguize, & aborde cete Vieille; laquelle ayant evoqué l'Ame de Samuël à la priere de Saül, découvre que c'eſtoit le Roy qui l'interrogeoit. Celuy-cy reconnoît auſſi à l'âge & à l'habit, que c'eſtoit Samüel qui ſe levoit de la terre. Le Prophete ſe plaint d'eſtre ainſi inquieté par le Roy, luy predit la perte de la bataille: & que dés le lendemain, luy & ſes Enfans devoient luy faire compagnie dans l'autre Monde.

Tant-y-a que ſans auoir recours, ny à l'eſprit qui parla à Brutus, ny aus Spectres qui tourmantoient Pauſanias & Neron: ny à toutes les experiances, qu'on ne peut nier ſans paſſer pour ridicule; ce ſeul example ne permet pas de

*Scyphus in quo bibit, & augurari ſolet. Geneſ. 44.*

*La Necromantie.*

*Samuël. mihi ſuſcita Deos vidi aſcendent. de terra.*
*Intellexi quod Sam. eſſ. Cras tu, & filij tui mecum eritis. 1. Reg. 28.*

douter du retour des Ames, & de l'apparition des Esprits. Car soit que le Demon ait pris la figure de Samüel, soit que, comme l'Ecclesiastique samble l'insinuer, ce fût vraimant l'ame de Samüel qui parût non par l'evocation de cete viélle Sorciere, mais par vne permission de D i e v toute extraordinaire, pour châtier Saül ; toûjours il s'ensuît qu'il y a des Esprits, & que toutes les apparitions ne sont pas des pures imaginations.

*La Geomantie* est vn Art, ou plûtôt vne Superstition, qui traçant autrefois sur la terre auec vn petit bâton ( comme elle fait aujourd'huy sur le papier, auec la plume ) des poinêts, des lignes, & des figures ; se vante sottemant, de deuiner les choses occultes & de predire l'avenir. Elle se sert de poinêts, qui denotent les Etoilles : de lignes, qui signifient les quattre parties du Monde. Elle lie toutes ces choses en quinze lignes ; leuant les nombres, auec la distinction des pairs & des impairs. Elle y treuve quattre Me-res, quattre Filles, quattre Nieces : deus Témoins, & vn Iuge. Et par là les Curieus s'imaginent follemant, de pouvoir découvrir de grans Mysteres, & faire de subtiles predictions.

Les Personnes aueuglées dans l'Idolatrie ou dans la superstition, prennent encore leurs *augures* ; de l'eau, de l'air, du feu, de la fumée, des Meteores, principalemant du tonnerre & de la foudre : des Etoilles, des miroirs, des Arbres, des fuëilles ; en vn mot, de toutes les choses qui accompagnent la vie Humaine. Dans l'Homme même tout sert à ce fol, & méchant vzage. La façon d'éternüer, l'inspection des yeus, des ongles, des mains & tout cequi appartient à la *Physionomie* ; laquelle nous auons effleurée, dans l'Astrologie Iudiciaire.

En toutes ces matieres, dont la plûpart ne sont icy rapportées, que pour en condamner le crime & la superstition, cequi est de plus merueilleus, & tout à la fois de plus difficile à explicquer ; ce sont les diuerses manieres employées même par le *Peuple de* D i e v, pour découvrir les choses secretes, & predire les futures. Les plus habiles sont assez

en

en peine de ſçauoir , ceque c'eſt que le ſort qui fut jetté
ſur Ionas , & qui tomba ſur S. Matthias. Ceque c'eſt que la *Jonæ* 1.
Fille de la vois , qui ſortoit du milieu des deus Cheru- *Actor.* 1.
bins du Propitiatoire ; qui eſtoit autremant appelé l'Oracle,
& le deuis familier auec D I E V : l'Vrin & le Tumin , & le
Theraphim ; dont il eſt fait ſi ſouuant mantion , dans les
Saintes-Lettres. La plus belle penſée eſt de Ceus qui s'imaginent , que les Lettres marquées ſur les douze Pierres
enchaſſées dans l'affiquet ou oracle que le Grand-Prêtre
portoit ſur ſon eſtomac , repreſentoient les Anagrammes
du grand Nom de D I E V I E H O V A. Et que de la rancontre de ces Lettres , ou du changemant de la couleur des
douze Pierres , les Prêtres jugeoient du futur.

Les Curiozitez Inoüies reduizent à cela , la doctrine des
*Taliſmans.* Dans l'etymologie méme de leur nom Arabe Les Taliſmans.
deriué de l'Hebreu , ce ſont des caractéres & des images
fabriquées de telle figure , ſous certaine conſtellation , dont
elles recüeillent & retiennent la vertu ; auſquelles on attri-
büe de prodigieus effets , pour empécher des maus , &
procurer de grans auantages. Tele eſt la figure d'vn Scorpion , entaillée ſur vne tour de la ville de Hamps ; qui a
la vertu , à cequ'ils s'imaginent , de faire mourir toute
ſorte de Serpans dans le voizinage. On raconte le méme
d'vne autre Pierre enchantée , que Monſieur de Breves
dit auoir veüe ſur vne des portes de Tripoli. Et vne Mou- *Numer.* 8.
che ſur la porte de la boucherie de Tolede , qui en empé- *Ezech.* 9.
che l'entrée aus Mouches. Il y en a qui mettent en ce
rang le Serpant d'airain , dont la veüe gueriſſoit Ceus qui
eſtoient picquez des Serpans dans le deſert. Le Signe de
Tau , marque de Salut , & le Veau d'Or. Les Teraphins
de Laban , & les Idoles des Payens : la Statüe de Memnon en Egypte , qui parloit eſtant touchée des rayons du
Soleil leuant. Le Palladium de Tröye , les Anciles de
Rome , les Boucliers de Minerve , l'Anneau de Gigés,
les Dieus Penates : l'Image de la Fortune des Empereurs,
la Mouche de Cuivre , la Sangſüe d'Or de Virgile , la Picque de Boëme , le Tambour de Ziſcas ; méme la Pucelle

d'Orleans. Le Maître de l'Histoire raconte, que Moyze fabriqua deus Talifmans. L'vn qu'il retint, le faifoit fouvenir de fa famme fille du Roy d'Ethyopie : l'autre qu'il laiffa à fa famme, luy fit oublier l'amour de fon mary. L'Histoire de France recite, comme-quoy la ville de Paris fut long-temps prefervée par ces Talifmans, contre les Lirons, les Serpans, & les embrazemans. Les Curiofitez Inoüies de Gaffarel fur ce fujet, ont efté mifes à l'épreuve de Monfieur Sorel. Et je croy que DIEV condamne cete fuperftition par fon Prophete Amos.

Enquoy l'Art famble vouloir contrefaire & imiter la Nature, qui fe joüe en ces chofes-là. Car ne treuue-t-on pas des lettres, des caracteres, des figures, des fignatures & des images naturelemant imprimées en de certaines chofes ; que l'on croit, à caufe de cela, eftre doüées de tres-grandes vertus ? Les Gamaheus ou Camayeus, reprefentent dans les Agathes, fur les marbres, & autres pierres ; des chofes qu'on auroit peine à croire, fi on ne les voyoit. Sur vne des Tables de marbre qui eftoit en la Creche de Bethléem, le vizage de S. Hierôme paroît au naturel. Vne pierre dans vn cabinet d'Allemagne, reprefente vn Crucifix de quelque côté qu'on la regarde. La pierre de Malthe, & l'herbe Serpantaire portent la figure d'vn Serpant, & fervent d'antidote contre les venins. L'Eupraize, qui eft bonne pour les yeus, a fes fleurs peintes de la figure d'vn œil. On treuve enfin dans les contrées les plus chaudes des Poiffons, des Animaus & des Hommes ; qui font marquez naturelemant, de figures fort extraordinaires & prodigieuzes. Suetone ne remarque-t-il pas en la vie d'Octavius, que la conftellation de l'Ourfe eftoit naturelemant dépeinte fur fon corps ? Mais de vouloir contrefaire ces rares vertus, par art & par enchantemans, c'eft fans doute, vne entreprife égalemant folle & criminele.

En vn mot, la feule Theologie eft la VRAYE ENCY-CLOPEDIE ; puifque c'eft elle qui ouvre & qui ferme cete belle Idée, & ce Cercle admirable de toutes les Sçian-

ces Diuines & Humaines , Infuses & Acquizes. C'eſt elle
qui apprand à connoitre D I E V, que nous voyons admirablemant commancer & finir ce grand Cercle de la Verité & de la Sageſſe Vniuerſele ; comme il eſt l'A. & Ω.
de tous les Eſtres, le premier Principe & la Fin derniere
de tous les Hommes.

FINEM LOQVENDI PARITER OMNES
FACIAMVS. DEVM TIME, ET MANDATA
EIVS OBSERVA; HOC EST OMNIS
HOMO. Eccl. XII.

L'EXTRAIT

# L'EXTRAIT

## OV

# LA METHODE

# DE LA

# SAGESSE,

## ET DE L'ELOQVENCE

## VNIVERSELLE.

PAR LE R. P. LEON, EXPROVINCIAL DES CARMES
Reformez de la Prouince de Touraine, & Predicateur Ordinaire du Roy.

*Dieu est le Seigneur des Sçiances; mais nous deuons luy pre-*
*parer nos cœurs.* I. *Reg.* 2.

A PARIS,

Chez { GVILLAVME BENARD, ruë Saint Iacques, à l'Image
de Noftre Dame de Foy, vis à vis les R R. P P. Iefuites.

Et ANTOINE PADELOV, à l'Enfeigne du Saint Scapulaire,
ruë S. Iacques, proche Saint Benoift.

M. DC. LV.
*Auec Permiffion, Approbation, & Priuilege du Roy.*

# L'EXTRAIT
## DE LA
# SAGESSE
## VNIVERSELE.

### L'ENTREE.

A Sçiance, à propremant parler, n'eſt autre choſe qu'vn ſecret mariage de la penſée de nôtre Eſprit auec la verité des Eſtres ; le Diſcours & l'Eloquence eſt vne expreſſion partie naturele, partie artificiele de ce que l'on a conçeu. De ſorte que l'on ſçait parfaitemant vne choſe, lors qu'il n'y a rien en ſa nature generale & particuliere, dont l'image ne ſoit depeinte dans l'Entandemant : & on l'exprime, lors que les paroles exterieures égalent les

Ce que c'eſt que<br>la Sçiance.

La III. Part. La Methode.     A

penſées que l'Eſprit en a formées.



Ainſi la meilleure Voye, ou pour mieus dire, l'vnique Methode de la Sçiance & de l'Eloquence, c'eſt l'entrée dans le grand chemin de la Nature. Cete voye née auec nous eſt vne, ſimple & facile ; à quiconque s'eſt vne fois retiré des égaremans de l'Art Sophiſtique, & de l'opinion anticipée, precipitée & opiniâtrée. De vray, ſi quelqu'vn auoit vne fois bien penetré la circulation continüelle de tous les Eſtres, qui ſe changent les vns dans les autres ; déslà il auroit découuert la liaiſon, & l'enchaînemant naturel de toutes les veritez qui ſe reduiſent à vne. Et auſſi-tôt cete merueilleuze connoiſſance l'inſtruiroit parfaitemant de la ſuite du diſcours, des penſées, des paroles, & des affaires.

D'où nous deuons inferer par vne ſuite neceſſaire, que l'Homme qui connoît la ſympathie & l'antipathie, la liaiſon ou l'oppoſition de toutes les proprietez auec la nature de leur ſujet, ſçait ce qui eſt de l'eſtre des choſes. Celuy qui enrichît cete connoiſſance des belles notions, & des expreſſions de diuers Auteurs en chaque Sçiance, connoît ce qui a eſté dit de la verité des choſes. Et s'il a le genie &



la force d'enſeigner, & d'expliequer l'vn & l'autre auec proprieté, pureté & elegance pour perſuader les autres, on le peut dire Diſert ; comme il ſera Eloquent, s'il y ajoûte les lumieres & les figures, la force & la vigueur. De l'vnion de ces trois, naît l'Habileté : pour reüſſir heureuzemant en toute ſorte d'affaires.

Le premier, qui fait l'Homme Sçauant, eſt vne production de l'Eſprit par la ſubtilité du raiſonnemant.
Le ſecond, qui le ramplît d'Erudition, eſt vn emploi
du jugemant & de la memoire. Le troiziéme, qui
touche l'Eloquence, eſt vn ouurage de l'imagination,
des paſſions, des ſens & de l'Homme tout entier. Le
dernier, qui rand l'Hôme Habile, eſt l'heureus effet
& la belle production des trois premiers.

Pour auoir la Sçiance veritable , *il faut* étudier
principalemant la Philoſophie ſecrete , & la Theologie Chrétienne.

Pour auoir l'Erudition , chacun ſelon le chois de
ſon inclination, de ſa condition, & de ſa vacation,
ou de ſon emploi: doit faire ſon cours en teles , &
teles Sçiances ; & en auoir des *Extraits*, non pas des
Abbregez. Car ſi on s'amuze à ces derniers, c'eſt
vne peſte pour ceus qui doiuent, ou qui veulent acquerir le haut poinct de la connoiſſance en quelque
ſujet que ce ſoit.

La raiſon eſt, que *les Abbregez* ne peuuent eſtre
vtiles qu'à deus ſortes de Perſonnes. Les vns ſont
ceus qui n'ayant ny la volonté, ny l'obligation d'apprandre les choſes iûq'au fond, ſe contantent d'vne
teinture ſuperficiele. Tels ſont les Princes, les Dames d'eſprit , & les Perſonnes fort occupées. Les
autres ſont ceus qui ayant apris aſſez exactemant
quelque Sçiance , s'en raffraichiſſent la memoire
par les Epitomes & par les Tables ; qui eſtant bien
faites , donnent, vn bel ordre & vn arrangemant
tres-profitable. Mais ſe contanter de cela , c'eſt cou-

urir vne vraye ignorance d'vne trompeuze fuperficie. C'eſt s'embaraſſer dans les Sçiances, particulieres, qui priſes ainſi ſeparemant paroiſſent oppoſées
l'vne à l'autre. L'Extrait au contraire, s'il eſt bien fait,
vous mene jûque dans le Sanctuaire de la Verité.
I'explicque ailleurs la differance de ces deus choſes,
que j'abbrege icy en deus mots. L'Abbregé reſerre
& diminuë la quantité, ſans augmanter ny la qualité
ny la ſubſtance; aucontraire, il porte d'ordinaire du
dechet en l'vn & en l'autre. L'Extrait ôtant préque
tout le groſſier & l'impur, & reduiſant les choſes en
leurs principes; anoblît leur ſubſtance, exalte leur vertu, ôte l'embarras & la contrarieté. L'vn ne ſe ſeruant que de l'effet acheué, s'affoiblît par l'vzage.
L'autre agiſſant cõme principe, multiplie ſa vigueur,
double ſes forces : & fait que plus on s'en ſert, plus on
ſerand intariſſable. Ainſi tant plus vous couppez d'vn
pain ſur la table, tant moins il en reſte. Au contraire
tant plus vous faites agir le grain de fromant dans vn
champ bien labouré, tant plus il multiplie.

Pour reüſſir au bien dire, & en l'Eloquence,
outre les auantages de la Nature, il faut apprandre
les preceptes generaus de la Grammaire, & de la
Rhetorique : il faut lire lés bons Auteurs, & s'e-
xercer dans la pratique ; imitant auſſi les celebres
Orateurs, qui ont la reputation de vôtre Siecle.

Tous les trois empruntent veritablemant vn notable ſecours, de L'ART de Raimond Lulle, ſi on ſçait
tirer la roze des eſpines : & ſi ont peut extraire &
ſeparer le bon grain, d'auec la paille. Car quoy

qu'on en dife , c'eſt vne excellante Metaphyſique.
C'eſt vne artifice de memoire intellectuele , égalemant admirable & profitable; qui donne ordre, facilité, étanduë , perſpicuité & entrée en toutes ſortes de ſçiances , de connoiſſances , & de negotia-
tions.

A la faueur donc de cete belle Inuantion , encore *Vtilité & facili-*
qu'elle ne faſſe qu'vne partie de la *Methode* qui en- *té de cete Me-*
ſeigne la SAGESSE VNIVERSELE; il eſt peu de *thode.*
Perſonnes , qui ne puiſſent arriuer à quelque degré
de perfection remarquable en ce genre d'étude.
Mais parce qu'en vain on trauaille à la ſtructure du
Temple de la Sageſſe, ſi l'on n'eſt puiſſammant aſſi- *Ego ſum via, &c.*
ſté de celuy qui eſt la voye, la verité & la vie; il faut *Ioan. 8.*
auant tout, implorer ſon ſecours. Il faut le prier auec *Inuoquer*
humilité , ſimplicité , ferueur , crainte & amour; *Dieu.*
comme celuy qui eſt l'auteur des Eſtres , le DIEV
de la Verité, le Maître & le Seigneur des Sçiances.
Car de vray, cete connoiſſance eſt vn don tres-par-
ticulier de ſa grace extraordinaire.

Il faut en ſecond lieu que l'aide & l'impreſſion de *Bon Eſprit*
ce Pere des lumieres, faſſe la rancontre d'vn *Eſprit* *naturel.*
qui au moins ne ſoit pas tout à fait incapable; puiſque
toute ſorte de bois n'eſt pas propre pour faire la ſtatuë de Mercure, qui eſt le Dieu des Sçiances & de
l'Eloquence.

Il faut en troizéme lieu que cét Eſprit ſoit *tran-* *Vie tranquille.*
*quille*, & que ſa vie, du moins au commancemant,
ſoit vn peu dans le repos: méme, s'il ſe peut, à l'écart
& dans la ſolitude ; qui eſt le ſejour des Muzes, &

le trône de la Grace.

Pourueu donc que l'Efprit foit mediocre ; doüé du fens commun, & en vn âge capable de Logique: pourueu qu'il fe poffede foy-méme , & qu'il s'applicque vn peu continumant ; il peut, auec fruict , fe randre Difciple de nôtre Methode. C'eft à dire qu'en trois, en neuf, en vingt & fept mois, en trois ans au plus ; felon les diuers degrez pofitif, comparatif, & fuperlatif , il peut infailliblemant , acquerir trois grans auantages.

Trois grandes<br>vtilitez.

Le 1. c'eft que par les maximes de cete Sageffe Vni. uerfele , il peut fçauoir generalemant *les Principes* de toutes chofes : & auoir au moins vne teinture fuperficiele de toutes les Sçiances.

Il peut méme en 11. lieu, auec tant foit peu d'application, en penetrer le fond : & pour le moins acquérir *la connoiffance exacte* de trois ou quattre Sçiances, qu'il aura choifies & quinteffantiées pour le plaizir & le profit ; felon fon genie , fa condition , & fon occupation.

111. Il peut fans grande peine, par vne fuite continüelle de raifonnemans, compofer : apprandre & reciter, méme fur le champ , *des Difcours* accomplis fur toutes les chofes imaginables. De forte qu'il fe randra Maître d'vne fource de difcours, qui ne tarira jamais : & dont les agreables ruiffeaus fe deriuent jûques dans la Conuerfation, dans la Negotiation, & le manimant des Affaires, foit Ecclefiaftiques, foit Politiques.

La plus grande merueille, c'eft qu'en toutes cho-

fes

ſes il reüſſira ſans faillir , d'vne façon nouuelle,
c'aire, facile, belle ſorte ; en vn mot, égalemant
agreable & profitable pour la gloire de D i e v,
pour le ſeruice de l'Egliſe , le bien public , & l'v-
tilité du prochain.  Cequi eſt à vray dire , poſſeder en terre vn auant-goût de la felicité du Paradis.

Cete étude de L'E n c y c l o p e d i e, comme
nous la dreſſons en cét Ouurage , n'eſt pas vne
entrepriſe de tout ſçauoir exactemant & auec vne
égale perfection. Vne promeſſe ſi magnifique ne
ſeroit pas moins temeraire , que le ſuccés en eſt
impoſſible. La conſideration de la mouche a oc-
cuppé Lucien , celle de l'Anatomie Democrite,
Meſſala a fait vn volume ſur chaque lettre : le
Soleil, la Fourmi , le Peroquet , l'Ane , la Puce,
le Chou , la Raue , ont ſerui de matiere aus plus
Habiles. Pythagore ne s'eſt attaché qu'à la Muſique, Euclide qu'aus Mathematiques , Hypocrate
qu'à la Medecine : Socrate qu'à la Morale, Platon qu'à la Metaphyſique , & Ariſtote qu'à la
Phyſique & à la Logique.

Mais comme l'œil diſcerne toutes les choſes
enluminées & colorées , deméme je ſoûtiens que
l'Eſprit de l'Homme eſt capable de deuenir toutes choſes en les connoiſſant. C'eſt à dire qu'il
découure *vne Verité* , qui regne generalemant par
tout. Il ſçait le rang que tiennent les Sçiances particulieres , ſous cete Sageſſe Vniuerſele : il en connoît les principes , & les concluſions qui ont plus

d'étanduë. Il retranche les superfluitez, & les re-
dites. Sçachant vn peu de tout, & ayant vne connoissance exacte de quelques Disciplines qu'il a
choisies, il est propre & prét à comprandre toutes les autres ; quand il aura le dèsir, ou le loi-
sir de s'y applicquer. Cependant il se rand parfait dans la connoissance des Sçiances, & des Langues qui luy sont necessaires.

    Oüy, je soûtiens que tout cela se peut acque-
rir auec l'aide de la grace, sans beaucoup de trauail, auec vn peu d'assiduité ; à condition neanmoins que l'on treuue vn *Fidele Mercure*, qui
vous conduise sans charlatanerie & sans embarras. Car en cecy, comme en toute autre chose,
il faut obseruer, que la remarque la plus euidante
d'vne belle speculation, c'est la bonne pratique.
Et il est certain que celuy-là seulemant se peut
persuader, qu'il possede vne Sçiance en perfection : lors qu'il l'enseigne auec clarté, & qu'il
la pratique auec facilité & succés ; si ce n'est que
la Nature luy ait denié les qualitez necessaires,
pour les riches productions du dehors.

    Nôtre Siecle qui a reueillé cete curiosité, par-
my les autres, a produit vn assez grand nombre
d'Esprits qui se flattent d'auoir découuert le droit
chemin de ce labyrinthe. Pour moy qui pense
auoir veu depuis trante ans, la plûpart des Hommes & des Liures qui traittent cete matiere, je
ne me vante pas d'estre dans la route. Ie puis dire
seulemant auec assez de verité, que je me treuue

moins fatigué que beaucoup d'autres. Et que je
marche auec plaifir & profit, dans vne voye que
laplûpart font couuerte d'épines & bornée de
precipices.

Le milieu & la moderation que je cherche en
toutes chofes, m'eft tres-chere au jugemant qu'on
dóit faire de *cét Art* dont je fais ma feconde Rhetorique. Ceus qui le méprifent tout à fait, con-
damnent ce qu'ils ignorent. Ceus qui ozent promettre que fçachant ces petits myfteres, l'on n'i-
gnore quoy que ce foit; au lieu d'vn Art qui peut
eftre agreable & profitable, s'il eft pris du bon
biais, en font vn monftre & vn idole.

L'explication s'en treuue ailleurs dans toute
fon étanduë, auec la Methode de la SAGESSE
VNIVERSELE, que je penfe pouffer beaucoup plus
auant; bien qu'au refte je confeffe auoir tiré profit, de l'étude de Raimond Lulle. Icy tout le but
eftant de contanter la curiofité de quelques Perfonnes, dont l'illuftre condition, les rares qualitez & les eminantes vertus meritent beaucoup;
je fais feulemant vn EXTRAIT, vn Sommaire ou
TABLEAV RACOVRCI de l'Idée Generale, propofée pour former vn habile Homme. C'eft pourquoy il faut auant tout, tracer comme dans les
premiers traits d'vne agreable perfpectiue, le plan
de tout nôtre edifice.

<hr>

TITRE I.

# LE DESSEIN DE LA
## Sageſſe Vniuerſele.

La vraye Sa-
geſſe.

'EST auec l'aide de DIEV, de faire vn habile Homme ; dreſſant toute ſa vie, ſur le modele de la parfaite SAGESSE. Qualité eminante, qui pour eſtre acheuée doit conduire
tout Eſprit raiſonnable à ſa derniere fin ; par
les voyes de la vertu ſolide, & ſincere. Cequi ne peut eſtre
ſans la connoiſſance des Veritez neceſſaires, pour s'entretenir ſoy-méme auec plaiſir : pour entrer heureuzemant
dans la conuerſation des autres, & pour reüſſir dans le manimant des affaires. C'eſt auſſi pourquoy on viſe plû-tôt à
deuenir ſage que ſçauant, & à ſe randre habile pour bien
vzer de tout ce qu'on acquiert ; deſirant plû-tôt ſçauoir peu
& bien auec netteté & facilité, que non pas beaucoup con-
fuzemant, ſans ordre ny methode. A cét effet il ſe faut mettre en vn état de repos & d'induſtrie, afin de ſe poſſeder
ſoy-méme. Et par ce moyen de conduire toûjours d'vn
méme train toutes ſes actions ſoit domeſtiques, ſoit publiques ; pour la gloire de DIEV, pour ſon profit particulier,
& pour l'edification du prochain & du bien public.

Vn but general,
& particulier.

Pour reüſſir en vn deſſein ſi profitable & ſi illuſtre, je ſuppoſe d'abord qu'il n'eſt point d'homme dans l'Vniuers qui
ne ſe doiue propoſer vn but general, *vne fin derniere* dans
la conduite de toute ſa vie. Puis luy donner vn ply particulier, qui faſſe ſon occupation principale : & le caractere
ſingulier de toutes ſes paroles, de toutes ſes penſées, & de
toutes ſes actions.

Pour viſer droit au premier, il faut défaire les charmes

trompeurs dont la vanité & la fenfualité flattent l'efprit ou
le corps ; établiffant fa felicité , où elle eft veritablemant.
C'eft à dire en l'adhefion à D I E V par la Foy Chrétienne
& Catholique, & par le culte de la vraye Religion, enrichie de la pratique des Vertus : dans vne genereuze poffeffion de nous-mémes, & dans vne fage & prudante conduite
auec les autres.

La fin fecondaire & moins principale, doit eftre prife de
la naiffance & du naturel, de la condition & de l'emploi
d'vn chacun. Aquoy il faut telemant s'étudier que cete diuine parole luy puiffe eftre applicquée, *non eft inuentus fimi-
lis illi* , il n'a point fon famblable. Et c'eft là juftemant le
poinct, qui fait les Heros & les Grans Hommes. A faute dequoy, l'on demeure infalliblemant dans la pouffiere & parmy le vulgaire.

*La Vertu* folide & fincere écartant toutes fortes de vices & de déreglemans , enfeigne vne Religion fans erreur
& fans fuperftition : vne pieté fans foibleffe & fans libertinage , vne deuotion fans contrainte & fans hypocrifie.
Ses obligations principales font de croire en D I E V, s'é-
loignant de toute Herefie : d'obeïr à l'Eglife, deteftant
toute forte de Schifme ; de viure faintemant en fon état
& en fa condition , fans fcrupule & fans fcandale.

Mais parceque l'enuifagemant de la fin derniere , & la
connoiffance des voyes qui nous y acheminent auec la grâ-
ce de I E S V S-C H R I S T, rampliffent toute nôtre MORALE
CHRETIENNE ; il ne faut s'arréter en cét Ecrit , que
fur la troiziéme qualité qui fait L'HOMME SAGE. C'eft
la Connoiffance , laquelle felon la Methode accoûtumée,
comprand trois perfections ; *la Sçiance , l'Erudition , &*
*l'Eloquence.*

On a la S Ç I A N C E, lors qu'on a l'habitude ou facilité
de raifonner generalemant & certainemant, par vne circulation ou mouuemant continüel fur toutes les chofes des
deus Eftres, Crée & Incrée : des deus differances les plus
generales , qui font l'Efprit & le Corps : des trois Etats
de Nature , de Grace & de Gloire.

La Condition
d'vn chacun.

Eccli. 44.

La Vertu.

MORALE
CHRETIENNE.

L'Homme
Sage.

La Sçiance.

L'Erudition.

On a L'ERVDITION, lors qu'on fçait rapporter, explicquer & applicquer ceque les Auteurs principaus de diuerfes Sçiances, tant Sacrez que Prophanes, ont dit fur chaque chofe; comparant, & balançant la diuerfité de leurs opinions. Cequi rand la nôtre ou plus certaine & plus euidante, ou plus riche & plus feconde.

L'Eloquence.

On eft ELOQVENT, lors que pour enfeigner, delecter ou émouuoir les Perfonnes foit prefentes, par le difcours: foit abfentes, par l'écriture & par la compofition; on fçait parler de toutes chofes propozées, propremant, puremant & elegammant; auec ordre, vigueur & perfuafion. *L'vnion* de ces trois; la Sçiance, l'Erudition, & l'Eloquence rand vn Homme habile en tout ceque fa condition, ou fon emploi l'obligent d'entreprandre & de pourfuiure.

Diftribution de tout cét Extrait.

Voilà en peu de mots, la fin & le but où vife ce deffein de la Vraye Sageffe. Ses *Parties* en ce Tableau racourci, font trois plus remarquables. La I. abbrege les Principes de la Sageffe Vniuerfele. La II. contient le Recuëil de l'Art de ce Docteur, que fes Difciples appelent Illuminé. La III. fait voir vn Effai de nôtre Methode, accompagnée de quelques examples groffieremant ébauchez. Il faut donc d'abord, établir comme vn folide fondemant de tout nôtre Edifice, les Principes que je me fuis figuré.

---



# LES PRINCIPES
## de la Sageffe.

Il n'y a qu'vne Verité.

POVR fonder LA SCIANCE & le raifonnemant circulaire & perpetuel, vous deuez fuppozer trois chofes I. Qu'il n'y a qu'vne *Verité* au Monde; du moins par proportion, analogie, & reffamblance. D'où il s'enfuit que la Verité eft vn degré au deffous de l'Eftre, la Penfée vn degré au deffous de la verité, la Prononciation vn degré au deffous de la penfée,

la Compofition vn degré au deffous de la prononciation ;
enfin la Traduction, vn degré au deffous de la compofition.
Les raifons de cét enchaînemant font tres-profondes. Et
les conclufions que l'on en tire par la tranfmutation des
veritez fur le modele des Eftres, qui fe fait en la Nature,
font certes tres-profitables.

Le II. principe fuppoze, que toutes chofes font *famblables* & *diffamblables*. Samblables, puifqu'elles procedent toutes d'vn méme principe, qui eft D I E V. Car tout Eftre qui agît, produît toûjours fon image, méme felon Ariftote. Et dans la méme Ecole, deus chofes vnies en vne troiziéme fe reffamblent neceffairemant. Elles font neanmoins diffamblables, parcequ'vne chofe n'eftant pas l'autre, chacune a quelque marque, quelque caractere & quelque differance; qui l'établît en fon eftre, & qui la diftingue de toutes les autres. Et cecy eft vne precieuze Image de l'Vnité & de la Trinité diuine, faintemant imprimée en toutes les parties de l'Vniuers.

Il faut en III. lieu dreffer *l'Echele* myfterieuze, ou la Pyramide de la Nature & de la Verité. Ie la compoze pour cét effet, de dix-fept lignes ou degrez, entre D I E V & le Neant. Et j'y ajoûte autant de côtez differans, qu'il y a de Sçiances, d'Opinions, ou de Sectes parmy les Hommes; ainfi qu'il eft explicqué plus au long, dans l'Ouurage Latin. En voicy le plan & la figure, aprés auoir fait remarquer qu'elle n'eft pas de ma feule intantion, puifqu'il s'en treuue vn crayon dans le fecond Liure des Hieroglyphiques ajoûtez au cinquante-huit du Docte & Sçauant Pierius.

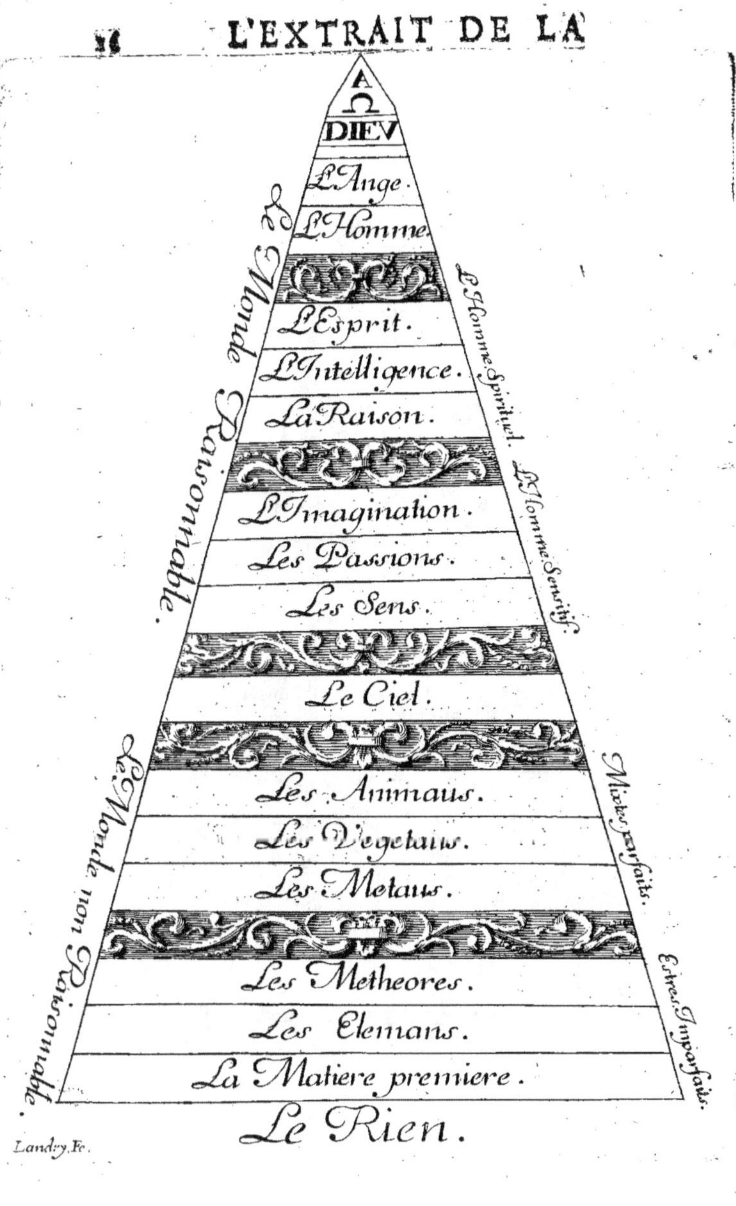
A
Ω
DIEV
L'Ange.
L'Homme.
L'Esprit.
L'Intelligence.
La Raison.
L'Imagination.
Les Passions.
Les Sens.
Le Ciel.
Les Animaus.
Les Vegetaus.
Les Metaus.
Les Metheores.
Les Elemans.
La Matiere premiere.
Le Rien.
Le Monde Raisonnable.
Le Monde non Raisonnable.
L'Homme Spirituel.
L'Homme Sensitif.
Mixtes parfaits.
Estres Imparfaits.
Landry Fe.

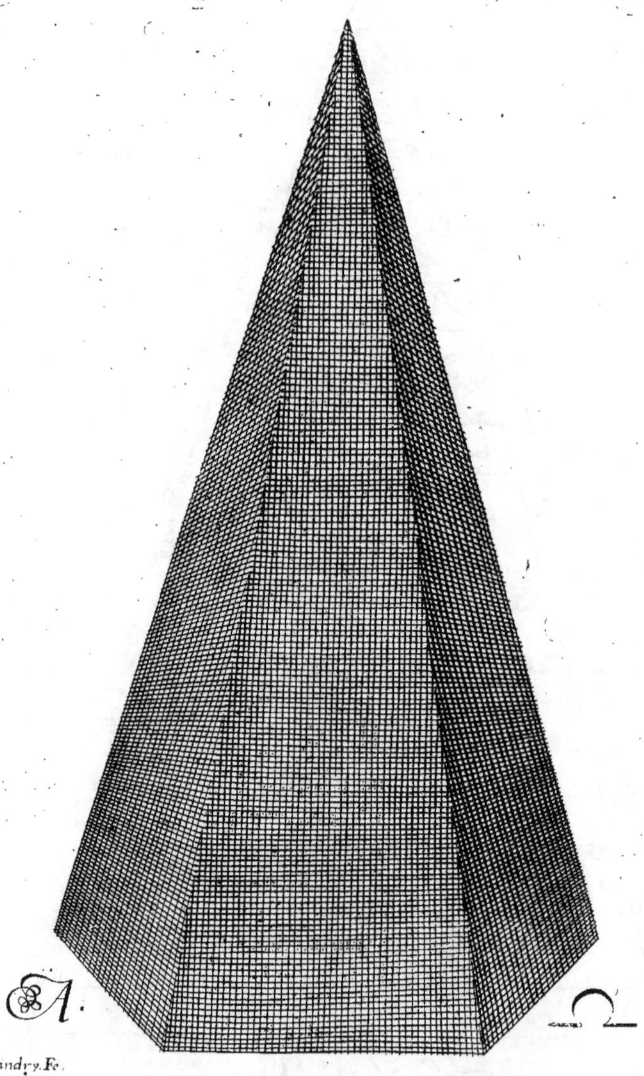


La 11. Part. La Methode.                    C

Cete Pyramide tres-confiderable & de fort grand vzaʒge en nôtre Methode, eſt compozée de diuers flancs & côtez : de lignes droites, circulaires, & tranſuerſales. Ie luy donne pour baze la Nature materiele, explicquée propremant dans la Philoſophie Secrete. Pour poinct vertical, la Grace ſpirituele, explicquée dans la Theologie Chrétienne ; au plus haut eſt Diev, au plus bas eſt le Neant.

*L'Induſtrie* pour s'en ſeruir, c'eſt premieremant de monter & de deſcendre : randant ſpirituel cequi eſt en bas, & corporel cequi eſt en haut ; comme il ſe voit tous les jours, dans les œuures de la Nature & de l'Art.

En ſecond lieu il eſt neceſſaire, de bien enuiſager les diuers pans ou côtez de cete Pyramide ; remarquant que ſa ſtructure rallië toute la diuerſité qui paroît dans l'Vniuers, ſans aucune veritable contrarieté. Cequi eſt explicqué plus au long, dans nos Theorémes de la Sageſſe Vniuerſele.

Cete Pyramide donc doit eſtre ſoigneuzemant explicquée par celuy qui enſeigne, & meditée par celuy qui aprand. Toutefois ſi on n'a pas deſſein de penetrer bien auant dans ce Sanctuaire, il ſuffira ainſi que j'ay des-ja inſinué, d'auoir les rudimans groſſiers de ces Principes ; qui tiennent beaucoup de la ſpeculation, & qui ne ſont neceſſaires que pour aller au fond de la verité des Sçiances, & de l'Eloquence.

L'Ervdition eſt auſſi appuyée ſur trois principes 1. Que *la Verité* eſt l'obiet de l'Entendemant. Que celuy-cy a des ſemances de celle-là, & qu'il deuient toutes choſes par la connoiſſance. Qu'il a vn inſtinct & vne capacité naturele à conceuoir facilemant toute ſorté de Verité, ſi on prenoit la vraye voye ; laquelle eſt vne, ſimple, & naturele.

II. Que cete Verité, encore qu'elle ſoit vnique, a eſté neanmoins *diuerſemant* enuiſagée, connuë & explicquée ; ſelon la complexion, la Religion, & l'occupation d'vn chacun. Suppozé principalemant la diſtinction des Sçiances Spirituales, Intellectuales, Raiſonnables : Imaginaires, Paſſionnées, & Senſibles. L'example du Corps humain, & la diuerſité des Langues mettent ce Myſtere en ſon plein jour.

Le premier fait voir que quiconque auroit vne connoiſſance exacte de l'Anatomie , reconnoîtroit fort bien vn
Homme ſous la differance des habits. Car qu'il ſoit vétu à
la Turque , ou à la Grecque , en Perſan ou en Tartare , à la
mode des François ou des Eſpagnols ; toûjours il ſçaura
fort bien , que cét Homme a des mains , des pieds , des bras
& des jambes : que le cerueau eſt dans le crane , le cœur dans
la poitrine , le diaphragme en tel endroit , & la rate en vn
autre. Le ſecond decouure que ce n'eſt qu'yne méme choſe,
ſignifiée par le ⌑חל des Hebreus , l'Αρſος des Grecs , le
*Panis* des Latins , le Pain des François , le Brot des Allemans , le Breade des Anglois.

III. Que la Verité n'eſtant qu'vne , comme nous l'auons
pozée cy-deſſus , tous les Hommes la deſirent connoître,
& tous les Sçauans s'efforcent de l'explicquer. Mais tous le
font *diuerſemant* , & chacun le fait à ſa mode. C'eſt à dire
ſelon *le côté* qu'il regarde de la Pyramide , & ſelon qu'il
commance par en haut ou par en bas.

Telemant que quiconque ſçauroit découurir le ſens myſtique & caché des Eſtres , des Sçiances & des Auteurs , le
ſeparant de l'écorce ; ſans doute il treuueroit diuerſes couleurs de la Verité , mais vn ſeul viſage. Il treuueroit vne
fort grande diuerſité , non pas toutefois aucune vraye contrarieté entre les Eſtres , les Veritez , & les Sçiances. Ce qui
eſt fort remarquable à qui l'aura vne fois compris , & ſouuant
juſtifié par induction.

Les Principes de L'ELOQVENCE ſont auſſi trois. Il
faut I. par les lignes droites de nôtre Pyramide , monter &
deſcendre : ſpiritualizer ( ſi j'oze vzer de ces termes , ) &
corporalizer toutes choſes.

II. Par les lignes de Trauerſe , il faut voir les reſſamblances de toutes choſes ; qui ſe font par comparaiſon , proportion & analogie.

III. Par les diuers côtez de cete méme Pyramide , il faut
découurir les differances des choſes : & arranger la diuerſité
des opinions , que les Auteurs des Sçiances ont euës ſur
toutes ces choſes ; les rapportant à l'vnité , & à la ſimplici-

C ij

3. D'où vient
cete diuerſité.

1 Principes de
l'Eloquence, les
lignes droites
de la Pyramide.

2. Les ligres de
trauerſe.

3. Les diuers
Côtez.

té de la Verité, laquelle ils ont tous neceſſairemant conⁿ
tamplée.

Par ces regles donc de montée, de deſcente, de circulaⁿ
tion, d'vnion, & de diuiſion ; il eſt *tres-aizé* de mediter auec
ſoy-méme, de conuerſer auec les autres : & de ſe conduire
en toutes ſorte d'affaires, d'oecaſions & de rancontres. Car
les penſées d'vn Eſprit inſtruit de la ſorte, ſont ſages, digerées ; ſolides : pures, claires, preciſes, rares & exquiſes.
Delà naiſſent auſſi par vn flus naturel, les paroles propres,
pures, elegantes, fortes & puiſſantes.

Si on y ajoûte l'Etude reglée principalemant de Philoſophie, de la Theologie, de l'Hiſtoire, & de la Rhetorique;
on deuient Sçauant, Prudant, & Eloquent.

Si vôtre condition, ou vôtre chois vous exemtent de ces
trop grandes contantions ; vous pouuez toûjours aprés
vne connoiſſance groſſiere de cequi vous eſt icy enſeigné,
& auec ceque vous apprandrez d'ailleurs, conceuoir en
vous-méme vne Idée de toutes les Veritez. Vous pouuez
ſoûtenir au dehors & entretenir la conuerſation des plus
Sçauans, leur donner lieu d'étaller leurs richeſſes ; ſans que
vous paroiſſiez ny pauure, ny ignorant de ces belles connoiſſances. Mais ſur tout, vous pouuez vous randre capable de negocier habilemant, & d'agir prudammant en toute
ſorte d'affaires. A quoy d'abord la ſeconde Partie de cét
Extrait ne ſera pas peu vtile. C'eſt L'ART de Raimond
Lulle, dont l'explication claire & ſuccinéte va leuer les
voiles, & découtir ceque l'on y croit de plus caché.

# LA RHETORIQVE
TITRE III.
## de Raimond Lulle.

A La verité il y a des-ja long temps, que j'ay reduit tout cét *Art* à Trante-six Termes ou Principes. Icy vous n'e n voyez qu'vn Sommaire le
plus referré qu'il a efté possible, fans neanmoins omettre le necessaire. Mais principalemant j'ay creu deuoir omettre l'embarras des Alphabets,
des cercles, des cellules, des combinations, autres famblables artifices ; qui ne feroient qu'embroüiller Ceus qui
no veulent eftre ny Maîtres, ny Pedans. Que fi on y met
les Figures, foyez auerti que ce n'eft que pour contanter
la curiofité : & afin qu'on fçache, au moins, comme quoy
elles font faites.

Il eft vray que depuis peu, Quelques vns fe font feruis
de nôtre Commantaire Latin ; pour ouurir à demy aus François, le fecret de cét Art. Mais comme perfonne ne peut
trouuer mauuais, qu'ils ayent fait cequ'il leur a plû, d'vne
chofe que les Imprimeurs auoient contre mon gré randuë
publique : auffi ne dois-je pas eftre blâmé, d'vzer d'vn
bien, qui pour eftre forti au dehors, ne laiffe pas d'appartenir à fon premier & legitime Poffeffeur. Aprés tout, il ne
peut y auoir trop de mains qui trauaillent fur ces étoffes.
Quiconque étudie, doit communiquer fans enuie, ce qu'il
a appris fans feintize. Et il feroit à fouhaiter que toutes les

bouches & toutes les plumes des Hommes, deuinſſent les Prophetes & les Heraus de la verité. La même occaſion donc qui m'a fait entreprandre cét Abregé, m'oblige auſſi d'en propoſer icy le plus ſuccinctemant qu'il me ſera poſſible ; *l'Explication, l'Application, & la Multiplication.*

**Diſtribution.**

Afin d'en comprandre L'EXPLICATION, je dois repeter & preſuppoſer auant tout ; que l'exercice de la Sçiance n'eſt autre choſe, que l'entretien & le diſcours que l'Eſprit-Humain fait ſur les veritez qui s'offrent à ſa penſée. Ce qu'il accomplît ou parlant tout ſeul auec ſoy-même, ou conferant auec les autres. L'on parle auec ſoy-même, par la penſée & par la meditation. L'on parle auec les autres, s'ils ſont preſans par la prononciation tantôt publique, tantôt particuliere. S'ils ſont abſans du lieu, ou de l'âge auquel nous viuons : & s'ils ne doiuent venir dans le Monde qu'aprés nous, on traite auec eus par l'écriture & la compoſition.

**Explication de l'Art de Lulle.**

L'vn & l'autre de ces diſcours, Interieur & Exterieur ; ſe fait ou doutant, ou interrogeant : ou affirmant, ou niant la choſe propoſée. Car il eſt indubitable que l'on ne peut penſer, mediter, parler, diſcourir, traiter que de quelque ſujet propoſé. Il n'eſt pas moins conſtant que tous *les Sujets* imaginables, ſe reduiſent directemant ou indirectemant à *Neuf* plus vniuerſels. Ce ſont ceus que l'Auteur enferme en des Figures rondes, ou circulaires ; parce qu'en effet, elles ſont les plus conformes à la nature du raiſonnemant & du diſcours : & ſont auſſi les plus propres, pour repreſanter vne étanduë & vn mouuemant infini. Il faut donc auant tout, reconnoître dans la Figure ſuiuante LES NEVF SVIETS.

**Quattre manieres de diſcourir.**

 { DIEV. L'Ange. Le Ciel.
L'Homme. L'Imaginatif. Le Senſitif.
Le Vegetable. Les Elemás. Les Inſtrumás.

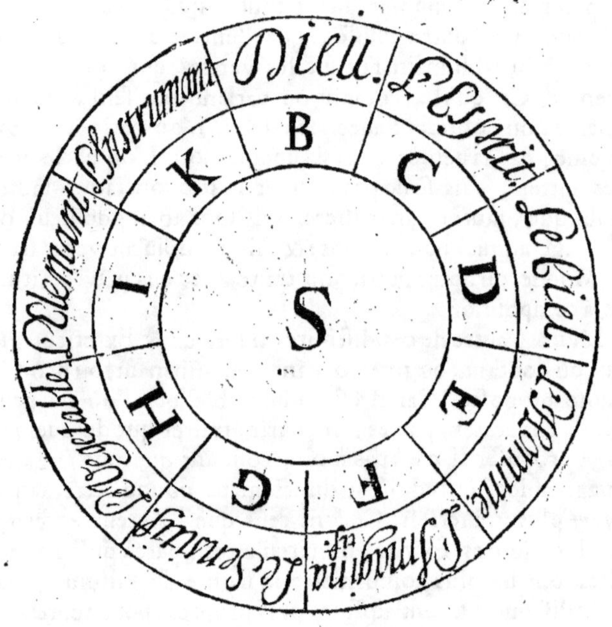


La 1. Figure des IX. Sujets.

II. Le Sujet eſtant poſé, il n'eſt point d'Orateur qui ne tombe d'accord qu'il faut former vne Queſtion. Or toutes les *Queſtions* imaginables, ſe rapportent aus Neuf repreſentées dans la Seconde Figure.

*Les IX.*
*Que-*
*stions.*

> Si la chose est? Ce qu'elle est? Quelle
> elle est.
> Combien grande? D'où elle procede?
> Pourquoy elle est?
> Quand? Où? Commant?

La r. Figure des
x, Questions.

Diuerses Re-
gles.

I. I I. Pour répondre à la Question propozée, on se sert
de diuerses *Regles*, marquées dans la Troiziéme suiuante;

Afin

'Afin d'en bien comprandre l'vzage, il faut remarquer
que l'on ne peut répondre qu'en deus manieres. La premiere, par des Termes Abſolus, qui conſiderent la choſe
ſeule en elle-méme. La ſeconde, par des Termes Relatifs,
qui la mettent en compagnie, & qui la comparent aus choſes du dehors. C'eſt pourquoy auſſi vous voyez dans la
quatriéme Figure, les Termes Abſolus.

*La II. Part. La Methode.*          D

11. Figu

*Les IX.*
*Termes*
*Abſolus.*
{ La Bonté. La Grandeur. La Durée.
La Puiſſance. La Connoiſſance. L'Ap-
petit.
La Vertu. La Verité. La Gloire.

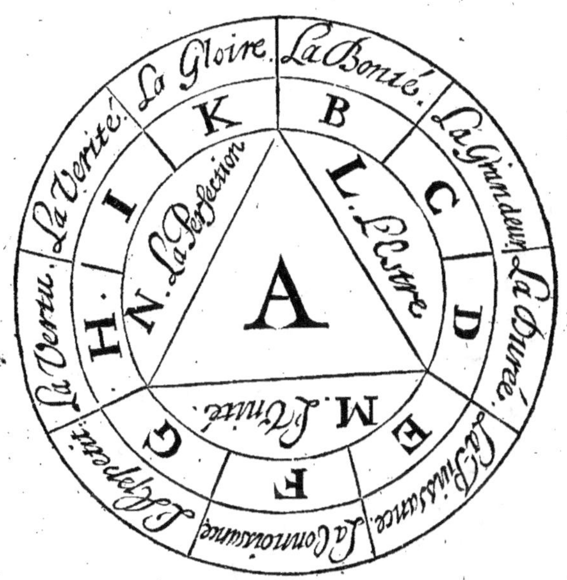


III. Figure.

Aprés que l'on a contamplé la choſe en elle-méme abſolumant, on conſidere les diuers regars & comparaiſons qu'elle a auec les choſes du dehors. C'eſt pourquoy l'on établit
les Termes Relatifs dans la cinquiéme Figure.

*Les IX.*
*Termes*
*Relatifs:*
{ La Differance.  La Conuenance.  L'Op-
  pofition.
{ Le Principe.  Le Milieu.  La Fin.
{ Le plus Grand.  L'Egal.  Le Moindre.

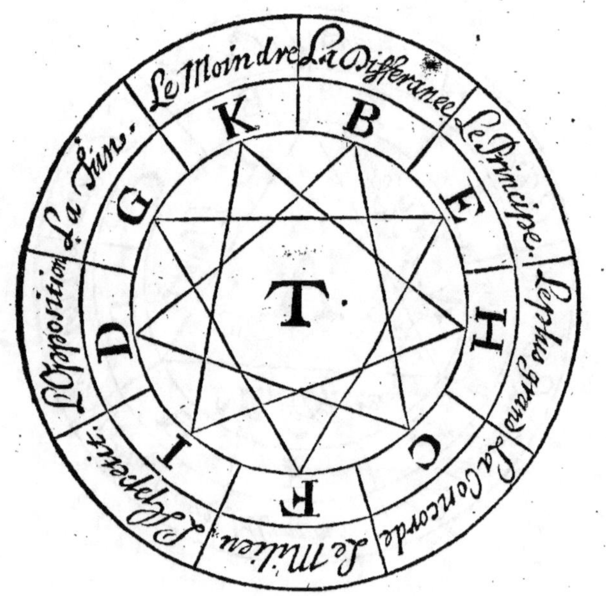


Afin de mieus comprandre ces diuers regars & leurs mé-
langes, on ajoûte cete autre Figure.

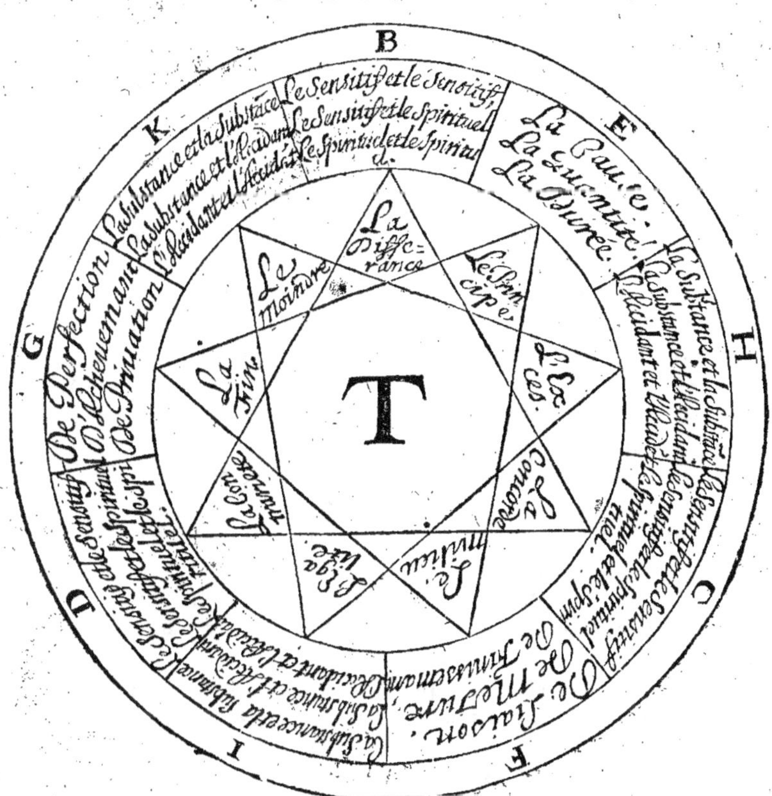

De sorte que voilà sommairemant *Trante-six Termes*; les-
quels à peu prés, commesi c'estoit vn Alphabet, donnent
la Methode à l'esprit, l'aide à la memoire, la facilité aus
discours & aus affaires.

Ie n'y ajoûte point, comme fait Raimond Lulle, neuf
Vertus, ny autant de Vices capitaus. Car outre que c'est vne
surcharge à la memoire assez inutile, ces Vertus & ces Vices
n'ont aucune liaison naturele. Au reste si je change tant
soit peu, l'ordre de ces Principes & des Figures, ce n'est
qu'afin de les randre moins obscurs.

# REFLEXIONS SVR les XXXVI. Termes.

TITRE III

**P**OVR vne plus claire intelligence de ces Tran-te-six Termes, il est important de bien *considerer* les Remarques suiuantes.

Explication de 'Art.

I. Ces Termes doiuent estre regardez comme les fondemans, & les principes de toute Sçiance. Ce sont les gonds & les piuots, sur lesquels roulent toutes sortes de Veritez. Ce sont les classes ou categories les plus vniuer-seles, ausquelles tous les discours imaginables se peuuent aizémant rapporter.

Les 36. Termes sont vniuersels.

II. En effet, il n'est rien dans l'Vniuers, que l'vn de ces Trante-six Principes *n'embrasse*; comme Genre, ou Espe-ce, ou Differançe, ou Proprieté, ou Accidant. Ainsi les Per-sonnes Diuines le Pere, le Fils, le Saint-Esprit : les Per-fections, la Bonté, la Sagesse, la Puissance ; les Operations, la Generation, la Creation, la Redemption, &c. se redui-sent à ce premier Principe, DIEV. Ainsi Gabriel & Ra-phaël se rapportent à l'Ange, le Soleil & la Lune au Ciel: Pierre & Madelene à l'Homme ; le feu & l'eau, le charbon & la source à l'Elemant.

III. Ils sont tous ou *Substance*, ou employez dans le dis-cours comme des Substances. Les huict premiers Sujets ; DIEV, l'Ange, le Ciel, l'Homme, &c. sont en effet des sub-stances. Le neuviéme embrasse tout ce qui est Accidant dans la nature ou dans l'vzage, comme nous dirons tantôt.

Tiennent lieu de Substances.

IV. Ils prennent à toute heure *la place* les vns des autres. Celuy qui estoit sujet ou absolu, deuient attribut ou rela-tif ; & au contraire. Car on dit DIEV est bon, & la bonté de DIEV. Le principe est la fin, la fin est le principe. De sorte que par vne circulation préque infinie, ils se produi-sent les vns les autres, & tous se multiplient sur vn chacun. Donnons en vn example.

Se changent mutuellemant.

D iij

Exemple de la Fleur.

Parlant de *la Fleur*, qui est vn sujet compris sous le Vegetable, ne pouuez-vous pas demander, & répondre affirmant, niant, ou doutant; S'il y a vne fleur en DIEV? S'il y en a dans les Anges, dans le Ciel, dans l'Homme, dans la Terre? Pourquoy, quand, commant elle est produite? Quelle bonté a la fleur, quelle durée, &c. Quel est le principe de cete bonté, & de cete durée? Quelle est sa differance, sa ressamblance, &c,

V. L'attribution neanmoins qui se fait de tous ces Termes les vns aus autres en raisonnant & discourant, n'est pas toûjours dans vne entiere exactitude; n'estant quelque fois que *par analogie*, proportion & ressamblance.

Au moins par analogie.

Par example, DIEV est Pere en vne maniere: l'Homme, le Nourricier, le Precepteur, le Confesseur, & le Prince sont Peres en vne autre façon. Les Etoilles sont appelées les fleurs du Ciel, mais ce n'est que par metaphore. Comme l'instinct des Bétes est quelquefois nommé Sagesse: & la force des Plantes, est honorée du nom de vertu.

VI. De ces principes & de leur mélange naissent les noms des choses, les synonimes, les epithetes; auec les definitions ou descriptions, qui sont les vrays moyens de sça-

Fourniffent les diuers noms.

uoir, de discourir, & de negocier. Par example, je puis dire; DIEV est vne Sagesse eternelle, le principe infini de tout cequi est, &c. L'Homme est l'enfant de DIEV, le frere des Anges, l'Epitome du monde, &c.

VII. Tous ces Termes dependent du premier, qui est DIEV, comme de leur principe: & y retournent, tout ainsi

Leur perfection dépand de DIEV.

qu'à leur derniere fin. Mais chacun d'eus doit estre estimé d'autant plus noble & plus parfait, qu'il se treuue plus proche de ce premier Auteur. Desorte que la perfection des derniers, se rancontre toûjours eminammant dans les premiers. L'Estre appartient à la Pierre, donc à l'Animal, donc à l'Homme, donc à l'Ange, donc à DIEV. Ceq̃ui toutefois n'est pas vray dans la voye negatiue. Car encore que la Pierre soit destituée de vie, celle-cy ne laisse pas de se rãcontrer dans les degrez superieurs; c'est à dire dans les Plantes, dans les Animaus: dans l'Homme, dans l'Ange & en DIEV.

VIII. D'abord il faut conceuoir ces Termes ou Princi- *Ont des degrez.*
pes, dans leur plus grande & plus generale *étanduë* ; def-
çendant du Genre à l'efpece, de l'efpece à l'indiuidu; l'Eftre,
la Vie, l'Animal, l'Homme, Pierre. Montant deméme par
les degrez oppofez, vne roze, vne fleur, vne plante, vne
vie, & vn eftre vegetant.

IX. Cete generalité fe doit déuelopper *par degrez*, & peu
à peu. Ie diray d'abord, toute bonté eft vne certaine grandeur de perfeçtion. Puis j'ajoûteray, la bonté eft grande.
Enfin la bonté de l'eftre, de D I E V, de l'Homme, de Pierre; eft grande, fage, puiffante, &c.

X. Non feulemant ces Termes vniuerfels fe répandent
par tout, & fe changent les vns dans les autres. Mais il n'y *Se conjuguent,*
en a point, que l'on ne puiffe en quelque maniere *conjuguer* *& fe declinent.*
*& décliner*; pour en faire vne dilatation, & vne propagation,
préque infinie. Comme D I E V, Deïté, deïfier, deïfiant:
deïfiable, deïfié, diuin; & ainfi des autres.

XI. Ces Principes appuyent toute forte de difcours, qui
fe font par *Propofitions*. Or de ces Propofitions les vnes *Produifent tou-*
affirment neceffairemant, lorfque vous treuuez deus ou *tes les propofi-*
pluûeurs des Trante-fix Principes, ou de leurs dépandan- *tions.*
ces, qui ne fé peuuent feparer. Comme D I E V eft bon,
l'Homme eft crée de D I E V, &c. Les autres doiuent eftre
niées neceffairemant; comme fi quelqu'vn difoit, l'Ange
eft vne Brute. S. Pierre eft l'Archange S. Gabriel. Les autres font douteuzes & contingentes, ou cafüeles. C'eft à
dire qu'on les peut tantôt affirmer, tantôt nier ; dautant
qu'elles fe treuuent quelquefois vrayes, d'autresfois elles
font fauffes. Le Medecin, guerit la maladie qu'il connoît.
L'Orateur Chrétien & eloquent, perfuade à fes Auditeurs
de faire penitance: de reftituer le bien mal acquis, d'aller à
la guerre contre le Turc, au fecours de la Candie, &c.

XII. L'vn des plus grans *fecrets* c'eft que les trois premiers Termes abfolus; *la Bonté, la Grandeur, la Durée* mar- *Enferment la*
quent la conftitution des Eftres. Les trois fuiuans, *la Puif-* *perfeçtion des*
*fance, la Connoiffance, l'Appetit*; fignifient leur energie, & leur *Eftres.*
fortie dans les actions. Les trois derniers, *la Vertu, la Verité,*

*la Gloire* ; acheuent le retour & le cercle, par le comble de leur totale perfection. Ceque l'on pourroit encore peut-eftre juftifier en tous les autres, s'il n'y auoit plus de fubtilité que d'vtilité en cete difcuffion.

XIII. Les Neuf Queftions feruent de *reffort*, pour faire rouler le difcours à l'infini. Car aprés auoir demandé, par example, qu'eft-ce que l'Homme ? Si on vous répond, que c'eft l'image de D i e v. Vous pouuez paffant plus outre demander, fi cete definition eft vraye & exacte ? Pourquoy ? En quelle maniere ? Si cete image eft doüée de bonté, & de fageffe ? Commant elle differe & s'accorde auec la nature des Anges, du Ciel, des Elemans. Et on peut ainfi pourfuiure le fil du raifonnemant, du difcours, & de la negotiation, par vne circulation fans fin.

XIV. Aprés cete brieue Explication, perfonne, fi je ne me trompe, ne croira qu'il foit malaizé de venir à L'Application, qui eft la feconde chofe propofée.

---

TITRE IV.

# L'APPLICATION
## des XXXVI. Termes.

I L ne faut donc fur quelque chofe que fe puiffe eftre, vraye ou fauffe, que former vne *Queftion*, ou vne Propofition ; car ces deus ne different, que par vn *fi*, ou par vn poinct interrogant. D i e v eft ; y a-t-il vn Dieu ? Il n'y a rien de crée fans principe ; fe treuue-t-il quelque Creature fans principe ? Si cete propofition eft plus generale, on l'appele vne Theze. Comme fi on dit, la vertu merite des loüanges. Si elle fe retrecit à vn fujet particulier, on la nomme vne Hypotheze, Caufe ou Controuerfe. Par example, la vertu de S. Thereze merite qu'elle foit canonizée. La Queftion eftant propozée, ou la Propofition eftant faite ; incontinant vous pouuez affirmer, nier, ou douter. Puis prenant à part

ou

ou le sujet de vôtre Propofition, *La Vertu* : ou l'attribut, *Loüange* : ou la liaifon, *Merite* ; vous pouuez rouler par tous les Trante-fix Termes, les mélant les vns auec les autres. Anatomie de toute propofition.

Cequi fe fait *par ordre* ou Naturel, comme DIEV eft deuant l'Ange, la Bonté eft deuant la Durée, le Principe deuant la Fin. Ou Artificiel, comme fi à deffein on commance par le moindre, pour venir au plus grand : par les chofes elemantaires & humaines, pour éleuer fon difcours aus celeftes & diuines. Ou Arbitraire, & à difcretion ; felon vôtre phantaizie, la rancontre & le hazard. Trois ordres.

A quoy vous ajoûterez les Autoritez facrées, & prophanes : les examples, qui fe prennent dans la méme efpece. Comme quand Plutarque compare les Grecs aus Romains, Cefar à Alexandre : & l'Euangile, S. Iean Batifte au Prophete Elie. Les *Similitudes*, comme le Prince de la Poëfie Latine a induftrieuzemant dreffé la Republique des Abeilles : & depeint leurs combats auec tant de naïueté, qu'on diroit quafi que ce font deus armées rangées en bataille. Autoritez. Exemples.<br>Similitudes.<br>*Georgic.* 4.

Il faut encore *applicquer* l'Implicite à l'Explicite, c'eft à dire le Terme qui comprand, à celuy qui eft compris ; comme l'Animal enueloppe le Raifonnable, dans l'Homme. L'abftrait au concret, comme la bonté & la fageffe s'applicquent à l'Homme bon & fage. La caufe à l'effet, comme le feu à la brûleure ; & ainfi du refte. Deuelopemant.

Il n'importe pas moins de reconnoître diftinctemant, tout *ce qui appartient* à chaque Terme ou Principe. Car c'eft de ces fources que naiffent par diuifions & fou-diuifions, toutes les definitions & toutes les defcriptions ; qui font le nœud des fçiances, la fuite du difcours : & qui forment l'idée d'vne prudante, & heureuze conduite dans les affaires. Diuifions, & Sou-diuifions.

Il faut donc examiner en chaque chofe, à la faueur méme & fuiuant les regles de cét Art, diuerfes conditions ou qualitez qu'elle enferme. Par example ; dans l'Homme on confidere le *Genre*, animal : la *differance*, raifonnable : l'efpece, humaine : *la proprieté* infeparable, rifible : *l'accidentele*, couleur, blancheur, grandeur. Les *puiffances*, ou facultez ; entendement, volonté, &c. Les *habitudes*; la foy, la fçiance, Accidans, & Circonftances.

*La II. Part. La Methode.* E

la prudance. *Les actions*, ou operations ; connoître, aimer, parler, marcher. *Les passions* ; eſtre battu, brûlé, malade. *Les Appetits* ; l'amour, la haine, le deſir, la colere. Les parties, l'ame, le corps : le cerueau, le cœur, les mains, les pieds. *Les Principes* ; D i e v, les Elemans. *Les Cauſes*, Pere, Mere : matiere, forme. *Les Effets*, ou productions ; tels que ſont les enfans, les liures, les bâtimans. *Les ſamblables*, l'Homme ſe fleſtrît comme la fleur, & s'enfuît comme l'ombre. *Les conuenables*, comme la miſericorde à l'Homme. *Les oppoſez* ; l'ignorance à la ſçiance, le vice à la vertu. *Les Antecedans* ; l'Homme void couler ſon enfance auant ſon adoleſçence, le jour d'hier arriue auant celuy de demain. *Les Conſequens* ; la naiſſancé vient aprés la conception, la mort aprés la vie. *Les Relatifs* ; du fils au pere, de la Creature au Createur, du Roy au Vaſſal. *Les choſes Externes* ; les richeſſes, les honneurs : & ſamblables proprietez, qui portent le flambeau pour connoître la verité des Eſtres, & qui ſont les Lieus communs de la Logique & de la Rhetorique.

　　Que ſi la nature & les proprietez d'vne choſe, vous ſont tout à fait cachées : ou ſi en ayant des-ja quelque crayon, vous les voulez releuer dans vn plus beau jour ; ayez ſeulemant recours à la choſe qui eſt *contraire*, dont l'oppoſition ſe rand d'ordinaire plus ſenſible & perceptible. Sans mantir on connoît bien mieus les agreables douceurs de la ſanté, de la liberté, de la paix, des richeſſes, du primtemps, & de la vie ; par les effroyables rigueurs & par les fâcheuzes experiances de la maladie, de la captiuité, de la guerre, de la pauureté, de l'hyuer, de la mort & du trépas. Aprés tout, *cete regle des Contraires* eſt l'vne des plus faciles & des plus vtiles ; qui ſe treuuent en tout le pourpris de la Sçiance, de l'Eloquence, & de la Negotiation.

La Regle des contraires.

　　Pour la découurir jûqu'à la racine, vous deuez bien retenir ; qu'il appartient à la même Sçiance qui enſeigne la verité d'vne choſe, de traitter auſſi conſequemmant de toutes ſes ſuites & de toutes ſes depandances. C'eſt à dire de tout cequi luy eſt ou ſamblable & conforme, ou contraire & oppozé. Et dautant que les reſſamblances four-

niſſent les moyens , pour affirmer & preuuer : les contrarietez , pour nier & refuter ; *il importe* de faire telemant
l'anatomie de tous les Termes ou Principes , que vous
ajoûtiez à côté & au deſſous d'vn châcun, tout cequi a du
rapport auec luy , ou qui luy eſt oppozé. I'en mettray icy
ſeulemant trois, ou quattre *examples*.

La Concorde,&
l'Oppoſition
des choſes.

D I E V eſtant l'Eſtre des Eſtres, tout cequi eſt, luy eſt ſamblable : tout ce qui n'eſt point, luy eſt oppozé. Auec la Bonté
s'accordent les feconditez, les emanations : les communications , les actions, les productions ; la compagnie , la
ſocieté , les profits, la ſainteté , &c. A la même Bonté
repugnent la malice , l'auarice, l'oiziueté, la ſterilité : la
ſolitude , le deshonneur, l'impieté, & ſamblables. Auec la
differance , s'allient la diſtinction , l'ordre, la clarté , la
beauté , &c. Sont oppoſez la confuſion , le deſordre, l'obſcurité , la laideur, &c. Du principe naiſſent la cauſe, l'o-
rigine, l'inſtinct , l'impulſion, la production , l'influance:
la conſeruation, l'intandance, la ſuperiorité , &c. S'en éloignent le defaut, l'indigence , la deſtruction , l'aneantiſſemant, la reuolte , &c. La fin a pour alliez le plaiſir , le
repos, le centre, la perfection : le prix, la recompanſe, la
paix, le retour, &c. Pour ennemis le non-fini, l'imparfait: le
mouuemant, l'inquietude, le déplaizir, &c.

L'application de toutes ces proprietez ſe doit faire en
ſorte, que l'on *ſuiue* toûjours la nature de chaque Principe.
Car ſi vous mettez vn Eſtre puremant ſpirituel , vous ne
pouuez auſſi luy donner qu'vne vie, vne connoiſſance : des
cauſes, des effets , vne fin puremant ſpirituele. Deméme
vous deuez faire ſuiure à vne vie corporele , des appetits
& des mouuemans corporels.

Suiure l'eſtre
des choſes.

Enfin *le chois judicieus* , eſt extremémant neceſſaire en
cét endroit. Cet amas & ce mélange de tous les Termes , de
toutes les Queſtions & de toutes les Propoſitions ſeroit vn
étrange cahos, & vne prodigieuze confuſion ; qui ennuyant
vôtre Auditeur ou vôtre Lecteur, vous randroit pueril,
bauard & ridicule. *Le remede* à cét inconueniant , eſt de
deus façons.

Le chois judi-
cieus.

E ij

Ne prandre que l'exquis.

Le premier, c'eſt que le Iudicieus Orateur ne doit s'arréter qu'aus Termes ou Principes les plus beaus , les plus illuſtres , les plus clairs : les plus precis , les plus preſſans & les plus ordinaires. Tels ſont l'Eſtre , l'Vnité , la Bonté , la Perfection ; le Principe , la Matiere , la Fin , & ſamblables. Le ſecret en cela , c'eſt de dire peu : mais bon , & exquis.

Vzer de diuerſité.

L'autre moyen c'eſt de changer ſouuant de ton , & diuerſifier cét agreable & profitable mélange. Ce qui ſe fait commançeant quelquefois d'vne façon , d'autresfois d'vne autre. Entre-laſſant auec adreſſe , tantôt les Sujets auec les Sujets , tantôt les Abſolus auec les Relatifs : tantôt les Abſtraits , auec les Concrets. Puis paſſant de la queſtion du principe , à celle de la fin : deſçendant du general au particulier , ou s'éleuant du plus bas au plus haut. Car par ces nüances diuerſes , vous ferez de vôtre Sçience & de vôtre Eloquence vn admirable compozé , rampli égalemant de beauté & de force ; auec vn cercle de penſées & de diſcours , dont vous ne treuuerez le bout que lorſqu'il vous plaira. La Concluſion de tout ce que nous auons dit jûqu'icy , ſe reduît en peu de mots pour *la pratique*.

Recapitulation.

I. D'abord apprenez , non pas neceſſairemant de mot à mot : mais par la force de vôtre eſprit & de vôtre jugement , encore dauantage par l'vzage & par la pratique. Apprenez , dis-je , ces Trante-ſix Termes ou Principes , que nous auons explicquez.

II. Ioignez à cete ſerieuze étude , cete autre de leurs principales Sou-diuiſions , que je m'en vais crayonner groſſieremant.

III. Comprenez bien diſtinctemant l'Echele du General , Special , Specialiſſime ; comme DIEV , Pere , Fils , Saint-Eſprit : Creature , Eſprit , Ange , Michel ; Animal , Homme , Mâle , Pierre , &c.

IV. Ajoûtez à ces choſes , vne Idée de nôtre Pyramide ; auec nos deus Ordres , deus Eſtres , & trois Etats ; ſans omettre les Lignes de communication , par les reſſamblances & les diſſamblances : l'ordre des Attributs par l'Eſtre ,

l'agir & la perfection. Et alors, si vous auez tant soit peu de
sens commun; auec l'aide de DIEV vous vous treuuerez
heureuzemant capable de mediter, de raisonner, & de discourir de toutes choses, méme sur les affaires les plus importantes. Et cela auec probabilité, beauté, force, & succés;
l'esprit, la memoire & le discours montant & descendant
par cete Echele mysterieuze; qui est spirituele en haur,
corporele en bas. Ceque vous ferez sans aucune confusion,
ny difficulté.

# LA PRATIQVE DE
## l'Art, demontrée par
## trois Discours.

TITRE V.

ES examples enfin doiuent mettre ces hautes
veritez, en leur lustre & en leur jour. I'en ebau-
cheray seulemant *trois*, en cét endroit; en reseruant quelques vns sur la fin de cete premiere
Partie, & en ayant dressé ailleurs beaucoup d'autres auec
tous leurs assortimans.

Trois exam-
ples.

I. Dans vn seul Syllogisme, j'enferme vn mélange general de plusieurs Termes, en cete maniere. Aprés qu'on a
fait cete question, si LA BONTÉ DE DIEV est accompagnée de gloire? Ie répons, qu'oüy. Et je le preuue par ce
raisonnemant,

1. De la Bonté
de DIEV.

Cequi donne l'immortalité aus Anges, la lumiere au Soleil, la grace à l'Homme; cequi distingue cét Homme d'a-
uec les Brutes & les Plantes, pour la randre samblable à
DIEV, le luy faisant aimer aprés l'auoir conneu dans les
lumieres de l'eternité; est plein de gloire. La Bonté de
DIEV produît tous ces effets; donc elle est pleine de gloire. Plus brieuemant. Cequi dans le sujet qui le possede, est

vn principe & vne source eternele de felicité , est plein de gloire: la Bonté de D i e v luy est vn principe, & vne source eternele de felicité; donc la Bonté de D i e v, est pleine de gloire. Voilà qui conclût sans replique, en forme & en figure.

I I. Donnons vn second essay de raisonnemant & de discours, vn peu plus étandu par la suite naturele des Trante-six Termes ou Principes.

Le Théme que je prans, ou que je reçoi , c'est L A  C h a. r i t e'. D'abord je la reduis sous la classe des *Instrumans* , & je dis que c'est le moyen adorable & le nœu sacré ; qui vnît nôtre volonté auec D i e v , nous portant à l'aimer par dessus toutes choses. I'ajoûteray pour amplification , parcourant les *Sujets* selon les regles de l'Art ; que D i e v est Charité , que les Anges en sont les premiers feus : que c'est elle qui étand les Cieus, qui sanctifie l'Homme, qui entretient le commerce & la societé parmy toutes les Creatures. Que son excellance surpasse tout ceque l'Imagination se peut representer de plus rauissant. Que ses douceurs découlent quelquefois amoureuzemant , jûqu'à la region des Sens. Que ces Arbres que l'on peut appeler immortels, parcequ'on ne les void jamais flétrir , seruent de symbole à la durée eternele de cete vertu. Qu'elle est le saint hymenée, qui fait le mariage des Elemans. Qu'enfin c'est la Charité, qui est le principal Ressort de la predestination. Voilà pour les *Sujets*.

Venant aus Termes *Absolus* , il est aizé de conçeuoir; que de toutes les qualitez emanées de D i e v dans nos ames, la Charité certainemant est la plus excellante. Parceque c'est la plus capable,& de s'allier à son objet infinimant aimable , & de se communiquer magnifiquemant au dehors. I'étandray sa Grandeur à l'infiny , puîque s'accroissant elle-méme par son continuel exercice, le vray Amoureus de D i e v ne dit jamais *c'est assez*. Sa Durée ne reçoit point d'autres bornes , que celles de l'eternité ; surpassant en cela la Foy & l'Esperance, qui finissent auec cete vie mortele. Quant à sa Puissance, n'est-ce pas la Charité qui a subju-

2. De la Charité.

Les Sujets.

Les Termes Absolus.

gué les Royaumes , veincu les Tyrans , éteint les buchers
allumez ? En vn mot , elle eſt l'heureuze ſource de tous les
miracles. La plus pure Connoiſſance de la Diuinité, naît de
ſon ſein : & la Volonté qui l'a vne fois conceuë , n'a point
de paſſion plus ardante que de s'vnir auec ſon adorable
objet. Par où il eſt facile de comprandre , qu'elle eſt ſeule
la Reine des Vertus Theologales : qu'elle eſt la veritable
Fille du Ciel , qui ſe couronne elle-méme du diadéme de
la gloire.

Enſuite par les Termes *Relatifs* , je diſtingue la Charité
d'auec la Foy qui a ſes eclipſes : & de l'Eſperance , qui ne   Les Relatifs.
joüit jamais d'vn bien preſent. Toutes trois neanmoins
s'accordent en vn méme principe , en mémes objets , & en
des effets tous ſamblables. Cependant ſon plus capital Ennemi c'eſt le Peché mortel , qui la tuë ſi elle ne le détruit.
Comme ſon glorieus principe c'eſt le Tres-Saint-Eſprit ,
qui la verſe dans nos cœurs , & ainſi du reſte.

Paſſant aus *Queſtions* , on demande ſi la Charité eſt vne
habitude , ſi elle eſt infuze , ſi elle reſide dans la volonté ? Ce   Les Queſtions.
qu'elle eſt , quelle elle eſt : où eſt ſon origine , à quelle fin
elle viſe ? Si elle eſt accompagnée de bonté , & de gloire?
En quoy elle differe des autres , ſi elle égale les lumieres
du Paradis ? Si elle eſt moindre que le SAINT-ESPRIT? &c.

Enfin on peut *méler* tous les Principes , recherchant ſi la   Mélange de
bonté de la Charité eſt differante de celle de la grace ? Si  tous les Ter-
c'eſt la méme dans les Anges , & dans les Hommes ? Si ſes  mes.
merites croiſſent dans le Ciel , comme dans la Terre ? Cequ'on peut multiplier à l'infini.

Le dernier example faiſant le triage & le mélange entre-
laſſé de pluſieurs Principes , perſuadera aus FRANCOIS  1. De l'Obeïſ-
qu'ils doiuent eſtre fideles à leur Roy. A deſſein j'enfleray  ſance qui eſt
vn peu le ſtyle , en cete maniere.  deuë aus Roys.

Quand la fidelité qui eſt la plus genereuze des vertus ,
comme ſon contraire eſt le plus infame de tous les crimes ,
ne nous engageroit pas dans ce deuoir ; certes nous y ſommes étroittemant obligez par les interéts de DIEV , du  Le Partage.
public , & de nous-mémes.

De vray, cét Estre Souuerain ne paroît jamais auec plus
de pompe & de majesté, que lors qu'il s'appele luy-méme le
Roy des Roys & le Seigneur des Seigneurs. Ceus-cy donc
sont les viuantes images de celuy-là, on ne sçauroit blesser la copie sans offanser l'original qu'elle represente. Ils
sont icy bas les Lieutenans de ce Souuerain Monarque. C'est
luy qui leur met le sceptre dans la main, & la couronne sur
la téte. L'autorité qui donne aus Princes le pouuoir de nous
commander, ne s'arréte pas en leurs Personnes. Elle vient
d'vn plus haut principe, & va à vne fin plus éminante. C'est
vn rayon de celle de D I E V méme, qui en a graué l'illustre
caractere sur le front des Monarques & dans la consçiance
des Peuples. Il garde le cœur des Roys, dans sa propre
main; comme s'il se randoit tout à la fois, & protecteur de
leurs vies : & par maniere de dire, responsable des actions
qui en dépandent.

*Cor Reg. in man. Dei. Prouerb. 21.*

Ne dit-il pas luy-méme dans sa sainte Parole, que c'est
par luy que les Roys regnent, & qu'ils gouuernent les Empires? Donc se reuolter contre leur puissance, c'est, comme faisoient ces monstres de l'Antiquité, attaquer D I E V
jûques dans son trône. Aussi l'obeïssance qui nous assujetit
à la Puissance Royale, est encore plus religieuze que politique. Et l'Apôtre du troiziéme Ciel nous y oblige bien
plus par le mouuemant de nos consçiances, que par la
crainte du pouuoir qu'ils ont de nous châtier; *Obedite ergo
Præpositis vestris, & subjacete eis : Non solùm propter iram, sed
etiam propter consçientiam.* Le méme Oracle ordonne que
nous fassions des prieres à D I E V, pour leurs Majestez;
bien loin de vomir des injures, ou de garder dans nos
cœurs des sentimans criminels contre le respect qui leur est
dû. L'Auteur méme de nôtre Foy, paye le tribut; commandant de randre à Cesar, cequi est à Cesar. Et l'example de nos Ancétres, ne nous doit-il pas seruir d'vne entiere
conuiction? Dans l'Eglise primitiue sous la tyrannie des
Nerons, des Diocletiens & des Seueres ; ces illustres Innocens persecutez, prioient D I E V pour les Empereurs qui
les faisoient mourir. Ce qui encherît incomparablemant sur

*Per me Reges regn. &c. Prouerb. 8.*

*Hebr. 13.*

*Rom. 13.*

*Matth. 22.*

cete

cete vieille maxime; qu'à la verité, il eſt permis aus Sujets
de ſouhaiter de bons Superieurs : mais qu'ils les doiuent
ſouffrir, reſpecter & aimer tels que le Ciel les leur donne.

Faire le contraire, n'eſt-ce pas choquer l'ordre merueilleus que la diuine Prouidance a établi dans l'Vniuers ; puiſqu'il eſt vray que Ceus qui gouuernent les Peuples, ont
pour leur deffanſe & pour leur conduite des Intelligences
de la plus haute Hierarchie ?

Contamplez ce vaſte Vniuers, par tout vous treuuerez
les magnifiques portraits de cete autorité Royale. Tous les
Cieus prennent leur branle d'vn premier mobile, tous les
Aſtres empruntent leurs lumieres d'vn Soleil qui porte l'vni-
té en ſon nom; *Sol, quaſi ſolus.* Et pour ne pas entrepran- Iſidor. in Origin.
dre la belle induction, qui feroit voir qu'en chaque Eſ-
pece il y a toûjours vn Eſtre ſupréme qui a la ſurintan-
dance de tous ſes Inferieurs ; je me contanteray, de vous
ranuoyer à ce tableau du fameus Prince des Poëtes. C'eſt
Virgile, qui depeint les Mouches à miel au tour de leur
Roy auec tant de fidelité, & randant vn combat ſi opiniâtre : qu'elles perdent la vie, pour deffandre celle de
leur Prince.

*Et circa Regem, atque ipſa ad prætoria denſæ Miſcentur.* Georgic. 4.
Seroit-il poſſible qu'eſtant Hommes, & Hommes François,
nous euſſions moins de fidelité ou de courage que ces petites
Creatures ; qui ſamblent n'auoir de corps que pour faire du
bien, ou empécher qu'on ne faſſe du mal à leur glorieus
Monarque.

Aurions-nous bien aſſez de cruauté, pour préter nos
mains à la ruine de nôtre commune Patrie ? Auec quel
cœur pourrions-nous voir cete Monarchie, qui eſt ſans
contredit la plus floriſſante de l'Europe, détruite par la
fureur de ſes propres Enfans ? L'vnité qui la fait ſubſiſter
depuis douze ſiecles, eſt ſans doute l'autorité Royale. C'eſt
la baze du bâtimant, c'eſt la clef de la voute, & le centre
du bien commun. Si vous l'ebranlez tant ſoit peu, commant
empécherez-vous vne ruine totale ?

Se joindre à la faction de Ceus dont l'ambition ne peut

souffrir de n'eſtre que les ſecons , c'eſt partager vn poinct indiuiſible : & changer vn Maître legitime , en pluſieurs Vſurpateurs. Mettre la conduite entre les mains du Peuple, c'eſt donner l'épée à vn furieus , ou du moins s'abandonner à vn aueugle. Que peuuent faire des Mambres ſans Chef, & qu'eſt-ce qu'on peut attandre d'vn Monſtre compozé de tant de parties ; dont l'eſprit eſt ſi bizarre, les intereſts ſont ſi differans : l'humeur ſi volage, & ſi changeante ? S'ennuyant comme ils ſont de tout ce qui eſt preſent, & ne pouuant mé-me goûter le bien dont ils joüiſſent , ſi c'eſt toûjours vne méme manne , bien que celeſte & diuine ; coimmant ſouf-friront-ils les ruines, les rauages & les calamitez ; que traîne aprés ſoy toute ſorte de ſoûleuemant, & de changemant ? Il n'eſt point de ſi petite ſievre, qui ne puiſſe deuenir mor-tele : & les maladies pour eſtre populaires , en ſont comme plus contagieuzes ; auſſi plus dangereuzes.

L'exemple des Siecles paſſez , des plus floriſſantes Repu-bliques , & des plus imperieuzes Nations condamne haute-mant cete confuſion. La Grece s'eſt veuë dechirée par ſes Anarchies. Et Rome s'eſt treuuée plus d'vne fois à la veille de ſa ruine , par les Tribuns du Peuple. Lors méme que cete puiſſante Republique triomphoit comme la Maîtreſſe du Monde, elle n'a pû conſeruer la Religion ny l'Etat ſoit en paix , ſoit en guerre ; qu'en gardant vn Roy des Sacrifices, & recourant à vn Dictateur dans les vrgentes neceſſitez. De ſorte que Ceus-là mémes qui veulent paroître ennemis du gouuernement d'vn ſeul, ne peuuent au moins ſe paſſer de ſon image. Et aprés tout, tôt ou tard il faut reuenir à l'original.

C'eſt par là que nôtre France s'eſt conſeruée , depuis Pharamond & Clouis. C'eſt au ſoûtien de la Monarchie que ce puiſſant Royaume doit ſa gloire, les Prouinces leur abondance, les Villes leurs beautez & leurs richeſſes : les Sçiances & les Arts leur progrés & leurs recompanſes ; l'Egliſe ſa conſeruation, la Religion ſes illuſtres accroiſ-ſemans ; la Nobleſſe ſon plus beau luſtre , les Bourgeois leurs biens & leur honneur, le Peuple méme ſa ſubſiſtance.

De sorte qu'à moins que de trahir nos propres interéts,
nous ne sçaurions manquer à ce religieus deuoir & à cete
obligation indifpanfable, de viure & de mourir pour le
feruice de nôtre Prince. C'eft vn efpece de martyre agreable à DIEV, qui eft l'auteur des Empires, & qui eft luy
même le Chef de toutes les Têtes couronnées. Nôtre conf-
fiance, nôtre honneur, nos fortunes, nos vies : celle de
nos Familles, de nos Fammes & de nos Enfans, de nos Amis
& de nos Seruiteurs font attachées à ce poinct indiuifible.
Le partager, c'eft ouurir vne fource & vn ocean de malheurs : tenir ferme dans cete belle & fainte obeïffance, qui eft
née auec nous, c'eft veritablemant conferuer la fource & la
mere de toute felicité.

Suiuant de la forte le fil de ce Difcours, on feroit des Volumes entiers. Car fans s'écarter de fon fujet, il feroit facile
de faire naître inceffamment de nouuelles diuifions : de les
établir & étoffer agreablement & profitablement, felon les
regles de l'Art.

Mais cete precieuze facilité, s'acquiert principalemant
par la *derniere Partie*; qui doit feruir de clôture, & de couronne à cét Art. I'ay tantôt dit que c'eftoit LA MVLTI-
PLICATION.

✿✿✿✿✿✿✿✿✿✿✿✿✿✿:✿✿✿✿✿✿✿✿✿✿✿✿

# LA MVLTIPLICATION
## des XXXVI. Termes.

'EST d'elle que naiffent égalemant la facilité,
la clarté, & la force du raifonnemant, dans le
difcours ; auec la lumiere pour la conduite,
dans le manimant des affaires. Car faifant vne
exacte anatomie de ces Trante-fix Termes, ou
Principes ; elle découure la nature de toutes chofes, & les
arrange felon leur ordre naturel, ou comme il plaît à l'Ouurier qui les employe. Elle les diuife & les fou-diuife par

L'vtilité de la<br>Multiplication.

F ij

vne merueilleuze propagation, ou alliance des vns auec les
autres. Elle les reunit, & les conjoint, les ramenant tous
à vn méme poinct d'vnité ; bref, elle les tourne, retourne
& contourne en toutes les manieres ou imaginables, ou
commodes ; pour acheuer les raisonnemans de la Sçiance,
les discours de l'Eloquence, les adresses & les industries
de la Prudance.

Cete Partie donc pour estre la derniere, n'est pas la
moins importante. Il suffit neanmoins de l'ébaucher icy,
puïque la juste étanduë se treuue dans l'Ouurage entier.
Commançons donc par la Multiplication des SVIETS, &
nous souuenons de ce que j'ay dit, que cete Partie est comme vn Abbregé tres-succinct de toutes les Sçiances.

---

## TITRE VII. LES NEVF SVIETS
## Multipliez.

**DIEV.**

IEV peut estre deduit par tous les Trante-six
Principes, & abregé sous ces termes. C'est
le premier de tous les Estres, vn pur & infini Esprit ; qui sert de principe & de commancemant tant à soy-méme, qu'à tout ce
**Sa Nature.** qui est hors de soy. Il est Vn en essence, Trin en Personnes. La premiere se nomme le PERE, la seconde le
FILS, la troiziéme le SAINT-ESPRIT. C'est luy qui
doit estre reconnu & vniquemant adoré comme le Createur de la Nature, l'objet de la souueraine Felicité : le Reparateur de la Grace, l'Instituteur des Sacremans ; le
Consommateur de la Gloire eternele.

Son *Existance*, l'étand en tout cequi est ; par essence,
**Son Existance.** par presence, & par puissance. Elle fait qu'il opere par
tout. Au dedans, LE PERE engendre son FILS, qui est
le fruict de sa connoissance. Et auec luy il produit le SAINT-
**Ses Personnes.** ESPRIT, qui est l'amour reciproque de cete diuine volon-

té. Au dehors, D I E V par vne action, qui appartient égalemant aus Trois Perſonnes produit tout cequi eſt, ſoit
Eſprit, ſoit Corps : Subſtance, ou Accidant ; en la Nature,
en la Grace, & en la Gloire.

Par où l'on découure en D I E V, vn comble infini de
*Perfections.* Les vnes ſont *Perſonneles*, comme il n'y a que
la premiere Perſonne, qui ſoit P E R E : la ſeconde qui ſoit
F I L S, la troiziéme qui procede des deus premieres. Les
autres ſont égalemant *Communes* aus trois Perſonnes. Il y
en a qui demeurent au dedans ; comme la Bonté, l'Eternité :
la Sageſſe, la Puiſſance. D'autres qui éclattent au dehors ;
comme les qualitez de Createur, de Conſeruateur, & ſamblables. *Ses Perfections*

Cequi fait que les Hommes s'éleuent à la connoiſſance
de D I E V, *en trois façons.* Par l'échele des Creatures ; par
l'eminance de ſes Perfections, par le retranchemant de nos
Defauts. *Sa Connoiſ-*<br>*ſance.*

L'E S P R I T A N G E L I Q V E eſt vne Nature creée, détachée de tout corps & de toute matiere. Son *action* principale *d'entandre*, eſt cauſe que l'on luy donne le nom d'Intelligence. Et on l'appele Ange, lorſque D I E V l'enuoye
pour ſon ſeruice. Cete Intelligence eſt accompagnée de volonté, qui luy donne diuers mouuemans & diuerſes operations conformes à ſa nature ; comme de parler, d'aller, de
venir : de conſentir à la grace, & de meriter la gloire. Ceus
qui l'ont perduë par leur reuolte, s'appelent *Diables*, ou
Demons ; dont la malice s'occupe continuellemant à pouſſer les Hommes dans le peché ; afin d'auoir des compagnons
& de leur crime, & de leur peine eternele. L'on en fait
neuf claſſes, cinq de Ceus qui incitent à mal-faire, quattre
de Ceus dont D I E V ſe ſert pour châtier les coupables. Les
Platoniciens ne laiſſoient pas de leur preſenter des Sacrifices ; depeur, diſoient-ils, d'en eſtre endommagez, comme
ſont encore aujourd'huy les Americains à leur Manitou. L E S A N G E S.<br>Leur Nom.<br>Leur Facultez.<br>Les Diables.

Les diuers Ordres des Anges, forment les *Neuf Hie-*
*rarchies.* Ce ſont les Cherubins, les Seraphins, les Thrô-
nes, les Dominations, les Principautez, les Puiſſances, les Les Hierar-<br>chies.

F iij

Vertus, les Archanges, & les Anges.

**Le Ciel.** est appelé cinquiéme corps, ou elemant. Sa vaste étanduë couure, & enferme les autres quattre, qui entrent dans le mélange de toutes choses materieles, & compozées. On croit que sa *Matiere* & sa *Forme* sont d'vne nature differante d'auec les choses Sublunaires, sans toutefois qu'on la puisse bien definir. Car quelques-vns pensent que les Cieus sont solides, les autres asseurent qu'ils sont liquides. On n'est non plus d'accord de leur *Nombre*, que de leur Mouuemant. Pour le premier on en met vn, trois, neuf: plus, ou moins. Pour le second, la curiosité de ce siecle renouuelant l'opinion de quelques Anciens, attribuë le *Mouuemant* à la Terre. D'autres le laissent circulaire au Ciel, à cause de sa figure ronde, & pour l'vtilité des Habitans du Monde Sublunaire. Mais ils disputent derechef, si ces Cercles Celestes roulent par leur propre vertu: ou si cela se fait par l'impression des Anges, qui leur seruent de Forme assistante. Et pour s'explicquer, on auoit besoin il n'y a pas long temps, du grand embarras d'Epicycles, de Concentricques, & d'Excentriques.

Tous ces Globes éclatans, sont accompagnez de deus sortes de *Qualitez*. Les vnes sont attachées à leur matiere, comme l'epaisseur, la rareté: la transparance, l'opacité. Les autres suiuent la forme, comme la lumiere, la chaleur: les influances, le mouuemant des sept Planetes. Leur course auec leur approche ou leur eloignemant, fait la diuersité des saisons, des années, & des jours. Les *Etoilles fixes* n'ont préque point d'autre mouuemant que celuy de leur huitiéme Sphete, appelée Firmamiant.

Enfin tous ces Cercles lumineus reçoiuent *deus* sortes de mouuemant. L'vn general, du premiere Mobile; qui les entraîne tous les jours en l'espace de vingt & quatre heures, de l'Oriant à l'Occidant. L'autre particulier, qui les porte de l'Occidant à l'Oriant: & qui s'acheue en plus ou moins de temps, selon la nature de chaque Ciel.

**L'Homme,** est defini vn Animal Raisonnable. Et on en fait la description, quand on le nomme l'Image de Dieu, ſon Lieutenant en cete Republique ſublunaire, l'Abbregé de toutes choſes : vn petit, & vn grand Monde. C'eſt l'Orizon de l'Eſtre ſpirituel, & corporel : vn admirable *Compozé* d'vne ame immortele, & d'vn corps ; qui eſtant formé de terre, y doit retourner par le trépas. Son Ame, eſt enrichie de trois facultez ; Elle a l'Entandemant pour connoître, la Volonté pour aimer, la Memoire pour ſe ſouuenir. Dans ſon Corps on void des mambres au dehors, que les Anciens conſacroient tous à quelque Diuinité ; la téte à Iupiter, le front au genie d'vn chacun, les bras à Iunon, l'eſtomac à Neptune, les reins à Venus, les flancs à Mars : la langue, les pieds & les mains à Mercure. Il y a d'autres parties, qui ſont cachées au dedans ; dont les trois principales ſont le Cœur, le Foye, & le Cerueau. Il a auſſi trois inſtrumans generaus de toutes ſes actions ; la Raiſon, la Parole, & la Main. Et dans ſa creation, l'on apperçoit quelque choſe qui reſſant l'Androgine de l'ancienne Theologie ; à cauſe de l'vnion des deus Sexes, qui ſamble eſtre inſinuée dans l'Eſcriture-Sainte.

*Maſcul. & fœmin. creauit eos. Geneſ. 1. 5. 7.*

On conſidere *dans l'Homme*, ſon nom. Nôtre Langue, aprés la Latine, l'emprunte de la terre ; *Homo, ab humo.* Sa naiſſance, auec la differance accidantele de Sexe, Maſculin ou Feminin. Ces deus aus termes de la nature & de la grace, ſont également neceſſaires au genre Humain : Bourgeois de tout le Monde, & Freres de IESVS CHRIST. On regarde en ſuite ſon Pays, ſa Famille, ſes Parans, ſon âge ; auec les qualitez de ſon corps, & de ſon eſprit : ſes inclinations, & ſes paſſions. Les habitudes & les mœurs, qui le randent vertueus ou vicieus. Les Etudes qu'il a cultiuées, la Religion qu'il a profeſſée : les Emplois, qui l'ont occupé, les affaires qu'il a entrepriſes & executées, la maniere dont il eſt mort ; & ce qu'il a laiſſé aprés luy, comme les Enfans, les Liures, les Bâtimans.

Son Nom.

Tout cequi luy appartient.

L'IMAGINATIF marque tout ce qui dépand de la phantaizie, ou de la connoiſſance interieure au deſſous de la raiſon. On l'établit dans le cerueau, en cete maniere. Sous le deuant de la téte, on loge *le Sens Commun* ; qui reçoit

L'Imagination.

Le Sens Commun.

comme vn centre, les images que les Sens du dehors luy
enuoyent. Quand il eſt lié & bouché par les vapeurs, à lors
ſe fait le Sommeil, qui cauſe l'inſenſibilité en tous les mambres. Sous le ſommet de la téte on place l'Imagination,
qui juge de la differance des choſes de ſon reſſort ; c'eſt à
dire des corporeles, & des particulieres. Son mouuemant
continuel & bizarre, produit l'étrange diuerſité des *Songes*,
des phantômes : & cent milles extrauagances, dont nous
auons parlé en la Medecine. Sous le derriere de la téte, ſe
treuue la Memoire imaginaire, qui garde tout ainſi qu'vn
trezor, ou comme vne Imprimerie, les images des choſes
qu'elle a receuës : & qui s'effaceroient par l'oubli, ſi elles
n'eſtoient reueillées par le ſouuenir, & par la reminiſcence.

La vie Senſi-
tiue.

---

# LE SENSITIF.

S'EPAND à l'exterieur, en toutes les parties du
corps animé. Ceſt le Sens qui reçoit au dehors
les choſes corporeles & preſentes, ou du moins
leurs images & leurs eſpeces. On doute ſi l'Ame
ne fait qu'agir par ſes organes, comme vn Hom-
me qui regarderoit par les vitres des fenétres ; ou ſi chaque
Sens a ſa faculté particuliere, que l'on appele puiſſance ; ſi elle
n'a qu'vn Sens, pour toutes ſes diuerſes fonctions, ou ſi elle
en reconnoît pluſieurs.

Ceus qui ſont paſſionnemant amoureus de l'vnité en toutes choſes, retranchant tout cequi ne paroît pas abſolumant
neceſſaire, ne veulent ſouffrir qu'vn Sens externe ; l'Ame,
comme le vant dans vn Orgue, faiſant des ſons diuers, ſelon la diuerſité des tuyaus. D'autres les multiplient en quatre, qui repondent aus quattre elemans. Scaliger y ajoûte
celuy du chatoüillemant. Les plus hardis en ajoûtent vn
ſurnumeraire en chaque Animal, qui luy fait diſcerner cequi luy profite, ou cequi luy nuit.

Le Vulgaire les partage en Cinq. *Le Toucher*, eſt étandu
gene-

generalemant par tout le corps, pour diftinguer les diuerfes qualitez d'vne chofe ; fi elle eft chaude ou froide , molle ou dure, legere ou pezante, rude ou polie. *Le Goût* affis fur le bout de la langue , difcerne les faueurs. *L'Odorat* attaché aus narines, diftingue les odeurs. *L'Oüie* plantée dans les oreilles, reçoit la diuerfité des fons. S'il s'en fait vn *Plantau. aurem.* refon ou vne reflexion , comme dans les hautes montagnes *Pf. 93.* dont parle la Sageffe, on l'appele *Echo* : & s'il n'y a point du *De altiff. mont.* tout de fon , c'eft le filance. *La Veuë* établiffant fon trône *Echo. Sap. 17.* dans les deus yeus , apperçoit & difcerne ou la lumiere colorée , ou les couleurs illuminées. Les deus maitreffes couleurs extrememant oppozées , font le blanc & le noir. Chacune de ces deus premieres, en contient fous foy plu- fieurs autres moyennes ; comme le brun, le bazané , le bay : le violet, le rous, le rouge, le gris , le cendré, le pâle, le verd , &c.

Les Curieus mettent ces cinq Freres en procés , fur le droiᶜt de nobleffe & de *preferance*. Mais pour en parler *Leur preferance!* fommairemant, l'on peut dire que le goûter & le toucher font les plus neceffaires, que le flairer eft le plus fubtil : la veuë le plus agreable, l'oüie le plus diuin ; puique c'eft la porte de la Foy, & même de toutes les Difciplines. Mais *Fides ex audita.* qu'aprés tout , nous n'en faifons qu'vn jugemant relatif & *Rom. 10.* imparfait. Relatif, parce que le Parfumeur prefere les odeurs, le Muficien l'harmonie , le fenfuel les charmes de la volupté. Imparfait, dautant que l'Homme qui furmonte en efprit les autres Senfitifs, en eft furmonté dans la delica- teffe des fens corporels. Chofe fi vraye ; que le chien a le flairer meilleur , l'airaignée le toucher, le finge le goûter, le cerf l'oüie, & l'aigle la veuë.

Cete vie fenfitiue , produît trois fortes d'operations. *Le fentimant* , qui fe fait felon les cinq manieres que nous *Trois opera-* venons d'explicquer. *Le mouuemant progreffif* des Animaus, *tions.* qui marchent fur la terre : des Poiffons , qui nagent dans *Sentir* les eaus ; des Oizeaus , qui volent en l'air. A quoy on *Mouuoir.* ajoûte le Violant , qui par force pouffe , ou tire les corps hors de leur centre. contre leur inclination naturele.

*La II. Part. La Methode.* G

*Appetit.*

*L'Appetit* eſt le dernier mouuemant ſenſitif, qui ſera expliqué cy-aprés parmy les Termes Abſolus.

Toutes ces Actions ſenſibles ſont & marquent les diuers degrez, qui ſe treuuent en la vie des Animaus.

---

# LES DIVERSES SORTES d'Animaus.

**TITRE IX.**

**L**ES VNS ne ſont préque que demi-Plantes, ou *Plante-Animaus*; comme les Huitres, les Moucles, & ſamblables Zoophites. Les autres ſont encore tres-*Imparfaits*; comme toutes les ſortes de vers, de fourmis, de mouches, d'airaignees, de tarantoles, de ſcorpions, &c. Il y en a *d'Amphibies*, qui viuent en deus elemans; comme la Loutre, le Bievre ou le Caſtor, la Chauue-Souris, la Salamandre. En ce méme rang on met encore tous *les Inſectes*, & les Serpans; auec *les Monſtres*, & les auortons de deus Eſpeces; comme ſont les Mulets, Iumares, Loups-Ceruiers, & autres ſamblables. Encore qu'il ſoit vray, que chacun eſt parfait ſelon ſa nature & ſon eſpece: & qu'il n'y en a point de ſi chetif à nos yeus, qui ne ſoit doüé de quelque vertu excellante. L'on peut méme dire, que leur venin ne nuît que par rapport aus corps differans, puîque les poules & les cannes ſe nourriſſent d'aſpics & de couleuures. Outre que c'eſt vne fort belle remarque de S. Ierôme, que deuant le peché ou les Serpans n'auoient point de venin, ou au moins que leur venin n'eſtoit point du tout mal-faiſant.

Les Huitres ſeruent de berceau aux Perles, les engendrant dás leurs nacres de la rozée du Ciel & des plus douces influances du Soleil. *Le Ver à ſoye* file auec vne induſtrie inimitable, cete precieuze matiere; qui fait tout à la fois & le luxe des habits, & l'ornemant des Temples. La greine de ces merueilleus tiſſerans a eſté apportée il y a plus de

Les Zoophites.

Les Imparfaits.

Les Amphibies.

Les Inſectes.

Les Monſtres.

Les Huîtres.

Le Ver à ſoye.

# SAGESSE VNIVERSELE. 51

mille ans, des Indes Orientales en Italie, par deus Religieus : & demeure sterile, si celle de la femelle n'est mélée auec celle du mâle. La Republique des Abeilles, leur
œconomie, leurs soins laborieus, leur adresse à cueillir le
miel sur les fleurs (chaque Mouche ne s'attachant qu'à vne
fleur) & à façonner la cire dans leurs ruches ; ont paru des
choses si miraculeuzes à l'esprit d'vn Sage de l'Antiquité,
qu'il a passé toute sa vie a contampler ces diuins ouurages.
Elles font leur miel par tout. Dans le tronc des arbres, dans
la gueule d'vn Lion mort, dans le crane d'vn Homme. Y a-t-il
rien de plus merueilleus que ces toiles si deliées, si subtilemant filées, tissuës & entrelassées auec tant d'artifice, que
les Airaignées tirent de leurs entrailles : & ausquelles vn
grand Roy à bien ozé comparer la meditation de nos esprits, & l'étude de nôtre vie ? *anni nostri sicut aranea medi-*
*tabuntur.* Le Cameleon ne vit que de l'air, & dans sa peau
transparante comme vn miroir, il reçoit toutes les couleurs, excepté le blanc. La téte de la Cigale separée de
tout le corps, ne laisse pas de continuer son chant. La Salamandre ne peut viure, que dans le feu : & le Pirauste est
si amoureus des flammes, que les voulant baizer il s'y brûle.
Le Scorpion, qui n'a point de venin pour les choses qui
n'ont point de sang ; porte en son huile, le remede de sa
picqueure. La chair de la Vipere sert de baze à la theriaque. Mais rien n'est si surprenant que ce Serpant, qui montra en songe à Ptolemée Medecin de l'armée d'Alexandre,
vne herbe ; dont effectiuemant il guerit les playes des Soldats, faites auec des flèches enuenimées. Les Escargots qui
viuent dans le fumier & meurent dans les rozes, seruoient
de cachet à la Republique des Lacedemoniens, parcequ'ils
sont tous mâles. Dans la Mezopotamie il y a vne espece de
Serpans, qui épargnant ceus du pays, n'attaquent jamais
que les Etrangers. Le Basilic, selon le rapport méme de
Ieremie, ne peut estre charmé. Celuy que les Latins appelent *Natrix*, empoizonne toutes les eaus. Suetone fait
le recit d'vn Serpant, long de cinquante coudées. Leur venin est plus mortel, quand ils picquent, la Lune estant en

G ij

Les Mouches à
miel.
*Breuis in vola-*
*til. est apis, &c.*
*Eccli.* 11.

*Iudic.* 14.
*Herodot. Libr.* 5.

Les Airaignées,

*Ps.* 89.
*De vento cibus.*
*de corio suo ludit,*
*&c. Tertull. l.*
*de Poll. c.* 3.
Le Cameleon.
*Cameleon omnes*
*suscepit colores,*
*præter album.*
*Gregor. Nazian-*
*zen. Orat.* 3.
*Voyez Tertull. l.*
*de Coron.*
Les Pyraustes.
Le Scorpion.
*Voyez Tertull.*
*init. Scorpiac.*
*Q. Curt. Lib.* 9.

*Quibus non est*
*incantatio. c.* 6.

*Venen: aspid. in-
sanabile. Deuter.
32.*

son croissant. Celuy de l'Aspic ne se peut guerir. Et comme il arriue à tous Ceus qui sont frappez de la peste, Ceus
que la Vipere a picquez, ne l'auouënt qu'aus personnes qui
en sont aussi blessées. La merueille n'est pas si grande de
voir que le Demon se plaît dans les Serpans & dans les
Dragons, qui sont sa figure ; comme de voir l'extraua-
gance des Hommes, à les adorer. Témoin celuy que Daniel fit mourir en Babylone, luy faisant aualer des bolus
de poix, de gresse & de poil.

*Cap. 14.*

Le Serpant du
Paradis Terre-
stre.

*Genes. 2.*

C'est méme nôtre Ecriture-Sainte qui dépeint *le Serpant*,
comme le plus fin, le plus ruzé & le plus cauteleus de tous
les Animaus. Aussi le Demon se seruit de son organe, pour
cajoler la premiere Famme & la tromper ; randant son appetit amoureus de la beauté d'vne pomme, son esprit curieus de deuenir samblable à DIEV dans la Sçiance du
bien & du mal, sa volonté rebelle au commandemant qui
luy estoit fait ; bref, ses blandices & ses caresses morteles
à tout le Genre-Humain, ayant porté son Mari à la deso-
beïssance. Il est vray que DIEV commança la punition de
ce premier crime, par celuy qui auoit esté le premier instrumant de la tantation. Il maudit le Serpant, le condam-
na à se traîner sur le vantre, & à manger la terre ; le randant
au reste si foible, qu'vn Homme nû le fait fuïr : que la saliue d'vne Personne qui est à jûn le tuë, qu'vne Famme luy
écraze la tête d'vn coup de pied ; & que depuis qu'il a pic-
qué l'Homme, la terre ne le reçoit plus en ses trous ny en son
sein.

Il n'y a pas moins de merueille à considerer, que *les mor-
sures* de ces venimeus Serpans, qui faisoient mourir le Peu-

Le Serpant
d'Airain.

ple de DIEV dans le desert ; estoient gueries par la veuë
d'vn Serpant, éleué sur vn poteau au milieu de l'armée. En
quoy il est à remarquer que ce Serpant estoit de cuiure, d'où
l'on tire le plus mortel poizon : & que ce pôteau estoit la figure de la Croix & du Crucifix, dont la veuë rand la vie à
nos Ames. Enfin comme Salomon nous ranuoye à l'école

*Vade ad formic.
pig. Prouerb. 6.*

des Fourmis, pour réueiller nôtre paresse, & exciter nôtre
diligence : deméme IESVS le Roy pacifique de nos cœurs,

nous oblige de prandre les leçons de nôtre prudance, de
l'example des Serpans ; *estote prudentes sicut serpentes.*    *Matth.* 10.

Il faut sortir de ces Insectes, pour venir aus ANIMAVS
PARFAITS. L'on les enferme tous en trois classes. Les    Les Animaus
Bétes viuent & marchent sur la terre, les Poissons nagent    parfaits.
dans les eaus, & les Oiseaus volent dedans l'air. Tous ces
trois se soû-diuisent par vn nombre innombrable de genres & d'especes. Ie me contanteray d'en remarquer les principales, ajoûtant à chaque classe quelques-vnes des obseruations plus curieuzes. Qui en voudra sçauoir dauantage,
n'a qu'à consulter le Pline des derniers Siecles, Vlyssés
Aldobrandus.

Ie commance par les ANIMAVS TERRESTRES;    Les Terrestres
dont la generation se fait ou par des œufs, ou par la semance jettée dehors : ou par la production d'vn Animal samblable, conçeu au dedans de la femelle. Il y en a qui ruminent,
comme le beuf: d'autres qui ne ruminent point, comme le
cheual. Ceus-là dans la Loy ancienne seruoient aus Sacrifices, ceus-cy estoient rejettez comme immondes. Les vns
sont sauuages, comme le Lion & le Loup. L'Art & la coûtume les peuuent de vray appriuoizer, mais non pas les dépouiller entieremant de leur naturel farouche & cruel. Les
autres sont domestiques, & aiment la hantize des hommes;
comme le chien, qui est le vray symbole du courage & de
la fidelité. D'où vient que les Hebreus l'appelent כלב, c'est
à dire tout cœur. Car pour celuy-là chez Nicephore, qui
découuroit les pensées & les choses les plus cachées; si ce
n'est vne fable, c'estoit vn effet de magie. Les vns portent
des cornes, comme le Beuf, le Cerf, & le Dain : les autres
n'en ont point, comme le Tigre & le Leopard. Les Brebis
sont couuertes de laine, les Chevres de poil mol, les Pour-
ceaus de poils plus durs, le Herisson d'épines : & le Porc-
epi est à soy-méme son carquois, son arc & ses fléches.

*Se pharetrà, sese jaculo, sese vtitur arcu.*
Il y en a qui ont les ongles fanduës, d'autres qui les ont
plattes : les vns molles & charneuzes, les autres dures &
de corne. Les Bétes sont plus feroces en Asie, plus fortes

en l'Europe , plus monſtrueuzes en l'Affrique ; d'où vient le prouerbe, qu'elle porte toûjours quelque nouueauté.

Les *Singularitez* des Animaus ne ſont pas moins admirables. Holchot met le fiel de l'Albenne, dans ſes oreilles. Tertullien veut que l'Hyene change tous les ans de Sexe. Si ceque l'on raconte de la corne de Licorne & du Bezoard, n'eſt point fabuleus , ce ſont les plus puiſſans de tous les contre-poizons. Le Lievre traîne aprés ſoy le Lion, ſi vous l'attachez auec vne chaîne d'or. L'Oliuier rand les Chevres ſteriles, éteint la fureur des Toreaus , mortifie la chair la randant fort delicate. Les Serpans & les Renars s'accordent fort bien, & viuent en ſocieté ; comme ſi la malice eſtoit le venin des eſprits, & le venin vne malice des corps. Le Cerf les mange , pour renouueller ſa vieilleſſe languiſſante. Les Troglodites s'en nourriſſoient autrefois. Le Lion cache ſes traces auec ſa queuë, ſe contante d'auoir terraſſé ſon ennemi. Et l'on a creu long-temps deuant S. Epiphane , que la Lionne ne portoit jamais qu'vn Lionceau ; comme ſi le Roy des Animaus , deuoit eſtre vnique. Auſſi a-ce toûjours eſté le ſymbole de la monarchie , de la force & de l'autorité. Et la Mere de Periclés en eſtant enceinte , ſongea qu'elle acoucheroit d'vn Lion. Les Agneaus & les Brebis ont eſté les premiers Sacrifices entre les Animaus, comme les fleurs entre les Vegetables.

Les POISSONS naiſſent & viuent dans l'eau ou douce, ou ſalée. La qualité de cét elemant, qui facilite leur fray, fait que leur nombre & leurs eſpeces ſurpaſſent toute connoiſſance. Ils ſont ſi peu ſujets aus maladies , qu'ils ont donné lieu à ce prouerbe, *ſain comme vn poiſſon en l'eau.* Leur chair eſt ſi delicate , que ce ſont les mets les plus exquis de ces feſtins que l'on nomme ambigus. On en a fait du pain, de la gelée, des biſques. Et ce n'eſt pas ſans raiſon , que pluſieurs preferent la delicateſſe du poiſſon à la chair , dont l'vzage n'a eſté permis qu'aprés le deluge.

Comme il y a des Animaus que la hantize de la mer change en Poiſſons , demême il y a vn Poiſſon que la vieilleſſe metamorphoze en Animal terreſtre. Il s'en treuue vn autre

dans la mer, dont la langue brille comme vn flambeau allumé, au milieu des plus noires tempétes. L'Ane marin a
le cœur dans le vantre. L'eau du fleuue Luzias estant tres-
claire, ne nourrît que des Poiſſons extrememaut noirs.
Dans vn certain lac les Poiſſons paroiſſent tous dorez, ſi
vous les tirez hors de leur eau, ils perdent cete belle couleur. La Seche vomiſſant de l'ancre, ſe derobe à la veüe des
pécheurs. La Torpille engourdît leurs mains. L'Arotan
eſtant pris, leur cauſe la fievre. Le Poulpe ſe cache, prenant la couleur du rocher où il eſt attaché. Le Pinatere pi-
cote l'Huître, pour l'auertir que la proye eſt prizonniere
dans ſon écaille. La Spongotere fait le méme à l'Eponge. La
Balene a ſon guide, qu'elle ſouffre dormir en ſa gueule. Les
Thons nagent en eſcadrons cubiques. Et tous les Poiſſons
nagent contre le vant, depeur qu'il n'entre-ouure leurs
écailles. L'Ouranoſcope eſt ainſi nommé, parcequ'il regarde toûjours le Ciel. N'eſt-ce pas vn prodige de voir la petite Remore, arréter tout court vn Nauire lorſqu'il cin-
gle à pleines voiles ſur la mer?

Combien fut miraculeuze la vertu du poiſſon de Tobie, *Tob. vi.*
dont le cœur brûlé ſur les charbons chaſſoit les Demons par
ſa fumée, & le fiel randit la veüe au Pere de ce Ieune homme? Combien fut heureus le vantre de la Balene, d'auoir
eſté ordonnée de Dievexpreſſemant, pour ſeruir à Ionas de
tombeau, de nauire, de maiſon, d'oratoire, d'autel por-
tatif, de berceau: & à I. Chr. de figure de ſa Reſurrection? Vn Prophete compare le Monde à la Mer, les
Hommes aus Poiſſons, la Senſualité à l'Appas qui couure *Abac. 1.*
l'hameçon; le Diable à vn Pécheur, qui tuë tous ceus qu'il
prand. Mais LE FILS DE DIEV randant cete metapho-
re plus heureuze, veut que ſes Apôtres ſoient des Pé- *Matth. 4.*
cheurs, leurs Filets la Doctrine & les Miracles: la Mer, le
Monde, & les Hommes des Poiſſons.

LES OIZEAVS viuent en l'air, & neanmoins ſont for- *Les Oizeaus.*
mez de l'eau, & au méme temps que les Poiſſons. Cequi
marque que leur differance n'eſtant pas fort grande, les *Produc. aquæ*
Poiſſons ſamblent eſtre des oizeaus qui nagent, & les oi- *reptile & volat.*
*Geneſ. 1.*

zeaus des poissons qui volent. Aussi est-on bien en peine, dans lequel des deus rangs l'on doit mettre les Bernaches, qui volent auec les Oiseaus, & qui ont le sang froid comme les Poissons. Il y a des Volatiles qui demeurent toûjours à la maison, comme les Poulles. Les autres ne sont jamais domestiques, comme les Beccasses. Les autres vont & viennent, comme les Oyes, les Canes, les Pigeons. D'autres qui ne font que passer selon les saisons, comme les Gruës, & les Hirondeles. Il y en a qui chantent de diuerses façons, comme le Canarien, la Caille, le Rossignol. Il s'en treuue méme dont le jargon contrefait la parole humaine, comme le Merle, l'Etourneau, le Geay, le Perroquet. Outre celuy qui salüa Cesar passant par la ruë, l'Empereur Basile fut excité par la voix d'vn perroquet, à deliurer Leon son fils de la prizon où il le retenoit. Les autres ne jettent que certains cris non articulez, comme le Corbeau, l'Aigle & le Vautour.

　　Les Oizeaus de proye, n'ont rien qui ne soit venimeus, l'haleine, les plumes, les ongles. Ils viuent de cadavres, & les parfums les font mourir. Leur odorat est si exquis, qu'ils sentent de bien loin les charognes & les puanteurs. On leur a méme attribué des préssentimans des batailles, & les prezages de l'auenir. L'Antiquité adoroit le Milan, parcequ'il marque la venüe du Primtemps, & qu'il ne touchoit jamais aus viandes des Sacrifices. Ils commancent, dit-on, à deuorer la proye par les yeus, & n'en mangent jamais le cœur.

　　*L'Aigle* est le symbole d'empire & de victoire, comme celuy qui se vint poser sur la téte d'Alexandre. Il épreuue ses Aiglons au Soleil, il leur apprand à voler : celuy qui dans l'air est le plus proche du cœur de la mere, est le plus cheri ; & ne chassant qu'au loin, il épargne toûjours ses voizins. Son fiel mélé auec le miel, éclarcît la veüe. Celuy que dépeint Ezechiel, peut bien passer pour le Roy entre ces Roys des Oizeaus. Les Aigles blanches sont prises pour des prezages de bon-heur, & la fondation de Rome remarque la méme chose des Vautours. Cét Aigle qui

se

*Preuocat ad vo-*
*land. pullos suos.*
*Deuter. 32.*

*Aquila grandis*
*&c. cap. 17.*

se jetta dans le feu où brûloit le corps de sa Maîtresse, montre le courage & la fidélité de cét Oiseau, Il seruoit d'étandard à l'Empire de Rome, comme encore aujourd'huy à celuy d'Occidant : & parmy leurs Apotheoses, on l'attachoit
au plus haut du bucher. Renouuelant ses plumes lors qu'il
muë, il marque la renouation des Ames par la penitance, &
des corps dans la Resurrection.

*Renouab. vt aq. iuuent. mea. Ps. 102.*

Le *Phenix* est ou vn miracle, ou vne fable. Iob & tous
les Peres de l'Eglise samblent luy donner credit, l'employant comme l'illustre symbole de la Resurrection ; puique renaissant de ses cendres, son tombeau luy sert de berceau. Tacite ne laisse pas de remarquer que l'on en vit vn à
Rome sous l'Empire de Tibere. L'Achante qui ne vit que
dans les épines, a vn chant melodieus. Le Cygne a la peau
aussi noire, que son plumage est blanc : il ne mange aucun
morceau, qu'il ne l'ait trampé dans l'eau ; & on ne l'entand
chanter, que lors qu'il est prés de mourir. C'est pourquoy
les Anciens l'ont dedié à Apollon. Les Oyes ne peuuent
souffrir le Laurier. Leur cry ayant deliuré le Capitole de la
surprise des Gaulois, elles furent en grande veneration à
Rome.

*In nid. meo mor. & tanq. Phœnix multiplic. dies meos. Cap. 39.*

Les soins de la Poule au tour de ses poussins, sert de symbole à ceus que la Prouidance diuine a sur les Ames. La Perdris couue les œufs mémes qu'elle n'a point fait. La Colombe est la figure du Saint-Esprit, de l'Eglise son Epouze,
& des Personnes innocentes ; qui sont sans fiel, sans bec,
& sans ongles. Car ceque l'erreur populaire a fait dire à
Harphius, que les Pigeons conçoiuent par le baizer, n'est
que pour en tirer sa conception mystique, comme à méme
dessein nous rapportons icy mille choses samblables. Le
Coq est vn Oizeau solaire ; qui sentant les approches du
Soleil, chante à diuerses heures de la nuict. Si la terreur
que sa voix imprime au Lion est vne chose vraye, la raison
s'en prand de ceque l'Astre de ce Roy des Oizeaus domestiques, est superieur à l'Astre de ce Roy des Animaus : ou de
ceque le Lion fremissant de colere, l'on attribuë ce mouuemant à la peur. La fable est bien plus entiere, qui met

*Quemadm. Gal-lina, &c. Matth. 23. Perdix fouet quæ non peper. Ie-rem. 17.*

*Jn Cantic.*

*Quis ded. Gallo intelligent. Iob. 38.*

vne ruë en Theſſalonie , en laquelle jamais les Coqs ne
chantoient. Tant-y-a que le Coq eſt le ſymbole du courage,
& de la vigilance. C'eſt pourquoy les Vaillans en portent
la figure ſur le timbre de leurs caſques , & nos Egliſes ſur la
pointe de leurs Clochers ; ceque d'autres détournent à la penitance de S. Pierre.

Mais parceque l'Ecriture méme enuoye l'Homme à l'E-
cole des Animaus, ce n'eſt pas tout à fait ſans raiſon que l'on
a douté, s'ils auoient quelque vzage ou quelque image de
*raizon.* Car on croit que l'Homme a appris de l'Hirondele
à bâtir , de l'Alcion à connoître les enflemans du Nil & des
Marées ; de l'Airaignée à filer la toile , du Fourmi à faire
des prouiſions, des Oyes du Capitole à faire les ſentinelles : de l'Hypotame à s'ouurir les veines pour la ſeignée,
de l'Ibis à ſe purger par lauemans ; des Chiens & des Chats,
par des herbes Medicinales,

On void de plus, combien tous les Animaus des trois
genres , ſont ramplis d'induſtries, & capables de diſcipline.
Le chien diſcerne non ſeulemant ſon Maître , mais tous ceus
qui ſont aimez de ſon maître. La crainte du bâton , luy
fait corriger l'appetit qu'il a de manger le morceau qu'il a
dans la gueule. Aprés auoir flairé deus chemins , il ſe lance dans le troiziéme pour ſuiure le gibier. Il preuoit le
temps de Caréme, & connoît l'heure du trauail qu'il a coûtume de faire. L'on ne s'étonne plus de voir comme-quoy
on le dreſſe auec les oizeaus, à diuerſes chaſſes , & à diuers
tours de ſoupleſſe ; puiſqu'on a veu des Elephans & des
Chevres danſer ſur la corde, le Renard ſonder auec l'o-
reille ſi la glace eſt aſſez forte pour le porter : le Beuf reconnoître ſa creche, & s'arréter quand il a tiré le nombre
des ſeaus d'eau qu'il a accoutumé. Les Perroquets appren-
nent à parler. Les Poiſſons mémes, qui ſont les moins diſ-
ciplinables, eſtant appelez par leur nom, viennent au bord
de l'eau & reconnoiſſent ceus qui leur portent du pain.

On ajoûte à cela pour la pratique des vertus, la fidelité
du chien, l'amitié du Dauphin , la gratitude de l'Aigle,
la juſtice & la prudance du Serpant : la foy de la Tourterel-

le', la chasteté de la colombe, la pieté des Cicoignes ; l'o-
beïssance & la patiance de l'Ane, qui a méme merité d'estre
témoin de la naissance du Messie, de le porter en son triomphe : & de parler autrefois à vn Deuin, de la part de
DIEV.

Aprés tout, la foy decide auec S. Augustin, que c'est
vne impieté grossiere, de donner aus Animaus la forme
essentiele de l'Homme. *Il faut donc dire* qu'ils ont du raisonnemant, non pas de la raison. Ou s'ils ont de la raison,
ils n'ont pas le méme principe qui est dans l'Homme. Desorte que raisonner, c'est vn effet qui n'est pas vniuoque ;
parce qu'il se treuue en des especes differantes, qui raison-
nent chacune à leur mode. Ou pour dire encore plus clairemant *ceque je panse* sur cete delicate matiere, qu'vnes
de nos meilleures plumes touche à son ordinaire fort subtilemant ; la méme raison naturele qui joignant tous les Estres
les vns auec les autres, fait que les derniers degrez du plus
haut étage sont les premiers du plus bas ; est la cause preci-
se, pourquoy l'imagination des Animaus dans ses plus
hauts efforts, produit des raisonnemans qui approchent &
qui ressamblent à ceus qui naissent de la raison, qui est l'ame
& la forme de l'Homme.



---

# LES VEGETAVS, ET
# les Elemans.



L E Vegetatif embrasse l'estre & la vie des Plantes.
Ses operations sont trois. La Nourriture change
l'alimant en la chose alimantée. Ce qui se fait par
les actions des quattre facultez dont l'vne attire,
la seconde retient : la troiziéme digere, la derniere chasse les superfluitez. Dans l'Accroissance la force
de la chaleur naturele étand la quantité, jûqu'à la juste grandeur que demande chaque chose corporele, & viuante ; n'y

ayant que le Crocodile, qui n'a ny bornes ny mezures. La
Generation eſt la production d'vne choſe viuante, & ſamblable à ſon principe. C'eſt pourquoy on la reconnoît dans
les Vegetables.

Il y a *Quattre ſortes de Plantes*. Les Arbres ; comme le
Chéne, le Pin, le Poirier. Les Arbriſſeaus ; comme le Baume, la Reglice, le Rozier. Les Demi-Arbriſſeaus ; comme
le Romarin, la Lauande, le Buys. Les Herbes ; comme la
Laittüe, le Plantain, l'Ozeille.

*Les parties* de ces vegetables ou demeurent d'elles-mémes toûjours attachées à l'arbre ; comme la racine, la moëlle,
l'écorce, la tige, les branches ou rameaus. Ou elles viennent, & s'en vont tous les ans ; comme les graines, les fûeil-
les, les fleurs, les fruits. On y ajoûte les larmes, les gommes
& les excremans ; comme le maſtic, la reſine, la poix, la
mouſſe, & ſamblables liqueurs qui en découlent. L'vne
des principales c'eſt l'Encens, qui a méme toûjours eſté
employé dans le culte diuin : & dont le plus recommandable au rapport de Ieremie, eſt celuy de Sabée.

Les Vertus randent les plantes chaudes, froidés, ſeches,
humides : purgatiues, deterſiues, &c. comme nous auons
remarqué traittant de l'Agriculture.

L'Élemantaire, enferme les quattre Elemans
Simples. Le Feu, chaud & ſec ; Naturel, Artificiel, Miraculeus. Sa Flamme eſt rouge dans vne matiere épaiſſe,
brillante dans vne deliée, pâle dans vne moyenne. L'Air
humide & chaud, ramplît la ſuperieure, la moyenne, &
la plus baſſe region ; c'eſt à dire ce grand eſpace, étandu
entre la concauité du Ciel & la ſurface de la Terre. L'Eau
froide & humide, douce ou ſalée ; prenant ſon cours par
les fonteines, par les ruiſſeaus, les torrans, les riuieres,
les lacs & les étangs ; coule dans la Mer Oceane, & Mediterranée. La Terre acheue le cercle & la liaiſon des qualitez elemantaires, par ſa froideur qui l'attache à l'Eau : & par
ſa ſechereſſe, qui la rejoint au Feu.

Cete méme Claſſe comprand encore LES MIXTES
& Compoſez, que l'on diuiſe en Parfaits & Imparfaits.

Les Plantes.

Cap. 6.

Les Elemãns.

Les Mixtes

Les Imparfaits qui s'éleuent & paroissent en l'air, sont appelez METEORES. Leurs berceaus neanmoins sont icy-bas; l'eau, & la terre. Car les vapeurs chaudes & humides attirées de l'eau par la force de la lumiere & de la chaleur des Astres, s'épaississent en nuées. Ces nuées portées diuersemant par le soufle & par l'agitation des vants, venant à retomber icy-bas; font les broüillars, la pluye, la nege, la grêle, la gelée, la glace. Si ce sont des exhalaisons chaudes & seches, éleuées de la terre: elles s'enflamment, & font diuerses sortes de Cometes. Et par leur rancontre, leur combat & leur entre-choc dans cete moyenne region de l'air; elles produisent les éclairs, les tonnerres, & les foudres. Les Meteores.

Dans ce rang des Imparfaits on met encore *les Semances* des Animaus, les germes des Vegetaus, les principes des Metaus. Voilà pour les Mixtes Imparfaits. Les Semances.

---

# LES COMPOZEZ
## Parfaits.

TITRE XL.

IL y en a de deus sortes; les Pierres, & les Metaus. Les *Pierres* sont des corps fossiles, durs, secs & frangibles; compozez principalemant d'eau & de terre, diuersemant élabourez. Elles sont ou communes, ou precieuzes. C'est à dire qu'il y en a de brutes, dures & massiues; comme les caillous, les rochers, les marbres. D'autres transparantes, polies & brillantes, comme le Chrystal. Les Pierres.

Il y en a de *precieuzes*, qui ont plus d'eau, & moins de terre; dont les vnes sont luizantes & éclatantes, comme le Diamant, le Rubis, l'Ecarboucle. D'autres sont obscures, comme la Turquoize, le Iaspe, l'Albâtre. D'autres moyennes, comme toutes les Perles. Le Chrystal, qui est comme la premiere matiere de toutes les pierres precieuzes, est vne Precieuzes.

H iij

humidité condanſée par le froid ; c'eſt pourquoy la chaleur du feu vn peu violant, le fait fondre.

La Nature étale en ces richeſſes toutes ſortes de couleurs. La Perle eſt blanche, le Rubis rouge, l'Emeraude verte, la Turquoize bleuë. Pour montrer ſon opulance, elle les fait naître par tout. Dans l'Air, comme les Pierres des foudres : dans la Mer, comme le Corail & les Perles : dans la Terre, comme les Rubis & les Diamans : dans les Animaus, comme l'Etitités, ou la Pierre d'Aigle, la Crapaudine, le Bezoard, l'Alectorienne, & autres. Il y en a même qui ſoûtiennent qu'elles s'engendrent les vnes les autres. Et que les vertus qu'on leur attribuë, comme d'arréter le ſang, d'empécher l'yureſſe : de reſiſter aus venins, &c. ſont les propriétez de leurs formes.

L'Art & l'induſtrie des Hommes a treuué l'inuantion de contrefaire ces beautez de la Nature. En quoy elle ſe ſert de l'vne de ſes plus rares productions, ſi elle eſtoit moins commune, je veus dire *le Verre*. Son inuantion eſt attribuée par Pline, au hazard de certains Marchans ; qui faiſant du feu au pied du *Mont-Carmel*, virent couler du verre des quartiers de nitre dont ils ſe ſeruoient. Ceque le temps a ajoûté pour le faire couler, pour le ſoufler, & luy donner toute ſorte de figures & de couleurs, eſt ſi plein de merueilles ; que l'on a raiſon de deteſter la jalouze ou l'auare cruauté de l'Empereur Tibere, qui fit mettre à mort Celuy qui auoit treuué l'inuantion d'ôter la fragilité au verre & de le randre malleable. Le Ciel de Coſroë chez Cedrene, auec tous ſes globes & ſes mouuemans : la Sphere d'Archimede toute de verre, eſtoient peut-eſtre vn effet de cete inuantion. Ce qui a fait dire que comme l'or eſt entre les foſſiles la production la plus acheuée de la nature, demême le verre eſt le dernier effort de l'art ; car du verre, il ne ſe peut faire que du verre. D'où vient que nôtre Ecriture-Sainte donne à tous les corps les plus parfaits, vne ſubſtance vitrée & chryſtalline. Le Ciel, les Corps des Bienheureus, le Paradis, le trône de D i e v ſont de cete nature. L'Or méme eſt changé en verré, par le moyen du Plomb : & nôtre émail,

qui vient peut-eſtre du mot Hebreu *hamal*, n'eſt qu'vn verre
doré. Les vzages de ce beau corps tranſparant, ſont préque
infinis. Et ſa fragilité eſt vn clair miroir, dans lequel Saint
Auguſtin a reconnu celle de toutes les choſes créees. A quoy
j'ajoûte, que c'eſt méme ſa plus grande perfection qui eſt la
cauſe de ſa plus grande fragilité. Des morceaus de verre
jettez dans vn puy, le tarriſſent faiſant fuir les eaus : & ils
aident à cuire la viande, en tirant l'humidité.

Le *prix* des Pierres precieuzes s'augmante par ſa groſ-  Leur Prix.
ſeur, par la politeſſe, & par l'éclat. Dés le temps de Theo-
phraſte, l'Art, qui eſt le ſinge de la Nature, en contrefaiſoic
de fauſſes. Mais on les diſtingue d'auec les vrayes, par le
goût, par l'attouchemant, par la veuë ; auec la lime, & le
marteau.

Ces Pierreries à vray dire, ſont les plus beaus enfante-
mans du Ciel & de la Terre : les richeſſes les plus exquiſes  Leus Proprie-
de nos cabinets, & les plus precieus ornemans de l'Etat ſa-  tez.
cré & prophane. La Nature en eſt ſi curieuze, qu'elle les cache comme ſes trezors ou dans le ſein de la mer, ou dans
les entrailles de la terre. Il y en a qui tombent du Ciel auec
la foudre, ou au decours de la Lune. La Celenite change
de couleur, ſelon les diuers cartiers de cete planete. La Sy-
notide imite les mouuemans du Soleil, l'Aſterite s'allume
eſtant expozée à l'ardeur de ſes rayons. La Pierre, qu'on
appele l'œil du Ciel, eſt d'vne figure ſamblable à la prunelle de l'œil, & jette vn brillant comme vn rayon viſuel.
Dans vn Saphir, au rapport S. Epiphane, on void la Loy
de Moyze, grauée par les mains méme de la Nature, qui
ſamble en cela n'eſtre pas moins religieuze, qu'induſtrieuze.
Le Saphir a pour berceau, les veines de l'Eſcarboucle ; qui
peut grauer ſa figure ſur toutes les autres pierreries, ſans
receuoir l'impreſſion d'aucune. La Gagate s'allume dans
l'eau, & s'éteint dans l'huile : comme l'Anthracide allume
ſes flammes dans l'eau, & les amortît dans le feu. Le verd
de l'Emeraude eſt le ſymbole de l'eſperance, & delaſſe la veuë
des Orphevres.

Le Prophete Amos ſelon la viſion des LXX. bâtît le trô-

ne de D i e v, de diamant, & luy en met vn en la main,
peut-eftre pour brizer le front & le cœur des pecheurs, qui
ont la dureté de cete pierre au rapport d'vn autre Prophete.
Ezaye parle d'vne Ville, qui a des Saphirs pour fes fondemans. La Celefte Ierufalem, eft dans le tableau de l'Apocalypfe, toute brillante de Pierreries. Ezechiel habille auec
la méme pompe le Roy de Tyr, que l'Eglife prand pour
la figure du premier des Anges Lucifer. Et l'Exode les fait
éclater auffi myfterieuzemant, qu'admirablemant dans les
habits du Grand Preftre de l'Ancienne Loy.

Mais fans doute le plus merueilleus vzage, c'eft de ces Pierreries employées dans le Rational ou le Pectoral du Iugemant. C'eftoit vne piece de broderie, artiftemant trauaillée d'or, de pourpre, d'ecarlate, de cramoifi & de fin lin
retors. Cét Ouurage qui n'eftoit que d'vne paume en quarré, eftoit chargé de quattre rangs de Pierres precieuzes.
Dans la premiere file eftoit vne Sardoine, vne Topaze,
vne Emeraude: dans la feconde vne Ecarboucle, vn Saphir,
vne Iafpe. Dans la troiziéme rangée il y auoit vne Ligure,
vne Agathe, & vne Ametifte: dans la quattriéme vne Chry-
folite, vn Onyx, & vn Beril. Chacune de ces Pierres precieuzes enchaffée en or, eftoit grauée d'vn nom des douze Tribus d'Ifraël. Et nous auons remarqué au Traitté des
Chiffres que c'eftoit par leur arrangement & par leur éclat,
que D i e v faifoit entandre fes Oracles à fon Peuple. Aprés
les Pierres viennent les Metaus.

# LES METAVS.

A R D A N & les autres Curieus les mettent au
nombre des Eftres viuans. Leur raifon principale fe prand de leur accroiffemant, qui eft fi
vifible que perfonne ne le peut nier. Car l'experiance fait voir, que les pierres croiffent en
l'eau, qu'elles vieilliffent, l'aimant perdant fa force auec

le

le tamps : & que les Minerons ayant epuizé vne mine de
ſon metal, la recouurant de terre, la retreuuent emplie
quelque tamps aprés. Cequi fait croire que cete dure matiere ne laiſſe pas de vegeter, le vif-argent & le ſoufre eſtant
les principes de cete generation.

La Philoſophie ordinaire n'attribuë cét accroiſſemant,
qu'à vne nouuelle addition de matiere. Elle nie dans les
Metaus le principe de la vie, parcequ'elle n'y en reconnoît
ny les marques, ny les fonctions. Ils ne s'accouplent point,
& ne ſe nourriſſent point. Ils n'ont point de parties organiques & diuerſes, qui croiſſent égalemant & vniforme-
mant. Ils n'ont ny même figure, ny aucun terme de leur
grandeur; Ils ne portent ny fuëilles, ny fleurs, ny fruicts:
ny graines, ny ſemances.

Entre les Metaus, les vns ſont *Imparfaits*, ou ſucs    Metaus impar-
Mineraus; comme les ſels, les aluns : le nitre, ou ſalpétre,    faits.
le ſoufre, la naphte, la craye blanche & rouge : le vitriol, le
cinabre, l'azur, l'orpin, l'aimant ; & autres marcaſſites, ou
pierres metalliques.

Les Metaus *Parfaits* ſont des corps ſolides, opaques:
pezans, malleables, ductiles & ſonnans. Leur formation
vient ou de la Nature, ou de l'Art, ou du hazard. Ils ſont
au nombre de *ſept* ; l'Or, l'Argent, l'Etain, le Cuivre, le    Sept Parfaits;
Plomb, le Fer ; qui purifié & endurci par pluſieurs tram-
pes, deuient Acier. Les Chimiſtes qui ne reconnoiſſent
entre les Metaus qu'vne differance accidantele, ſelon le
plus ou le moins de cuiſſon & de pureté, ajoûtent le Vif-argent, qu'ils appelent Mercure : comme les ſix autres, des
noms des Planetes. D'autres donnent ce dernier rang à
l'Antimoine, qui de ſoy eſt vn poizon; eſtant preparé c'eſt    *Voyez le Triom-*
vn puiſſant purgatif, mais toûjours fort dangereus. L'E-    *phe que luy dreſſe*
criture même remarque, que les Dames s'en ſeruoient autre-    *M. Renaudot.*
fois pour ſe peindre les ſourcils : & qu'vne des filles de Iob,
en portoit le nom.

Tous ces Metaus ſont *engendrez* des exhalaizons & des
vapeurs dans les entrailles de la terre, tout ainſi que les
Meteores dans l'air. On les tire des veines & des philons,

Leurs Mines &
Berceaus.

qui ſe treuuent dans les Mines. Eſtant tirez, on les pile,
on les ebroüe : on les laue, & on les affine au feu dans les
fourneaus. Leur craſſe ſe ſepare de leurs corps. Celle de
l'argent ſamblable à de l'écume, eſt appelée litarge. La
plus épaiſſe, comme de la lie, ſe nomme lope. De la limeure
du fer, ſe fait le *Crocus Martis*. La rouïlle du cuivre, eſt
le verd de gris ; qui ſe tire mettant des grappes de raizins,
fraichemant exprimées, ſur des lames de cuivre. Des vapeurs & des fumées des Metaus ſe font la tuthie, la ceruze,
ou fleur de plomb, le ſandix, la caſſe, la calamine, le pom-
pholix : & peut-eſtre la ſpeautre, que les Hollandois nous ont
apportée depuis peu, appelée par les Indiens d'où elle vient,
*Calaëm*. Si ce Calaëm n'eſt plûtôt quelque corps mineral,
ſamblable au Spodium des Anciens ( car eeluy d'apreſent,
n'eſt que de la cendre d'yuoire ) & à ce talc de Venize ;
dont la blancheur eſt ſi belle, & ſi rare.

L'Or.

*Philoſophia per
Propoſition. di-
geſta. Lugdun.
an. 1646.*

*L'Or* eſt le Roy des Metaus, & la plus riche production
du Soleil icy-bas en terre. Iûques-là qu'il ſe treuue méme
en nos jours, des Philoſophes-Theologiens ; qui ſoûtiennent que le Soleil dans le Ciel n'eſt autre choſe, qu'vn
globe d'or purifié en ſa plus haute perfection. Au moins
l'ambition & l'auarice des hommes confeſſent publiquemant, que c'eſt le Soleil de la terre : & la téte de la Statuë
de Nabucodonozor, que tout le Monde adore. Il a encore
cela de commun auec le Soleil, que l'or ne peut eſtre bien
peint qu'auec de l'or. La commodité & l'auarice ont donné
le prix à ce metal, qui ne ſeruoit parmy les Scythes que pour
enchaîner les eſclaues & les criminels. C'eſt pourquoy auſſi
la Nature l'a caché ſi auant dans les entrailles de la terre. Et
Herodote dit que des fourmis monſtrueuzes le gardoient,
comme les ſerpans gardoient l'encens, au rapport du méme.

L'Or du plus haut titre eſtoit *l'obrizum* des Anciens, &
c'eſt maintenant celuy que l'on appele à vingt & quattre
carats. Eſtant pur & en chaux, il doit eſtre allié à d'autres Metaus, pour eſtre mis en œuure. On l'en ſepare quand
on veût, auec le plomb & le vif-argent. La façon particuliere de le ſeparer de l'argent, c'eſt auec l'eau forte & de de

part : auec le cimant royal , fait de briques & autres matieres ; enfin sa plus exacte separation , se fait auec de l'antimoine.

Le Deuteronome marque dans le desert proche du Iour- *Cap. 1.*
dain , vne mine d'or. Celuy qui se treuue dans le Tage &
dans le Pactole : & méme , au rapport de l'Ecriture , dans le
Phizon ; estant laué par l'eau de ces fleuues , est plus parfait
que celuy des Minieres. L'or découure les venins , attire *Genes. 2.*
le vif-argent , est attiré par le pied d'vn Epreuier : & les
Griffons l'aiment, comme les Autruches le fer. Ce fut vne
merueille sous l'Empire de Rodolphe, de voir vn Elephant
à qui la Nature auoit donné vne dent d'or.

L'*Argent* representé par la Lune, donne son nom parmy *L'Argent.*
nous à toute sorte de monnoies. Il y a l'argent de cendrée,
qui se rafine en fort grande quantité ; le faisant fondre auec
du plomb, dans vn grand vaisseau enduit d'vne charrée ou
lessiue faite de cendres bien douces, & bien lauées. L'argent de couppele, est celuy qui se rafine en vn fort petit
vaisseau de la méme matiere : mais la quantité y estant beaucoup moindre , le rafinage en est aussi plus exquis, que Dauid fait monter jûqu'à sept fois. Aprés l'auoir nettoyé de *Argent. probat.*
toute impureté, par le dernier afinage qu'ils appelent éuan- *purgat. septupl.*
ter, parcequ'il se fait dans vn fourneau à vant : ils le jettent *Ps. 11.*
tout chaud & tout fondu, dans vne tine d'eau commune.
Tombant dans cete eau froide, il se met en petits grains &
bossettes, qui le font nommer argent de grenaille. Le plus
haut poinct de l'argent fin, monte à douze deniers.

L'*Etain* se treuue de trois sortes. Le premier est dous & *L'Etain.*
fin, appelé des Anciens Plomb blanc ; si mol, qu'il ne peut
estre mis en œuure sans alliage. Le second, est le commun;
qui se fait mélant d'ordinaire enuiron vingt liures de
plomb, sur cent liures d'étain dous. Le troiziéme se fait
mettant sur cent liures d'étain dous, deus ou trois liures de
Cuivre & d'étain de glace ; qui est selon quelques-vns , ce
que les Allemans appelent *Bismuth*, que d'autres ne distinguent point du Regule d'antimoine. Ce mélange se fait
pour endurcir l'Etain dous, pour luy donner le grain plus

fin : le randre plus fonnant, & plus caffant.

Il y a demême plufieurs efpeces de *Cuivre*. Le premier eft celuy qui fe fond & fe forge, appelé des Anciens *Æs regulare*. Le fecond, nommé *Caldarium*, ne peut foûtenir le marteau. Il y a puis aprés le Cuivre jaune, ou rouge & de rozete. Ces fortes de Cuivre, ne fe treuuent préque point dans les productions de la Nature. On les fait donc d'ordinaire artificielemant auec la Calamine, que l'on croit eftre le *Crocus metallorum*; ou auec la Tuthie, ou auec vn peu d'Etain.

Celuy qui eft fait auec la Calamine, eft de haute teinture, nommé des Anciens, *Corinthium*. Il eft fin, dépouïllé de fa matte, & fort vermeil. On croit que c'eft *l'Orichalcum* des Latins; le χαλκολίβανος des Grecs : & nôtre laiton, ou archal. Encore qu'il y en ait qui compozent l'Orichalcum d'or & de cuivre, & *l'Electrum* d'or & d'argent; faifant de ces deus vn troiziéme metal, comme le *mulfum* fe fait du vin & du miel. D'autres ne font de l'Electrum & de l'Orichalcum, qu'vne même chofe. Et difent que le vray *Æs Corinthium*, fut treuué par hazard, de la fufion de plufieurs Metaus. Quand on doroit le Cuivre, on l'appeloit *Coronarium*, ou *Pyropum*, dont fe fait aujourd'huy le Clinquant. Pour luy donner la couleur d'or, on fe fert de fiel de beuf: & on le brûle dans le feu, fur lequel il eft mis, des plumes de perdris.

La Mitraille fe fait de Cuivre qui a des-ja ferui, comme les vieus chaudrons. La bonne Bronze dont on fait les Statuës, reçoit fort bien la dorure. Ce que ne fait pas, à caufe du plomb qui y entre, le Potin; qui eft le Cuivre jaune, dont fe font ordinairemant les chenets & les chandeliers. Enfin la matiere des Cloches, eft vn mélange de Cuivre & d'Etain. Celle des Canons, eft de franc Cuivre, d'airain ou mitraille, & du metal des cloches. Le Cuivre allié à l'or, le rand plus beau. Il retire l'argent de l'eau forte, & le fer en retire le Cuivre. Ietté dans vne forge, il empéche la foudure du fer.

*Le Plomb* eft aprés l'Or, le plus pezant de tous les Me-

taus. Il s'augmante dans la fournaize, en des caues : & peut-
eftre lors qu'il eft expozé à l'air, comme fur la couuerture
des Eglifes. A caufe de la malignité de fa fléur, on ne s'en
fert qu'eftant étamé.

*Le Fer* quoy que le plus dur, fe met plus aizémant en
lames & en ouurages. C'eft pourquoy il paffe pour le plus
neceffaire des Metaus, comme l'or pour le plus vtile : encore eft-il bien plus employé, l'or méme ne s'en pouuant
paffer.

On le prand pour le fymbole de la force, & on le furnomme Mars. Et c'eft peut-eftre en cete veuë, que les Empereurs d'Occidant reçoiuent trois Couronnes ; l'vne d'Or,
l'autre d'Argent, la derniere de Fer. Le premier qui l'a mis
en œuure, ç'a efté Tubalcain, que la Theologie fabuleuze
furnomme Vulcain.

Enquoy il y a encore deus chofes à remarquer. La 1. que
toute *foudure* fe fait d'vne matiere vn peu diffamblable.
Celle de l'Or auec de l'Or, de l'Argent & du Cuivre, qui
eft le borax, ou la roche des Orphevres. Celle de l'Argent,
auec de l'Argent & du Cuivre. Le ramail eft pour fouder le
Cuivre. En fait de foudure le probléme de Ieremie eft bien
confiderable, que le fer ne fe peut lier auec le fer fans
l'aquilon.

La 2. que les Metaus eftans *mélez*, deuiennent vn peu
*aigres*. Iufques-là, que l'Or & l'Argent, qui feuls n'ont aucun goût : en ont vn fort fenfible, lorfqu'il font mélez auec
le Cuivre.

L'INSTRVMANT enferme toutes les chofes dont on
fe fert dans les actions ; foit Phyfiques, foit Morales. C'eft
pourquoy il comprand tous les Accidans, toutes les Vertus, tous les Vices, les Subftances mémes, lors qu'on les
employe à quelque feruice & vzage.

Cequi fait *diftinguer* l'Inftrumant en plufieurs fortes. Il y
a le Conjoint ; comme le rayon, la main, les yeux. Le
Separé, comme les germes, & les femances. Le Conjoint
en l'vzage, feparé en fon Eftre ; comme le Marteau, & le
Cizeau. L'Interieur, comme le cœur & la chaleur naturele.

I iij

L'Exterieur, comme la main & la plume. L'Vniuerſel, comme la lumiere du Soleil. Le Particulier, comme le burin.
Le Naturel-neceſſaire, comme la langue pour parler, les
pieds pour marcher. L'Arbitraire, comme les Anges à l'é-
gard de D i e v : les Domeſtiques, les Ouuriers, & les
Bétes de feruice dans le ménage. L'Artificiel; comme tous
les Outils, dont on ſe ſert dans les diuers métiers & vzages de la vie. Le Moral, toutes les eſpeces des vertus, &
des vices.

---

TITRE XIII.

# LES NEVF QVESTIONS
## multipliées.

Si la choſe eſt.

 E s Queſtions ſe font ſur l'Eſtre des choſes,
ou abſolu en ſoy-méme : ou relatif, comparé
aus autres. La premiere, recherche s i  l a
c h o s e  e s t ? C'eſt à dire ſi elle eſt exiſtante
parmy les Eſtres, ou ſeulemant en puiſſance. Si
elle eſt poſſible, impoſſible : neceſſaire, contingente; réelle, intentionele, chymerique. A quoy on répond par affirmation, negation : doute, & diſtinction.

Qu'eſt-ce qu'el-
le eſt ?

Q v' e s t-c e ? Cete ſeconde Queſtion recherche la nature de chaque choſe par la definition, qui borne & explicque ſon Eſtre. Cequi ſe fait en deueloppant ſon genre, ſon
eſpece, ſa differance : ſes proprietez, & ſes accidans permanans & paſſagers, abſolus & relatifs. Son nom, par l'e-
tymologie. Sa perſonne indiuiduele. Ses operations. Cequ'elle eſt dans les autres, & ceque les autres ſont en elle.

C'eſt icy ſans doute, *l'Inſtrumant general* & de la Sçiance,
& de l'eloquance. Car qui ſçait bien definir, ne peut rien
ignorer, & ne demeure jamais court. La raiſon eſt qu'afin
de former la continuation du raiſonnemant & du ſtyle, il

De l'ordre du
diſcours.

faut auoir recours à l'ordre, qui eſt vraimant l'ame de tous
les deus. L'vnité de cét ordre procede de la diſtinction des

mambres, & de la diuersité des parties. Pour l'acquerir, il faut faire les *trois choses* suiuantes.

.Il faut 1. établir en general le sujet propozé. 2. Le definir en particulier. 3. S'il est besoin, rechercher la maniere de son estre. Puis de la méme sorte, il faut 1. établir son action. 2. La definir, ou décrire. 3. Deuelopper la façon au maniere, par laquelle elle se fait. *Trois choses necessaires.*

Pour reüssir auec plus de facilité en tous les deus, je confans d'enchasser en ce lieu vne Inuantion des *Mediums*; laquelle encherissant peut-estre sur l'Art de Raimond Lulle, comprand & embrasse toutes les choses, que nous auons briéuemant explicquées jûqu'icy. *La source des Mediums.*

Voicy donc le Mystere. Pour discourir dequoy que ce soit auec Sçiance & eloquance, il ne faut que *definir*; c'est à dire chercher la definition de toutes les choses, dont on veût parler. Pour cét effet, j'establis *La Definition.*

*Quatre sortes* ⎰ 1. L'Essantiele. 11. La Metaphorique.
*de definitions.* ⎱ 111. L'Allegorique. 1v. L'Authantique. *Quatre sortes de Definitions.*

Selon la premiere ; LA FOY, par éxample, est vne lumiere surnaturelemant infuze ; laquelle nous fait croire toutes les veritez, que DIEV a reuelées à son Eglise. Selon la 2. La Foy est l'œil de l'Ame Chrétienne. Selon la 3. La Foy est la colomne lumineuze & tenebreuze, qui conduit le Peuple de DIEV à la sortie de l'Egypte, pour entrer dans la Terre promise. Selon la 4. La Foy est la substance des choses que nous deuons esperer, & que la raison ne peut preuuer. *1. L'Essantiele.* *2. La Metaphorique.* *3. L'Allegorique.* *4 L'Authantique. Hebr. 11.*

Il faut donc 1. treuuer ces quatre definitions. La 1. essantiele, est enseignée en la Sçiance qui traitte de chaque sujet duquel on veût parler. Elle se treuue par la nature, & par les proprietez de la chose. Pour example, la definition de la Foy se doit puizer dans la Theologie : celle de l'Homme dans la Physique, du poinct dans la Mathematique. En quoy il faut soigneuzemant obseruer, que toute chose reçoit *deus* sortes de definition ; l'vne generale, l'autre generalissime. *Où les treuuer.* *Deus façons de definir.*

La 1. se fait lòrs que l'on borne & que l'on enferme la definition dans vn genre ou dans vne espece, quasi comme dans
vn cercle. La 2. lors qu'on fait abstraction & separation de
tout genre, & de toute espece. Selon la 1. La fleur se peut
definir la plus belle production des Vegetaus, capable immediatemant de produire le fruict. Selon la 2. c'est la premiere & la plus belle production d'vn estre, capable de produire vne perfection acheuée. L'vne & l'autre se doiuent
prandre du principe qui produit la chose definie, du caractere ou de la proprieté de son essance : & de la premiere,
& principale action qui en procede.

La 2. & la 3. se treuuent, par comparaison auec toutes les
choses qui sont au Monde ; suiuant les XXXVI. Termes de
Lulle, & les diuerses Sçiances. Disons par example, que la
Foy c'est le vestige de DIEV, c'est l'étoille du Ciel de l'E-
glise, c'est la fleur du Christianisme, &c. Cequi arriue de
la sorte, parceque l'allegorie n'est qu'vne metaphore plus
étanduë, & la metaphore vne allegorie retrecie & en petit
volume.

La 4. definition se treuue chez les Auteurs. C'est pourquoy il est necessaire d'auoir certaines Classes, ou Cercles de
l'Encyclopedie, comme je disois tantôt. Par example S. Paul
dit que la *Foy est la substance des choses que l'on espere, sans les
voir.* Et Guillaume de Paris, *que c'est la Virginité de l'esprit
humain.*

Il faut 2. *choizir* deus, trois ou quattre de ces definitions,
pour établir les deus, trois ou quattre principales Parties
de son Discours.

3. Prenant chaque definition, ou vne de ses parties, il la
faut definir derechef par les quattre mémes definitions ;
l'essanciele, la metaphorique, l'allegorique, & l'authantique.
Cequi est aizé à faire definissant ou le genre, ou la differance des-ja établie. Et cete industrie se pouroit tres-aizé-
mant & propremant multiplier à l'infini, par samblables
definitions.

Cepandant il faut estre judicieus & delicat, à ne prandre
que cequi est de plus exquis, comme s'il l'on ne vouloit
que

Tract. de Fid.

Choix & œco-
nomie.

que dimer les conceptions. Pour example, si le sujet de
mon Discours est la Foy, je feray que les deus Parties de
mon entretien soient I. que la Foy est la colomne des Enfans d'Israël, qui est vne definition allegorique. II. Que
c'est la substance des choses qu'on doit esperer, & qu'on
ne peut demontrer, qui est vne definition prise de l'authori- *Hebr. 10.*
té canonique.

Afin de ramplir puis aprés la premiere Partie de mon
Discours, la Foy est la colomne des Enfans d'Israël; je for- *Soûdiuisions*
meray ces quattre definitions, sur le genre de la premiere. *par nouuelles*
Ie diray donc I. La colomne est vne partie ferme, qui soû- *definitions.*
tient l'edifice, deméme la Foy. II. La colomne est l'Atlas
d'vn edifice. III. c'est Boos & Iachim dans le Tample de
Salomon, ou celles de Hercule *non plus vltrà.* IV. C'est le
firmamant de la verité selon S. Paul. Applicquez ces trois *I. Tim. 3.*
à la Foy, & vous reüssirez. En suite de quoy, chacune de ces
quattre se peut encore definir par les mémes manieres, puis
definissant deméme la differance; vous pouuez dire, que la
Foy est la colomne qui conduit les Enfans d'Israel. C'est à
dire I. qui conduit ceus qui voient D I E V. II. Les Prede-
stinez. III. Les Ames autrefois captiues dans les tenebres
de l'Idolatrie, pour les mener en l'Eglise; où l'on reçoit le
lait de la doctrine, & le miel des Sacremans. IV. Dans
la pensée de Rupert, elle conduit les Israëlites; c'est à dire,
les Personnes Spiritueles.

Au lieu des difinitions precises, vous pouuez par vn
supplemant tres-facile vous seruir de *Descriptions.* Celles- *Les Descrip-*
cy se prennent des proprietez de la chose definie; laquel- *tions.*
le, si nous voulons continuer nôtre example, n'est autre
que la Foy: & de la definition, qui est la colomne miraculeuze, lumineuze, tenebreuze.

Le secret en tout cela tant pour la composition, que pour
la memoire; c'est d'arranger auec subtilité & diuersité ces difinitions, les faisant naître les vnes des autres. Et tandis
que l'on en compoze, que l'on en apprand, & que l'on en
recite vne, de ne songer nullemant à l'autre. Que si l'on
omet quelqu'vne de ces soudiuisions, il ne s'en faut pas sou-

cier. Mais il est tres-à propos de ne choisir que les meilleures, & en prandre peu, sur tout au commancemant.

La troiziéme Question demande QVELLE EST LA CHOSE?
Elle recherche les qualitez soit essantieles, soit accidanteles,
qui sont préque infinies en chaque sujet. Si elles y sont
fortemant adherantes, on les appele Habitudes : si foible-
mant, ce ne sont que des Dispositions. C'est dans leur sein
que naissent les contrarietez, & les combats : les comparaisons du plus ou du moins, les ressamblances & les antipathies.

Les vnes symbolizent, comme la secheresse & la chaleur.
Les autres ont de l'antipathie ; comme la chaleur & la froideur, la secheresse & l'humidité. Les vnes produizent l'alteration, comme les quattre premieres, que je viens de nommer. Les autres le mouuemant ; comme la legereté éleue
le feu, la pezanteur fait tomber la pierre. D'autres sont propres à l'Espece, comme le ris appartient à l'Homme. Ou
communes à plusieurs, comme la blancheur & la noirceur
du visage. Il y en a de Natureles, comme les humeurs nées
auec l'Homme. D'Acquises, comme les Sçiances, D'Infuzes, comme la Grace.

D'autres appartiennent à l'Entendemant, comme la Sagesse, la Prudance : ou à la Volonté ; l'amitié, la justice.
D'autres appartiennent aus Corps ; la beauté, la laideur : la
maladie, la santé. D'autres viennent du dehors ; la noblesse,
l'honneur, les richesses. Les Habitueles, comme la doctrine
dans celuy qui enseigne. Les Dispositiues, comme la docilité, dans le Disciple pour apprandre : la secheresse dans
le bois, pour estre brûlé. Enfin l'agir, le patir ; la forme, la
figure, & les autres.

La QVANTITE', ou COMBIEN? C'est elle qui donne
l'étanduë à la matiere que l'on traitte, l'ordre à toutes ses
parties ; les arrangeant selon leur nature, & les ajustant au
dehors auec les Corps voizins. Rien ne luy est contraire,
& c'est elle qui établit l'égalité ou l'inégalité partout.

On la diuise en *plusieurs sortes*. La Continuë vnit les
poincts & les lignes, qui compozent les corps. La Discrete

ou Separée, fait les nombres & les tamps. L'Interne s'arête au
dedans des substances materieles, arrangeant les parties les
vnes auec les autres selon leur ordre & situation naturele: ou
elle imite la maniere des Substances Spiritueles, comme dans
la Sainte-EVCHARISTIE. L'Externe paroît au dehors,
dans les poids & dans les mezures; d'vne once, d'vne liure:
d'vn pied, de trois aunes, & samblables.

Il y a vne Quantité d'Accidans dans le corps, qui a son
étanduë au dehors: vne quantité de Multitude, Arrangée
dans vn Senat & dans vne armée: Confuze; dans vne foire, &
dans vn monceau. De Pair; deus, quattre, six. D'Impair; trois,
cinq, neuf. De Multiplication, assignant les parties d'vn tout.
L'Homogene & de même nature, comme en toutes les parties de l'eau. L'Heterogene, ou de differante nature; comme dans le corps organique, tel qu'est celuy des Animaus.
De Masse, ou de Grandeur; qui se compoze de longueur, de
largeur, & de profondeur. Il y a encore vne Quantité Virtuele & d'appreciation, ou estimation; dans les substances
simples, & dans les choses spiritueles. Comme on dit grand
esprit, grand courage: grande sçiance, grande sainteté. Il
y en a de Fixe & d'arrétée, comme la lumiere dans le Soleil.
Vne autre Coulante & passagere, comme le tamps: vne d'accroissemant & de Diminution, comme en tout ce qui est icy-
bas de materiel.

D'OV? & DEQVOY? Signifie premieremant de qui
procede quelque chose, dequoy elle est faite, à qui elle appartient. DIEV ne procede point d'ailleurs, n'est issu de-
qui que ce soit, & ne peut estre qu'à luy-même. L'Esprit
Angelique & l'Humain viennent de DIEV, mais sans estre
faits d'aucune matiere precedante. Tout Corps (celuy de
l'Homme par example) doit sa naissance à quelqu'vn, est
fait de quelque étoffe ou matiere: & il se treuue en la possession, & dans l'appartenance de celuy qui l'a produit.

La Réponse à ces Questions, se prand des quattre causes qui concourent à la production des Corps; la Materiele,
& la Formele: l'Efficiante, & la Finale. Par example, je
répondray que l'Homme a pour sa matiere éloignée le li-

D'où ?

K ij

mon de la terre ; la prochaine coule de ſes Parans, qui ſont auſſi ſes principes effectifs : l'Ame luy ſert de forme, & la Beatitude eſt ſa fin derniere. Cequi eſt propre à la Queſtion ſuiuante.

Il y a encore vn principe de Conuerſion, comme en L'EVCHARISTIE. D'Origine, comme le FILS DE DIEV procede du PERE Eternel. De Deriuation, comme le ruiſ-ſeau eſt deriué de ſa ſource. Vn autre qui Contient, & en-ferme. Ainſi le cœur eſt dans la poitrine, le cerueau dans le crane, l'enfant dans le ſein de ſa mere.

Pourquoy? ┃ POVRQVOY? Recherche la fin & le deſſein des cho-ſes, & roule par tout indifferammant. Pourquoy vne choſe eſt de tele nature? Pourquoy elle eſt iſſuë de ce principe, de cete matiere, en cete maniere, &c.

On y *répond* par les cauſes, tout de méme qu'en la Queſtion precedante. L'Homme eſt doüé de raiſon, & enrichi de gra-ce; Poſitiuemant afin d'en vzer pour ſeruir ſon Createur, pour meriter la gloire. Negatiuemant afin qu'il ne ſoit ny béte, ny damné. Par illation, à deſſein qu'il emporte la victoire ſur les Ennemis de ſon ſalut, &c.

Quand? ┃ QVAND? Enueloppe toutes les ſortes de Durée. L'Eter-nité en DIEV, qui n'a ny fin ny commancemant; & qui eſt

Diuerſes ſortes ┃ toute à la fois, dans vn poinct indiuiſible. L'Eui-ternité de durée. ┃ c'eſt la durée indiuiſible des Subſtances Spiritueles; qui ont commancemant, & qui ne doiüent point auoir de fin. Le Tamps eſt propremant la mezure des Choſes Corporeles; ſelon ſes trois differances; du paſſé, du preſeut, de l'auenir. La diuiſion s'en fait aprés en ſiecles, en années, en mois, en ſemaines: en jours, en heures & en momans. Auec les qua-tre diuerſes Saiſons; le Printemps, l'Eté, l'Automne, & l'Hyuer.

Où? ┃ OV? marque la relation & le rapport de chaque choſe auec ſon Lieu ſubſtantiel, accidentel: réel, imaginaire: na-turel, violant: haut, bas; dedans, dehors: deuant, derriere; à droite, & à gauche.

Il explicque encore les diuerſes *manieres*, dont vne choſe eſt dans vn autre. DIEV eſt par tout, par la plenitude de

son immanfité. L'Ange eft indiuifiblemant dans vn certain
efpace defini, & determiné. Le Corps eft dans fon lieu auec
circonfcription, rapport & ajuftemant de fes parties à celles du corps qui l'enuironne. Sacramantelemant, comme
I. Chr. eft dans l'Evcharistie. L'Ame de l'Homme eft en elle-méme, par effance. L'Entandemant dans
l'Ame, comme fa puiffance. La Connoiffance dans l'Entandemant, comme fon operation. L'Accidant, dans le
fujet qui le foûtient. Le tout dans fes parties, & les parties dans leur tout, par compofition. Toutes les Creatures
font en Diev, comme en leur caufe produ&iue, examplaire, & finale.

Commant, et avec qvoy? Céte Queftion fe
méle generalemant en toutes chofes, par vne conuerfion &
reuolution préque infinie. Car elle remanie tous les Termes, & les Principes; leur faifant feruir de maniere, & d'inftrumant.

La *Maniere* dans l'Eftre, & dans l'agir. Comme la Creature, procede de Diev: le deffein de la creation, vient de
fa bonté; la creation, eft vn effet de fa puiffance. Dans la
Situation; on eft affis, debout, couché: droit, de trauers,
&c. Dans l'Habit; d'homme, de famme, d'enfant, de viellard: vil, magnifique, mefquin: Ecclefiaftique, & Mona-
ftique, Laicque & Prophane: de Roy, de Magiftrat, de Sol-
dat, &c. Dans l'acquifition; comme l'Homme deuient fçauant par l'étude, riche par l'épargne, ciuil & poli par la
conuerfation.

L'Instrvmant enferme dans fes dilatations, tout cequi fert & eft employé à quelque vzage. Telles font L'effance, l'operation, la fubftance: l'accidant Phyfique, Moral.
&c. Auec toutes les *Circonftances*, qui font ces Queftions
mémes, & ces neuf Interrogations.

# TITRE. XIV. LES NEVF ABSOLVS Multipliez.

La Bonté.

LA Bonté, eſt le principe qui rand toutes les choſes bonnes : qui s'épanche en la production d'vne ſamblable bonté, & dont la priuation eſt vn mal. Elle eſt *de diuerſes ſortes* ſelon ſes ſujets, ſes principes, ſes effets, & la fin où elle vize. La Bonté naturele, c'eſt cequi appartient naturelemant à la perfection de chaque ſujet ; comme l'eſſance, les proprietez, les facultez, & les autres ornemans ; dont l'amas & le comble s'appele Bonté, ou Perfection naturele. La Surnaturele, a des cauſes & des effets plus éleuez ; comme la Grace, la Foy, la Charité.

La Bonté Morale, ſignifie tout cequi ſe treuue d'honnéte & de recommandable dans les mœurs. L'Abſoluë, c'eſt cete integrité de perfection que chaque choſe poſſede en ſoy-méme. La Relatiue, marque le rapport & la conuenance d'vne choſe auec vne autre. Par example, la bonté de la Grace ſe fait deſirer pour la Gloire : & l'vtilité des moyens, afin de conduire à la fin. La Fixe & Permanante ne ſe pert jamais, comme la felicité des Bienheureus, l'eſtre raiſonnable dans l'Homme. La Paſſagere, a ſes flus & ſes reflus, comme la Sçiance, en ceus qui deuiennent ignorans : la Iuſtice & la Sainteté que ceus qui ont eſté Reprouuez ont poſſedées, lors qu'ils eſtoient en Grace.

La Grandeur.

LA Grandevr, marque l'étanduë de la choſe en ſa perfection d'eſtre, de puiſſance, d'operation, de corps & d'eſprit.

La Durée.

LA Dvree, fait éclore vne choſe hors de ſes principes ; marquant ſon exiſtance, ſa ſubſiſtance, & ſa conſeruation.

Ces deus Principes ſe ſou-diuiſent, & ſe dilatent par les branches des Queſtions ; Combien, & Quand ? En quoy il est à *remarquer*, que la liaison naturele qui se treuue en toutes choses: oblige souuant cét Art à faire des repetitions, dans la deduction & dans le mélange de ses Principes.

LA PVISSANCE signifie la Possibilité, & la Non-repu- La Puissance. gnance qu'vne chose a d'estre. Ainsi il est vray, que dix mille Mondes sont possibles. Au contraire vne Chymere ne peut estre, & vne montagne ne se void jamais sans valée. Il y a vne autre Puissance d'exister, comme l'Anti-christ qui doit naitre sur la fin des Siecles. De cesser ou de finir, comme ont fait la Synagogue, les quattre Monarchies, & tout cequi cesse d'estre. D'operer dedans, dehors: foible-mant, fortemant: directemant, mediatemant: par soy, par autruy; sans relâche, auec interruption & de fois à autre. De pâtir, & de receuoir; comme d'estre battu, tué, dam-né. D'obeïssance extraordinaire, comme celle du feu des Enfers qui agît sur les Ames.

Il y a vne *Puissance Naturele*, & Necessaire; comme en l'eau de moüiller, dans le Soleil d'éclairer. Il y én a vne Ne-cessaire & Volontaire, comme celle que le Pere Eternel a d'engendrer son fils. Vne Volontaire, libre & spontanée; com-me elle se void dans l'Homme pour aimer, parler, &c. La Violante, paroît dans les choses jettées, ou tirées par for-ce; comme les fléches de l'arc, les bales de mousquets, & les boulets de canon. Il y a vne Puissance de se mouuoir en rond, en droite ligne, oblique, de trauers; comme les Cieus, & les Elemans. A pas & à demarchés, comme font les Animaus.

De plus il y a diuerses *Puissances Morales*. La Legitime, dans les vrays Superieurs. La Tyrannique, dans les Vsur-pateurs. La Politique, dans les Princes & dans les Magi-strats. L'Ecclesiastique, dans le Sacerdoce. L'Ordinaire, dans l'Officier. La Deleguée, dans le Commissaire. L'E-xecutiue, dans les Ministres. Toute Puissance se peut diui-ser plus generalemant en incrée & crée, en spirituele & corporele, en essentiele & accidantele: en interieure & exte-rieure, en absoluë & relatiue.

LA CONNOISSANCE c'est le principe qui établit en La Connoif-sance.

toutes chofes quelque forte de veuë & de difcernemant.
Celle de D I E V, eft infinie. Celle des Anges, eft fans dif-
cours. Celle des Hommes, fe fait par raifonnemant. La
Senfitiue, par les fens tant internes, qu'externes.

Il y a des Connoiffances certaines & euidantes, comme
la Sçiance. Il y en a de douteuzes & obfcures, comme l'o-
pinion, la conjecture, le foupçon. De fermes & obfcures,
comme la Foy. De fermes & éclatantes, comme la lumiere
de Gloire. De Natureles, comme l'Intelligence. D'Acqui-
fes, comme la Metaphyfique. D'Infuzes, comme toutes les
Reuelations. La Morale y ajoûte des Connoiffances Celeftes, Terreftres : Mondaines, Politiques, Diaboliques.


L'A P P E T I T, eft le Principe qui allume en toutes chofes vn certain feu d'amour. Cequi fe doit entandre à leur
mode, & felon la nature d'vn châcun. Et cete limitation
doit toûjours eftre obferuée, comme nous auons des-ja dit.

Ce Principe reçoit les mémes partages, que le precedant de la Connoiffance & du Moyen. Cependant il y en
a trois plus vniuerfels. *L'Appetit Naturel*, dans les chofes deftituées de vie & de fentimant ; comme du feu en
haut, de la pierre en bas, du fer & de l'aimant l'vn vers
l'autre. *Le Senfitif* fe conduît par l'imagination, qui eft
comme vn crayon & vn ébauchemant groffier de la raifon,
determinée par l'inftinct, ou par la coûtume.


Celuy cy eft auffi aidé & fortifié, par les *Onze Paffions*.
On en met fix en la Partie, qu'on appele Concupifcible,

cinq dans l'Irafcible. Les premiers font ; l'Amour du bien,
reprefonté par la connoiffance. Le Defir, fi ce bien eft
abfent. La Ioye, fi on joüît de fa prefence. La Haine,
contre le mal apprehendé : l'Auerfion ou la Fuite, pour
l'éuiter ; la Trifteffe ou la Douleur, lorfqu'il eft reffenti.

Les autres émotions de l'Irafcible, font excitées par vn

bien dont l'acquifition eft difficile. La penfée, qu'on a d'y
pouuoir atteindre, fait naître l'Efperance. Si on le juge
impoffible, on s'abandonne au Defefpoir. Sa prefence ne
produît aucune émotion, dautant qu'elle ôte toutes les
difficultez. La peine qui fe rancontre à éuiter le mal qui

nous

nous menace , engendre la Crainte. Le Courage vient à
nôtre fecours, pour repouffer le mal & veincre les obftacles. Mais s'il nous pourfuît de trop prés , nous nous
embrazons de Colere.

Dans l'Homme , on ajoûte *l'Appetit Raifonnable.* C'eft Les Actions hu-
cete puiffance qui forme les diuers mouuemans de la Vo- maines.
lonté , felon les lumieres & la conduite de l'Entandemant.
D'où naiffent *les Actions Humaines* ; c'eft à dire faites auec
attantion, deliberation & deffein. Elles font ou produites
directemant de chaque Faculté , ou commandées par les
Puiffances fuperieures à celles qui leur font foumifes, ou
depandantes. Si elles s'arrétent dans les Facultez du dedans,
on les nomme Actions Internes, ou immanantes ; comme
font connoître, & aimer. On les appele Externes & paffa-
geres, fi elles s'accompliffent par le miniftere des mambres
du dehors ; comme la veuë , & la parole.

La Vertv, eft le principe prochain, actuel & effectif La Vertu.
des operations felon la nature de chaque chofe. Elle eft naturele , fouueraine & independante, en Dieu. Elemantaire dans le Feu, & dans l'Eau. Virtuele dans les Mixtes,
dans les Pierres, dans les Metaus , & dans les Animaus. Senfitiue, dans l'vzage des Sens. Motiue, dans les Viuans. Vege-
tante dans les Plantes Celeftes, dás les Aftres. Il y a vne Vertu de fecrete influance, dont on voit l'effet fans connoître la
caufe ; comme dans l'Aimant, dans le Girafol, dans le flus
de la Mer , dans l'enflemant du Nil. Medicinale, dans les
Medicamans. Animale, dans le Cerueau. Vitale, dans le
Cœur. Naturele, dans le Foye. Il y a vne Vertu qui attire,
l'autre qui retient : l'autre qui cuît & digere , l'autre qui
change & conuertît ; l'autre qui chaffe le fuperflu, & qui
met dehors les excremans. Enfin les Vertus font infinies
dans l'Eftre Phyfique.

Le nombre n'en eft gueres moindre dans *l'Eftre Moral,* par
la diuifion des Vertus Natureles, Acquizes, Infuzes : Theologales, Cardinales : Speculatiues, Practiques : Intellectueles , Morales ; Dirigentes, Dirigées : Communes, Heroïques : Purgatiues, Illuminatiues, Perfectiues, Vniffantes;

*La II. Part. La Methode.* L

Ideales, & Examplaires.

Derechef on fou-diuife chacune de ces Vertus Morales; par fon effance, par fon fujet, par fes parties integrantes, fub-jectiues en puiffance : par fes caufes, & fes proprietez ; par fes effets, ou productions.

**La Verité.**

LA VERITE', eloigne la fauffeté & le manfonge de tou-tes chofes ; leur donnant leur jufte mezure auec elles-mé-mes, & auec les Efprits qui les enuifagent pour les connoî-tre. C'eft pourquoy cete Verité fe treuue dans les chofes mémes, qui feruent d'objet : & dans les facultez, qui la connoïffent. Elle eft en habitude, ou en acte : en theorie, ou en exercice : neceffaire, on contingente : fimple, ou compofée ; famblable, ou oppofée.

En general, on peut dire qu'il y a *Trois Veritez* plus vni-uerfeles ; la Phyfique, l'Ethique, & la Theologique. La premiere appartient aus Sçiances, dont le contraire c'eft l'Ignorance. La feconde appartient à la Vertu, dont le con-traire c'eft le vice. La Troiziéme, eft propre à tout cequi touche la Foy ; qui eft combattuë par la Temerité, par le Doute, par l'Erreur ; le Schifme, l'Herefie, le Polytheïfme, & l'Atheïfme.

Cete Verité eft la beauté qui fait le charme des Efprits, & le fondemant de toute étude, de tout difcours, de toute conuerfation & de toute negotiation. En vn mot, elle eft aprés ou auec la Sainteté, la principale occupation de nôtre vie en ce Monde : & toute la felicité de celle, que nous ef-perons dans le Ciel. C'eft pourquoy cete Methode abregée doit receuoir vn merueilleus foulagemant, de la diftribu-tion generale de *la Verité*, dans fes diuers Cercles, qui

**L'Encyclo-pedie.**

compofent L'ENCYCLOPEDIE ; c'eft à dire l'vnité, la diuerfité, l'enchaînemant & l'anatomie des Sçiances, qui rampliffent la premiere Partie generale de cét Ouuragé.

**La Gloire.**

LA GLOIRE donc qui eft le dernier principe des Ab-folus, eft auffi la derniere, & la fouueraine perfection de chaque chofe. Elle enferme & le plaizir, & le repos en la joüiffance de fa fin, par la demeure dans fon centre.

Il y a vne Gloire Incrée, en DIEV : Immortele & feule ve-

ritable à l'égard des Anges & des Hommes, dans la claire
veuë de Dieu, qui fait les Bien-heureus. Il se treuue vne
Gloire Naturele, dans la fin & dans le centre des Estres.
Animale, dans le plaizir. Morale & Ciuile, dans la Sagesse
& la Vertu ; lors qu'elle est accompagnée d'vne honnéte
suffisance des biens du corps, & de la fortune. On établît
vne gloire Mondaine, dans la vanité. Deshonnéte, dans la
volupté. Diabolique, dans l'Impieté & dans la méchanceté.
Encore qu'à vray dire, ces dernieres ne sont que des ombres, des masques, & des Idoles de la gloire ; qui pour
estre vraye, doit estre conjointe auec la vertu.

---

# LES NEVF RELA-
## tifs multipliez.



LA DIFFERANCE établissant chaque chose en La Differance.
elle-méme, la distingue en méme tamps de toutes les autres par vn caractere qui n'appartient
qu'à elle. Et par cete claire distinction, elle ôte
la confusion & détruit le mansonge. Cete Differance se treuue par tout. Comme entre substance & substance, entre accidant & accidant : entre substance & accidant,
abstrait & concret. Entre les differances mémes, qui distinguent les Estres.

*Ses Especes* les plus vniuerseles, sont la Differance Naturele,
& l'Artificiele. La Naturele est, ou par essance ; comme entre l'Estre Crée, & l'Incrée. Ou par realité, comme l'Ame
raisonnable separe l'Homme des Bétes Brutes. Ou par proprieté inseparable, comme le riz est l'appanage de la raison.
Ou par accidant, soit qu'il se treuue attaché à son sujet ;
comme la couleur, la grandeur, la sçiance, &c. Soit qu'il
soit separable, & passager ; comme la situation, l'alleure, le
vétemant, & samblables.

La Differance Artificiele, qui naît des secondes intantions, se prand du Genre, de l'Espece, de l'Indiuidu. Et dans les ouurages de l'Art, elle se prand de la forme & de la Figure que l'Artizan leur donne.

La Concorde.

LA CONCORDE allie & fait conuenir les choses en vn, ou en plusieurs chefs. Et cét accord ou vnion fournît beaucoup de moyens pour preuuer, pour raisonner, & pour discourir. Elle se deduît à peu prés, comme la Differance; qui est propre pour nier, ou pour refuter. Elle est Vniuersele, entre tous les Estres, du moins par analogie : & Particuliere par sympathie, comme entre l'Aimant & le Fer, entre l'ambre & la paille.

Elle suit dans *les noms simples*, la diuision des Vniuoques, des Equiuoques & des Analogues. Des Synonimes, qui pullulent de la multiplication, & du mélange de tous les Trantesix Termes.

La seconde *diuision* d'où naît la Concorde, c'est celle du Tout en ses parties, qui conseruent neanmoins les lois du rapport. Or le tout est ou d'essance, comme l'Homme se partage en corps & en ame. Ou d'integrité, comme de l'Ame en entandemant & en volonté. Ou selon les accidans diuers; de la maniere, du lieu, du tamps, & autres. Ou du genre en ses especes superieures, inferieures, sub-alternes, specialissimes; comme l'Esprit Angelique, & Humain : L'Estre viuant, animal, raisonnable. Ou de l'vniuersel en ses differances; raisonnable, irraisonnable. Ou des causes, dans les effets, & reciproquemant des effets dans leurs causes. Ou du sujet en ses accidans, & des accidans en leur sujet. Ou des vertus, dans leurs operations interieures, & exterieures ; l'amour vers DIEV, & le prochain. Ou d'vne substance dans ses facultez; l'ame, l'entandemant, la volonté. Ou d'vn estre absolu, en ses correlatifs; la Nature Diuine, & les trois Personnes.

Deméme retrogradant, la Concorde naît de l'vnion des parties en leur tout, des mixtes dans les corps mélez, des simples dans les mixtes. De la quantité continuë, comme des poincts dans les lignes & dans les superficies. De la discrete, comme des minutes dans l'heure, des heures dans le

jour , &c. De la matiere & de la forme, dans le compozé : ou
de l'vnion de plufieurs en vntiers ; comme font les trois Perfonnes dans la Trinité, les deus Natures dans l'Incarnation,
les cinq doigts dans la main, tous les mambres dans le corps.
De la fubftance auec fes accidans, des effets auec leurs caufes,
des Inftrumans auec l'Art & l'Artizan qui les employe.

La derniere fource de cete Concorde, fe prand des propofitions qu'ils appelent complexes, ou compozées. Ce font
celles qui font la liaifon du fujet, auec l'attribut ; comme
D I E V eft bon, l'Homme eft l'image de D I E V. De l'Agent,
& du patient ; comme du feu qui brûle, & du bois qui eft brûlé. De la maniere méme de cete action, & de cete paffion ;
comme le mouuemant du Ciel eft tres-rapide, la mer fe gele
fort difficilemant. Enfin il y a vne Concorde de voizinage,
entre les maifons contiguës. D'affinité, entre l'air & le feu,
entre les parans & les alliez. D'égalité, entre le Lion & le
Tigre, entre Pierre & Iean. De fimilitude, qui fe prand de la
multiplication de tous les Termes.

L'O P P O S I T I O N met pardeffus la Differance, qui em-
péchoit tantôt la confufion des chofes ; vne refiftance mutuelle & reciproque, qui empéche leur vnion & leur amitié.
Elle eft immediate, entre la chaleur & la froideur. Mediate,
comme celle du verd auec le blanc & le noir.

Entre les Termes *fimples* ; elle eft de Contrarieté entre
deus accidans réels, qui ne peuuent fubfifter enfamble dans
vn méme fujet ; comme la chaleur, & la froideur en certain
degré. De Priuation, entre vne chofe & fon abfance, du fujet
qui la deuroit poffeder ; comme la lumiere & les tenebres, la
vie & la mort, la grace & le peché. De Relation, qui eft la
plus petite, entre le Pere & le Fils, le Superieur & l'Inferieur.
De Contradiction, qui eft la plus grande ; oüy, & non : animal, & non animal. Et celle-cy fe doit faire fur vn méme fujet, pris en méme fens, en la méme maniere : & auec toutes
les mémes circonftances de tamps, & de lieu.

Entre les Propofitions *compozées*, il y en a auffi de quattre
fortes. Les Contraires, qui affirment, ou qui nient vniuerfelemant. Toute couleur eft lumineuze, nulle couleur eft lu-

L'Oppofition.

mineuze. Les Sou-contraires particulieres , auſſi affirmatiues , ou negatiues ; quelque couleur eſt lumineuze , quelque
couleur n'eſt pas lumineuze. Les Sub-alternes; lors qu'à vne
Propoſitió vniuerſele qui affirme, ou qui nie, on en joint des
particulieres de méme nature. Example. Toute couleur eſt
lumineuze , la blancheur eſt vne couleur ; donc la blancheur
eſt lumineuze. Celles de Contradiction, affirment & nient
abſolumant ; ſoit en general , ſoit en particulier.

Or toutes ces Oppoſitions ſe peuuent reduire à *trois*, dés-
ja inſinuées plus d'vne fois. Entre Eſprit & Eſprit, comme
ſont D I E V & l'Ange. Entre ſenſible & ſenſible , comme
le ſon & la couleur. Entre le ſpirituel & le ſenſible , comme
l'ame & le corps. Et cela par les trois degrez , qui ſont le
generaliſſime , le ſpecial, le tres-ſpecial. C'eſt ce qu'on appele autremant le ſuperlatif, le comparatif, & le poſitif.

Aprés tout, il n'y a point de Concorde ny d'Oppoſition ſi
manifeſte en ſon effet, & neanmoins ſi occulte en ſa cauſe,
comme celles qui naiſſent des proprietez occultes ; dont les
deus filles ſont *la Sympathie, & l'Antipathie.* C'eſt parlà que
l'ambre leue le fétu, l'Aimant attire le Fer, la pierre étoillée
ſe promene ſur le vinaigre : les Diamans du Dauphiné , ſe re-
muënt dedans l'œil en chaſſant toutes les ordures. C'eſt par
là que le corail arréte le ſang, l'ail redouble l'odeur de s rozes & des lys: le lote, le ſoucy & l'heliotrope ſuiuent le mou-
uemãt du Soleil: la ſaliue de l'Homme à jûn, tuë les Serpans;
les anguilles étouffées dans le vin , le font hair à ceus qui en
boiuent, la taſſe de lierre ne peut le retenir. C'eſt par là que la
Vigne & l'Orme s'entraînent, que le Torreau & le Figuier,
le Cheual & le Chameau ; le Lion & le Coq, le Loup & la
Brebis ſe haïſſent à tel poinct ; que les cordes d'inſtrumans
de Muſique faites de leurs boyaus, ne s'accordent jamais.

LE PRINCIPE, pardeſſus la puiſſance & la vertu, denote
le commancemant d'origine : & la premiere ſource, qui influë dans ſes productions. Le Principe Eſſantiel, comprand
les quattre cauſes; la matiere prochaine , & éloignée : la forme, principale & partiale: l'efficiante, premiere & ſeconde;
la fin , derniere & ſubordonnée. Le Principe Accidantel,

enferme dans les neuf Categories tous les diuers inſtrumans. Le Conjoint ſubſtantiel, comme l'ame : le Conjoint
accidantel, comme la main. Le Principal, comme le cœur :
le Separé, comme la plume. Le Separable, comme la doctrine.

De l'vn & de l'autre, naît la diſtinction de *pluſieurs Principes*. Le tres-General, c'eſt DIEV : le general, c'eſt le Soleil : le ſpecial, l'Homme par example ; le tres-ſpecial, chaque Indiuidu dans ſes productions. Il y en a vn qui produit
par ſoy-méme, comme DIEV & l'Homme. Par accidant
& par hazard, comme la cauſe qui engendre des monſtres,
& la pierre qui vous fait choir. Le Primitif, ou principal en
ſon action ; comme l'Homme connoiſſant, aimant, marchant. Le Secondaire, qui n'eſt autre que l'Inſtrumant ;
comme la plume, & le pinceau. L'Examplaire, comme l'idée
& le prototype. Le materiel, plus proche, comme le corps
humain : plus éloigné, la ſemance & le limon. Il y a vn Principe d'obiet, comme la Medecine s'occupe au tour de la
ſanté des Animaus. De Sujet, ou permanant, comme les
Elemans dans les corps : ou qui ne fait que couler, comme les
alimans dans la nourriture.

Le MILIEV, fait la liaiſon de deus choſes, auſquelles Le Milieu.
il eſt attaché. C'eſt l'vn des plus conſiderables entre tous
les Principes, pour la doctrine, pour la Morale, & pour
la Politique ; parceque c'eſt luy propremant qui fait la
ſçiance, la vertu, & le poinct des affaires.

Le Milieu d'vnion eſt ou naturel, comme la chaleur conjoint l'air & le feu. Ou de ſituation, comme le ſiege ſur lequel ou eſt aſſis dans vn lieu. De tamps, comme le Prin-
tamps entre l'Hyuer & l'Eſté. De ſubſtance, entre les trois
Perſonnes diuines. De ſubſiſtance, des deus Natures Diuine
& Humaine en I. CHR. par l'Incarnation. De mode ſubſtantiel, l'ame auec le corps. D'accidant, comme la cole
forte entre deus pieces d'Ebene.

Le Milieu de Mezure fait les choſes égales, quattre & ſix.
D'Extremité ; la ligne entre deus poincts, l'angle entre
deus lignes : la force entre la temerité, & la lâcheté. D'O-

peration ; le moyen d'aimer D i e v, c'eſt de le connoître:
le moyen de deuenir ſçauant , c'eſt d'étudier. Le Milieu:
d'Adheſion ou d'inherance, comme la blancheur couchée
ſur le lys & ſur le ſatin. De Soûtien, comme le fondemant
qui porte le bâtimant : & la baze, ſur laquelle s'éleue la colomne. De Participation, comme le tiede entre le chaud &
le froid. De Paſſage, ou local ; comme la ruë & le chemin
conduiſent de la maiſon à l'Egliſe, l'air eſt le milieu entre la
terre & le Ciel. Il y a vn Milieu ſelon le mouuemant, comme
l'action eſt le milieu entre l'Ouurier & l'Ouurage. Selon le
repos, comme le centre. Il ſe treuue encore vn Milieu réel
& poſitif, comme la ſanté & la beauté. De priuation, comme
la mort , & la nuict. De conſtruction, comme le marbre &
le cizeau pour faire la Statuë de Louis x i v. De deſtruction,
comme l'épée & le poizon. De ſçiance, comme la definition, & ainſi du reſte.

La Fin.

L A f i n eſt le but & le terme, qui acheue le mouuemant.
C'eſt le centre où chaque choſe treuue ſon repos & ſon plaizir, conforme aus inclinations de ſa nature. Elle ſe multiplie à l'infini, en toutes choſes ; natureles, morales , artificieles. L'vne acheue , comme le toict finit le bâtimant.
L'autre termine, comme le point fait le bout de la ligne.
L'autre perfectionne, comme les fruits dans l'Agriculture,
& la Beatitude dans les Etats de la grace. La Fin de la generation, c'eſt de produire vn effet ſamblable à la choſe qui engendre. De priuation, comme la mort eſt la fin de la vie.

La Majorité.

L A M a i o r i t e' ſignifie l'excés des choſes en toute
ſorte de grandeur, ſelon la nature des ſujets. Ses trois eſpeces principales dés-ja reperéés, ſont entre ſubſtance , & ſubſtance. Par example , la ſubſtance de l'Ange & du Ciel,
n'eſt pas à la verité plus ſubſtance : mais elle eſt plus noble,
plus parfaite , & plus étanduë que celle de l'Homme & de
la Terre. Entre accidant , & accidant. Ainſi la veuë eſt preferée à l'odorat, les forces de l'eſprit à celles du corps,
l'honneur aus richeſſes. Entre la ſubſtance & l'accidant.
L'Ame raiſonnable eſt d'vn prix plus grand, que la ſçiance : & la vie doit eſtre plus chere que le plaizir, ny que les
richeſſes

richeſſes; mais le ſalut eſt ſans comparaiſon, preferable à
tout le reſte,

L'EGALITE' eſt le poinct qui établit la concorde, & la
reſſamblance de toutes choſes. Les regles de ſa multiplication, ſont les trois precedantes. Pierre & Iean ſont égaus en
degré ſpecifique, & en ſubſtance. La quantité eſt proportionnée à la matiere. Deus chopines d'eau chaude de quattre degrez chacune, ſont égales en qualité & en quantité. S.
Ambroiſe & S. Auguſtin, ſont égaus en dignité. S. Auguſtin & S. Ierôme au temps, qu'ils ont écrit, &c.

L'Egalité.

LA MINORITE' par les mémes regles, ſuites & deductions diminuë les choſes: les affoiblit, les abbaiſſe & les
approche du neant. Vne Mouche à miel eſt moindre qu'vn
Elephant, vne tulipe eſt moindre qu'vn cedre, vne perle
que le Soleil: vn Muſicien n'eſt pas de ſi haut prix qu'vn
Magiſtrat, & vne maladie eſt bien moins à craindre que la
mort. La perte de la veuë eſt moindre que celle de l'ame, la
ruine de toutes les richeſſes du Monde eſt moindre infinimant que la perte d'vn degré de grace; à plus forte raiſon
que d'vn rayon de la gloire, que nous eſperons dans le Paradis. Et d'icy on peut tirer toutes les preuues, que l'on
appele du moindre au plus grand.

La Minorité.

Donc par cete ſorte d'analogie, ces Trante-ſix Termes
ou Principes ſe treuuent generalemant par tout. Neanmoins
les deus derniers, du plus grand & du plus petit, ne ſe rancontrent point en DIEV, ſi ce n'eſt au plus par metaphore;
par les effuſions de ſa bonté, en toute l'œconomie de la
Creation & de l'Incarnation: & pour former le raiſonnemant, lequel, comme j'ay dit, augmante du moins au plus.
Tu honore ton Maître, ton Pere, ton Roy; à plus forte raiſon dois-tu adorer ton DIEV, infinimant plus grand, plus
noble, plus parfait; que toutes ces choſes foibles, petites &
chetiues en comparaiſon de ſa Souueraine Majeſté. Pour acquerir des biens periſſables, pour complaire à la Cour toute
pleine d'illuſions, ou à vne Beauté criminele; tu conſume
ton honneur, tes richeſſes, ta ſanté, ton corps & ton ame.
Hé que ſont toutes ces choſes, ſi non moins que rien; en

*La II. Part. La Methode.*       M

comparaifon de D i e v, qui feul doit eftre le tout de nos cœurs?

*Tranfition.* L'acheuemant de tout cét Ouurage commancé par la Rhetorique Vulgaire, continué par l'Art de Raimond Lulle ; dépand d'vne troiziéme forte d'Eloquence , deftinée principalemant pour la Predication. C'eft pourquoy je nomme cete troiziéme Methode , le Sanctuaire.

## TITRE XVI. LE SANCTVAIRE de l'Eloquence.

Tirant le Voile qui le couure , nous décou-urirons d'abord que dans les Sermons , & en toute forte de difcours, l'on peut & l'on doit

*Trois chofes en vn Difcours.* *Confiderer*
- La Matiere.
- La Forme.
- La Qvalite'.

*La Matiere.* La Matiere eft comme le fujet & l'étoffe de toutes nos penfées, & de tous nos difcours. Cete Matiere n'eft autre que la verité. Cete verité , comme j'ay dit, eft toû-jours vne , & vnique ; au moins par analogie, mais reué-tuë de diuerfes couleurs. D'où il s'enfuît que toute l'étude de l'Homme Sage, doit eftre employé à la recherche de la verité. Cequ'il fait déueloppant les diuers plis & replis dont elle eft voilée en l'enchaînemant , liaizon , & ency-clopedie des Sçiances dans lefquelles on fe voudra inftrui-re. Et cete recherche fe doit faire defcendant de Sçiance en Sçiance , par comparaifons & diffimilitudes ; qui fe treuuent neceffairemant en toutes les chofes qui font au monde. Nous les auons reduites aus Neuf Sujets de Lulle, qui font explicquées plus au long dans les diuerfes *Scientiar. Syn-* Sçiances ; dont nous donnons les Extraits par Maximes
*tagma Generale.*

& par Aphorifmes , dans nôtre premier Tome Latin.

Cela prefuppofé, il eft tres-facile de faire reuenir toutes les matieres à tout difcours : & parler de toutes chofes à propos de toutes chofes, fans jamais extrauaguer hors de propos. Et cela en deus differantes manieres. Par conue- nances, rapports, comparaifons & fimilitudes : ou tout au contraire par diffamblances , difconuenances , antithezes & diffimilitudes. Si bien que les ayant treuuées, il les faut explicquer , & preuuer : puis les applicquer, & amplifier leur application. — *Ex quolibet fit quodlibet.*

Pour y paruenir , certes il n'eft pas befoin d'auoir vne fi longue étanduë de Sçiance comme l'on s'imagine. Mais il fuffit de fçauoir en fond bien parfaitemant ceque l'on fçait, *multùm non multa* ; afin d'accommoder , & de faire quadrer les chofes bien juftemant. En fomme , il faut faire profit de tout ; remarquant toutes les chofes que l'on lit , que l'on void , & que l'on entand. — Faire profit de tout.

Toutes ces chofes pour plus claire intelligence, fe peu- uent reduire à *deus ordres* , claffes, ou efpeces. Les vnes feront appelées *Canoniques*. Ce font celles qui ont efté di- ctées par le S A I N T-E S P R I T, & qui font contenuës dans les Saintes-Ecritures du Viel & du Nouueau Teftamant; qui enferment fans mantir, tous les trezors de la Vraye Sageffe. Les autres *Non-Canoniques*, embraffent tout le refte. Vne maxime de Theologie , vn axiome de Philofophie : vne curiofité de la Nature , vne apophtegme d'vn Ancien; vne Santance d'vn Pere , quelque Hiftoire , &c. Toutes lefquelles chofes peuuent préfque reuenir à tout difcours. — Deus ordres des chofes. Les Canoni- ques. Non-Canoni- ques.

Seulemant il eft bezoin d'obferuer cete *regle* , que toû- jours on doit fonder & appuyer l'inuantion tirée d'vne chofe non-Canonique, fur quelqu'vne qui foit Canonique; c'eft à dire fur quelque trait de l'Ecriture , au moins fur quelque poinct de Foy & de Theologie.

Cecy bien confideré, fe treuuera autant vtile & profi- table, qu'il eft facile & veritable. Ceque je verifieray par les quatre fortes d'examples, que j'ajoûteray cy-aprés : & qui peuuent feruir égalemant dans les difcours de Medi-

M ij

tation, de Compofition : de Chaire, de Chambre, de Bareau, & de Negotiation.

En effet, cete matiere eſt infinie, belle & profitable. Mais il faut eſtre induſtrieus à *cacher ſon Inuantion*. Elle conſiſte 1. comme j'ay dit, à rechercher les comparaiſons ou diſſimilitudes. 2. A les explicquer, & les preuuer. 3. A les applicquer, & amplifier l'application qu'on en veût faire; ſans qu'elles paroiſſent au dehors. C'eſt pourquoy, il faut varier, & diuerſifier merueilleuzemant les Sermons & les Diſcours.

Et parceque j'ay dit que tout Diſcours ſe forme par affirmation, ou par negation; le 1. vzage c'eſt de prandre toûjours l'affirmation des alliances & des liaizons, qui ſe treuuent entre le ſujet & l'attribut dont vous parlez. La negation au contraire, ſe prand de toutes leurs differances & oppoſitions.

Le 2. vzage, c'eſt que les moyens de preuuer vne verité propoſée, ſe prennent de la Concorde & de l'alliance. Les ſolutions, ſe prennent de la differance & de l'oppoſition.

Enfin il eſt vray, ſuiuant cete Methode, que la matiere de tout Diſcours peut eſtre treuuée principalemant,

En ces trois
{
*Etages*, L'Eſtre Incrée, l'Eſtre Crée, le Neant.

*Etats* de Nature, de Grace, de Gloire.

*Sçiances*, Metaphyſiques, Raizonnables, Sermocinales.

*Parties* de la Theologie, de DIEV, Vn & Trin, Incarné, Principe de Grace.
}

CAr tout cequi eſt dans le Chriſtianiſme, ſe doit fuïr ou embraſſer. Et tout cequi eſt digne d'amour ou de haine, dépand de DIEV conſidéré ſous ces trois qualitez. Car il eſt leur principe ſoit effeÄif, ſoit meritoire, ſoit inſtrumantal, ſoit examplaire. Ou bien toutes choſes ſe rapportent à luy, comme à leur fin mediate ou immediate, direÄe ou

indirecte. La I. Partie de la Theologie, excite les mouuemans d'admiration. La II. ceus de l'amour. Et la III. ceus
de la crainte.

En quoy je maintiens par pratique, contre l'opinion vulgaire & commune ; que les plus belles, les plus rares, les plus
preſſantes & les plus preignantes *Moralitez* ſe doiuent tirer   *Moraliter.*
des plus hauts poinčts de nôtre Foy, & de nôtre Theologie.
Cequi ſe fait excitant ou à imiter les Perfečtions que nous
auons découuertes, declarées & explicquées : ou à fuïr & deteſter leurs contraires ſoit au corps, ſoit en l'ame.

Par example, en la Generation eternele, ou temporele du
Verbe; j'exciteray aus bonnes penſées & conceptions, qui
ſont les verbes & les produčtions de nôtre entandemant
crée. Enſuite deſquelles il ſe doit former en nos volontez vn
petit Saint-Eſprit, par amour & par charité. Ou au contraire
j'inuečtiueray contre les penſées maûuaiſes, vrayes ſemances de Sathan, d'enuie, de haine, de concupiſcence. Germes
funeſtes, qui forment en nos cœurs la haine de DIEV. Voire-
méme, toutefois auec diſcretion & retenuë conforme à mon
âge & à mon credit, j'inſtruiray les Hommes en leurs generations groſſieres, qui doiuent eſtre chaſtes, *cum claritate* : &
non pas honteuzes, infames, crimineles, &c.

La matiere ainſi treuuée par l'Inuantion de ce ſecret, reſte-
roit encore comme vn cahos de confuſion, ſi elle n'eſtoit diſpoſée & arrangée en ſon dernier poinčt, par la Forme.

---

# LA FORME. 

L L E conſiſte en deus choſes principalemant.
La I. qu'en tous les Diſcours il y ait toûjours vn
maître Poinčt, le plus indiuiſible que faire ſe   Poinčt d'Vnité
pourra; duquel doiuent dépandre, & auquel ſe   dans le Diſ-
doiuent rapporter toutes les autres parties. C'eſt   cours.
vn piuot & vn pôle, ſur lequel doit rouler & ſe ſoûtenir toute
la fabrique du Diſcours. Ce poinčt ſe peut appeler Centre,
ou Vnité.

M iij

11. Il faut en cete vnité méme, du moins dans le principal du Difcours, chercher vne Propofition, plus ou moins generale felon la matiere. Cete Propofition fe doit former tout ainfi que ce que l'on appele en Logique l'Enonciation. C'eſt à dire qu'elle fe fait conjoignant le fujet auec la proprieté, qui luy eſt attribuée, par la copule fubftantiele *Eſt*, ou autre equiualante. Comme qui diroit, *l'Homme eſt vn petit Monde*. En cete propofition ou enonciation, *l'Homme* c'eſt le fujet : *petit Monde* fert de proprieté ou paffion attribuée ; *Eſt*, fert de liaizon ou copule fubftantiele.

*Propofition , ou Enonciation.*

Cela fait, il faut prandre ou le fujet de vôtre propofition, ou fa proprieté, l'vn ou l'autre à difcretion. Puis de celuy que vous aurez choifi, vous deuez faire naître deus ou trois autres propofitions ; qui feront les deus, ou trois *principales Parties* du Difcours. Aprés quoy pour reüffir dans vne Methode entieremant parfaite, on peut prandre chacune de ces propofitions tirées de la premiere, les pozant pour fujet : & de la en faire naître trois, quattre, cinq, ou fix autres propofitions, diftinguées tout de méme en fujet & en paffion, comme nous difions tout maintenant. Ce feront elles qui feront tres-ordonnémant, *les moindres Parties* du Difcours, pour ramplir le general de toute l'Inuantion. Ceque les Apprantifs feront exactemant, pour s'y accoûtumer : les Habiles le feront fans y penfer, & par habitude.

*Diuifions du Difcours en fes Parties principales.*

*Les moindres parties.*

Tant-y-a que par l'obferuation de ces preceptes, & par la lecture des examples que j'ajoûteray ; l'on peut voir euidammant, que c'eſt icy tout le reffort & *le fecret* de nôtre Methode. Car fur vn feul Sujet on dit infinies chofes belles, hautes, curieufes, faciles, delectables & profitables. On preffe toûjours fon Auditeur fur vn méme poinct, par diuerfes preuues neanmoins artiftemant accommodées & arrangées. On void vne fuite tres belle, qui aide la memoire tant de l'Orateur, que de l'Auditeur. Enfin, on conclût par le méme poinct que l'on a commancé ; qui eſt arrondir le cercle, auquel auec beaucoup de raifon Ariftote compare le Difcours & le raifonnemant.

*Le Secret de l'Art, & fon vtilité.*

*Deus chofes* feulemant doiuent eftre confiderées en ce

ſujet, au regard nommémant de LA PREDICATION. La
premiere, c'eſt qu'à la fin de chaque Propoſition ou Partie
generale, il faut mêler quelque mouuemant pour toucher
l'ame. Il la faut fermer par vn petit *Epilogue*, ou repetition
de toutes ces ſoudiuiſions. Cete reduction ſe fait ou par vne
apoſtrophe, ou par vne inuective, ou par vne exclamation,
&c. De façon qu'on vienne tomber inſenſiblemant, ſur vne
autre Partie, ou Propoſition. Il n'eſt pas toutefois neceſſaire
de le dire, ou de le faire paroitre ; au moins pour l'ordinaire, & hors des Parties generales.

L'autre, c'eſt que la procedure du Diſcours, doit aller
plus ordinairemant du moindre au plus grand ; *du facile au
difficile*, que non pas au contraire. Cequi eſt toutefois contre l'vzage, & la coûtume de la plû-part. Donnons-nous
en vn example. L'Exorde & la premiere entrée d'vn Sermon, c'eſt l'*Aue Maria*. Au ſujet duquel je diray ſeulemant, que la meilleure regle, c'eſt de n'en auoir point. Comme de vray en tout le reſte, la plus excellante maxime c'eſt
d'être pardeſſus toute ſorte de regles. Ceque l'on en peut
dire de plus certain, c'eſt que les plus courtes ſont les meilleures.

Aprés ſuit le *Prelude* ou l'Auant-propos, qui precede ordinairemant la diuiſion. Pour le bâtir auec vne belle ordonnance, comme le portail d'vn Temple ou d'vn Palais ;
je prandray ſi cela ſe peut, quelque choſe generale & commune à toutes les deus ou trois Enonciations, Propoſitions,
ou Parties generales. C'eſt à dire que je choiſiray curieuſe-
mant quelque conception gentile de l'Ecriture, vne proprieté rare de quelque nature : vne maxime de la Philoſophie, vne Enigme, vne verité de Theologie, &c. Pourueu
que la choſe de laquelle je feray election ſoit rare, claire,
intelligible : & facile à coucher en vn ſtyle plus dous, plus
inſinuant, plus poli & periodique que le reſte du Diſcours.
Deſorte qu'il peut eſtre formé ou par raiſonnemant tiré des
Parties diuiſantes, ou de quelqu'vne des trois Parties ſou-
diuiſées : ou du Texte méme, qu'on nomme *le Théme*.

De cét Auant-propos j'en dois faire vn petit corps ; y

treuuant quelque Enonciation, par la diuiſion d'vn ſujet &
d'vn attribut. Premieremant, je dilateray cete Propoſition.
Puis je l'emplifiray nettemant, & ſuccinctemant. Enfin je
m'arréteray à quelque particularité, qui me fera tomber à
poinct nommé ſur la *Diuiſion* generale du Diſcours. A la verité, de ſoy-méme il eſt indifferant d'exprimer, ou de cacher
cete diuiſion & ce partage géneral, pourueu qu'il ſoit toûjours dans mon idée. Toutefois outre l'vzage & la coûtume, qui eſt le grand Maitre ; le meilleur c'eſt d'ouurir &
d'étaler ſon deſſein par vne belle & riche diſtribution ; ordinairemant en deus ou trois poincts, au plus.

Ce *Prelude* doit eſtre rare & curieus en ſa matiere, afin
d'attirer d'abord les Eſprits. Il doit eſtre periodiquemant
& elegammant couché, pour charmer les oreilles. Il ne doit
eſtre ny trop long, ny trop court. Et à la fin il doit auoir
quelque pointe ou aiguillon, vne figure que j'appele *Epiphoneme*. Soit, comme j'ay des-ja dit, apoſtrophe, ſoit repetition, ſoit exclamation ; &c. Cequi ſe pratique pour
dónner dés-lors vn goût ou appetit, de ceque nous ſommes. Afin qu'ayant ainſi inuanté la matiere du Diſcours,
& diſposé ſa forme, l'Auditeur ſoit charmé, emporté & raui
par la Qualité.

---

TITRE<br>XVIII.

# LA QVALITE.

La Qualité du
Diſcours.

APPELE Qualité cequi rand vn Diſcours
congru, propre, pur, net, clair : diſert, ele-
gant, eloquant, preſſant, pathetique ; doûs,
amiable, foudróyant, genereus, ſurprenant,
admirable, rauiſſant, &c. Ce qui ſe fait par
les amplifications & les Figures, qui ſont employées par
l'Orateur. Ce ſont comme les couleurs, qui forment la
qualité d'vn tableau vif, éclatant, triſte, amorti.

Les Figures.

Or ces Figures *regardent* ou les paroles, cequi eſt de peu
d'importance en la langue Françoiſe : & s'acquiert naturelemant

lemant, par l'vzage & par la lecture. Ou bien elles regardent les Santances. Alors elles font en grand nombre, & doiuent eftre remarquées foigneuzemant dans les bons Auteurs. Car fans ces riches mouuemans & fans ces belles diuerfitez, vn Difcours eft plus froid que la glace méme.

Ie ne dois pas icy parler de leurs lieus, de leur affiette, ny de leurs diuerfes ordonnances. Les *Preceptes* en font tous communs dans les Ecoles, & abbregez dans nôtre Rhetorique Vulgaire : mais principalemant dans le Traitté de l'Eloquence Chrétienne, qui fert de Preface à nôtre Année Royale. Seulemant j'auertiray qu'il faut *méprifer* mille petits enrichiffemans, que les *Rheteurs* s'imaginent comme des monts d'or ; & qui neanmoins font tres-froids & treshonteus, en toute Eloquence mâle & diuine.

Cequi mé fait conclure, que la Sçiance Vniuerfele, Humaine & Diuine, que nous auons partagée en fes diuers Cercles, doit fournir la Matiere à nôtre Eloquence generale. La Rhetorique Vulgaire doit former la Qualité. L'Art de Raimond Lulle aide & facilite la Forme de N Ô T R E M E-T H O D E. Que celle-cy enfin comprenant & enfermant toutes les autres dans le poinct de fon eminance, acheue nôtre H O M M E  S A G E dans le raifonnemant, dans l'Erudition, dans le bien-dire, & dans la prudante negotiation.

Conclufion de la Methode.

Mais parceque la plûpart de ces Preceptes eftant Metaphyfiques, comme ils font, pouroient fambler obfcurs ; j'ajoûte trois fortes D'E X A M P L E S, propres indifferammant pour la Chaire, pour la Châbre, & pour la Politique. Les premiers étandent la matiere. Les feconds arrangent la forme. Les troiziémes crayonnent la qualité. Au refte on treuuera en tous nos Ouurages Imprimez, tant Latins que François, des Difcours entiers, parfaits & acheuez, autant que j'ay peu dans ma foibleffe, felon ces trois parties de l'Eloquence generale ; laquelle eft vraimant, la langue & l'organe de nôtre Sageffe Vniuerfele.

Trois fortes d'Examples.

*La II. Part. La Methode.*          N

## PRATIQVE DES Preceptes, pour l'Inuantion de la matiere.

TITRE XIX.

**1. EXAMPLE du Soleil.**

IE prans pour chofe non-Canonique, LE SO-LEIL qui eft au Ciel dans le reffort de la Nature. Aprés quoy je choifis pour Texte Canonique, ce paffage ; *cùm incaluerit vobis Sol, erit vobis falus.* Cela fait, je dis qu'il n'y a nulle matiere de Sermon où je n'infere brauemant tous les deus, par vne Inuantion toute naturele.

**1. Reg. 11.**

Car je précheray ou 1. de DIEV. 2. des Anges. 3. des Hommes. 4. des Saints. 5. de quelque Vertu ; & par oppofite de quelque Vice, puiqu'vne même Sçiance traitte des contraires. 6. du Paradis, ou de fon contraire qui eft l'Enfer.

**De DIEV.**

Si je préche de DIEV, je diray qu'il eft vn Soleil inuifible, ne plus ne moins que le Soleil eft vn Dieu vifible. Et là-deffus je chercheray toutes les proprietez du Soleil, & les applicqueray à DIEV ; ou par conuenance, ou par diffamblance.

La Subftance du Soleil fera le Pere, la lumiere le Fils, la chaleur le Saint-Efprit, &c. Ce Soleil eft vifible aus yeus du corps & de l'Efprit, mais DIEV naturelemant eft inuifible à tous les deus. Enfin m'arrétant fur les effets de la chaleur, je diray qu'elle me reprefente l'amour & la charité de DIEV. Par où je concluray que quand le Soleil de l'amour diuin fe fera échauffé pour nous dans la Creation, dans l'Incarnation, dans l'Euchariftie, dans la Paffion, dans la Pentecôte, &c. *erit nobis falus.*

**Des Anges.**

S'il eft queftion de parler des *Anges*, je diray auec S. Gregoire de Nazianze, que ce font des Soleils paralleles, ou furnumeraires. Leur eftre fpirituel répond au corps du

Soleil , leur entandemant à la lumiere, leur volonté à la chaleur , & le reste en l'état de Nature. En celuy de Grace & de Gloire , c'est la Foy, la Charité , la Vision beatifique. Et quand leur amour s'échauffant , *cùm Sol incaluerit* , rand ces Esprits fortunez plus soigneus de nous secourir : détournant les occasions du mal , suggerant celles du bien, tant à l'interieur qu'à l'exterieur ; *erit nobis salus.*

Toutes ces choses se peuuent dire proportionnemant , de l'*Homme* & des *Saints*. Car j'admireray en premier lieu non pas dans le Ciel , mais en la terre la course legere de nos Esprits , &c. Mais *cùm Sol incaluerit* , lorsque particulieremant on vient à embrazer en son cœur le feu du diuin amour , à s'échauffer de charité , alors *erit vobis salus.*

*De l'Homme, & des Saints.*

Cequi fait voir euidammant, que ce Théme peut estre applicqué à *la Grace* , à la Foy, à la Charité, à l'Humilité, & à toute autre Vertu ; laquelle sera ou vn effet , ou vne proprieté , ou vne disposition de ce grand & admirable Soleil de la Charité.

*A la Grace.*

Deméme en *la Gloire* on peut naïuemant treuuer les proprietez du Soleil, & à contre-sens vn tableau des peines de l'*Enfer*. Parceque dans ce sombre manoir le Soleil de la diuine misericorde ne produit jamais ny lumiere ny chaleur; il n'y a aucune esperance de salut. Mais l'on n'y void & l'on n'y sent qu'vn horreur, des tenebres, des glaces, des desordres : & generalemant toutes ces effroyables confusions qui deshonoreroient la face du Monde, s'il n'y auoit point de Soleil. Sur tout ne plus ne moins que le Soleil recrée nôtre veuë par sa lumiere , & nôtre toucher par sa chaleur: deméme par la regle des contraires , dans l'Enfer il y a la peine de Dam auec celle des Sens, &c.

*A la Gloire.*

*A l'Enfer.*

A propos de la BEAVTE', je puis parler de toutes choses. Considerant 1. que c'est comme vne musique de diuerses qualitez, vnies par ensamble. 2. Qu'elle procede d'vne cause interieure, qui n'est autre chose que la bonne complexion. 3. Quels effets elle produit charmant les yeus , rauissant les Esprits , gagnant les cœurs, &c.

*2. EXAMPLE de la Beauté.*

*Trois Poincts.*

Sur cete belle idée , si je parle de DIEV ; j'admireray 1. ce

*En DIEV.*

bel accord de perfections, qui embellit son essance : l'vnion
de sa bonté, de son immansité, de sa sagesse, de sa puissance, &c. 2. Que ces perfections procedent de la fecondité de sa Nature. 3. Pourquoy vne beauté si admirable ne
rauît-elle point nos Esprits, qui s'amuzent aus laideurs &
aus vanitez.

En la Paix, &
en la Guerre.

　　Si je parle de *la Paix*, j'en diray tout demémc. Si de *la
Guerre*. 1. L'on y void des Caualiers, & dés Pietons. L'on y
void des Files, des Escadrons, des Picquiers, des Mousquetaires, Fuzeliers, &c. qui sont rangez en vne tres-belle ordonnance. 2. Cete ordonnance si belle procede de la conduite du sage Capitaine, & du dessein qu'il a de se randre
victorieus. 3. Cete beauté martiale étonne au lieu de plaire,
épouuante au lieu d'attirer, &c.

En tout le reste.

　　On peut dire suiuant les mémes regles, que le Monde,
le Roy, vn Empire, vne Ville, vne Famille, vn Monastere
sont des beautez viuantes & animées, Cequi conduira nôtre Discours à l'infini, par les arrangemans, & par les dispositions que la Forme fournira, dans les examples suiuans.

---

TITRE XX.

# PRATIQVE DES PRE-ceptes pour la Forme, qui dis-pose & arrange les Parties d'vn Discours.

1. EXAMPLE
de l'Humilité

*Matth.* 23.

IE PRANS cete santance du Saint Euangile,
*omnis qui se humiliat exaltabitur*. Mon Vnité peut
estre indifferammant, & selon mon chois, *omnis*,
ou *humiliabitur*, ou *exaltabitur*. Desorte que celuy
des trois que j'auray choisi à discretió ou par raison, me peut seruir de sujet pour former mes trois enonciations ; qui feront justémant les Parties principales du Ser-

mon, dans lesquelles consiste l'Inuantion & la Disposition. *Trois Poinâs.*

Ie puis donc diuiser ce mot, *Omnis*, tout ; le faisant ser- *Trois parties* uir de sujet en ces trois enonciations, la verité desquelles *sur Omnis.* je preuueray en autant de parties de mon Entretien.

1. Toute personne diuine qui s'humiliera, sera exaltée,
2. Tout Ange qui s'humiliera, sera exalté. 3. Tout Homme qui s'humiliera, sera exalté.

11. Ie laisse ce premier mot, *Omnis* : & choisis le second, *Sur Humilia-* *Humiliabitur*, treuuant vne Inuantion de cete sorte. 1. Qui- *bitur.* conque s'humiliera de cœur, sera exalté. 2. Quiconque s'hu- miliera de bouche, sera exalté. 3. Quiconque s'humiliera d'œuure & par effet, sera exalté.

111. Enfin si omettant ces deus j'aime mieus m'arréter sur ce dernier, *Exaltabitur* ; je le feray estre sujet de ces trois *Sur Exaltabi-* proprietez, ou conditions, Quiconque s'humiliera sera *tur.* exalté. 1. en la Nature. 2. en la Grace. 3. en la Gloire.

Méme je puis, si je veus, prandre toutes lès trois à la fois, & les enfermer industrieuzemant dans les trois Par- *Toutes trois à* ties d'vn méme dessein. La 1. sera tout D I E V, tout Ange, *la fois.* tout Homme. La 2. qui s'humiliera de cœur, de parole & d'action. La 3. sera exaltée par les dons de Nature, de Gra- ce, & de Gloire.

Mais omettant ce mélange de toute la santance, suiuons cete premiere diuision generale ; choisissant, par example, le seul mot *Humiliat.*

Aprés donc qu'il aura serui de sujet à ces trois proposi- *Sou-diuisions* tions 1. de cœur. 2. de bouche. 3. d'action, qui contien- *de Humiliat.* 'nent l'Inuantion generale de mon Discours ; je prandray chacune de ces trois proprietez. Et alors les faisant seruir de sujet, je formeray trois, quattre, ou cinq enonciations ; jûqu'à cequ'il y en ait assez, pour ramplir ma premiere Partie. C'est à dire enuiron le tiers d'vn Sermon, vn peu moins. Parcequ'elle contient l'Exorde, qui est l'*Aue Ma-* *ria* : auec le Prelude, l'Introduction, ou l'Auant-propos ; qui ouure le dessein, & pose le sujet.

Donnons l'example qui suit. *Tout Homme* qui s'humi- lie de cœur, 1. se reconnoissant grand pecheur, comme S.

François. 2. Auoüant qu'il ne possede rien, qu'il n'ait receü.
3. qui se juge, & se croit indigne de toutes graces. 4. de toute faueur, & loüanges. 5. Tres-digne de tous opprobres, &c.

N'est-il pas indubitable, qu'obseruant ainsi à peu prés
les degrez de l'humilité interieure, selon que l'vn doit aller deuant l'autre ; la pensée, le raisonnemant & le discours
se peuuent étandre à l'infini. Si bien que du seul premier
poinct, on pourroit faire non seulemant vn Sermon, mais
encore vn liure tout entier. Cequi seroit tres-facile, gardant ainsi les regles de ces enonciations & propositions,
diuisées en passions & en sujets, ou en attributs ; les moins
generales estant arrangées auec vn ordre naturel, sous les
plus vniuersseles. Desorte que l'on bat & l'on presse l'Esprit
des Auditeurs ou des Lecteurs, sans jamais sortir d'vn seul
poinct : & faisant venir à son propos tout ceque l'on sçait
& que l'on veût, sans aucune violance ny contrainte.

De méme la seconde passion ou proprieté, *ore* de bouche,
peut estre diuisée à la volonté de l'Orateur, en plusieurs
belles manieres. Quiconque s'humiliera, 1. Ne se vantant
jamais. 2. Parlant toûjours de soy tres-bassemant. 3. Ne
s'excuzant en rien 4. s'accuzant lors méme qu'il est innocent. 5. Ne parlant des autres, qu'auec auantage. 6. Ne
parlant de soy ny en bien ny en mal, lors méme qu'on est
loüé & exalté, &c.

Enfin la 3. maniere proposée, *opere*, peut aussi seruir de sujet
en telles ou samblables Enonciations. Quiconque s'humiliera par œuure & par action, 1. N'ambitionnant, & ne pour-
suiuant aucune dignité, charge, ou grandeur. 2. Choisissant toûjours le plus modeste dans le rang, dans la nourriture, dans le vétemant ; bref, en tous les exercices exterieurs d'humilité, &c.

Il en va tout de méme de l'autre mot, il sera *exalté*. 1. En
la Nature : qui comprand ; 1. ce qu'on nomme les biens du
corps, de l'ame, de fortune, d'amis. 2. En la Grace soit
gratuite, soit gratifiante ; comme est la connoissance & l'a-
mour de D I E V, la perseuerance, la predication, les miracles, la prophetie, &c. 3. En la Gloire, qui est essantiele,

accidantele : d'honneur, de loüange, &c.

Pour parler de L'Homme selon ma Methode, je for-me cete proposition ; *l'Homme est vn petit Monde.* Dans cete proposition ou enonciation, *l'Homme* sert de sujet ; *petit Monde* de proprieté ou passion attribuée : *est*, de co-pule ou liaison substantiele.

Cela ainsi posé, il faut prandre ou le sujet de vôtre proposition, ou l'attribut. M'arrétant à ce dernier, qui est le Monde, je discoureray en cete maniere. *L'Homme est vn petit Monde.* 1. Parcequ'il est composé du Ciel & de la terre, c'est à dire de l'Ame & du corps. 2. Le Monde est appelé Vniuers, comme qui diroit Vni-diuers. Or n'est-il pas vray, que l'Homme vnît dix mille perfections en vn méme sujet ? 3. Le Monde est appelé des Grecs Κόσμος, c'est à dire beau. Et dites-moy je vous prie, qu'y a-t-il de plus beau que l'Homme ?

Que si on vouloit suiure par le menu vne methode en-tierémant parfaite, l'on pouroit *faire* cequi suit. Il faut prandre chacune de ces trois propositions, tirées de la premiere. Il faut ensuite les poser pour seruir de sujets, afin d'en tirer & de faire naître de leur sein, trois, quattre, cinq, ou six propositions distinctes & separées. Cequi sera facile, les tirant du suiet, de la liaison, & de la proprieté attribuée. Car ces propositions feront auec vn tres-bel or-dre les moindres parties du Discours, afin de ramplir les generales de toute l'Inuantion. Voicy commant la 1. Par-tie de mon Discours montre que l'Homme est vn petit Monde, parcequ'il est composé du ciel & de la terre, de l'esprit & du corps. Cete premiere Partie ou proposition se preuue par plusieurs autres *Sou diuisions*, qui pourront s'étandre à l'infiny.

L'Ame de l'Homme est vn Ciel. 1. Parceque ces deus choses sont crées de Dieu seul. 2. Elles sont immaterie-les, & incorruptibles. 3. L'Entandemant y sert de Soleil. 4. Il y a diuers mouuemans. 5. Dieu habite dans l'ame & dans le ciel, comme dans son trône.

Dites sur le méme air, le Corps est vne terre. 1. Formée

2. Example de l'Homme.

C'est vn petit Monde.

Trois poincts.

Sou-diuisions.

La 1. Proposi-tion sou-diui-sée.

de la boüe & de la cendre. 2. Au plus bas étage , comme la lie & le marc. 3. Pezante. 4. Maudite à caufe du Peché. 5. Fertile neanmoins & féconde. 6. Entrelardée de conduits & canaus, qui font les veines. 7. Tout rond, &c.

La 2. Propofition generale difoit que l'Homme eft vn *petit Monde* , compofé de diuerfes parties vnies enfamble. Celle-cy fe preuue aizémant, par telles ou famblables foudiuifions. L'on regarde l'Homme par le dedans , ou par le dehors.

Au dedans il y a 1. Le Cerueau. 2. Le Cœur. 3. Le Foye. De ces principales parties dependent les autres moindres; comme font, 4. Les veines. 5. Les nerfs. 6. Les tandons, mufcles & artéres 7. Les quattre humeurs , &c.

Au dehors les yeus mémes nous font voir comme vne belle perfpectiue. 1. Vne téte auec vne cheuelure. 2. Les yeus. 3. Le front. 4. La bouche. 5. L'eftomac. 6. Les bras. 7. Les mains. 8. Les doigts , & le refte du corps.

Telemant que fans rien tirer par les cheueus , & fans aucune digreffion ; il feroit aizé , fi on vouloit , de faire venir à propos , & de ramener à ce poinct tout ceque l'Anatomie a de plus beau & de plus curieus.

La 3. Propofition generale enfeignoit, que *l'Homme eſt vn petit Monde à caufe de fa beauté.* Elle fe montre clairemant, & s'amplifie. 1. Par le jugemant des yeus. Car de vray, aucune autre beauté ne nous charme fi doucemant, & tout à la fois fi violammant. Témoin les examples d'Helene, & de Berfabée. 2. Par fa droite pofture, qui regarde le Ciel. 3. Par les Eloges tres-illuftres que les Auteurs donnent à l'Homme. 4. Parceque D I E V méme famble protefter, qu'il en eft paffionné & amoureus. *Concupiunt Rex fpeciem tuam , & pulchritudinem tuam.*





PRA-

# PRATIQVE DE LA
## Qualité d'vn Difcours, feu-lemant ébauché.



PLVTARQVE à mon auis a la meilleure grace du monde, lors qu'au Traitté qu'il a fait de l'Amitié entre les Freres, il écrit que l'Homme eft le plus fage des Animaus, à caufe qu'il a des Mains. Car fans nous mettre beaucoup en peine de la fubtile controuerfe de Galien, qui nie que l'Homme foit le plus fage des Animaus parcequ'il a des mains : & qui affeure au contraire qu'il a des mains, dautant qu'il eft le plus fage ; je fçay bien, & les preuues vous juftifiront cete verité, que ceque la raifon eft à nôtre ame, cela méme font les mains *pour* la neceffité, l'vtilité, & la beauté de nos corps. Deforte que comme nôtre Efprit a pour objet de fes Difcours, tout cequi dépand de la Sçiance Speculatiue : deméme ces belles parties famblent eftre coufuës à l'extremité de nos bras, pour exercer tout cequi tombe dans la pratique.

*I. EXAMPLE de la loüange de la Main.*

*Trois poincts.*

N'eft-il pas vray qu'il n'y a rien qui nous occupe dans ce Monde que 1. Le culte de la Religion. 2. L'entretien de la vie Ciuile 3. Les chofes qui releuent de l'Art, & de l'Induftrie ? Oüy, mais ajoûtez donc auffi que la Religion, la Politique, & tous les Métiers ne s'exercent que par le miniftere des Mains.

C'eft cequ'il faut dilater & mettre en euidance, par vne tres-belle fuite de *fou-diuifions*.

*Sou diuifions.*

En cequi concerne *la Religion*, l'Homme pecheur demande pardon à DIEV, frappe fa poitrine, prand la difcipline : & fait préque tous les exercices de Penitance, par le Miniftere des mains. 2. Le Iufte éleue les Mains pures vers le Ciel, comme pour luy offrir fes vœus & receuoir fes faueurs ;

*1. Dans la Religion.*

La II. *Part. La Methode.*      O

*———— Duplices tendens ad sidera palmas*

3. Les vns & les autres offrent des sacrifices,&c. Faites en l'induction, & puis concluez ; ce sont les Mains qui contribuent à toutes ces pratiques 4. Le Verbe Diuin est comparé à la Main, & le Saint-Esprit au doigt. Telemant que l'on peut dire de la Main, ce qu'Aristote disoit de l'ame; qu'estant capable de tout, elle est en certaine maniere toutes choses.

2. Dans la Politique.

    11. Voyez aprés ceque les Mains font dans *la Vie Ciuile.* 1. En guerre commant assaillir, se deffandre : sonner la trompette, battre le tambour, porter l'enseigne & le drappeau, &c. si on n'auoit point des Mains ? En paix la Main passe les Contrats ;

    *Signum pacis erit, dextram tetigisse Tyranni.* Elle fait les alliances, rand les complimans, entretient les amitiez par le moyen des Presans. Et la Iustice, quelque grande Dame qu'elle soit, est ridicule sans le seruice des Mains. Puîqu'elle ne sçauroit conseruer les Lois, dicter les Arréts, signifier les ordonnances, faire executer ses decrets, apprehander les Coupables, ny les châtier sans le secours des Mains. S'il n'y auoit point de Mains au Monde, tout seroit en desordre & en licence à cause de l'impunité.

3. Dans les Arts.

    111. Dites le méme de tous *les Arts,* & de tous les Métiers 1. La Peinture, & ses excellances 2. L'Imprimerie, & ses vtilitez 3. La Coûture, la Cuisinerie & ses necessitez ; & ainsi du reste des Arts Mechaniques 4. La Medecine pour tâter le pouls, écrire les ordonnances ı la Pharmacie pour les executer, la Chirurgie en tire son nom : & la Chiromance void dans les Mains, comme dans vne montre, toutes les qualitez du tamperamant.

Conclusion.

    Tant-y-a qu'il faut consacrer les Mains, non pas comme Numa fit à la Foy : mais à la Religion, à la Politique, & à l'Art. C'est à dire à tout cequi est de rare, & d'excellant. Car estant de vray, les Vicaires & les Lieutenans de la Raison, sans les Mains cete noble faculté demeureroit sterile & oizeuse. Et c'est par leur merueilleus vzage qu'elle supplée à tout ceque la Nature a denié à l'Homme, l'accordant

aus Bétes ; comme font les armes offanſiues & deffanſiues,
l'habitation, le vétemant, &c.

Partant je conclus auec Anaxagore, qu'il eſtoit impoſſible d'inuanter vn organe plus excellant que la Main.

---

SVbtile non moins que judicieuze m'a toûjours ſamblé
eſtre, cete penſée du plus ſage de l'Antiquité Epictete;
lors que conſiderát la diuerſe application des Creatures produites pour l'vzage des Hommes, il a prononcé par vn arrét
digne de la Sageſſe de ſon Eſprit, & de l'attantion des nôtres;
*que toutes les choſes du Monde auoient deus anſes, l'vne à droite
& l'autre à gauche.*

A la verité chaque choſe conſiderée en elle-méme abſolumant, n'eſt aſſortie que d'vne ſeule nature toûjours in-
uariable. Parceque, dit Ariſtote, les eſtres non plus que les
nombres ne ſe peuuent changer ſans eſtre ruinez. Mais par
ſens oppozé, ſi on les veût prandre relatiuemant à cequi eſt
dehors & étranger ; il en arriue tout autremant. Car comme l'Eſprit & l'imagination des Hommes, n'ont rien de ſamblable : auſſi l'emploi & l'vzage que nous en faiſons, eſt certes bien differant. La méme voye qui méne les vns en
Oriant, conduît les autres à l'Occidant : & vn méme degré
éleue les vns ſur la rouë de Fortune, & precipite les autres
dans les abymes de leur ruine.

Cete belle verité éclairée de ſes propres ſplandeurs, ſer-
uira aujourd'huy d'vn tres-noble obiet à vos attantions, &
d'vn riche ſujet à mon Entretien. Afin de vous perſuader
auec plus d'efficace, prenez s'il vous plaît la peine, d'en
conſiderer les preuues dans *les trois principales pieces de l'Vni-*
*uers* ; qui doiuent arréter nos penſées, inſtruire nos Eſprits,
conduire nos actions & regler tout le cours de nôtre vie.

LA NATVRE cete mere feconde, que les Poëtes appelent *alma parens* ; ne repreſente rien de ſi rauiſſant à nos
yeus & à nos Eſprits, que les Cieus & le Soleil, auec le
cours harmonieus des Aſtres & des Planettes. Mais qui ne
void, que ces Corps ſi excellans, comme des tableaus de
rare perſpectiue, ont les deus reuers ? Ou pour ne point ſor-

tir des lignes de nôtre difcours, qu'ils ont deus anfes ? Ne
les voyez vous pas produire diuers effets qui font partie
vtiles, partie inutiles, profitables & dommageables à la vie
humaine ?

Ie ne rappeleray pas icy pour preuue de ceque je dis, la
maxime du Sage par excellance. D'vn côté toutes les Creatures en gros & en détail, font nées pour les auantages de
l'Homme. Toutes luy feruent d'échelons, pour l'éleuer à
la connoiffance & à l'adoration de la Diuinité. D'autre côté
elles ne nous feruent pas moins de pieges & d'entraues, pour
nous porter à nôtre ruine. Témoin les Idolatres, qui rauis
du brillant éclat des Cieus & des Etoilles, leur ont facrifié
comme à l'Eftre Souuerain. Et cela au lieu de les reconnoître auec Philon Iuif, comme des lampes lumineuzes attachées deuant le trône de fa Majefté.

C'eft affez de rafraîchir en vos Efprits, la memoire de
cequi fe paffe tous les jours deuant vos yeus & au dedans
de vous-mémes. I'entans parler de la lumiere du *Soleil.*

Le Soleil.

Cete Reine des qualitez deffechant l'humidité, endurcît
la bouë & la fange. Elle fond la cire, la randant molle &
ployable. Elle recrée les yeus bien fains, & affoiblît la veuë
debile. L'aigle la cherche, & le hibou la fuît. Demême la
chaleur de ce bel Aftre, eft fans doute neceffaire à l'entretien de la vie; en forte que par fon éloignemant les Habitans du Septantrion & de la Mer glaciale, font toûjours préque demi-morts. Qui ne fçait neanmoins que cete même
chaleur noircît les Mores & les Ethyopiens, brûle ceus qui
font fous la zone torride ? Et que je ne fçay quels Peuples
de ces Contrées, reffantant les effets de cét Aftre defauora-
bles, fe mettent aus champs : & penfent s'eftre bien vangez,
quand ils ont decoché mille traits contre le Soleil ?

Les Elemans.

On peut voir le même dans les autres *Elemans,* dont tout
l'Vniuers eft compofé. Car l'air neceffaire au refpir de nos
poûmons, étouffe bien fouuant nôtre vie. Et du méme magazin nous coulent des influances ores benignes, ores pe-
ftilantieuzes. La Mer joint toutes les parties du Monde,
entretient le commerce & la focieté humaine. Mais ne nous

apporte-t-elle pas auec les richeſſes étrangeres, mille ſortes de corruptions ? Les fleuues & les riuieres baignent, arrozent & fertilizent nos campagnes, il eſt vray. Mais combien
de fois les deluges, & les cataclismes ont-ils contre-balan-
cé leurs profits ? Ces Iſles qui ſe perdent tous les ans, & la
deſolation des Prouinces entieres juſtifient aſſez la verité
de ce prouerbe ſi fameus parmy les Grecs & les Latins ; que
de tous les voizins, l'Eau eſt le meilleur & le pire.

Ce qu'on pourra encore amplifier par l'example du feu,
dont les vns ſe ſeruent pour les vzages de la vie, & les autres pour brûler & détruire tout. De la terre, qui produit la
roze & les épines. Des herbes, dont les vnes ſont venimeuzes, les autres ſalutaires. Des animaus, comme on tire de
la vipere le poizon & la theriaque.

Tant il eſt vray, que l'vzage de toutes les choſes eſt differant : & qu'ayant deus anſes, vous pouuez ô Humains ! pran- Epiphoneme.
dre la gauche ou la droite, vous en ſeruant dans les emplois
ou vertueus & honorables, ou honteus & puniſſables.

11. Que ſi éleuant nôtre Diſcours à vn plus noble ſujet, je
dis auec le Prince des Poëtes ;

? *Sicelides Muſæ, paulo majora canamus ;*
Vous verrez dans l'eſtre de LA GRACE tant & tant d'exáples 2. Dans la Grace.
de la veritéproposée, qu'il faut par neceſſité ſe montrer priué
de ſens commun, ou ſe ranger du côté de ce ſage Epictete.

Certes il n'y a rien de ſi diuin ny de ſi adorable, que l'abyme de la *Miſericorde* de D i e v. Cependant on void les
Ames reprouuées, qui ſe perdent par preſomtion, tandis
que les Perſonnes ſaintes ſont conduites au port du ſalut,
par vne humble reconnoiſſance.

Dans le berceau du Sauueur je treuue *la Naiſſance* du
ſalut des Roys Mages, qui l'adorent & luy font hommage.
Herode le prand d'vn autre biais, & pour conſeruer ſa couronne y treuue ſon extréme deſaſtre.

Contamplons l'adorable Meſſie Crucifié ſur *le Caluaire.*
Son ſang precieus & diuin coulant de toutes parts, amolit
les cœurs qui confeſſent vraimant qu'il eſtoit le F i l s d e
D i e v. Les autres demeurent obſtinez, & endurcis dans

leur cruel parricide. Ce n'eſt pas ſans doute, de merueille.
Car qu'eſt-ce autre choſe, que l'accompliſſemant de la Prophetie du juſte Simeon ? *Il ſera, dit-elle, poſé pour ſigne
auquel on contredira. Il ſera la cauſe du ſalut, & coniointe-
mant de la ruine de pluſieurs.* Amplifiez ſi vous voulez par les
ſou-diuiſions, alleguant le bon & le mauuais vzage de l'Ecriture-Sainte, des Sacremans, des Miracles, de la Grace, des
Penitances, des Aumônes, &c.

III. Mais quoy enfin de nôtre POLITIQVE ? De moy je
tiens côſtammant, que quand méme cete maxime d'Epictete
ſe treuueroit fauſſe par tout ailleurs, neanmoins elle auroit ſa
juſtification en cete ſeule matiere. Il eſt vray ſans mantir,
que de quelque côté que je me tourne, quoyque mon eſprit
enuizage ; il me ſamble que tout cequi eſt parmy nous, reſſamble veritablemant à vn vaze à deus anſes : à vn tableau à
deus viſages, à vne étoffe à deus plis, à vn coûteau à deus
tranchans, à vne equiere à deus biais.

La Houſſine qui auoit fleuri entre les mains de Moyze,
ſe conuertit puis aprés en Serpant. L'Homme d'Etat eſt ce
Ianus à deus vizages. C'eſt ce Satyre, que les Anciens péi-
gnoient ſoufflant d'vne méme bouche, & le chaud & le
froid. Sa langue eſt le glaiue de l'Apocalypſe, qui tranche
des deus côtez : ſa main & ſon bras, c'eſt cete lance de Te-
lamon ; -- *Vulnus, opemque feret.*

Que ne diroit-on point des auantages & des dommages
de la guerre & de la paix, des ſçiances & des arts, de la
beauté & de la ſanté ? Mais ſans courir ſi loin, arrêtous-nous
au vizage de cete Déeſſe, qui preſide en ce Temple tres-
auguſte. La Iuſtice n'a-t-elle pas deus vizages & deus faces, l'vne douce, & l'autre ſeuere ?

C'eſt ceque juſtifira le Diſcours qui ſuit, lequel je fais à
deſſein groſſi & chargé de citations ; afin que l'on voye euidammant, que nôtre Methode, comme la figure du cercle,
contient toutes les *autres dans le poinct de ſon eminance.*

L E Maître de l'humaine Sageſſe Ariſtote, contamplant
les diuines beautez de LA IVSTICE, a prononcé en

sa faueur cete belle sentance ; *que c'estoit de toutes les vertus la plus excellante*. Parceque, dit ce Grand Homme, son brillant surpasse non sans beaucoup d'admiration & les premiers rayons de l'Aurore, & les lumieres du Soleil les plus éclatantes. *Iustitia est perfecta virtus ad alterum. Et ideò virtus præclarissima esse videtur, vt neque Hesperus, neque Lucifer sit adeò admirabilis.* Desorte que cete belle qualité, tout ainsi qu'vn beau Soleil comparé au reste des étoilles, samble ranfermer dans son eminance toutes les autres perfections ; qui randent vn Homme prudant en sa maison, & recommandable dans le Public.

*Iustitia in se virtutes complectitur omnes.*
Cequ'il samble auoir appris de son Maitre Platon. Ce plus diuin de tous les Prophanes, donne d'abord à la Iustice le prix & l'auantage par dessus le Roy des Metaus, *Iustitia auro pretiosior est.* Puis il nous la dépeint en son Minos, auec des beautez rauissantes ; que si elle pouuoit estre appetceuë des Humains, ils n'en deuiendroient pas moins amoureus que de la vertu méme. Comme si la souueraine beauté estoit la Iustice, & que l'Iniustice fût la derniere laideur qui soit imaginable. *Iustitia & Lex pulcherrimum est, Iniustitia & Iniquitas turpissimum.*

Ceus qui l'ont enuizagée de plus prés, ne font aucun scrupule de rehausser sa gloire d'vn certain rayon de sainteté ; qui la rand encore plus admirable à nos yeus, & à nos Esprits. *Iustitia est res sanctissima, quia eius præcepta concordant cum diuinis.*

Se peut-il rien imaginer de plus beau, qu'vne Sçiance qui a pour objet le Ciel & la Terre ; qui a pour sujet de son étanduë, les choses diuines & humaines ? Quoy de plus saint que cete sainte qualité, qui puize ses lois dans la source de la Diuinité méme ? Quoy de plus merueilleus que cete sage Maîtresse, qui range tous ses preceptes sous ces *trois* classes ; viure honnétemant, ne nuire à Personne, randre à vn chacun cequi luy appartient ? Trois deuoirs.

Mais il arriue par malheur ; que des plus belles beautez s'engendrent les plus sales corruptions, *corruptio optimi peſſima.* Deſorte que s'il y a vn grand ſujet de déplorer, certes il n'y en a pas vn moindre de s'étonner; voyant que la malice & le mauuais vzage des Hommes, ont reduit cete vertu vniquemant celeſte & diuine, au rang & au nombre de toutes les autres choſes créees; qui, ſelon le dire d'Epictete, ont deus anſes, deus biais : deus faces, & deus vizages.

Ce n'eſt pas cepandant mon intantion, & certes le loiſir ne me permet pas d'étandre plus au long cete maxime generale. Les Diſcours qu'il vous plut écouter en cét auguſte lieu il y a des-ja ſix mois, étala les preuues qui la randent euidante au plus ignorant ; ſoit en la Nature, ſoit en la Grace.

Mais parlant à nôtre deſſein, & au ſujet de la Iuſtice; je ne veus que *deus Preuues* de cete verité, enſeignée par le Maître de la Philoſophie Ariſtote. La premiere eſt priſe du premier de ſes Morales. Là il enſeigne par vne ſubtile penſée, que la Iuſtice eſt plus ſamblable à l'Art : & qu'elle tient dauantage de l'induſtrie, qu'aucune autre de ces Vertus, que nous appelons Morales : *Iuſtitia eſt magis ſimilis arti, quàm cæteræ virtutes Morales.* Et la raiſon eſt, ſi je l'ay bien compriſe, & ſi mon Diſcours a aſſez d'energie pour le bien explicquer, que les autres qualitez vertueuzes ſont doüées d'vne certaine inclination, entée dans le plus intime de leur nature : & que cét inſtinct naturel les conduît toûjours inuiolablemant, à méme but & à méme fin. La Iuſtice au contraire, tout ainſi que les ouurages de l'art & de l'induſtrie, ſamble auoir *pluſieurs reuers.* Elle ſe rand ployable ſelon le biais de nos paſſions, & ſouuant elle deuient artificieuze, quand nôtre intantion ſe rand malicieuze.

Ce qui flétrit grandemant les beautez de cete Déeſſe, & en rand les vzages tres-mal-aizez & difficiles. *Iuſtitia & Temperantia ſecundùm communem hominum opinionem præclara eſt, ſed difficilis & laborioſa.* Le ſejour de la Iuſtice, eſt le taillis d'vne épaiſſe forét. Le droit chemin qui y conduît eſt ſi peu frayé, que la plû-part s'y égarent. Et bien qu'elle tienne les plats & les coupes de la balance en ſes mains, il arriue toutefois raremant que nous les mettions au juſte

poinct

poinَt de l'equité. *Iuſtitiæ locus vmbroſus, difficulterque per-ſcrutabilis eſt.* Delà eſt, pourſuit le méme Auteur, que le juſte & l'équitable ſe definît par la proportion arithmetique du plus ou moins. *Æquum medium eſt inter plures & paucio-res, proportione arithmeticà.*

Cequi a donné ſujet aus Grecs de l'appeler Δίκαιον, *quaſi bifariam diuiſum, ſeu bipartitum* : & le Iuſte s'appele Δίκαιος, *quaſi bipartitus.* La Iuſtice eſt comme vn chemin fourchu, comme vn arbre à deus branches. C'eſt ce Pé-cher qui eſt vn venin en Perſe, & qui eſt ailleurs vn fruiَt tres-ſalutaire. C'eſt le Cameleon, qui change de couleur, ſelon la diuerſité des objets qui l'auoizinent. En vn mot, l'or de la Iuſtice prand ſa qualité de nos mains, & ſes beau-tez ſe flétriſſent par nôtre mauuais-vzage.

Regardez, s'il vous plaît, auec tant ſoit peu d'attantion, les deus chemins & les deus branches qui *diuiſent* nôtre Iuſtice. La Commutatiue Contantieuze, & la Punitiue qui va au châtimant. L'Eſperance ne nous fait-elle pas ſentir tous les jours, comme-quoy les Hommes ſe ſeruent iné-galemant de l'vne & de l'autre? Deus eſpeces de la Iuſtice.

1. L'Autorité d'Epiَctete y eſt expreſſe, *forum eſt templum libertatis.* Voilà quand on en vze bien. Mais ſi on en abu-ze, c'eſt vraimant vne arene de Gladiateurs, *arena litigan-tium.*

2. Pour le regard *des Parties*, la Maxime des Platoni-ciens n'eſt pas vraye en cét endroit. Car au lieu de ſept ver-tus qui doiuent naître comme autant de belles fleurs dans ce Iardin de la Iuſtice, on n'y voit bien ſouuant que les vi-ces contraires, comme herbes nuiſibles & veneneuzes. La malice raffinée au lieu de l'innocence, la haine au lieu de l'amitié, &c. En effet, quelles Parties ſont ſorties de nos Tribunaus auec vn cœur contant, vn œil, vn front, & vne conſçiance tranquille? Les Parties.

3. Du côté des *Iuges*, 1. Platon leur deffand de l'eſtre pour le profit. *Iuſtus ſi Magiſtratum gerit, ex publico nullam capiat vtilitatem.* 2. Il commande qu'ils ayent la téte che-nuë, & la barbe blanche. *Iudex non iuuenis, ſed ſenex eſſe* Les Iuges.

*debet; vt ſeriò qualis res ſit, didicerit.* 3. Il veût qu'ils ſoient doüez d'experiance, de prudance, & de raiſon. *Iudicandæ ſunt experientià, ſapientià, ratione.* Il leur conſie l'interpretation de la Loy. *Iudicium de ſingulis reliquitur prudentiæ vniuſcuiuſque.* 5. Il les demande ſeueres, non pas dans la complaiſance. *Iudex ſedet vt judicet quæ juſta ſunt, non vt gratiſicet.* 6. Il les demande conſtans & inébranlables. *Iudicis officium eſt, ſuam propriam virtutem exhibere; vt neque à muneribus, neque à timore, neque à commiſeratione,* &c. 7. Philon les veût aueugles, *vt nec diuiti propter opes, nec pauperi,* &c. 8. Ils ne doiuent point auoir d'yeus pour diſcerner les Perſonnes, mais ſeulemant pour conſiderer la nature des affaires. *Naturam negotiorum ſinceram, & nudam debet conſiderare.* 9. Epictete arréte leur veuë ſur le droict & l'équité. *Iudicare qui rectè vult, neminem, nec accuſatorem, nec reum cognoſcere debet, ſed ipſum jus.*

Les Auocats, &<br>Procureurs.

4. Du côté des *Auocats*, & des *Procureurs*, François Patrice en fait vne partie importante de ſa Republique. *Iudicio nihil in Republicà magis incorruptum eſſe debet. Nec minùs malè facit qui oratione, quàm qui pretio Iudicem corrumpit.*

5. Enfin, comme diſoit Platon, nous ſommes tous des Medecins; qui tenons entre nos mains la fortune, &c.

La Iuſtice Vin-<br>dicatiue.

Maïs en la *Iuſtice Vindicatiue*, nous ſommes les Maîtres de la vie & de la mort des Humains. Iuger *ſecundùm allegata & probata,* eſt certes vne choſe bien douteuze, & qui a deus anſes. Aller chercher au loin des témoins, ainſi que le conſeilloit Ariſtote, qui s'y fira? Combien y en a-t-il qui ſont accuſez à tort, & combien qui ſont condamnez innocemmant? Ne faut-il pas pour ce ſujet fauorizer toûjours l'accuzé; diminüer les peines: ne prandre pas toût au criminel; pardonner bien ſouuant le peché qu'on connoît, faire mourir celuy qu'on conjecture eſtre innocent? Tant il eſt difficile, comme diſoit Pythagore, de ne point outrepaſſer le poinct doré de la mediocrité, *jugum ne tranſilias.* Nous nous voyons ſur vne Mer tres-perilleuze, battuë de vans & de tampétes.

*Dextrum Scylla latus , lœuum implacata Charybdis*   3. *Aeneid.*
*Obsidet.*

Mais ce qui nous doit consoler & encourager à tenir ce juste milieu en la dispansation de la Iustice, c'est de voir l'example de nôtre Roy surnommé le Iuste, à cause de la Iustice tant Commutatiue que Punitiue, qui reluisent admirablemant en toutes ses actions, &c. Epithete si admirable, que les Hebreus méme l'ont donné à D i e v ; l'appelant *Sedech*, c'est à dire la Iustice méme.

Iustice laquelle nous deuons demander à D i e v, comme autrefois ces Prêtres des Indes. *Indi Pedalij inter sacrificandum, vnam Iustitiam postulabant à Dijs.* Aussi les Iusticiers sont appelez les Prêtres dans le Droict, pour presanter des sacrifices à cete celeste Déesse ; admirer ses beautez, obeïr à ses Loix, &c. Car enfin, pour finir auec le diuin Platon, la Iustice les couronne pour recompanse dans ses champs Elisiens, de guirlandes qui ne flétriront jamais.

De toutes ces diuerses matieres, l'on peut aizémant, si je ne me trompe, choisir les plus beaus poincts : tirer vne belle suite, & en former vn riche Discours. Ce que l'on fera auec vne merueilleuze facilité, descendant de degré en degré, à peu prés comme il est icy tracé grossieremant. I'ay chargé ce dernier Example de citations, qui estoit le style ancien ; afin de faire voir, que nôtre Methode est bonne à tous vzages.

Mais il faut que j'ajoûte pour clôture trois Examples, tissus auec vn peu plus de delicatesse ; reseruant ailleurs les Pieces d'vne Eloquence acheuée selon toutes les regles de nôtre Methode, & de ma foible portée.

# PRATIQVE DE L'ART,
## par des Difcours vn peu plus polis.

TITRE XXIII.

I. DISCOVRS<br>
de l'Amour de<br>
DIEV.

V'IL fait bon aimer DIEV, mon Cher Philadelphe, que ce poinct eft neceffaire à la perfection de nôtre vie : & que celuy-là a bien rancontré à mon gré, qui a dit que le Monde eftoit plein de folie & de vanité, lors qu'il eftoit vuide de l'amour de DIEV! Luy-méme nous fournît des preu-



ues fur ce fujet, tres-conueincantes. Et fa voix qui eft la verité méme, nous apprand que pour arriuer au comble de toutes les vertus, il faut eftre conduit par fon amour. Dili-

Matth. 22.

ges Dominum Deum tuum ex toto corde tuo, & ex tota anima tua.

C'eft cét amour qui a fait triompher les Martyrs des Tyrans, des Bourreaus & des flamnies. C'eft ce flambeau qui a éclairé la vie de tant de Saints. C'eft ce Feu qui a heu-reuzemant confommé tant de cœurs, des cendres defquels ont efté tirées les étincelles de leur gloire & de leur felicité. En vn mot, c'eft la premiere & la derniere Vertu que DIEV demande de nous. C'eft pour cét amour qu'il a vne paffion extréme, & qu'en mille endroits de l'Ecriture- Sainte, il s'eft fait qualifier le DIEV Ialous.

Saint Auguftin, qui dans ce port a fini fes pertes & fes naufrages, admire cete particuliere affection que DIEV té-moigne pour eftre aimé. Quid ego fum Deus meus, vt amari te jubeas à me : & nifi fecerim, irafcaris mihi, & mineris in-gentes miferias ? Il me famble toutefois que la raifon en eft fort naturele. C'eft que comme nôtre Seigneur nous cherit extrémemant, il veût auffi eftre aimé ; parcequ'en effet,

nous n'auons point de recompanſe plus conforme à l'obligation que nous luy deuons.

Il eſt donc vray, qu'il eſt abſolumant neceſſaire d'auoir de
l'amour pour D i e v. Puiſque d'vn côté, c'eſt luy-méme qui le La Propoſition.
ſouhaitte & qui le commande. D'ailleurs nous ne ſçaurions
mieus faire, qu'en exerçant les vertus qu'il pratique & qu'il
a inſpirées dans tout le Monde.

Les plus grandes Natures ſe connoiſſent ordinairemant à
trois choſes; au feu, à la lumiere, & à l'amour. Les Aigles,
pour ceque leur tamperámant participe plus du Feu que des Tous les Ter-<br>mes mélez.
autres Elemans, excellent pardeſſus tous les autres oizeaus.
C'eſt pourquoy nous les voyons n'aimer que la cime des
montagnes, & le voizinage du Ciel. Les Diamans entre les
Pierres ſont de plus haut prix, parcequ'ils jettent plus d'éclat
& de lumiere. Et entre, les plantes les Palmes ſont les plus
nobles, pourcequ'elles ont plus d'amour; ne produiſant
leurs dattes, que lors qu'elles ſont mariées. Mais il me ſamble que cete derniere qualité ſe rancontre particulieremant,
en tous les plus beaus ſujets.

D i e v n'aime-t-il pas ſes Creatures? N'eſt-ce pas cét
amour qui luy a fait donner ſon F i l s, pour venir operer
les ſacrez Myſteres de nôtre Salut? *Sic Deus dilexit mundum,* Joan. 3.
*vt Filium ſuum vnigenitum daret.* A quoy ſe peut rapporter cete
opinion des Platoniciens, qui en leur Theologie fabuleuze
eſtimoient que D i e v habitoit dans le Ciel Empirée; c'eſt à
dire, comme l'explique S. Denys l'Areopagite, dans vn Ciel
de feu & d'amour.

Les Anges, qui ſont les plus pures & les plus parfaites de
ſes Creatures, aiment aprés luy le plus parfaitemant. Leur
connoiſſance fait naître leur amour. Et toutes leurs occupations ſe reſolvent en ce ſeul poinct, de cherir leur Auteur. Les Cieus, les Elemans, les Plantes & tout cequi eſt
dans la Nature, ſe fond, & ſe conſomme en amour.

Il ne manque plus que du côté de l'Homme, qui peut
juger de ſon deuoir par celuy de toutes les Creatures. Encore tant de Saints nous ont fait des leçons ſur ce ſujet, qu'il
eſt bien mal-aizé de reſiſter à de ſi puiſſans examples. S. Paul

qui sçauoit parfaitemant ceque c'estoit que l'amour celeste & la sainte charité, nous crie à toute heure la perdition infaillible de ceus qui n'aiment point I. Chr *qui non amauerit Dominum nostrum I. Chr. sit anathema maranatha.* Il nous dit en mille lieus, qu'il n'est rien de meilleur que de haïr le monde pour aimer Dieu. Et de vray, puique la bonté de l'amour se tire de celle du sujet qui est aimé: il est trescertain que nous ne sçaurions mieus faire, ny aimer rien plus parfaitemant que Dieu. Puique c'est luy qui est la source de cete perfection, & que les Creatures ne la possedent qu'autant qu'il luy plaît leur en communiquer les effets. Ioint qu'il y a encore cete differance, que l'amour des Creatures est passager: & que si l'inconstance de l'Homme ne peut le luy arracher tout à fait, le tamps neanmoins doit triompher de ses dépoüilles. Au contraire l'amour de Dieu s'affranchît & du tamps, & du trépas. La mort dans la desvnion de l'Ame d'auec le corps ne peut rien sur la durée de la Charité, qui n'a point d'autres limites que celles de l'Eternité. L'amour qui durant la vie auoit toûjours demeuré attaché auec elle, s'y joint encore plus fortemant pour aller dans le Ciel chercher ensamble leur recompanse. Toutes les autres Vertus ont leur fin. La Prudance meurt auec celuy qui l'auoit pratiquée, la force se perd auec l'âge: la Patiance dans les aduersitez, & la Charité qui n'estoit que pour le corps n'est plus rien lors que son objet cesse d'estre. L'amour seul triomphe du trépas, est exemt de la caducité: & comme dit S. Paul, *Charitas nunquam excidit.*

S'il est vray comme l'on dit, que l'Amour a cete force de randre l'amant en quelque façon samblable à la chose aimée; combien deuons-nous porter nos cœurs à cherir Dieu, afin par là de nous randre conformes à sa diuine Majesté? Que s'il est comme impossible d'arriuer à ce poinct, ainsi que ce seroit temerité d'y pretandre; au moins sa sainte dilection entreprand de nous randre samblables aus Anges, qui n'ont d'auantage sur nous que celuy-là d'aimer Dieu plus parfaitemant, & de ne soûmettre leurs volontez à d'autres qu'à la sienne.

1. Cor. 16.

1. Cor. 13.

C'eſt en cela que l'Homme peut faire paroître ſa Sageſſe, & non pas dans les vanitez & dans l'amour du ſiécle; dont l'apparance nous perd, & la fin nous rand inſenſez. Le commancemant de la vraye Sageſſe, c'eſt la crainte de DIEV. Cete crainte naît de l'amour, qui va plû-tôt au reſpect qu'à la peur : & qui procede plû-tôt du courage, que de l'apprehanſion. C'eſt dans la recherche de cete Sageſſe que les Saints Pauls, les Auguſtins, les Madelenes, & les Thereſes ont conſommé leurs vies & leurs étuides. Et c'eſt dans cete recherche que les Ariſtotes, les Platons, & les Socrates ont trauaillé inutilemant, en prenant l'ombre pour le corps. C'eſt là la vraye Philoſophie, qui reſide plû-tôt dans le cœur que dans l'eſprit: & qui naît des actes de nôtre volonté, non pas de ceus de nôtre imagination. C'eſt cete Philoſophie qui nous apprand que quiconque veût paruenir au Ciel, doit aimer Dieu : & que l'Homme ayant eſté crée pour cete fin, ne doit rien épargner pour y atteindre.

Mais comme l'enſeigne diuinemant le tres-dous S. Bernard, l'Homme doit aimer DIEV extrémemant. Cét amour ſurnaturel a cela de particulier que l'on n'y peut pecher par excés, ainſi que dans toutes les autres vertus. *Modus enim amandi Deum, eſt amare ſine modo.*

Mon DIEV ! que cét amour eſt puiſſant, puique comme cete chaîne d'Homere, il attache le Ciel à la terre : il vnît la Diuinité auec l'Humanité, & joint le Createur auec ſa Creature. Mon DIEV ! que cét amour a de force ; puiſqu'il fait voir la verité en ſon jour, qu'il efface les taches de nôtre vie: qu'il excuze nos pechez, & pardonne nos fautes.

Vous ſçauriez bien qu'en dire belle Madelene, ſainte amoureuze du FILS DE DIEV, qui deuez vôtre gloire à vôtre amour ; *remiſſa ſunt ei peccata multa, quoniam dilexit* Luc 7: *multum.* O que vous nous feriez de belles leçons grande Sainte Thereſe, du contantemant que vous auez pris à voir brûler vôtre cœur au milieu des flammes & des braziers de vôtre DIEV. Et vous Saint Auguſtin, qui auez eſté moins miraculeus & inimitable en toutes les perfections que vous auez appriſes en cete Ecole, qu'en vôtre amour ; n'eſt-il pas vray, que ç'a esté le comble de vos plaisirs, d'aimer DIEV si fortemant ? N'est-il pas vray, que ce feu dont vous auez brûlé, cét amour par lequel vous l'auez fléchi & forcé à vous tirer de l'abyme de l'iniquité ; a esté le premier appas, dont vôtre esprit a depuis voulu estre charmé ? C'est l'amour extréme que vous auez eu pour DIEV, qui a effacé de sa memoire & de vôtre cœur celuy que vous auiez porté aus Creatures : ainsi que de ses mains, les verges dont vos sensualitez meritoient le châtimant. C'est luy qui triomphe de Dieu même.

*Virga recens Zephiris, at neruo vincitur arcus :*
*Igne chalybs, Adamas sanguine, corde Deus.*

C'est cét amour qui rand les objets les plus difformes, pleins de beauté & de gloire. C'est cét amour, ô Bien-heureus S. Pierre ! qui vous fit Lieutenant de IESVS, & comme le Dispansateur general de tous les trezors du Ciel. C'est cét amour qui ramplît, & qui embellît l'Ame de toutes les plus belles vertus. C'est luy qui tient comme à gage la prudance, la force, la sagesse, la chasteté, la tamperance, & le courage. Si toutes les vertus, ainsi qu'a dit vn Ancien, font comme vn ciel ; l'amour n'en est-il pas le Soleil, qui ne s'eclipse jamais ? Si ce sont des pierres precieuzes, l'amour n'en est-il pas le diamant qui brille d'éclats & de lumieres? Si c'est vn parterre émaillé de fleurs, l'amour n'en est-il pas la roze qui n'a jamais d'épines ; que quand il quitte le premier objet, pour se conuertir aus Creatures ?

Et c'est principalemant en ce poinct qu'on peut remarquer la differance qu'il y a entre l'amour de DIEV, & l'amour des Hommes. Le premier met l'Esprit en repos, & le comble d'autant de benedictions & de contantemans que l'autre cause de peines & de trauaus. C'est cét amour dont les Seraphins & les Anges brûlent, & dont les tourmans des Demons seroient allegez, s'ils en estoient capables. Mais c'est vn rayon de ce Soleil de justice qui n'éclaire point dans les Enfers, & de la priuation duquel les Diables souffrent plus que de ces feus & de ces flammes qui ne s'éteindront jamais. C'est vne grace dont la diuine bonté veût

obliger

obliger les Hommes, pour leur bien & pour leur ſalut. Les
vns en ont reſſenti de plus grandes douceurs, que les autres. Ceus qui demeurent dans l'état mediocre, n'ont jamais pû comme vn S. Paul aller puizer leur amour dans le
Ciel, où en eſt la ſource. Ah que la victoire eſt heureuze,
qui nous aſſujétit à la gloire de cét empire !

*Omnia vincit amor, ſed nos vincamur amore.*

Puis donc que tout le Monde nous fait des leçons de l'a-
mour. Puîqu'atitant de Saints que nous prions, nous ſont
autant d'examples. Puîque c'eſt vne qualité ſi excellante,
& dans laquelle nous treuuons de ſi glorieus auantages. En
vn mot, *Cher Philadelphe*, puîque DIEV le commande, &
que luy méme en eſt l'auteur, comme l'objet ; ſans mantir
nous ne ſçaurions mieus faire, qu'en quittant pour cete
paſſion toutes les autres, n'aimer plus rien pour aimer tout
en DIEV, qui eſt le ſeul objet qui merite d'eſtre aimé.

---

L'Agreable ſejour où nous a conduit la diuine Prouidance ſe treuue ſi abondant dans les moyens de nôtre
felicité, qu'il ne ſamble manquer que de la douceur de vôtre
compagnie pour ſon accompliſſemant. Car à mezure qu'vne
quantité d'eaus préque incroyable, a deſalteré vne ſoif qui
n'eſt commandée au corps que par la raiſon de l'Eſprit &
par l'autorité des Medecins ; nôtre ame rehauſſant ſes penſées à des objets plus diuins, prand plaiſir de s'abbreuuer
heureuzemant dans cete precieuze fonteine dont la ſource vient du Ciel, & dont les ruiſſeaus rejaliſſent en la vie
eternele. Et certes, outre cete conſideration qui touche la
plus noble partie de nous-mémes, il faudroit n'eſtre pas
moins dégoûté que les Iſraëlites au ſujet de la Manne miraculeuze ; pour ne pas eſtimer ces remedes excellans,
créez de DIEV pour la ſanté de nos corps.

Car dites-moy de grace, quel eſprit ſi contraire à la verité ne ſera contraint de confeſſer que l'Auteur de la Nature
a pris plaiſir de conſigner en ces eaus vne bonté eminante ;
puîqu'on les void dans l'experiance journaliere douées de

*La II. Part. La Methode.*    Q

1. DISCOVRS
*des Eaus de*
*Pougues.*

L'Entrée.

La Propoſition.

Termes
Abſolus.

fi bonnes qualitez ; accompagnées de fi excellans effets?
Leur compofition fans doute doit eftre toute merueilleuze,
& leur vzage a des profits tres-infignes ; puiqu'elles attirent les Peuples , des Prouinces les plus éloignées. Puiqu'elles fe font cherir auec tant d'ardeur, que fi bien on les
vient chercher auec quelque peine & fatigue ; perfonne toutefois ne s'en départ jamais, que raui d'aize & de contantemant. Que fi leur douceur eft détrampée de quelque acrimonie déplaifante aus palais delicats : cete aigreur picquan-
te n'eft-elle pas, pour ue rien dire dauantage , fuffifammant
adoucie dans l'honneur que l'on a de boire fans ceremonie
& fans complimant , en vne Compagnie que l'on void compofée de Prelats & de Princes ; en vn mot , de tout cequ'il y
a de grand dans l'Etat & dans l'Eglife ?

Tous les matins vn peu aprés le leuer du Soleil, dont les
rayons naiffans impriment quelque efficace en ces Eaus ;
nous les voyons venir à grandes files fe ranger tout au tour
de cete Fonteine , comme pour couronner la fource de tant
de benedictions. Puis verfer ces eaus à pleins verres dans
leur eftomac, auec fi peu d'empéchemant ; qu'au lieu d'eftre
foibles , ils fe fentent fortifiez : l'appetit éueillé , au lieu
d'vn degoût infupportable ; & bien moins ennuyez en vne fi
longue continuation, que defireus de s'enyurer innocemmant en l'efperance de leur fanté.



Bienfait certes , qui me famble d'autant plus prizable,
qu'il eft plus conforme à la Nature : qu'il coûte moins cher,
fe prand auec facilité : & ne met point nos corps dans de furieus ranuerfemans, comme ces beaus diagredes de la Pharmacie; dont la couleur, l'odeur, & la nauzée nous font mourir
par les remedes de la vie. Celuy cy au contraire prefcriuant
vne vie vraimant heureuze aus deus parties qui compofent
l'Homme, bannit tout excés violant au corps, toute forte
de vices & de paffion de l'efprit. Deforte qu'il met l'vn &
l'autre en la joüiffance d'vn bien , fans lequel nôtre vie en
terre ne fçauroit eftre qu'vne longue trainée de mal. Auffi
ces fameus Sages de la Grece auoient bonne raifon, dans le
partage des chofes qui nous randent heureus, d'enfeigner;

que si bien les richesses & la beauté tiennent des premiers
rangs, elles ne peuuent neanmoins passer pour le souuerain
bien , veu que la santé en est vn plus grand & infinimant
plus desirable.

De vray, la grandeur de ce bien , qui se doit prandre d'elle-méme & de la comparaison auec les autres , paroît encore dauantage en ce qu'elle est accompagnée d'vne plus longue durée. N'est-il pas euidant, que les langueurs d'vne fâ-
cheuze maladie flétrissent les lys & les rozes, méme des plus
beaus vizages ? N'est-il pas constant qu'vn Esprit chagrin La Durée.
dans vn corps tout vzé de mal, né sçauroit ou se garantir de
la pauureté ou retenir les ruines de sa fortune ? Raremant
verrez-vous vn Esprit fort dans vn corps affoibli d'infirmitez ; cela estant vn priuilege du grand Apôtre. Mais l'vzage de ces diuines Eaus influë dans nos mambres vne santé si
parfaite & d'vne si ferme durée , que le corps & l'Esprit deuiennent par là capables d'ozer & d'entreprandre toutes
choses pour le bien soit public, soit particulier. Non, ce
n'est pas vne quint-Essence d'Empirique ; qui fait marcher
deus jour vn Paralytique,pour l'acheminer bien-tôt au tombeau. Ce n'est non plus le Recipé d'vn Disciple de Galien
ou d'Hypocrate, qui ne fait qu'empirer nos maus en les ef-
fleurant : & comme il arriue dans les arbres sauuages, qui
les fait repousser en les émondant.

Cete Eau, que j'appele miraculeuze, a des qualitez si bon- La Puissance.
nes , *vne force* si secrete , est doüée de tant de vertu & d'e-
nergie ; que coulant doucemant sa fraîcheur, portant ses
esprits & imprimant son efficace jûques dans nos parties
moins accessibles à tous les autres medicamans, elle nettoye l'estomac, rafraîchît le foye : débouche le mezantére, desopile la ratte, purge les reins & les conduits vreteres. Elle fait comme les fleuues dans le grand Monde, qui
serpantant deçà delà entretiennent le commerce entre les
parties de l'Vniuers, adoucissent l'air des Prouinces qu'ils
baignent en leurs courses , fertilizent les campagnes : &
pour abbreger , déchargent la terre des immondices qui la
randroient vne cloaque pestilentieuze.

Q ij

Mais quelle merueille, de dire que ces Eaus bien-heureū-
zes portent leurs ſecretes influances jûqu'au ſoulagemant
de nos *Eſprits* ? Ie ne diray pas, cequi n'eſt ignoré de Perſonne, que l'ame alangourie par le chagrin & la triſteſſe, re-
couure ſon embonpoinct par ce ſoulagemant de nos corps,
Hé bon D i e v ! le dire commun n'eſt-il pas veritable, que
l'ame la plus ſeiche eſt ordinairemant la plus ſage ! Or tout
le Monde tombe d'accord, que ce remede deſſicatif dans vne
vehicule humide, degraiſſant ces gros Hommes qui ſamblent n'auoir autre partie que le vantre, ny autre D i e v
que la cuizine, retire l'ame de là captiuité des ſens. Deſorte
que diſſipant les nuages & les vapeurs qui obſcurciſſent les
rayons du Soleil, & qui troublent la beauté des Aſtres; l'Eſprit ſe treuue tout épuré & ſamblable à vn beau Ciel, où l'on
ne void regner que le calme & la lumiere. Ah D i e v ! que
ſes brillans & ſes rayons ſont agreables. L'ame pour lors



toute affranchie des *appetits* brutaus qui la randoient auparauant charnele, n'eſt plus deſormais retenuë dans la prizon
du corps ; ſinon pour pratiquer parmy les Hommes, *les ver-*



*tus* de la Nature Angelique. I'en dirois encore dauantage,
ſi je ne craignois que cete belle Fonteine deuint vn Ocean;
où mon Diſcours ne treuuât ny fond, ny riue. Mais je me
contante de marquer auec vne perle, la belle vertu qui naît
particulieremant ſur le bord de cete belle Fonteine; puiſqu'vn
Ancien a fort bien dit que les Muſes, diſons plus clairemant,
que la doctrine & la vertu aiment égalemant & les Nymphes
& les Lymphes. En vn mot, les feüs ardans ne ſe peuuent
mieus éteindre que dans la froideur des eaus.

　　Au reſte je veus que vous croyez, que ces merueilles que
je vous conte d'vne choſe qui auec l'air & le feu eſt la plus
commune du Monde, ſont la même *verité*. C'eſt elle qui m'a
commandé de vous les écrire, afin de n'eſtre pas ingrat des
bienfaits que j'en ay receus. Car quand toute la Sçiance du
Monde ſeroit d'vn parti contraire, auſſi bien qu'elle fauorize ces veritables loüanges ; l'obſtination la plus opiniâtre
ſera neceſſairemant veincuë par l'experiance de tant de Perſonnes, dont le témoignage eſt irreprochable. Vous les voyez

ayant puizé dans ces sources de santé, ce qu'aprés la vertu on doit auoir de plus cher, renouueller la féte des Anciens qui couronnoient les fonteines de festons & de guirlandes; marques asseurées de *la gloire* des Eaus, & de la reconnoissance des Peuples. Que si la quantité des témoins auec la remarque des circonstances, rand la deposition plus autantique; au nom de D I E V, considerez je vous prie auec moy, combien de Personnes grandes & petites, sçauantes & idiotes portent témoignage en faueur de ce que je vous écris. La Verité.<br>La Gloire.

Mais voicy vn autre miracle, qui doit encore dauantage rauir nos Esprits à la gloire de la Diuinité. Ces Eaus d'vn côté, *symbolizent* auec la Nature de toutes celles qu'on nous raconte. Elles sont froides & humides, liquides & potables, & coulent par les veines de la terre. Elles paroissent d'autre part assorties de *differances* si singulieres, & de singularitez si differantes; qu'elles laissent nos Esprits suspandus en la veuë de tant d'effets, dont la cause nous est inconnuë. Prenez la peine, s'il vous plaît, par forme soit de recreation soit de meditation, de vous rafraîchir la memoire de la grande diuersité des Eaus qui se treuuent en la Nature. L'Esprit de verité en loge sur les Cieus, celles de Pougues sont icy-bas en terre. La Physique en fait éleuer par les rayons du Soleil, en la moyenne region de l'Air. Mais combien nous produisent-elles d'orages, de tonnerres: de deluges, & d'inondations ? Celles dont je vous parle, ne nuisant à Personne, profitent à tout le monde. Ce seroit sans mantir se declarer Ennemi du Genre Humain, que de ne pas appreuuer les Eaus de la Mer & des fonteines; dont l'vzage ne nous est pas moins vtile, que commun. Mais aussi les moindres Esprits donneront aizémant la preferance à ces Minerales, qui dans vn goût tant soit peu acide & picquant, contiennent des effets si rares & si precieus. Les Termes<br>Relatifs.<br><br>La Concorde.<br><br>La Differance.<br><br><br><br><br><br><br><br>Genef. 1. Daniel<br>3.

Quoy donc, ne samblent-elles pas *contraires* à elles-mémes; puîque sans changer de nature, on les voit produire vne si grande diuersité d'effets ? La Poësie nous diroit que c'est vne panacée, la Chirurgie vn Catholicon : la naiveté dont je fais profession, vn remede à tous maus. O D I E V La Contrarieté.

Q iij

Eternel ! que vous paroiffez admirable dans ces Eaus ! Nous
y voyons l'Icterique reprandre fon embon-poinct. Ce fang
qui couloit d'vn trop grand flus , incontinant arrété : & cét
autre trop reglé & pareffeus , fe regler en fes écoulemans.
Combien de pauures Malades noyant dans cete Fonteine
leurs maladies inueterées , font vn fang tout nouueau , &
& reparent leur premiere conftitution ?

Que fi vous me demandez , commant des effets fi contraires partent d'vne méme *caufe* ? Vôtre queftion fera bien-
tôt vuidée. En quoy je ne m'arréteray nullemant aus foibles
conjectures de quelques Medecins , qui ont deuiné plû-tôt
que bien preuué les qualitez des Eaus de Pougues. Tantôt
ils leur attribuënt l'impreffion de certaines vertus tirées des
mines de fer , de fouffre , d'airain & d'autres mineraus.
Tantôt auec auffi peu de fondemant que de fatisfaction ,
ils ont recours à de fecretes influances ; qui feruent il y a
long-tamps , de fauorable couuerture à l'ignorance des
Hommes. Pour moy j'ay toûjours pensé qu'il falloit reconnoître le Souuerain Auteur de la Nature , comme *le*
*principe* premier & principal de ces merueilles. Car fa Prouidance ne laiffe pas d'eftre Reine de l'Vniuers , encore
qu'elle ne tombe pas toûjours fous nos fens. Elle a pris
plaifir pour faire éclater fa magnificence , d'ouurir icy vne
Ecole generale de Medecine à tous les Hommes. Elle a
dreffé vne boutique de Pharmacie , pour tous les Mortels.
Elle a preparé dans ce fluide elemant qui vient à nous *par*
des canaus fouterrains , comme vne panacée ou vn abbregé
dé tous les medicamans qui font en l'Vniuers. Les plus Pauures méme treuuent icy *vn remede* promt & facile , à cete
prodigieuze quantité de maladies ; qui comme vn effein de
guépes , donnent à nôtre vie des attaques autant crueles
qu'importunes.

I'arréte donc icy le cours dema plume , fans rechercher
dauantage la caufe de ces effets miraculeus ; puifque la verité nous oblige de les rapporter à la bonté , à la fageffe & à
la toute-puiffance du Createur ; qui a voulu imprimer en
ces Eaus des qualitez *plus* nobles & plus puiffantes , qu'au

reſte des fonteines & des riuieres. Il eſt vray que ces fleuues **La Majorité.**
d'eau viue, qui arrozent la celeſte Hieruſalem, ſont encore
*plus* merueilleus en leurs effets. Mais laiſſant à part les Cieus, **La Minorité.**
& demeurant deſſus la terre ; j'oze dire que ces Eaus poſſe-
dent auantageuzemant *toutes les proprietez* reconnuës tant **L'Egalité.**
des Anciens que des Modernes, dans les fonteines de Spa
& des autres endroits les plus fameus de l'Europe.

Qui ne voit que nos cœurs ſont par là obligez à vne ſolem- **Les Sujets.**
nelle reconnoiſſance de la *diuine* bonté ? Elle eſt vne fon-
teiné intariſſable de glōire aus *Bien-heureus* dans le Ciel. Ce **Dieu.**
n'eſt pas aſſez ; elle eſt vne viue ſource qui fait couler ſes **Les Anges.**
eaus par tout le rond de la terre, *pour* viuifier les Ames ju-
ſtes. Son amour n'eſt pas encore ſatisfait. Mais il faut que **L'Homme.**
ce diuin Archer faſſe d'vn coup de fléche vne troiziéme
ouuerture, pour faire couler de ce ſein adorable vne ſource
elemantaire pour la ſanté generale des corps. Deſorte qu'a-
uec l'Epouze ſacrée des Cantiques, je veus appeler le Ver-
be Incarné, le puy des Eaus viues: au méme ſens que le plus *Fons Sapient.*
ſage de tous les Roys le conſidere dans ſon eternité, ſous le *verb. Dei in ex-*
nom d'vne fonteine eminante & ſublime dans les Cieus. Et *celſ. Eccl.1.*
n'eſt-il pas vray que le traict d'vne diuine plume fait paroître I. Chr. ſi abondammant comblé de trezors de la Diui- *Coloſſ. 2.*
nité, que cete plenitude ne ſe pouuant arréter, ſe décharge
par la gloire dans les Eſprits Bien-heureus du Ciel, & par
la grace dans les Iuſtes de la Terre ? L'Egliſe Catholique
confeſſe malgré l'impieté, qu'il y a ſept Sacremans. Que ce
ſont comme autant de canaus qui du cœur de Iesvs, tout
ainſi que d'vne fonteine ſacrée, portent la ſainteté dans le
cœur de ſes Enfans. Car puîque la Nature aſſujétît les corps
aus Eſprits, le fluide *elemant* des eaus peut bien ſeruir **L'Elemant.**
d'inſtrumant à la production miraculeuze de la grace dans
les Chrétiens.

Le miracle en eſt continuel, la faueur en eſt vniuerſele.
Quiconque boit ce diuin Nectar, reſſent par experiance
vne nouuelle *vigueur.* Comme vous voyez les plantes ab-
batuës de l'ardeur du Soleil, reviure aprés auoir eſté ab-
breuuées d'vne pluye fauorable : deméme par l'vzage de

ces benites eaus, les forces qu'on appele *animales* sont rétablies, les Esprits qui estoient épuizez se reparent : ces importunes fumées qui aueuglent l'imagination, sont dissipées. Enfin toutes les parties de cete petite Republique, reprennent vn estre tout nouueau ; pour composer toutes ensamble vn Homme *capable* de manier les plus grandes affaires du Monde, & de remüer les plus fortes machines de l'Vniuers.

C'est donc le pays de Neuers qui a ce priuilege au dessus de tous les autres, de posseder en son enceinte non pas des fonteines imaginaires des champs Elisiens, qui n'auoient qu'vn estre chymerique dans la téte creuze des Poëtes : mais la source veritable de la santé des corps, à meilleur titre que les Anciens ne l'ont autrefois attribuée au temple d'Esculape.

Ce n'est que de l'eau claire, je l'auoüe : tout le Monde le voit, personne ne le nie. Mais les milliers d'Hommes retirez préque des abbois de la mort, publient par tout ces prodigieuzes & ineffables vertus. Ils deuroient sans doute en reconnoissance de ses faueurs, attacher des marbres grauez en gros caracteres, aus arches de ces Fonteines salutaires, comme aus voutes d'vn Temple bien fameus. Et certes quelqu'vn a fort agreablemant exercé son genie ces années dernieres, en la composition d'vn Enigme fort gentil. Ie vous le montreray par dehors, cepandant que vôtre Esprit en meditera le sens peut-estre assez caché.

*Aspice quàm facili miracula munere currunt,*
  *Vt credas geminis ludere Numen aquis.*
*Principis hic fons est, excrescens principe fonte.*
  *Mirum! nec dispar nectit vtrumque decus.*
*Condita namque means per coctæ viscera terræ,*
  *Ebullit cunctis fons medicina malis.*
*Sic tu magne Heros, generis spes tertia nostri,*
  *Nectareo Populi pectora fonte beas.*

Or pour retourner au dessein qui m'a conduit jûqu'icy, je considere que comme DIEV fait naître les vans des trézors de sa Prouidance : il en fait aussi *couler* ces Eaus miraculeuzes,

culeuzes , pour fournir égalemant à nos corps vn remede
ſalutaire , & tirer de nos Eſprits les admirations & les hommages que nous luy deuons en reconnoiſſance de ces merueilles. Car veritablemant l'on en peut rechercher la ſource ailleurs , auſſi bien que celle du Nil. Mais je puis dire
qu'on ne treuuera celle-cy non plus que l'autre , ſinon dans
les ſecrets de la Diuine Prouidance.

Sans doute s'il m'eſtoit permis de congedier pour vn
tamps vos importantes occupations, comme vous pouuez
me diſpanſer des miennes, pour ſuiure par tout vos commandemans ; je vous convirois de venir icy maintenant que
le Soleil aprés ſes trop grandes ardeurs n'en a retenu que cequ'il en faut , pour aider aus Eaus à produire leurs mira- *Quand?*
cles. Voicy *le tamps* & le lieu , où il ſamble qu'elles veulent
communiquer aus Hommes leurs faueurs. Si vous les tranſ- *Où?*
portez , elles perdent beaucoup de leur vertu : ſi vous les
prenez pandant les rigueurs de l'hyuer ou durant les ardeurs de l'été , elles ſont préque inutiles. En l'vn les ordures & les ſaletez qui ſe mélent parmy ces Eaus , leur ôtent
la pureté : & dans l'autre , l'excés de la chaleur en diſſipe
trop promtemant les Eſprits.

Receuez *donc* aujourd'huy de ma plume , vn conſeil *La Clôturé.*
d'Ami. Donnez vn peu de relâche aus affaires , qui vous
tiennent occupé de tous côtez ; afin que le Public poſſede
plus long-tamps vôtre Perſonne , & viue plus auantageuzemant à l'ombre de vos ſoins & de vos trauaus. De ma
part , j'oze bien vous promettre , qu'aprés auoir employé
quelques jours de vôtre repos en l'vzage de ce remede incomparable ; vous eſtant bien diſposé auparauant , gardant vn bon regime : mais ſur tout auec l'aſſiſtance du Ciel,
qui regle les tamps de la vie & de la mort ; vous poſſede-
rez vne ſanté ſi parfaite , que vous auoürez vous-méme que
la mort & les maladies tyrannizent toute la terre , mais que
ce lieu eſt quaſi hors de leur empire. Puiſque la vie & la
ſanté y floriſſent plus excellemmant, qu'en aucun autre lieu
de l'Vniuers.

*La 11. Part. La Methode.*      **R**

*iii. Discovrs de la Vertu.*

*L'Entrée.*

MOn deſſein en ce Diſcours, c'eſt de bâtir vn Temple à LA VERTV. La pieté qui au ſentimant du grand Apôtre forme les principes de toutes choſes, formera toute la ſtructure de cét edifice. Et je me perſuade auec raiſon, que je ne puis le compoſer d'vne matiere plus illuſtre, le tailler d'vn cizeau plus delicat : ny luy preparer des ornemans, qui ſoient plus ſuperbes. Ceus qui viendront en ce ſaint lieu randre leurs hommages à la Vertu, ramporteront pour ſatisfaction la connoiſſance des auantages qu'ils poſſedent. Ils verront dans la juſte paſſion qui les pouſſe à l'honorer, que quoy que ſa nature ait des qualitez qui ſont diuines : elle ne produit point d'actions, qui n'ayent le bon-heur de faire la felicité de Ceus qui les executent. Et ils ſeront témoins que Ceus que la Sageſſe a randus les plus celebres, ont conſideré la Vertu comme *l'inſtrumant glorieus qui peut tout former dans le Monde.*

*La Propoſition.*

Ainſi dans cete puiſſance merueilleuze qui ſe répand en de ſi longues étanduës, & qui laiſſe à peine à mon Eſprit la liberté du choiſ des beautez qu'il veut décrire; je ne veus pas m'égarer, mais bien me contenir dans les eſpaces que je me ſuis preſcrits.

*Les Sujets Diev, les Anges, &c.*

C'eſt pourquoy je ne parleray point de cete Vertu infinie que l'on admire dans la Diuinité, & qu'on adore par vn ſilance reſpectueus. Ie ne parleray non plus de cete Vertu ſpirituele qui anime les Anges, de cete autre ſecrete qui fait l'influance des Aſtres: de celle qui produit le tamperammant des Hommes, qui rand l'Imagination agiſſante, qui donne le ſentimant aus Animaus, qui forme vne eſpece de vie pour les Plantes; & qui pour eſtre ſimple, ne laiſſe pas de compoſer les quatre Elemans ces ſources continüelles du Monde. Ie m'arréte donc ſur les fondemans que j'ay choiſis d'abord, je veus dire ſur la Vertu que la Pieté fait naître. Et dans l'idée où je la conçoy parfaitemant acheuée, je la propoſe comme vn ſujet neceſſaire de nos perfections & de nos felicitez.

Certes il n'eſt point d'Eſprit dont les ſentimans ſoient Les Abſolus, éclairez, qui ne rande vn aueu ſolemnel de ſes perfe-ctions. Il n'eſt point de cœur raiſonnable, qui ne ſoûpire amoureuzemant pour ſa joüiſſance. Il n'eſt point d'Hom-me, qui ne la reconnoiſſe comme vne ſource feconde, d'où naiſſent toutes *les bontez*. Dans cete connoiſſance elle eſt ho- La Bonté. norée de ſeruices, de reſpects & de tous les vœus imagina-bles. Et méme par vne communication naturele à la bonté, les honneurs qu'elle reçoit refléchiſſent ſur Ceus qui les randent. Auſſi ſamble-t-il vraimant qu'elle conſomme & transforme en elle méme, tout cequi a droit de charmer les Hommes par l'attrait des perfections & par l'appas des beau-tez. N'eſt-ce pas vne experiance ordinaire que les richeſſes dont on la pare, que les delices qu'on dépeint ſur ſon viza-ge; ſont des charmes innocens pour attirer les affections, & ſont des lumieres pour donner vn béau jour à Ceus qui la ſuiuent ? Le Soleil qui dans ce bel épanchemant de ſes rayons, n'eſt pas tant pour faire adorer ſes beautez, qu'il eſt pour l'ornemant & la neceſſité du monde ; n'eſt pas plus libe-ral. Et ce fleuue de l'Egypte qui roule dans la fecondité de ſes Eaus, celle de la terre qui luy préte ſon lict, comme par vn remercimant perpetüel ; n'a pas des bontez plus commu-nicatiues, & ne partage point ſes faueurs auec plus d'incli-nation à les répandre. Cequi a fait dire au diuin Platon, lors qu'il voulut donner vn modele de la Vertu ; que ſi ſon viza-ge pouuoit paroître aus yeus des Mortels, tel qu'il eſt en ſon naturel : & que ſi le pinceau qui l'a trauaillée n'auoit point cete rudeſſe, d'yméler des ombres dans la neceſſité de ſon Art ; tous les Hommes feroient à l'énuie vn glorieus effort, pour rompre les liens qui les engagent ailleurs & pour luy jurer vne feruitude eternele.

En effet, ſon empire n'a point de *bornes*, ſes lois treuuent La Grandeur. des obeïſſances par tout où regne la raiſon : & le prix de ſes richeſſes, étouffe toutes les vanitez & les magnificences de Ceus qui ont eu la téte & les mains chargées de ſceptres & de couronnes. Si vous la poſſedez dans les pompes qui l'accom-pagnent, vous prandrez les richeſſes d'vn Creſus pour vne veritable indigence. Vous treuuerez les triomphes d'vn Alexandre imparfaits, son ambition peu assouuie, de ne couurir de lauriers qu'vne moindre partie de la terre; quand vous verrez les lois de la Vertu ne se répandre pas seulemant sur toute son étanduë, mais aller jûqu'au Ciel. Vous plaindrez vn Sardanapale dans ses voluptez, vne Helene offensera vos yeus par sa laideur: Antoine n'aura qu'vn luxe sans éclat, sa Cleopatre que des delices qui bien loin de charmer, feront horreur.

Toutes ces pompes, ces delicatesses & ces grandeurs, qui charment le corps, & qui samblent estre les appanages des plus illustres naissances; ont leurs causes & leurs issuës, qui nous en dégoûtent. Ils dépandent des principes qui *La Durée.* nous sont étrangers, qui ne *durent* point selon nos volontez: & que toute la puissance des Hommes, ne sçauroit retenir. Leur priuation cause nos miseres. Alors les fleurs que nous auons foulées n'ont plus d'odeur pour nous, il ne leur reste que des épines: & tout ce que la conuoitize auoit peu conceuoir, s'échappe de nos mains par vne mort, par vne maladie, ou par vn defaut d'imagination; le tamps méme de la joüissance, épuize nos esprits & cólomme nos corps. La Vertu forme des plaisirs qui sont plus solides, & plus durables. Comme leur sujet, qui est nôtre Ame, ils tiennent de son immortalité. Ils s'augmantent chaque jour, ils ont toûjours de nouuelles pointes pour le sentimant, & deuiennent eternels.

Ainsi comme le desir de la gloire, est vne passion où les Hommes peuuent estre sensibles auec justice; il ne treuue son acheuemant, que quand il est conceu dans vn cœur ver- *La Puissance.* tueus. La Vertu seule fait *entreprandre* auec generosité & reüssir heureuzemant des choses, où la plus haute ambition tramble d'abord. Elle couure de rozes les passages, où Ceus qui ne la suiuent pas ne remarquent que des precipices. Les trauaus de l'Esprit luy sont des diuertissemans, & ne sont plus d'inquietudes. Tant il est vray qu'elle fait ses delices des difficultez, que ses inclinations participent de sa nature diuine: & que comme les autres actions des Hom-

mes se sentent toûjours de leur foiblesse , elle fait des
actions dignes de sa naissance ; elle imprime l'immortalité
dans les Ames , & imite sur la terre l'incorruptibilité du
Ciel.

Imaginez-vous la satisfaction que treuue en soy vn Vertueus. Il a ses contantemans dans luy-méme. Il samble que
sa propre nature les forme à la façon des felicitez des Anges,
ou de ces Bien-heureus Esprits ; qui dépoüillez de la matiere du corps , ne sont plus qu'vne vision de D i e v agissante
& passiue. Cét empire n'est pas moindre , que celuy de donner des lois sur toute la terre. Et cét Ancien auoit raison de
dire, qu'il ne falloit que veincre sa propre ambition , pour
orner son triomphe de toute l'étanduë du Monde. En effet,
celuy qui se rand maître absolu de ses desirs , ou qui ne les
fait seruir qu'à la Vertu ; fait plus que s'il forçoit des murailles , & que s'il gagnoit des batailles. Souuant ces Dieus
de la guerre , qui soûmettent sous leur pouuoir tout cequi
leur fait resistance, ne peuuent surmonter ces ambitions qui
les y poussent. Et souuant l'Histoire rougît de parler de
Ceus qui quittent lâchemant leurs triomphes, & qui mépri-
zent le sein de la victoire pour se randre dans les bras de la
volupté.

La Vertu est vne pure *Sagesse*. Et la Sagesse qui est la maî-  La Sagesse.
tresse des passions , ne peut estre dépeinte que sous la figure
de la Vertu. Ces Hommes que l'Antiquité reueroit , & qui
pour marque du respect qu'elle portoit aus actions plus
qu'humaines, les appeloit Heros ; sont des témoins sacrez à
la memoire des Gens de bien, qui dépozent que leur gloire
n'estoit pas moins composée de Vertu que de Sagesse. Les
Saints & les Saintes de nôtre Christianisme publient haute-
mant, que leurs Vertus ont esté les degrez qui les ont approchez de nôtre D i e v , le Principe de toute Sagesse. Ie
passe ces autoritez qui sont receuës , & qui n'ont pas besoin
de preuues ; pour enseigner la façon d'entrer au seruice de
cete diuine Princesse , & de luy faire vn presant de nos affections.

C'est à *la volonté* de faire cét office, & c'est elle qui doit L'Appetit.

R iij

prandre ces soins. Comme la Vertu forme la perfection de
l'Ame raisonnable, elle n'a sa conduite legitime que par
l'entandemant : & ses actions ne sont point acheuées, si la
volonté n'en prescrit les ordres. Elle n'auroit pas tant d'é-
loges, si elle n'estoit produite dans le chois du bien ou du
mal ; où la volonté preside, & dans lequel seul on rancontre
la veritable source du merite. C'est pour ce sujet qu'elle est
vn propre essantiel à l'Homme, & qu'elle n'appartient point
à cequi n'a pas l'auantage du chois. Desorte qu'on peut dire,
que les Grecs & les Latins ont voulu l'exprimer, quand ils
ont composé son nom ἀρετὴ, *virtus* ; du terme, qui faisoit celuy de l'Homme.

La Verité.

Ces beautez que je décris sont *Natureles*, *& Veritables*,
la ceruze & le plâtre n'en font point les parties. Elle regarde
d'vn œil qui marque sa colere, ce fard & ces artifices, dont
plusieurs la couurent aujourd'huy ; comme s'ils vouloient la
randre méconnoissable aus yeus du Vulgaire. Que d'Hommes, ô mal-heur du tamps ! qui samblent estre d'vne profession particuliere à honorer la Vertu, luy donnent des respects
interessez : & luy randent des deuoirs, dans vn dessein qui la
défigure & qui la fait criminele. Oüy, le vice se pare artificieuzemant de ses couleurs : il emprunte ses ornemans, & s'a-
juste si bien à sa ressamblance qu'on a peine à les discerner.
Cequi nous fait remarquer dans le Saint-Euangile, que l'vnique Auteur de la Sagesse & de la Sainteté I. CHR. ne reprand
souuant & auec vne aigreur extréme, que ces Scribes & ces
Pharisiens ; qui à la façon des Singes, ne parloient de la connoissance de DIEV, & de la beauté des Vertus, que par imitation & par signes ; tandis que par l'ordure de leurs débauches, ils demantoient la pureté de leurs discours, & la mine
étudiée de leurs vizages. C'est pourquoy je separe les Hypocrites du culte de la Vertu, comme des ombres & des fumées
qui l'étouffent. Ie la propose dans ses veritables lumieres, &
je ne la couronne que de ses propres rayons.

La Gloire.

Dans cét état, on ne peut obscurcir *sa Gloire*. Elle imite le
Soleil, qui chasse dés qu'il paroît, le reste de ces petits Astres
qui veulent se méler d'éclairer. La reputation que donnent

Les actions qui ne sortent point de la Vertu, ont le même sort.
Et j'oze m'imaginer qu'elle est cete clarté, qui brille sur le
vizage de Ceus que le Psalmiste dit estre imprimez à la marque de DIEV.

En verité, il n'y a que ce precieus caractere qui mette de *la
differance* entre nous & cequi est priué du raisonnemant. Car
si vous effacez cete diuine empreinte, ne voyez-vous pas que
quelques Animaus ont des auantages que vous ne possedez
pas. Mais leurs perfections s'enseuelissent en eus-mémes, &
leurs industries ne s'occupent que pour leurs commoditez &
pour leur nourriture. La Vertu aucontraire nous donne d'autres sentimans & d'autres soins, tournant toutes nos penfées
vers la Diuinité. C'est elle qui releue nos courages, qui les fait
agir hors de nous : qui nous rand sâblables à l'Image de DIEV,
& qui nous fait partager la nature des Anges. En vn mot, cete
condition dans laquelle elle nous établit ; fait que nous com-
mandons aus Natures qui nous sont inferieures, que nous allons de pair auec Celles qui sont au dessus de nous : & par la
ressamblance & la bonté des mœurs, elle nous fait caresser
de tous Ceus qui cherissent la raison.

Enfin son dernier effet marque d'autant plus son alliance auec le Ciel, que comme elle lie des amitiez étroittes auec
Ceus qui par leur sainteté possedent dés-ja son bon-heur : de
méme elle fait côceuoir des auersions extrémes, contre Ceus
qui font profession du crime. Parcequ'ayant aussi vn principe
si pur, elle ne peut compatir auec les saletez. Elle demanti-
roit sa naissance, & corromproit sa nature dans leur conuersation. C'est l'Auteur des Hommes, qui l'a créée : & c'est la
grace du Reparateur de leur salut, qui la conserue dans cete
liberté des volontez, dont ils ont l'entiere disposition. Vne si
belle source ne produît point de ruisseaus, qui laissent dans
leur cours de la fange & du limon. Des fleurs si agreables aus
yeus, n'ont point vne racine qui porte de mauuais fruits. Elle
est vn milieu qui éloigne les extremitez de la passion, & qui
écarte toute sorte d'excés. C'est vne mezure, qui n'a que la
justice pour son objet : qui nous conjoint auec DIEV, par des
liens merveilleus ; & qui le cherchant auec inclination com-

Les Relatifs.<br>La Differance,<br>&c.

me nôtre derniere fin, nous conduît d'vn méme effort à la nôtre.

Deforte qu'aprés vne peinture fi naïve de tant de perfections, on peut conclure facilemant; que Celuy qui n'a point
d'yeus pour confiderer auec amour la Vertu, n'a point de fen-
timãs pour les chofes releuées. Et que Celuy-là n'a nulle connoiffance des veritez, qui conceura feulemant l'ombre de ce
doute, fi la corruption des Hommes eft capable de fouffrir de
fi belles affections, & *fi la* Vertu n'eft point quelque chofe
imaginaire parmy eus. Il porte vn entandemant fi groffier,
qu'il eft plus que brutal; puîqu'il ne voit point l'impreffion
de cete clarté celefte, dans ces grandes actions qui furpaffent
les ordinaires. Puîqu'il cherche le Soleil en plein jour, &
qu'il ne fçait pas faire la differance entre les tenebres & la
lumiere. Ces ftupides autant qu'ils font aueugles, meritent à
bon droict leur ftupidité & leur aueuglemant; puîqu'ils ne
connoiffent pas que la Vertu eft ce jufte tamperamant, qui
retient la violance des Paffions quand elles fe precipitent: qui
les arrétant en leurs cours, les maintient dans leur jufte mezure; & dans l'égalité qui forçant nôtre volonté à la confideration de D i e v, nous emporte & nous éleue dans le fejour
des Bien-heureus.

O Vous dont l'ame eft pure & connoiffante, & fur les yeus
de qui j'obferue dés-ja quelque trace & quelque mouuemant
d'affection pour cete Reine; je ne doute point que vous ne la
feruiez auec ardeur, & que vous ne randiez des témoignages
publics de fes perfections. Les belles qualitez dont je la viens
d'orner, vous y conuient. Sa beauté qui dure il y a fi long-
táps, qui n'eft point flétrie par l'injure des ans, & qui promet
l'immortalité, vous y appele. Son illuftre naiffance, fi noble
qu'elle eft fille d'vn D i e v, vous en conjure. Elle a reçeu
agréablemant tous Ceus qui luy ont affujéti leurs paffions, &
elle paye leurs feruices de la recómpanfe du Ciel. C'eft le
lieu dans lequel fes beautez ne font plus voilées, & font fi vifibles qu'elles éblouïffent agreablemant.

*Soli fapienti Deo per Iefum Chriftum, cui*
*Honor & gloria in fecula feculorum.* Rom.vlt.

LES

TABLE VI.

Le Verbe.

**Est**

- Personnel ; qui marque trois Personnes.
- Impersonnel ; qui n'en denote qu'vne ; *oportet*, il faut.
- Substantif *sum, es, est*, je suis : tu es, il est.
- Actif ; *amo*, j'aime.
- Passif, *amor*, je suis aimé.
- Neutre-actif, en o, sans passif ; *ambulo*, je marche.
- Neutre-passif, en o, auec la signification passiue ; *fio*, je suis fait.
- Deponant en or, auec la signification actiue ; *loquor*, je parle.
- Commun en or, auec l'vne & l'autre signification ; *osculor*, je baize, ou je suis baizé.

1 *formo.*
2. *formas.*
3. *format.*

**Il a**

Cinq Modes.
- L'Indicatif, *formo*, je forme.
- L'Imperatif ; *forma*, forme.
- L'Optatif ; *formarem*, que je formasse.
- Le Subjonctif ; *formem*, que je forme.
- L'Infinitif, *formare*, former.

Trois Temps.
- Present. *formo*, je reforme.
- Passé.
  - Imparfait ; *formabam*, je formois.
  - Parfait ; *formaui*, j'ay formé.
  - Plusque parfait, *formauerã*, j'auois formé.
- Futur ; *formabo*, je formeray.

Les Participes ; au temps
- Present, *formans.*
- Passé, *formatus.*
- Futur, *formaturus*, *formandus.*

**Est de quattre Conjugaisons.**

- De la premiere ; ayant a long deuant re, ou ri à l'infinitif ; *formare*, *formari.*
- De la seconde, e long deuant re, ou ri ; *docere*, *doceri.*
- De la troiziéme, e bref deuant re ; *legere*, *legi.*
- De la quattriéme, i long deuant re ou ri ; *audire*, *audiri.*
- Parceque ces voyeles seruent à former les autres temps, on les nomme *Figuratiues.*

TABLE VII.

LE NOM;

SVBSTANTIF, dont le genre se connoît.

Par la significa-tion. Les Noms,

- D'Hommes. De Fleuues. De Maréts. De Montagnes. De Mois. De Vants. } *Masculins,*
- De Fammes. D'Isles. De Villes. De Regions. D'Arbres. } *Feminins.*
- Apartenans à tous les deus. } *Communs.*

par la terminai-ſon. Les Noms,

- An, ax, er, ex, In, ir, on, or, os, us de la 2. & 4. declinaiſons; } *Masculins.*
- A. as, es, do, go Io, is, x, ſ, auec vne conſone prece-dante; } *Feminins.*
- Ar, en, i, c. d. ſ. t. um, us, de la 3. } *Neutres.*
- A. Æ. I. } Pluriels } *Neutres.* *Feminins.* *Masculins.*

ADIECTIF.

- Poſitif Comparatif. Superlatif. } De genre } *Masculin.* *Feminin.* *Neutre.*

*Les Declinaisons.*



TABLE VIII.

Tous les Noms SE DECLINENT, par

NOMBRE : Singulier. Et Pluriel.

SIX CAS :
Le Nominatif.
Le Genitif.
Le Datif.
L'Accusatif.
Le Vocatif.
L'Ablatif.

De leurs diff.rantes Terminaisons se forment,

## Cinq Declinaisons.

| | Declinaison I. | II. | III. | IV. | V. |
|---|---|---|---|---|---|
| **SINGVLIER.** | | | | | |
| NOM. | a, as. e, es. | Er, ir, ur, us um. | A, e. o. c. d. l. n. r. s. t. x. | Vs, u. | es. |
| GEN. | æ. es. | i. | is | us, u. | ei. |
| DAT. | æ. | o. | i | ui. u | ei. |
| ACC. | am. en. | um. | em | um, u. | em. |
| VOCATIF samblable au Nominat. | | | | | |
| ABL. | â. e. | o. | e, i. | u. | e. |

| | | Declinaison I. | II. | | III. | | IV. | V. |
|---|---|---|---|---|---|---|---|---|
| **PLVRIEL.** | NOM. | æ, | i. | a. | es, | a. | us. ua. | es. |
| | GEN. | arum. | orum. | um. | ium. | uum. | erum. |
| | DAT. | is. | is. | ibus. | | ibus. | ebus. |
| | ACC. | as. | os, a. | es. | a. | us, ua, | es. |
| | Voc. samblable au Nomin. | | | | | | |
| | ABLATIF samble au Datif. | | | | | | |

C ij

TABLE IX.

**LA SYNTAXE comprand** { L'Assamblage, Et Le Regime. }

**DES NOMS;**

*Substantifs,*

Deus noms substantifs signifians yne méme chose, sont mis en méme cas.

Signifians diuerses choses, le dernier est au genitif.

Les noms substantifs, auec vn adjectif de loüange ou de blâme, sont mis au genitif, ou à l'ablatif.

*Opus* Indeclinable, gouuerné le datif de la personne, & l'ablatif de la chose.

Les noms de durée & de mezure sont mis à l'accusatif, ou à l'ablatif.

Le prix & l'estime, la cause pourquoy, la maniere, commant: l'Instrumät auec quoy, l'ornemänt, l'excés, sont tous mis à l'ablatif.

Plusieurs substantifs joints ensamble par vne côjonction, veulent leur adjectif & leur verbe au pluriel.

*Adjectifs;*

L'Adjectif conuient en tout, auec son substantif

Les Adjectifs de samblance, de propreté, proximité, gouuernent le genitif, ou le datif.

De Commodité, ou Incommodité, le datif.

Quelques-vns qui descendent des Verbes, gouuernent le genitif.

Le Comparatif, regît l'ablatif.

Le Superlatif le genitif pluriel.

**DES PRONOMS;**

Les noms & les pronoms s'accordent, côme les noms substantifs & adjectifs.

Les Relatifs s'accordent auec leurs Antecedans en genre, nombre, & personne. Le cas dépand ou du nom, ou du verbe suiuät.

*La Syntaxe des Verbes, & des Aduerbes.* *La Grammaire:*

TABLE
X.

**LES VERBES**

PERSONNELS;

Les Verbes Personnels, supposent auoir vn nominatif.

Les Verbes Substantifs & Vocatifs, veulent le nominatif.

Les Actifs, ou de signification actiue, l'accusatif.

Les Verbes *Cœlo, Rogo, Doceo, Moneo,* gouuernent deus accusatifs, vn de la chose, & l'autre de la personne.

Ceus
- D'vzage, l'ablatif.
- De faueur, d'ayde, de prejudice, le datif.
- De memoire & d'oubly, le genitif.
- De don & acquét, l'accusatif de la chose, & le datif de la personne.
- D'abondance, ou disette, de passion & d'accusation ; le genitif ou l'ablatif de la chose.

Les composez regissent souuant le méme cas, que les prepositions qui les composent.

Les Verbes de repos en vn lieu, regissent le nom du lieu à l'ablatif, auec la preposition *In.* Quelques Villes, & autres demandent le genitif, *domi, Lugduni :* d'autres le datif, *ruri, Parisijs,* Ceus de mouuemant, en partant d'vn lieu ; le nom du lieu à l'ablatif auec *E,* ou *Ex.* Les noms propres des Villes, & certains autres demandent l'ablatif ; *venio Româ, domo.*

Pour passer par quelque lieu, l'accusatif, auec *per.* Les noms propres des Villes, sont mis en l'ablatif ; *transiui Lutetiâ.*

Pour aller au lieu, l'accusatif, auec *in* ou *ad.* Les noms propres des Villes, auec *rus & domus,* sans preposition ; *eo Lutetiam, domum.*

Les Verbes passifs gouuernent l'ablatif, auec la preposition *a,* ou, *ab.*

IMPERSONNELS, qui signifient,

Quelque accidât & éuenemant, gouuernēr le datif.

Le regret ; le genitif de la chose, & l'accusatif de la personne.

*Les Participes,* gouuernent le méme cas, que les Verbes d'où ils descendent.

*Les Aduerbes;*
- Qui
  - Demontrent, regissent le nominatif, ou l'accusatif.
  - Appelent, le vocatif.
- De temps, de lieu, de quantité ; le genitif.
- De comparaison, comme les noms.

TABLE XI.

LA PRONONCIATION,

Montre la QVANTITÉ

Eleue ou abbaiſſe les Syllabes ſelon l'ACCENT :
Aigu,
Graue,
Circonflexe.

Qui eſt l'Eſpace de temps, que l'on doit employer à prononcer les mémes Syllabes :
Longues.
Breues.
Cõmunes.

Par des REGLES :

GENERALES ;

1 S'accoûtumer à bien lire, principalemant les Poëtes.

2. Compoſer en Proſe & en Vers.

3. Conſulter l'oreille, qui a vn diſcernemant préque naturel, des longues & des breues.

1. Vne voyele deuant vne autre, eſt breue ; *Deus.*

2. Toute dipthongue, eſt lógue naturelemãt ; *cæcus.*

3 Vne voyele deuant deus cóſones, vne double, ou I conſone eſt lógue, par poſition ; *Juſtus, gaʒa, mãjor.*

4. V Aprés q, q, n'ajoûte rien, *ſequor,*

5. Le deriué ſuit la regle du primitif, & le compoſé du ſimple ; *paternus, cõpono*

PARTICVLIFRES ;

6 Les prepoſitions terminées d'vne voyele & d'vne ſyllabe, ſont longues. Les autres ſont breues.

7. A. E. O. d'ordinaire ſont longs dans le cremant des noms. I breve, V, aſſez changeant.

8. A, dans le cremant des verbes eſt long. E de la ſeconde, long : de la troiſiéme. eſt bref. I de la troiſiéme eſt bref : de la quatriéme long au premier cremant. O. eſt long par tout. D. eſt bref.

9. A final declinable, eſt bref ; Indeclinable, il eſt long. E, eſt bref. I, long.

10. B, D, L, R' T à la fin de la ſyllabe, la font breue : C N, longue.

## L'Ordre des Temps.

### L'Histoire Chronologique.

TABLE XII.

L'Ordre des Temps;
- Le Momant diuisé en Secondes, Tierces, &c.
- L'Hevre;
  - Astronomique. Et
  - Vulgaire.
- Le Iovr;
  - Naturel, & Artificiel.
  - Sacré & Prophane.
  - De Fête & de Trauail.
- La Semaine, prise pour
  - Vn jour.
  - Sept jours.
  - Vn an.
- Le Mois, diuisé en
  - Kalandes.
  - Nonnes.
  - Ides.
- L'Année
  - Naturele, & Ciuile:
  - Du Soleil, & de la Lune.

L'Histoire Chronologique, contient Et le Recit des choses;

Diuerses Ætres ou Epoqves Generales;
- Le Nombre d'Or.
- L'Epacte.
- Le Cycle.
- Le Lustre, & l'Indiction.
- Le Siecle, & le Iubilé.

Et Particulieres;
- La Creation du Monde.
- Le Deluge de Noë.
- La Circoncision commandée à Abraham.
- La Loy donnée à Moyze.
- La Naissance de Iesvs Chr.
- Le Concile de Nicée.
- L'Empire de Charle-Magne.
- Le Regne de S. Louys.
- La Mort de Lovis XIII.
- Le Couronnemant de Lovis XIV.

## *Remarque des Choſes differantes.*

TABLE XIII.

**Le Recit des Choses en six classes,**

- **L'Eglise**
  - **Catholique-Romaine en ferme**
    - Les Papes.
    - Les Conciles — Generaus. / Nationnaus. / Prouinciaus.
    - Les Saints, les Peres, les Docteurs.
    - Les Schismes, et les Heresies.
  - ***Patriarchales* de** — Antioche. / Ierusalem. / Alexandrie. / Constantinopie.
  - **Archiepiscopales. Et Episcopales.** — Par tout le Monde.
- **L'Etat Monastique** — De tous les Ordres en general. / Des Carmes en particulier.
- **L'Empire Vniversel des** — Patriarches. / Iſraëlites. / Chretiens, en — Oriant, Et Occidant.
- **L'Histoire Etrangere des** — IV. Monarchies — Aſſyriens. / Perſes. / Grecs. / Romains — Roys. / Conſuls. / Empereurs. — Espagnols. / Anglois. / Ecoſſois. / Allemans, &c.
- **L'Histoire de France** — Ancienne. / Moyenne. / Moderne. — Sous les *trois Familles* des — Merovingiens. / Carlomans. / Capetiens.
- **L'Histoire Meleé des** — Hommes Illuſtrés. / Choſes rares, & ſingulieres.

*De la*

## Diuerses sortes de Vers.

TABLE XIV.

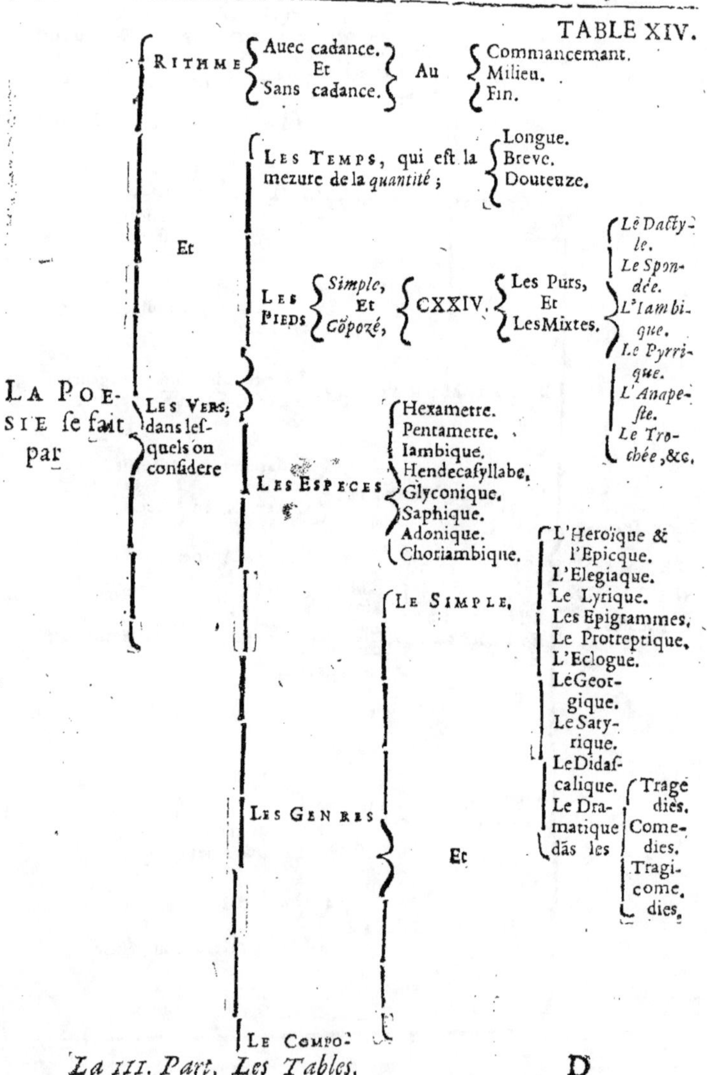

*Le Composé* de diuerses especes; ce qui est pro-pre aus ; } Od es ; dont les parties sont ; } La Strophe.
L'Anti-strophe.
L'Epode.

L'Artificiel & Recreatif ; } Le Contre-caìré.
L'Allusion.
L'Echô.
L'Enigme.
L'Acrostiche.
L'Anagramme.
Le Rettrograde.
Le Centaurin.
Le Proteïque.
Le Centon
Le Monosyllabe.
Le Musical.
Le Leonin.

La Mytholo-
gie.
TABLE XV·

# LE
# PLAN GENERAL
# DE LA
# MYTHOLOGIE·

Le Sujet de la MYTHO-LOGIE, est la Fable; dont l'on explicque

I. A COMPOSITION;
- Raisonnable.
- Morale.
- Mélée.

LES SVRNOMS, qui les font appeler;
- Comedies.
- Tragedies.
- Enigmes, & autres.

L'INTERPRETATION;
- Physique.
- Politique.
- Morale.

LES PROPRIETEZ contenant;
- Les Noms.
- Les Parans, la Patrie;
- Les Mariages.
- Les Enfans, les Nourrices;
- Les Precepteurs.
- Les Charges.
- Le Culte, & les Symboles.
- La Mort.
- Les diuers Titres,
- Et les choses signifiées.

Nous n'en marquerons que quelques-vns des plus considerables.

TABLE XVI.

ARISTE'E; { Fils d'Apollon, & de Cirene.<br>Mari d'Antonoë.<br>Inuanteur du Miel, & des Sacrifices.

ATALANTE; { Fille de Schœnée, fort vîte à la course.<br>Famme d'Hypomene.<br>Fut changée en Lyonne, pour auoir pro-<br>fané vn Temple.

AVRORE; { Fille d'Hiperion, & de Thie.<br>Famme de Tithon, & d'Astrée.<br>Mere de Memnon, & des Etoilles.

ATLAS; { Fils de Iapete, & de Climene.<br>Mari de Pleione.<br>Pere des sept Pleïades, & des cinq<br>   Hyades.

BACCHVS; { Fils de Iupiter & de Semele.<br>Mari d'Ariadne, & de Proserpine.<br>Pere de Staphile.<br>Dieu du vin, honoré dans les Orgies &<br>   Bacchanales.<br>Fut tué par les Titans.

BELLEROPHON. { Fils de Neptune, ou de Glauque.<br>Tua son frere, & en suite la Chimere, &<br>   puis monta sur le Cheual Pegase.

TABLE XVII.

CADMVS.
{ Fils d'Agenor.
Mari d'Harmonie, aus Nopces defquels tous les Dieus & les Déeffes affifterent,
Semeur de dents.

CHAMPS ELISIENS; { Heureuze demeure des Immortels.

CHEVRE Nourrice de Iupiter; { contée entre les Aftres.

CASTOR, ET POLLVX; { Fils de Iupiter & de Lede, nays d'vn œuf de Cygne, meurent l'vn aprés l'autre.
Dieus de la Nauigation.

CERBERE, qui a trois tétes; { Fils de Tiphon & d'Echidne.
Gardien des Enfers.

CERES; { Fille de Saturne & d'Ops, eut Proferpine de Iupiter fous la forme d'vn cheual.
Déeffe des Bleds, & de la Terre.

CENTAVRE; { Fils d'Ixion, & d'vne Nue qu'il embraffa au lieu de Iunon.
Pere des Hyppocentaures.

COELIVS; { Fils de Iupiter, & d'Æther.
Mari de la Terre.
Pere de Saturne.

CHIMERE; { Fils de Tiphon, & d'Echidne.
Fut tué d'vne lance de plomb, par Bellerophon.

CIRCE Sorciere; { Fille du Soleil, & de Perfée.
Mere d'Agrius, de Latius, & d'Aufone par l'affiftance d'Vlyffe.

CHIRON Centaure { Fils de Saturne, & Philire.
Mari de Cariclée,
Aftrologue, Medecin, & Maître des Heros.

CVPIDON; { Fils de Venus, & de Cahos.
Nourri par les Bétes fauues;
Dieu des Amours.

CVRETES, ou CORIBANTES; { Nays de Parans douteus.
Muficiens, bons Ouuriers, mais méchans, & danfeurs.

CYCLOPES, qui n'auoient qu'vn œil. { Fils du Ciel, ou de Neptune, & de la Terre.
Maris de Latho, fœur d'Hercule, & de Galathée.

TABLE XVIII.

## D.

DEDALE { Fils d'Epalame, & d'Alcipe, Excelant Ouurier, fit le Labyrinthe, inuenta la façon de faire les voiles : bon Peintre
& excelant Architecte.

DEVCALION { Fils de Promethée & de Pandore.
Mari de Pirrha
Pere d'Hellés.

Le Culte des DIEVS, est

General, conte-
nant
{ Les Temples.
Les Autels.
Les Couronnes.
Les Images.
Les Prétres.
Les Honneurs.
Les Sacrifices.
Les Ceremonies.
Les Hosties.　}
Les Fétes.　　} Romaines,
Les Prieres.　}　　Et
Les Euocations.　} Greques.
Les Vœus.
Les Execrations.
Le Culte differant à chaque Di-
uinité.
Les Victimes diuerses.
Les Solemnitez.
Et les Sacrifices à ceus des En-
fers. }

Ou particulier
à chaque Na-
tion ; comme
aus
{ Egyptiens.
Perses.
Hierapolites.
Grecs
Romains.
Barbares. }

TABLE XIX.

### E. F. G.

| | |
|---|---|
| ENDIMION | Roy fort iuste, obtint de Iupiter, que<br>Amoureus de la Lune. |
| LES FLEVVES.<br>sont appelez | Portes-cornes.<br>Dragons, &c. |
| FAVNES &<br>SILVAINS | Enfans de Picus, Roy des Latins.<br>Peres des Faunes, des Satyres, & de Sterculius.<br>Dieus des Laboureurs, honorez aus Lupercales. |
| LA FORTVNE | D'vne Nature douteuze.<br>D'vn euenement incertain.<br>Differante en ses Emblémes & Symboles. |
| LES FVRIES | Filles d'Acheron & de la Nuiſt.<br>Trois, Erinnis, Alecto, & Megere.<br>Sœurs des Parques, Vangeresſes des Crimes. |
| GENIE. | Fils des Dieus, de Iupiter, & de la Terre.<br>Gardiens des Hommes & des Maiſons<br>C'est l'inſtinct de Nature donné à vn chacun.<br>Sa Feſte eſtoit celebrée auec Ioye & Feſtins. |
| LES GEANTS | Fils du Ciel & de la Terre, ou bien d'Ops toute seule.<br>Ennemis des Dieus, foudroyez par Iupiter.<br>Represſentent les Athées & les Impies. |
| LES GORGONES | Lanies, & Lemures.<br>Belles Fammes; mais Impudiques. |
| LES GRACES | Filles de Iupiter, & d'Eurinome.<br>Trois, Aglaë, Thalie, Paſithée.<br>Fort belles, polies & agreables. |
| GANIMEDES. | Fils de Tros.<br>Raui par vn Aigle, pour seruir d'Echanſon à Iupiter. |

TABLE XX.

**HEBE;**
{
Fille de Iupiter, & de Iunon.
Famme d'Hercules.
Eſchanſonne de Iupiter, & Déeſſe de la Ieuneſſe.

**HALCIONE;**
{
Fille de Canobe, & de Meole.
Famme de Ceix.
Modele d'vn Mariage fort dous, & fort chaſte.

**HECATE;**
{
Fille de l'Enfer, & de la Nuiçt.
Famme d'Æte.
Mere de Circé, de Medée, & d'Ægiale.
Grande Sorciere, c'eſt la méme que la Lune
    & Proſerpine.

**HESPERIDES;**
{
Filles d'Heſper.
Trois, Agle, Arethuze, & Hypertuze.
Mere des Atlantides.
Elles auoient ſoin de nourrir vn Dragon, gar-
    dien du Iardin, où croiſſent des Pommes d'or.

**HERCVLE;**
{
Fils de Iupiter, & d'Alcmene.
Domteur de Monſtres.
Sa vie, ſa mort, ſon culte, & ſes trophées ſont
    fort diuers.

**HEVRES;**
{
Filles de Iupiter, & de Themis.
Trois, Eumonie, Dice, & Irene.
Preſidoient aus portes du Ciel, & eſtoient maî-
    treſſes du beau temps.

*Iaſon*

## I.

TABLE XXI.

| IASON; | { Chef de la flotte des Argonautes.<br>Medecin & Philofophe, fort excellant; conquît la Toifon d'or. |
|---|---|
| IO, ET ISIS; | { Fille du Fleuue Inaque, ou plûtôt le premier Roy des Grecs; metamorphozée en Vache, par Iupiter, & donnée en garde à Argus; Trauerfant la Mer Ionique, jûqu'au Nil, arriue en Egypte, où elle eft adorée fous le nom d'Ifis. |
| IVNO; | { Fille de Saturne.<br>Famme & Sœur de Iupiter, & partant Reine des Dieux.<br>Mere de Mars, d'Hebe, & de Vulcain, fans accointance d'homme. |
| IRIS; | { Fille de Thaumas, & d'Electre.<br>Chambellante & Meffagere de Iunon. |
| IXION; | { Fils de Iupiter; & de Pifidice.<br>Mari du Iour.<br>Pere des Centaures. |
| INON; | { Fille de Cadmus, & d'Harmonie.<br>Famme d'Athamas.<br>Mere de Palemon. |
| IVPITER; | { Fils de Saturne, de Rée, & Ether, & du Iour; a eu vn nombre infiny de Fammes, de Maîtreffes, d'Enfans, de Noms, d'Epithetes, & de Cultes. |



## L.

TABLE XXII.

| LETHE; | { Fleuue d'Enfer.<br>Engendre l'oubli. |
|---|---|
| LATONE; | { Fille de Cœcus, & de Phebée.<br>Mere de Diane, & d'Apollon. |
| LYCAON; | { Fils de Pelage & de Melibée.<br>Hôte trés cruel. |
| LVNE, ou DIANE; | { Fille de Iupiter, & de Latone.<br>Vierge Déeffe des Chaffes; laquelle eut pour Amant Eudimion: & auffi vn nombre infini de charges de Cultes, & de Symboles. |

TABLE XXIII.

MARS;
- Fils de Iunon, fans l'aide de Iupiter.
- Mari de Nerion, c'est à dire de la valeur, de Bellone, &c.

MERCVRE;
- Fils de Iupiter, & de Maja.
- Mari de Driope, & de Penelope.
- Il a eu plusieurs Enfans, plusieurs Charges, Noms & Ceremonies.

MEDEE;
- Fille d'Aëte, Roy de Colchos,
- Famme de Iason.
- Sorciere renommée.

MEDVZE;
- Fille de Phorque, & d'vne Balene.
- L'vne des Gorgones.

MIDAS;
- Fils de Gorbius, & de Cybele.
- Nourri par les Fourmis.
- Mourût de faim, pour auoir trop aimé l'or & les richesses.

MOME;
- Fils de la Nuict & du Sommeil.
- Dieu de la reprehension & du blâme.

LES MVSES;
- Filles de Iupiter, & de Mnemosine.
- Il y en a trois ou neuf.
- Déesses des Sçiances, enseignées par Apollon.
- Ennemies de Venus, & d'Adonis.

TABLE XXIV.

**NARCISSE;** Fils de Cephife, & de Leriope.
Se deffecha eftant venu amoureus de foy-méme,& fût changé en fleur.

**NEMESIS;** Fille de l'Ocean, & de la Nuict.
Mere d'Helene. D'autres la croyent Vierge, vangereffe des crimes.

**NEPTVNE;** Fils de Saturne, & d'Ops.
Mari d'Amphitride.
Dieu de la Mer.

**NEREE;** Fils de l'Ocean, & de Thetis.
Pere des Naides.

**NYMPHES;** Filles de l'Ocean, & de Thetis.
Meres des Fleuues.
Prefident en diuers lieus.

**NIOBE;** Fille de Tantale, & d'Eurianeffe.
Famme d'Amphion.
Echangée en Marbre, à caufe de fon orguëil.

**OCEAN;** Fils de Cœlus, & de Vefta.
Dieu de la Mer, Pere des Fleuues, & Nourricier de toutes les Prouinces.

**ORESTE;** Fils d'Agamemnon, & de Clitemneftre.
Vangeant fon pere, tua fa mere.

**ORION;** Fils de Hyerée; mais de la femance des Dieus,
Tué par vn fcorpion. à caufe de fa fuperbe,
Echangé en vne Conftellation.

**ORPHEE;** Fils d'Apollon, & de Calliope.
Mari d'Euridice
Theologien, Poëte, & Medecin fort excellant.

P.

---

TABLE XXV.

PALLAS, OU MINERVE ;
{ Née du cerueau de Iupiter, fans Mere.
{ C'eſtoit la Déeſſe des Sçiançes & des Arts.

PAN ;
{ Fils de Penelopé, & de diuers Peres.
{ C'eſtoit le Dieu des Campagnes, des Foréts, & des Paſteurs.

PARIS ;
{ Fils de Priam, & d'Hecube.
{ Rauiſſeur d'Helene, & le flambeau de ſa Patrie.

PARQVES ;
{ Filles de Iupiter, & de Themis.
{ Trois ; Clotho, Lacheſis, Atropos.
{ Leur charge eſtoit d'écrire, de recenoir, & d'executer les Arréts des Dieus.

PELOPS ;
{ Fils de Tantale, & de Teigete.
{ Fut tué par ſon Pere, & ſeruy ſur la table des Dieus.

PENELOPE' ;
{ Fille d'Icare, & de Luribée.
{ Famme d'Vliſſe, & Mere de Thelemache.
{ Elle ſe mocqua de tous les Courtiſans qui luy faiſoient l'amour, par ſa toile qu'elle ne voulut jamais acheuer.

PASIPHAE ;
{ Fille du Soleil, & de Perſis.
{ Famme de Minos ;
{ Mere d'Ariadne, d'Androgée, & du Minotaure.

PENATES OU LARES ;
{ Enfans de Mercure, & de Lare.
{ Dieus des Prouinces, & des Maiſons.

PERSEE ;
{ Fils de Iupiter, & de Danaë.
{ Mary d'Andromede.

PHAETON OU ERIDAN ;
{ Fils du Soleil, & de Climene.
{ Mourût à cauſe de ſa temerité.

| | |
|---|---|
| PHRIXE', Et HELLE'; | Enfans de Thamas, & de Nephele, lesquels montez sur vn mouton, qui auoit la Toison d'or, tombant dans la Mer, luy donnerent le nom d'Hellespont. |
| PLVTON; | Fils de Saturne, & d'Ops. Mari de Proserpine. Dieu des Enfers, des Morts, & des Richesses. |
| PROMETHEE; | Fils de Iaphet, & de Climene. Il déroba le feu du Ciel, & anima le corps de l'Homme qu'il auoit formé. Pour punition de cete hardiesse vn Aigle luy deuore le foye. |
| PRIAPE; | Fils de Bacchus, & de Venus. Dieu des Iardins, & des saletez. |
| PROTHEE; | Fils de Neptune, & de Phenigne. Predisoit le futur, & presidoit à la Nature, se metamorphosant en toutes sortes de figures. |
| PROSERPINE ou HECATE; | Fille de Iupiter, & de Stix, 'ou plûtôt de Cerés. Famme de Pluton, qui l'enleua. |

*La Mythologie.*

### R. S.

TABLE XXVI.

| | |
|---|---|
| RHEE, ou OPS; Et CYBELE; | Fille du Ciel, & de la Terre. Famme de Saturne. Mere de tous les Dieus. |
| SATVRNE; | Fils du Ciel, & de l'Ocean. Mari d'Ops. Grand Pere des Dieus. |
| SCYLLE; & CHARIBDE; | Filles de Phorcus, & d'Hecate. Images des Voluptez. |
| SYRENES; | Modelles des Paillardes. |
| SISIPHE; | Fils d'Eole. Mari de Meriope. Secretaire des Dieus, mais indiscret, dont il fut puni. |
| SOLEIL; | Fils d'Hyperion, & de Thie. Il a eu plusieurs Fammes; & plusieurs Enfans. |
| SPHINX; | Monstre. Pere d'Echidne, & de Tiphon. |

TABLE XXVII.

TANTALE;
- Fils de Iupiter, & de Plothe.
- Il fut puni par les Dieus, à caufe de fon larcin : du meur-tre de fon fils, & de fon extréme auarice.

TARTARE;
- Autremant Erebe, prifon d'Enfer; où la Nui& , la Mort, & le dormir fe rancontrent. Les Payens en parlent amplemant , & les Chrétiens veritablemant.

TERME;
- Petit Dieu , qui ne cedant fa place à aucune Diuinité ; gardoit l'entrée des Maifons.

TITANS;
- Fils du Ciel, & de la Terre.
- Pere des Couleuvres , Viperes , &c.

TITHON;
- Fils de Laomedon , & de Rée.
- Mari de l'Aurore.
- Pere de Memnon.

TIPHON;
- Fils de Iunon, fans Pere.
- Pere des Dragons.

TITYE;
- Fils de Iupiter , & d'Elare.
- Il eft toûjours deuoré par vn Vautour , à caufe de fa luxure.

THETIS;
- Déefſe des Eaus.
- Mere de beaucoup de Dieus.

THESEE;
- Fleau de Monftres, Compagnon d'Hercule.
- Ami de Pirrithous.

TRITON;
- Monftre Marin ; qui tiré auec vn croc, fut tué fur le riuagé.

VENVS;
- Fille de Cœlus, & de l'Ecume de la Mer.
- Il y en a trois ; l'Vranie, la Populaire, & la Voluptueuze.
- Déefſe des Nopces,& des plaifirs.

VESTE;
- Fille de Saturne, & de Rée.
- Déefſe des Maifons, & des Mariages.
- Reuerée par le culte des Veftales.

VLISE;
- Fils de Laërte, & d'Anticlée dans Itaque.
- Mari de Penelopé.
- Le Modele d'vn Homme fort prudant.

# TABLE GENERALE
## de la Sçiance du Raisonnemant.



| CETE SÇIANCE est de trois sortes ; | LA RHETORIQVE; diuisée en | Scholastique. |
| | | Lullienne. |
| | | Ecclesiastique. |
| | LA DIALECTIQVE; explicant | Les Termes. |
| | | Les Discours. |
| | | Les Propositions. |
| | LA LOGIQVE; conduisant | Les Operations de l'Esprit. |
| | | L'entrée à la Sçiance. |
| | | La Construction du Syllogisme. |

*La Rhetorique Vulgaire.*              *Le Plan general de la Rhetorique.*

TABLE XXIX.

Il y a trois sortes de RHETORIQVE ;
- La Vulgaire, dans le Vestibule.
- La Secrete, dans le Temple.
- La Sacrée, dans le Sanctuaire.

L'on considere dans la RHETORIQVE ;

L'ORATEVR doit auoir ;
- LA NATVRE, qui donne vn corps parfait, & vne Ame ornée ;
  - D'Esprit.
  - De Memoire.
  - De Iugemant.
- L'ART, qui s'apprand par ;
  - La Lecture choisie.
  - La Meditation attantiue.
  - L'Imitation discrete.
- L'EXERCICE ;
  - De la Memoire.
  - Du Style.
  - De l'Action.

L'ORAISON ; dont ;
- LES DEVOIRS sont d' ;
  - Enseigner.
  - Delecter.
  - Mouuoir.
- LA MATIERE, toute Question ; qui est diuisée en ;
  - Theze,
  - Et
  - Hypotheze.
- LE GENRE de diuers sortes ;
  - Le Nuptial.
  - Le Genethliaque.
  - Le Salut.
  - L'Action de grace.
  - L'Oraison Funebre.
  - La Consolation.
  - L'Inuectiue.
  - L'Apologie.
  - Le Panegyrique.
  - LE DEMONSTRATIF ; dont les parties sont ;
    - La Loüange.
      - Des Personnes.
      - Des Actions.
      - Des Choses.
    - Et
    - Le Blâme ;
  - LE DELIBERATIF, qui
    - Persuade, ou
    - Dissuade.
  - LE IVDICIAIRE, qui
    - Accuse ou
    - Deffand.
- LES PARTIES ;
  - L'Exorde.
  - La Narration
  - La Confirmation.
  - La Conclusion.
- L'ART Oratoire ; qui comprand ;
  - L'Inuantion.
  - La Disposition.
  - L'Elocution.
  - La Memoire.
  - La Prononciation.

Les

TABLE XXX.

IL Y EN A XL;

- L'Erudition.
- L'Hiftoire.
- La Fable.
  - Les Prouerbes.
  - Les Symboles.
  - Le Témoignage
    - Les Santances.
    - Les Lois.
    - L'Ecriture-Ste.
      - Les dix Predicamans.
      - La diuifion du Tout.
      - Les iv. Vertus Cardinales.
      - Les vii. dons du Saint Efprit.
- Les Tragedies.
- Les Queftions.
- Les Reductions à vn poinct.
  - La Meditation.
  - Les Epîtres de S. Paul.
    - Les iv. Caufes.
    - La Nature de la chofe.
    - L'Ordre de S. Thomas.
    - Le Paradoxe.
    - Le Dialogue.
      - De l'Analogique.
      - De l'V-niuers.
      - De la Perfection.
      - L'Enthyméme.
      - L'Exhortation.
        - Des Loüanges.
        - De la Morale.
        - Des Paffiós.
        - L'Art de Lulle.
        - Nôtre Methode.
- L'Allegorie.
- Les Circóftaces.
  - Les trois Principes.
  - Les trois Vies.
- Les diuerfes efpeces d'AR-GVMANT;
  - Le Syllogifme.
  - Le Dylemme.
  - Les Examples.
  - L'Induction.
    - confiderant;
      - Le Milieu.
      - l'Antecedant.
      - La Cófequance;
        - D'où naiffent les Argumans.
          - Internes;
          - Et
          - Externes.

TABLE XXXI.

LA DISPOSITION est de diuerses sortes ;
- De l'Inuantion.
- De la Diuision
- Des Choses.
- La Naturele.
- L'Artificiele.
- De Resolution.
- De Côposition.
- L'Arbitraire.
- La Prudante ; qui fait le chois dans la diuersité du Discours. Cete diuersité se treuue, par :
  - LA FECONDITE'
    - Des Dictions.
    - Des Discours.
    - Des Santances.
  - Les IV. façons DE RECVEILLIR
    - *La Morale*, marque
      - Les Humeurs,
      - Et
      - Les Mœurs.
    - *La Critique*, les sentimans de l'Esprit.
    - Obseruant s'il n'y a rien
      - De superflu.
      - De manque.
      - De repugnant.
    - *La Rhetorique*, ob-serue ;
      - L'Artifice.
      - L'Inuantion.
      - La Disposition.
    - *La Grammaire*, exa-mine,
      - Les Mots,
      - Et
      - Les Phrases.
  - L'ORDRE DV DISCOVRS
    - 1. L'Exorde.
    - 2. La Narration.
    - 3. La Confirmation.
    - 4. La Refutation.
    - 5. La Peroraison ou l'Epilogue.

L'ELOCVTION comprand la Structure
- Des Mots
  - Simples,
  - Et
  - Composez.
- Et
- DV STYLE, ou caractere de l'Oraison
  - Clair & net.
  - Bref ou succint.
  - Probable
  - Illustre.
  - Suaue.

LA MEMOIRE
- Naturele.
- Et
- Artificiele

LA PRONONCIATION, conduit la Vois & le Geste, qui se perfectionnent par
- La Nature.
- L'Imitation
- L'Vzage.

## LA DIVISION, ET l'Explication de l'Art Grand & Petit.

La Rhetorique de Raimond Lulle.

TABLE XXXII.

*La Rhe-*
*thorique*
*de Lulle.*

# LA MVLTIPLICATION
## de l'Art.

---

TABLE XXXIII.

Pour faire l'**APPLICATION**; il faut;

- **SÇAVOIR**;
  - Les parties du sujet proposé.
  - La Fin recherchée.
  - Le Moyen pour cete méme fin.
- **DESCENDRE** à l'Application, par
  - Les Autoritez.
  - Les Similitudes.
  - Les Examples.
- **APPLICQVER**
  - L'Implicite à l'Explicite.
  - L'Abstrait au Concret.
  - La Question au Lieu.
- **METTRE** le Sujet de la Dispute ou du Discours, comme dans le centre de XXXVI Termes.
- **EVITER** la vaine & inutile dilatation des Mots, ou des Termes.

---

# LA MVLTIPLICATION
## de l'Art generale.

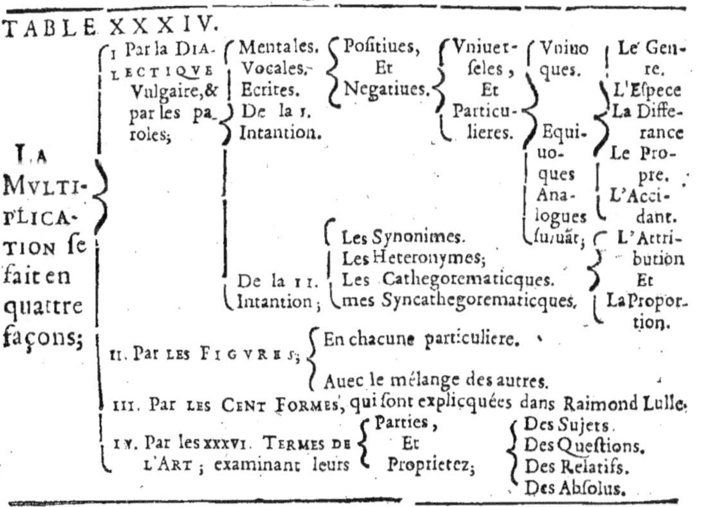

TABLE XXXIV.

**LA MVLTIPLICATION** se fait en quattre façons;

- **I** Par la **DIALECTIQVE** Vulgaire, & par les paroles;
  - Mentales.
  - Vocales.
  - Ecrites.
  - De la I. Intantion.
    - Positiues, Et Negatiues.
      - Vniuerseles, Et Particulieres.
        - Vniuoques.
          - Le Genre.
          - L'Espece
          - La Difference
        - Equiuoques Analogues sursuär;
          - Le Propre.
          - L'Accidant.
          - L'Attribution Et
          - La Proportion.
  - De la II. Intantion;
    - Les Synonimes.
    - Les Heteronymes;
    - Les Cathegorematicques.
    - mes Syncathegorematicques.
- **II.** Par LES **FIGVRES**;
  - En chacune particuliere.
  - Auec le mélange des autres.
- **III.** Par LES **CENT FORMES**, qui sont explicquées dans Raimond Lulle.
- **IV.** Par les XXXVI. TERMES DE L'ART; examinant leurs
  - Parties, Et Proprietez;
    - Des Sujets.
    - Des Questions.
    - Des Relatifs.
    - Des Absolus.

# LA MVLTIPLICATION des neuf Sujets. *La Rhetorique de Lulle.*

TABLE XXXV.

**L'ON MVLTIPLIE LES IX SVIETS.**

- **DIEV est;**
  - Conneu par voye;
    - De Cause ou de Principe.
    - D'Eminance.
    - De Separation.
  - Conceu, comme estant partout par;
    - Essance.
    - Presance.
    - Puissance.
  - Qui agit & opere;
    - Au dedans,
    - Et
    - Au dehors,
- **L'ESPRIT Angelique;**
  - Bon.
  - Et
  - Mauuais.
  - Dans les Neuf Hierarchies.
- **LE CIEL; dont la Physiologie examine;**
  - L'Essance.
  - Le Nombre.
  - Le Mouuemant.
  - Les Accidas.
- **L'HOMME; dont la Physiologie, la Theologie, & la Medecine examinent;**
  - Le Nom.
  - La Nature.
  - La Vertu.
  - La Fortune.
  - Les Passions.
  - Les Inclinations
  - Les Desseins.
  - Les Actions.
  - Les Affaires.
  - Les Etudes.
  - La Religion.
  - La Posterité.
- **L'IMAGINATIF; que la Physique & la Medecine explicquent par;**
  - L'Estre.
  - Le Viure.
  - Le Sentir interieuremant.
    - La Veuë.
    - L'Ouyë.
    - Le Goût.
    - L'Odorat.
    - Le Toucher côme font les ANIMAVS;
      - Imparfaits;
        - Sans mouuemant.
        - Auec mouuemant.
      - Moins Parfaits.
      - Parfaits;
        - Les Terestres.
        - Les Aquatiques.
        - Les Volatiles.
- **LE SENSITIF; explicqué par;**
  - L'Estre.
  - Le Viure.
  - Le Sentir exterieuremát; par;

LE VEGETATIF ; explicque dans l'Histoire des Plantes, par l'Estre & le Viure, leurs

- Genres
  - L'Arbre.
  - L'Arbrisseau.
  - Le Demi-Arbrisseau.
  - L'Herbe ou le Legume.
- Les Parties
  - Permanantes.
  - Annueles.
- La Quantité.
  - Interieure.
  - Exterieure.
- La Matiere.
- La Saveur.
- La Qualité.

L'ELEMANT, est dans la Physiologie.

- Simple ; Ou
  - Le Feu.
  - L'Air.
  - L'Eau.
  - La Terre.
- Composé.
  - Les Imparfaits ; comme
    - Les Meteores.
    - Les Semances, dans les choses animées.
    - Les Germes, dans les Vegetables.
    - Les Principes, dans les Minerales.
  - Les Parfaits ; comme
    - Les Pierres.
    - Les Metaus.
      - Parfaits.
      - Imparfaits.
      - Artificiels.

L'INSTRVMANT

- Ioint, ou separé.
- Interieur, ou Exterieur.
- Vniuersel, ou Particulier.
- Naturel, ou Necessaire.
- Artificiel, ou Arbitraire.
- Moral, ou Physique.

# LA MVLTIPLICATION des Queſtions.

La Rhetorique de Lulle.

TABLE XXXVI.

L'ON MVLTI-
PLIE LES
QVESTIONS;

SI LA CHOSE EST;
- Poſſible ?
- Impoſſible ?
- Neceſſaire ?
- Contingente ?

CE QV'ELLE EST ? s'explicque par toutes les
- Manieres,
- Diuiſions.
- Soudiuiſions de la qualité,

COMBIEN GRANDE ? s'explicque par toutes les eſpeces de la Quantité.

D'OV ? Il y a trois façons de répondre
- Par qui ?
- De qui ?
- A qui ?

POVRQVOY ? l'on répond par les diuerſes cauſes, & productions.

QVAND ?
- De toute l'eternité.
- Dans le ſiecle.
- Dans le temps.

OV ? s'explicque par la relation à diuers lieus, où la choſe eſt.

COMMANT, ET AVEC QVOY ? s'explicque en deus façons;
- Par l'inſinuation du moyen.
- Et Auec l'Inſtrumant Suiuant la diuiſion rapportée dans le Titre des INSTRV-MANS.

*La Rhetorique de Lulle.*

# *LA MVLTIPLICATION des Absolus.*

TABLE XXXVII

L'ON MVLTIPLIE LES IX. TERMES ABSOLVS ; dont les vns sont ;

- De l'Essance ;
  - LA BONTÉ ;
    - Absoluë.
    - Respectiue.
    - Permanante.
    - Transitoire.
    - Naturele.
    - Surnaturele.
  - LA GRANDEVR, Et DVRÉE ;
    - Par les Titres ;
      - Combien? Et Quand ?
- De la Cause ;
  - LA PVISSANCE ;
    - Crée ; Et Incrée ;
  - LA CONNOISSANCE ;
    - Diuine.
    - Angelique.
    - Humaine.
    - Sensitiue.
    - Celeste, &c.
- De la Fin ;
  - L'APPETIT ;
    - Raisonnable.
    - Sensitif.
    - Moyen entre les deus.
  - LA VERTV ;
    - Naturele.
    - Elemantaire.
    - Virtuele.
    - Sensitiue.
  - LA VERITÉ ; que les Philosophes enseignent par tous les Cercles des Sçiances, qui font l'*Encyclopedie*.
  - LA GLOIRE ;
    - Naturele, Surnaturele.
    - Humaine, Diuine.
    - Vaine, & Solide ou Sincere.

# LA MVLTIPLICATION
## des Termes Respectifs.

*La Rheto-*
*rique de*
*Lulle.*

TABLE XXXVIII.

**L'ON MVL-TIPLIE LES IX. TER-MES RES-PECTIFS.**

LA DIFFERAN-CE,
- Suiuant les premieres intantions, est
  - Essantiele.
  - Réele.
  - Accidantele.
- Suiuant les secondes intantions, elle se prend de
  - La Raison.
  - Du Genre.
  - De l'Espece.
  - De l'Indiuidu.

LA CONCORDANCE se fait;
- Par la diuision des Termes simples
  - Vniuoques.
  - Equiuoques.
  - Analogues.
  - Synonymes.
- Par la diuisió réele du Tout
  - Essantiel.
  - Integral.
  - Accidantel.
- Par les Termes cóposez du
  - Sujet.
  - De l'Attribut.
  - Du Moyen.
- Par diuerses attri-butions, comme sont vn ramas
  - Des Parties dás le Tout.
  - Des Elemans dans le Mixte.
  - Des Simples dans les composez.

L'OPPOSITION est,
- Immediate, Ou Mediate.
- entre les Termes simples & composez
- Elle s'explicque aussi par
  - La Concordance, & la Repugnance.
  - La Liaison & l'éloignemant de toutes les Choses.

LE PRINCIPE;
- Vniuersel,
- Special,
- Par soy,
- Par Accidant, &c.

LE MILIEV;
- De Liaison.
- De Mezure.
- Des Extremitez.
- D'Operation.

LA FIN;
- Substantiele.
- Accidantele.
- Selon le lieu.
- Selon la qualité, &c.

LA MAJORITE' entre,
- Substance, & Substance.
- Substance, & Accidant.
- Accidant, & Accidant.

L'Egalité,

L'Egalité, signifie cete raison essantiele, par laquelle es Estres
    sont égaus.
La Minorité; est celle, qui approche le plus du neân
Le Sommaire de l'Art de Raimond Lulle.
L'Abbregé de nôtre Commantaire sur cét Art.

<table>
<tr><td>La Rhe-<br>torique des<br>Predica-<br>teurs.</td><td>

## LA RHETORIQUE
### Ecclesiastique.

</td></tr>
</table>

TABLE XXXIX.

LA Division de l'Eloqvence;  { Ciuile.
                               { Et
                               { Ecclesiastique.

Les Principales Qualitez d'vn Predicateur;

   La Nature,
   La Vocation,   { Ordinaire,
   La Mission      { Ou
              { Extraordinaire.

   La vie Examplaire

                { La Solitude.
   Les Vertus;  { La Penitance.
                { L'Oraison.

                { Ardant,
   Le Zele;   { Et
                { Prudant.

LE SANC-
TVAIRE
ENSEIGNE;

SA Matiere;

   Establit la Verité vne en soy, diuerse sous
     les enueloppes de la Nature & des
     Sçiances.

   Recherche d'estre en estre, & de Sçiance
     en Sçiance par samblance & par dis-
     samblance cete Verité, laquelle se tren-
     ue en tous les Estres, vni diuerse; l'ap-
     puyant sur quelque Texte Canonique
     de l'Ecriture-Sainte.

   Reduit tous ces Estres &toutes ces Veritez,
     aus Neuf Termes Absolus de Raimond
     Lulle; lesquels sont explicquez en leurs
     Sçiances particulieres, chaque Sçiance
     traittant aussi de son contraire.

SA Forme;

   Establit dans tout le Discours qu'on veut
     faire vn Maître Poinct; duquel dépan-
     dent, & auquel ne plus ne moins
     qu'à vn centre, se doiuent rapporter
     toutes les autres Parties.

   Reduit cete Verité vnique, en vne vraye

Proposition, ou Enonciation ; compoſée de Sujet, de Liaiſon & de Proprieté.
Choiſît vne, ou pluſieurs de ces trois Parties ; pour en faire autant d'autres Enonciations, qui diſtriburont le Diſcours en ſes Parties principales ; leſquelles doiuent eſtre ramplies par autant d'autres propoſitions diuiſantes, & ſoudiuiſantes, jûques à la fin.

SA QVALITE' marque le Style ;
- Correct, Propre, & Pur.
- Beau, Diſert, & Elegant.
- Illuſtre, Pathetique, & Eloquent.

L'on ajoûte les FIGVRES dans ;
- Les Paroles,
- Et
- Les Santances.

La Structure DV SERMON, a

SES VICES ;
- Le trop grand artifice.
- L'obſcurité.
- L'Embarras.
- Les Queſtions Scholaſtiques.
- Les Curieuzes.
- Les Diſputes du temps.
- La Rapſodie.
- Les Emprunts & Larcins.

Et

SES VERTVS ;
- Trauailler de ſoy-méme.
- Tout doit eſtre graue, modeſte, & ſerieus.
- Le Style tamperé, & naturel.

Et le reſte, comme dans la RHETORIQVE VVLGAIRE.

# LE PARTAGE GENERAL de la Dialectique.

*La Dia-lectique.*

TABLE XL.

**DIVERS SIGNES;**
- Formel & Instrumantal.
- Naturel, Artificiel; Mélé de tous les deus.
- Propre & Impropre.
- Antecedant, Concomitant, Consequant.
- Pronostique, & Demonstratif.
- Speculatif, & Practique.
- Significatif, & qui ne signifie rien.
- Réel, & Vocal, &c.

**LA PAROLE;**
- Mantale.
- Vocale.
- Ecrite.

**L'ON CONSIDERE DANS LA DIALECTIQVE;**

**LES TERMES;**

SIMPLES;
- Direct, Reflechi.
- Categorematique, Syncategorematique.
- Incomplexe, Complexe.
- Commun, Singulier.
- Abstraict, Concret.
- Infini, Fini.
- Absolu, Connotatif.
- De la premiere, seconde & troiziéme Intantion.

COMPAREZ;
- Pertinant, & Impertinant, &c.
- Repugnant, Conuertible, Eloigné.
- OPPOSEZ;
  - Relatifs.
  - Priuatifs.
  - Contraires.
  - Contradictoires.

LES PROPRIETEZ;
- La Supposition. L'Ampliation.
- La Restriction. L'Alienation.
- La Diminution. L'Appelation.

LES PRINCIPAVS.
- Le Nom; Et Le Verbe signifiant;
  - Vniuoque.
  - Equiuoque.
  - Analogue.
  - L'Actió, ou la Passió.
  - La Personne.
  - Le Temps.

# L'ORAISON OV LA
## Proposition.

*La Dialectique.*

TABLE XLI.

L'ON CONSIDERE EN TOVTE ORAISON, OV PROPOSITION;

LA SIGNIFICATION;
- Enonciatiue, Non-Enonciatiue.
- Parfaite, Imparfaite.

LA MATIERE;
- Possible.
- Impossible.
- Necessaire.
- Contingente.
- Libre.

LA QVANTITE';
- Indefinie.
- Vniuersele.
- Particuliere.
- Singuliere.

LA QVALITE';
- Vraye, Fausse.
- Absoluë
- Hypotetique.
- Modale, de diuerses sortes;
  - Exposante.
  - Exclusiue.
  - Exceptiue.
  - Reduplicatiue, &c.

LA COMPARAISON;
- Opposée,
  - Contraire.
  - Sou-contraire.
  - Subalterne.
  - Contradictoire.
- Equipollante, tout ainsi que les Opposées.
- La Conuersion;
  - Par soy.
  - Par Accidant.

## LE PARTAGE GENERAL
### de la Logique.

*La Lo-*
*gique.*

TABLE
XLII.

**LA LO-**
**GIQVE;**

**EST DE QVATTRE SORTES;**
- La Naturele, l'Artificiele.
- La Speculatiue, la Practique.

**CONDVIT LES OPERATIONS DE L'ESPRIT;**
- La premiere Notion.
- Le Iugemant.
- Le Raisonnemant.

**PRESCRIT;**
- Le Moyen de Sçauoir,
- L'Ordre.
- La Methode.
  - Compositiue.
  - Resolutiue,
  - Mixte.

**DISTINGVE L'OBJET;**
- Total.
- Partial.
- Materiel.
- Formel.

**FABRIQVE LA DEFINITION;**
- Du Nom
  - Propre,
  - Et
  - Metaphorique;
- De la Chose
  - Essantiele,
  - Et
  - Accidantele,

**DECRIT;**
- Les Diuisions;
- Et
- Les Argumans.

# *LES LIVRES DE l'Analysie.*

*La Logique.*

TABLE XLIII.

- Les Premiers explicquent;
  - Les Qualitez de l'Entandemant, qui sōt;
    - Les Vertus; comme
      - L'Intelligence.
      - La Sagesse.
      - La Sçiance, dont on examine,
        - La Diuision en
          - Subalternante,
          - Et
          - Subalternée.
        - L'Vnité;
          - Tres-Vniuersele.
          - Generique.
          - Specifique.
        - L'Objet.
        - La Definition.
        - La Condition.
        - La Production.
        - La Corruption.
      - La Prudance;
      - L'Art.
    - Les Vices opposez;
      - La Stupidité.
      - La Folie.
      - L'Ignorance.
      - L'Imprudance.
      - L'Ineptitude.
    - Les Qualitez Nevtres?
      - L'Opinion.
      - La Foy Humaine.
      - Le Soupçon.
      - Le Doute.
  - L'Argumant;
    - Simple; Et Composé.
      - Par les Causes; Et Par les Effets.
        - L'Hypothetique. Et Le Disjonctif.
    - Ses six Especes;
      - Le Syllogisme.
      - L'Enthymême.
      - L'Induction.
      - L'Example.
      - L'Enumeration.
      - Le Dilemme.

Les Derniers Analytiques explicquent la Nature de la *Demonstration*; qui sera proposée & explicquée dans la Table XLVI.

# LES TOPIQVES.



TABLE
XLIV.

CES HVICT
LIVRES EX
PLICQVENT;

LA NATVRE, & les Proprietez de chaque Chose.

LES SIEGES ET LES
LIEVS DES ARGV-
MANS;

XIV. IN-
TERNES;

La Definition.

L'Etymologie.

La Diuision.

L'Alliance.

Le Genre.

La Forme.

La Differance.

Les Causes.

L'Effet.

Les Circonstances.

Les Antecedans.

Les Consequans.

Les Contraires.

Les Repugnans.

Les Comparaisons.

Les Similitudes.

VI. EXTER
NES;

Les Prejugez.

La Renommée.

Les Questions.

Les Loix ou Tables.

Les Sermans.

Les Témoins.

LES MAXIMES, & leurs Differances; qui appuyent toute sorte de
preuue & de raisonnemant.

TABLE XLV.

Dans le Parfait Syllogisme, l'on considere ;

**La Matiere ;**
- Eloignée, trois Termes ;
  - Le plus grand Extréme.
  - La Copule.
  - Le moindre Extréme.
- La Prochaine, trois Propositions ;
  - La Majeure.
  - La Mineure.
  - La Côsequâce.

**La Forme de la matiere.**
- Prochaine, c'est le Mode.
- De l'Eloignée, ce sôt de trois sortes de Figures,
  - La 1. fait seruir le moyen de sujet dans la Majeure, & d'attribut dans la Mineure.
  - La 1.1. le fait seruir d'attribut dans les deus Premisses.
  - La 111. le fait estre le Sujet, en l'vne & en l'autre.
  - La 1v. de *Galien* est ajoûtée par les Medecins.

**XIX. Modes**
- 1v. Directs. Et
- x v. Imparfaits.
  - *Barbara. Celarent. Darij. Ferio, &c.*

**La Redvction ;**
- Des Modes Imparfaits aus Parfaits.
- Ou
- A l'Impossible.

**Les Regles ;**
- Communes aus trois Figures.
- Et
- Particulieres à Chacune.

**L'Invantion du Moyen ;**
- L'Antecedant.
- Le Consequant.
  - Le plus Parfait, c'est la *Definition.*

## LES DIVERSES SORTES

La Logi-                de Syllogifme.
que.

TABLE
XLVI.

LE SYLLO-
GISME.

Selon la Nature des Propofitions, dont il eft bâti, le diftingue en
- Affirmatif.
- Negatif.
- Categorematique.
- Hypothetique.
- Direct.
- Oblique.
- Commun.
- Modal.

LE PLVS PARFAIT, c'eft la DEMONSTRATION; dans laquelle on explic-ue
- La Matiere.
- La Forme.
- La Fin.
- Le Moyen.
- La Definition.
- La Diuifion.
- Les Precognitions.
- Les Principes,
  - Pourquoy? Et Parceque.
  - Cómuns à plufieurs Sçiances.
  - Propres à quelque Sçiance.

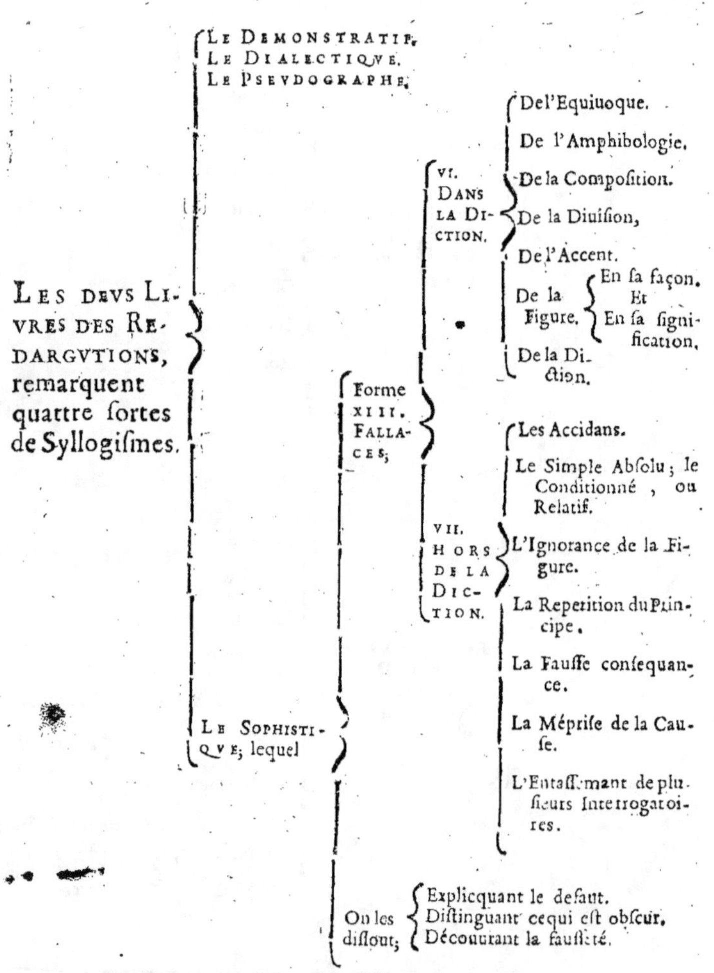
LE DEMONSTRATIF.
LE DIALECTIQVE.
LE PSEVDOGRAPHE.

LES DEVS LIVRES DES REDARGVTIONS, remarquent quattre sortes de Syllogismes.

Forme XIII. FALLACES;

LE SOPHISTIQVE; lequel

VI. DANS LA DICTION.
De l'Equiuoque.
De l'Amphibologie.
De la Composition.
De la Diuision,
De l'Accent.
De la Figure. En sa façon. Et En sa signification.
De la Diction.

VII. HORS DE LA DICTION.
Les Accidans.
Le Simple Absolu; le Conditionné, ou Relatif.
L'Ignorance de la Figure.
La Repetition du Principe.
La Fausse consequance.
La Méprise de la Cause.
L'Entassement de plusieurs Interrogatoires.

On les dissout;
Explicquant le defaut.
Distinguant ce qui est obscur.
Découurant la fausseté.

# LE PARTAGE GENERAL
*La Phy-*
*sique.*
## de la Sçiance Speculatiue.

TABLE XLVIII.

La PHYSI-QVE; {Generale Et Speciale. {La Medecine. Et La Chymie.

La SçIANCE SPECVLATIVE se partage en trois;

La Mathematique; qui est :
- PVRE {L'Arithmetique. La Geometrie.
- IMPVRE comme {La Musique. La Cosmologie. L'Optique. La Gnomonique. La Perspectiue. La Peinture. LES ARTS {Liberaus, Et Mechaniques.

La Metaphysique;
- Naturele, ou Premiere Philosophie.
- Et Surnaturele; qui est la Sçiance Diuine, ou LA THEOLOGIE.

# LES PRINCIPES
## Naturels.

*La Phy-*
*sique.*

TABLE XLIX.

DANS LA PHYSIQVE GENERALE; l'on examine;

LES TROIS PRINCIPES des Choses natureles.

CETE SÇIANCE NATVRELE;
- Son Objet ; qui est { Materiel, Et Formel. }
- Son Vtilité.
- Sa Certitude.
- Son Vzage.
- Son Excellance.

LA MATIERE PREMIERE; dont on considere
- Les diuers Noms.
- Les trois differances. { Dans laquelle / De laquelle / Autour de laquelle }
- La Definition; qui est { Negatiue, Et Affirmatiue. }
- L'Existance
- La Relation aus formes.
- L'Appetit.
- Le Rapport qu'elle a aus Composez,

LA FORME; qui est consideree
- Absolumant Et Relatiuemant à la Matiere, auec laquelle elle forme le Composé.

LA PRIVATION
- Physique par le moyen de l'Vnion; dont on examine,

*La Phy-*
*sique.*

**TABLE L.**

La Nature & LES CAVSES des Choses natureles ;

En General ;

- La Nature.
- Le Terme de la Grandeur & de la Petitesse.
- Le Commancemant.
- La Fin.

  { Des Choses Viuātes, Et Non-viuantes.

- Le Nom des Causes.
- Leur Definition.
- Leur Excellance.
- Leur Diuision.

  Naturele, en { Efficiante. Formele. Materiele. Finale.

  Par Accidant ; { La Fortune. Le Destin. L'Idée.

- La Causalité enuers { La Forme. Et Le Composé.
- La Comparaison des Causes entre elles.

En Particulier ;

LA CAVSE EFFICIANTE.

- Ou Premiere ; qui { Conserue, Et Determine.
- Ou Seconde, qui a besoin du Secours & du Concours de DIEV.

LA FIN ; qui est

- De plusieurs sortes { Propre, Et Methaphorique.
- Sa Causalité.
- Ses diuerses façons de mouuoir.

L'INSTINCT { Naturel, Et Des Brutes.

LES MONSTRES.

## LES PROPRIETEZ DES Estres Naturels. *La Physique.*

TABLE LI.

L'on reprand la Nature du MOVVEMANT, où l'on examine;

**LE MOVVEMANT qui a**
- Sa Definition;
- Sa Continuité; { De Durée / Du Sujet / Interieure.
- Ses six distinctions de la chose meuë le considerant dans
  - L'Agent.
  - Le Patiant.
  - D'vne forme imparfaite, à vne parfaite.
  - L'Acquisition de cete forme.
  - Successif.
  - Continuel.

**L'INFINI;** Actuel. Ou En Puissance.
- Cathegorematique. Et Syncathegorematique.
- De Succession.
- De Diuision.
- D'Addition.

**LE LIEV;**
- De l'Immansité de DIEV.
- De Circonscription
- De Definition.
- Ou l'on dispute
  - Si deus Corps peuuent estre ensamble, en vn même lieu.
  - Si vn Corps peut se treuuer tout à la fois, en plusieurs lieus.

**LE VVIDE;**
- Ceque c'est.
- S'il y en a.
- S'il peut y en auoir.
- Si le mouuemant y seroit possible.

**LE TEMPS;**
- Ceque c'est.
- Combien d'especes il a.
- S'il se distingue par
  - Le Mouuemant
  - L'Existance du Mouuemant
  - La Durée qui est de cinq sortes, sçauoir
    - L'Eternité.
    - Le Siecle.
    - Le Continu.
    - Le Discret.
    - L'Instant.

# L A  S V I T E  D V
## Mouuemant.

TABLE
LII.

On pour-
fuit le
MOVVE-
MANT, dõt
l'on exa-
mine ;

LA NATVRE ;
- Ses diuerfes fignifications.
- Ses trois termes ; qui font,
  - La Quantité.
  - La Qualité.
  - Le Lieu.
- Sa diftinction de fes deus Termes.
- Son accroiffemant, & fa diminution.
- Son Alteration.
- Son Etanduë.
- Sa Violance.

LA DIVISION en fes par-
ties, où l'on explicque ;
- Les Indiuifibles.
- Le Continu.
- Que rien ne fe change en vn Inftant.
- L'Arrét & le repos dans le poinct de reflexion.
- Le Commancemant & la fin des chofes
- Que les Indiuifibles ne fe meuuent point de foy méme.

LE PRINCIPE du Mou-
uemant en foy, ou hors
de foy ;
- Du Cœur.
- De l'Aimant.
- Des Fafcinations.
- De la Remore.
- De l'Eau chaude.
- De l'Imagination.
- Des Chofes pezantes, & legeres.
- Des Chofes jettées auec force & violance.
- S'il agît fur les chofes eloignées.
- Les Intelligences Motrices.

LE PREMIER PRINCIPE general du Mouue-
mant, qui eft DIEV
- Tres-bon & Tres-Grand.
- Immuable.
- Immanfe.
- Infini, &c. comme il eft dépeint en *la Theologie.*

LA PHYSIQVE SPECIALE ou particuliere fera
plus amplemant deueloppée dans la Cofmopée.

# LE
# PLAN GENERAL
## DE LA
# MEDECINE. *La Medecine.*

TABLE LIII.

| Dans la Medecine l'on examine; | { Son Origine. Sa Natvre. Son Svjet. Ses trois Sectes, des | { Empiriqves. Methodiqves. Dogmatiqves. | { La Phisiologie. La Pathologie. L'Osthiologie. |
|---|---|---|---|
| | Ses Traitez; qui sont neuf. | | La Simiotiqve. L'Hieigenie. La Diete. La Terapevtiqve. La Pharmacie. La Chirvrgie. |

TABLE LIV.

Deus sortes de NATVRE ; Celle qui a tout créé. Celle qui est créée.

LA PHYSIOLOGIE considere ;

QVATRE ELEMANS ; Le Feu. L'Air. L'Eau. La Terre.

Les choses propres à la Generateon. La Semance. La Sag menstruël.

LES PARTIES DV CORPS HVMAIN.

GENERALES ; Les Similaires, Et Les Dissimilaires

Spermatiques, & Solides. Charnuës. Nobles, ou principales. Les Ignobles ou Secondaires.

Le Cœur. Le Foye. Le Cerueau.

SPECIALES ; dôt ; les principales sont ;

Ou

LES CARTILAGES ; dôt sont compofez

Les Os dôt on explicque

Les Differaces, qui se tirét de la, La Cópofition. La Ioincture. Le Crane ou le Tét.

Confistace Grandeur Figure. Liaifon. Ajoints. Epiphyfe. Et Apophyfe.

Les Aureilles. Les Paupieres L'ApreArtere Les Ligamās. Les Mābranes. Les Meninges. La Peau qui enueloppe les Inteftins. La Peau. La Chair. Les Os des jambes. Les Glandules. Les Mammelles. La Graisse. La Mouëlle. Les Ongles. Le Poil qu'ó a dés La Naiffance. Ou Apres la Naisfáce.

La Face. Les Dêts. L'Epine du Dos. La Poitrine ; dôt les parties font ; Le Bras ; qui se diuise en La Háché.

Le Sternum, Le Dos. Les Côtes. Les Feffes. Les Epaules.

Epaule. Coude, Main.

La Iābe, qui có tiét Le dehors de la Cuisse. (be, L'Os de la Iābe, Le Pied ; qui diuiseen Tarse. Pedló. Et les doigts.

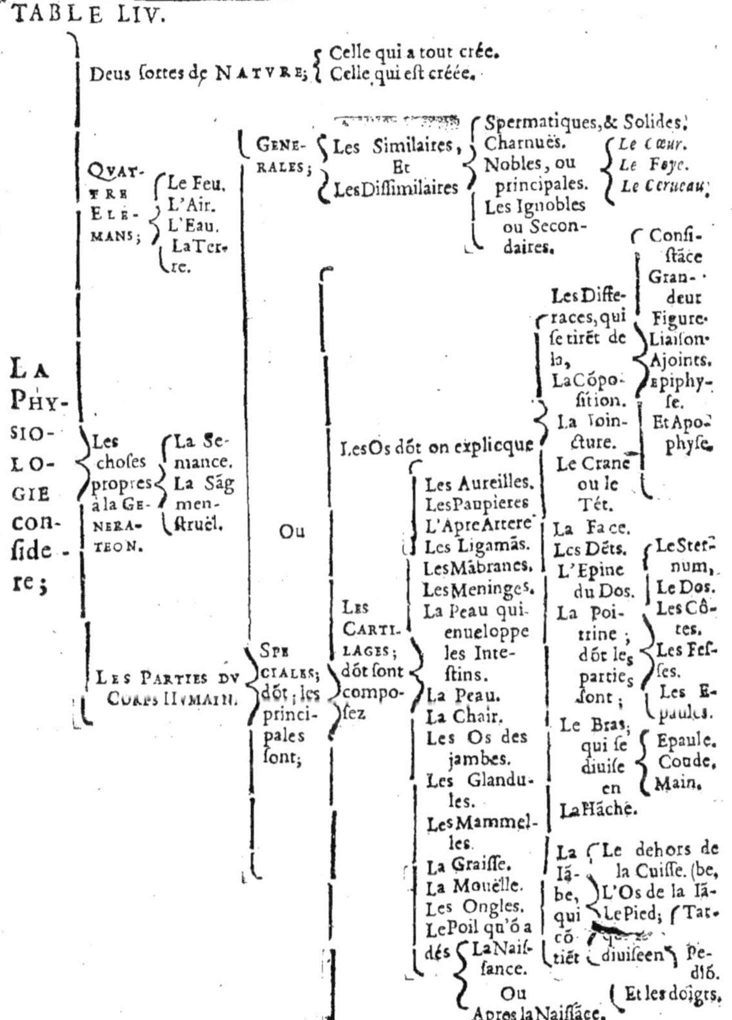

```
                              { L'Æſophage.
                              | Le Vantricule.
                              | Les Inteſtins.
                              | Le Mezantere.           { Porte,
              { NATV-         { Le Foye                 {  Et
              { RELS,         { Les Veines.             { Caue.
              {  comme        | Le Fiel.
              |               | Les Reins.
              |               { La Veſſie.
              |
              |                                                          { De la té-
              |                                                          |    te.
              |               { Les Poumons.                             | Des yeux.
  LesOR-      { VITAVS,       { Le Cœur                                  | Des Le-
  GANES;      {               { Et les Artéres.                         |    vres.
              |                                                          | De la Lã-
              |  Et                                                      |    gue.
              |               | Le Cerueau.                              | DesEpau-
              |  ANI-         | Les Nerfs,                               |    les.
              |  MAVS.        { dont on                                 | Du Bras.
              |               { explic-      { La Subſtance  { De la Poi-
              |               { que,         { La Differance,{    trine.
              |                                                          | Du Van-
              |               | Les Muſ-                                 |    tre.
              |               | cles, &                                 { DesPieds.
              |               | autres,
            { Nées
            | auec
            | l'Ani-                                      { Le Sang.
            | mal.                                        | La Pituite.
  LesHV-    {  Et            { Les Nour-   { Pre-         { La Melancholie.
  MEVRS,    { Acqui-         { riſſantes;  { mieres;      { La Bile.
            { ſes puis       {             {
            | aprés          |  Et         {  Et          { Le plus ſubtil.
            |                |             { Secon-       { La Roſée.
            |                | Les Excre-  { des.         { La Glu ou Colle.
            {                | mantirieu-  { Natu-        { L'Aſſimilaire.
                             { zes;        { reles.
                                           {  Et
                                         Contre Nature,

  { Les Tamperamans explicquez
  { dans la Table ſuiuante.
```

## LES DIVERS TAMPERAMMANS, & les trois Facultez.

La Me-
decine.

TBBLE LV.

LES TAMPERAMMANS

- SE DIVISENT en
  - Egal.
  - Inégal.
  - Parfait.
  - Alteré.
  - Nay auec le Viuant.
  - Acquis.
- ON LES CONNOIT par
  - L'Attouchemant.
  - Et
  - Le Raiſonnemant.
- LEVR DIVERSITÉ DANS
  - L'Homme.
  - Dans les Parties.
  - Dans les Sexes.
  - Dans les Ages.
  - Dans les Saiſons. de l'Année.
  - Dans les Regions.
- LA NATVRELE; qui eſt
  - Propre à chaque partie
    - Les Principales ſont;
      - La Procreatrice, d'où l'on tire deus ſortes de Generation,
        - Celle qui altere
        - Et
        - Celle qui forme, dependante de
          - La Semãce
          - Et
          - De l'Vterus.
      - L'Augmantatrice; où l'on conſidere
        - Le Sujet.
        - La Cauſe Efficiante.
        - Et ce dont l'accroiſſemant ſe fait
      - La Nourriciere, qui comprand
        - Ce qui eſt nourri.
        - Ce qui nourrît.
        - Et
        - La Nourriture.
  - Commune, qui s'étand du foye par les veines en tout le corps.
    - Les Aides ſont
      - Celle qui attire
        - Qui appete.
        - Qui altere.
        - Qui ſepare.
      - La Retantrice.
      - La Coctrice, qui enferme.
        - La Chile.
        - Le Sang.
        - L'Aſſimilatiõ.
      - L'Expulſiue.

*LES DEVS AVTRES* Facultez. *La Medecine.*

TABLE LVI.

**LESFACVL- TEZ SONT**

- **LA VITALE; qui embrasse**
  - Le Mouuemant du pouls, dans
    - Le Cœur.
    - Et
    - Les Arteres.
  - La Respiration, considerée en sa Cause;
    - L'Efficiante, qui est la Faculté Animale, qui vient du Cerueau.
    - Organique.
    - Finale.
  - Les Passions de la
    - Concupiscible, dans le foye.
    - Irascible, dans le Cœur.
- *Animale*, dont les actions & les forces sont;
  - Celle qui pour sentir a besoin de
    - La Faculté
      - Interne.
      - Ou
      - Externe.
    - L'Instrumãt
      - Deferant & solide, côme le nerf.
      - Qui sert au sentimant, &est vaporeus comme l'Esprit Animal.
    - L'Objet.
      - Par soy
      - Et Par Accidãt
        - Propre
        - Et
        - Commun.
  - Celle qui produit le mouuemant volontaire
  - La Reine des Facultez qui est la *Raison*, laquelle enferme
    - L'Imagination.
    - La Memoire
    - Le Raisonnemant,
    - Le Vehicule de toutes les facultez qui est l'Esprit.
      - Fixe,
      - Et Coulãt
        - Nature
        - Vital.
        - Animal

I iij

*La Me-decine.*

TABLE LVII.

LA PATHOLOGIE examine ;
- Les diuerses Maladies.
- Les Organes
- La Conformation.
- La Figure.
- La Sympathie.
- La Contagion.

L'ETHIOLOGIE considere
- Les Causes efficiantes des Maladies.
- La Plethore.
- La Cacochimie.
- Les Symptomes ;
  - De la Veuë.
  - De l'Ouïe.
  - De l'Attouchemant.
  - De la Vertu-motrice.
  - De la Raison.
  - Du Pouls.
  - Des Fonctions naturelles ;
    - Du Ventricule.
    - Du Foye.
    - Des Reins.
  - Tirez des effets des ses externes.
    - De la Veuë.
    - De l'Odorat.
    - Du Goût.
    - De l'Attouchemant.
    - De l'Ouïe.

## LES SIGNES DES MALADIES.

La Medecine.

TABLE LVIII.

- LA SIMIOTIQVE considere,
  - LES SIGNES
    - De la Maladie.
    - De la Santé.
    - Les Neutres.
  - LES DIFFERANCES DV POVLS, qui naissent de
    - La Faculté.
    - L'Instrumant.
    - L'Vsage.
  - LA PRONOSTIQVE de la faculté animale.
  - Deus sortes d'AGITATION;
    - La Critique,
    - Et
    - Symptomatique.
  - LES DEJECTIONS ou EXCREMANS;
    - Leurs Signes.
    - Leurs Qualitez.
    - Leurs Causes.
    - Leurs diuersitez dans
      - L'Vrine.
      - La Sueur.
      - Le Crachat.
      - Les Larmes
        - Desquels on explicque
          - Les Causes
            - Des Maladies.
            - Et
            - Les Morbifiques.
          - Les Mutatiõs.
            - Vniuerseles dãs vne maladie vniuersele.
            - Particuliers dãs les accez.
  - LA CRISE.
  - LES VACVATIONS.
  - LES ABCEZ.
  - LES IOVRS CRITIQVES.

*La Me-decine.* ## LE REGIME DE LA SANTÉ.

TABLE LIX.

- Le Sujet, qui est le corps capable de la Santé.
- Les Affections, qui sont la santé & la maladie.

**L'HIEIGINIE, explicque**
- Les Causes
  - La Materiele, le Corps.
  - La Formele, la Santé.
  - La Finale, l'Harmonie de la vie.
  - L'Efficiante; sçauoir est
    - Le Ciel.
    - La Terre.
    - Les Alimans dót on cherche
    - Les Excremans;
    - Les Exercices.
    - Les Affections de l'Esprit.
      - En general
        - La Substance.
        - Et
        - Les Qualitez.
      - En Particulier;
        - Le Pain.
        - Les Legumes.
        - Les Herbages.
        - Les Racines.
        - Les Fruits.
        - Les Animaus, qui sont
          - Terrestres
          - Volatils.
          - Aquatiles.
        - Le Boire
          - L'Eau.
          - Et
          - Le Vin.
        - Les Liqueurs composées.

**LA DIETE considere**
- La Façon de viure dans
  - Les Taperamans,
  - Les Saisons.
  - La Coûtume.
- Plusieurs sortes d'Exercices
- La Lassitude.
- Le Bain.
- Venus.
- Le Repos.
- Le Sommeil.
- Les Veilles
- Les Passions de l'Esprit.

## *LA TERAPEVTIQVE, ET* la Chirurgie.

La Me-
decine

TABLE LX.

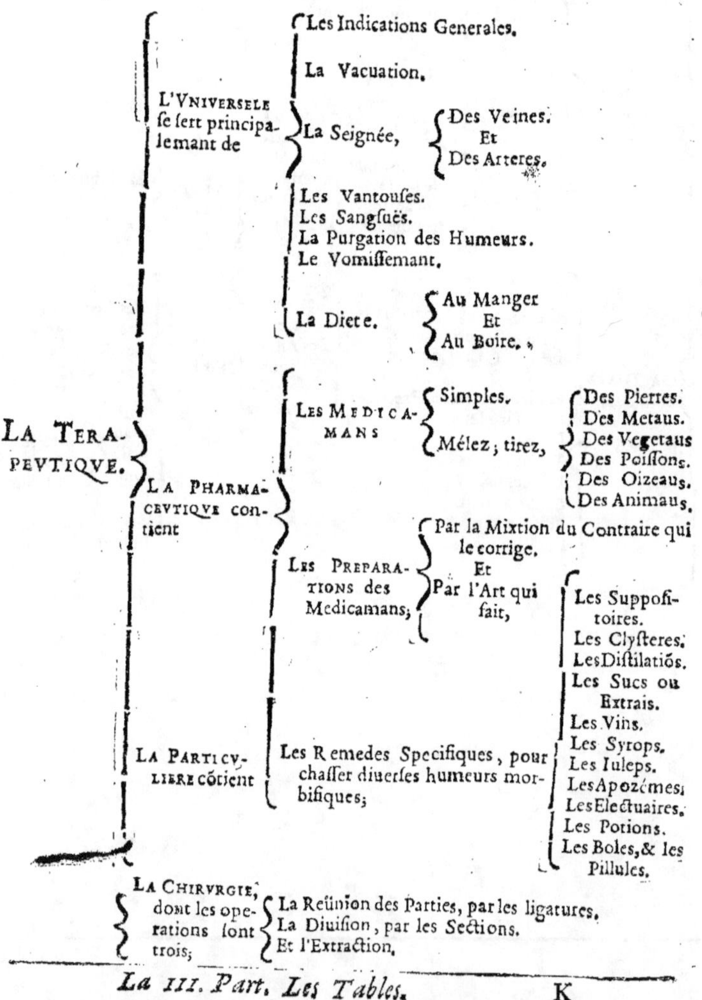

TABLE LXI.

LA CHY-MIE, considere la Nature en son

- ESTAT, qui consiste en
  - Vne Nature Vniuerfele.
  - Et
  - Dans
    - L'accord.
    - Et
    - L'Ordre du MONDE.
- MOVVEMANT ou Action continuele, dans
  - La Semance
    - elabourée par
      - Le Ciel.
      - Les Elemans,
      - Les Mixtes.
    - Diuifée en
      - Vniuerfele.
      - Et
      - Particuliere
        - Animale.
        - Vegetale.
        - Minerale.
  - La Generation qui a pour principes
    - La Matiere.
    - La Forme.
    - Le Moyé vniffat.
- LA VIE qui eft
  - Decrite
  - Etablie par
    - La Lumiere.
    - La Chaleur,
    - Le Mouuemant.
  - Détruite par
    - La Corruption;
    - Et
    - La Mort.
  - Retablie, par le mouuemant circulaire de la Nature; pour ueuque l'onob feruefes
    - Principes, qui fót trois
      - Le Mercure auec la
      - Le Sel.
      - Le Souphre.
        - Nature de chacun.
        - La Qualité.
        - La Forme.
        - La Matiere.
        - Les Effets.
        - L'Vfage.
        - Les Noms.
        - Les Caufes.
    - fes Operations qui fót deus;
      - Refoudre
      - Et
      - Compozer, ou Coaguler.
      - Quelques Regles Generales
- LES PRINCIPES
  - Vniuerfels,
    - La Lumiere
    - Les Tenebres
  - Et particuliers
    - La Matiere qui reçoit.
    - La Chaleur viuifique.
    - La Semáce Specifique
    - L'Aftre predominát.
    - L'Ordre harmonique
  - Qui produifent l'Humide Radical du Macrocofme Et Microcofme, où il faut de. diftinguer;
    - L'humeur
      - Elemátaire
      - Et
      - Radicale a chaq; chofe:
    - La Chaleur Naturele
    - La Nature du Mó, qui eft
      - Vniuerfele;
      - Vniuerfele; qui eft
        - La Matiere.
        - La Forme.
        - L'Efprit.

## LA CHYMIE PRACTIQVE. *La Medecine.*

TABLE LXII.

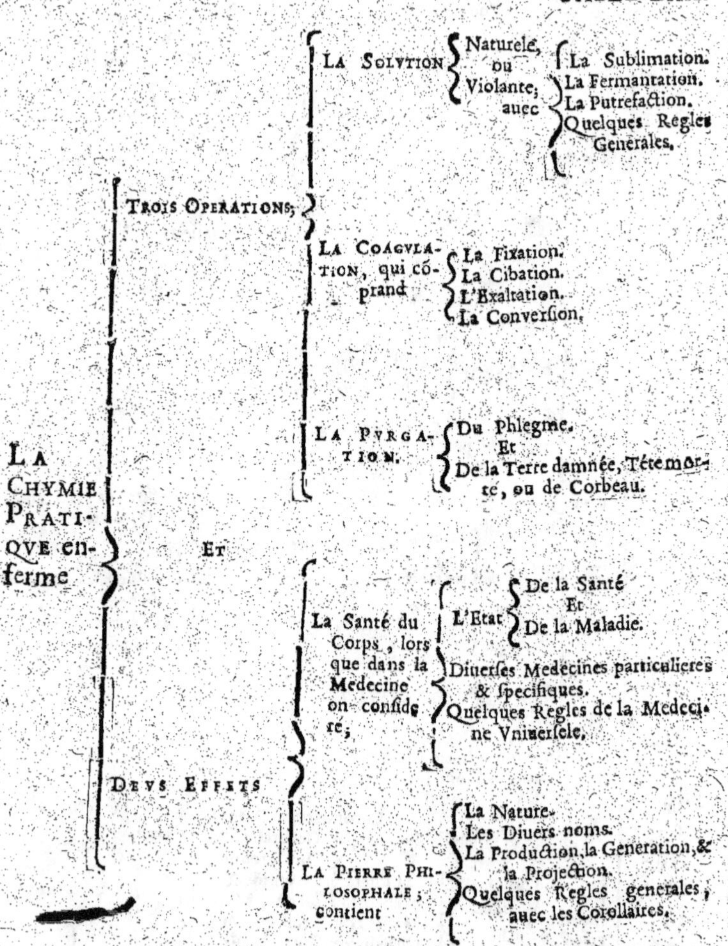

# LE PARTAGE GENERAL des Mathematiques.

*Les Mathe-matiques.*

TABLE LXIII.

Les Mathematiques. Et / Se divisent en —

**Ont leur Methode; qui est composée,**

- De Principes; qui sont
  - Les Definitions,
  - Les Demandes,
  - Les Axiomes.
- Et Des Propositions; qui sont
  - Le Probléme,
  - Le Theoréme,
  - Le Lemme,
  - Le Corollaire,
  - Le Scholie.

**Se divisent en**

- Pures; qui sont
  - L'ARITHMETIQVE
  - LA MVSIQVE.
  - LA GEOMETRIE.
  } Separées.

- Impures; qui contienent
  - La Cosmologie; dans laquelle sont
    - LaCelologie,
    - L'Astronomie
    - L'Astrologie,
    - La Geographie.
    - L'Hydrographie.
  - L'Optique; auec
    - La Catoptrique.
    - La Dioptrique.
    - LaPerspectiue, & la Peinture.
  - La Gnomonique; où l'on void,
    - L'Astrolabe.
    - La Boussole.
    - …horloges.
  - Les Arts Mechaniques;
    - Necessaires.
    - Profitables.
    - Agreables.

## LES REGLES DE
### l'Arithmetique.

Les Mathematiques.

TABLE LXIV.

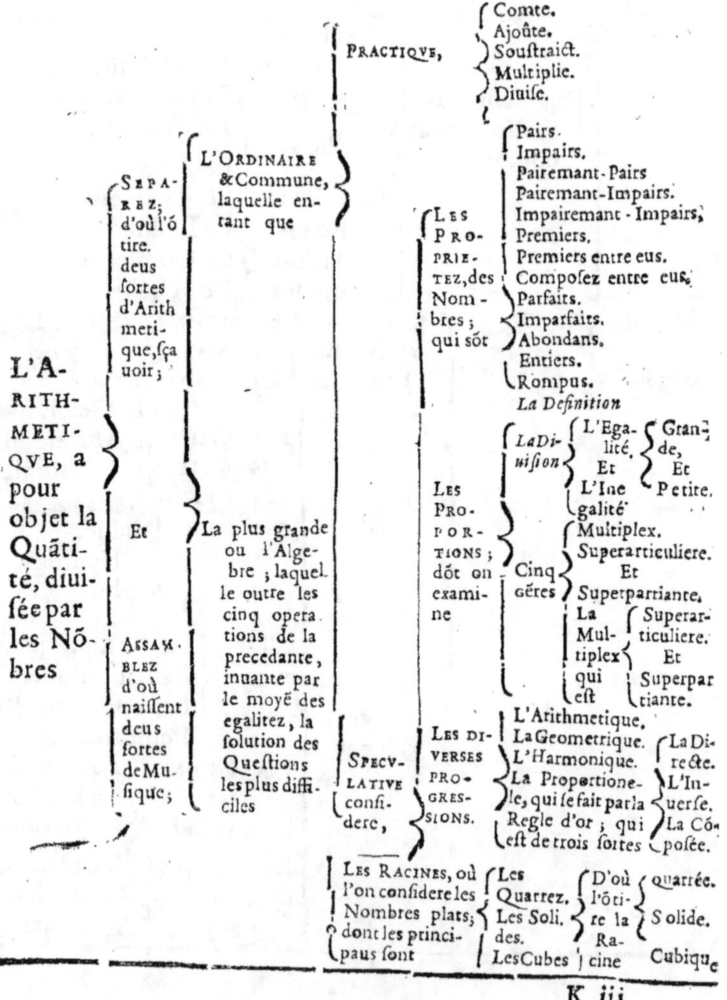

L'A-RITH-METI-QVE, a pour objet la Quãtité, diuisée par les Nõbres

SEPAREZ; d'où l'õ tire. deus fortes d'Arithmetique, fçauoir;

Et ASSEMBLEZ d'où naiffent deus fortes de Mufique;

L'ORDINAIRE & Commune, laquelle entant que

La plus grande ou l'Algebre; laquelle outre les cinq opera-tions de la precedante, inuante par le moyẽ des egalitez, la folution des Questions les plus difficiles

SPECVLATIVE confidere,

PRACTIQVE,
- Comte.
- Ajoûte.
- Souftraict.
- Multiplie.
- Diuife.

LES PROPRIETEZ, des Nombres; qui sõt
- Pairs.
- Impairs.
- Pairemant-Pairs.
- Pairemant-Impairs.
- Impairemant-Impairs.
- Premiers.
- Premiers entre eus.
- Compofez entre eus.
- Parfaits.
- Imparfaits.
- Abondans.
- Entiers.
- Rompus.

La Definition

LES PROPORTIONS; dõt on examine
- LaDiuifion
  - L'Egalité. Et L'Inegalité { Grande, Et Petite.
- Cinq gëres
  - Multiplex.
  - Superarticuliere. Et Supetpartiante.
  - La Multiplex qui eft { Superarticuliere. Et Superpartiante.

LES DIVERSES PROGRESSIONS.
- L'Arithmetique.
- La Geometrique.
- L'Harmonique.
- La Proportione-le, qui fe fait par la Regle d'or; qui eft de trois fortes { La Directe. L'Inuerfe. La Cõpofée.

LES RACINES, où l'on confidere les Nombres plats; dont les principaus font { Les Quarrez. Les Solides. Les Cubes } D'où l'õti-re la Racine { quarrée. Solide. Cubique.

# LA TABLATVRE DE TOVTE

*Les Mathe-*
*matiques.*          *la Musique.*

## TABLE LXV.

La Mvsiqve est de deus sortes

LA NATVRELE, qui est
- Diuine.
- Mondaine.
- Archetype.
- Celeste.
- Elemantaire.
- Corporele.

L'ARTIFICIELE, qui est
- METRIQVE.
- RITHMIQVE.
- HARMONIQVE, ou Canonique; qui est de plusieurs sortes;
  - LA VOCALE.
  - L'INSTRVMANTALE.
  - LA MIXTE DES DEVS.
  - L'ANTIENNE.
  - LA NOVVELLE, diuersemant cõposée des precedantes, considere

La Nature, & les proprietez; ou le Ton est — Décrit & distingué en deus
- Le Majeur se diuise en Semi Tõ, — Majeur. Mineur. Ou Diese.
- Le Mineur se diuise en Semi-Ton, — Majeur, Et Mineur.

L'on y considere aussi la quantité, en
- Longueur
- Largeur Et Grosseur, d'où l'on tire le Ton
  - Egal en proportion qui le fait — Simple Ou Radical Composé, ou enraciné composé de Simples — Iuste Non Iuste
    - L'Intantion.
  - L'Assumptiõ. La Deduction. La Trãsmutatiõ. Le Mélãge. L'Vzage.
  - Inegal, qui fait des Interuales. Il y en a — Dix Principaus, sçauoir pour l'Vzage dela Musiq;
    - L'Vnion.
    - Le Ton.
    - Le Demi-Ton.
    - Le Diton.
    - Le Diatessaron.
    - Le Diapente.
    - LeDemi-diton.
    - LeTon auce la quinte.
    - L'Octaue ou Diapasson.

Elles naissent des differãces des Tõs par — Les Diuerses Consonances.

Les Mezures des Inegales changent LES SIGNES ET LES NOTES.

On les appele { Simples. Liées. Entieres. Rompuës. }

Et

Par des mouvemans divers dirigez par l'Echele Musicale construite de vois, ou de degrez, dont on tire deus sortes de Chants, sçauoir { Le Dur. Et Le Naturel. }

Quattre moins principaus { Le Lemme. Le Diachime. Le Comme. Le Chime. }

On les change par l'Augmentation, ou la Diminution de valeur. De plusieurs façons { Le Plain Chant ou Ecclesiastique; huit principaus. Dans la Musique Figurée; { Le Dorein. Le Prigien. L'Indien. L'Ionique. } }

Leurs privations sont { Les Pauzes Les Soûpirs. Les Syncopes. L'Etanduë, ou le racourcissemant. }

*Et l'Artifice* de la Composition; où l'on obserue { L'Inuantion. L'Ordre. La Liaison des consonances, & le changement des mouuemans; } Par les Instrumans qui se meuuët { Du souffle, comme le Serpant. De l'Attouchement, comme les Tuorbes. De tous les deus, comme les Orgues. }

LA GEOMETRIE a pour objet la quantité continuë, qui est de

**TROIS SORTES.**

LA GRAPHIQVE décrite en
- Des Lignes, par la Grammographie.
- Des Figures, par la Planigraphie.
- Des Corps, par la Sterographie.
- Des Angles, par la Gonographie.

LA POLIMETRIE mezure par
- La Grammometrie.
- La Planimetrie.
- La Stereometrie.
- La Gonometrie.

LA GEODESIE, diuisée par
- La Grammodesie.
- La Planidesie.
- La Stereodesie.
- La Gonodesie.

LES LIGNES, lesquelles comme sorties des poincts, sont Droites, Ou Obliques,
- Solitaires.
- Perpandiculaires.
- Paralelles.
- Proportioneles.

D'vne Courbe sortent Le Cercle, Et L'Ellipse,
- Circulaires Rondes.
- Elliptiques.
- Paraboliques.
- Hyperboliques, &c.

D'vne Courbe & de deus droites, les Secteurs,
- Du Cercle Et De l'Ellipse.

De trois

ELLE CONSIDERE

LES FIGVRES, qui proüiennēt des Lignes — De trois lignes, dont deus sont courbes, & la troiziéme est la Base, naissent — L'Equilaterale. L'Isocelé. La Scalene. L'Orthogone. L'Oxygone. L'Ambligone.

De quatre droites se forment — Les Figures quarrées. Les Parallelogrammes. Les Rhombes & Lozange. Les Rhomboïdes. Les Trapezes.

De plusieurs viennēt — Les Trigones. Les Tetragones. Les Pentagones. Les Hexagones. Les Heptagones. Les Octogones.

Les CORPS terminez de plusieurs sortes; sçauoir —

D'vne superficie cōme — Les Spheres, Et Les Spheroides,

D'vne superficie courbée, & d'vne autre platte, comme — Les Cones. Et Les Conoïdes.

De plusieurs plattes, cōme sont les v. Corps Reguliers ou Platoniques. — La Pyramide, ou Tetrahedre. Le Cube, ou Hexahedre. L'Octahedre. Le Dodecahedre, L'Iscofahedre.

LES ANGLES qui sont —

Rectilignes. — Droirs. Aigus. Obtus.

Courbe-lignes; — Concaues. Conuexes. Concauo-conuexes.

Mixte lignes; — Droit-Concaues. Droit-Conuexes. Concaues Rectilignes. Conuexes-Rectilignes.

Elle diuise & mezure toutes les choses, par les Pratiques de la — Graphique. Polimetrie. Geodesie.

## *LA GEOMETRIE MELE'E, OV*
### *Impure.*

TABLE LXVII.

DE CE QV'EL-LE EST LIE'E

- **Avs Corps;** vient la COSMOLOGIE, qui décrit le Monde Celeste, & l'Elemantaire; par
  - L'Vranographie, diuisée en
    - Astrologie Et Astronomie.
    - L'Etherologie.
  - La Geographie,
  - L'Hydrographie.

- **Avs Objets DE LA VEVE;** naît
  - L'Optique.
  - La Dioptrique.
  - La Catoptrique.
  - La Gnomonique.
  - La Perspectiue, & la Peinture,

- **Avs divers Movvemans;** procedent
  - Plusieurs Arts Liberaus,
  - Et
  - Tous les Mechaniques.

## LA DESCRIPTION GENERALE
### de tout le Monde.



TABLE LXVIII.

LA COSMOLOGIE est dépeinte dans LA SPHERE; dont

- SA SITVATION est de trois sortes. Car ou elle est
  - Droite, chaque Pole estant attaché à l'Horison.
  - Parallele, vn Pole estant au Zenith, & l'autre au Nadir.
  - Oblique, & quasi moyenne, les Poles s'éloignans de côté & d'autre.

- LES PARTIES principales sont
  - La Periferie, ou circóferance.
  - Le Diametre.
  - L'Essieu.
  - Les Poles.
  - LES CERCLES, qui sont
    - Les VI. GRANS.
      - L'Equateur.
      - Le Zodiaque.
      - L'Ecliptique.
      - L'Horizon.
      - Le Meridien; où sont
        - Les Equinoxes
        - Et
        - Les Solstices.
    - Les IV. Petits.
      - Les Tropiques, qui sót
        - Du Cancre
        - Et
        - Du Capricorne.
      - Les Polaires,
        - L'Arctique.
        - Et
        - L'Antarctique.
    - Les Secódaires;
      - Les Verticaus.
      - Les Azimuts, & les Almineantarats : des Eleuations, abaissemans, ou eloignemans,
      - Les Paralleles.
        - De l'Equateur.
        - Des Climats.
        - Des Iours.
    - Les Mezures
      - Des Longitudes & Latitudes.
      - Des Positions.
      - Des Maisons.

- ELLE DIVISE LE MONDE EN
  - Ses Parties
    - Anterieure, où le Soleil se leue.
    - Et
    - Posterieure, où il se couche.
    - Droite ou Meridionale.
    - Gauche, ou Septantrionale.
  - Ou En ses mezures
    - La Longitude, depuis l'Oriant jûqu'à l'Occidant.
    - Sa Latitude depuis le Septantrion jûqu'au Midy.
    - Sa Partie
      - Inferieure, qui est la Terre.
      - Superieure, qui est le Ciel.

# L'OECONOMIE DES GLOBES

*La Cos-*
*mologie.*      *Celestes.*

## TABLE LXIX.

**LA CELO-
LOGIE, fait
vne descri-
ption spe-
ciale du
Ciel; par**

L'Vranographie; sous laquelle les Mathematiciens considerent la

- Nature des Cieus.
- Le Nombre.
- La Figure.
- La Grandeur.
- La Hauteur; laquelle s'obserue en six façons; sçauoir par,
  - Le Paralaxe.
  - Le Retardemant du mouuemant particulier à chaque Ciel.
  - L'Eclipse.
  - L'Ombre.
  - La Veuë.
  - La Consistance.
- Les Distances.

L'Vzage ancien des
- Concentriques.
- Excentriques.
- Epicycles.

L'Astronomie contample les

- Mouuemans des Cieus, qui sont trois; sçauoir du
  - Rauissemant,
  - Propre du Globe, & de la Libration, où l'on traitte
    - des sept planetes; Et
    - Des Etoiles fixes.
- Les douze Signes du Zodiaque, & les autres Constellations.
- La Voye de laict, ou la Galaxie.
- Les diuers Phenomenes.

L'Astrologie regarde la qualité

- Des PLANETES, & les Signes du Zodiaque. Et
  - Dignitez.
  - Passions.
  - Affections.
- Des DOVZE MAISONS des Cieus; dont on se sert dans les Themes Genethliaques.

## *LA MER OCEANE, ET*
### *Mediterranée.*



TABLE LXXI.

TOVTE L'E-
TANDVE
DES EAVS
SALE'ES, est
contenuë
dans

L'OCEAN, qui enui-
ronne toute la Ter-
re, distingué en

ORIANTAL ;
- Du Catay. Des Indes. De la Chine.
- L'Archipel de S. Lazare.
- Le Golphe de Gengala.
- Nouuelle Guinée. L'Ar-chidol, &c.

OCCIDANTAL ;
- L'Ethiopien.
- L'Atlantique.
- L'Iberique.
- L'Aquitanique.
- Le Gaulois.
- Le Britannique.

SEPTANTRIO-NAL ;
- Le Calcedonien.
- Le Germanique.  ¡(ge.
- L'Hyperboreen de Norue
- Le Glacial, ou la Mer Mor-te. & Pacifique.
- La Mer Blanche.
- Le Scytique.

MERIDIONAL,
- Ethiopique.
- L'Erithrée.
- Le Sein Persique.
- L'Arabique.

LA MER MEDITERRANEE,
qui est au Détroit de
*Gilbratar* entre l'Euro-
pe & l'Afrique, appelée
selon la diuersité des
lieus
- De Barbarie, d'Egypte, de Syrie.
- De Cilicie. Ionienne. L'Archipel.
- Le Canal des Dardanelles.
- Le Pont-Euxin. Le Palu Meotis.
- La Mer d'Egée. Le Canal de Malte.

LA MER MEDITERRANEE,
au milieu
- Le Golphe de Venise.
- Le Fare de Messine.
- La Mer de Naples.
- La Plage Romaine.
- La Riuiere de Gennes.
- La Mer de Prouance.
- Le Golphe de Leon.
- La Mer Balearique.

LA MER BALTIQVE ;
- Le Sund.
- Le Golphe Bodique.
- Le Sein Finique.

LA MER CASPIE, autremant d'Hircanie.

LES DÉTROITS ;
- Dauis, Dauian, de Gilbratar, des Dardanelles.
- Du Sond. De Magellan. Du Maire.

Et les ISTHMES
- D'Egypte. Chersoneze. Corinthe
- De Panama, ou nombre d'or. De Dios.

## LES ISLES, ET LES FLEVVES

*L'Hydro-*
*graphie.*                    *les plus remarquables.*

**TABLE LXXI.**

**LES ISLES DE L'OCEAN;**

- **DANS L'EVROPE;**
  - La Grande Bretagne; qui comprand { L'Angleterre. LE osse. L'Irlande, ou Hybernie.
  - La Zelande.
  - Les Orcades les Hebrides.
  - Les Assores. L'Irlande. La Frislande.
- **DANS L'AFFRIQVE;**
  - Les Canaries. L'Isle de Cap vert.
  - De l'Ascension de S. Thomas.
  - De Madagascar. La Mesambique.
- **DANS L'ASIE;**
  - Les Maldives. Zeilan. Iava.
  - Les Philippines. D'Amboin.
  - Les Moluques. Le Iappon.
- **DANS L'AMERIQVE.**
  - Cuba. S. Dominique. L'Hispaniole.
  - Les autres Antilles. Les Lucayes.

**LES ISLES DE LA MER MEDITERRANEE;**

- Majorque, & Minorque.
- Lerins, de S. Marguerite, d'Hyeres.
- Corse. Sardaigne. Sicile.
- Malte. Candie. Negrepont. Corfou.
- L'Archipel. Rhodes, Chypre. Les Cyclades, &c.

**LES FLEVVES.**

- **DE L'EVROPE**
  - Le Boristene ou Nieper, Volgaou Rha, Tanaïs, ou le Don, la Vistule ou le Vixel, &c. *vers le Septantrion & l'Asie.*
  - L'Oder Le Mrin. L'Elbe, Le Veza. Le Rhein.
  - Le Danube. Le Tissa. Le Draue La Saue, &c. *en Allemagne.*
  - La Meuze, La Mozelle. L'Escaut. Le Lys. La Somme. La Marne. L Oise. La Seine. La Saone, Le Rhône. La Garonne. Le Loire. Le Cher. L'Indre, &c. *En France.*
- **DE L'AFFRIQVE;**
  - Le Nil.
  - Le Niger.
  - La Riuiere de Zama.
- **DE L'ASIE;**
  - Le Tigre L'Euphrate. L'Inde. Le Gange.
  - Le Iordain dans la Palestine.
- **DANS L'AMERIQVE.**
  - La Riuiere de S. Laurens
  - Des Amazones.
  - Rio de la Plata.

## LA GEOGRAPHIE GENERALE
### Ancienne.

La Cosmologie.

TABLE LXXII.

LA GEOGRAPHIE.

S'occvppe à
— Diuiser toute la Terre.
— La Mezurer.
— La Décrire.

A ce la servent les
— Spheres, Armillaires.
— Les Globes; Celeste & Terrestre.
— Les Mappes, Nappes, ou Tables generales & particulieres; par le moyen desquelles l'on reconnoît la

— Grandeur de la Terre, par les diuerses mezures de
  — L'Arith. merid;
  — La Geometrie.
  — La Geodesie.
— La Longueur.
— La Largeur.
— Les Paralleles sans nombre.
— Les cinq Zones.
— Les xxxv. Climats.
— L'Oppositió de ses Habitás selon
  — Les Regiós, Et Les Ombres,
    — Antipodes.
    — Perieces.
    — Antoeces
    — Perisciës.
    — Amphisciens.
    — Heterosciens.

L'Ancienne diuise la Terre en
— L'Asie.
— L'Afrique.
— L'Evrope.

Qui furét le partage de
— Sché.
— Chã.
— Iaphet.

Elle est de deus fortes;

# LA GEOGRAPHIE NOVVELLE

*La Cosmologie.*

### TABLE LXXIII.

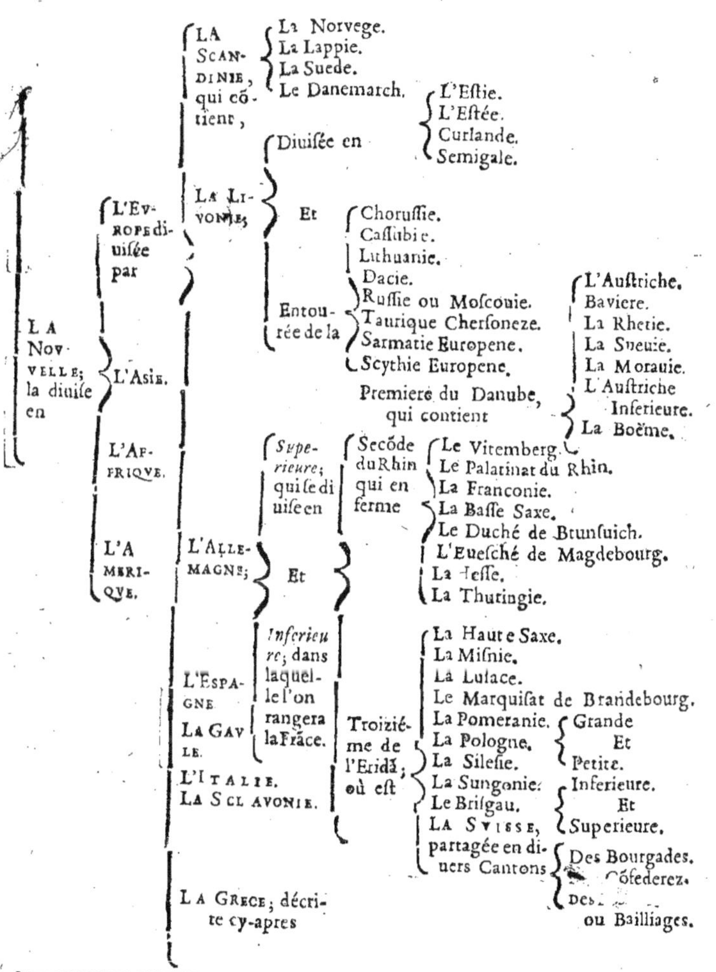

## DESCRIPTION DE L'EVROPE.

*La Cosmologie.*

### TABLE LXXIV.

L'EVROPE comprand
└ DIVISION en ...
  └ dont on considere la

- **L'ESPAGNE, divisée en quatorze Provinces ;**
  - Bætique, ou Andaloufie.
  - Portugal, dont l'Algarbe fait partie
  - Grenade.
  - Eftremadure.
  - Gallice.
  - Legion proche d'Afturie.
  - Caftille. { Ancienne, Et Nouuelle. }
  - Murcie.
  - Valance.
  - Arragon.
  - Catalogne.
  - Navarre.
  - Bifcaye.
  - Guibifcou.

- **BELGIQVE ; sous laquelle auec la Baffe Allemagne on comprand,**
  - La Vuefphalie.
  - Le Diocefe de Breme.
  - Le Comté de la Marche.
  - Le Pays de Cologne.
  - De Cleves.
  - De Geldres.
  - Les Provinces-Vnies.
  - Le Duché de Iüilliers.
  - Le Pays de Liege.
  - Le Comté d'Vtrech.
  - Le Luxambourg.
  - La Province de Treves.
  - La Lorraine.
  - Le Comté de Namur.
  - Le Henault.
  - Le Brabant.
  - L'Artois.
  - Le Duché de Cambray.
  - La Picardie.
  - Le Comté de Boulogne.
  - Le Territoire de Guife.

- **CELTIQVE ; dőt les Parties font**
  - La France.
  - La Chápagne.
  - La Brie.
  - La Touraine.
  - L'Anjou.
  - Le Maine.
  - La Bretagne-Armorique.
  - La Normandie.
  - La Bourgongne.
  - Le Lyonnois.

- **AQVITAINE ; dont les Parties főt**
  - Guyenne.
  - La Gafcongne.
  - L'Auvergne
  - Le Bourbonnois.
  - Le Limoufin.
  - Le Poitou.
  - La Saintonge.
  - Le Berry.

LE GOVVERNEMANT. — NARBONOISE; dont les Parties sont — Le Languedoc. / Le Bearn. / La Savoye. / Le Dauphiné. / La Provance.

LES XII. PAIRS.

LES OFFICIERS DE LA COVRONNE.

LES PARLEMANTS.

LES ROYS DVRANT DOVZE SIECLES.

LA RELIGION.

LES DIOCEZES & EVESCHEZ.

L'ITALIE; divisée en trois;

LA GAVLOISE, sous laquelle sont côprises;
La Lombardie.
Le Piedmont.
Le Montferrat.
Le Genois.
Le Parmezan.
Le Modenois.
Le Milanois.
La Bresse.
Le Mantoüan.
Le Veronois.
Vicence.
Pauie.
Venise.

L'ITALIENNE; qui contient — La Toscane. / La Picene, ou la Marche d'Ancone. / L'Vmbrie.
L'Istrie.
La Carniole.
Le Comté de Tirol.
Le Romagne.

LA NEAPOLITAINE; qui contient
La Grande Grece.
Le Latium ou la Campanie, & Champagne heureuse, où est la Terre de labeur.
L'Abruse. La Basilicate.
La Poüille plaine.
La Poüille peucetie, à present Terre de Barri.
La Principauté de Tarante.
La Calabre.
La Lucanie.

LA SCLAVONIE
La Croacie.
La Bosnie.
La Dalmatie.
La Pannonie.
La Mesie.
La Thrace.

LA GRECE; dont les Provinces sont
Le Macedoine.
L'Epire ou l'Albanie.
L'Alchaie.
La Thessalie.
La Morée.

## L'ASIE, L'AFFRIQVE, L'AMERIQVE

*La Cosmologie.*

TABLE LXXV.

**L'ASIE est divisée par**

- La Tartarie { Asiatique, Et Européene. }
- L'Inde contient { La Chine; Et L'Inde Ancienne. }
- L'ASIE MINEVRE; qui a trois Parties { La Turomanie. La Tharganie. Le Ianva. }
- LA SYRIE; qui est soudivisée par
  - La vraye Syrie. La Phenicie, divisée en { Celle de Galilée des Gentils, Et La Syrophenicie. } Le Pays d'Antioche.
  - La Cœlesyrie; dont les Parties sont { Decapolis. Le Tetrarchat. Palmyrene. }
  - La Mesopotanie.
  - La Seleucie.
  - Le Pays de Babylonne.
  - La Chaldée.
  - L'ARABIE; qui est de trois sortes; { La Deserte. L'Heureuze La Pierreuze. }
  - LA TERRE SAINTE, ou la Palestine, divisée en quattre Parties { L'Idumée. La Iudée. La Samarie. La Galilée, }

**L'AFFRIQVE divisée par**

- L'Egypte.
- La Libie.
- La Barbarie, où est { Alger. Tunis. Maco. Le Royaume de Fés. }
- La Guinée.
- L'Ethiopie
- Le Maniconge.

**L'AMERIQVE a trois Provinces principales**

- Ananac, ou la NOVVELLE ESPAGNE; où est { L'Aniam. Quirine Califarnie. Tolin Torante. Marate. }
- Bacalaos, ou la NOVVELLE FRANCE; où l'on peut mettre { Estotilan. Corte Reale. Canada. Norumbege. La Virginie. La Floride. }
- Le PEROV; ou l'Amerique Merididnale, où est { La Costille Dorée. Dariene. Penajan. Pera, ou Ophir. Chile Tismonde. Vie. Guiane. Brasil. Caribarie Le Detroit de … où est { La Nouuelle Guinée Et La Regiõ des Peroquets. } }

# LES TROIS ESPECES DE l'Optique.

*L'Optique.*

## TABLE LXXVI.

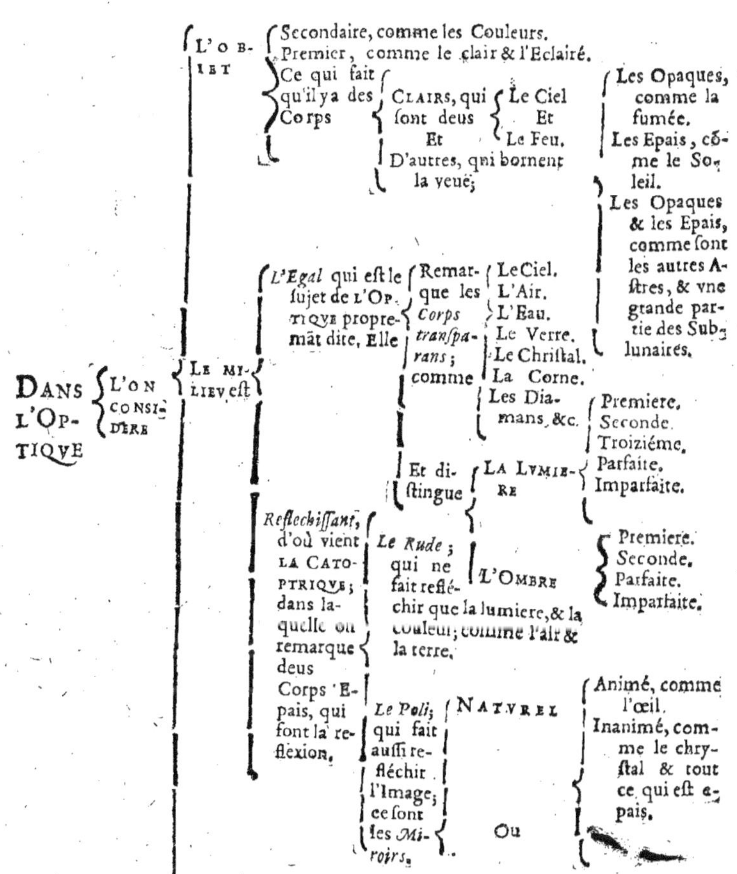

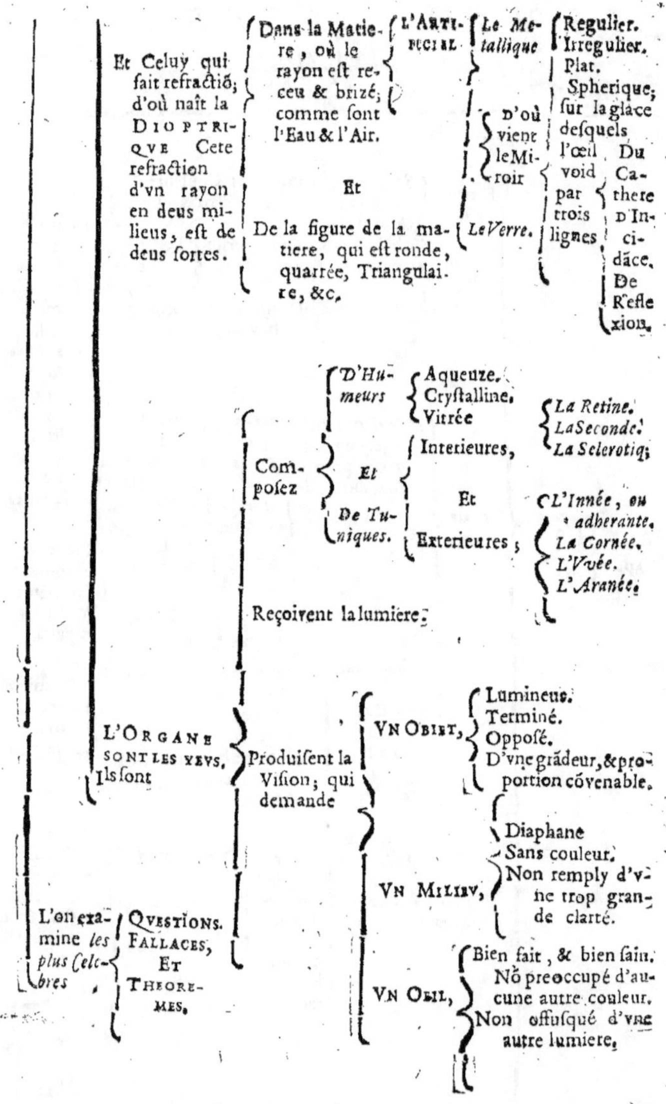

Et Celuy qui fait refractiõ, d'où naît la DIOPTRIQVE Cete refraction d'vn rayon en deus milieus, est de deus sortes.

Dans la Matiere, où le rayon est receu & brizé, comme sont l'Eau & l'Air.

Et

De la figure de la matiere, qui est ronde, quarrée, Triangulaire, &c.

L'ARTIFICIAL

Le Metallique

D'où vient le Miroir

Le Verre.

Regulier.
Irregulier.
Plat.
Spherique, sur la glace desquels l'œil void par trois lignes

Du Cathere D'Incidãce.
De Reflexion.

D'Humeurs

Aqueuze.
Crystalline.
Vitrée

Et

De Tuniques.

Interieures,

Et

Exterieures,

La Retine.
La Seconde.
La Sclerotiq.

L'Innée, ou adherante.
La Cornée.
L'Vvée.
L'Aranée.

Composez

Reçoivent la lumiere.

L'ORGANE SONT LES YEVS, Ils sont

Produisent la Vision, qui demande

VN OBIET,

Lumineus.
Terminé.
Opposé.
D'vne grãdeur, & proportion cõvenable.

VN MILIEV,

Diaphane
Sans couleur.
Non remply d'vne trop grande clarté.

L'on examine les plus Celebres

QVESTIONS. FALLACES, ET THEOREMES.

VN OEIL,

Bien fait, & bien sain.
Nõ preoccupé d'aucune autre couleur.
Non offusqué d'vne autre lumiere.

# LES DEPANDANCES DE l'Optique.

*L'Optique.*

## TABLE LXXVII.

LES FILLS DE L'OPTIQVE font;

LA PERSPECTI-VE: que l'on bâtit avec

- LES LIGNES
  - De Terre.
  - De l'Horizon,
  - De la Diftance.
  - Des Rayons.
- ET
  - Les Paralleles.
  - Les Entrecouppées.
  - Les Diametrales.
  - Les Perpandiculaires.
- LES POINCTS
  - Le premier principal.
  - Et
  - Les deus autres de diftance.

LA PEINTVRE employe

- LES COVLEVRS
  - Simples.
  - Compofées.
  - Extrémes.
  - Moyennes.
- AVEC
- LEVR COMPOSITION
  - Réele.
  - Intantionele.
  - Notionele.
- L'OMBRE; divifée en
  - NATVRELE
    - Du Iour.
    - De la Nuict.
    - Claire.
    - Sombre.
  - ET
  - ARTIFICIELE
    - Imparfaite.
    - Totale
    - Droite
    - Ranverfée.
    - De Figures, en
      - Ovale.
      - Pyramide.
      - Cylindre, &c.

LA GNOMIQVE, expliquée dans la Table fuivante.

ENSEIGNANT

- Les Eclipfes
- La grandeur du Soleil & de la Lune.
- La Diverfité de heures du Iour.
- La Mezure des C...
- Les Efpaces des Lieu.
- La rondeur de la Terre, fa grandeur, fon affiette, &c.

*Recherchée* dans les divers THEOREMES, qui expliquent fa nature & fes proprietez.

# LA FABRIQVE DES QVADRANS



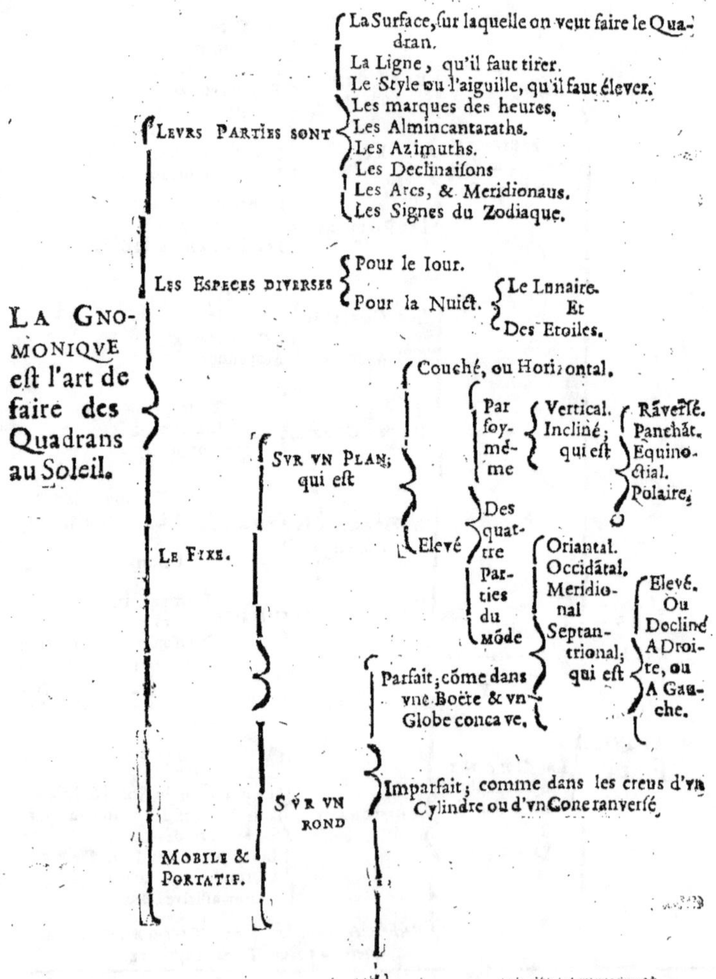

# LA DIVISION GENERALE

Les divers    *de tous les Arts.*
Arts.

TABLE LXXIX.

LES ARTS
- SERVENT à
  - La Neceſſité.
  - L'Vtilité.
  - La Volupté.
- LES LIBERAVS; naiſſent
  - De la Phyſique, & de la Methaphyſique
    Ou.
    Des Mathematiques, comme principes du Mouuemant; par
    - Le Levier.
    - Le Coin.
    - La Poulie.
    - La Vis.
    - Le Marteau.
    - Le Cizeau.
    - La Hache.
    - Le Coûteau.
- LES MECHANIQVES
  - La Statuaire par
    - La Fonte,
      Ou
      La Sculpture.
  - Le Travail de
    - La Forge.
    - La Menuiſerie.
    - La Charpanterie.
    - La Maſſonnerie.
- LES SERVILES
  - La Cuiſine.
  - La Couture, & la Cordonnerie.
  - Tous les Métiers, qui ne ſervent qu'aus plaiſirs & aus delices
- LES MIXTES
  - LA GRAVEVRE
    - Des Poinçons;
    - Des Cachets.
    - Des Medalles, & des Monnoyes.
  - L'IMPRIMERIE; qui embraſſe
    - La Fonte.
    - La Caſſe.
    - La Preſſe.
  - L'AGRICVLTVRE; qui enterme
    - Le Labourage.
    - La Bergerie.
    - La Chaſſe des
      - Oiſeaus.
      - Bétes, Fauves & Noires,
      - Poiſſons.
    - La Culture des Arbres.
    - Le ſoin des Iardins, & des Fleurs.
  - L'ARCHITECTVRE, pour
    - La Neceſſité.
    - La Commodité.
    - La Beauté. & les delices.
  - L'ART MILITAIRE auec
    - La Diverſité des Armoiries
      Et
      Les Ordres de Chevalerie.
  - LE COMMERCE, ou TRAFIC
    - Par Terre,
      Et
      Par Eau.
    - Des Marchandiſes
      - Du Pays.
      - Etrangers.
  - LES DIVERS IEVS & EXERCICES.
    - De Danſe. De Courſe. De Luite. De la Boule. Du Palet. Du Balon, &c. Des Bains, &c.

LE PLAN

# LE PORTRAIT DE LA SAGESSE VNIVERSELE.

## TROIZIEME PARTIE

### CONTENANT

## LE PARTAGE DE toutes les Sçiances.

### EN CENT TABLES.

Par le R. P. Fr. LEON, Exprouincial des Carmes de Touraine, & Predicateur Ordinaire du Roy.

*Dieu est le Seigneur des Sçiances , mais nous luy deuons preparer nos Cœurs.* 1. Rois 2.

A PARIS,

Chez GVILLAVME BENARD, ruë Saint Iacques, à l'Image N. Dame de Foy, vis à vis les RR. PP. Iesuïtes.

ET

ANTOINE PADELOV, à l'Enseigne du Saint-Scapulaire, ruë S. Iacques, proche S. Benoist.

M. DC. LV.

Auec Permission , Approbation , & Priuilege du Roy.

# LE DESSEIN 
## DE LA
# SAGESSE VNIVERSELE.

*La Fin*, qui est de deuenir Sage, par

- LA SCIANCE : de discourir sur toutes les choses de l'Estre Incrée & Crée, par vn raisonnemant circulaire ; lequel pour cét effet, on peut nommer mouuemant perpetuel.
- L'ERVDITION ; rapportant, explicquant, & appliecquant ce que les Auteurs des Sçiances ont dit de chaque chose.
- L'ELOQVENCE ; parlant de toute chose proposée auec proprieté, pureté, elegance : ordre, vigueur & persuasion.

DE LA SCIANCE.

- Qu'il n'y a qu'vne *Verité* au Monde, par identité, ou analogie ; laquelle est inseparable de l'Estre.
- Que toutes choses sont *samblables, ou dissamblables* ; parce que venant de méme principe, & retournant à méme fin ; chacune neanmoins a sa signature specifique, & son caractere indiuidüel.
- Qu'il y a vne Echele, ou *Pyramide* du Monde Physique & Sçiantifique ; compozée par degrez, de Lignes directes & transuersales.

THODE, considere trois choses ;

*Le Principe.*

DE L'ERVDITION.

- Que l'Esprit Humain, est capable de toute verité ; laquelle est son objet, & dont il a les semances en soy-méme.
- Que la verité quoy qu'vne, est randuë diuerse dans les Sçiances.
- Qu'il faut rechercher le sens caché dans les Estres, & dans les Auteurs ; n'y ayant nulle contrarieté, mais seulemant diuersité.

**La Maniere.**

**DE L'ELOQVENCE.**

Par les lignes droites de la Pyramide, monter en spiritualizant, descendre en corporalizant les veritez; à l'imitation de la Nature, laquelle fait sans cesse ces Metamorphozes.

Par les lignes de trauerse, découvrir les ressamblances & les dissamblances de toutes choses.

Par les diuers côtez de la Pyramide, choisir les opinions qu'ont eu sur toutes choses les Auteurs des Sçiances.

**DE LA SÇIANCE.**

Vnir toutes choses.

Les diuiser, & soudiuiser.

Rouler par toutes les lignes de la Pyramide, pour faire cete analysie intellectuele.

**DE L'ERVDITION.**

Choisir les Sçiances conformes à sa complexion, à sa condition, & à son occupation.

En faire des Cercles, par *Extraits* & Aphorismes.

Apprandre les principes vniuersels de la Sagesse, les particuliers & les conclusions de la Sçiance que l'on veut sçauoir.

**DE L'ELOQVENCE.**
Il faut sçauoir

La Rhetorique Vulgaire, extraite des Colleges.

L'Art de Raimond Lulle, comme l'explicque nôtre Commantaire.

Le Sanctuaire, dont les Mysteres sont deueloppez dans la derniere Table de la Rhetorique.

Le Partage
des Sciances.

TABLE II.

# LE
# PLAN GENERAL
## DE TOVTES LES
# SCIANCES.

TOVTE SÇIANCE EST;

Ou

**HVMAINE, & Acquise.**

Sensible;
- La Grammaire.
- L'Histoire-Chronologique.
- La Poësie.

Raisonnante;
- La Rhetorique.
- La Dialectique.
- La Logique.

Speculatiue;
- La Physique.
- La Mathematique.
- La Metaphysique.

**DIVINE, & Inspirée; c'est _la Theologie_, dans laquelle l'on traitte**

- La Nature de DIEV.
- La Trinité des Personnes.
- La Creation du Monde.
- Le Traitté des Anges.
- L'Incarnation du Verbe.
- L'Institution des Lois.
- L'Oeconomie de la Grace.
- La Morale Chrétienne.
- Les Sept Sacremans de l'Eglise.

*La Gram-*
*maire.*

## De la Grammaire en general.

TABLE III.

LA GRAMMAIRE enseigne à bien;

- LIRE, & écrire les;
  - *Lettres;*
    - Voyelles; { A. E. I. O. V. } On ajoûte. Y.
    - XVI. Cõ sones; { B N. C. P. D. Q. F. R. G. S. K. T. L. X. M Z. } On ajoûte l'aspiration.
  - *Syllabes;*
    - Simples { pa. }
    - Dipthõgues; { Æ. Au. Ei. Eu. Oe. }
  - *Mots;*
    - Declinables; { Nom. Pronom. Verbe. Participe. }
    - { Primitifs. Deriuez. Simples. Compozez; } Indeclinables; { Aduerbe. Prepofition. Interjection. Conjonction. }
- PARLER, connoiffant par
  - { Les Proprietez de chaque Mot, *par les* Declinaifons & les Conjugaifons.
  - { Le rapport qu'ils ont, enfamble, par la *Syntaxe.*
- PRONONCER; obferuant;
  - L'Accent; { Aigu. Graue. Circonflexe. }
  - La Quantité.

*Des Mots Indeclinables.*  *La Grammaire.*

TABLE
IV.

LES INDE-CLINA-BLES, font les

ADVERBES;
- De Temps; *quandò*, quand.
- De Lieu; —— *vbì*, où
- De Nombre; *femel*, vne fois.
- De qualité; *benè*, bien.
- De quantité; *parùm*, peu.
- De famblance; *quafi*, comme.

Qui
- Affurent; —— *certè*, certes.
- Nient; —— *non*, non.
- Interrogent; *cur?* pourquoy?
- Doutent; —— *fortè*, peut-eftre.
- Affamblent; *vnà*, enfamble.
- Appelent; *heus*, hola.
- Exhortent; *Eia*, courage.
- Defirent; —— *vtinàm*, plût à Dieu
- Démontrent; *Ecce*, voilà.

PREPOSI-TIONS.
- *Separables*, qui gouuernent quelque cas; dont il y en a trante qui veulent l'Accufatif, & quinze l'Ablatif.
- *Jnfeparables* des autres Mots, qui changent quelquefois la fignification : quelquefois ne la changent point, quelquefois l'augmentant.

INTERIECTIONS, Qui marquent les diuerfes paffions.
- De Ioye.
- De douleur. *hei*.
- De colere *vah*.
- D'Admiration! *Papæ*.

CONIONCTIONS diuifées par
- La fignification, en
  - Copulatiues.
  - Disjonctiues.
  - Caufales.
  - Ratiocinatiues.
  - Aduerfatiues.
- L'ordre du difcours,
  - Prepofitiues,
  - Poftpofitiues,
  - Communes.

*La Gram-*
*maire.*         *Des Pronoms.*

**TABLE V.**

**LES PRO-NOMS**

- Sont mis au lieu des noms.
- Sont adjectifs.
- Marquent *trois Per-sonnes* ;
  - Premiere ; qui parle, *Ego.*
  - Seconde ; à qui on parle, *Tu.*
  - Troiziéme ; de qui on parle, *Jlle ;* & le reste,
- Sont au nombre de *quinze* aufquels on ajoûte, *qui, quæ, quod,* &c. auec *cujas,* dequel pays.
- Sont *de trois Decli-naifons.*
  - Trois de la premiere ;
    - *Ego ,* moy.
    - *Tu ,* Toy.
    - *Sui,* luy, ou eus.
  - Dix de la seconde ;
    - *Ille , a , ud.*
    - *Ifte , a , ud.*
    - *Ipfe , a , um.*
    - *Is , ea , id.*
    - *Hic , hæc , hoc.*
    
       Qui font *us ;* au genitif.
    - *Meus , a , um.*
    - *Tuus , a , um.*
    - *Suus , a , um.*
    - *Nofter , a , um.*
    - *Vefter , a , um.*
  - Deus de la troiziéme ;
    - *Noftras* de nôtre pays.
    - *Veftras ,* de vôtre pays.
- N'ont point de voca-tif ; excepté
  - *Tu, meus : nofter, no-ftras.*
  - qui font
    - *Tu, mi : nofter, no-ftras.*

# LE PLAN VNIVERSEL
## de la Metaphysique.

TABLE. LXXX.

La Metaphysique; contient

- La Nature de cete Premiere Philosophie;
  - Sa Sublimité
  - Sa Certitude.
  - Sa Verité.
- L'Objet
  - Total, l'Estre
  - D'attribution, Dieu.
- La Nature de l'Estre
  - Sa Possibilité. Et
  - Sa Definition.
- Ses Parties
  - L'Essance.
  - L'Existance
    - Le Supôt.
    - La Persone.
- Sa Division en
  - Réel, & de Raison.
  - Infini & Fini.
  - Absolu par soy-méme, Dependant d'autruy.
  - Necessaire, Contingent.
  - Vniversel, Particulier.

# LES VNIVERSAVS, LES *Categories, & les Perfections de l'Estre.*

## TABLE LXXXI.

**L'INTRODVCTION de Porphire, explicquant les VNIVERSAVS, ou les v. Vois;**

*En General;*

- La Division de l'Vniversel; comme
  - Cause.
  - Signifiant.
  - Estre.
  - Predicamāt.
- L'Indivisibilité ou Vnité; qui est de plusieurs sortes;
  - Par soy.
  - Par Accidant.
  - La Generique.
  - La Specifique.
  - L'Individuéle.
  - L'Analogique.
  - De Precision.
  - L'Vniversele.
  - D'Abstraction.
- L'Estre de Raison.
  - Ratiocinante.
  - Ratiocinée; comme les
    - Chimeres.
    - Relations.
    - Negations.
    - Privations.

*En Détail*

- *Le Genre*
  - Suprème,
  - Et
  - Subalterne.
- *L'Espece*
  - Subalterne,
  - Et
  - Specialissime.
- *La Differance.*
- *Le Propre* inseparable.
- *L'Accidant*; d'où se forme *l'Individu*
  - Particulier,
  - Et
  - Singulier.

**LES CATHEGORIES d'Aristote, où l'Estre est divisé en dix PREDICAMANS; qui est**

- *La Substance*
  - Premiere,
  - Et
  - Seconde.
- *La Quantité*
  - Continuë
    - Large,
    - Longue.
    - Profonde.
  - Discrete.
    - Le Nombre,
    - Et
    - Le Temps.
- *La Relation*
  - Réelle,
  - Et
  - De Raison.
- *La Qualité;*
  - L'Habitude & la Disposition.
  - La Puissance Naturele, & l'Impuissance.
  - La Qualité passible, & la Passion.
  - La Forme, & la Figure.

|  |  |
|---|---|
| L'*Action* | Immanante,<br>Transitoire.<br>Vitale.<br>Non Vitale. |
| *La Passion.* | |
| *Le Lieu* | D'Immansité.<br>De Circumscription,<br>Defini.<br>Sacramantal. |
| *La Situation.* | Devant, Derriere.<br>A Droite, à Gauche, &c. |
| *Quand* ou la *Durée* | Permanante,<br>Et<br>Successiye. |

L'Habit, ou les diverses sortes de vétemans & d'ornemans

LES PERFECTIONS DE L'ESTRE

| | La Verité. |
|---|---|
| | L'Vnité. |
| La Bonté. | L'Honnéte.<br>L'Vtile.<br>La Delectable. |

LES ESTRES IN-TELLECTVELS

Les Anges, ou Intelligences.
Dieu l'A & Ω de toutes Choses; representé dans les Tables suivantes de la Theologie, ou Sçiance Divine.

# LE
# PLAN GENERAL
## DE LA
## SCIANCE DIVINE.

*La Theolo-*
*gie Chrétienne.*

**TABLE LXXXII.**

|  |  |  |  |
|---|---|---|---|
| LA THEO-LOGIE. | EST DIVI-SEÉ en | Naturele. Surnaturele. Exegetique. Catholique. Canonique. Scholastique. Symbolique. Mystique. Demonstrative. | |
|  | ELLE N'EST | Ny vne Sçiance, ny la Foy, ny vne pure Opinion. Mais c'est vne habitude moyenne. | |
|  | ELLE EST PARTA-GE'E | Par S. THOMAS, en trois Parties de SA SOMME | |
|  |  | Selon nôtre Methode en II. Tomes par IX. TRAITTEZ qui explic-quent; | LA NATVRE DE DIEV. LES PERSONNES DE LA TRINITE'. LA COSMOLOGIE. LA HIERARCHIE |

DES

ELLE EST NECESSAIRE SELON { Sa Subſtance, Et Sa Methode,

Par ſon Objet { Materiel. Formel. Partial. Total.

DES ANGES.
L'INCARNA-
TION DV
VERBE.
L'ETABLISSE-
MANT DES
LOIS.
L'OECONOMIE
DE LA GRACE.
LA MORALE
CHRETIENNE.
L'INSTITV-
TION DES
SEPT SA-
CREMANS.

Par *l'Vnité* generale de la ſeule autorité divine, qui revele cequ'elle enſeigne.

SON EX-CELLANCE PREVVE'E {

{ *Speculative* Et *Practique.*

Parce qu'elle eſt vn avant-goût de la Sçiance des *Bien-heureus.*

Parcequ'elle a *la Foy* ſurnaturele pour fon-demant, cequi la rand *tres-certaine.*

Par la fin où elle conduît, qui eſt la Bea-titude.

Pour ſes Adminicules, & Motifs Secondai-res ; qui ſont { *L'Ecriture-Ste. Les Conciles. Les Peres,* &c.

## LES PERFECTIONS DE LA Nature de DIEV.

*La Theo-*
*logie.*

**TABLE LXXXIII.**

- VN en fa Nature tres-parfaite.
- TRIN en Perfonnes.
- AVTEVR DE L'VNIVERS.
- SON EXISTANCE fe preuve par neuf raifons.

**L'on côfidereDIEV. I.**

- **Ce qu'il eft** — *Divifez* en
  - Pofitifs.
  - Negatifs.
  - Superlatifs,

  et :
  - Beauté.
  - Perfection.
  - Simplicité.
  - Vnité.
  - Immutabilité.

- **Quel il eft, par fes Attributs.** — Que nous reduifons par vn nombre Myftique, à neuf;
  - **La Bonté**
    - Naturele,
    - Morale.
  - **La Grandeur**
    - D'Immanfité.
    - D'Infinité.
    - De fouverain Domaine.
  - **La Durée** — De laquelle dépand
    - L'Eternité.
    - La Vie.
    - L'Immortalité.
  - **La Toute-puiffance**
    - Ordinaire
    - Extraordinaire.
  - **La Sageffe,** contenant
    - **La Sçiance**
      - Simple.
      - De Vifion.
      - Moyenne.
    - Les Idées infinies des Eftres.
  - **La Volonté, qui a**
    - La Liberté de fes Decrets
    - Et
    - Se divife en plufieurs façons
  - **La Vertu**
    - **L'Amour envers**
      - Soy-méme.
      - Toutes les Creatures;
      - Les Hommes.
    - **La Juftice, qu...**
      - Punît,
      - Et
      - Recompenfe.
    - **La Mifericorde**
      - Generale,
      - Et
      - Speciale.

La Providance, qui
{
Crée.
Conserve.
Gouverne
Permet le peché
} La Theo logie

Predestine
Reprouve
} Avec le Li-
vre
de Grace,
Et
De Gloire

La Verité, par laquelle DIEV est — Conneu
{
Negativemant.
Affirmativemant.
Superlatiuemant.
Par la Nature.
Par la Foy, en la Grace.
Par la Lumiere de la Gloire.
Nommé, bien qu'il soit ineffable.
}

La Gloire
{
Interne, enfermée en DIEV.
L'Externe, qu'il reçoit des Creatures.
}

# LES TROIS PERSONNES DE LA
## Tres-Sainte Trinité.

TABLE LXXXIV.

DIEV EN TROIS PER-SONNES; où l'on void
{

La Loüange.
La Description.
L'Existance.
} De la Trinité.

Les Puissances.
{
L'Entandemant
Et
La Volonté.
}

Les Relations
{
La Paternité.
La Filiation.
La Spiration-Active.
La Spiration Passive.
}

Les Trois Per-
sonnes

LE PERE
LE FILS; dont — Les Noms le font estre — La splandeur & la lumiere. L'Image, & la Ressamblance. Le Verbe & la Pensée. La Substance, & la même Nature. — Du Pere.

LE S. ESPRIT; appelé particulieremant — La Connoissance, par la fecondité de laquelle il est formelemant engendré. L'Amour. Le Don — De Dieu.

Les cinq Notions
L'Innascibilité.
La Paternité.
La Filiation.
La Spiration-Active.
La Spiration-Passive.

L'Egalité des Personnes dans
La Divinité.
L'Eternité.
Les Attributs.

Preuvée contre les Ennemis de la Tres-Sainte Trinité, d'où naît la façon de parler en cete matiere.

La Mission
De qui?
Par qui?
Pourquoy?

*La Theologie.*

TABLE LXXXV.

DIEV AVTEVR DE L'VNIVERS.

La Division du Monde dans
- L'*Archetype*; dont nous avons parlé cy-devant.
- L'*Intelligible*; dont nous parlerons dans la Table suivante.
- Le *Macrocosme*; composé
  - Du Ciel,
  - Et
  - De la Terre.
- Le *Microcosme*; qui est l'Homme, décrit en la Table XC.

La *Production*, où l'on explicque;
- Ce que c'est que le Monde, & commant l'on connoît la Creation ?
- Si le Monde est, ou peut estre de toute Eternité ?
- Quand, par qui, & commant il a esté produit ?
- Sa Durée, & sa Fin.

Sa *Perfection* en toute maniere; prise
- De son Auteur, qui est DIEV.
- De la belle diversité, dont il est composé.
- De son Harmonie.
- De l'ordre de ses Parties.
  - En elles-mémes.
  - Entre elles toutes.
  - Avec l'Homme.
  - A l'égard de DIEV.
- De ses liaisons.
- De son vnité.

principales *Parties*; qui sont
- Le Ciel.
- Les Elemans.
- Les Composez.

## LES ANGES OV INTELLIGENCES.

*La Theologie.*

### TABLE LXXXVI.

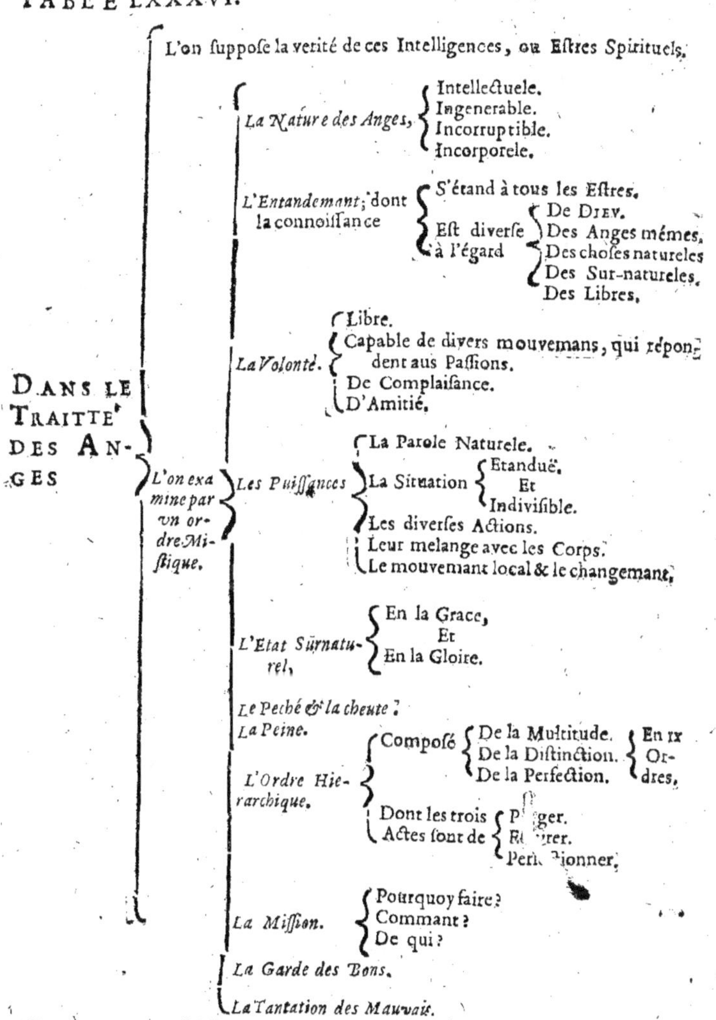

# LES TROIS ETAGES DV MONDE.

*La Theologie.*

**TABLE LXXXVII.**

---

**LE PARTAGE DV MONDE EN TROIS ETAGES**

- **Le Celeste, où l'on considere LE CIEL dans**
  - Sa Nature.
  - Son Mouvemant.
  - Ses Influances.
  - Ses Parties;
    - La Lumiere.
    - Les Planetes.
      - Le Soleil.
      - La Lune, &c.
    - Les Etoiles; avec,
      - Leur Nombre.
      - Leurs Figures.
      - Leur Grandeur.

- **Le Sublunaire, ou Elemantaire; où l'on côsidere les qualitez**
  - **Du Feu;**
    - Sa Nature.
    - Ses diverses Especes,
      - Le Celeste.
      - Le Central.
      - Le Naturel.
      - Le Commun.
      - L'Artificiel.
      - L'Vniversel.
      - Le Particulier.
    - Ses Effets.
    - Sa Production.
    - Son Vzage.
  - **De l'Air;**
    - Sa Nature.
    - Ses Qualitez.
    - Ses Regions.
      - Infinie.
      - Moyenne.
      - Supréme.
    - Ses Actions.
  - **De l'Eau;**
    - Sa Nature.
    - Ses Qualitez.
    - Son Lieu.
    - Son Flus.
    - Ses Especes,
      - La Naturele.
      - L'Artificiele.
  - **De la Terre;**
    - Sa Nature.
    - Ses Qualitez.
    - Ses Devoirs.
    - Ses Especes.

- **Mixtes de trois sortes**
  - **Les Minereaus & les Pierres dans la Terre; dont l'on considere en general**
    - **Les Qualitez des Elemans**
      - La Lumiere d'où vient
        - La Chaleur, Et La Secheresse.
      - Et
      - Les Tenebres; d'où vient
        - Le Froid, Et L'Humidité.
    - La Pezanteur, & la legereté.
    - La Rarefaction, & la Condansation.
    - La Nature.
    - La Generation. La Resolution.
  - **Les Vegetables dans la Terre, & dans l'Eau; dont on côsidere**
    - La Nature. La Generation. La Semance.
  - **Les Animans dans la Terre, & dans l'Air; dont l'on considere,**
    - La Nature
    - L'Ame.
    - Le Corps. La Forme.

## LES METEORES ET LES METAVS.
*La Theologie.*

LXXXVIII.

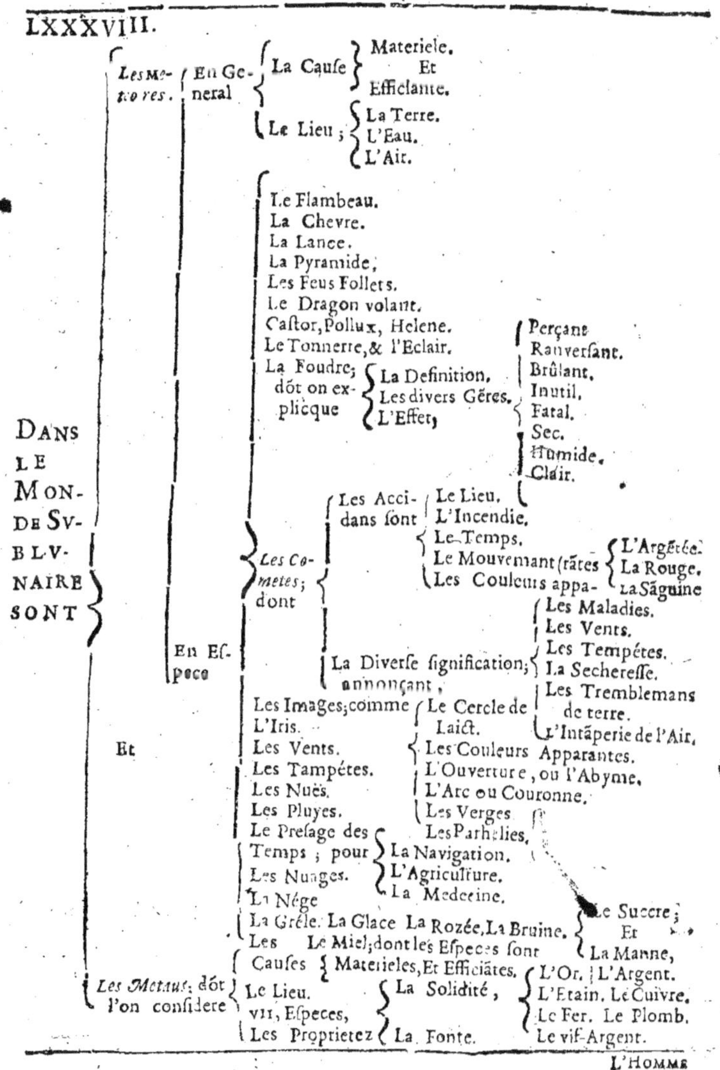


L'HOMME

TABLE LXXXIX.

L'HOMME QVI EST VN PETIT MONDE, ET L'IMAGE DE DIEV; dont le Corps contient,

LES SENS.

Que l'on considere en general, en ce qu'ils
- Reçoivent l'Espece.
- Produisent l'Action.
- Reçoivent l'Action.
- Se trompent dans leurs Actions

En particulier; ils sont

Internes;
- Le Commun.
- La Fantaisie.
- La Cogitative en l'Hôme.
- L'Estimative dãs les Bétes.
- La Memoire.
- La Comparative.
- Le lieu des Sens Internes.

Externes.

La Puissance de VOIR; dont l'on recherche,

L'OBjet; qui reçoit
- Le Moyen transparant.
- La Couleur,
  - Apparãte.
  - Veritable. Blanche. — La Pourpre, Le Rouge, Le Iaune, Le Verd.
  - Premiere. Noire.
- La Lumiere. La Moyéne de 5 sortes. — Le Bleu.

LA VISION. Directe. Reflexion brizée par les Miroirs — Naturels, Et Artificiels.

LE SVJET, ou les organes de la Veuë; où l'on void la perfection de l'Oëil; — Externe, Et Interne

L'OVIE; provenant

Du Son; dont on examine. Le Sujet; Et Le Moyë;
Les v. Instrumans. — Les Poumons, Les Muscles, L'Artere, Le Larinx, Le Gozier.

Et De la Vois; dõt on examine.
La Distinctió des Paroles; à quoy contribuent, — La Langue, Le Palais, Les Levres.
La Nature.

L'ODORAT;
- L'Odeur.
- Des Especes de l'Odeur.
- Du milieu par où l'odeur passe qui est l'Organe. — L'Air, Et L'Eau.

Le GOVT, qui a pour objet les saveurs, examinant;
- Leur generation. — Du Sec, De l'Humide, Du Chaud.
- Leurs huict especes. — Le Dous & l'Amer, Le Fade, & le Salé, L'Aigre, & l'Acre, L'Aigu, & l'Acide.

Le TOVCHER;
- Son Organe.
- Son Milieu.
- Ses cinq Especes. — Le Mol, Le Rude, De Plaisir, De Douleur, De Chatoüille mant.

# L'AME QVI EST LE PRINCIPE de la Vie.

*La Theologie.*

## TABLE LXXXX.

L'A-ME se considere

EN GENERAL.

Ce qu'elle est. De côbien de sortes il y en a,
- La *Vegetable*, dans les Plantes.
- La *Sensitive*, dans les Animaus.
- L'*Intellectuele*, ou Raisónable en l'Hóme. *A.*

Sa qualité qui la rand,
- Indivisible dans l'Homme.
- Divisible, principalemant dans les Insectes.

Ses Puissances.
- Quelles, & combien il y en a ?
- Leurs Principes.
- La Maniere de les distinguer.

EN PARTICVLIER DANS LA RAISONNABLE

*A.* ANIMANT LE CORPS,

- Comme la forme du Corps Humain,
- Son vnion avec le Corps.
- L'Egalité des Ames.

SES PVISSANCES.

L'ENTANDEMANT.

AGISSANT; dont l'Office est
- D'Elever les Especes de l'Imaginatió.
- De Concevoir l'objet.
- De produire les especes intelligibles.

PATIANT, qui comprãd,
- La cônoissace actuele.
- La Syndereze.
- L'Intellection.
- Les Ailes de l'Entãdemãt.

LA VOLONTE guidée par l'Entãdemãt.

Les trois Appetits;
- Le Naturel.
- Le Sensitif.
- Le Raisonnable.

mant font

Les Affectiós,
- L'Admiratió. Et Le Rire.

LA PVISSANCE nutritive.
- La Naturele.
- l'Artificieie.

SON IMMORTALITÉ preuvée par
- L'Autorité d'Aristote.
- Plusieurs raisons.
- Les Lumieres de la Foy.

SEPARE'E DV CORPS.
- Son Etat.
- Son indigence à estre revnie au Corps.
- Ses operations connatureles.
- Sa connoissance actuele.
- Ses Objets.
- Ses Desirs.
- Ses Mouvemans.
- Sa puissance motrice.
- Ses Operations

Les Appanages de l'Homme font
- La Veille, & le Sommeil, les Songes.
- La Ieunesse, la Vieillesse, les divers Ages.

# L'INCARNATION DE DIEV fait Homme.

*La Theologie.*

TABLE XCXI.

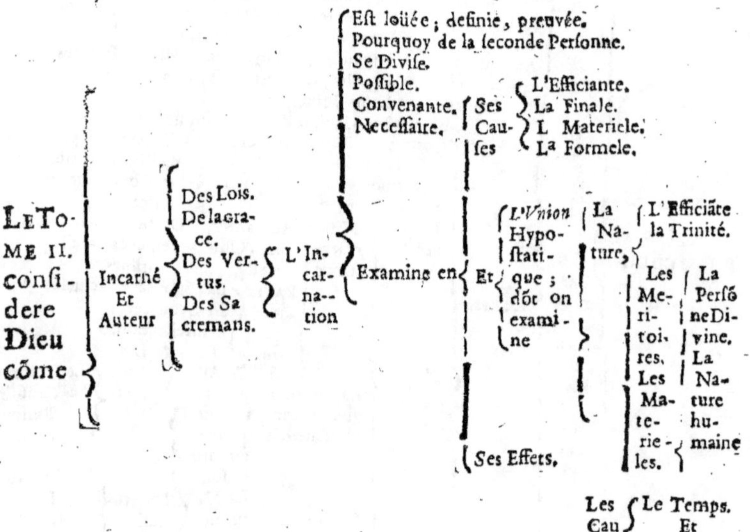

## *LES PROPRIETEZ, ET LES OFFICES*
## *de I. CHR.*

*La Theologie.*

### TABLE XCXII.

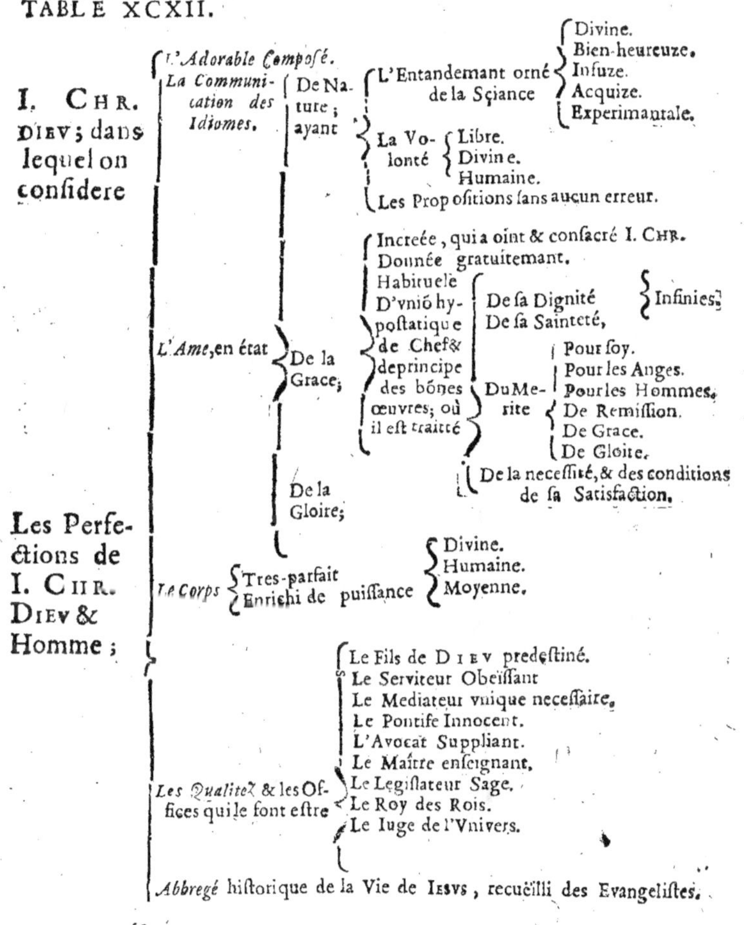

## *LES EFFETS DE LA GRACE.*

*La Theologie.*

TABLE XCXIII.

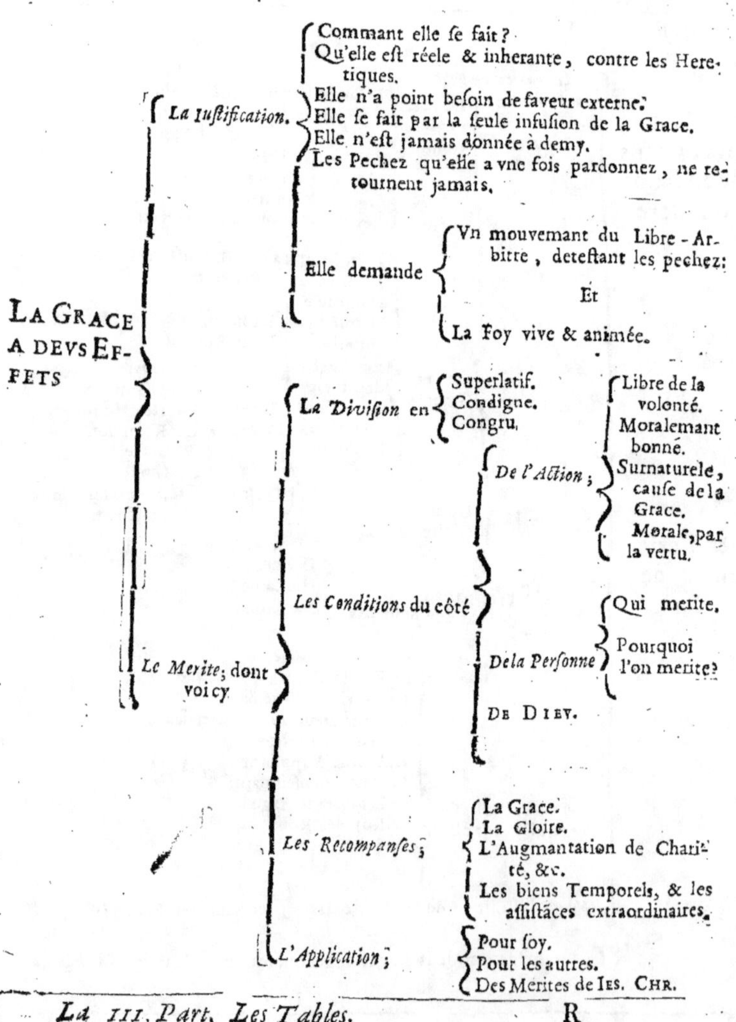

# LA CONDVITE DE LA GRACE de DIEV par IESVS CHR.

*La Theo-*
*logie.*

TABLE XCXIV.

I. CHR. AVTEVR DE LA GRACE ; dont voicy

- La Description.
- La Distribution.
- L'Existance.
- Le Nom.
- L'Essance.
- La Dignité.
- La Differance d'avec la Charité.
- La Necessité
  - Dans les trois Etats
    - De la Nature
    - De la Grace.
    - De la Gloire.
      - Pure.
      - Entiere.
      - Sujete au peché.
      - Tombée dans le le peché.
  - Pour
    - Connoître la Verité.
    - Suivre le bien.
    - Aimer Diav sur toutes choses
    - Se retirer du peché.
    - S'abstenir du peché.
    - Faire le bien, & y perseverer.
      - Le Don de Foy.
      - De la Sagesse.
      - De Sçiance.
      - Des Guerisons miraculeuzes.
      - D'Operarion.
      - Des Miracles.
      - De la Prophetie.
      - Du discernemant des Esprits.
      - Des Langues.
      - De l Interpretation de la parole.
- La Division,
  - La Sanctifiante.
  - La Gratuite.
  - L'Habituele.
  - L'Actuele.
  - La Prevenante.
  - La Concomitante.
  - La Subsequente.
  - La Suffisante. ( ce.
  - Celle de Perseveran-
- Les trois Causes ;
  - La Premiere,
    - La Physique, DIEV.
    - La Meritoire, I. CHR.
  - La Seconde,
    - Physique, I. CHR.
    - La Morale, l'Ange & l'omme.
  - L'Instrumantale,
    - Les Sacremans, mystiquemant.
    - Les Hommes, moralemant.
    - Les Anges, par leurs Ministeres.
- La Disposition ; qui fait les divers degrez de la Grace, & sa Certitude.

## LA NATVRE ET LA DIVERSITE'
### des Lois.

La Theologie.

TABLE XCXV.

**I. CHR. AVTEVR DES LOIS; dont on considere**

- La Definition.
- Le Nom.
- Les Proprietez.
- Les Effets; { De randre bons. De recompanser De châtier. } Suivant la Justice { Commutative, Et Distributive. }
- La Puissance { Inductive. Et Coactive. }
- Les Conditions du côté { Du Legislateur, qui doit avoir le pouvoir legitime. De la Fin, qui doit estre le bien commun Divin, & Humain. De la Forme, parceque la Loy doit estre juste & prudante. }
- L'Obligation { De qui? Quand? Commant? }
- La Dispanse { Par qui? De Quoy? Quand? }
- L'Interpretation.
- Le Changemant, & l'Abrogation.
- La Coûtume, & l'Vsage.

**La Division en**

- ETERNELE.
- NATVRELE, où l'on traitte { De la Synderezé, Et De la Consçiance. }
- HVMAINE; { Le Droict des Gens. L'Ecclesiastique ou Canonique. La Civile ou Politique. La Generale. La Municipale. }
- DIVINE; { L'Ancienne des Patriarches. L'Ecrite des Iulfs. La Nouvelle & Evangelique des Chrétiens. }

# LE PLAN GENERAL DE la Morale.

La Theo-
logie.

## TABLE XCXVI.

**LA MORALE CHRETIENNE, contient**

- **La Fin**
  - **Les Especes;**
    - La Personnele.
    - La Domestique.
    - La Civile.
  - **C'est ceque desirent tous les Estres**
    - Ceus qui ne sont pas doüez de connoissance, avec vn poids naturel.
    - Les Brutes, auec vn appetit
      - Naturel,
      - Et
      - Sensitif.
    - Les Raisonnables, avec vn desir
      - Naturel.
      - Sensitif.
      - Raisonnable.
  - **Le Bien;**
    - **Sa Division selon**
      - Platon, en
        - Divin
        - Et
        - Humain.
      - Aristote, en
        - Dix Categories
        - Les Biens
          - De l'Ame.
          - Du Corps.
          - De la Fortune.
      - S. Augustin en Bien par
        - Essance,
        - Et
        - Participation.
      - S. Ambroise, en
        - L'Honnéte.
        - L'Vtile.
        - Le Delectable.
- **La Felicité, laquelle**
  - **Consiste**
    - Non dans
    - Mais bien dans ceus de l'Esprit,
      - Les Richesses.
      - La Domination.
      - L'Honneur.
      - Les Biens de l'Ame.
      - Les biens du Corps.
      - La Volupté.
  - **Se Divise en**
    - Surnaturele;
      - De Grace.
      - Et
      - De Gloire.
    - Et
    - Naturele; dans
      - La Speculation
      - Et
      - La Pratique.

Les deux

Les deus Principes pour agir mora-ralemant { La Volonté Et L'Entandemant.

Les Actions Humaines, où l'on explicque { Leur Bonté, & leur Malice. Leurs Differances essantieles, comme Leurs circonstances, qui en augmantent ou diminuent la bonté. } { Le Bien. Le Mal. L'Indifferáce en general.

Les Passions; où l'on explic- que en {
General { Leur siege dans l'Appetit Leur Definition. } { Concupiscible. Et Irascible.
Détail { Leur Signification. Leur Nôbre xi. } { L'Amour. Le Desir. La Haine. &c.

Les Vertus {
En General { Leur Definition. Leur Division. } { Intellectueles ou Côtamplatiues, côme { L'Intelligĕce. La Sagesse. La Sçiance.
En Particulier, iv. Cardinales {
LA PRVDANCE.
LA IVSTICE
LA FORCE.
LA TAMPERANCE, explicquée dans la La Table LXXXIII.
} { Morales & Practiques; comme { La Syndereze, La Prudanee. L'Art.
Infuzes { Par soy, Ou Par Accidant.
Acquises.

*LES TROIS VERTVS THEOLOGALES.*

*La Theologie.*

TABLE XCXVII.

II.

SA DEFINITION.
SES PROPRIETEZ; ⎰ La Reine des Vertus.
qui la font estre  ⎰ Inseparable des autres.
⎰ Elle reside dans l'Entandemant.
⎰ Est l'Vnique dans son Espece.

SES OBJETS ⎰ Le *Materiel*; ⎰ Principal, DIEV
⎰ Moins principal, I. CHR.
⎰ Le *Formel*. ⎰ Total, toutes les Chôses Revelées.
⎰ La Parole de DIEV revelée.

SES REGLES GENERALES ⎰ La *Sainte-Ecriture*; qui seule ne suffit pas.

L'*Eglise*; qui ⎰ Publique, & connuë.
doit estre ⎰ Perpetuele, & con-
stante.
Vniversele & Infailli-
ble.
Vne.
Sainte.
Catholique.
Apostolique & Rom.

Les *Traditions*, ⎰ Apostoliques.
⎰ Ecclesiastiques.
⎰ Vulgaires.

LA FOY

Les *Miracles*

L'Har-  ⎰ De la Foy, & de
monie      la Raison.
ou l'Ac- ⎰ De la Loy. & de ⎰ La Do-   ⎰ Les Cô-
cord         l'Evangile.       ctrine.      ciles.
⎰ D'Vniformité , ⎰ La Dis-  ⎰ Les
dans           ...pline.      Sain-
⎰ ... s   ⎰ Par ⎰ tes Pra-
⎰ ...eurs.       tiques.
SESMO-                                      Les Ce-
TIFS                                        remonies.
LES MARTYRS, ⎰ Simplicité.              Les
ou *Témoins* en ⎰ Sainteté.             Coûtu-
leur          ⎰ Constance.              mes.

Les Adversaires abbatus.

LES
VER-
TVS
THEO-
LOGA-
LES.       *Il y
en a
trois.*

ses Actes

Ses Actes : Interieurs, Et Exterieurs. — Aufquels on joint

Ses Dons : La Foy des Miracles. L'Entandemāt. La Sageſſe. La Sçiance. La Predication. La Prophetie, &c.

Sa Necessité : De Milieu. De Precepte. De tous les deus enſamble.

Les Vices oppoſez : L'Infidelité. Le Iudaïſme. L'Hereſie. L'Apoſtaſie. Le Blaſpheme.

L'Esperance ; dont on cóſidere —

La Nature. Les Actes. L'Objet. — Principal ; LA BEATITVDE. Moins Principal ; Tout ce qui — Materiele Et Formele : Devance. Suît, Acheve.

Son Sujet, la volonté. Ses Dons, la Crainte : Civile. Servile. Filiale. Parfaite.

Les Vices oppoſez : La Preſomtion. Et Le Deſeſpoir.

La Charite, avec —

Son Excellance. Son Objet, : Materiel, D I E V. Formel, la bonté de D I E V.

Son Ordre envers : D I E V. Soy-méme. Le Prochain.

Ses Progrez. Ses Actes : La Dilection. La Bienveillance.

Les Dons qui luy ſont annexez ; —
Dans l'Interieur : La Ioye. La Paix. (de) La Miſericor-
Dans l'Exterieur : La Liberalité. L'Aumône. Les Oeuvres de Pieté — Spiritueles Et Corporeles.

Les Vices oppoſez : La Haine. La Pareſſe. L'Envie. La Diſcorde. Le Schiſme. La Guerre. Le Scandale, — Actif. Et Paſſif.

## LES VERTVS CARDINALES.

*La Theologie.*

---

## TABLE XCXVIII.

*La Tamperance*
- Sa Definition. → Cóme Inherantes → La Pudeur, Et L'Honnéteté.
- Ses Parties,
  - Subjectives → L'Abstinance. La Sobrieté. La Chasteté → De Virginité. De Mariage. De Viduité.
  - Potantieles
    - La Continance.
    - La Clemance.
    - La Modestie.
    - La Studiosité.
    - L'Acortise (de.
    - La Mansuetu-
    - La Misericorde.
    - L'Humilité.
    - La Moderation.
    - La Simplicité.

    } Elles maîtrisent {
    - L'Ambition.
    - La Curiosité.
    - Le Luxe.
    - Le Ieu.
    - Les Ioustes.
    - Toutes les Circóstances.

LES VERTVS CARDINALES

*La Force.*
- Sa Definition, Ses Actes → La Defiance. Et L'Attaq;
- Ses Parties Inherátes
  - La Confiance.
  - La Magnanimité.
  - La Magnificence.
  - La Patiance.
  - La Perseveráce.
  - La Pieté.
  - L'Obeïssance
  - L'Observance.
  - La Verité.
  - Les Potantieles.
  - La Gratitde.
  - Le Liberalit.
  - La Douceur.
  - L'Amitié.

    } Envers {
    - Les Parans.
    - Les Personnes de respect.
    - Les Superieurs.
    - Les Egaus.
    - Les Bienfacteurs.
    - Les Obligez.
    - Les Amis.

*La Iustice*

La Ju-
stice ;
- Sa Dignité.
- Sa Definition, où l'on parle du DROICT
  - Il est defini, Et Divisé en
    - Naturel.
    - Positif.
    - Des Gens.
    - Des Maîtres.
    - Paternel.
    - Seigneurial.
- Sa Division en Distributive. Et Cōmutative
  - La Recompanse, Ou La Punition.
- Ses Parties
  - Inherantes ;
    - La Fuite du Mal, Et La Pratique du Bien.
  - Subjectives ;
    - La Iustice
      - Generale Et Particuliere.
    - La Reli-gion ; dont les Actes sont
      - Inter-nes,
        - La Devotiō. Et L'Oraison. (tion.
      - Exter-nes,
        - L'Adora-
        - Le Sacrifi-
        - Le Vœu, (ce

La Pru-
dance ;
- Sa Definition.
- Sa Dignité.
- Ses Actes,
  - La Consultation,
  - Le Iugemant
  - Le Commandemant,
- Ses Par-ties
  - Integrâtes ;
    - La Memoire.
    - L'Intelligence.
    - La Docilité.
    - L'Adresse.
    - La Raison.
    - La Prevoyance.
    - La Circonspection.
  - Subjecti-ves
    - La Monastique.
    - L'Oeconomique.
    - La Politique.
  - Potantieles
    - L'Eubulie.
    - Synesis.
    - Gnome.

## L'INSTITVTION DES SACREMANS
### en General.

*La Theologie.*

TABLE XCXIX.

Dans L'In-
STITVTION
DES SACRE-
MANS; l'on
considere

- *Leur Instituteur* IESVS-CHRIST.
- *Leur Description.*
- *Leur Definition.*
- *Leur Matiere*, les Choses employées.
- *Leur Forme*, les Paroles dont on se sert.
- *Leur Necessité.*
- *Leur Comparaison* dans les trois Etats
  - De Nature.
  - De la Loy Mozaïque.
  - De la Grace Evangelique.

- *Leurs Causes*
  - Principale IESVS-CHRIST, qui les a instituez.
  - Instrumantale, le Ministre, dont l'Intention est necessaire.

- *Leurs Effets,*
  - La Grace
    - Quelle elle est ?
    - Commant se fait sa production ?
    - Les Dispositions requises.
  - Le Caractere,
    - Ceque c'est ?
    - Quel il est ?
      - Spirituel.
      - Ineffaçable.
      - Non reiterable.

- *Leurs Ceremonies*, qu'on appele les Choses Sacramantales.

## LES SEPT SACREMANS
### en Particulier.

*La Theologie.*
TABLE C.

**IL Y EN A SEPT EN NOMBRE.**

**Le Batéme.**
- Son Essance. { Eloignée, l'Eau naturele.
- Sa Matiere. { Prochaine, l'Infusion de l'Eau.
- Sa Forme ; ces paroles ; *Je te batize*, &c.
- Son Vzage { Dans celuy du Fleuve, par l'Eau,
- Son Vnité, { Du Feu, par la contrition & la Charité.
  { Du sang, par le Martyre.
- Ses diverses Ceremonies, & leur Explication.
- Son Ministre, { Nul ne se peut batizer soy-méme.
  { Divers à l'égard des autres, selon les diverses rancontres.

**La Confirmation.**
- Sa Necessité absoluë.
- Son sujet, tout Homme. { De tous les Pechez, principalemant de l'Originel.
- Ses effets ; la Remission. { De toutes les peines, non pas des penalitez.
- Sa Matiere, le Chréme. { L'Infusion de la Grace, & des Vertus Theologales.
- Sa Forme.
- Le Ministre, l'Evéque. { Le Caractere, qui ne s'eface jamais.
- Ceus qui en sont capables ;
- Ses Effets { La Grace, Et Le Caractere.

**La Penitance ; côsiderée côme**
- Vertu ; ses Actes sont { La haine du peché.
  { Le Regret & la Douleur.
  { La Fuite, & l'éloignemant.
  { Le ferme propos de ne plus pecher.
- Ou
- SACREMANT { La Matiere, les Pechez.
  { La Forme, l'Absolution.
  { L'Obligation.
  { L'Integrité de ses trois Parties.
  { La Maniere de la faire
  { Les Circonstances.
  { Le Ministre.
  { Le Secret.
  { Ses Parties { Essantieles { La Côtrition Et L'Attrition.
    { Integrâtes { La Confession, Et La Satisfaction.

**L'Eucharistie.**
- Son Institution.
- Son vnité sous les deus Especes.
- Sa Matiere, le Pain & le Vin
- Sa Forme, les paroles de la consecration.
- Le mélange de l'Eau.
- La Transsubstantiation.
- Sa Maniere d'exister.

Les

Les Especes Sacramantales.
Ses Effets.
La Communion — Réele de bouche.
D'Esprit par Foy.
Sous l'vne ou l'autre Espece.
Le Sacrifice non fanglant en la MESSE.

L'Extreme Onction; — Le Ministre.
Les Ceremonies.

L'Ordre; — Les Grans.
Les IV Mineures.
Les Effets — La Grace.
Le Caractere
La Iurifdiction — La Cenfure — De Droict DE L'HÓme.
L'Excómunication, — La grâde.
La Petite.
La Sufpanfion.
L'Interdit.
L'Irregulaiité.

Le Mariage — Confideré dans le Droict — De Nature.
Civil.
Canon.
Regarde — Les Perfónes.
Le Confantemant.
Les Empéchemans.

Ce Cercle de la Sçiance Divine fe ferme par LA
THEOLOGIE SYMBOLIQVE, MYSTIQVE,
ET PROPHÉTIQVE; Cete derniere
Traittant *des Revelations, des*
*Songes, de la Magie et*
*des Talifmans.*

LE PLAN

# LE
# PLAN GENERAL
## de tout ce Traitté.
## L'Epître Dedicatoire.
## L'Avis au Lecteur.

---

*TOVT CET EXTRAIT EST*
*diuisé en trois Parties.*

LA I. represente vn Tableau racourci de *toutes les Sçiances* ; divisées en l'Humaine, & en la Divine.

La II. aprés les Principes generaus de nôtre Sagesse Vniversele, contient vn Abbregé de l'Art de *Raimond Lulle :* & vn crayon de nôtre *Methode Particuliere*, laquelle je nomme *le Sanctuaire de l'Eloquan* ;.

La III. Par vn artifice égalemant laborieus & profitable, arrange en *Cent Tables* tout cequi est contenu dans nôtre Encyclopedie Latine, dont ce Traitté n'est qu'vn Extrait.

ã

# PREMIERE PARTIE.

## L'IDEE GENERALE DES Sçiances.

# TABLE.

# TABLE

# TABLE.



ĕ

# TABLE.

# TABLE



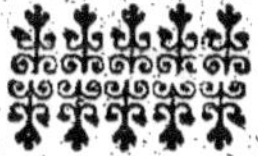

# TABLE.

# SECONDE PARTIE.

## L'EXTRAIT DE LA SAGESSE Vniverfele.

## L'ENTREE.

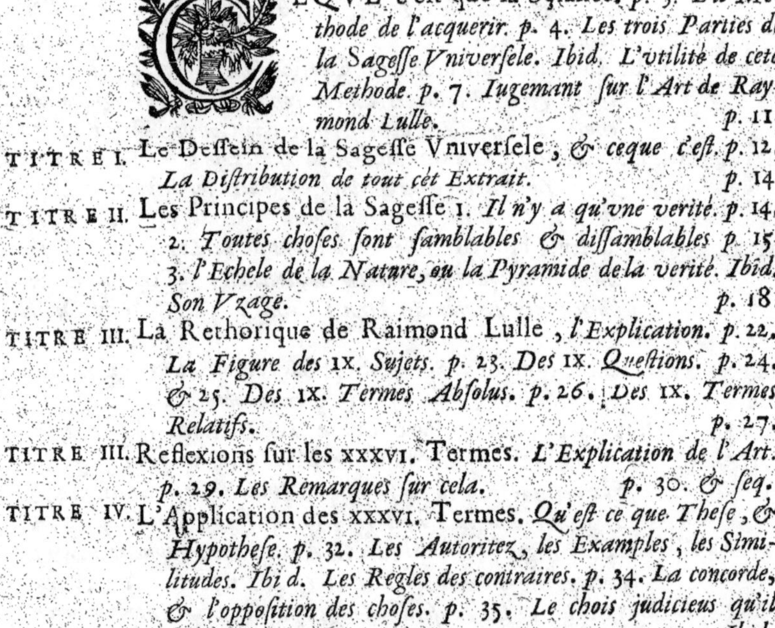

# TABLE.



onze

# TABLE.

# LA TROIZIEME
## Partie de ce Volume,

EST ramplie de CENT TABLES ; qui par vn arrangemant induſtrieus & exact , fait voir à l'œil l'Encyclopedie Generale de toutes les Sçiances. Ce qui peut merveilleuzemant ſervir à toutes Perſonnes, qui ſont amoureuzes de la Verité & des belles connoiſſances. Aus vns, pour les apprandre d'abord. Aus autres, pour les retenir plus facilemant. Aus autres, pour s'en rafraîchir toutes les Idées en vn momant. Aus autres, enfin pour en tirer l'vzage dont ils ont beſoin , ſelon les diverſes occaſions qui ſe preſentent.

## _AVIS DE L'IMPRIMEVR._

L'AVTEVR ne dit rien de l'_Orthographe_, à laquelle il ne s'eſt pas encore tout à fait reſolu dans vne matiere tres-irreſoluë. En cela neanmoins il ſuît la raiſon, & l'exemple de nos derniers Auteurs les plus polis; qui s'efforçent peu à peu d'approcher l'Ecriture de la Prononciation, pour _les raiſons_ qui ſont alleguées ailleurs.

Au reſte quelque diligence que l'on ait pû apporter à la correction des fautes inevitables dans l'Imprimerie, il n'a pas laiſſé de s'y en gliſſer quelques-vnes, neanmoins en aſſez petit nombre. Par exemple en la page 27. & 53. il y a quelque lettre Hebraïque, miſe l'vne pour l'autre. En la page 32. il faut mettre ἐπέχειν, au lieu d'ἐπάγειν. En la page 31. _excepté ceus_, au lieu de ceus-méme. Dans la page 121. cequi eſt dit de la Ceremonie du Sacre du Roy, ne ſe doit entandre qu'à l'exterieur. Cequi eſt dit en la page 31. de Boniface V I I I. ne doit tomber que ſur l'inſtitution du Iubilé. Page 219. quatere, au lieu de la terre. Page 293. inſuite, au lieu d'enſuite. Page 322. parfection, au lieu de perfection.

Il y a auſſi quelques manquemans aus chiffres des Pages & des Titres, & autres ſamblables de fort peu d'importance ; que les Experts en chaque Art, ſont priez de corriger.

# APPROBATION DV R. P.
### Ian Fronteau, Chanoine Regulier, Profeſſeur en Theologie, & Chancelier de Sainte Genevieve & de l'Vniverſité de Paris.

IL faut avoir les Sçiances en effet, pour former L'IDEE DES SÇIANCES en perfection. Et l'Extrait exact & fidele de LA SAGESSE VNIVERSELE, ne peut venir que d'vn principe qui la poſſede dans toute ſon étanduë. C'eſt ce que cét Excellant Ouvrage m'a fait juger de ſon Auteur. L'ayant leu avec plaiſir, j'ay dit avec verité que quiconque inſtruît le Monde auec tant de grace, d'abondance & de ſolidité; merite de parler aus Roys, & d'enſeigner les Princes de la Terre. Mais qui ſçaura que c'eſt l'exercice ordinaire de Celuy qui fait ce riche preſent aus Hommes, & qu'il y a long-temps qu'il l'a commancé avec approbation, & qu'il le continuë avec gloire; ne s'étonnera pas que le goût de ce Livre luy paroiſſe ſi delicieus, puîqu'il contient des mets de Roy. Et que l'Idée Generale des Sçiances que nous debite ſon Auteur, eſt vn fruict des grandes & nobles Idées; que depuis long-temps il ſe forme, pour diſcourir devant ce qu'il y a de plus Eminant & de plus Majeſtueus au Monde. Tout y eſt ſain, tout y eſt pur, tout y eſt conforme à la pieté ſinguliere dont il fait profeſſion : & à la ſainteté de l'Eglize Catholique, dont il eſt vn tres-digne & tres-illuſtre Sujet. Fait à Paris ce 26. Iuin 1655.

F. I. FRONTEAV, Ch. R.

PER-

## Permission du R. P. Provincial.

NOVS sous-signez, en suite des Permissions accordées au R. P. LEON, *Exprovincial, Predicateur Ordinaire du Roy, &c.* par nos Predecesseurs ; luy permettons de faire imprimer ses Ouvrages Latins & François, aprés qu'ils auront esté veus par deus Theologiens de nôtre Ordre : & que toutes les autres formes de droict ou de coûtume, seront gardées. Fait en nôtre Convant d'Angers, le 30. May 1655.

FR. MATTHIAS de S. IEAN, Provincial des Carmes de la Province de Touraine.

FR. BASILE de S. IEAN, Assistant.

## Approbation de l'Ordre.

NOVS sous-signez, randons témoignage de ce que le Lecteur reconnoîtra luy-méme, dans la lecture du *Traitté de l'Eloquence Chrétienne, des trois Parties de l'Année Royale, du Portrait de la Sagesse Vniverselle, de l'Idée Generale des Sçiances, & de l'Eloge du R. P. Antoine Yvan*; qu'il n'y a rien dans ces Livres, composez par le R. P. LEON, *Exprovincial de nôtre Province, Predicateur Ordinaire du Roy, &c.* qui ne soit tres-conforme à la Foy Catholique, Apostolique & Romaine. Et tres-vtile à tous Ceus qui aiment la Vertu & la Devotion, les Sçiances & l'Eloquence. Fait à Paris, en nôtre Convant des Carmes Reformez du Tres-saint Sacremant, le 15. de Ianvier 1654.

FR. BERNARD de Sainte Anne, Lecteur en Theologie.

FR. SERAPHIN de Sainte Marie, Predicateur.

ũ

## Approbation des Docteurs.

IE fous-figné Docteur en la Sacrée Faculté de Theologie de Paris, ay leu les trois Parties de *l'Année Royale*, *le Traitté de l'Eloquence Chrétienne* ; *Le Portrait de la Sageffe Vniverfele*, avec *l'Idée Generale*, & *les Cent Tables* ; compofez par le R. P. LEON, *Exprovincial & Predicateur Ordinaire du Roy*, &c. où je declare n'avoir rien treuvé qui ne foit entieremant conforme à la verité de la Foy, & à la croyance de l'Eglife : & digne de l'Efprit & de la plume, du nom & du merite de l'Auteur. Fait à Orleans le premier jour de Fevrier 1654.

FR. NICOLAS CHATEAV.

IE fous-figné Docteur en Theologie, rens les mémes témoignages à la verité ; avec l'eftime que je dois à la reputation de l'Auteur, qui eft affez conneu. Fait à Paris le 7. jour de Fevrier 1654.

FR. IACQVES LE FRANC, Prieur des Carmes de Melun.

## Extrait du Privilege du Roy.

PAR Privilege du Roy, donné à Paris le 29. jour de Decembre 1649. figné LOVVET : reïteré le 13. jour de May 1653. figné ROBERT : & regîtré en Parlemant le 3. jour de Iuin ; Oüy le Procureur General du Roy, figné GVYET. Et par vn autre particulier du 4. de Mars 1654. Il eft permis au P. LEON, *Exprovincial*, *Commiffaire General*, *Vifiteur Apoftolique des Carmes Reformez*, & *Predicateur Ordinaire de leurs Majeftez*, de faire imprimer durant l'efpace de dix ans, depuis l'impreffion de chaque Livre achevée, toutes fes Oeuvres Latines & Françoifes, en tel lieu, par tel Marchand, en tel volume & caractere, & toutes les fois qu'il luy plaira, &c. Et le même P. Leon ce 1. jour de Iuillet 1655. a cedé & transporté, cede & transporte la communication du susdit Privilege à Guillaume Besnard & Antoine Pasdelou, Marchands Libraires demeurans en cete ville de Paris; pour cete impression *Du Portrait de la Sagesse Vniverfele, avec l'Idée Generale, & Cent Tables des Sçiances*, felon qu'ils font convenus; auec les deffenses à tous Imprimeurs, Libraires, & autres Marchands du Royaume, d'imprimer, r'imprimer, alterer, contrefaire, &c. tout ou partie defdits Ouvrages du P. Leon, &c. fous les peines portées dans le contenu dudit Privilege.


*Achevé d'imprimer pour la premiere fois,*
*le 15. Iuillet 1655.*



Les Examplaires ont esté fournis, & Enregitré fur le Livre de la Communauté, le 13. Iuillet 1655.

A
REGI
SÆCVLORVM,
IMMORTALI, INVISIBILI,
SOLI DEO;
HONOR ET GLORIA,
IN SÆCVLA
SÆCVLORVM.
1. Timoth. 1.